超深井高效钻完井技术

秦永和 等编著

石油工业出版社

内 容 提 要

本书结合中国石油超深井钻完井工程实践，阐述了中国深井、超深井钻完井总体现状和面临的挑战，系统总结了中国石油在超深井的优化设计技术、定向井 / 水平井钻井技术、钻井液技术、固井技术、复杂地层钻井特色技术、钻完井装备和井控技术等方面取得的成果，并展望了超深井钻完井技术发展方向，提出了技术攻关及部署建议。

本书可作为油气田开发技术人员和工程技术人员的重要参考书，也可供高等院校石油工程等相关专业师生教学、科研参考。

图书在版编目（CIP）数据

超深井高效钻完井技术 / 秦永和等编著 . — 北京：石油工业出版社，2023.11

ISBN 978-7-5183-6071-0

Ⅰ . ①超…　Ⅱ . ①秦…　Ⅲ . ①深井钻井 – 完井
Ⅳ . ① TE245

中国国家版本馆 CIP 数据核字（2023）第 154317 号

出版发行：石油工业出版社
（北京安定门外安华里 2 区 1 号楼　100011）
网　址：www. petropub. com
编辑部：（010）64523583　图书营销中心：（010）64523633
经　销：全国新华书店
印　刷：北京中石油彩色印刷有限责任公司

2023 年 11 月第 1 版　2023 年 11 月第 1 次印刷
787 × 1092 毫米　开本：1/16　印张：29.75
字数：760 千字

定价：238.00 元
（如出现印装质量问题，我社图书营销中心负责调换）

《超深井高效钻完井技术》
编 写 组

主　编： 秦永和

副主编： 陈世春　李立昌　徐明磊　陈新勇

成　员：（按姓氏笔画排序）

丁　峰　万夫磊　马晓敏　马倩芸　马喜伟　王　菁
王　锐　王　楠　王九龙　王金帅　王佳佳　文　亮
文　涛　邓　强　史永哲　付　潇　白　杨　巩红雨
吕小刚　任　强　任　路　刘　超　刘川福　刘先锋
刘景丽　刘新哲　闫睿昶　江　尧　汝大军　杜玉昆
李　宁　李　浩　李　翔　李　毅　李文博　李东杰
李海彪　李瑞亮　杨　恺　杨　超　杨文娟　杨成新
杨岳鹏　杨建永　杨豫杭　吴　军　吴永超　吴红玲
何　勇　何选蓬　何悦峰　余大洲　余来洪　宋维强
张亚辉　张　权　张　宇　张　震　张重愿　张洪伟
张洪华　张海城　张端瑞　陈奇涛　陈新海　范生林
范永涛　罗玉财　和建勇　周　波　周胜鹏　屈沅治
胡佩艳　段永贤　饶开波　徐　斌　徐春章　奚国银
黄　峰　曹建峰　曹洪昌　曹靖瑜　曹　聪　崔朝晖
彭　松　蒋本强　蒋海涛　韩　煦　程天辉　程　智
鲁　慧　蔡　军　管风营　谭天宇　谭　春

序
FOREWORD

石油天然气是当今人类社会的主体能源组成，在国内外备受关注。据国家统计局数据，2021 年中国的原油对外依存度达 72%、天然气对外依存度达 46%，国家能源安全形势比较严峻。中国深层油气资源丰富，是 21 世纪油气战略接替的主要领域之一，其勘探开发对超深井工程提出了重大需求。

近年来，我国超深井钻完井技术发展迅速，有力支撑了超深层油气勘探开发。其中，2023 年 2 月中国石油西南油气田 PS6 井完钻井深达到 9026m，刷新亚洲直井最深纪录；2023 年 3 月中国石油塔里木油田 GL3C 井完钻井深达到 9396m，刷新亚洲水平井最深纪录。实践表明，随着井深增加，地质条件越来越复杂，导致钻完井技术难度不断加大，超深井工程面对超高温、超高压、岩石坚硬难钻、多套压力体系及酸性流体等复杂地质环境的挑战，致使钻完井安全风险高、作业周期长及降本增效任务艰巨等，对超深井高效钻完井技术不断提出新要求。

针对超深井钻完井难题，中国石油积极组织工程技术人员开展科技攻关，在超深井钻完井理论、技术、工艺及装备等方面均取得了重大进展，有效推动 15000m 钻机、垂直钻井工具、精细控压钻井、高温高密度油基钻井液等“卡脖子”技术与装备的国产化，打破了国外技术垄断，填补了国内空白。该书主要结合中国石油超深井钻完井工程实践，阐述了深井超深井钻完井发展现状与面临的技术挑战，系统总结了超深井工程优化设计、定向井 / 水平井钻井、钻井液、固井、井控及钻完井装备等关键技术成果，并展望了技术发展方向，提出相关建议。

该书注重技术创新成果与工程实践相结合，书中阐述的工艺原理和成果主要来源于工程实践的经验总结，同时通过企校合作加大应用基础研究力度，体现了产学研相结合的发展理念。该书技术特色鲜明，不仅可以对塔里木、四川等典型油气盆地超深层领域钻完井技术发展起到了推动作用，而且对全国乃至全球未来的超深井工程均具有重要参考价值。期望该书的出版既可为相关工程技术人员提供宝贵的实战经验，也可为今后的超深层油气勘探开发提供有益借鉴，助推我国今后的超深井工程技术与装备创新发展。同时，以该书出版为契机，希望得到越来越多的专家学者关注超深井工程，为保障国家能源安全建言献策。

中国科学院院士

2023 年 9 月

前言
PREFACE

据统计，中国深层超深层油气资源达 671×10^8t 油当量，占油气资源总量的 34%，有 39% 的剩余石油和 57% 的剩余天然气资源分布在深层，深部油气是“十四五”及今后若干年增储上产的重点。然而，超深储层往往伴随着超高温、超高压、岩石坚硬、多压力体系及酸性流体等复杂地质环境，钻完井工况复杂、事故多发，油气增储上产和降本增效的任务严峻。因此，持续创新超深井钻完井技术，加速技术迭代，才能发挥工程技术的支撑和保障作用。

2008 年之后我国年均完钻超深井 200 口以上，目前已形成陆上 8000m 油气井的钻完井技术体系。2023 年，中国石油天然气集团有限公司（简称中国石油）在四川盆地和塔里木盆地先后完钻了两口 9000m 以上特深井，标志着我国超深井钻完井技术已经达到国际先进水平。本书内容主要来源于中国石油渤海钻探工程有限公司在超深井主战场的工程实践，该公司在超深井钻完井领域经验丰富，完钻的 6000m 以上超深井数量占中国石油相应井深井数的 38%，8000m 以上超深井数量占 48%。本书结合典型案例，重点详述中国石油在超深井钻完井领域的关键技术，并给出国内超深井钻完井技术发展建议。

全书共九章。第一章介绍了国内外超深井钻完井技术概况；第二章介绍了超深井优化设计技术，包括井身结构优化设计、钻具组合设计、轨道设计和钻井参数优化设计等；第三章介绍了超深定向井 / 水平井钻井技术；第四章介绍了超深井钻井液技术；第五章介绍了超深井固井技术；第六章介绍了超深井复杂地层钻井特色技术，包括砾石地层优快钻井技术、高陡地层垂直钻井技术、窄密度窗口地层精细控压技术、复合膏盐层钻井技术和深部致密地层钻井提速技术；第七章介绍了超深井钻完井装备，包括超深井钻机及配套装备、固井配套装备和超深井钻井关键工具；第八章介绍了超深井井控技术；第九章结合典型盆地超深层油气资源勘探开发和大陆深部科学钻探对超深井高效钻完井技术的需求形势，展望了超深井钻完井技术未来的发展方向。

参与本书编写的作者主要来自中国石油集团渤海钻探工程有限公司、塔里木油田分公司、川庆钻探工程有限公司、华北油田分公司、中国石油大学（华东）等单位。由秦永和任主编，陈世春、李立昌、徐明磊、陈新勇任副主编。各章具体编写人员如下：第一章：陈新勇、杨恺、李立昌、任强、张洪伟等，由秦永和审阅；第二章：徐明磊、陈新勇、罗玉财、宋维强、文亮、鲁慧、万夫磊、范生林、丁峰、史永哲、何勇等，由李立昌、周波、段永贤审阅；第三章：江尧、杨建永、杨超、杜玉昆、徐斌、余来洪、吴军、王楠、文涛、李瑞亮、杨文娟等，由饶开波、刘超、李宁审阅；第四章：程智、屈沅治、张洪伟、吴红玲、白杨、张震、李海彪、曹靖瑜、谭春、张宇、李翔等，由饶开波、蔡军、程天辉审阅；第五章：杨豫杭、任强、任路、曹洪昌、马倩芸、王菁、彭松、刘景丽、吕小刚、邓强等，由闫睿昶、李立昌、和建勇审阅；第六章：吴永超、付潇、胡佩艳、黄峰、陈奇涛、范永涛、张端瑞、刘川福、王九龙、马晓敏、巩红雨等，由崔朝晖、杨成新、蒋海涛审阅；第七章：王锐、周胜鹏、韩煦、刘新哲、汝大军、蒋本强、刘超、张重愿、曹聪、李文博、马喜伟等，由陈世春、何选蓬、余大洲审阅；第八章：何悦峰、陈新海、李东杰、王佳佳、韩煦、曹建峰、管风营、徐春章、张海城、杨岳鹏等，由陈世春、张洪华、程天辉审阅；第九章：李浩、徐明磊、奚国银、谭天宇、王金帅、张权、刘先锋、张亚辉、李毅等，由秦永和审阅。全书由秦永和、陈世春、李立昌、徐明磊、陈新勇负责策划和统稿。在此对上述作者和审稿人员所付出的辛勤劳动表示衷心的感谢，同时对为本书编写提供帮助的人员表示感谢。

由于编者水平有限，书中难免存在不妥之处，诚请广大读者批评指正。

目录
CONTENTS

第一章 概 述

近年来，世界新增油气储量60%来自深部地层，深层油气资源勘探潜力巨大。截至目前，我国深层、超深层油气资源达671×10^8t油当量，占全国油气资源总量的34%，有39%的剩余石油和57%的剩余天然气资源分布在深层[1]，深层、超深层已经成为我国油气重大发现的主阵地。目前塔里木盆地和四川盆地是我国最丰富的深层油气盆地，具有资源丰度高、规模大、整体储量大等特点。以塔里木盆地为例，仅埋深在6000~10000m的石油和天然气资源就分别占全国总量的83.2%和63.9%，其超深层油气资源总量约占全球的19%。加快超深层油气资源的勘探开发，已成为中国油气接替战略的重大需求[2]。

超深井高效钻完井技术是实现深层油气资源效益开发的关键。近年来，中国超深井钻完井技术发展迅速，不断翻新亚洲最深井纪录：2019年，中国石油塔里木油田钻成井深为8882m的当时亚洲陆上最深直井——LUNT1井；2021年，中国石化西北油田TS5井井深9017m，刷新亚洲陆上最深直井纪录；2021年，中国石化顺北油气田钻成井深为9300m的亚洲陆上最深定向井——SB56X井；2023年2月，中国石油西南油气田PS6井完钻井深达到9026m，再次刷新亚洲最深直井纪录；2023年3月，中国石油塔里木油田GL3C井完钻井深达到9396m，刷新亚洲最深水平井纪录。目前，国内已基本形成陆上8000m油气井的钻完井技术体系，有力支撑了超深层油气勘探开发。然而，超深井往往面临更为复杂的超高温、超高压、岩石坚硬难钻、多压力体系及酸性流体等地质条件，钻完井安全风险高、周期长等问题仍然突出，超深层油气增储上产、降本增效任务依然严峻。因此，持续创新超深井钻完井技术，加速技术迭代，才能发挥好工程技术的支撑和保障作用[3]。

第一节 深井超深井的定义

随着油气勘探开发程度的不断提高，深井、超深井乃至深地钻探的需求与日俱增。深层油气资源深埋于地下数千米乃至超过万米。在不同埋藏深度条件下，地层岩体的温度、压力、岩性及组分、孔隙流体及特性等不同。一般来说，埋藏深度越大，地质条件越恶劣，钻完井技术面临的挑战就越高。地质与油气领域的深井划分情况如下：

（1）国际通用地质划分（DZ/T 0217—2005）。

深层：3500~4500m；

超深层：≥4500m。

（2）国内盆地地质划分。

深层：东部盆地3500~4500m；西部盆地4500~6000m。

超深层：东部盆地≥4500m；西部盆地≥6000m。

（3）国外钻井深井划分。

深井：15000~20000ft（4570~6100m）；

超深井：20000~30000ft（6100~9150m）；

特深井：≥ 30000ft（9150m）。

（4）国内钻井深井划分（GB/T 28911—2012）。

深井：4500~6000m；

超深井：6000~9000m；

特深井：≥ 9000m。

对于水平井和大位移井等复杂结构井，除垂深外还要考虑水垂比（水平位移与垂深之比）指标，当水平位移较大时，水垂比往往更为重要。此外，分支井还需要考虑完井级别等指标。总之，这些指标主要是用于衡量钻完井技术难度，不同情况使用的评价指标及数量不同。就深井超深井而言，主要的评价指标是垂深。

按照国内钻井井深划分标准（GB/T 28911—2012《石油天然气钻井工程术语》），本书主要对垂深超过 6000m 超深井（包括特深井）的钻完井技术进行了归纳总结，后文特深井不再单独列出。

第二节　国外超深井技术概况

超深井钻井技术始于 20 世纪 30 年代末期，自从美国于 1938 年钻成世界上第一口 4573m 的深井，1949 年钻成 6255m 的超深井以来，目前全世界已有超过 100 个国家和地区开展过深层油气勘探[4-5]。伴随着深部油气资源的勘探和开发，油气钻井深度的纪录也在不断翻新（表 1-2-1）。1972 年，美国完成的巴登 -1 井井深 9159m；1974 年，美国完成的罗杰斯 1 井完钻井深 9583m；1992 年，苏联完成了世界首口超万米的超深井科拉 3 井（SG-3），完钻井深 12262m；1994 年，德国 KTB 科学钻井项目，完钻井深 9101m，同年挪威完成的 Norsk Hydro 井，完钻井深 9723m；2008 年，美国 Transocean 公司在位于中东地区阿拉伯半岛上的卡塔尔 Al Shaheen 油田施工的 BD-04A 井，完钻井深为 12289m，打破了科拉钻井保持的纪录；2009 年，美国 BP 公司墨西哥湾泰博探井，井深 10685m。世界上超深井井深世界纪录是埃克森石油天然气公司（Exxon Neftegas Ltd.）于 2017 年 11 月在库页岛萨哈林 -1 号项目实施的 Chaivo 油田 Orlan 平台 O-5RD 井，完钻井深 15000m，水平位移 14129m。萨哈林 -1 号项目还分别于 2007 年完成了 Chayvo 油田 Z-11 井，井深达 11282m；2008 年，完成了 Chayvo 油田 Z-12 井，井深达 11680m；2011 年，完成了 Odoptu OP-11 油井，井深达 12345m；2012 年，完成了 Chayvo 油田 Z-44 井，井深达 12376m；2013 年 4 月完成了 Z-43 井，井深达 12450m，2013 年 6 月完成了 Z-42 井，井深达 12700m，2014 年完成了 Z-40 井，井深达 13000m，2015 年完成了萨哈林岛 O-14 井，井深达 13500m；2020 年 5 月完成的萨哈林岛项目 Sakhalin 超深评价井，井深达 14600m。在世界超深井前 10 名中，萨哈林 -1 项目包揽了 9 个。在其众多超深井世界纪录的背后，更是巨大的回报。萨哈林 -1 号项目目前共包含 Chayvo、Odoptu 和 Arkutun-Dagi 三个油田[6]，在世界超深井前 10 名中，萨哈林 -1 项目包揽了 8 个。据阿联酋阿布扎比国家石油公司（ADNOC）2022年10月20日报道，其在Upper Zakum油田的UZ-688井完钻井深50000ft，即15240m，创造了新的超深井世界纪录。

表1-2-1 国外特深井统计

井号或井别	井深，m	时间	所在国家
巴登-1井	9159	1972年	美国
罗杰斯1井	9583	1972—1974年	美国
科拉3井（SG-3）	12262	1970—1992年	俄罗斯
KTB科学探井	9101	1985—1994	德国
Norsk Hydro井	9723	1994年	挪威
Z-11井	11282	2007年	俄罗斯
BD-04A井	12289（水平井）	2008年	卡塔尔
Z-12井	11680	2008年	俄罗斯
泰博探井	10685（水深1259m）	2009年	美国
OP-11井	12345（水平井）	2011年	俄罗斯
Z-43井	12450	2013年	俄罗斯
Z-42井	12700	2013年	俄罗斯
O-14井	13500	2015年	俄罗斯
O-5RD井	15000（水平井）	2017年	俄罗斯
Sakhalin超深评价井	14600	2020年	俄罗斯
UZ-688井	15240	2022年	阿联酋

深部油气的勘探开发和深井、超深井钻完井的实践引领了相关装备、工艺和技术不断发展[7]。

（1）钻井装备方面。发展了1000~15000m系列钻机、液压钻机、模块化/个性化钻机，形成了智能钻井系统架构，智能化井控装备、钻井液实时监测分析系统已商业化应用；顶驱产品型号齐全，实现系列化、自动化，承载能力2250~13500kN，配备钻井作业安全提升技术、扭矩智能控制、导向滑动控制等；在气体钻井/欠平衡钻井/控压钻井装备方面，旋转防喷器、套管阀、节流阀等种类齐全，节流精度0.25MPa。

以SG-3井（完钻井深12262m）为例，其钻探目的是为研究地质构造，确定地震剖面，获取地热、地层流体、石油天然气资料，获取岩石成分及物理性质，确定花岗岩和玄武岩边界，提高超深井钻井工艺水平等。该井采用ϕ914.4mm钻头开钻，钻至12262m时为ϕ215.9mm井眼。为满足该井的负载需求，专门研发了乌拉尔15000重型直流电动钻机，并从7263m开始应用至完钻井深；在钻具组合方面，井深10000m以上，需要通过涡轮钻具，缓慢旋转钻杆（2~6r/min）钻进，需要使用不同强度的铝合金钻杆：钻柱下部为耐热合金AK4-1（长度4000~5000m），中间部分为D16T合金（长度1500~2000m），上部采用相对高强度合金（长度2000~2500m）。钻柱最上部采用长度为1500~2000m的钢制钻具，以防止出现失效情况。钻具接头：长度 8000~9000m 的减重钻杆下段采用 40XH 钢 ZLK-178 钻具接头，屈服强度不小于 750MPa。钻柱上部需要使用强度较高的钢接头，屈服极限为 1000~1200MPa。

KTB 科学探井（完钻井深 9101m、垂深 9100m）则采用了永久性钻塔，可承受 8000kN 最大钩载。该钻塔总高度 75m，转盘到天车间 65m，钻台面积 12.5m × 12.5m，网电供电，绞车功率 2900kW，最大单绳速度 20.17m/s。

（2）破岩与提速技术方面。PDC 钻头、牙轮钻头、孕镶金刚石钻头等技术成熟，形成系列化，规模应用；混合结构、混合齿、360° 齿等新型切削齿及钻头创新不断；垂直钻井工具、螺杆钻具、涡轮钻具、扭力冲击器、减振工具、钻井提速优化系统等技术成熟，规模应用。

深部井段钻头和钻具的优选以保证使用寿命为关键。SG-3 井 10909m 实测井底温度 185.4℃，为应对高温环境的挑战，该井采用了耐温 300℃的超高温环境钻头、多级油浴涡轮钻具、涡轮取心钻头等；KTB 科学探井的施工助推了自动垂直钻进系统 VDS 以及 ϕ311.2mm 大直径取心工具的研发与应用。

（3）随钻测控技术方面。MWD 和 LWD 随钻测量技术成熟应用，抗温能力 175℃，部分突破 200℃（例如，PowerDrive ICE 高温旋转导向系统抗温 200℃，涡轮钻具抗温 200℃以上，PowerPak HT/ ERT HT 高温 / 大扭矩高温导向马达（UF180 高温橡胶）、GeoForce 马达抗温 190℃，PowerDrive X6 HT /PowerV HT 高温旋导和垂钻工具、Geo-Pilot Duro 旋导系统、AutoTrak G3 旋转导向抗温能力均可达 175℃）。EMMWD、智能钻杆商业应用，随钻测量仪可测量参数 18 个，地质导向、旋转导向系统成熟配套，实现产品化、系列化，规模应用。

（4）钻井液方面。国外高温高密度水基钻井液处理剂齐全、产品系列化，耐温 200℃以上。油基钻井液处理剂齐全、产品系列化，耐温好，性能优良，规模应用。

①国外高温高密度水基钻井液：已形成多套体系，其中 HPWBM 体系在墨西哥湾、美国大陆等地区应用取得较理想效果；研制出多种抗高温处理剂，最高抗温能力 233℃。

②油基钻井液处理剂齐全、产品系列化，耐温好，性能优良，规模应用。恒流变、可逆乳化及酯基 / 石蜡基等体系齐全，耐温达 260℃，专业化服务能力强；INTEGRADETM 无黏土体系：最高密度 2.59g/cm^3，耐温 200℃，抗盐水侵达 20%~30%。WARP 体系：应用于数百口大位移井，OP-11 井最大测深 11680m；KTB 科学探井的施工方与白劳德公司合作，合成黏稠液 SIV，热稳定性好，耐温达到 371℃。

③环保钻井液侧重改性天然产物应用与新型聚合材料研究，重点开发含磺酸基的合成聚合物产品及配套钻井液体系。

④防漏堵漏技术：堵漏材料较为齐全、系统，建立了相应软件和数据库，但堵漏施工仍存在很大不确定性；高失水类承压堵漏材料：抗温 200℃，理想条件下承压能力可达 100MPa；袋式堵漏：抗温 120℃，承压 20MPa，稳压 0.5h，现场承压达到 12MPa。

（5）固井完井技术方面：固井工具品种齐全、性能可靠，耐温 260℃，耐压 120MPa。韧性水泥、自愈合水泥、防漏水泥等成熟；正在开发树脂水泥、弹性水泥，固井模拟软件成熟配套。

①固井装备工具：陆上水泥车最高施工压力 140MPa，最大工作排量 3.0~3.8m^3/min，

最大混浆能力 4m³/min；远程控制水泥头最大承压 70MPa，高压水泥头承压 140MPa；自动加料系统可控添加剂种类 6 种，精度 ±1L；尾管悬挂器耐压 70MPa，耐温 204℃；管外封隔器密封能力 105MPa，耐温 260℃。

②水泥浆体系及材料：高温抗盐水泥浆抗温 260℃，密度 1.40~2.88g/cm³；大温差水泥浆抗温 49~121℃，适用温差 50℃；韧性水泥浆弹性模量降低 30%，强度大于 20MPa；特种水泥磷酸盐水泥抗温 350℃，铝酸盐水泥抗温 250℃。

③固井模拟软件：斯伦贝谢公司 Cem CADE 固井设计软件；哈里伯顿公司 Opti CemRT 注水泥设计与模拟系统；PVI 公司 Cem Life 水泥石软件；PVI 公司 TADpro 管柱下入软件；PVI 公司 CentraDesign 套管扶正器软件；PVI 公司 CemView 固井作业数据管理软件。

第三节 国内超深井技术概况

一、深部油气资源分布

2005—2020 年，中国新增石油探明储量主要埋藏于 2000m 左右的中浅层和中深层，天然气则主要埋藏于 2000m 以下的中深层至超深层。其中，全国原油年均新增探明地质储量 11×10^8t，2012 年最高达 15.2×10^8t，原油产量在“十一五”和“十二五”期间随储量的持续增长而小幅增长，“十三五”期间三类储量（地质储量、技术可采储量和经济可采储量）均为负增长，产量从“十二五”的年均 1.94×10^8t 降为“十三五”的年均 1.79×10^8t；全国天然气年均新增探明地质储量 $5500\times10^8m^3$ 以上（年均约 $6600\times10^8m^3$），其中 2020 年高达约 $9400\times10^8m^3$，天然气产量在“十一五”至“十三五”期间均大幅度增长，尽管储量增幅也出现大幅波动，但由于储量持续高位新增，有效支撑了新区产能建设和产量在高位快速上升（图 1-3-1）[8]。

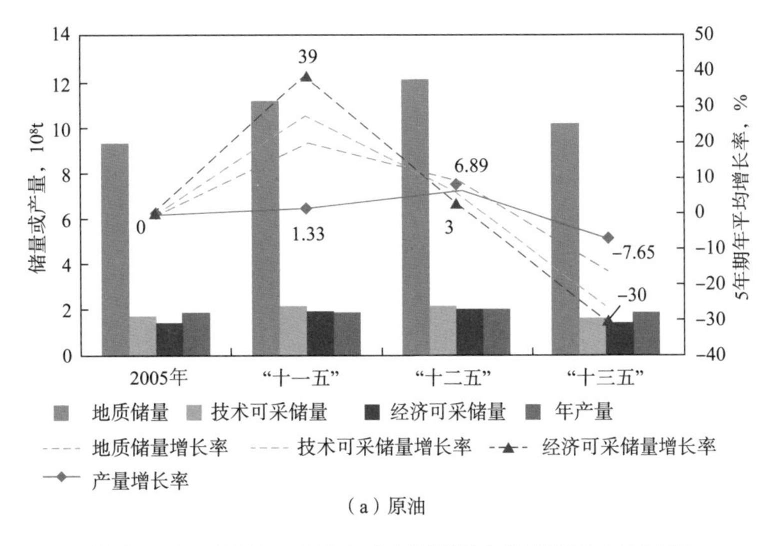

（a）原油

图 1-3-1 2005—2020 年全国新增油气探明储量与年产量

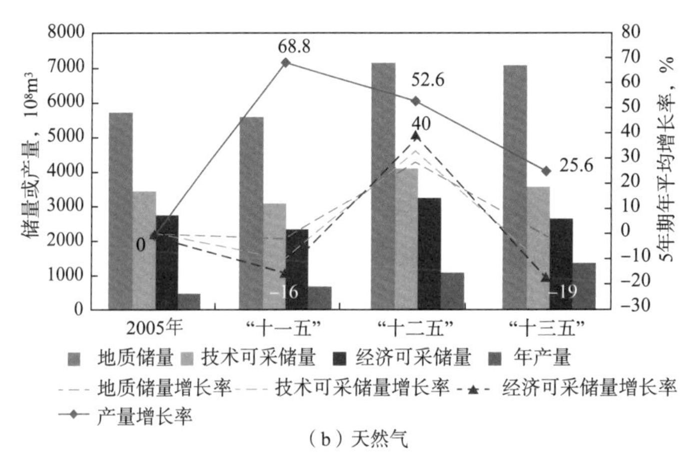

（b）天然气

图 1-3-1　2005—2020 年全国新增油气探明储量与年产量（续）

以新增技术可采储量 2500×10^4t 原油或 $500\times10^8m^3$ 天然气作为大型以上规模的“统计界限”，“十一五”至“十三五”期间（2006—2020 年），中国新增大型—特大型油田 / 区块 15 个，其中中国石油长庆探区的姬塬油田为新增特大型油田（新增探明技术可采储量超过 25000×10^4t），中国石油新增大型油田 / 区块还包括哈拉哈塘、风城、玛湖、昌吉等 10 余个。2006—2020 年中国新增大型—特大型气田 / 区块 23 个，其中中国石油新增的 4 个特大型（新增探明技术可采储量超过 $2500\times10^8m^3$）气田依次为苏里格气田、安岳气田、克拉苏气田和靖边气田，中国石油新增大气田还包括塔中Ⅰ号气田、大北气田、迪那 2 气田和川西气田等 10 余个。

中国新增原油探明地质储量自 1996 年起进入 8×10^8t 大关。“十一五”以来，全国原油探明储量整体保持高峰增长。统计表明（图 1-3-2），2005 年全国新增原油探明经济可采储量 1.34×10^8t；2006—2020 年，全国累计新增原油探明经济可采储量达 25.57×10^8t，平均年增 1.70×10^8t。其中，中国石油 15 年内新增原油探明经济可采储量规模共计 15.79×10^8t，平均年增 1.05×10^8t，占全国总量的 61.7%。

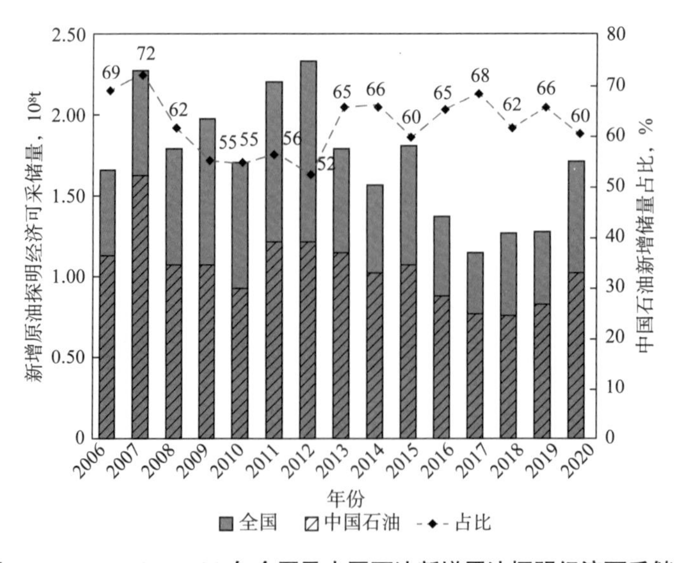

图 1-3-2　2006—2020 年全国及中国石油新增原油探明经济可采储量

如图 1-3-3 所示，重点油田新增原油探明经济可采储量中，2000m 以深的中深层、深层及超深层油藏储量占比已超过一半，且在 15 年期间整体保持相对稳定，占比为 50%~58%，其中深层与超深层占比 14%。中国石油 2000m 以深油藏储量占比为 59%，高出全国平均水平 6 个百分点，深层与超深层占比 12%。“十三五”后，深层、超深层油藏储量占比超过 20%，表明该领域增储潜力增强。

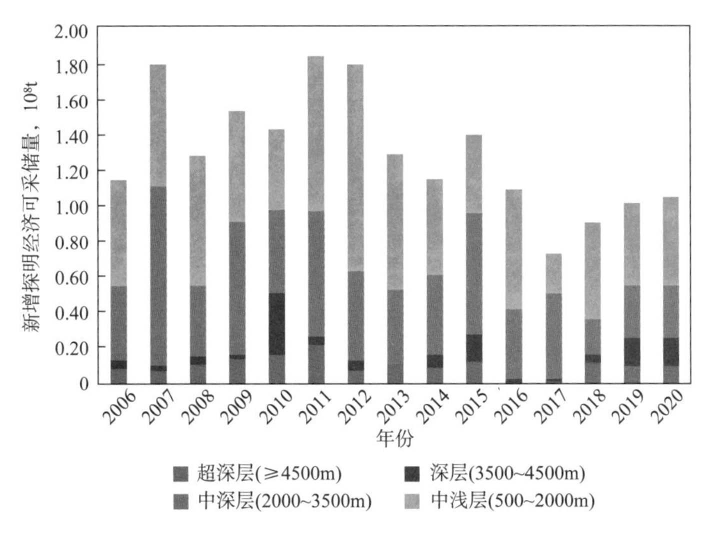

图 1-3-3 2006—2020 年中国（重点油田）新增原油探明储量埋深特征

中国新增天然气探明地质储量在 2000 年一举突破 $5000 \times 10^8 m^3$ 大关，进入长期快速增长期。“十一五”以来，受天然气勘探发现不断涌现推动，全国新增天然气经济可采储量整体呈现高位增长态势（图 1-3-4）。2006—2020 年，全国累计新增天然气探明经济可采储量达 $4.04 \times 10^{12} m^3$，平均年增 $2693 \times 10^8 m^3$。其中，中国石油新增天然气探明经济可采储量规模在全国占据主体地位，15 年共计新增 $2.89 \times 10^{12} m^3$，平均年增 $1926 \times 10^8 m^3$，占全国总量的 71.5%。

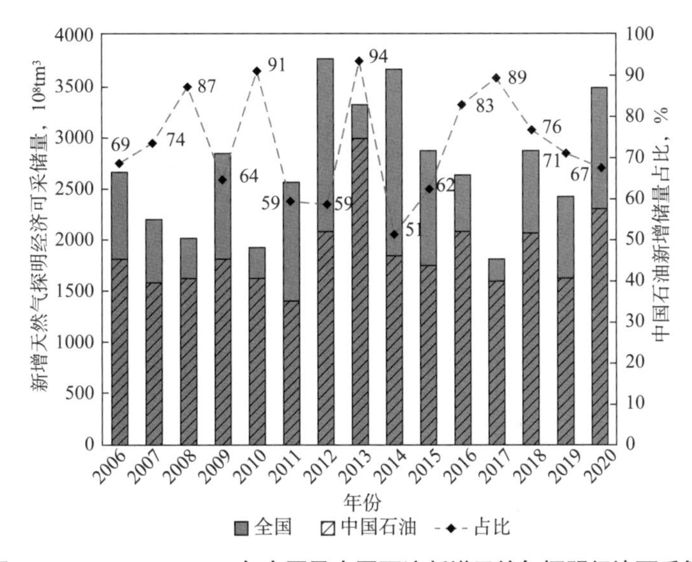

图 1-3-4 2006—2020 年全国及中国石油新增天然气探明经济可采储量

如图 1-3-5 所示，2006—2020 年，重点气田新增探明经济可采储量中，气藏埋深在 2000m 以深的占 91%。其中深层及超深层气藏新增探明经济可采储量平均占比约为 57%，2020 年达到 72%，表明深层及超深层气藏增储比重在持续增大，成为增储主体。

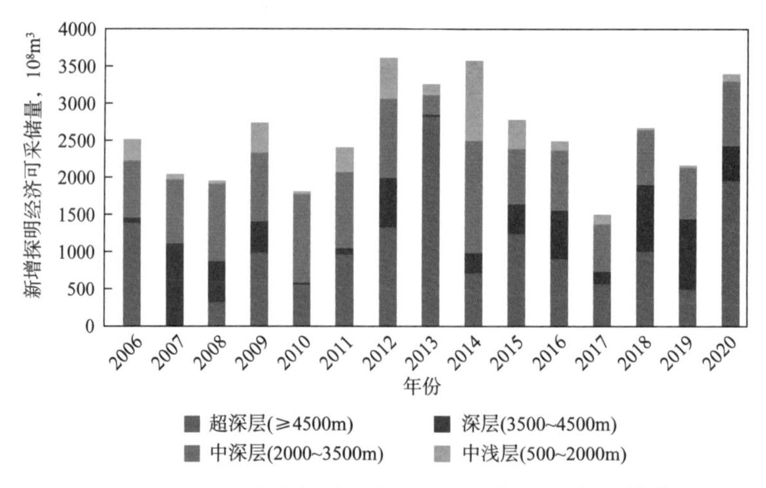

图 1-3-5　2006—2020 年中国（重点气田）新增天然气探明储量埋深特征

中国陆上油气勘探不断向深层—超深层拓展，进入 21 世纪，深层勘探获得一系列重大突破：在塔里木盆地发现轮南、塔河、塔中和顺北等海相碳酸盐岩大油气区及大北和克深等陆相碎屑岩大气田；在四川发现普光、龙岗和高石梯等碳酸盐岩大气田；在鄂尔多斯盆地、渤海湾盆地与松辽盆地的碳酸盐岩、火山岩和碎屑岩领域也获得重大发现。东部地区在 4500m 以深、西部地区在 6000m 以深获得重大勘探突破，油气勘探深度整体下延 1500~2000m，深层已成为中国陆上油气勘探重大接替领域。

我国超深特深层油气资源丰富，其高效开发是保证端好能源饭碗的当务之急。近年来，超深层已成为我国油气增储上产重点突破方向，塔里木、四川、准噶尔、松辽、柴达木和渤海湾等盆地相继探明超深层油气，开辟了增储上产新战场。下面分别对塔里木盆地、四川盆地、柴达木盆地、准噶尔盆地和渤海湾盆的勘探开发现状进行介绍。

（一）塔里木盆地

塔里木盆地位于新疆维吾尔自治区南部，面积约为 $56\times10^4km^2$，该盆地位于哈萨克斯坦板块、西伯利亚板块、羌塘地块和柴达木板块交汇处，周缘发育多期造山带。塔里木盆地是典型叠合复合盆地，构造演化历史漫长、变形叠加改造复杂、油气成藏调整频繁，油气赋存层位多。塔里木盆地油气勘探经历了浅层、深层并逐渐向超深层的过程，超深层勘探始于 20 世纪 80 年代，经过 30 多年的勘探，在超深层已发现克拉苏大气田、塔北大油田和塔中大凝析气田，在寒武系盐下也发现了多个重要苗头，超深层已经成为油田增储上产的重要组成部分，并成为盆地未来油气勘探的重要方向[9]。

塔里木盆地 30 多年的勘探取得了巨大的成效，通过开展超深层规模勘探，先后发现了克拉苏盐下万亿立方米超深层大型气田、塔北超深层大型油田、塔中 10 亿吨级超深层大型凝析气田（图 1-3-6）。三大超深层油气田探明地质储量 16.4×10^8t，约占全球超深层油气探明地质储量的 19%，勘探成果显著。

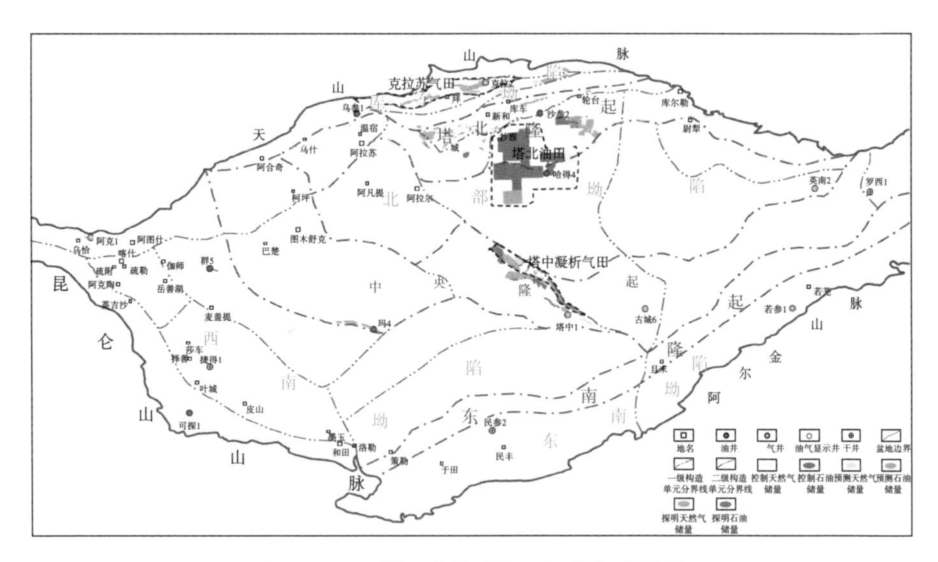

图 1-3-6 塔里木盆地超深层勘探成果图

根据第四次油气资源评价结果，塔里木盆地的油气资源主要分布在深层和超深层。按照埋深进行统计，塔里木盆地中浅层的石油资源量约为 7.36×10^8t、天然气资源量为 $2.0\times10^{12}m^3$，分别占盆地石油和天然气资源量的 9.8% 和 17.1%。盆地深层的石油资源量为 33.2×10^8t、天然气资源量为 $3.75\times10^{12}m^3$，分别占盆地石油和天然气资源量的 44.2% 和 31.9%。盆地超深层的石油资源量为 34.5×10^8t、天然气资源量为 $5.98\times10^{12}m^3$，分别占盆地石油和天然气资源量的 46% 和 51%。

根据各油气成藏组合石油地质条件、油气资源潜力和剩余油气综合分析，优选出塔里木盆地超深层有利勘探领域 8 个（图 1-3-7）。其中，下组合有利勘探领域 4 个，包括库车北部侏罗系、台盆区寒武系盐下、草塘古城坡折带和塔西南山前石炭系—二叠系；中组合有利勘探领域 4 个，包括中秋—东秋白垩系、台盆区奥陶系碳酸盐岩、满东志留系和塔西南山前白垩系。

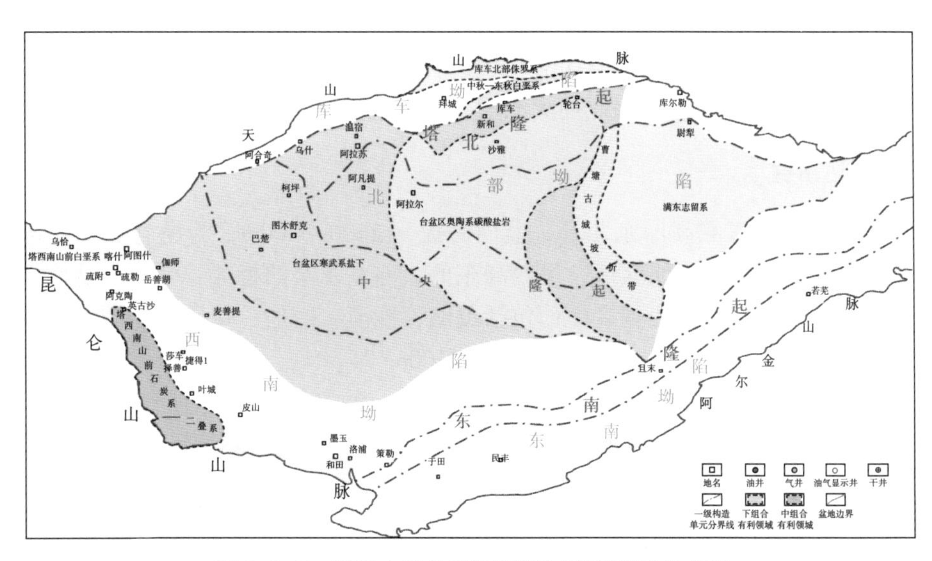

图 1-3-7 塔里木盆地超深层勘探有利领域分布图

（二）四川盆地

四川盆地地处我国西部，面积约为 $18\times10^4km^2$（加上周边油气勘探面积可达 $30\times10^4km^2$），为典型的海相—陆相沉积叠合盆地，其中震旦系—中三叠统沉积以海相碳酸盐岩为主，中三叠统以上为陆相碎屑地层。四川盆地以产气为主，主要是由于四川盆地在长期地史演化中持续埋藏深、长期高地温使得烃源岩得以充分热演化，同时促使岩层内一切能生成天然气的有机质（包含液态烃）持续热演化生成天然气，致使有机质成气率极高，最终使整个盆地除下侏罗统自流井组大安寨段外全都以产气为主。随着 2002 年川东普光大气田的发现，四川盆地天然气的勘探进入了快速发展期，近 10 年来相继发现了磨溪（安岳）龙王庙气田、焦石坝/川南页岩气田、元坝礁滩气田、高石梯震旦系等 9 个储量超过千亿立方米的大型、特大型气田，总体上呈现出海相与陆相层系、深层与超深层、常规与非常规天然气共同发展的特点。四川盆地探明储量与天然气产量如图 1–3–8 所示[10]。

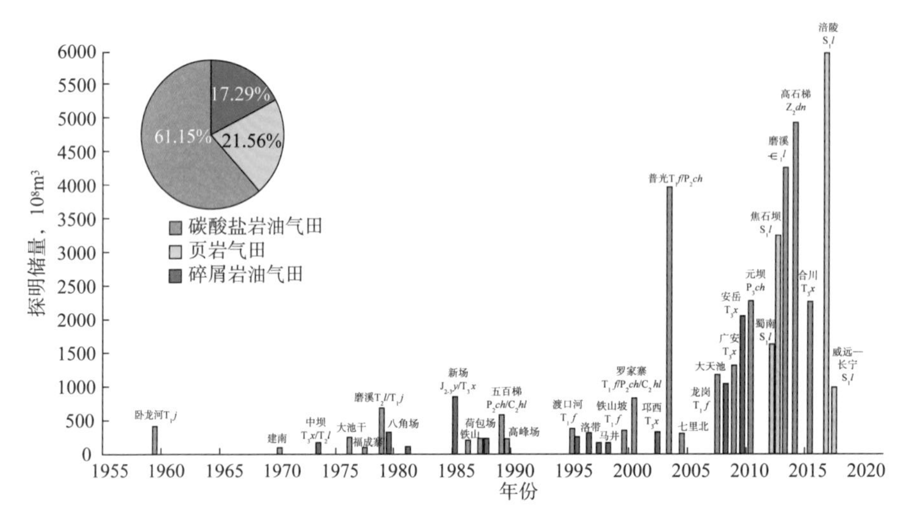

图 1–3–8　四川盆地探明储量与天然气产量

四川盆地天然气资源丰富、勘探潜力大，目前探明天然气资源量为 $3.69\times10^{12}m^3$，但目前油气探明率仅 10% 左右，因此加大深层、超深层油气勘探开发力度势在必行。

（三）柴达木盆地

柴达木盆地位于青藏高原东北部，盆内海拔为 2600~3700m，为昆仑山、祁连山和阿尔金山所环抱的菱形山间高原盆地，呈西高东低、西宽东窄的特征。柴达木盆地作为典型的内陆高原荒漠盆地，地表地貌多样，包括戈壁、沙漠、山地、草原、盐湖、沼泽等。盆地沉积岩面积为 $12\times10^4km^2$，最大厚度超过 17200m[11]。

柴达木盆地是青藏高原唯一的油气生产基地，油气地质条件独具特色，其油气勘探肇始于 1954 年，虽历经近 70 年，但工作量主要集中于盆缘隆起区，盆地腹部及凹陷区勘探程度较低，盆地整体勘探程度不均衡。截至 2021 年底，盆地共完成三维地震 $1.1\times10^4km^2$，完钻各类探井 2661 口，共探明油气田 34 个，其中：油田 24 个，探明石油地质储量 8.0×10^8t；气田 10 个，探明天然气地质储量 $4407\times10^8m^3$。

柴达木盆地平面上划分为柴西坳陷、阿尔金山前带、柴北坳陷、柴东坳陷、德令哈隆起5个一级构造单元和25个二级构造单元（图1-3-9），纵向上，柴达木盆地自古生代接受沉积以来，沉积了古生界至新生界共16套地层（图1-3-10），其中石炭系分布局限于盆地边缘的祁连山前带和昆仑山前带，侏罗系—白垩系主要分布在柴北缘腹部及山前，古近系—第四系全盆地均有分布。柴达木盆地发育石炭系海陆交互相烃源岩、侏罗系湖沼相烃源岩、古近系—新近系咸化湖相烃源岩及柴东第四系生物气源岩4套烃源岩，形成4套含油气系统。已探明的石油地质储量主要分布于柴西坳陷古近系—新近系，天然气地质储量主要分布于柴东坳陷第四系、阿尔金山前东段侏罗系—基岩、柴北坳陷侏罗系—新近系。

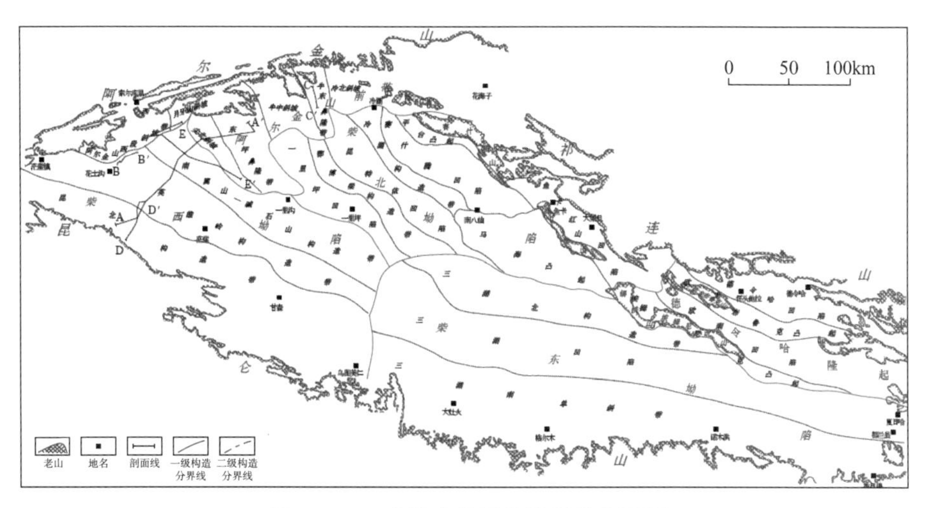

图1-3-9　柴达木盆地构造单元分区图

纵观柴达木盆地油气勘探历史，虽历经近70年探索，但石油和天然气探明率分别仅为27.1%和13.7%，仍处于勘探早期，资源勘探前景良好。总结前期实践成果，石油勘探以寻找构造或构造断块型次生油藏的盆缘勘探为主，也就是按照构造或断裂带控藏的思路开展工作，并未对源内给予足够关注，所发现的尕斯库勒油藏、昆北油藏和英东油藏等均属于此类油藏，故有“金角银边草肚皮”的说法；天然气发现主要以第四系和基岩层系为目的层，对侏罗系和古近系鲜有关注，故有“一老一新”的说法。进入新时代，跟踪近年国内外油气勘探理论与实践进展，分析盆地现状，提出当前盆地油气勘探“四个转变”的思路，即浅层勘探向深浅层结合转变、构造勘探向构造—岩性结合转变、碎屑岩勘探向多种岩性复合转变及常规勘探向常规与非常规结合转变，也就是在重视常规构造、岩性等源外油气藏勘探的同时，更加重视页岩油、页岩气等源内勘探，努力打造“金角银边油肚皮”和“老中新”全面开花的局面。

（四）准噶尔盆地

准噶尔盆地位于新疆维吾尔自治区北部，面积约$13\times10^4km^2$，是一个赋存于拼合地块之上的多期叠合盆地[12]。

根据目前盆地构造单元划分，兼顾考虑地层发育特点及埋深，整体可以将准噶尔盆地深层（4500~9000m）划分为陆东凸起周缘石炭系、玛湖凹陷周缘石炭系—二叠系、腹部地区三叠系—侏罗系及盆地南缘地区侏罗系—白垩系4个领域（图1-3-11）。

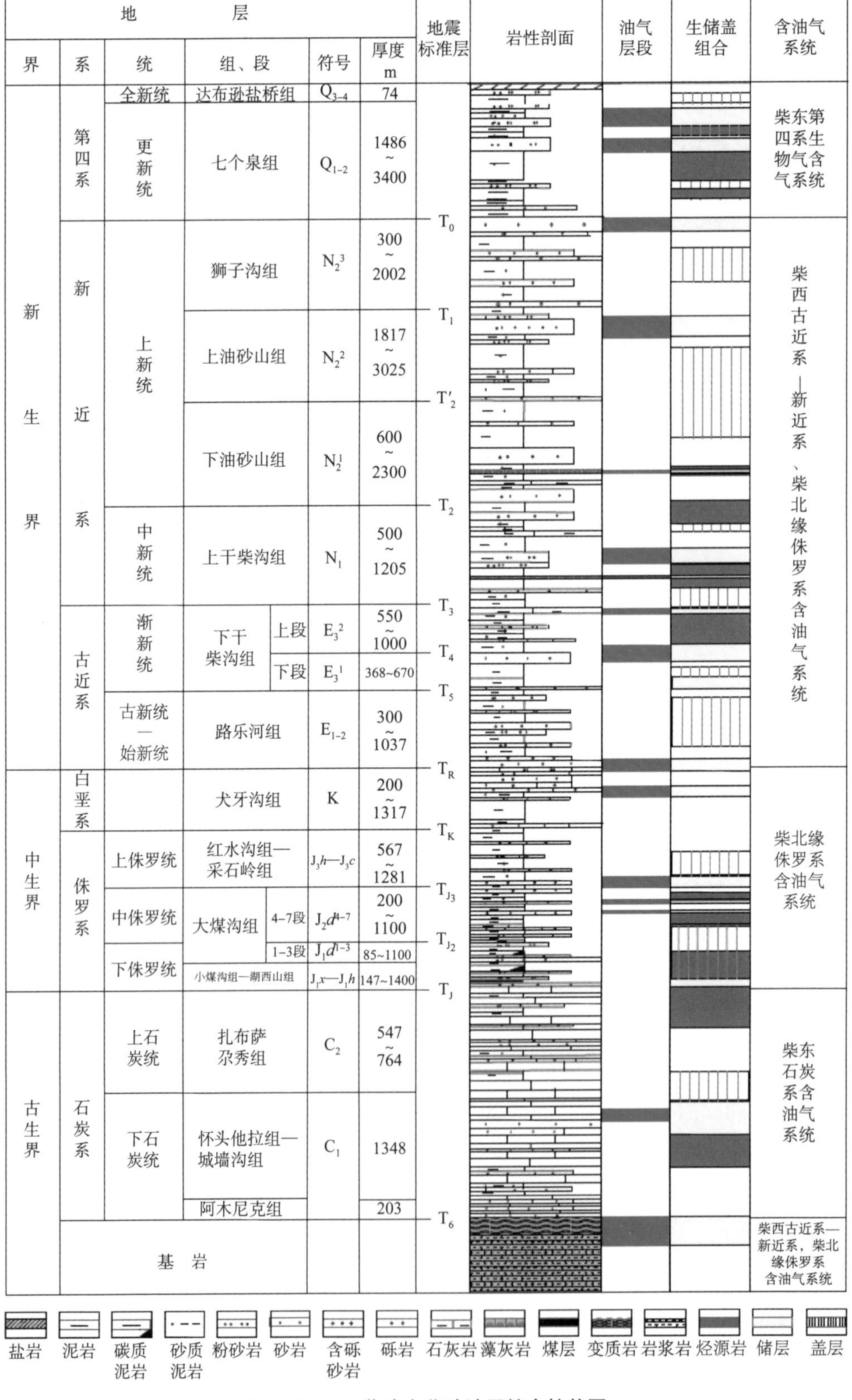

图 1-3-10　柴达木盆地地层综合柱状图

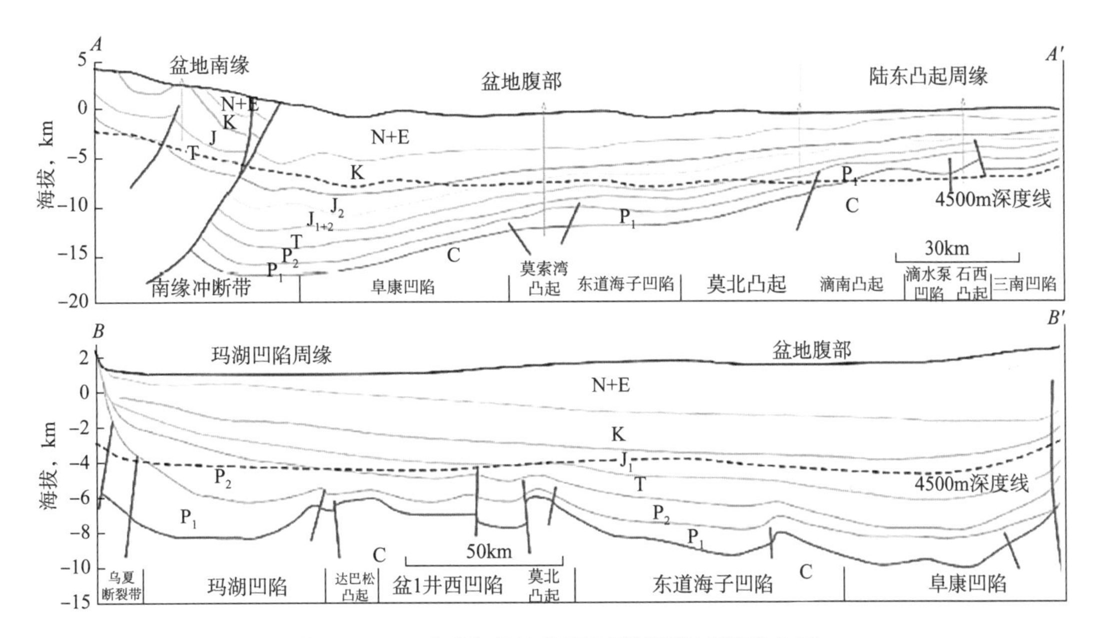

图 1-3-11 准噶尔盆地构造区划及深层领域分布图

深层油气富集的差异性，主要表现在匹配条件上（图 1-3-12）。腹部及南缘地区深层侏罗系—白垩系为源外成藏，以断裂与输导层的空间配置控制油气富集；深层二叠系碎屑岩为源内或近源成藏，断裂系统与封盖条件控制油气富集；而深层石炭系以岩性控藏为主，具有近源隆控、断裂输导、岩体聚集的特点；玛湖凹陷二叠系风城组、吉木萨尔凹陷芦草沟组、五彩湾—沙帐地区二叠系平地泉组的云质岩则形成自生自储的致密油。

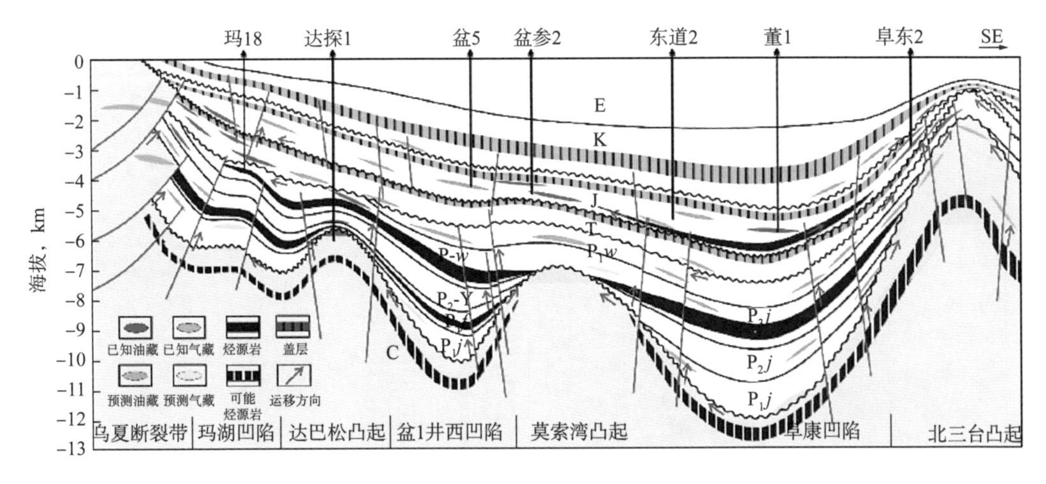

图 1-3-12 准噶尔盆地油气成藏地质模式剖面

目前盆地致密油的勘探，主要集中在吉木萨尔凹陷芦草沟组 4500m 以浅，但芦草沟组 4500m 以深仍有近 1/3 凹陷面积发育优质的云质岩类有效储层。玛湖地区风城组自 FN4 井和 BQ1 井 4500m 深处的云质岩获得致密油突破以来，由于埋深大，一直处于基础研究攻关阶段。依据预测，玛湖凹陷风城组在构造平缓、埋藏深度 4500~5000m 处云质岩分布也非常广泛。而东道海子凹陷斜坡部位的 DN1 井在平地泉组已见良好的油气显示，显示出有利的勘探前景，但凹陷内平地泉组有利的致密油领域基本全部分布于深层。这些区域的致密油均可以作为深部油气勘探的有利目标。

准噶尔盆地资源评价结果显示：盆地深层常规石油资源量约 14×10^8t，占全盆地常规石油资源的 17%；深层常规天然气资源量约 $9700\times10^8m^3$，占全盆地常规天然气总资源量的 42%；同时，盆地 4500m 以深的致密油和致密气资源丰富，深层领域油气勘探潜力巨大。

（五）渤海湾盆地

渤海湾盆地位于我国东部大陆边缘，东西分别以郯庐断裂、太行山断裂为界，南北分别被鲁西隆起和燕山褶皱带所限，总面积约 $20\times10^4km^2$，主要包括辽河坳陷、渤中坳陷、济阳坳陷、黄骅坳陷、冀中坳陷、临清坳陷、昌潍坳陷等 7 个坳陷和埕宁隆起、沧县隆起、内黄隆起、邢衡隆起等 4 个隆起。又可进一步划分为次一级凹陷和凸起，共有 61 个凹陷和 55 个凸起。整体具“凸凹相间、大盆地小凹陷”的特点，其内部构造特征多样，伸展、走滑及挤压构造均有发育（图 1-3-13）[13]。

长期以来，渤海湾盆地都是我国十分重要的含油气盆地，以优越的石油地质条件和丰富的原油资源而著称，但也发现了兴隆台气田、千米桥气田、文留气田和锦州 20-2 气田等一系列气田，在太古界、古生界、中生界以及古近系均有发现。尤其近些年来，随着勘探工作持续推进，天然气勘探接连获得重要突破，大港油田在歧北潜山 QG 8 井获日产气 $16\times10^4m^3$、日产凝析油 $46.3m^3$；中国海油在 BZ19-6-1 井钻遇 25m 油层、348m 气层，测试获得日产油 136t、日产气近 $20\times10^4m^3$。渤海湾盆地天然气资源占全国的 6.94%，是我国陆上第四大含气盆地，东部第一含气盆地；整体探明率仅为 11%，盆地勘探与资源现状揭示了天然气领域巨大的勘探前景。然而截至目前，渤海湾盆地共发现气田 142 个，以小型气田数量居多，规模较大的气藏数量少。

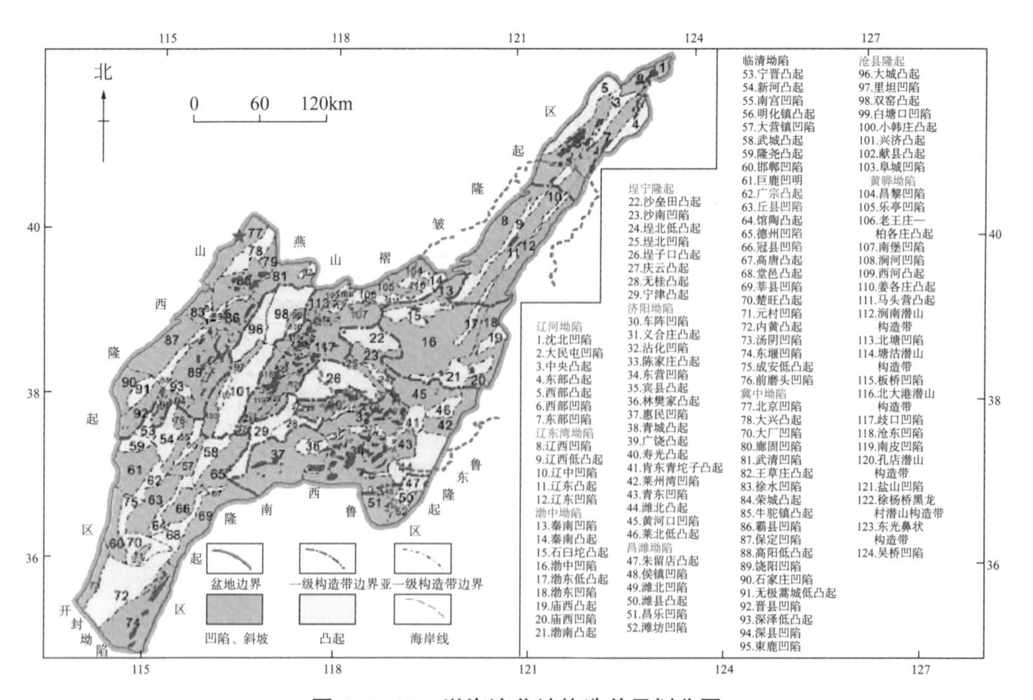

图 1-3-13　渤海湾盆地构造单元划分图

渤海湾盆地深层发育多种类型储层，具备规模成藏的储层条件。一是古近系碎屑岩储层，成岩溶蚀是有利储层发育主控因素，深层裂缝使储层改善作用明显，超压延缓成岩演化、保留部分原生孔隙，如歧口凹陷，受微相、溶蚀相、裂缝和异常超压共同控制，4500m 以深仍发育有效储层。二是石炭系—二叠系碎屑岩储层，研究表明，二叠系碎屑岩储层埋深 3500m 以深，仍发育有孔隙度在 10%~20% 之间的储层，近期乌马营—王官屯地区钻探的 YG1 井，于下石盒子组 4959.4~4987.7m 井段获日产油为 $24m^3$、日产气 $9.2\times10^4m^3$ 高产，进一步证实石炭系—二叠系广泛发育碎屑岩有利储层。三是深部潜山及潜山内幕碳酸盐岩、变质岩储层，从勘探实践看，深部潜山及潜山内幕发育的碳酸盐岩或变质岩储层，物性不受埋深限制，埋深为 4500m 仍可发育优质储层，孔隙度最高为 10%~15%，渗透率可达 100mD 以上。

从目前的勘探情况看，天然气剩余资源量主要分布在深层古近系和古生界潜山地层中，有利勘探区域包括歧口凹陷歧北斜坡—歧口主凹、板桥凹陷沧东断层下降盘、廊固凹陷大兴断层下降盘、辽河西部凹陷清水洼陷深部及霸县凹陷牛驼镇断层下降盘。

渤海湾盆地天然气成因类型多，找气领域广。已发现天然气成因类型主要包括生物气、Ⅱ型溶解伴生气、煤型气（Ⅲ型干酪根、煤系）、干酪根及原油裂解气。天然气普遍具有油气多期充注、晚期为主的特征，其中，早期主要为液态烃充注，晚期则是以气态烃为主的混相充注。渤海湾盆地天然气资源整体探明率仅为 11%，勘探潜力依然较大。

二、超深井钻完井难点分析

深部油气资源仍然是“十四五”及今后若干年增储上产的重点，中国陆上深层、超深层地质条件复杂，突出表现在：井深（埋藏深）、陡（地层倾角大）、窄（压力窗口窄）、厚（砾石层、盐层等复杂层段厚）、难（复杂多压力系统、事故复杂多、可钻性差等）、高（高温、高压、高酸性）等多个方面，导致井筒安全和完整性差、破岩效率低、提速提效装备和工具适应性差、新技术储备不足等诸多严峻挑战，安全优质高效钻完井依然面临一系列世界级难题[1, 17]。

（1）深部地层岩性、产状复杂，钻井时效低、周期长。

塔里木盆地地层古老，存在山前高陡构造（地层倾角高达 87°）、断裂破碎带，发育复合盐膏层（厚达 4500m）、巨厚泥页岩、煤层、异常高压盐水层、缝洞型高压油气层等。例如，塔里木博孜砾石层巨厚（达 5500m），砾石含量高，粒径大（10~80mm，最大 340mm），岩石抗压强度高（目的层 180~240MPa），研磨性强（石英含量 40~60%），致使常规 PDC 钻头进尺少、寿命短，牙轮钻头机械钻速低、蹩跳钻严重；克深区块白垩系巴什基奇克组岩性含灰质细砂岩，研磨性强，可钻性差，平均单井进尺 237.61m，使用钻头 8.6 只，平均单只钻头进尺 27.63m，机械钻速仅 0.45m/h，行程钻速仅 0.25m/h。塔里木盆地某井建井周期甚至超过 800 天，导致建井成本飙升。

四川盆地东部地区陆相地层胶结致密，例如，双鱼石区块须家河组厚度超过 1000m，须一段和须三段结构较细，为砂、页岩组合，部分夹煤线；须二段和须四段为结构较粗的砾岩、砂岩及页岩，偶见燧石；二叠系吴家坪组含黄铁矿、燧石结核，可钻性极差。飞仙关组—茅口组井段主要岩性为泥灰岩、石灰岩、生屑灰岩、页岩、云岩，吴家坪组含深灰褐色燧石结核灰岩，单只钻头进尺低。

（2）超深井普遍存在超高温、超高压，钻井仪器及工具、钻井液及材料等面临严峻挑战。

超高温超高压带来的主要问题有：套管及水泥环封隔地层失效，致使环空带压；钻完井工具、井下仪器、材料等对耐温耐压能力要求高，故障率显著上升，有些地区井下仪器的故障率曾高达60%，测井时电测仪器发生挤压变形；钻井液处理剂及材料易失效，流变性及沉降稳定性差，性能调控、井壁稳定、防漏堵漏等难度大；水泥浆控制失水、调控稠化时间等困难，固井施工难度及风险大。深井超深井钻完井的超高压和超高温较为普遍，例如，LT1井最高地层压力为147MPa；HET101井最高井底液柱压力155.2MPa；川北LG70井最高井底液柱压力高达160.5MPa；冀中北部SIT1井最高井底温度超过200℃；大庆徐家围子地区GUL1井井底温度高达253℃、地温梯度高达4.1℃/（100m）[14]。

（3）地层压力体系多，钻井液密度窗口窄，井身结构设计和安全钻井难度大。

深部地层往往钻遇存在多套压力系统，易漏失层、破碎带、易垮塌、异常高压等地质条件复杂，必封点多，井身结构设计难度大；缝洞型储层溢漏共存，溢漏规律认识尚待深化，油气侵及溢流发生快、早期特征不明显，安全钻井风险高。

塔里木盆地以LUNT1井为例，全井自上而下穿越第四系、新近系、古近系、白垩系、侏罗系、三叠系、石炭系、奥陶系、寒武系和震旦系，缺失二叠系、泥盆系和志留系，井身结构设计时需考虑以下压力特殊位置：①邻井在石炭系卡拉沙依组普遍见油气显示，存在溢流风险；②石炭系和蓬莱坝组顶底发育不整合面，地层承压能力低，存在漏失风险；③奥陶系存在缝洞、发育油气，易漏，同时区域内开发区井位多，易出现压力亏空；④寒武系缺少实钻数据，沙依里克组膏岩发育，易蠕变；⑤肖尔布拉克组存在缝洞、发育油气，易漏；⑥寒武系存在火成岩侵入体，地层坍塌压力高。

四川盆地纵向上从侏罗系—震旦系共存在27个油气层（其中有8个主力产层），由于套管层次有限，造成同一裸眼多个相差悬殊的压力系统交互出现，反复发生溢流、井漏。纵向上广泛存在破碎性泥页岩、煤层、膏盐层等不稳定岩层，井眼缩径、垮塌现象严重。例如：DS001-X1井在二叠系玄武岩段钻进，非生产时效高达65%，包括卡钻损失时间30%，处理溢漏损失时间27%；TH1井在寒武系钻遇高台组盐膏蠕变层，非生产时效42%，其中卡钻损失时间占12%。

（4）地层富含酸性流体，对固完井及井筒完整性等要求高，井控和环境风险大。

深部碳酸盐岩地层富含硫化氢和二氧化碳等高酸性流体，例如四川双鱼石区块雷口坡组—栖霞组为区域性含H_2S地层，栖霞组实测H_2S含量为4.88~10.4g/m^3，区域上飞仙关组鲕滩、长兴组生物礁是高含硫产层，龙岗西区块实测长兴组H_2S含量为57.18~94.9g/m^3，飞仙关组H_2S含量为45.95g/m^3。

高酸性流体对井下管柱和地面管线腐蚀严重，所需开发工艺技术复杂，对材质等级要求高，对环境与安全风险的实时评价与控制技术要求高，安全、清洁开发风险大。这样就对套管及固井工具性能、水泥环长期密封性、井筒完整性等都提出了更高要求。另外，部分深层气田流体性质复杂，富含硫化氢、蜡等，容易发生硫沉积和蜡沉积，造成井筒堵塞，如塔里木盆地博孜区块凝析气平均含蜡量高达16%，多口井在试采过程中发生出砂、结蜡，井筒堵塞严重，无法正常生产，安全、效益开发难度较大。

（5）超深井井下工况复杂，套管和钻具磨损断裂风险大。

例如，LUNT1 井寒武系和震旦系井段进尺长 2122m，地层可钻性差，钻进时间长达 120 天，套管载荷大，三开套管磨损风险高；超深井钻井过程中井下工况恶劣，钻具受力复杂易断裂，邻井 LS2 井（完钻井深为 6920m）发生钻具刺漏和断钻铤各 1 次，TS1 井（完钻井深为 8408m）发生断钻铤和断钻杆事故各 1 次。

在实践中，同一盆地可能同时面临上述多重的地质工程难点，给深井、超深井钻完井作业带来多方制约。例如，塔里木油田面临高温（193℃）、高压（171.55MPa）、高含硫（最高 450g/m^3）、超高压盐水、超深（井深 6000~8882m）、高陡（高陡构造地层倾角 87°）、极窄压力窗口（当量钻井液密度 0.01~0.02g/cm^3）、超低（低孔隙度 4%~8%、低渗透率 0.01~0.1mD）、巨厚（近 6000m 巨厚砾石层和巨厚复合盐膏层）等复杂地质环境的挑战；川渝地区超深井雷口坡组以下 18 个海相油气层（6 个主力产层）层层含硫，部分高含硫，钻井试油面临超深（大于 7000m）、超高压（大于 150MPa）、超高温（大于 210℃）、极窄压力窗口（当量钻井液密度 0.02~0.04g/cm^3）等挑战。

三、国内超深井钻完井现状

我国深井和超深井钻井分别开始于 20 世纪 60 年代和 70 年代，近年来超深井钻完井技术发展迅速，亚洲最深井纪录不断翻新（图 1-3-14，表 1-3-1）。1966 年，在大庆油田钻成第一口深井——SJ6 井，井深 4719m。1976 年，在西南油气田钻成第一口超深井——女基井，井深 6011m，标志着我国超深井钻井历程的开始。1978 年，在川西北中坝构造钻成第一口超过 7000m 的超深井——关基井，井深 7175m。自 2000 年以来，深井超深井钻完井技术快速发展，不断刷新井深纪录。2005 年，钻成 YS1 井，井深 7258m。2006 年，钻成 TS1 井，井深 8408m。2016 年，钻成 MAS1 井，井深 8418m。2017 年，SBP1 井完钻井深 8430m，SBP2H 井完钻井深 8433m。2019 年，钻成 SBY1 井，井深 8588m。2019 年，中国石油塔里木油田钻成当时亚洲最深直井——LUNT1 井，井深达 8882m（垂深 8879m）。2020 年，钻成 SB53-2H 井，完钻井深 8874m，同年，钻成 SY001-X3 井，完钻井深 8600m。2021 年，中国石化西北油田钻成当前亚洲最深直井——TS5 井，井深为 9017m（垂深），同年 6 月，SB56X 井完钻井深达 9300m，不断刷新亚洲陆上最深定向井钻探纪

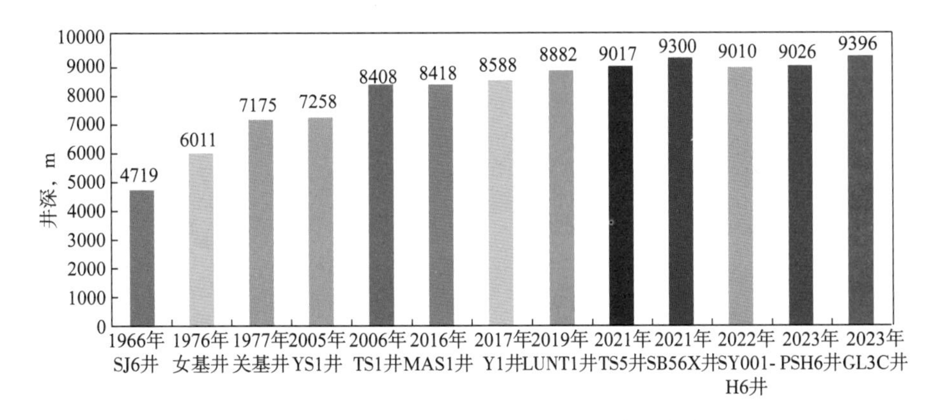

图 1-3-14 国内完成的典型超深井情况统计

录。2022年，中国石油在西南油气田钻成中国陆上最深天然气水平井——SY001-H6井，完钻井深为9010m。2023年2月，中国石油西南油气田PS6井完钻井深达到9026m，刷新亚洲最深直井纪录。2023年3月，中国石油塔里木油田GL3C井完钻井深达到9396m，刷新亚洲最深水平井纪录。据统计，2008年之后我国年均完钻超深井200口以上，意味着我国超深井钻井技术已经达到国际较高水平[15]。

表1-3-1　国内超深/特深井完钻情况统计

井号	井深，m	时间	油田或地区
SJ6井	4719	1966年	大庆油田
女基井	6011	1976年	大庆油田
关基井	7175	1978年	川西北地区（中坝构造）
YS1井	7258	2005年	塔里木油田
TS1井	8408	2006年	塔河油田
MAS1井	8418	2016年	四川巴中地区
SBP1井	8430	2017年	顺北油田
SBP2H井	8433	2017年	顺北油田
SBY1井	8588	2019年	顺北油田
LUNT1井	8882	2019年	塔里木油田
SY001-X3井	8600	2020年	四川广元地区
SB53-2H井	8874	2020年	顺北油田
TS5井	9017	2021年	塔河油田
SB56X井	9300	2021年	顺北油田
SY001-H6井	9010	2022年	四川广元地区
PS6井	9026（最深直井）	2023年	四川绵阳地区
GL3C井	9396（最深水平井）	2023年	塔里木油田

中国陆上深井尤其是超深井主要分布在塔里木盆地和四川盆地，由中国石油和中国石化主导油气勘探开发业务。从深井超深井数量上看，进入“十二五”呈明显上升趋势，但受低油价影响2015年以后明显减少。从深井超深井钻井指标上看，中国石油深井的平均井深为5540m左右，超深井的平均井深为6748m；平均钻井周期逐年缩短，深井已小于105天，超深井为125天左右；平均机械钻速逐年提高，2019年深井达到5.66m/h，超深井达到4.64m/h。

“十三五”期间，通过持续攻关，7000m自动化钻机、精细控压钻井技术与装备、抗高温超高密度油基钻井液、高强韧性水泥浆、深层连续管作业机、高效PDC钻头及钻井提速系列工具、高性能膨胀管等多项技术取得突破和新进展，深井超深井钻井数量快速增长，深井由“十三五”初期的322口增加到2020年的1038口，钻完井能力迈上新台阶。“十三五”期间我国年钻超深井数量超过200口（图1-3-15），2017年之后我国超深井钻井数量超过美国，2020年钻6000m以上超深井302口，5年累计完成8000m以上超深井接近50口。深井超深井关键装备和工具国产化，现场试验和应用见到良好效果，增强了核心竞争力，深井超深井优快钻完井配套技术不断完善，事故复杂时效不断下降，钻井周期大幅缩短，助推超深井井深迈上8000m，打成、打快、打好了包括WT1井、ZQ1井、KS21井、LUNT1井、GT1井、HT1井和TS5井等一批标志性深井，创造了一批纪录。当前，中国石油塔里木油田GL3C井完钻井深达到9396m，创亚洲最深水平井纪录；青海JT1井底实测井温度达到235℃（井深6343m）。深井、超深井钻完井技术的突破很好地支撑了塔里木盆地山前、四川盆地海相碳酸盐岩、准噶尔盆地南缘等重点地区深层超深层勘探开发。同时，多项超前储备技术取得重要进展。为油气勘探不断突破、开发高质量发展和工程技术业务提速、提质、提产、提效提供了持续的技术支持与服务保障。

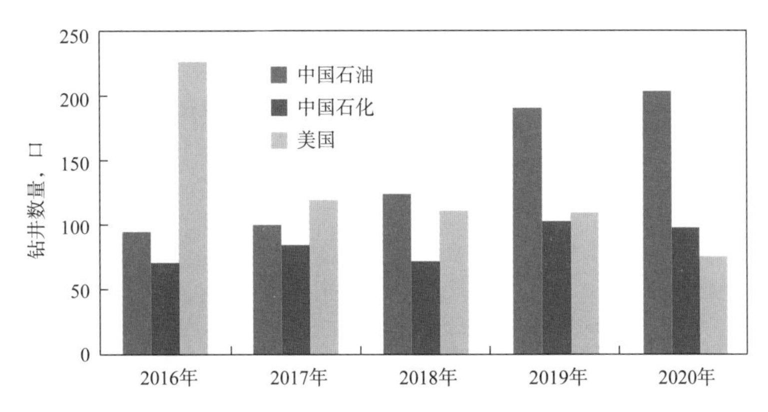

图1-3-15　“十三五”期间我国与美国超深井钻井数量对比图

“十三五”期间深井超深井钻井能力持续提高，中国石油4500m以上深井，平均井深在5475m左右，事故复杂时效不断下降，平均钻井周期逐年缩短，较“十二五”缩短近20天（图1-3-16）；中国石油6000m以上超深井，平均井深达到6798m，平均钻井周期180天左右，机械钻速逐年提高（图1-3-17）；中国石化6000m以上超深井，平均井深达到6809m，平均钻井周期为126.4天。强力支撑塔里木、川渝、新疆南缘等重点地区超深层油气勘探突破和主营业务增储上产，其中中国石油塔里木油田公司（以下简称塔里木油田）平均年钻4500m以上深井172口，占中国石油相应井深井数的31%；平均年钻6000m以上超深井109口，占中国石油相应井深井数的79%，库车山前平均井深逐步增加，钻井周期大幅度缩短（图1-3-18）。中国石油西南油气田公司深井比例逐年提高，4500m以上深井占该公司年总井数的80%左右，深井超深井已成为塔里木油田和西南油气田钻井主体。

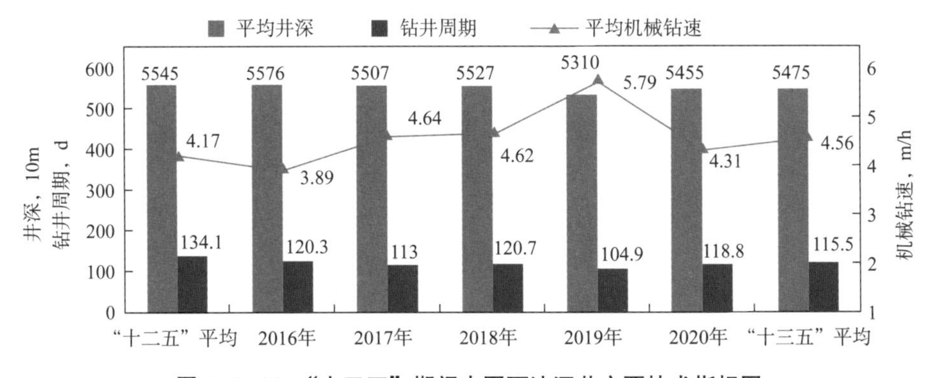

图1-3-16　“十三五”期间中国石油深井主要技术指标图

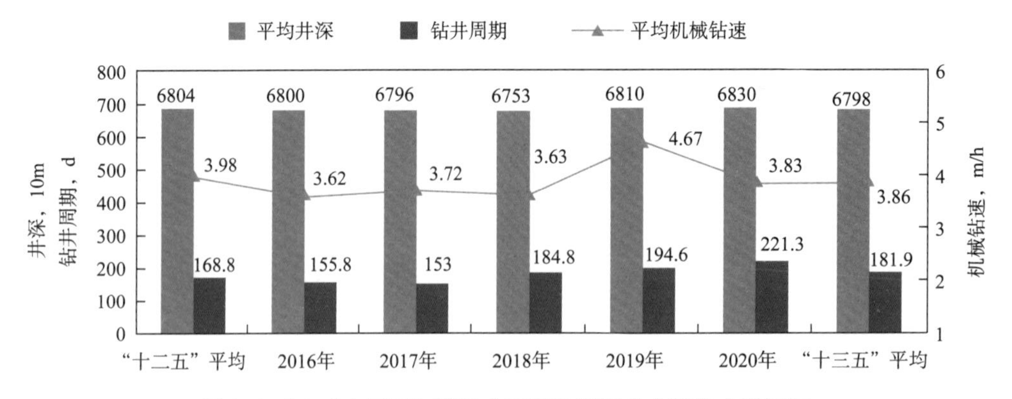

图 1-3-17 “十三五”期间中国石油超深井主要技术指标图

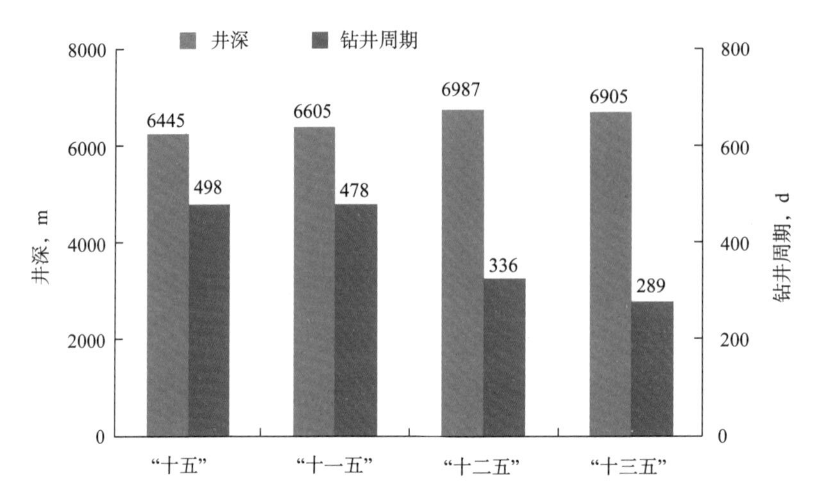

图 1-3-18 “十五”至“十三五”期间塔里木盆地库车山前超深井主要技术指标对比图

中国石油深井、超深井钻完井总体技术水平不断提升，与国外差距持续缩小：

（1）钻井装备方面。拥有 1000~12000m 系列钻机及顶驱设备，15000m 特深井智能钻机正在研发攻关，顶驱载荷能力 2250~9000kN，配置钻井作业安全提升技术、扭矩智能控制、导向滑动控制，主轴旋转定位，远程诊断；气体钻井 / 欠平衡钻井 / 控压钻井装备成熟配套。

（2）破岩与提速技术方面。常规钻头种类齐全、成熟应用，高端 PDC 复合片依赖进口，硬地层机械钻速低、寿命短；形成系列化螺杆设计与制造能力，耐高温、耐腐蚀、长寿命等方面与国外有差距；垂直钻井工具、涡轮钻具、扭力冲击器、水力脉冲工具、恒扭矩工具、钻井提速优化系统等在钻井提速中发挥了积极作用，但可靠性、地层适应性等方面还需要进一步攻关。

（3）随钻测控技术方面。MWD（Measurement While Drilling，随钻测量）和（Logging While Drilling，随钻测井）LWD 等实现工业化应用，抗温能力 125℃，部分达到 150℃。近钻头地质导向系统等实现工业化应用，正在攻关旋转导向系统。

（4）钻井液方面。水基钻井液技术成熟，体系齐全，耐温性好，规模应用。油基钻井液基本成熟，但防漏堵漏处理剂相对缺少。

（5）固井完井技术方面。形成了 11 大类 100 多个品种水泥浆外加剂，满足需要，韧性水泥、大温差水泥、低密度水泥等成熟，研制了密度最高达 3.0g/cm^3 的超高密度和最低达 0.8g/cm^3 的超低密度水泥浆体系，有效解决超深复杂地层的压稳和防漏难题。固井完井工艺成熟配套，正在完善抗高温水泥、自愈合水泥等。

可见，钻井技术与装备基本满足勘探开发需要，以管柱自动排放为核心的 7000m 自动化钻机、顶驱、控压钻井、深层连续管作业机等基本国产化自给。中国石油目前 6000m 以内井深钻完井技术正趋于成熟、7000~8000m 钻完井技术取得重大突破，其中万米级钻机及顶驱、气体钻井、欠平衡钻井和控压钻井、高温高压固井、韧性水泥浆、抗高温油基钻井液、高温高密度水基钻井液等达到国际先进水平[16]。

"十三五"期间，我国超深井数量首次超越美国，井深迈上 8000m 新台阶，对于支撑深层油气勘探开发业务发展、提升钻完井市场竞争力发挥了重要的作用。但自动化、智能化钻井技术则刚刚起步，高研磨性地层高效破岩技术需进一步攻关完善，破岩工具稳定性、可靠性较差，随钻测控工具耐温压能力不足、适应性差。深层超深层钻头和井下动力钻具，抗高温随钻测量工具，超深井固井完井工具等依赖进口或国外服务。钻井装备自动化与智能化，及随钻测控、抗高温元器件数字化与智能化技术等与国际先进水平有较大差距，例如，Ⅱ级高温高压（压力 137.9MPa，温度 204℃）钻井装备工具适应能力不足，Ⅲ级高温高压（压力 206.8MPa，温度 260℃）钻完井技术基本属于空白；深部高研磨性地层破岩效率低、钻速慢；多压力系统与井身结构层次的矛盾等。此外，井筒工作液在超高温和极低密度、环保等方面也需进一步攻关。"十四五"及今后若干年油气增储上产的重点依然是深层超深层，需要围绕存在的地质难点，开展深井自动化与智能化钻井装备、超高温井筒工作液、随钻前探和数字孪生建井等关键核心技术攻关，实现传统优势技术的迭代升级，提升深井超深井安全优快钻井的能力。

参考文献

[1] 赵文智，窦立荣 . 中国陆上剩余油气资源潜力及其分布和勘探对策 [J]. 石油勘探与开发，2001，28（1）：1–5.

[2] 贾承造，张永峰，赵霞 . 中国天然气工业发展前景与挑战 [J]. 天然气工业，2014，34（2）：1–11.

[3] 苏义脑，路保平，刘岩生，等 . 中国陆上深井超深井钻完井技术现状及攻关建议 [J]. 石油钻采工艺，2020，42（5）：527–542.

[4] 贾承造，庞雄奇 . 深层油气地质理论研究进展与主要发展方向 [J]. 石油学报，2015，36（12）：1457–1469.

[5] 汪海阁，郑新权 . 中石油深井钻井技术现状与面临的挑战 [J]. 石油钻采工艺，2005，27（2）：4–8，81.

[6]《中国地质》编辑部 . 世界超深井简介 [J]. 中国地质，2019，46（3）：672–672.

[7] 汪海阁，黄洪春，毕文欣，等 . 深井超深井油气钻井技术进展与展望 [J]. 天然气工业，2021，41（8）：163–177.

[8] 王永祥，杨涛，徐小林，等. 中国新增油气探明经济可采储量特征分析 [J]. 中国石油勘探，2022，27（5）：13–26.
[9] 杨学文，田军，王清华，等. 塔里木盆地超深层油气地质认识与有利勘探领域 [J]. 中国石油勘探，2021，26（4）：17–28.
[10] 刘树根，邓宾，孙玮，等. 四川盆地是“超级”的含油气盆地吗？ [J]. 西华大学学报（自然科学版），2020，39（5）：20–35.
[11] 李国欣，张永庶，陈琰，等. 柴达木盆地油气勘探进展、方向与对策 [J]. 中国石油勘探，2022，27（3）：1–19.
[12] 何文军，费李莹，阿布力米提·依明，等. 准噶尔盆地深层油气成藏条件与勘探潜力分析 [J]. 地学前缘，2019，26（1）：189–201.
[13] 赵长毅，李永新，王居峰，等. 渤海湾盆地天然气成因类型与勘探潜力分析 [J]. 天然气地球科学，2019，30（6）：783–789.
[14] 江同文，孙雄伟. 中国深层天然气开发现状及技术发展趋势 [J]. 石油钻采工艺，2020，42（5）：610–621.
[15] 孙巍巍. 深井超深井钻井技术现状和发展趋势 [J]. 中国石油和化工标准与质量，2020，40（9）：236–237.
[16] 汪海阁，葛云华，石林. 深井超深井钻完井技术现状、挑战和“十三五”发展方向 [J]. 天然气工业，2017，37（4）：1–8.

第二章　超深井优化设计技术

深部储层埋藏深、地质环境复杂，钻井过程中易出现井塌、缩径、阻卡、井漏、井涌、钻头/钻具先期损坏等井下复杂和事故。通过收集区块井史资料，结合地震、测井、录井等解释成果，综合研判区域地质工程技术难点及其主控因素，开展井身结构、钻具组合和钻井参数的优化设计，是钻井工程设计的主要内容，也是高效钻井、安全施工的重要前提。

第一节　超深井井身结构优化设计

井身结构（casing program）包括套管的层次、直径、下入深度和管外水泥返深，以及相应各井段所用钻头直径。井身结构设计的主要目的是在有效保护储层的前提下，最大限度保证裸眼段安全钻进，规避井下复杂事故，安全、高效钻达目的层。本节针对超深井井身结构设计难点，在简要介绍井身结构设计原则、流程的基础上，阐述了近年来超深井套管层次及下深设计、套管与井眼尺寸配合设计、套管柱强度设计及高性能套管配套等方面的研究与应用进展，结合塔里木油田和西南油气田超深井井身结构设计应用案例，详细介绍目前国内超深井井身结构设计的思路和方法。

一、超深井井身结构设计难点

井身结构设计方法的发展经历了3个主要阶段[1-2]：（1）1900年至20世纪60年代末的经验积累阶段，形成了API尺寸标准，提出了以满足工程必封点为基础的井身结构设计思路；（2）20世纪60年代末期至80年代末期的理论发展阶段，提出了自下而上、自上而下以及二者相结合的设计手段，构建了可量化评价的井身结构设计方法；（3）20世纪80年代末期至今，为解决深井复杂地层的问题，井身结构优化设计逐渐向系统工程的方向发展。基于对区域地质（如岩性、地层压力系统、地层流体性质等）特点的认识，结合当前钻井装备、工艺技术水平及区域工程与地质风险，统筹考虑油藏工程、采油工程、地面工程等多方面经济技术指标，以全生命周期井完整性为原则，对待钻井套管层次、套管下深、套管尺寸及钢级进行设计，并在钻后开展地质工程一体化后评估工作，迭代优化区域井身结构，持续提高钻井经济技术指标和油田勘探开发综合效益。

超深井井身结构设计不同于常规浅井井身结构设计，其钻遇的地层岩性、压力系统和地层流体多样。另外，超深井井身结构设计还需充分考虑地面设备能力，包括钻机负荷、机泵能力等。因而，超深井井身结构设计的难度显著增大。具体体现在以下方面：

（1）地层压力系统更加复杂；

（2）岩性复杂多变；

（3）套管选型及下深需充分考虑能动用的设备能力；

（4）新探区可参考的地质、工程资料少，为应对复杂，需要考虑设计冗余。

（一）塔里木盆地

塔里木盆地是国内陆上油气增产的主战场，塔里木油田探区整体分为山前和台盆两大地区（图 2-1-1）。

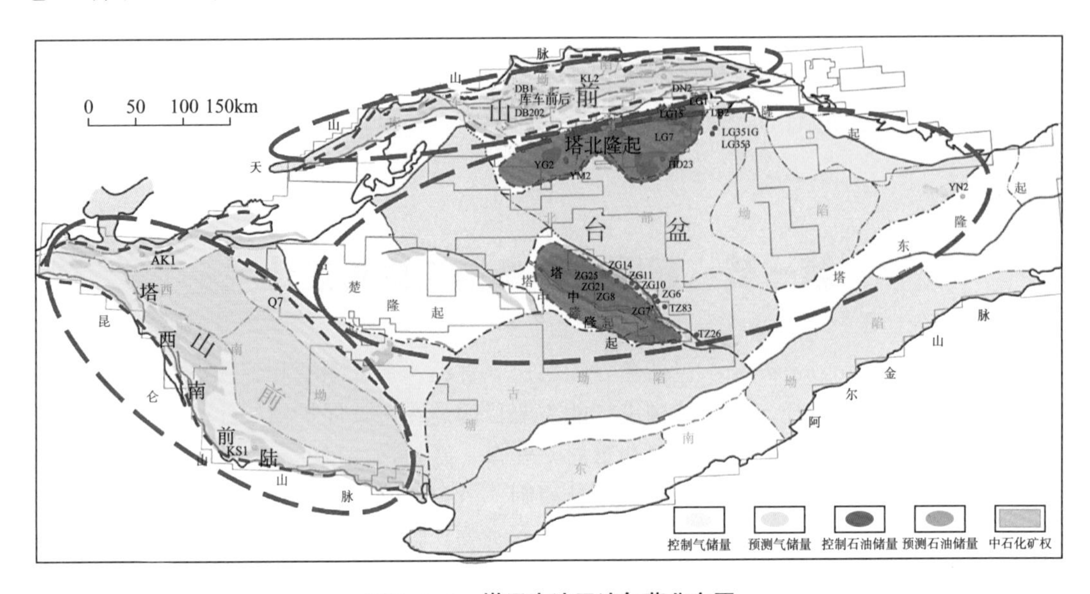

图 2-1-1 塔里木油田油气藏分布图

盆地北部天山南缘的山前构造带更是西气东输的主要源头。克深地区是库车山前构造的重要组成部分，实钻过程中遇到了井斜、盐膏层坍塌缩径、压力系统复杂、岩石可钻性极差、漏失井涌、卡钻憋泵等难题，可以说是超深井钻井复杂问题的集中爆发地，给钻井安全带来诸多世界级挑战[3-5]。

统计分析区块实钻情况发现：（1）库车山前地区第四系砾岩发育，砂泥岩互层且胶结较差，井壁易坍塌和漏失，多井发生卡钻和遇阻；（2）库车组、康村组以及吉迪克组上部地层胶结差，泥岩遇水软化、膨胀易导致缩径、阻卡；（3）库姆格列木群含膏泥岩，易污染钻井液并导致缩径，甚至会挤毁套管；（4）吉迪克组下部发育多套高压盐水层，易发生溢流；（5）目的层库姆格列木群砂砾岩段、白垩系巴什基奇克组和巴西改组，气藏顶部压力较高，属于溢流、井涌、井喷及井漏的高发地层。库车山前地区地质构造复杂、岩性多样、地层流体多样、邻井复杂工况多发、必封点多，突出体现了超深井井身结构设计的难点。

近年来，塔里木盆地油气勘探开发进一步向深部发展。台盆区油气资源丰富，但储层埋深大于 8000m，钻遇第四系、新近系、古近系、白垩系、侏罗系、三叠系、石炭系、奥陶系、寒武系和震旦系，缺失二叠系、泥盆系和志留系，井身结构设计需考虑以下因素：（1）邻井在石炭系卡拉沙依组普遍见油气显示，较易发生溢流；（2）石炭系和蓬莱坝组顶底发育不整合面，地层承压能力低，漏失风险高；（3）奥陶系存在缝洞、发育油气，易漏，同时区域内开发井位多，易出现压力亏空；（4）寒武系缺少实钻数据，沙依里克组膏岩发育，易蠕变；（5）肖尔布拉克组存在缝洞、发育油气，存在涌漏风险；（6）寒武系存在火成岩侵入体，地层坍塌压力高。

针对上述难点，塔里木油田在钻井实践过程中不断优化井身结构设计方案，形成了3套设计标准，较好支撑了超深井安全高效建井需求。

（二）四川盆地

近年来，四川盆地深部油气勘探开发取得重大进展，但同时，井身结构设计也面临着诸多挑战[6-8]。

四川盆地东部的达州—开江古隆起区具备良好的油气成藏条件，是近年来天然气勘探开发重要的领域和方向。其中：（1）普光气田完钻井深接近6000m，采用常规四开井身结构；（2）元坝气田完钻井深7000m，采用非标五开井身结构；（3）龙岗西完钻井深接近7800m，采用六开非标井身结构。川东地区寒武系发育膏岩层，井身结构设计和安全钻井仍面临严峻挑战：TH1井在膏盐层发生3次卡钻而中止钻进；JS1井在盐层发生多次卡钻而无法继续钻进；Z3井在盐层发生套管挤毁而停止钻进；C7井、WK1井钻至膏盐层顶部被迫完钻。

四川盆地东部地质层序较为完整，由浅及深一般分布有侏罗系、三叠系、二叠系、石炭系、志留系、奥陶系、寒武系、震旦系、南华系。川东地区纵向上岩性多样、压力系统非常复杂、高低压交错特征显著。经在川东地区多年钻探实践，该区域石炭系及以上的地层特征可归纳为以下几点：（1）凉高山组—须家河组岩性以泥岩、页岩、砂岩为主，须家河夹煤层，易发生水敏垮塌与应力垮塌，压力系数一般小于1.0，漏失和垮塌矛盾比较突出；（2）嘉陵江组的嘉四段可能钻遇石膏或盐层，缩径或垮塌的风险高；（3）飞仙关组和长兴组为四川盆地勘探鲕滩和生物礁储层的主要对象，多井钻遇高含硫气层，一般压力系数为1.2~1.3，储层发育的井段易发生压差卡钻；（4）龙潭组和茅口组可能钻遇裂缝性异常高压层和漏失复杂层；（5）石炭系为川东地区主要开发气层，地层原始压力系数为1.1~1.2。寒武系的高台组中下部与龙王庙组上部可能钻遇大段膏盐层，有缩径、垮塌形成“大肚子”井眼的风险，对安全钻井挑战很大。此外，该区域井底温度可超过170℃，井底压力超过140MPa，雷口坡组以下地层大多含硫化氢，甚至属于高含硫气藏。以上为川东地区井身结构设计面临的难题。

川西南大兴场构造带部署了多口探井，井深超过6500m，井身结构设计及钻井施工仍面临诸多难题：（1）雷口坡组以上为长段低压地层，遂宁和沙溪庙组可能存在严重井漏。（2）雷口坡组—嘉陵江组存在高压盐水层，但当量循环密度控制不准会发生井漏。（3）沙湾组—峨眉山地层发育玄武岩，漏、垮同存，易卡钻。沙湾组泥岩水化膨胀，长时间浸泡易井壁失稳；峨眉山玄武岩组存在大量裂缝、孔洞，杏仁体，发生应力垮塌的风险较高，大量裂缝、气孔易导致井漏，漏、垮同存。（4）茅口组—栖霞组裂缝发育，漏、喷、垮、卡风险并存。茅口组顶部存在一套薄层的玄武岩，井壁失稳风险较高。茅口组和栖霞组裂缝发育，易同时出现漏、喷、垮、卡复杂。（5）钻遇断层，喷、漏、卡、垮等复杂工况易发。

针对上述难点，西南油气田在钻井实践过程中不断优化井身结构设计方案，较好支撑了超深井安全高效建井需求。

二、超深井井身结构设计原则、依据和流程

（一）设计原则

井身结构设计的科学性和先进性直接关系到建井的成败和效益，可显著影响井眼的产能和寿命。常规井井身结构设计的基本原则如下：

（1）符合当地法律、法规，满足安全、健康、环保的要求。

（2）有利于发现、认识和有效保护储层，使不同压力梯度的油气层不受钻井液污染伤害。

（3）表层套管应封固地表水及地表疏松地层。

（4）能避免井涌、井喷、井漏、井塌、阻卡等井下复杂工况，尤其要尽量避免同一开次潜存多种风险。

（5）当发生溢流需加密度压井时，应避免压漏上一开次套管鞋，尤其在高含硫化氢地区，井身结构设计中要考虑到钻井液密度附加值将取高限。

（6）深部井段的井身结构设计中，尽量将钻井工艺相同的地层设计到同一开次，尽量减少起下钻次数，提高机械钻速和钻井时效。

（7）定向井井身结构设计要统筹考虑地质和工程甜点，在实现地质勘探和产能建设目标的前提下，尽量便于井眼轨迹控制和钻井提速。

（8）新探区和复杂井要考虑地质不确定因素的影响，宜采用自上而下设计方法时，导管和表层套管的直径尽量大一些，为后续套管尺寸选择和处理复杂工况留有余地；成熟区块要尽量简化井身结构，降低成本。

（9）考虑随钻扩眼、膨胀管、承压堵漏等技术，合理匹配环空间隙，拓展井身结构。

（10）下套管作业时，要能将钻井液液柱压力与地层压力之差控制在合理水平，避免压差卡套管。

对于深井、超深井，井身结构除考虑上述因素外，重点还需考虑针对地质不确定性而增加的井身结构设计余量、设备能力及经济等相关因素：

（1）井身结构设计余量。超深井钻探的地层更深，岩性及压力系统更加复杂，且可参考的资料相对更少，尤其对于参数井和预探井，地质方面存在的不确定性更大，井身结构设计在满足钻探目标的前提下要充分考虑设计余量，预留出1~2个开次的余量。

（2）设备能力。井深增加以后，各开次套管重量、钻具重量增加，在超深井井身结构设计时要充分考虑钻机提升能力。一般经验性的做法是保证井身结构设计中的最大悬重（浮重）要小于钻机额定载荷的80%，并根据钻机新旧程度留有一定余量。

（3）经济因素。超深井井身结构设计直接关系到钻井周期费用和钻井材料成本，对钻井成本的影响远大于常规井井身结构对成本的影响。在井身结构设计时要在实现地质目的的前提下，评估地质资料的精确程度和工程技术的应对能力，尽可能降低钻井成本。

（二）设计依据

井身结构应依照相关文件和标准科学设计，除了依据钻井地质设计、钻井作业计划

书、邻井实钻资料外，还应执行SY/T 5431《井身结构设计方法》、SY/T 5724《套管柱结构与强度设计》、中国石油《高温高压及高含硫井完整性设计准则》《钻井井控技术规范》等国家、行业和企业相关标准规定。

（三）设计流程

合理的井身结构设计应从全面分析相关地质和工程资料入手，开展井身结构方案设计论证，主要流程如下：

（1）充分调研邻井已钻井资料，建立待钻井事故复杂剖面；

（2）结合同区块邻井测井资料、测试资料及实钻钻井液密度情况，建立待钻井地层压力预测剖面；

（3）以地层岩性和压力系统为基础，结合钻井工艺特点，确定合理的必封点；

（4）根据勘探开发需求确定最小的完井套管（井眼）尺寸；

（5）根据必封点和完井井眼尺寸要求设计初步的套管程序；

（6）根据流体性质确定套管的材质；

（7）开展套管强度校核确定套管规格（外径、壁厚、螺纹类型）；

（8）根据套管柱浮重选择合适的钻机型号或套管下入方式；

（9）按照安全、合理、经济原则，结合钻完井作业需要，对设计井身结构进行复核、优化。

三、超深井套管层次及下深设计

套管层次及下深设计就是针对完井方式和油层套管尺寸需求，基于地层孔隙压力、地层坍塌压力、地层破裂压力和岩性剖面，考虑抽吸压力允值、激动压力允值、井涌条件允值、正常或异常压力压差卡钻临界值、钻井液密度允值等参数，结合邻井实钻资料、钻井装备/工艺技术水平以及钻井规范，明确易垮塌和漏失的必封点，然后根据压力平衡关系设计出井身结构方案。一般而言，对于已探明区块的开发井和地质环境较清楚的井采用自下而上的设计方法；对于新探区的探井或下步地层信息存在不确定性的井（超深井多属于该类），采用自上而下的设计方法或者两者结合的方法。

（一）套管层次及下深的设计依据

1.地质资料分析

在开展井身结构设计之前，首先应对本井地质设计进行全面解读，全面了解地质设计的设计要点，尤其是要分析掌握以下重点要素：

（1）构造特征。分析设计井附近断层、断裂基本特征，与本井的距离。

（2）地层及岩性。分析可能钻遇地层的岩性、厚度、产状、沉积相、分层特性；重点要对地表流沙层、近地表淡水层、浅气层、盐层及其他蠕变地层、油气层、高压水层、煤层、低强度及破碎性地层、缝洞型地层等特殊地层进行分析。

（3）地层压力。常规做法是分析地质预测的孔隙压力、坍塌压力和破裂压力，现在又提出统筹分析地层的漏失压力和闭合压力，尤其对于裂缝或缝洞型地层，要分析邻井漏失压力以及实钻钻井液密度。纵向上存在多套压力系统，应详细评估各油层、气层、水层的压力情况，从构造位置、井间距离、连通情况、开采程度等方面进行压力分析。对于非均质性强的压力异常区、盐膏层等塑性地层发育区和破碎地层带等地区的井，应对地层坍塌压力重点分析。还应落实注采井注采深度、动态压力、注采量等对原始地层压力系统改变的情况，是否存在局部异常高压 / 低压。

（4）温度分析。结合邻井的测温成果，预测设计井的温度剖面，为固井方式选择、套管强度校核等提供依据。

（5）地层流体。根据邻井测试取得的油、气、水的产量和成分等数据，分析区域内腐蚀环境、管材腐蚀失效等情况，为套管、钻井液、水泥浆、钻具、井口的选择与防护提供依据。

（6）井场环境。了解地表高差、水源分布情况、河流河床底部深度、溶洞、地下淡水层底部深度、矿产采掘井矿井坑道等信息。

（7）地质任务。明确地质任务及钻井的主要目的层、完井方式、完井管柱（井眼）尺寸。

2. 钻完井工程资料分析

在掌握上述地质设计要点之后，还应围绕邻井的井身结构开展分析评价，应重点关注以下实钻资料，为井身结构设计提供针对性依据。

（1）已钻井必封点分析。根据邻井实钻的溢流、井漏等复杂情况对钻井作业造成的风险，同时考虑地层变化、地层预测精度及所实施的钻井工艺，评价必封点选择是否合理。

（2）地层压力分析。了解邻井使用的钻井液密度，地层破裂压力试验、地层承压能力试验、地层压力测试等情况。分析浅气层、近地表淡水层、纵向上多压力层系对井身结构的影响。

（3）套管及固井分析。掌握邻井使用的套管下深、规格、强度、固井方式，分析邻井固井质量、环空带压情况、套损情况及采取的固井质量补救措施。

3. 必封点选择

根据上述地质、工程风险分析评估结果，通常建立“地层孔隙压力剖面、地层坍塌压力剖面、地层破裂压力剖面、岩性剖面以及事故复杂剖面”5 个剖面，即可确定合理的必封点和套管下深，避免由于风险点漏封、错封而导致的井完整性风险。具体必封点的选择需考虑以下因素：

（1）压力系统因素。同一裸眼井段不宜存在压力系数相差过大的多套压力系统。

（2）特殊岩性因素。煤层、塑性地层（盐层、盐膏层、软泥岩）、火成岩侵入体等不稳定地层。

（3）事故复杂因素。裂缝溶洞型、开放断层、破裂带、垮塌堆积体、表层风化体、不整合交界面型等漏失地层；含 H_2S 等有毒有害气体的地层。

（4）其他。考虑井场周边地表高差、地下淡水层底部深度、浅层气、溶洞所在层位；对于存在浅层气的井，表层套管原则上应下至浅气层顶部；在地下矿产采掘区钻井，井筒与采掘坑道、矿井坑道之间的距离不少于 100m，套管下深封住开采层并超过开采层 100m ；实施欠平衡等特殊工艺井，要考虑相应的技术要求。

以技术可行、安全可靠、经济合理为原则，对潜在“风险点”从钻井工艺措施方面提出解决方案，在现有工艺技术满足的前提下，确定必封点，每个必封点原则上应采用一层套管封隔。对于复杂地质条件和地质信息存在不确定性的井，应充分考虑不可预测因素，留有一层备用套管。

4. 安全裸眼井段约束条件

以井眼必封点为基础，裸眼井段钻进或固井时应满足防止井涌、井壁坍塌、压裂地层、压差卡钻或卡套管等要求。

（1）防止井涌：采用近平衡钻井时，钻井液密度应大于或等于裸眼井段的最大地层孔隙压力当量密度加上钻井液密度附加值。

（2）防止井壁坍塌：钻井液当量密度宜大于或等于裸眼井段最大坍塌压力当量密度。

（3）防止正常作业压裂地层：最大当量钻井液密度宜小于或等于裸眼井段最小安全地层破裂压力当量密度。

（4）防止溢流关井压裂地层：发生溢流关井时的压力当量密度应小于或等于安全地层破裂压力当量密度。

（5）防止压差卡钻：钻井或下套管作业过程中，原则上控制裸眼井段内钻井液液柱压力与地层孔隙压力最大压差小于或等于压差卡钻允许值。

（6）平衡压力固井：固井全过程中环空液柱压力始终大于地层孔隙压力、小于地层漏失和破裂压力。

综合考虑安全裸眼井段约束条件以及井眼必封点问题，设计套管的下深有自下而上和自上而下两种方法。

（二）自下而上的设计方法

自下而上设计方法主要用于较成熟的勘探开发区块，即自下而上、自内而外逐层确定每层套管的下深。从目的层深度 D 开始，根据上述裸眼井段的约束条件，向上确定出安全裸眼井段的长度 L_1，从而确定出第一层技术套管应下入的深度 $D_1=D-L_1$。继而再从第一层技术套管下入深度 D_1 开始，按照相同方法确定出上部的安全裸眼井段的长度 L_2，从而确定出第二层技术套管的应下入深度 $D_2=D_1-L_2$。依此类推至井口，逐层确定出每层套管的下入深度[9]。具体方法和步骤如下：

（1）根据区域地质特点以及所设计井的性质选取钻井液密度附加值 $\Delta\rho$、激动压力余量 S_g、抽吸压力余量 S_b、破裂压力安全余量 S_f、井涌允量 S_k、压差允值 Δp_n。

（2）在压力剖面图中找出全井最大地层孔隙压力当量密度 $\rho_{p\max}$ 和最大坍塌压力当量密度 $\rho_{c\max}$，并记录好对应的井深 D_m。利用式（2–1–1）计算裸眼井段的最大钻井液密度：

$$\rho_{d\max} \geqslant \max\left\{\rho_{p\max}+\Delta\rho,\ \rho_{c\max}\right\} \qquad (2\text{–}1\text{–}1)$$

式中　$\rho_{d\max}$——最大许用钻井液当量密度。

（3）确定钻进时避免压裂地层的约束条件。利用式（2–1–2）计算正常钻进和起下钻过程中最大井筒压力的当量密度 $\rho_{bn\max}$，并将其绘制到压力剖面图中。

$$\rho_{bn\max}+S_g \leqslant \rho_f - S_f \qquad (2\text{–}1\text{–}2)$$

式中　ρ_f——地层破裂压力当量密度。

（4）确定技术套管的初选点。沿 $\rho_{d\,max}$ 向上引垂线，与 $\rho_{bn\,max}$ 剖面图的交点对应的井深即为技术套管初选深度 D_3。

（5）验证技术套管是否有卡钻危险。在井深小于 D_3 的地层中按照步骤（2）中方法确定最大钻井液密度 $\rho_{d\,max}$，扫描计算不同井深处的最大井筒压力与地层压力之间的压差 Δp，并记录最大压差对应的地层压力当量密度 $\rho_{p\,min}$ 和井深 D_n。利用式（2–1–3）验证初选技术套管下入深度 D_3 是否有卡钻风险：

$$\Delta p = 0.00981(\rho_{d\,max} - \rho_{p\,min})D_n \tag{2-1-3}$$

①若 $\Delta p \leqslant \Delta p_n$，则初选深度 D_3 即为技术套管的复选下入深度 D_{21}。进而，验证 D_{21} 在下步井段井涌关井时是否有被压漏的风险，即根据全井最大地层压力，利用式（2–1–4）计算 D_{21} 处井内压力当量密度 $\rho_{ba\,maxD_{21}}$，当 $\rho_{ba\,maxD_{21}}$ 小于且接近 D_{21} 处地层破裂压力当量密度 $\rho_{ffD_{21}}$（$\rho_{fD_{21}}$–S_f）时，则满足设计要求，因此 D_{21} 即为技术套管下入深度 D_2。否则，需继续加深技术套管下入深度，并再按照第（5）步来验证是否有压差卡钻 / 套管的风险，直至确定出技术套管下入深度 D_2。

$$\rho_{ba\,maxD_{21}} = \rho_{d\,max} + \frac{D_m}{D_x}S_k \tag{2-1-4}$$

②若 $\Delta p > \Delta p_n$，在下套管时有卡钻风险，技术套管下入深度需小于 D_3。此时按照式（2–1–3）计算在 D_n 点压差为 Δp_n 时所允许的最大钻井液密度 $\rho_{d\,max2}$，进而按照式（2–1–4）计算钻井液密度 $\rho_{d\,max2}$ 条件下所允许钻穿的最大地层压力当量密度 $\rho_{p\,max2}$，在地层压力剖面中找到 $\rho_{p\,max2}$ 对应点即为技术套管下入深度 D_2。此时，技术套管下入深度 D_2 没有达到初选深度 D_3，因此 D_2 以深还需设计尾管。

（6）设计尾管下深 D_4。

①先确定尾管最大可下入的深度 D_5。在压力剖面图上确定 D_2 处的安全破裂压力当量密度 ρ_{ffD_2}，根据式（2–1–2）确定正常钻进避免压裂地层的约束条件，当满足 $\rho_{b\,maxD_5}$=ρ_{ffD_2} 时，最靠近 D_2 的 D_5 点即为尾管的最大下深。确定 D_5 之后还需校核下尾管井段钻进时的压差卡钻和井涌关井压漏薄弱地层的风险。

②校核下尾管井段钻进或下尾管时是否存在压差卡钻的风险，方法同步骤（5）。

③校核下尾管井段钻进时是否存在井涌关井压漏地层风险。下尾管井段最大地层压力的深度即为前面确定的 D_5，其地层压力当量密度为 $\rho_{p\,maxD_5}$。根据式（2–1–4）计算 D_2 处最大关井压力当量密度 $\rho_{ba\,maxD_2}$，若 $\rho_{ba\,maxD_2} < \rho_{ffD_2}$，即关井时尾管井段最高压力不会压漏该段最薄弱的 D_2 处地层，则尾管下入深度 D_5 满足设计要求，否则需适当减小尾管下深，按照上述防井涌关井压漏地层的约束条件重新确定尾管下深。

④在下尾管井段，通过上述校核可以避免压差卡钻和井涌关井压漏地层的风险后，如果满足 $D_5 > D_3$，那么即为套管最终下深 D_4；否则，需要按照步骤（7）再多设计一层尾管。

（7）重复步骤（3）至步骤（6），逐步设计 D_2 以上的其他各层技术套管，直至确定表层套管下深。

（三）自上而下的设计方法

如前所述，自下而上的方法在是以每层套管下入深度最浅、套管费用最低为设计目标。但在对深井、尤其是深探井地质资料了解不够充分时，如果中下部地层出现预设计中没有考虑到的必封点，由于上部地层已按设计下入了套管，后续安全钻井或井身结构调整往往面临诸多限制。为解决上述问题，发展了自上而下的设计方法。

自上而下的设计方法以保障顺利钻达目的层位为原则，即在设计时充分考虑套管层次储备，一旦后续钻遇必封点能够及时封隔。由于实际作业中，至多可以使用3~4层技术套管，因此上部的每层套管必须充分发挥作用，即上部井段裸眼段尽量延长，套管尺寸尽量选大。

自上而下设计方法的具体步骤是:（1）首先根据区域地层资料及环保要求等确定表层套管下入深度 D_0；（2）根据裸眼井段必须满足的约束条件，自 D_1 向下确定裸眼长度的最大值 L_1，进而确定出第一层技术套管下入深度 $D_1=D_0+L_1$。依此类推，确定每层套管下深直至目的层位。

裸眼井段必须满足的约束条件一般包括以下4项:（1）正常钻进时要避免压漏上部薄弱地层，以此确定第 i 段技术套管下深 D_{i1}；（2）井涌关井/压井时避免压漏上部薄弱地层，以此确定第 i 段技术套管下深 D_{i2}；（3）下套管时避免压差卡套管，以此确定第 i 段技术套管下深 D_{i3}；（4）钻遇新的必封点 D_{i4}。约束条件的数学表达式同式（2–1–1）至式（2–1–4）。令 $D_i=\min(D_{i1},\ D_{i2},\ D_{i3},\ D_{i4})$ 确定第 i 层套管的下入深度。

上部井眼设计使用大尺寸套管可为下部井眼套管及钻头尺寸的选择保留较大的空间，在钻遇复杂情况时可增加一层或几层套管，或者可按地质加深要求进一步加深井眼。但是，采用大尺寸套管也受到地面钻机钩载条件、管材及工具的限制，而且大尺寸井眼钻进时机械钻速更慢、套管成本更高。因此，待逐步厘清区域地质特征后，通常会结合钻井装备性能及工艺技术进展再对前期设计的井身结构进行精简优化，甚至改用自下而上的方法重新设计。

四、超深井套管与井眼尺寸配合设计

在井身结构设计中，当套管层次及下深确定以后，还需继续设计井眼尺寸与套管尺寸的配合关系。钻头/套管尺寸的组配设计需考虑钻井工程和后续采油顺利实施和成本。套管通径和接箍外径是套管尺寸选择的关键。套管的通径控制着套管以下井眼尺寸的设计；接箍外径影响对应井眼尺寸及上层套管尺寸的设计。超深井往往需要更多层次套管，应尽可能选择通径大、接箍直径较小的套管，例如平式接箍套管等。通径大的套管可以给下部井身结构设计预留更大空间；采用特殊间隙接箍可以增加套管层级，避免更大的井眼尺寸和套管尺寸。

（一）套管与井眼尺寸配合设计的原则

目前，国际管材业可提供API系列的14种公称尺寸的套管以及25种非标准尺寸的套管。套管与井眼尺寸的配合设计一般遵循以下原则：

（1）通常由内向外逐层设计，即先确定生产套管的尺寸，再确定钻开产层的井眼尺寸，进而逐层确定技术套管的尺寸及对应井眼尺寸，直至最终确定表层套管对应的井眼尺寸和导眼尺寸；井眼尺寸对应钻头尺寸。

（2）生产套管的尺寸结合钻井和采油需求来设计。生产井的套管设计要考虑产能建设需求、油管尺寸、增产措施及井下作业需求。

（3）探井的套管设计更多考虑保障能够顺利钻达目的层，便于实现勘探目标。对于地下地质信息掌握不充分的区块，在套管尺寸设计时要注意留有余量以保证再钻遇新的必封点时能够及时下入技术套管；另外，探井套管尺寸设计还需考虑是否有加深的需求。

（4）考虑钻头尺寸的影响。套管与井眼（钻头尺寸）间隙应保证套管安全下入，并满足水泥环密封完整性的要求。特殊情况下可采用无接箍或小接箍套管。虽然金刚石钻头几乎可以设计出任意尺寸的钻头，钻头尺寸的限制已经较小，但选用常规钻头尺寸更利于钻头优选、钻井提速和控制成本。

（5）考虑井控装备的限制。首先，井控要求防喷器的通径大于表层套管的外径。如 ϕ527.1mm 的防喷器常与 ϕ508mm 表层套管配合使用，ϕ346.1mm 防喷器多与 ϕ339.7mm 表层套管相匹配。其次，高压井口装置一般只提供 3 层套管柱的悬挂器和密封系统，若需增加套管层次，则只能考虑下尾管或在表层套管前加一层导管。

（6）考虑固井质量需求。套管与井眼尺寸的配合设计还需考虑井眼轨迹质量、狗腿度、井斜角以及下套管时井下压力波动等，在套管和井眼间保留适当的间隙，保证套管能够顺利下达设计井深、水泥浆能够均匀有效上返。

（7）封隔外挤载荷较大的井段时，优先考虑使用低径厚比套管。

（8）非标套管和井眼尺寸配合应以安全、经济为原则，综合考虑套管通径、井眼尺寸与套管外径的间隙、套管强度、套管安全下入、保障固井施工安全等要求。表 2–1–1 统计了国内外实际采用过的套管与井眼尺寸间隙，表 2–1–2 统计了国内外实际采用过的尾管与井眼尺寸间隙，可为套管与井眼尺寸的选配提供参考。

表 2–1–1　国内外实际采用过的套管与井眼尺寸间隙统计表

套管直径，mm	井眼直径，mm	环空间隙，mm
914.4	1066.8	76.2
762.0	863.6~914.4	50.8~76.2
660.4	762.0~812.8	50.8~76.2
622.3	711.2~762.0	44.5~69.9
609.6	711.2~762.0	50.8~76.2
508.0	609.6~660.4	50.8~76.2
473.1	558.8~609.6	42.9~68.3
406.4	444.5~558.8	19.1~76.2
355.6	374.7~444.5	9.5~44.5
339.7	374.7~444.5	17.5~52.4
301.7	342.9~393.7	20.6~46
298.7	342.9~393.7	22.2~47.5
273.1	311.2~342.9	19.1~50.8
250.8	269.9~311.2	9.5~30.2
244.5	269.9~311.2	12.7~33.4
219.1	241.3~269.9	11.1~25.4

续表

套管直径，mm	井眼直径，mm	环空间隙，mm
196.9	215.9~250.8	9.5~26.9
193.7	215.9~250.8	11.1~28.6
177.8	212.7~241.3	17.5~22.2
139.7	165.1~215.9	12.7~38.1
127.0	149.2~171.5	11.1~19.1
114.3	149.2~155.6	17.5~20.6

表 2-1-2　国内外实际采用过的尾管与井眼尺寸间隙统计表

尾管直径，mm	上层套管直径，mm	井眼直径，mm	环空间隙，mm
244.5	339.7	311.2	33.35
244.5	298.7	269.9	12.7
193.7	273.1	241.3	23.8
193.7	244.5	215.9	11.1
177.8	244.5	215.9	19.05
177.8	244.5	215.9	19.05
139.7	244.5	215.9	38.1
139.7	193.7	168.3	14.3
127	193.7	168.3	20.65
127	177.8	155.6	14.3

（二）套管与井眼尺寸的标准组合

图 2-1-2 给出了套管与井眼 / 钻头尺寸配合选择路线图。图中，实线箭头代表 API 标准组合，该组合条件保留充足环空间隙，保障套管下深及固井质量；虚线箭头表示非常规配合，须充分注意套管接箍、钻井液性能、固井工艺、井眼轨迹质量等对套管下入和固井质量的影响。

国内超深井主要采用 ϕ 508mm+ϕ 339.7mm+ϕ 244.5mm+ϕ 177.8mm+ϕ 127mm 的 API 标准套管程序，取得了较为显著的勘探开发成绩。与此同时，上述 5 层套管程序的应变能力还不足以应对所有复杂地质条件下的井身结构设计需求。标准套管程序的主要问题是：上部套管与井眼间隙大，存在尺寸浪费；下部套管与井眼间隙小，导致超深井下套管难度增大，固井质量难以保证。

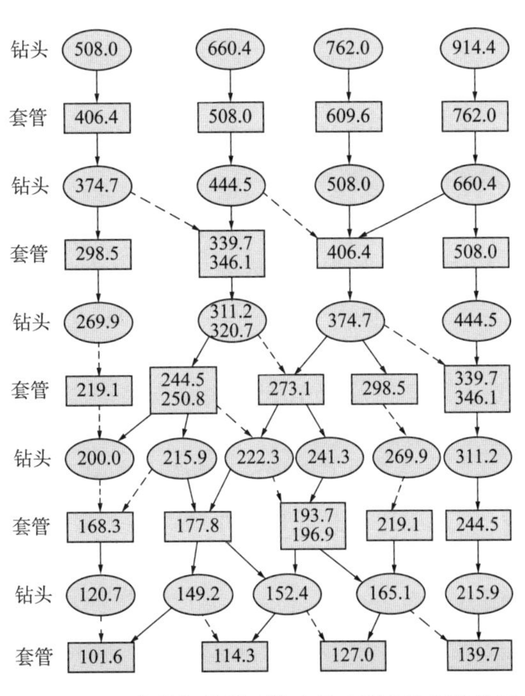

图 2-1-2　套管与井眼 / 钻头尺寸配合选择路线图（单位：mm）

（三）非标尺寸井身结构设计探讨

近年来，为满足超深井安全钻进需求，通常需要增加套管层次，进而发展了一系列非标尺寸的套管 / 井眼组配方案。增加套管层级的攻关方向主要包括以下几方面[10]：

（1）增大上部套管 / 井眼尺寸。

在 ϕ508mm 套管上面增加一层 ϕ660.4mm 或 ϕ762mm 的套管来封隔地表疏松地层或淡水层。采用较大井眼直径钻头钻进表层的案例在国外超深井井身结构设计中较为常见，具有代表性的应用案例参见表 2–1–3。

表 2–1–3　国外典型复杂超深井套管柱程序统计表

地区及井号	套管柱程序（直径），mm
美国加利福尼亚州 934–29R 井	914.4+660.4+508+406.4+273.1+196.9（尾管）+127（尾管）
沙特阿拉伯 Khuff 井	914.4+762+609.6+473.1+339.7+244.5+177.8（尾管）+114.3（尾管）
美国得克萨斯州 NPI 960–L1 井	1219.2+914.4+660.4+473.1+355.6+273.1（尾管）+228.6 裸眼完钻
美国怀俄明州 Bighorn1–5 井	762+508+406.4+301.6+250.8（尾管）+196.9（尾管）+139.7（尾管）
美国阿克拉何马州 Danville A# 1 井	762+609.6+406.4+301.6（尾管）+244.5（尾管）
德国 KTB 超深井	622.3+406.4+339.7+244.5（尾管）+193.7（尾管）
拉丁美洲及墨西哥湾	762+609.6+508+406.4+346.1（尾管）+295.3（尾管）+244.5（尾管）+193.7（尾管）

（2）采用小井眼钻井技术。

由于增加表层尺寸的方法使用成本较高，为控制建井成本，以及在需要加深的探井中，发展了小井眼钻井技术，即在地面设备条件和原井身结构不变的情况下，根据井下实际地质条件的需要增加一层套管柱。小井眼技术是 20 世纪 80 年代中后期石油价格暴跌后各大跨国公司开发的新技术。即以最节约的方式钻达目的层，可以接受的最小尾管直径是 88.9mm。起初小井眼只用于岩性稳定的浅油气层的开发，后来扩大应用于初探井、详探井和海上深井。

美国帕克钻井公司钻高压天然气井通常采用 ϕ508mm+ϕ339.7mm+ϕ244.5mm+ϕ196.9mm（无接箍尾管）+ϕ139.7mm（无接箍套管）+ϕ88.9mm（尾管）的套管程序。其中，ϕ88.9mm 尾管下入 ϕ104.8mm 的井眼并注水泥固井。用同一尺寸的油管回接到地面。我国塔里木盆地巴楚地区 H4 井在下入 ϕ127mm 尾管固井后，为进一步探明寒武系盐下构造，继续使用 ϕ101.6mm 钻头钻进。这些案例说明，采用小井眼井身结构是多下一层套管柱的有效方法之一。

（3）采用无接箍尾管和偏心钻头扩眼钻进技术。

采用接箍直径比较小或新型无接箍套管，可以明显缩小上下两层套管柱之间的间隙，可在不增大上部套管尺寸的条件下增加套管层级。美国得克萨斯州海上 X 井采用的井身结构是：在下完 ϕ508mm 表层套管之后，用 ϕ444.5mm 钻头钻至 3048m 并下入 ϕ339.7mm 技术套管；用 ϕ241.3mm × ϕ311.2mm × ϕ355.6mm 的钻头（分别钻领眼、通径和扩径）钻至 4267.2m，下入 ϕ298.5mm 无接箍套管；然后用 ϕ311.2mm 或 ϕ250.8mm × ϕ295.3mm 的偏心钻头钻至 5181.6m，下入 ϕ244.5mm 尾管并回接至井口。在 ϕ339.7mm 和 ϕ244.5mm

套管柱之间增下一层无接箍尾管，既封隔多个不同压力系统，又克服了采用更大直径套管导致的钻机超负荷。偏心钻头的发展和应用，可以在套管下钻出更大的井眼，这为小间隙井身结构设计提供了有效手段。这种偏心钻头可用于 ϕ339.7mm 套管内下 ϕ298.5mm 套管的扩眼钻进，也可用于 ϕ298.5mm 套管柱内下 ϕ244.5mm 套管和 ϕ244.5mm 套管内下 ϕ193.7mm 套管的扩眼钻进。但需注意的是，偏心钻头主要适用于软—中硬地层，即通常 PDC 钻头的适用地层。随着偏心钻头制造和使用工艺技术的日益完善，扩眼作业的风险逐渐降低，钻探成功率日益提高。

目前，无接箍套管和偏心钻头扩眼技术在国外复杂超深井钻井中得到了广泛应用，小间隙井身结构设计方法也得到了迅速发展。

（4）设计非标套管和井眼尺寸组合方案。

多年来，一直按传统经验来确定套管 / 井眼尺寸的配合，如 ϕ177.8mm 以下套管与井眼的间隙不小于 19mm，ϕ219.1~ϕ250.8mm 套管的间隙值保持在 25~35mm，ϕ273.1mm 以上套管的间隙值应大于 35mm。根据这些经验，发展形成了目前普遍采用的套管与井眼尺寸配合方案，并把它看作是最合理的设计方法。这严重限制了井身结构设计方法的发展，尤其不能满足超深井的钻探需求。

当前，可供选择的套管、钻头尺寸及种类越来越多，给新系列的尺寸配合设计提供了有利条件。此外，日益提高的钻井工艺技术水平、先进的防斜打直工具和垂直导向钻井系统的应用、合成钻井液及抑制性钻井液的发展，提高了井眼质量，降低了下套管作业的风险。改进的注水泥工艺提高了小间隙环空固井的质量。随钻扩眼钻头的成功应用，为小间隙固井作业提供了有力的保障。因此，优化套管 / 井眼尺寸组合，增加可供选择的套管层级，对提高深层油气藏钻探成功率和降低成本具有十分重要的现实意义。目前，国内塔里木油田和西南油气田等超深井钻探较多的油田，纷纷根据独特的地质特点，设计总结出适于本油田的非标井身结构方案。

五、典型超深井井身结构

塔里木油田深井超深井井身结构最具代表性。多年来，随着钻探目标由中深层向深层、超深层不断深入，套管层次由 API 标准结构逐步向非标准结构演化，形成了塔标Ⅰ、塔标Ⅱ和塔标Ⅲ三套成熟的井身结构及配套技术。其中塔标Ⅰ井身结构为 20in × $13^3/_8$in ×（$9^5/_8$in+10.44in 或 $9^7/_8$in 或 10.19in）×（7in+7.165in）× 5in（备用），塔标Ⅱ井身结构为 20in × $14^3/_8$in × $10^3/_4$in × $7^3/_4$in × $5^1/_2$in（塔标Ⅱ-B 改进型井身结构为 24in ×（$18^5/_8$in+$18^3/_4$in 或 $18^7/_8$in）× $14^3/_8$in × $10^3/_4$in ×（7.94in 或 $8^1/_8$in+$7^3/_4$in+9.15in）× $5^1/_2$in，塔标Ⅲ井身结构为 $10^3/_4$in × $7^7/_8$in × $6^3/_4$in（裸眼）。

西南油气田深井超深井也采用类似塔里木油田的井身结构，根据区域性地质特征，其发展出多种井身结构，其中与其他油气田区别较大且较为典型的井身结构：20in × $14^3/_8$in × $10^3/_4$in × $8^5/_8$in × $6^5/_8$in × $4^1/_2$in。

（一）塔标Ⅰ井身结构

塔里木油田最初开展盆地钻探工作时，采用标准 5 层套管结构 20in × $13^3/_8$in ×（$9^5/_8$in+10.44in

或 $9^7/_8$in 或 10.19in）×（7in+7.165in）×5in（备用），并沿用下来（图 2-1-3）。适用于盐顶、目的层埋深较浅，井深小于 6500m 区块，单套盐层且盐底能精确卡层的成熟区块；当盐层卡不准或遇到事故复杂时，六开只能 $4^1/_8$in 小井眼裸眼完井；目前主要用于山前迪那、大北—克深成熟区块及台盆区英买、玉东等区块。

随着勘探开发不断向深部碳酸盐岩推进，该结构存在以下不足：（1）深部井眼尺寸小，作业难度大；（2）生产套管小，影响采油工艺的应用和产量的提高；（3）不满足超深水平井开发的要求；（4）不利于后期开窗侧钻；（5）钻具抗拉强度不足。

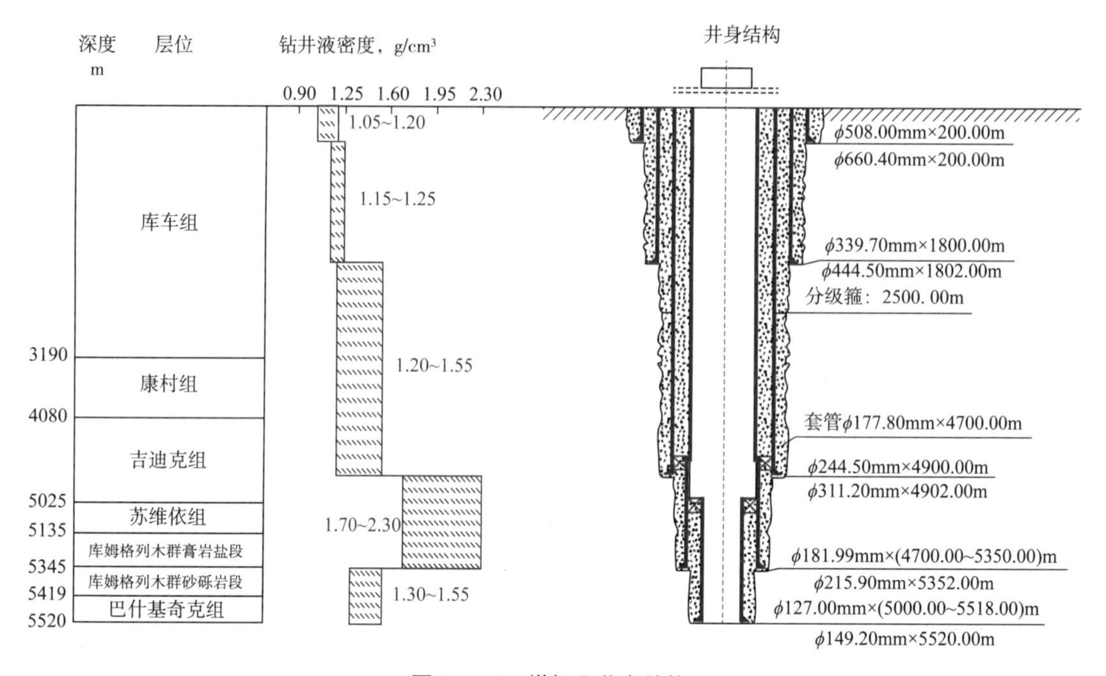

图 2-1-3 塔标Ⅰ井身结构

（二）塔标Ⅱ井身结构

为满足 2008 年以后库车山前超深层勘探开发需求，考虑安全性和经济性，逐步研发出塔标Ⅱ系列井身结构 20in×$14^3/_8$in×$10^3/_4$in×$7^3/_4$in×$5^1/_2$in，主要适用于山前一套盐层，且盐层和目的层（>6500m）埋藏深，盐上地层需要 3 层套管封隔，目的层需要 $5^1/_2$in 生产套管完井的区域，该结构的优点：目的层采用 $6^5/_8$in 钻头和 4in 钻杆，降低了小井眼的钻井风险；当钻遇盐间高压水层、盐底卡层不准或其他复杂事故时，提前下入 ϕ206.375mm（$8^1/_8$in）套管，转换成 6 层套管结构（图 2-1-4）。由于增加了一层套管，提升了应对井下复杂情况的能力。

缺点是 5 层转换为 6 层，需要扩眼才能下入 ϕ158.75mm 和 ϕ114.3mm 套管，由于扩眼井段较深，地层可钻性差，扩眼难度较大。

塔标Ⅱ结构的基础上发展而来形成塔标Ⅱ-B 改进型井身结构，适用于山前存在两套盐层或多套复杂地层的区块，保证更复杂地质条件下的钻井成功率。井身结构 24in×（$18^5/_8$in+$18^3/_4$in 或 $18^7/_8$in）×$14^3/_8$in×$10^3/_4$in×（7.94in 或 $8^1/_8$in+$7^3/_4$in+9.15in）×$5^1/_2$in（图 2-1-5）。

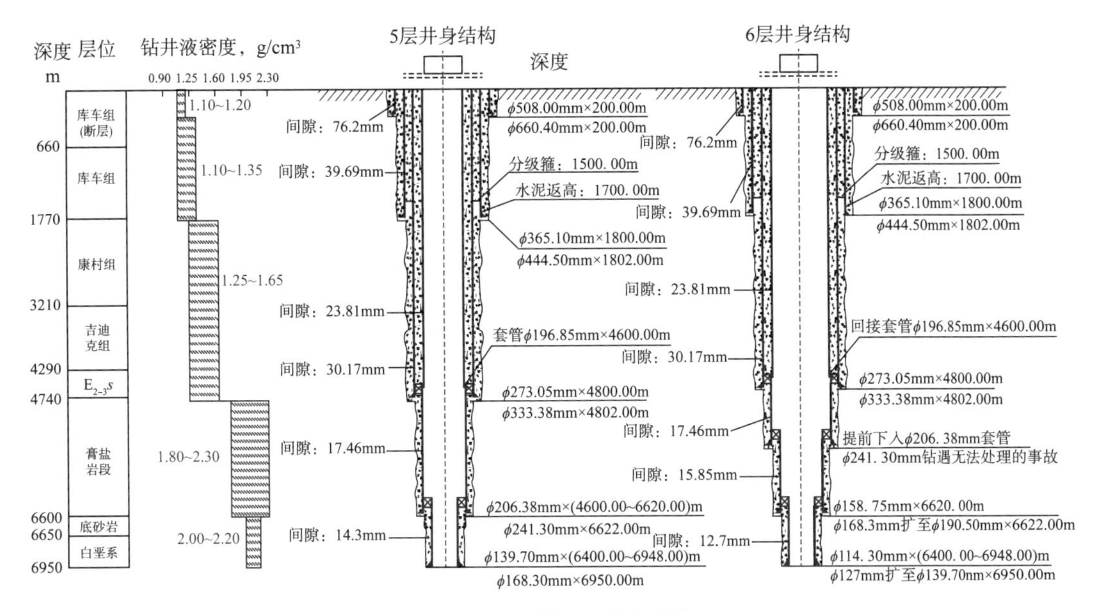

图 2-1-4　塔标Ⅱ井身结构

该结构的特点是：ϕ473.08mm 套管下至第一套盐层顶部，ϕ365.13mm 套管封第一套盐层，ϕ244.50mm 套管封第一套储层，ϕ181.99mm+ϕ177.80mm 套管封第二套盐层，ϕ127.00mm 套管封主要储层。

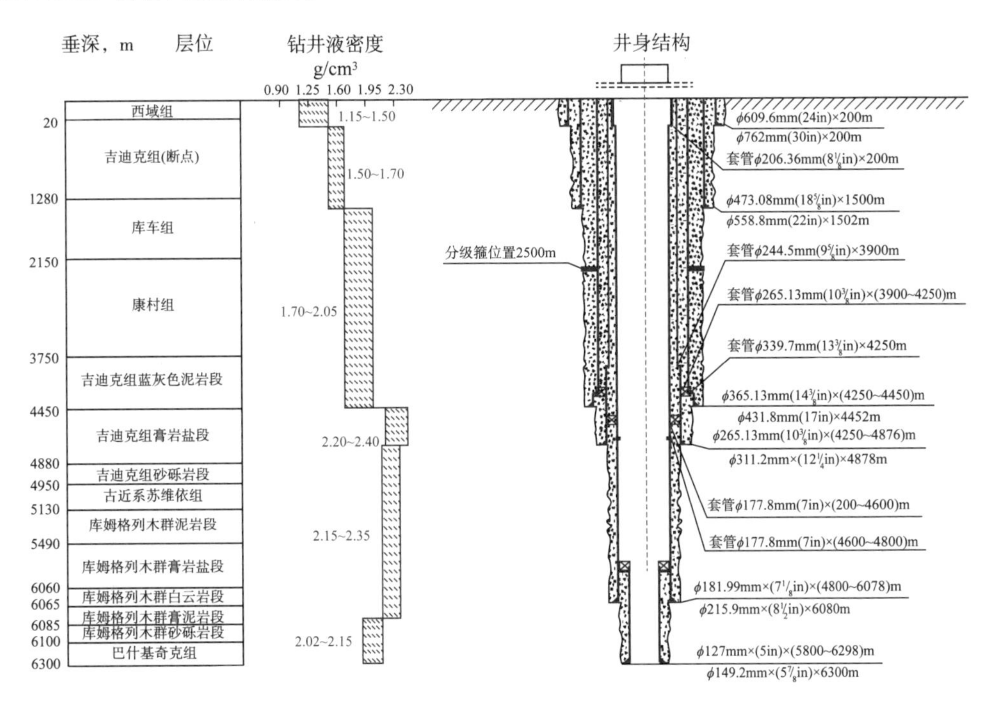

图 2-1-5　塔标Ⅱ-B 改进型井身结构

（三）塔标Ⅲ井身结构

为了适应超深碳酸盐岩油气藏的高效开发和钻井提速需求，在塔标Ⅰ的基础上，通过简化井身结构，优选加工特殊尺寸套管，逐步完善配套并推广应用了塔标Ⅲ井身结构。图 2-1-6 所示为哈拉哈塘塔标Ⅲ井身结构。

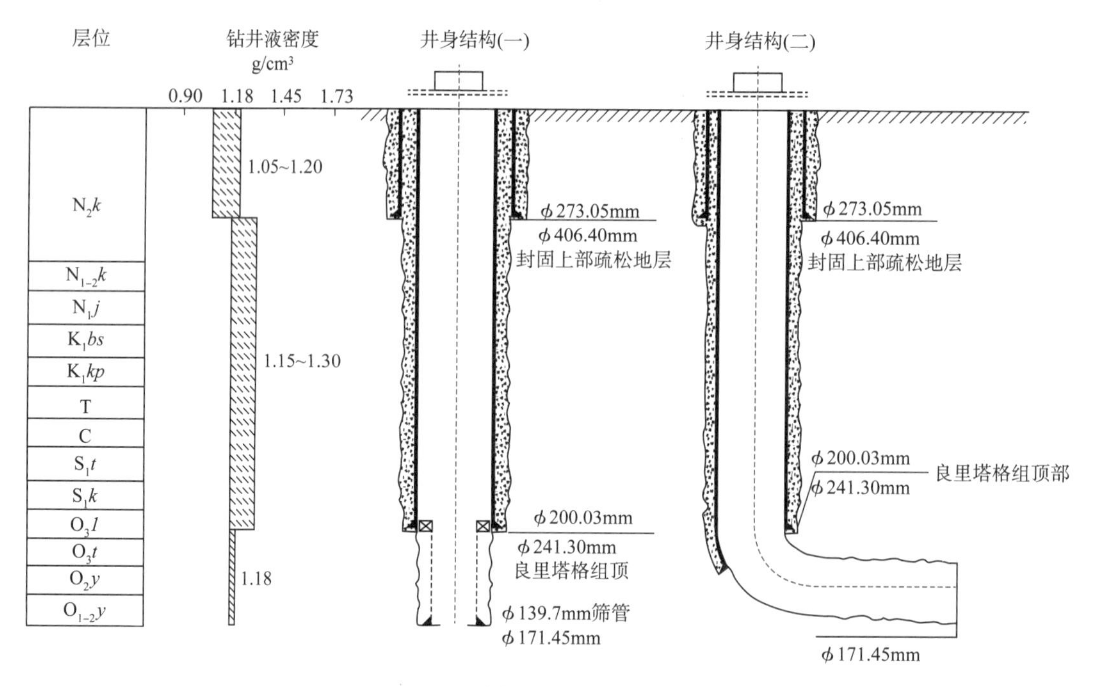

图 2-1-6 哈拉哈塘塔标Ⅲ井身结构

该结构的套管层序为 $10^3/_4$in × $7^7/_8$in × $6^3/_4$in（裸眼），主要用于台盆区碳酸盐岩开发，适用条件：（1）非目的层为正常压力体系，没有复杂岩性，满足长裸眼段钻井要求的地区；（2）目的层为压力敏感性储层，套管下至目的层顶部，保障井下安全；（3）井深一般大于 6000~6500m。

该井身结构相有以下优点：（1）二开井眼尺寸由原来的 ϕ215.9mm 增大为 ϕ241.3mm，二完 ϕ200.03mm 套管，相比原 ϕ177.8mm 套管，通径从 ϕ152.5mm 增大到 ϕ178.19mm，利于三开钻进和后期老井侧钻；（2）三开井眼从 ϕ152.4mm 优化为 ϕ171.5mm，目的层大井眼利于完井和增产措施作业的要求；（3）三开钻具由 ϕ88.9mm 提升到 ϕ101.6mm，降低了钻具内循环压耗，增大钻具抗拉余量，减少了事故与复杂的发生和提高了应对事故复杂处理能力。

（四）西南油气田典型井身结构

为满足超深复杂油气藏的勘探开发需求，考虑安全性和经济性，逐步研发出一套典型非标井身结构（图 2-1-7）：20in × $14^3/_8$in × $10^3/_4$in ×（$8^1/_8$in+$8^5/_8$in）× $6^5/_8$in × $4^1/_2$in。该结构的优点：在不增加套管尺寸的前提下，通过采用 $9^1/_2$in 井眼下 $8^1/_8$in+$8^5/_8$in 套管的方案，实现六开钻进。由于增加了一层套管，提升了应对井下复杂情况的能力。

缺点是 $9^1/_2$in 井眼下 $8^1/_8$in+$8^5/_8$in 套管，环空间隙较小，直接下入极限套管长度 1800m，套管过长容易造成井下漏失；也可以先将 $9^1/_2$in 井眼扩眼至 $10^1/_2$in，再下入 $8^1/_8$in+$8^5/_8$in 套管，由于扩眼井段较深，地层可钻性差，扩眼难度较大。

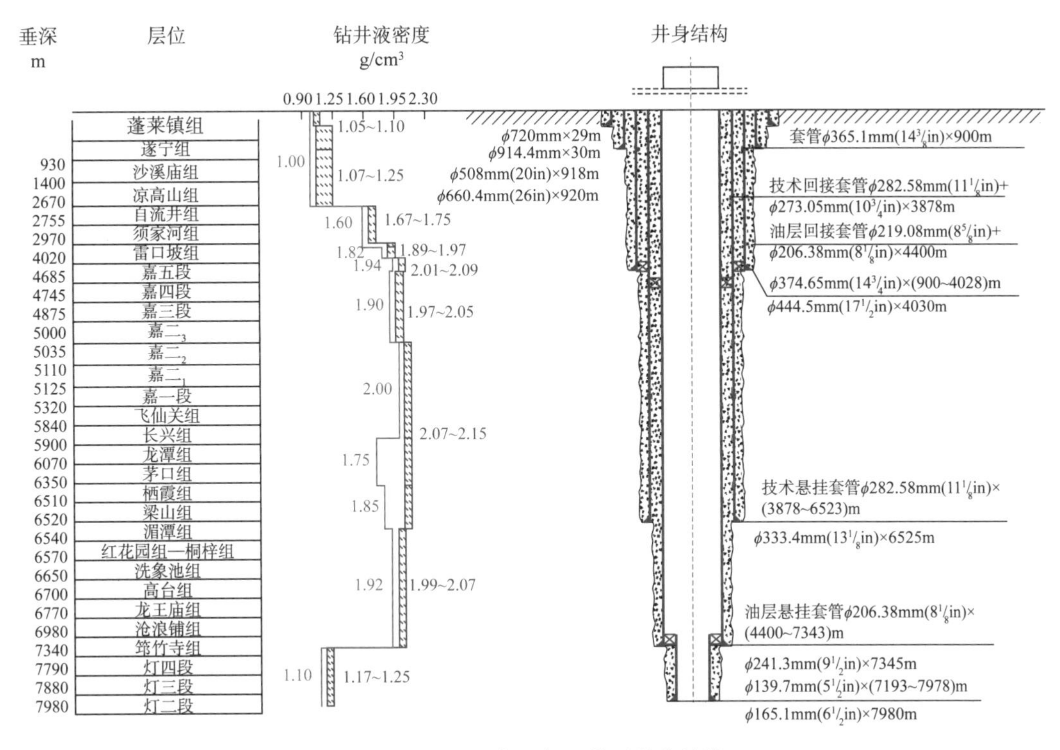

图 2-1-7　西南油气田典型井身结构

（五）克深 6 区块井身结构

克深 6 区块位于阿克苏地区拜城县，属于库车前陆冲断带克拉苏构造带克深区带克深段，根据地质需求，要在 KS6 井西部和东部各部署一口新井（图 2-1-8）。

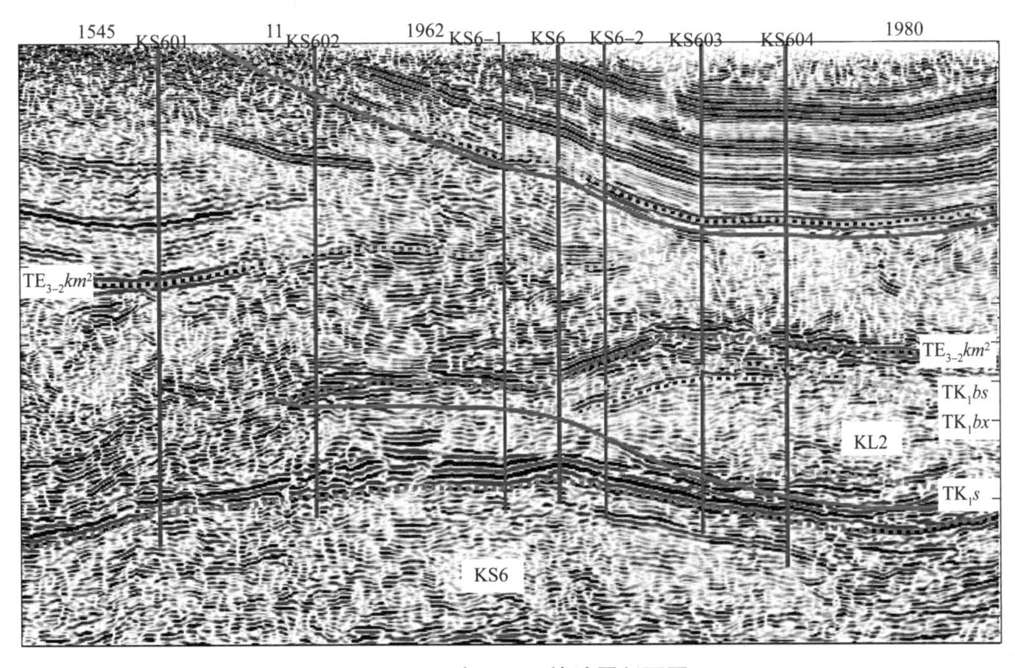

图 2-1-8　克深 6 区块地震剖面图

1. 地质资料分析

1）构造特征及岩性剖面

钻遇地层从上至下依次为新近系库车组、康村组、吉迪克组，古近系苏维依组、库姆格列木群，克拉 2 目的层，古近系库姆格列木群断层和白垩系巴什基奇克组。主要目的层为白垩系巴什基奇克组。

其中，库姆格列木群内部发育膏盐层（以桔黄色标注）（图 2–1–9），除 KS601 井外，其他井都钻遇两套膏盐层，膏盐层由西向东有减薄趋势。KS601 井发育一套盐层，厚度 2979m；其余井第一套盐层厚度在 1371~1963m 之间，第二套盐层厚度在 202~1103m 之间。第二套库姆格列木群内部由于强烈挤压作用造成复合盐层剧烈变形、揉皱，强应力区盐层流向弱应力区造成岩性横向变化较大，内部盐层发育情况难以准确预测。根据已钻井分析，KS6 井及东部井第二套盐内无大套纯盐层，且盐底模式为：KS6 井西部有纯盐层，KS6 井及东部的 KS603 井和 KS604 井盐层底未见纯盐岩发育。

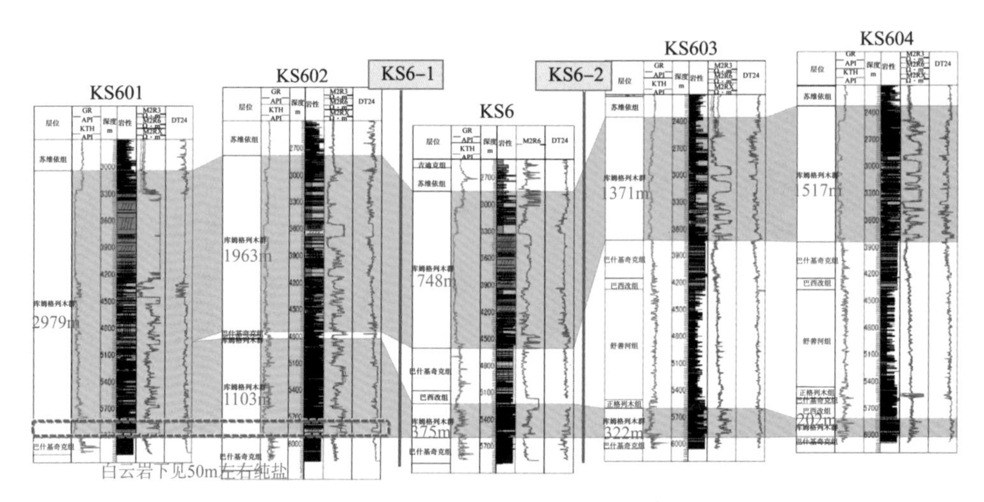

图 2–1–9　库姆格列木群膏盐层发育情况对比图

2）流体性质

该区块气藏类型为块状底水气藏，含气层位为白垩系巴什基奇克组。原始气水界面为 –4523m，气藏幅度为 348m，内含气范围 0.58km²，大部分为底水区。天然气甲烷含量高，非烃气体含量低，CO_2 百分含量为 0.68%~1.19%，平均 0.81%，CO_2 分压为 0.67~1.34MPa，无 H_2S。地层水水型为 $CaCl_2$ 型，密度平均为 1.14g/cm³，氯离子含量为 86700~145000mg/L，平均 118966mg/L，总矿化度为 193800~245600mg/L，平均 221980mg/L。

3）温压系统分析

共测得 16 个温压数据点（静压有 4 个具备代表性、静温资料有 10 个具代表性）。原始地层压力为 99.56MPa，压力系数为 1.75，地层温度为 146.99℃，地温梯度为 2.14℃ /100m。气藏属于常温高压系统（表 2–1–4）。

表 2–1–4　克深 6 气藏温度、压力与深度数据表

地层		地温		压力	
系	组	温度，℃	梯度，℃ /100m	地层压力，MPa	压力系数
白垩系	巴什基奇克组	146.99	2.14	99.56	1.75

利用邻井测井资料数据以及试油地层压力数据，通过专业压力分析软件，建立压力剖面（图 2–1–10），形成地层压力预测数据表（表 2–1–5）。

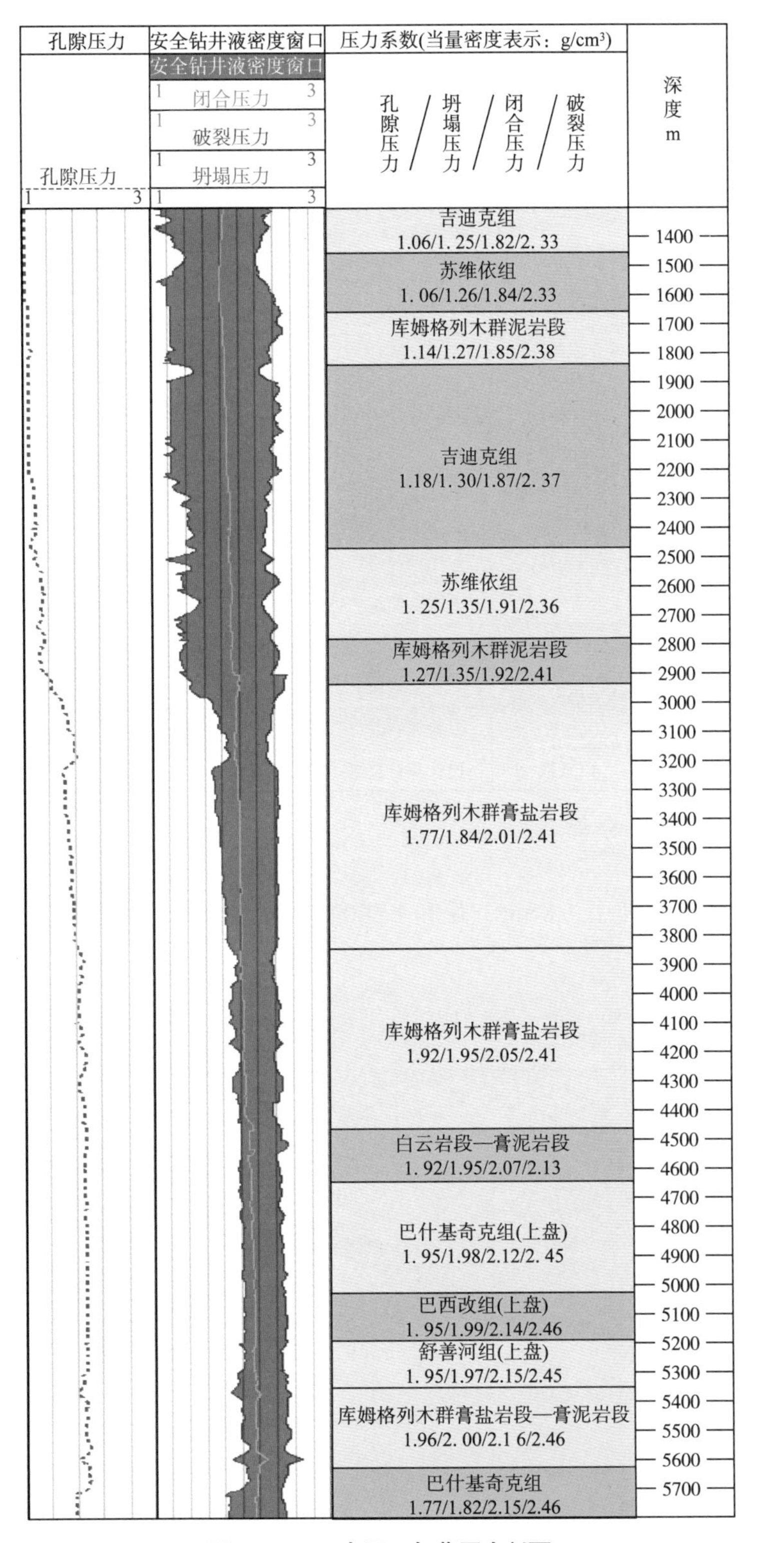

图 2–1–10　克深 6 气藏压力剖面

表 2-1-5 克深 6 气藏地层压力预测表

地层				底深 m	三压力系数		
断层	地震	地质			孔隙压力	坍塌压力	破裂压力
断层 1	$TN_{1-2}k$	新近系康村组		634	—	—	—
	TN_1j	新近系吉迪克组		1457	1.06	1.25	2.33
	$TE_{2-3}s$	古近系苏维依组		1699	1.06	1.26	2.33
	$TE_{1-2}km$	古近系库姆格列木群泥岩段		1915	1.14	1.27	2.38
断层 2	TN_1j	新近系吉迪克组		2450	1.18	1.30	2.37
	$TE_{2-3}s$	古近系苏维依组		2768	1.25	1.35	2.36
	$TE_{1-2}km$	古近系 库姆格列木群	泥岩段	2885	1.27	1.35	2.41
			膏盐岩段	3880	1.77	1.84	2.41
			膏盐岩段	4526	1.92	1.95	2.41
			白云岩段	4533	1.92	1.94	2.47
			膏泥岩段	4593	1.92	1.95	2.43
	TK_1bs	白垩系	巴什基奇克组	5121	1.95	1.98	2.45
	TK_1bx		巴西改组	5256	1.95	1.99	2.46
	TK_1s		舒善河组	5315	1.95	1.97	2.45
	$TE_{1-2}km$	古近系 库姆格列木群	膏盐岩段	5601	1.96	2.00	2.46
			白云岩段	5608	1.96	1.98	2.47
			膏泥岩段	5655	1.92	1.95	2.45
	TK_1bs	白垩系	巴什基奇克组	5755	1.77	1.82	2.46

2. 已钻井事故复杂分析

1）已钻井概况

克深 6 区块完钻井中，KS601 井和 KS604 井因钻至构造低部位导致产水而失利（图 2-1-11）。

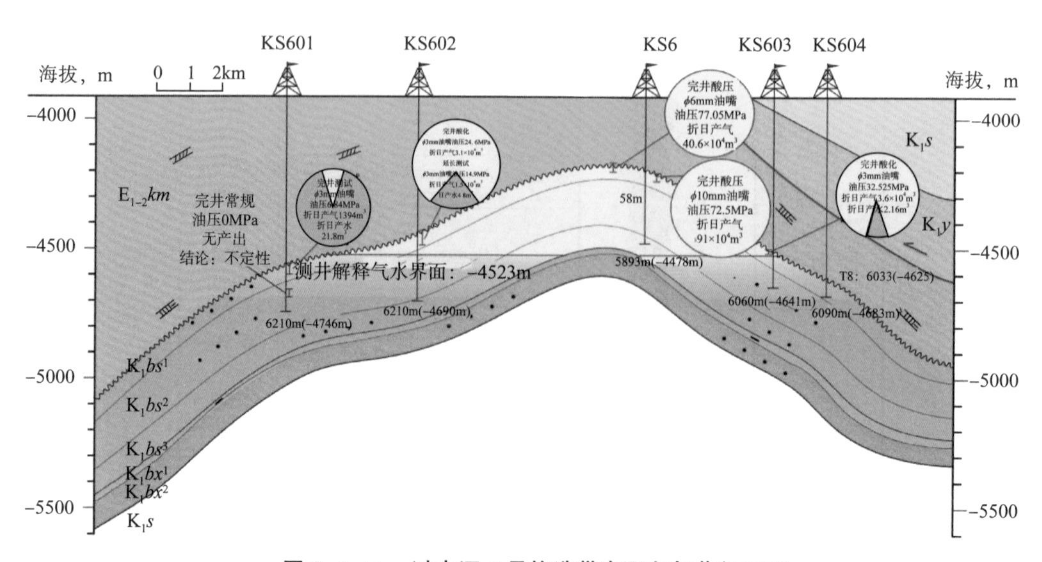

图 2-1-11 过克深 6 号构造带东西向气藏剖面图

2）已钻井井身结构调研

由于克深 6 区块地层及岩性复杂，完成井采用多套不同类型的井身结构：塔标Ⅰ五开（2 口），塔标Ⅱ六开（2 口），塔标Ⅱ五开（1 口）。

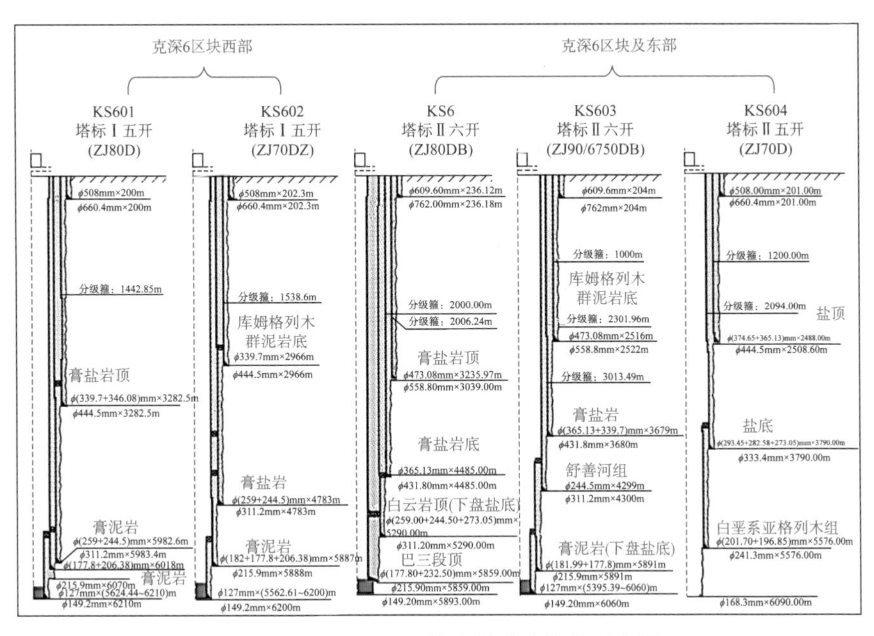

图 2–1–12　KS6 区块实钻井身结构示意图

KS601 井遇一套盐层，盐层厚度 2979m。设计四开井身结构，实钻改为五开井身结构。原因是白云岩下见 53m 纯盐层（5929~5982m），三开套管下至 5983m，但管鞋处固井质量较差，四开揭开目的层 39m 时三开管鞋附近盐水下窜溢流，压井提钻井液密度至 2.04g/cm^3 目的层发生井漏，本段溢漏同层，因此多下一层套管（图 2–1–13）。

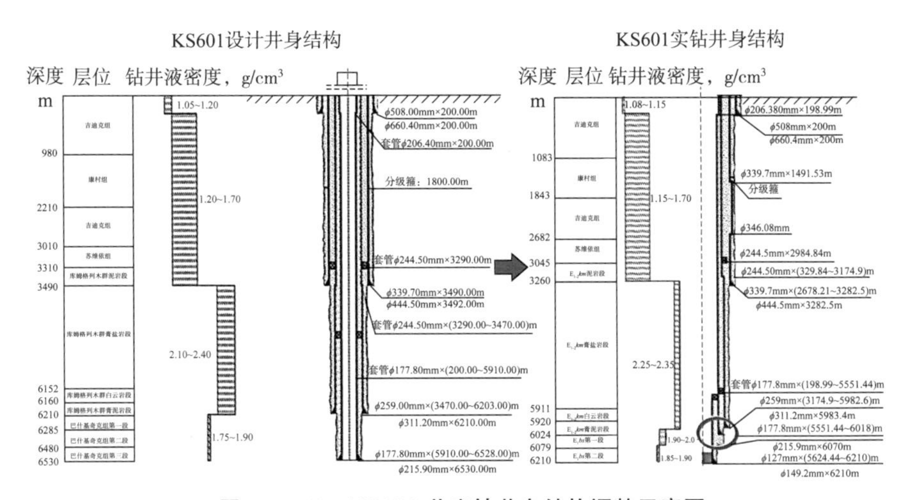

图 2–1–13　KS601 井实钻井身结构调整示意图

KS602 井本井钻遇一套盐层，但盐间存在 88m 砂岩层，设计四开井身结构，实钻五开井身结构（图 2–1–14）。KS602 井实钻地质情况与预测差别大，三开封固库姆格列木群组上部盐层后，四开又见多套纯盐层，采用 2.23g/cm^3 密度钻进，为规避风险提前下套管

（白云岩段后 5835~5886m 见 51m 纯盐层）。

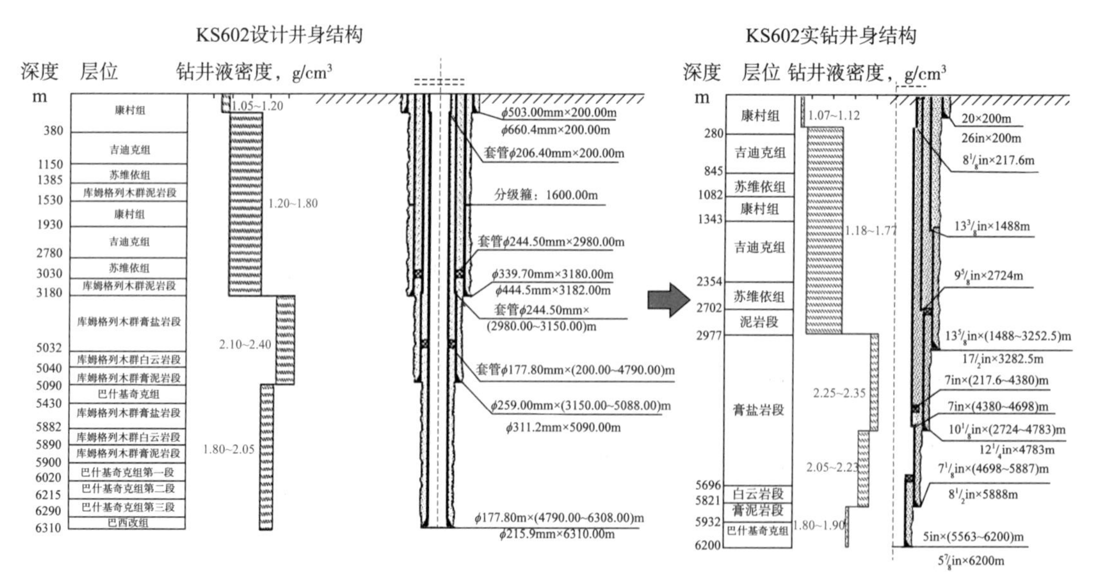

图 2-1-14　KS602 井实钻井身结构调整示意图

KS6 井钻遇两套盐膏层，两套盐膏层之间发育一套巴什基奇克组和巴西改组，厚 722m，下部膏盐岩地层无纯盐层。设计六开井身结构，实钻六开井身结构（图 2-1-15）。

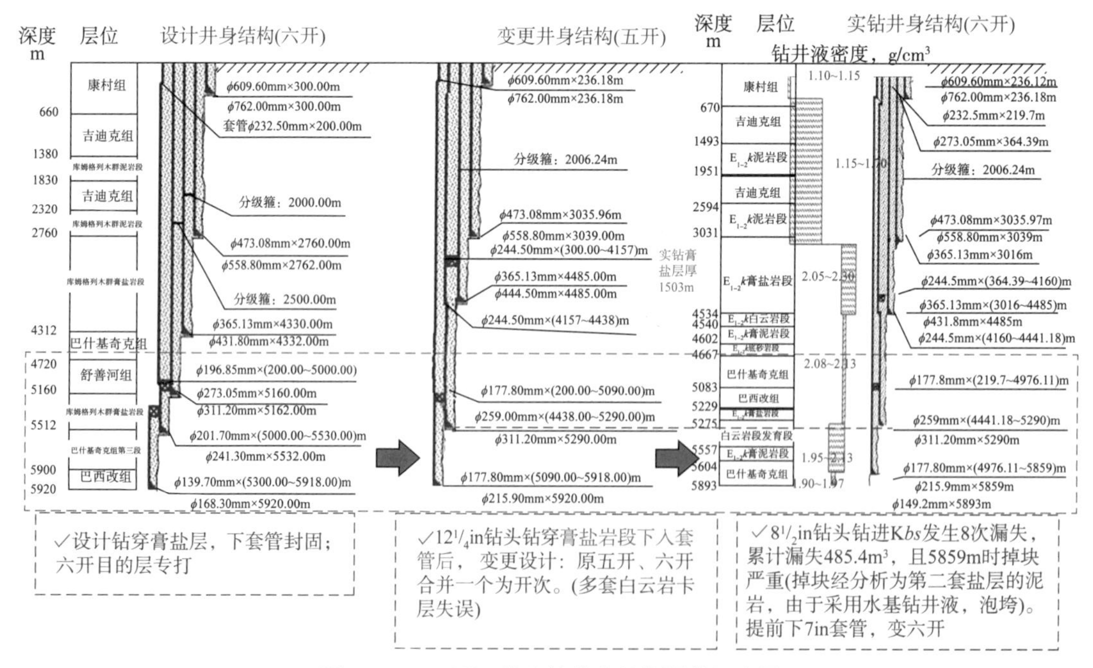

图 2-1-15　KS6 井实钻井身结构调整示意图

KS603 井钻遇两套膏盐岩层，盐间发育巴什基奇克组、巴西改组、舒善河组和亚格列木组，厚 1896m，第二套盐层无大套纯盐层，设计六开结构，实钻六开结构（图 2-1-16）。前三开钻完第一套膏盐层（厚 1180m）。四开下入 ϕ244.5mm 套管封固 K*bs* 和 K*bx* 低压地层。五开厚壁套管下至第二套膏泥岩底，封第二套膏盐层。六开储层专打。

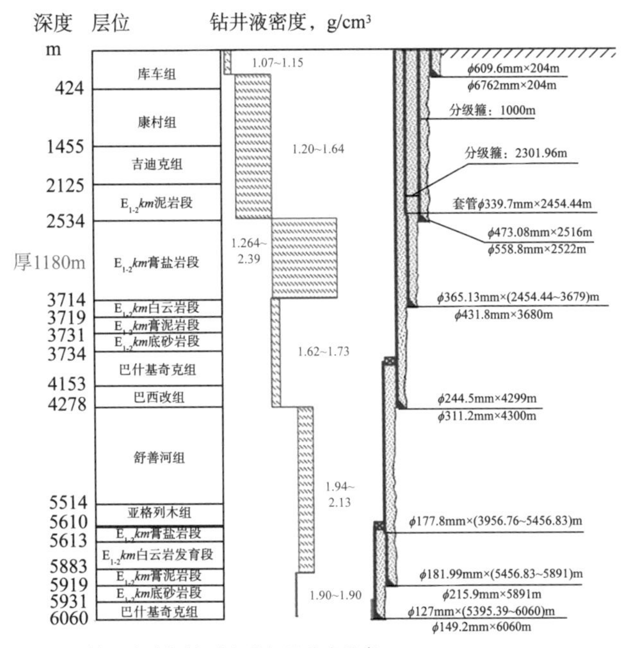

注：第二套库姆格列木群仅见几米盐条。

图 2-1-16 KS603 井实钻井身结构示意图（六开）

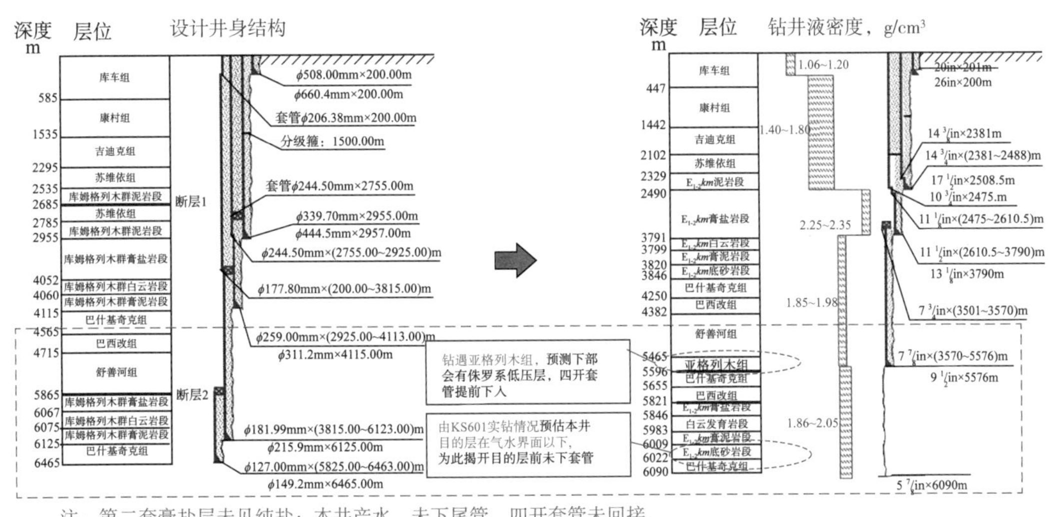

注：第二套膏盐层未见纯盐；本井产水，未下尾管，四开套管未回接。

图 2-1-17 KS604 井实钻井身结构示意图

如图 2-1-17 所示，KS604 井实钻一开封固上部疏松地层；二开至膏盐层顶，封固上部低压层、易漏地层；三开用厚壁套管封固膏盐层；四开套管下至亚格列木组底，封固上部地层；五开至完钻井深。

综上所述，KS6 区块已钻 5 口井所钻遇的地层和使用的井身结构均有差别，通过分析认为，KS601 井钻遇一套盐应采用四开结构，其他 4 口井通过优化钻井液性能、堵漏技术和元素卡层技术等先进手段可规避已钻井出现的问题，采用五开井身结构最为合理。表 2-1-6 为克深区块各井井身结构对比分析。

表 2-1-6　KS6 区块各井井身结构对比分析

井号	实钻井身结构	优化井身结构	对比分析
KS601	五开	四开	实钻三开管鞋处固井质量差是导致井身结构变化的主要原因，通过固井措施保障，可以优化为四开
KS602	五开	五开	实钻井身结构比较合理，可供参考
KS6	六开	五开	由于该井为本区块第一口井，地层不确定性高，实钻中四开套管由于卡层不准下入深度不够导致后期复杂。本井四开套管深下后，可五开完钻
KS603	六开	五开或六开	两套盐之间低压地层较长（1900m），实钻井身结构合理，也可尝试优化为五开
KS604	五开	五开	区块东翼井，参考性低，五开即可实现工程目的

3）事故复杂分析

（1）溢流、井漏情况。

KS601 井采用五开结构，主要复杂情况为三开库姆格列木群组中完[1]漏失（411m³）；四开储层段“上吐下泻”（溢 0.4m³、漏 328m³），压井及堵漏处理复杂共计 32d，后下套管封固（图 2-1-18）。

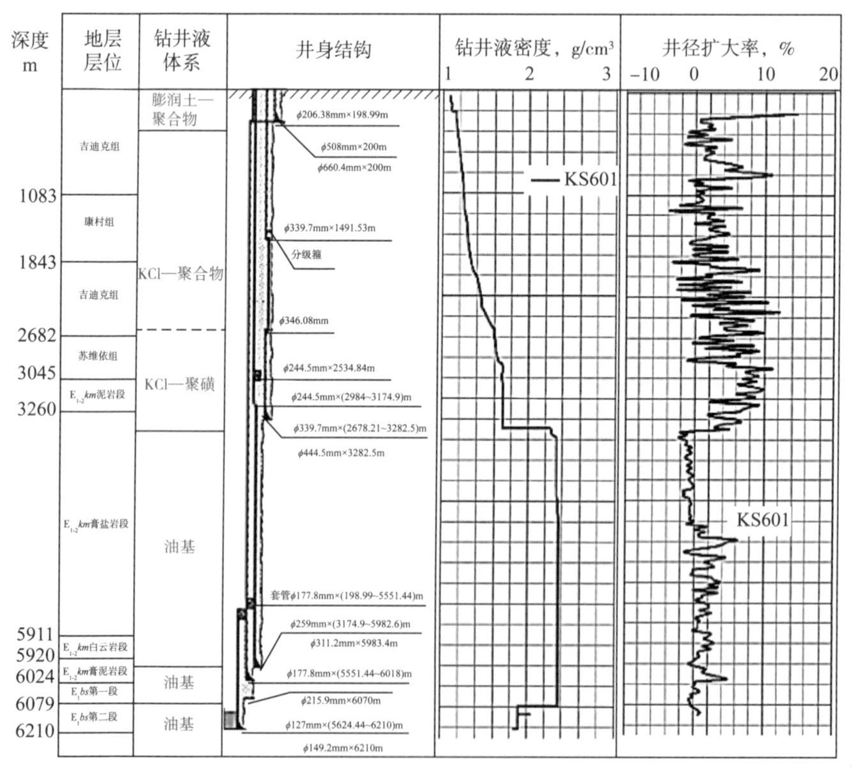

图 2-1-18　KS601 井事故复杂剖面图

KS602 井采用五开结构，主要复杂为三开第一套盐层在钻井液密度 2.35g/cm³ 时中完井漏（38.9m³）；四开密度 2.20~2.25g/cm³ 时井漏、密度 2.23g/cm³ 时中完井漏和密度 2.21g/cm³ 时溢流（漏 389m³，溢 0.4m³），处理井漏等约损失 16d（图 2-1-19）。

[1] 中完—中途完钻。

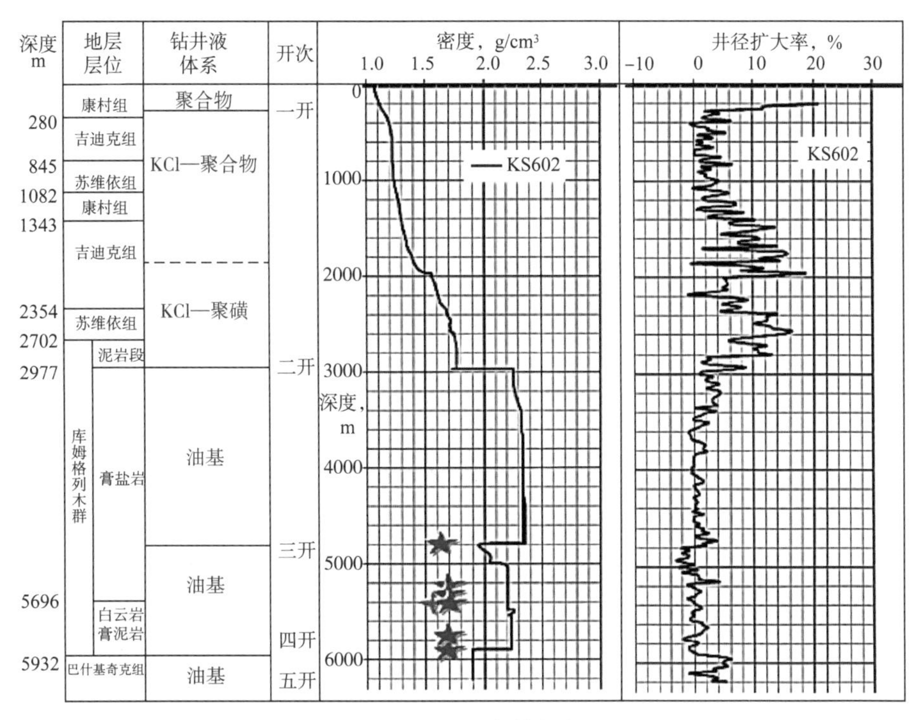

图 2-1-19 KS602 事故复杂剖面图

KS6 井采用六开结构，主要复杂为三开第一套盐层固井时井漏（71m³）；五开第二套盐层下部膏泥岩段在钻井液密度 2.10~2.00 井漏和储层在钻井液密度 1.95 井漏（共 575m³），停钻处理井漏时间为约 20d；5859m 出现大量掉块后中完（图 2-1-20）。

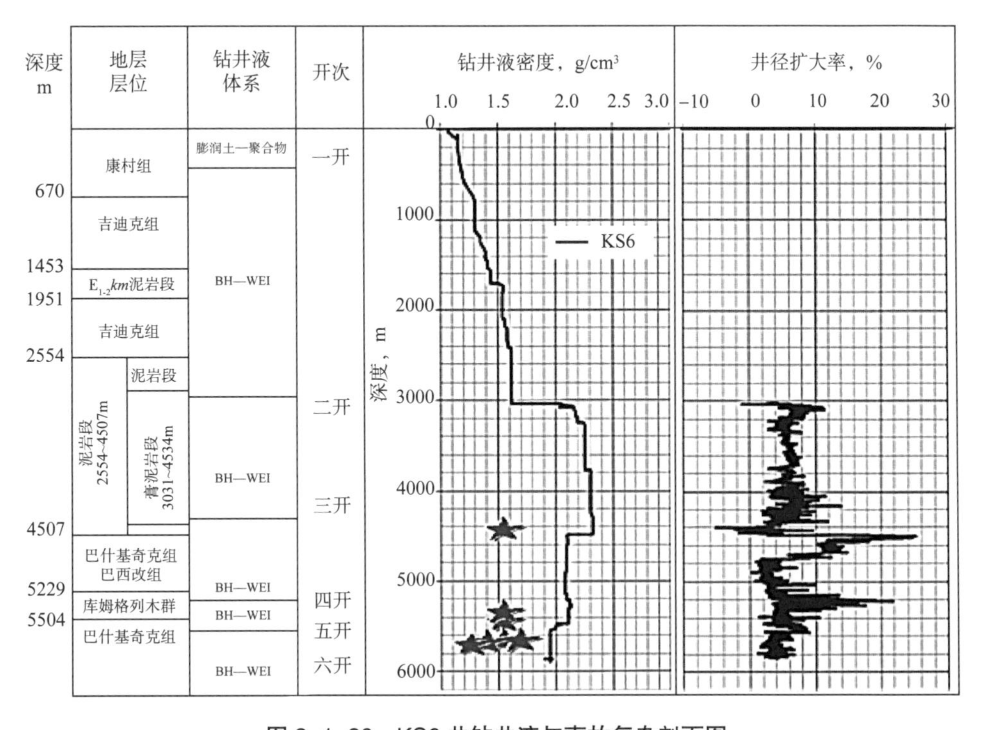

图 2-1-20 KS6 井钻井液与事故复杂剖面图

KS604 井采用五开结构，主要复杂为四开两套盐层间 K_1bs 和 K_1y 等地层漏失（120m³）；五开钻遇低压断层，与第二套盐层、储层合打，密度 2.05g/cm³ 时钻穿。其中第二套盐层间在钻井液密度 1.90g/cm³ 时出现溢流，提密度到 1.95g/cm³ 后导致井漏，本开次共计漏失 476m³（图 2–1–21）。

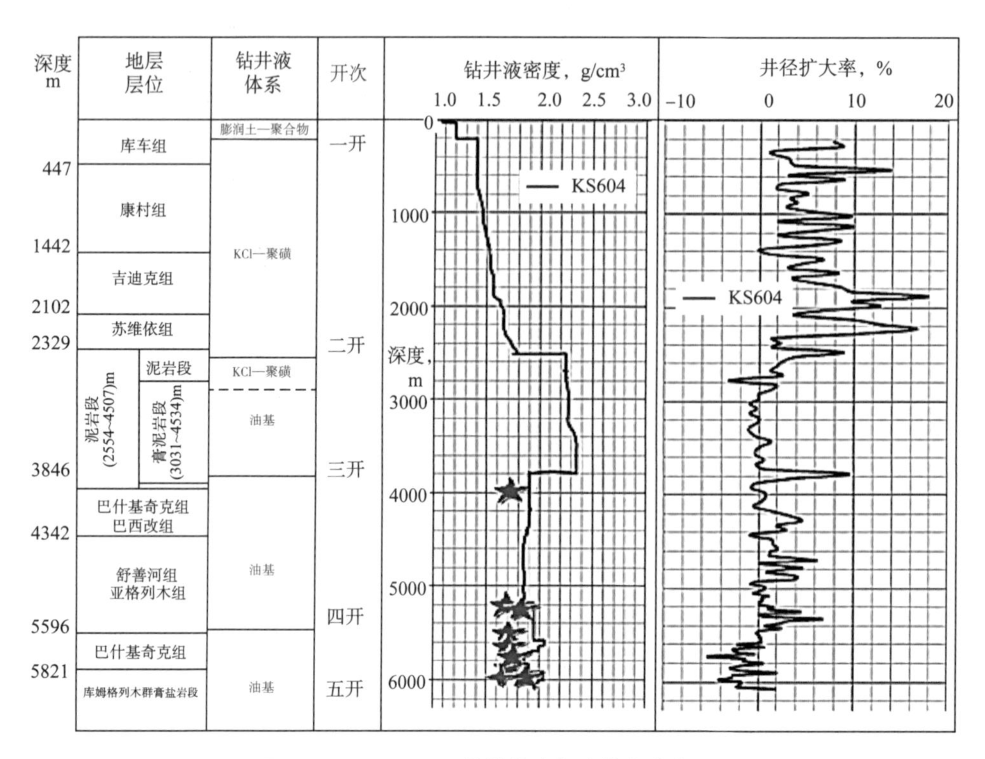

图 2–1–21 KS604 井钻井液与事故复杂剖面图

（2）已钻井复杂分析。

KS6 区块地层变化较大、断层多，已钻 5 口井所钻遇的地层和使用的井身结构均有差别，通过分析现归纳如下：

从实钻情况来看，第一套盐层含大套纯盐，存在高压盐水层，安全钻进密度在 2.30~2.39g/cm³，已钻 5 口井均使用三个开次钻至盐底。主要钻井问题是盐水侵和中完漏失，5 口井中有 4 口井发生漏失、1 口井盐水侵（表 2–1–7）。

表 2–1–7 KS6 区块第一套岩层实钻漏失及盐水侵情况

井号	盐层发育段 m	厚度 m	钻井液密度 g/cm³	漏失情况	盐水侵情况
KS601 井	3045~6024	2979	2.35	中完漏失	无
KS602 井	2702~4665	1963	2.35	中完漏失	无
KS6 井	3031~4607	1576	2.32	中完漏失	无
KS603 井	2534~3743	1209	2.39	中完漏失	三次盐水侵
KS604 井	2409~3846	1437	2.35	无	无

盐间巴什基奇克组和巴西改组等地层共有 3 口井钻遇，该地层具备一定承压能力，钻

井过程中仅 1 口井发生漏失（表 2–1–8）。

表 2–1–8 盐间巴什基奇克组和巴西改组地层承压情况

井号	钻进情况	漏失情况	钻井液密度 g/cm³	承压能力 （地层压力系数）
KS6 井	与下部膏盐岩井段合打	未漏	2.13	2.13
KS603 井	专打	未漏	1.73	固井前地层压力系数 2.08 时漏失
KS604 井	与下部舒善河、亚格列木合打	漏失 25m³	1.92	堵漏后地层压力系数 1.98 时钻穿

盐间舒善河组及亚格列木组共两口井钻遇，从实钻情况分析舒善河组下部与亚格列木组地层承压能力较低，通过承压堵漏，地层承压能力（地层压力系数）在 2.05 左右（表 2–1–9）。

表 2–1–9 盐间舒善河组及亚格列木组地层承压情况

井号	钻进情况	漏失情况	钻井液密度 g/cm³	承压能力 （地层压力系数）
KS603 井	与第二套膏盐岩合打	上部舒善河组底与亚格列木组在 1.95g/cm³ 密度下渗漏，盐水侵后钻井液密度由 2.04g/cm³ 提至 2.13g/cm³，本开漏失 675m³	1.95	2.04
KS604 井	与上部巴什基奇克组、巴西改组合打	亚格列木组提密度至 1.95g/cm³ 后漏失 76m³	1.95	1.98（完钻）

第二套膏盐层，已钻井使用的钻井液密度为 2.05~2.13g/cm³。存在高压盐水层，白云岩段和底部膏泥岩段存在较薄弱地层，承压能力（地层压力系数）在 2.00~2.05（KS6 井漏失），通过堵漏可提高钻井液密度至 2.13g/cm³（KS6 井中完密度）（表 2–1–10）。

表 2–1–10 克深 6 区块第二套岩层实钻漏失及盐水侵情况

井号	盐层发育段 m	盐层厚度 m	钻井液密度 g/cm³	漏失情况	盐水侵情况
KS6 井	5256~5604	348	2.10	膏泥岩段密度为 2.10g/cm³ 漏失 9m³，密度降至 2.05g/cm³ 后又漏失 81m³，总计漏失 90m³	无
KS603 井	5613~5931	318	2.13	与上部舒善河组合打，盐水侵后密度由 2.04g/cm³ 提至 2.13g/cm³，本开漏失 675m³	一次盐水侵
KS604 井	5846~6022	176	2.05	本开漏失 457m³，由于与上部低压断层合打，根据地质总结报告和井史判断，低压断层发生漏失可能性大	一次盐水侵

5 口井均钻至目的层巴什基奇克组，钻井液密度为 1.90~1.95g/cm³，均未发生漏失。

综上所述，克深 6 区块地层变化较大、断层多，区块西部 KS601 井有一套厚层膏盐层，向东演化成两套膏盐层，设计井身结构与实钻的符合率仅 20%。从已钻井来看，第一套盐层及盐上地层均使用了 3 个开次钻穿，储层易漏失需专打。最大的不确定性在于两套盐层之间的克拉 2 目的层等砂岩低压层与第二套盐层能否合打。

因此，西部新部署井判断能否合打的最大的难点是第二套盐层的地质不确定性：

①第二套盐层顶部是否有纯盐层不确定（KS602 井有，KS6 井无）；

②盐间有无高压水层不确定（KS602 井有，KS6 井无）；

③白云岩段有几套白云岩标志层（KS6 井和 KS602 井均为两套）；

④白云岩下是否还见纯盐层（KS602 井有 51m、KS6 井无）。

东部新部署井判断能否合打的最大的难点是两套盐层之间的低压层过长（约 1150m），与第二套盐层合打风险较高。

表 2-1-11　技术特点分析

项目	可行性分析	问题
低压层合打	5 口已钻井中 KS6 井离新部署井最近，地层相似度较高，根据调研第二套库姆格列木群主要以膏泥岩为主（地层压力系数 2.00~2.10 可平衡蠕变），可能存在高压水但地层压力系数应该不高（地层压力系数 2.05~2.13）；上部巴什基奇克和巴西改等地层有一定承压能力（地层压力系数 2.08~2.13）两套地层存在重叠密度窗口，具备合打可行性。KS6 井虽然采用了六开结构，但通过分析，具备五开的条件	该地区地层变化快、岩性复杂，第二套库姆格列木群仍存在地质不确定性，若存在大套纯盐层、存在异常高压盐水层或卡层失误，则可能导致多下一层套管，最后面临裸眼完井
低压层专打	本方案低压层专层专打，与 KS603 井井身结构类似，安全性较高，具备可行性	机速慢、周期长，费用较高
总结	合打方案，虽然有一定的地质不确定性风险，但通过优质钻井液、堵漏技术和元素卡层技术等先进手段能够将风险降至可控范围。相比六开，具有机械钻速快、周期短、成本高等优势，故五开方案可行性更高	

3. 确定必封点

1）西部新部署 KS6-1 井

西部新部署 KS6-1 井主要参考井为 KS6 井和 KS602 井，根据调研分析结合地质资料（表 2-1-12），可以得到以下井身结构设计要点。

（1）必封点一（地表疏松层）：地表松散易漏，井深 200m；

（2）必封点二（上盘盐顶）：为钻第一套膏盐层提供基础；

（3）必封点三（上盘盐底）：封隔盐层，确保下部地层安全钻进；

（4）必封点四（第二套盐底）：储层段专打；

（5）可选封固点（巴西改底）：第二套盐层地质不确定性高，可能含纯盐段和高压水层，多套白云岩且底部可能还有纯盐。压力系统不确定且卡层难度大，建议专打。

表 2-1-12　KS6-1 井钻遇地层承压能力分析表

地层		KS602 底界，m	KS6-1 预计底界，m	KS6 底界，m	承压能力（地层压力系数）	备注
组（群）	段					
库车组		—	—	—		
康村组		280	585	670		
吉迪克组		845	1425	1493		
苏维依组		1082	1745	1735		
库姆格列木群		—	1920	1951		
康村组		1343	—	—		
吉迪克组		2354	2460	2594		
苏维依组		2702	2760	2859		

续表

地层		KS602底界，m	KS6-1预计底界，m	KS6底界，m	承压能力（地层压力系数）	备注
组（群）	段					
库姆格列木群	泥岩段	2977	4590	3031	2.35	地层压力系数2.35时钻穿
	膏盐岩段	4750		4534		
	白云岩段	—		4540		
	膏泥岩段	—		4601		
	底砂岩段	—		4607		
巴什基奇克组	第一段	4840	5320	4694	2.13	KS6井地层压力系数2.13时钻穿
	第二段			5003		
	第三段			5083		
巴西改组		—		5229		
库姆格列木群	泥岩段	—	5660	—	2.00~2.23	KS602井地层压力系数2.23时钻穿，KS6井地层压力系数2.10时漏失，地层压力系数降至2.00时钻穿本段
	膏盐岩段	5695		5256		
	白云岩段	5820		5557		
	膏泥岩段	5932		5604		
	底砂岩段	—		—		
巴什基奇克组	第一段	5975	5760▼	5676	1.90	地层压力系数1.90时钻穿
	第二段	6148		5845		
	第三段	6200▼		5893▼		

注：▼表示未钻穿。

2）东部新部署KS6-2井

东部新部署KS6-2井主要参考井为KS6井和KS603井，根据调研分析结合地质资料（表2-1-13），可以得到以下井身结构设计要点。

（1）必封点一（地表疏松层）：地表松散易漏，井深200m；

（2）必封点二（上盘盐顶）：为钻第一套膏盐提供基础；

（3）必封点三（上盘盐底）：封隔盐层，确保下部地层安全钻进；

（4）必封点四（第二套盐底）：储层段专打；

（5）可选封固点（舒善河底）：两套盐之间低压砂泥岩地层较长（1150m），建议专打。

表2-1-13　KS6-2井钻遇地层承压能力分析表

地层		KS6底界，m	KS6-2预计底界，m	KS603底界，m	承压能力（地层压力系数）	备注
组（群）	段					
库车组		—		412		
康村组		670	1002	1455		
吉迪克组		1493	1647	2125		

续表

地层		KS6 底界，m	KS6-2 预计底界，m	KS603 底界，m	承压能力 （地层压力系数）	备注
组（群）	段					
苏维依组		1951	1860	2362		
康村组		—		—		
吉迪克组		2594		—		
苏维依组		2859	2884	—		
库姆格列木群	泥岩段	3031	4131	2534	2.39	KS603 井地层压力系数 2.39 时钻穿
	膏盐岩段	4534		3714		
	白云岩段	4540		3719		
	膏泥岩段	4601		3731		
	底砂岩段	4607		3734		
巴什基奇克组	第一段	4694	4611	3829	2.08~2.13	KS6 井地层压力系数 2.13 时钻穿，KS603 井固井承压能力为 2.08
	第二段	5003		4033		
	第三段	5083		4153		
巴西改组		5229	4761	4278		
舒善河组		—	5271	5514	2.04	KS603 井地层压力系数 1.95 时漏失，堵漏后地层压力系数 2.04 时地层稳定
亚格列木		—	—	5610		
库姆格列木群	泥岩段	—	5641		2.00~2.13	KS6 井地层压力系数 2.10 时漏失，地层压力系数 2.00 时钻穿本段，KS603 井地层压力系数 2.13 时钻穿本段
	膏盐岩段	5256		5613		
	白云岩段	5557		5583		
	膏泥岩段	5604		5919		
	底砂岩段	—		5931		
巴什基奇克组	第一段	5676	6000 ▼	5592	1.90	地层压力系数 1.90 时钻穿
	第二段	5845		6060 ▼		
	第三段	5893 ▼				

注：▼表示未钻穿。

4. 井身结构设计方案

根据分析，KS6-1 井和 KS6-2 井两口井均推荐塔标Ⅱ五开结构，塔标Ⅱ六开结构备选（图 2-1-22）。

（1）五开方案。

一开 26in 钻头钻至上部 200m 左右，加固井口，封固上部疏松地层。二开钻至第一套盐顶，$14^3/_8$in 套管封固上部低压层。三开 $10^3/_4$in+$11^1/_8$in 套管封固第一套盐层。四开 $7^{15}/_{16}$in 套管下至第二套盐底，封固盐间低压地层和第二套盐层。五开钻至完钻井深，下入 $5^1/_2$in 套管。

（2）六开方案（备用）。

六开：一开 30in 钻头钻至上部 200m 左右，封固上部疏松地层。二开钻至第一套盐顶，封固上部低压层。三开 $13^3/_8$in+$14^3/_8$in 套管封固膏盐层。四开 $10^3/_4$in 套管封固两套盐间低压地层。五开 $7^{15}/_{16}$in 套管下至第二套盐底。六开钻至完钻井深，下入 $5^1/_2$in 套管封固。

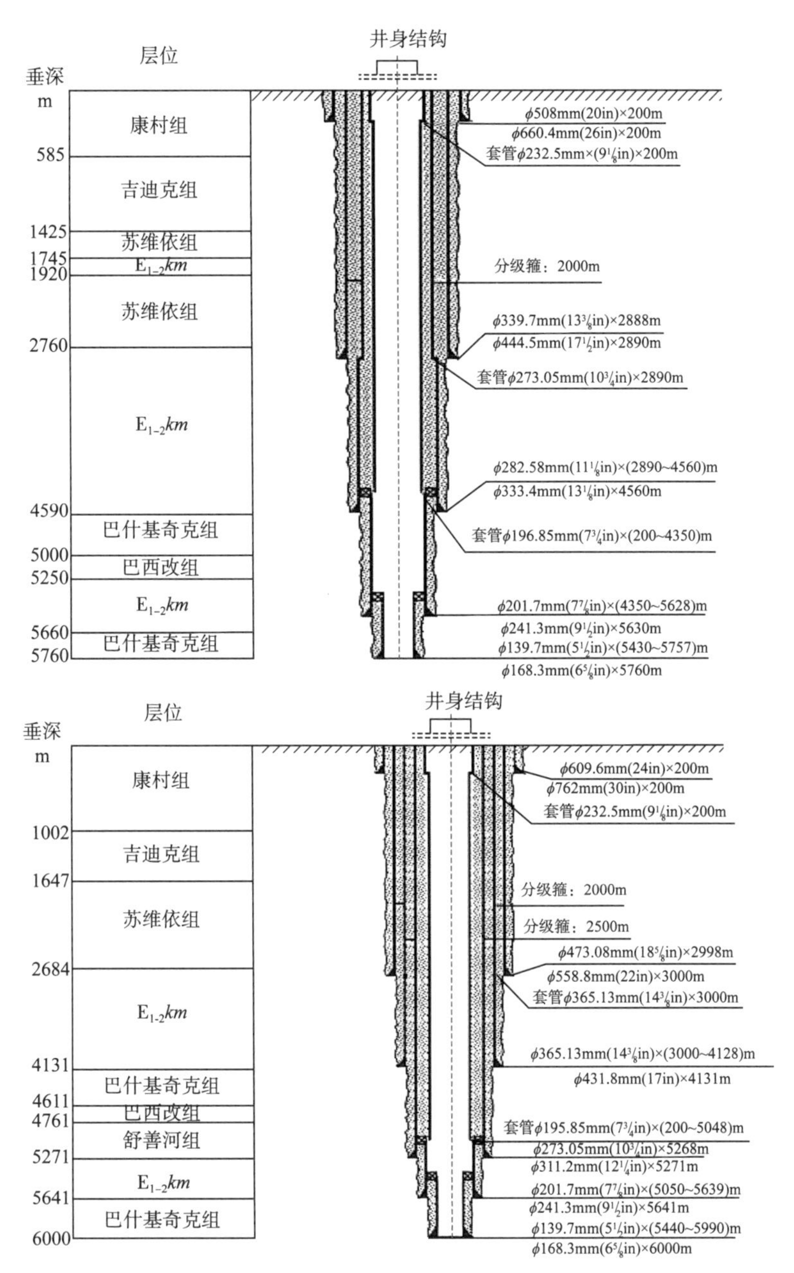

图 2-1-22　KS6-1 井和 KS6-2 井五开井身结构设计方案及六开备用方案

表 2-1-14 为两种井身结构设计方案对比分析。

表 2-1-14　两种井身结构设计方案对比分析

项目	五开方案 26in 钻头，5 $^{1}/_{2}$in 套管完井	六开方案 30in 钻头，5$^{1}/_{2}$in 套管完井
井深，m	5760	5760
钻井周期，d	根据实钻预测：310	根据实钻预测：345
优点	钻井机速快、周期短，费用节省 2200 万元	安全系数高
缺点	存在一定工程风险，若地层情况与预测出现较大偏差，处理复杂带来的损失可能使得周期短费用低的优势降低	周期长、成本高

六、超深井套管柱强度设计

井身结构设计还包括套管柱强度设计 / 校核，既要满足强度要求、保障油气井使用寿命，又要兼顾经济节约。套管柱强度设计的核心问题是准确估算套管柱在全生命周期所受到的最危险载荷。套管柱在钻井和开发过程中受到多种载荷，一般将其归为轴向力、外挤力和内压力三种。强度设计就是根据最危险的载荷组合，考虑磨损、腐蚀和高温对套管强度的影响，选择套管组合。超深井套管强度设计一般面临着上部套管抗拉强度不足、下部套管抗外挤强度不足的突出难题，三轴强度校核方法更为适用；此外，超深井套管防盐、抗腐的要求也更高。因此，国内外研发了多种高性能套管以支撑超深井下套管需求。

（一）常规套管强度设计原则及方法

1. 套管强度设计原则

套管柱强度设计 / 校核就是根据套管强度及其所受外载，建立一个安全的平衡关系：套管强度 >> 外载 × 安全系数。即根据技术部门要求，在确定了套管尺寸后，按照套管所受外载及一定的安全系数选择不同钢级和壁厚的套管，保证在油气井全寿命中，每个危险截面均满足安全平衡关系。

套管强度设计原则一般考虑以下三方面：（1）满足钻井作业、油气开发和储层改造的需求；（2）在承受外载时有一定的储备能力；（3）经济性要好。

我国石油行业标准针对套管强度设计给出了的安全系数取值范围：（1）抗外挤安全系数 S_c=1.0~1.125；（2）抗内压安全系数 S_i=1.05~1.15；（3）抗拉安全系数 S_t=1.6~2.0。

根据表层套管、技术套管和油层套管的不同功能，对应的强度设计也各有特点和侧重：（1）表层套管以封隔浅层松软地层和地层水为目标，此外防喷器也会安装在表层套管上，它还有承受后续各层套管的部分重量。因此，表层套管强度设计与校核主要考虑气侵或井喷时的内压，防止关井时套管被压爆；对于超深井还需考虑拉应力。（2）技术套管以封隔井下复杂地层为目标，在后续钻进中要承受井喷时的内压和钻具的碰撞、磨损。因此，技术套管强度要有较高的抗内压强度和抗钻具磨损能力。（3）油层套管是最后下入，下深大，抗外挤强度是下部油层套管考虑的重点；但对注水井和需要后续进行酸化压裂的井，还需严格校核套管抗内压强度；对于需要注蒸汽的热采井，套管受热会膨胀产生较大压应力，设计中也需要考虑通过增加预拉应力以抵消。

2. 套管强度设计方法

套管强度设计通常是自下而上分段进行，常见的方法有等安全系数法、边界载荷法、最大载荷法、AMOCO 设计方法、BEE 设计方法和苏联设计方法等。下面详述最常用的等安全系数法。

等安全系数法的基本思路是使各个危险截面的最小安全系数等于或大于规定的安全系数。具体操作中，首先根据最大内压筛选套管；其次，按抗外挤强度设计下部套管，考虑双向应力设计水泥面以上套管，按抗拉强度和抗内压强度设计上部套管。按该方法进行套管强度设计在一般井中是比较安全的。图 2-1-23 给出了套管柱受力随井深的变化规律，由于不同截面受力不同，为尽量节约成本，最终设计出的套管柱是有不同钢级和壁厚的套管组成的。等安全系数法设计的具体方法和步骤是：

（1）计算本井所能出现的最大内压值，筛选符合抗内压强度的套管。常规生产井也可在全部设计完成后校核套管抗内压。

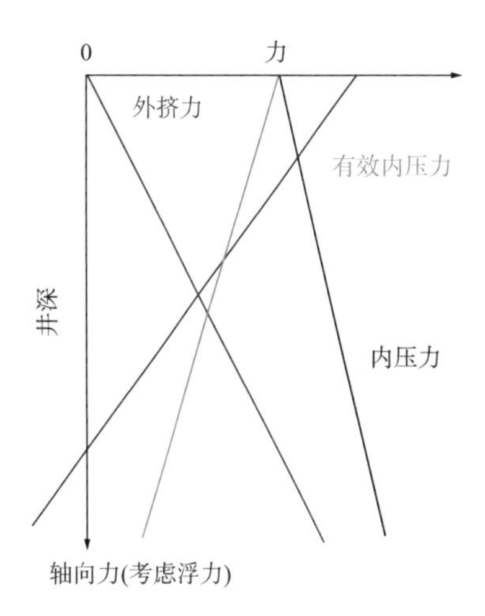

图 2–1–23 套管柱受力随井深变化剖面图

（2）按全井的最大有效外挤力初选第一段（最下部）套管，最大有效外挤力 P_{ce} 按式（2–1–5）或式（2–1–6）计算，第 1 段套管的抗外挤强度 P_{c1} 必须大于 P_{ce}。

①对塑性地层，套管外挤力来自上覆岩层压力产生的侧向力，计算公式为：

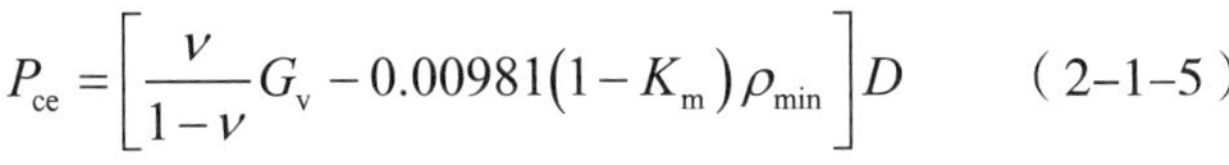

$$P_{ce}=\left[\frac{\nu}{1-\nu}G_{v}-0.00981\left(1-K_{m}\right)\rho_{min}\right]D \qquad (2–1–5)$$

式中 P_{ce}——有效外压力，MPa；

G_v——上覆岩层压力梯度，MPa/m；

ρ_{min}——套管内会存在的最小流体密度，g/cm^3；

K_m——掏空系数（0~1，1 表示全掏空）；

ν——岩石泊松系数，0.3~0.5；

D——垂深，m。

②对非塑性地层，套管有效外挤力来自套管内外压差，计算公式为：

$$P_{ce}=0.00981\left[\rho_{d}-(1-K_{m})\rho_{min}\right]D \qquad (2–1–6)$$

式中 ρ_d——下套管开次所使用的钻井液密度，g/cm^3；

K_m——掏空系数（0~1，1 表示全掏空）；

ρ_{min}——套管内会存在的最小流体密度，g/cm^3；

D——垂深，m。

（3）选择壁厚或钢级低一级的套管作为第 2 段套管，则可由式（2–1–5）或式（2–1–6）计算得到第二段套管最大下深 D_2，那么第一段套管的长度为：

$$L_1=D_1-D_2 \qquad (2–1–7)$$

式中 D_1，D_2——第 1 段和第 2 段套管最大下深，m。

进而根据式（2–1–8）校核第一段套管的抗拉安全系数 S_{t1} 需大于设计抗拉安全系数 S_t：

$$S_{t1}=\frac{F_{t1}}{L_1q_1}\geqslant S_t \qquad (2–1–8)$$

式中 q_1——第一段套管在空气中单位长度的重量，kN/m。

（4）当按抗外挤强度设计的套管超过水泥面或中性点时，需考虑套管的浮重引起抗外挤强度的降低，即按双向应力公式［式（2–1–11）］设计套管柱。如果不能满足双向应力下的抗外挤强度需求，用试算法将下部套管向上延伸。依次上延，套管所受外挤逐渐减小，但套管自重产生的拉力负荷逐渐增大，后续选择抗外挤强度降低，抗拉强度增大的套管。

（5）按抗拉强度设计上部各段套管，假定第 i 段套管以下套管的总重力为 $\sum_{n=1}^{i-1} L_n q_{mn}$，则第 i 段套管的长度不应超过 L_i：

$$L_i = \left(\frac{F_i}{S_t} - \sum_{n=1}^{i-1} L_n q_{mn} \right) q_{mi} \tag{2-1-9}$$

若 L_i 不能延伸至井口，则该段以上再选择抗拉强度更大的套管进行设计，直至井口，即完成整个套管柱设计。

对于中深井和深井，按上述步骤设计的套管柱一般能够满足抗内压需求，如抗内压安全系数小于规定，可在井控时控制井口压力在许用压力之内。

但对于超深井，由于套管柱自身重量大，套管强度不能满足上述设计要求。因此，各油田进而根据作业实践来优化套管强度校核，例如：①抗外挤强度不再按照全掏空的工况来校核，而是根据套管强度反算掏空系数并及时灌浆，即通过优化工艺措施协助套管强度来规避复杂；②计算上部套管拉应力时改用套管浮重，抗拉安全系数降低至 1.6，特殊情况下甚至采用 1.5。

（二）超深井套管强度设计方法

针对常规套管强度设计方法在超深井中应用所存在的问题，中国石油塔里木油田和西南油气田等单位专门制订了超深井套管强度设计流程，明确了套管载荷及校核条件，确定了安全系数以及套管剩余强度分析计算方法，为超深井井身结构设计和套管强度校核提供了支撑。

各层次套管设计参照 SY/T 5724—2008《套管柱结构与强度设计》，并考虑高温高压高含硫井的特点，满足钻井、固井、完井、测试、增产、生产和关井等各种工况对套管强度的要求。

1. 套管强度设计流程

套管强度设计流程图如图 2-1-24 所示。

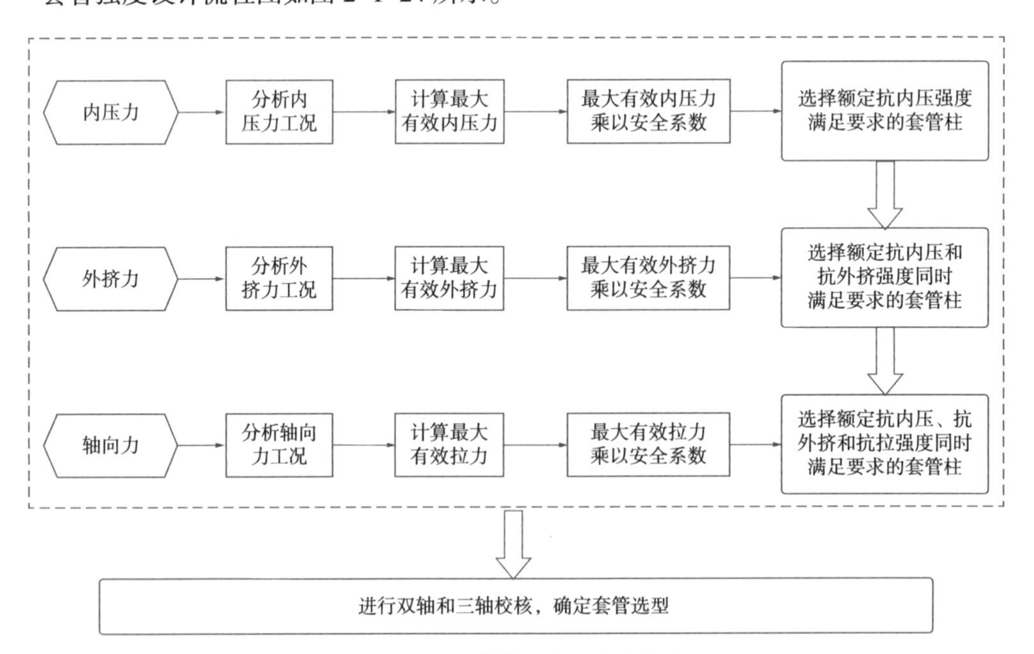

图 2-1-24　套管强度设计流程图

2. 载荷条件

套管强度设计应充分考虑钻完井、试油、增产、生产与关井过程中外挤、内压、拉伸和压缩载荷，载荷条件的确定原则如下：

（1）套管抗外挤强度。套管抗外挤强度取表 2-1-15 中各种载荷条件下的最大外挤载荷。

表 2-1-15　套管抗外挤强度校核考虑的载荷条件

序号	作业环节	载荷条件
1	固井期间	①下套管时掏空； ②长封固段时水泥全部进入环空后因与顶替液密度差引起的外挤载荷； ③反挤水泥施加的压力； ④环空憋压候凝对水泥环施加的压力； ⑤坐挂套管时卡瓦对套管的外挤
2	钻进期间	①塑性地层蠕变； ②下一次开钻时钻井液密度降低； ③严重井漏导致井内液面降低； ④起钻速度过快引起拔活塞效应； ⑤井筒内充满地层流体； ⑥气体钻井
3	测试、增产、生产期间	①管内掏空； ②密闭环形空间温度升高引起环空压力增大（APB 效应）； ③射孔时瞬时动态负压； ④生产后期产层压力衰竭，套管内没有平衡压力； ⑤生产时地层流体密度较低，导致封隔器以下压力低于套管外压力

（2）套管抗内压强度。套管抗内压强度取表 2-1-16 中各种载荷条件下的最大内压载荷。

表 2-1-16　套管抗内压强度校核考虑的载荷条件

序号	作业环节	载荷条件
1	固井期间	注水泥碰压及碰压后立即对套管试压引起的最高内压力
2	钻进期间	①管内外密度差； ②测固井质量后对套管试压； ③地层破裂试验； ④发生溢流时的最高关井压力； ⑤循环压耗引起附加压力； ⑥岩屑上返对环空钻井液密度的影响（ECD）
3	测试、增产、生产期间	①测试关井恢复压力； ②生产初期油管顶部泄漏，导致生产层压力施加到井口； ③压裂增产期间：工作液和井口施工压力对套管施加的内压力

（3）套管抗拉强度。套管抗拉强度取表 2-1-17 中各种载荷条件下的最大拉伸载荷。

表 2-1-17　套管抗拉强度校核考虑的载荷条件

序号	作业环节 / 因素	载荷条件
1	固井期间	①套管的浮重； ②下套管时井漏； ③下套管刹车时的冲击载荷； ④处理套管阻卡时的过提拉力； ⑤水泥浆全部注入管内以及此时泵压增加的轴向力； ⑥碰压时给套管施加的附加拉伸载荷； ⑦井眼曲率增加的弯曲应力； ⑧自由套管屈曲失稳
2	钻进、测试、增产、生产期间	温度效应引起管柱轴向力变化

深井超深井工况及压力选取原则:(1)套管内外压力选取优先考虑极端工况，若极端工况不满足，给出临界条件。如套管抗外挤工况校核，若全掏空不满足，则给出下开次钻进井漏掏空极限。(2)若管外压力选取存在争议，按极端工况考虑不满足，则需考虑次极端工况。如下开次钻进工况（非盐层套管），若管外取地层水时抗内压不满足要求，则管外重合段取混浆水（1.05），裸眼段取地层压力。(3)深井超深井套管井下服役工况较多，若相对极端工况满足强度要求，常规工况不再校核。

此外，载荷条件的确定还需考虑井眼轨迹、套管屈曲以及地层温度对套管强度的影响，具体原则如下：

（1）井眼曲率。分析轴向载荷时应考虑套管弯曲引起的附加应力。推荐：直井取1°/30m，斜井按设计的全角变化率附加1°/30m。

（2）屈曲。应考虑自由段套管屈曲失稳的可能性。套管屈曲的形式包括受压缩情况下套管柱的轴向正弦或螺旋弯曲，以及套管横截面的鼓胀等径向变形。引起管柱屈曲失稳的主要因素包括：管柱内外流体密度变化、管柱内和（或）外井口施加压力变化、井筒温度变化、轴向载荷变化等。

（3）温度对套管性能影响。套管强度校核时应考虑温度对管材强度降低的影响，温度对套管强度影响趋势可结合实验测试构建相应图版。

3. 校核条件

在开展套管柱强度校核时，应根据不同的套管层次，依据 SY/T 5724—2008《套管柱结构与强度设计》，对相应工况下的校核条件进行具体考虑。

4. 安全系数

套管设计采用等安全系数法，并进行三轴应力校核，推荐设计安全系数见表 2–1–18。

表 2–1–18　套管设计安全系数推荐表

参　数	安全系数	备　注
抗内压	1.05~1.15	
抗外挤	1.00~1.125	考虑轴向力影响
抗拉	1.6~2.0	气密封螺纹≥ 1.4
三轴应力	1.25	

套管进行三轴应力校核，形成三轴应力校核图，标示各种风险工况载荷点。

5. 强度设计案例——塔里木油田 ZQ1 井

以塔里木油田 ZQ1 井为例，采用 Wellcat 专业软件，对三开 ϕ244.5mm+ϕ265.13mm 套管和四开 ϕ177.8mm+ϕ181.99mm 套管进行强度校核设计。

（1）套管柱设计。塔里木油田 ZQ1 井套管柱设计见表 2–1–19。

（2）三轴应力校核。塔里木油田 ZQ1 井 ϕ244.5mm+ϕ265.13mm 套管校核（回接 + 尾管）见表 2–1–20 及图 2–1–25 和图 2–1–26。

表 2-1-19　ZQ1 井套管柱设计

套管程序	井深 m	规范		长度 m	钢级	壁厚 mm	重量		抗外挤			抗内压			抗拉		
		尺寸 mm	螺纹类型				段重 kN	累重 kN	额定强度 MPa	安全系数	三轴强度 MPa	额定强度 MPa	安全系数	三轴强度 MPa	额定强度 kN	安全系数	三轴强度 kN
表层套管	0~200	609.6	TPQR	200	J55	15.24	498	498	5	1.7	5	16.7	5.07	17.04	10791	26.79	10791
技术套管	0~1500	473.08	TPQR	1500	TP110V	16.48	2865	2865	15	1.02	12.59	46.2	1.06	49.03	16632	7.41	16632
技术套管	0~4250	339.7	TP-CQ	4250	TP140V	13.06	4462	4880	26	1	25.91	61	1.06	67.56	12213	3.39	12213
	4250~4450	365.13	TP-NF	200	TP140V	24.89	418	418	100	4.63	99.99	103	3.35	103.65	19338	51.62	15943.56
技术悬挂	4250~4876	265.13	TP-NF	626	TP155V	22	809	809	161	1.43	160.3	124	1.93	125.97	17980	26.41	14843.18
技术回接	0~3900	244.5	TP-CQ	3900	TP-140V	11.99	2675	3128	55.99	1.01	55.85	79	1.05	86.86	8463	3.9	8463
	3900~4250	265.13	TP-NF	350	TP155V	22	453	453	161	2.86	160.86	124	2.23	125.13	17980	48.2	15143
油层悬挂	4600~4800	177.8	TP-CQ	200	TP-140V	12.65	104	897	120.04	1.08	119.7	114	1.64	114.43	6343	8.25	5179.28
	4800~6078	181.99	BC	1278	TP-140V	14.8	792	792	145	1.03	144.19	87	1.26	87.19	6258	9.23	5122.74
尾管悬挂	5800~6298	127	LC	498	110-3Cr	9.19	133	133	92.8	1.01	92.29	96	1.51	96.1	2201	17.71	1715.93
油层回接	0~200	206.36	TP-FJ	200	TP140V	17.25	150	2442	150	35.18	148.4	113	1.38	113.06	5346	3.02	5346
	200~4600	177.8	TP-CQ	4400	TP-140V	12.65	2292	2292	120.04	1.23	119.59	114	1.41	114.44	6343	3.75	6240.86

注：（1）二开 ϕ473.08mm 技术套管：抗外挤强度校核结果表明，按校核条件施工时（管内按下开最低钻井液密度 1.70g/cm^3，管外按本开固井时钻井液密度 1.70g/cm^3），如果掏空度大于 48%（或套管内液面低于 720m），套管存在挤毁风险。

（2）三开 ϕ339.7mm+ϕ365.13mm 技术套管：外挤强度校核结果表明，按校核条件施工时（管内按下开最低钻井液密度 2.2g/cm^3，管外按本开固井时钻井液密度 2.05g/cm^3），如果掏空度大于 29%（或套管内液面低于 1291m），套管存在挤毁风险。

（3）四开 ϕ244.5mm+ϕ265.13mm 回接技术套管：抗外挤强度校核结果表明，按校核条件施工时（管内按下开最低钻井液密度 2.15g/cm^3，管外按本开固井时钻井液密度 2.4g/cm^3），如果掏空度大于 51%（或套管内液面低于 2489m），套管存在挤毁风险。

（4）六开 ϕ127mm 悬挂油层尾管：抗外挤强度校核结果表明，按校核条件施工时（管内外按完井时钻井液密度 2.15g/cm^3），如果掏空度大于 69%，套管存在挤毁风险。

表 2–1–20　塔里木油田 ZQ1 井 ϕ244.5mm+ϕ265.13mm 套管校核（回接 + 尾管）

工况	管内条件	管外条件	类型	校核结果
下套管掏空极限	四开钻井液密度 2.4g/cm^3，掏空度 45%	四开钻井液密度 2.4g/cm^3	抗外挤	通过
五开钻进井漏掏空极限	五开钻井液密度 2.15g/cm^3，掏空度 40%	盐层 2.45g/cm^3、泊松比 ν=0.5	抗外挤	通过
六开钻进井漏掏空极限	六开钻井液密度 2.02g/cm^3，掏空度 35%	盐层 2.45g/cm^3、泊松比 ν=0.5	抗外挤	通过
过提 50tf	四开钻井液密度 2.4g/cm^3	四开钻井液密度 2.4g/cm^3	抗拉	通过
套管试压	四开钻井液密度 2.4g/cm^3，增压 20MPa	地层水密度 1.05g/cm^3	抗内压	不通过
套管试压	降密度≤ 2.35g/cm^3，试压 20MPa	地层水密度 1.05g/cm^3	抗内压	通过
五开钻进（管外地层水）	五开钻井液密度 2.35g/cm^3	地层水密度 1.05g/cm^3	抗内压	通过
六开全井气体	井口压力取理论计算的最大关井压力 92MPa	地层水密度 1.05g/cm^3	井口抗内压	不通过
目的层关井反挤临界	六开钻井液密度 2.15g/cm^3，井口反挤压力≤ 29MPa	套管重合段取地层水密度 1.05g/cm^3，管外裸眼段取地层压力	抗内压	通过

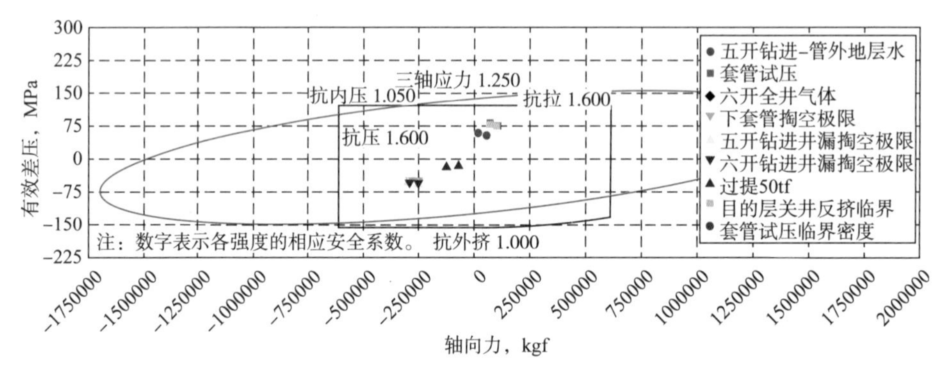

图 2–1–25　ϕ244.5mm（0~3900m）技术套管校核图

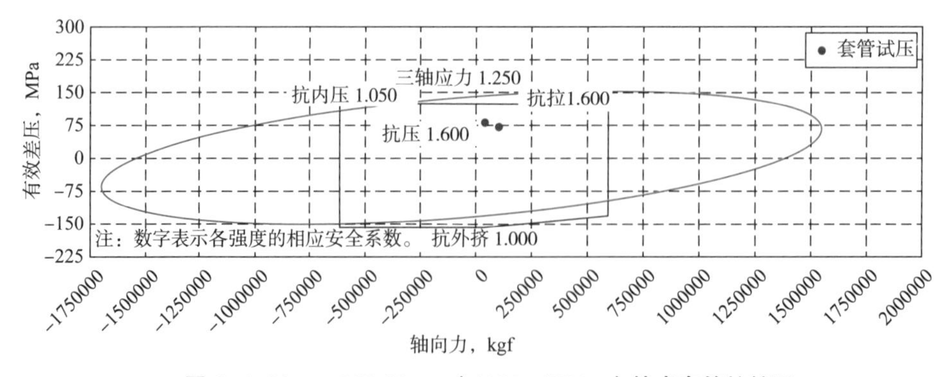

图 2–1–26　ϕ265.13mm（4250~4876m）技术套管校核图

在上述设定条件下，ϕ244.5mm+ϕ265.13mm 套管强度校核结果表明：

①现场应尽量避免发生套管掏空，掏空度超过极限值时将存在套管挤毁的风险：下套管时掏空度应控制不超过 45%（液面 2195m），五开钻进时套管掏空度应控制不超过 40%（液面 1951m），六开钻进时套管掏空度应控制不超过 35%（液面 1707m）。

②试压时管内钻井液密度为 2.4g/cm³，套管抗内压不满足要求，需将管内钻井液密度降至 2.35g/cm³ 以下后进行套管试压。

③目的层作业，由于未回接生产套管，井口 ϕ244.5mm 套管抗内压强度仅为 79MPa，井口套管可承受的最高关井压力为 63MPa。此外，如溢流关井时，当井口套压达到 29MPa 时，ϕ244.5mm 套管在井深 3900m 处存在因抗内压强度不足引起的泄漏风险（管内取钻井液密度 2.15g/cm³，管外套管重合段取地层水密度 1.05g/cm³，管外裸眼段取地层孔隙压力密度）。

ϕ177.8mm+ϕ181.99mm 生产悬挂套管校核见表 2-1-21 及图 2-1-27 和图 2-1-28。

表 2-1-21 ϕ177.8mm+ϕ181.99mm 生产悬挂套管校核

工况	管内条件	管外条件	类型	校核结果
六开钻进掏空极限	钻井液密度 2.02g/cm³，掏空度 ≤ 80%	盐层 2.45g/cm³、泊松比 ν=0.5	抗外挤	通过
完井阶段盐层蠕变	完井液密度≥ 1.4g/cm³	盐层 2.45g/cm³、泊松比 ν=0.5	抗外挤	通过
套管试压	钻井液密度 2.35g/cm³，试压 20MPa	地层水密度 1.05g/cm³	抗内压	不通过
套管试压	降密度≤ 2.0g/cm³，试压 20MPa	地层水密度 1.05g/cm³	抗内压	通过
完井改造	环空保护液密度 1.4g/cm³，加压 ≤ 55MPa	地层水密度 1.05g/cm³	抗内压	通过

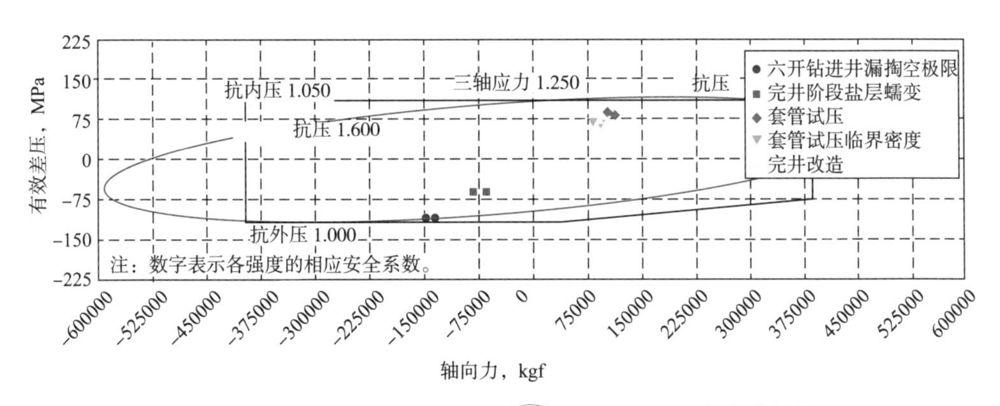

图 2-1-27 ϕ177.8mm（4600~4800m）生产悬挂套管校核图

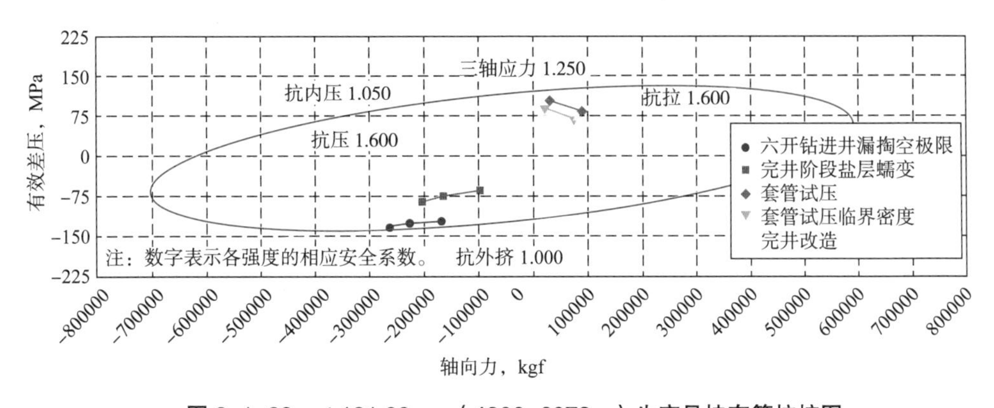

图 2-1-28 ϕ181.99mm（4800~6078m）生产悬挂套管校核图

在上述设定条件下，ϕ177.8mm+ϕ181.99mm 生产悬挂套管强度校核结果表明：

①现场应尽量避免发生套管掏空，掏空度超过极限值时将存在套管挤毁的风险：六开钻进时本层尾管掏空度应控制不超过 80%（液面 4864m）。

②试压时管内钻井液密度为 2.35g/cm^3，套管抗内压不满足要求，需将管内钻井液密度降至 2.0g/cm^3 以下后进行套管试压。

（三）国内高性能套管配套

针对超深复杂地层及复杂工况对套管性能要求，开展了非 API 规格套管、抗腐蚀性能套管、高强度及高抗挤套管、气密封螺纹接头套管以及直连型螺纹接头套管的设计。

1. 套管的特征参数与强度参数

套管是优质钢材制成的无缝管或焊接管。一端为管体上的外螺纹，另一端多为带套管接箍的内螺纹。由同一外径、相同或不同钢级、相同或不同壁厚的套管用接箍连接组成的管柱，特殊情况下也会使用无接箍套管柱。

1）套管的钢级与材质

油井套管有相应的标准，我国常用的套管标准与 API 标准相似。API 标准规定套管本体的强度，并以钢级表示。API 标准中没有要求套管钢材的化学性质，主要规定了钢材的最小屈服强度，钢级后的数字即为钢材的最小屈服强度，单位是 kpsi（1kpsi=6.895MPa）。API 标准把套管钢级分为 8 种（字母）10 级（数字），即：H–40，J–55，K–55，C–75，L–80，N–80，C–90，C–95，P–110，Q–125。

套管材质的选择应考虑 H_2S 和 CO_2 分压以及地层水 Cl^- 含量等腐蚀因素的影响，参照类似环境的腐蚀实验结果或应用效果选择合适的套管材质。

对于含 H_2S 气体的地层，应根据 H_2S 含量选择满足抗硫化物应力开裂性能的套管材质，其套管材质选择原则为：

（1）当 H_2S 分压 p_{H_2S} < 0.34kPa 时，可不考虑 H_2S 腐蚀的影响；

（2）当 0.34kPa ≤ p_{H_2S} < 0.01MPa，可选用通过相应腐蚀工况评价的高铬钢；

（3）当 p_{H_2S} ≥ 0.01MPa 时，应开展抗硫化物应力开裂适应性评价，可选用通过相应腐蚀工况评价的镍钼合金钢等耐蚀材质；

（4）套管选材时应考虑温度对硫化物应力腐蚀开裂的影响，在井下温度高于 93℃以深的井段可考虑不使用抗硫套管；

（5）当采用强度超过 140ksi 的套管时，即使无硫化物出现，也可能产生裂纹。

对于含 CO_2 气体的地层，应根据 CO_2 含量选择满足抗全面腐蚀和点蚀要求的套管材质，其套管材质选择原则为：

（1）当 CO_2 分压 p_{CO_2} < 0.021MPa 时，宜选用一般的碳钢或低合金钢；

（2）当 CO_2 分压 p_{CO_2} ≥ 0.021MPa 时，可选用通过相应腐蚀工况评价的铬钢或镍钼合金钢等耐蚀材质。

当地层流体中同时含有 H_2S、CO_2 和 Cl^- 等腐蚀性介质时，地层水中 Cl^- 浓度大于 30000mg/L 时，需要根据模拟工况的腐蚀评价结果选择不同耐蚀合金钢。在腐蚀环境下混用不同材质套管或不同厂家的同钢级套管时，应评价电偶腐蚀对混用套管的影响。此外，还需在参考厂家提供的选材图版基础上，综合室内评价试验、现场应用效果，合理选择套管材质。常用套管依据环境选用流程如图 2-1-29 所示。

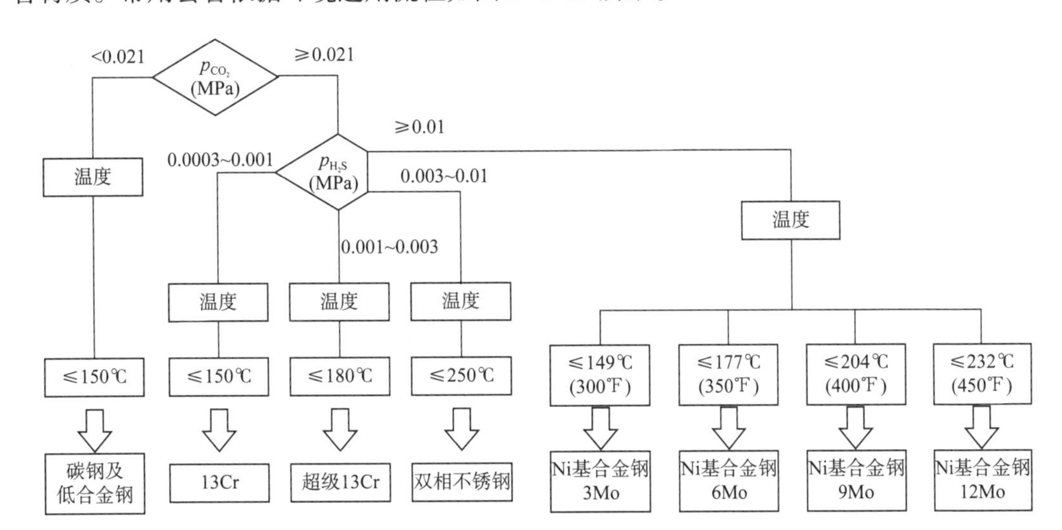

图 2-1-29　常用套管依据环境选用流程图

2）套管的尺寸与螺纹类型

API 标准套管的外径共有 14 种尺寸，即：$4^1/_2$in，5in，$5^1/_2$in，$6^5/_8$in，7in，$7^5/_8$in，$8^5/_8$in，$9^5/_8$in，$10^3/_4$in，$11^3/_4$in，$13^3/_8$in，16in，$18^5/_8$in，20in。套管壁厚介于 5.21~16.13mm。

套管的连接螺纹都是锥形螺纹，API 标准套管的连接螺纹包括短圆形（STC）、长圆形（LTC）、梯形（BTC）和直连型（XL）4 种。此外，还有非标准螺纹。套管螺纹类型的选择一般遵循以下原则：

（1）气井生产套管应选用气密封螺纹接头，其上一层技术套管宜选用气密封螺纹接头；

（2）应保证套管螺纹接头在各种应力条件下的密封完整性，优先选用接头压缩效率和拉伸效率达到 100% 的特殊螺纹接头套管。

3）套管的强度参数

套管强度指套管能够承受的最大外载。根据外载作用形式，将套管强度分为抗拉强度、抗外挤强度、抗内压强度和三轴应力屈服强度。

（1）抗拉强度。抗拉强度指套管所能承受的最大拉应力。井口处套管柱受到最大轴向拉力，即井口处为危险截面。拉应力主要导致套管本体拉断和滑扣两种套管柱破坏形式，由于圆扣螺纹的抗拉能力往往小于本体，所以实践中以滑扣破坏为主，因此套管手册中会给出各种套管的滑扣负荷，便于工程技术人员查用。

（2）抗外挤强度。抗外挤强度指套管所能承受的最大外挤力。下套管和固井作业中，套管受到双向应力作用，既在轴向上受到下部套管的拉应力，又在径向上受到套管的内压力或外挤力。假定套管浮重引起的轴向拉应力为 σ_z，由内压力和外挤力导致的径向应力和周向应力分别为 σ_r 和 σ_θ。套管可作为薄壁管处理，即 $\sigma_\theta \gg \sigma_r$，可以忽略 σ_r 使问题简化为轴向应力和周向应力作用下的两向应力问题，根据第四强度理论，以 σ_s 表示屈服应力，则套管破坏条件可由椭圆公式表达：

$$\left(\frac{\sigma_z}{\sigma_s}\right)^2+\left(\frac{\sigma_\theta}{\sigma_s}\right)^2-\frac{\sigma_z\sigma_\theta}{\sigma_s^{\ 2}}=1 \tag{2-1-10}$$

由式（2-1-10）可知，轴向拉应力作用下套管抗内压强度增大，而抗外挤强度降低，因此套管设计时主要考虑轴向拉应力作用下抗外挤强度的降低，可由式（2-1-11）计算：

$$p_{cc}=p_{c}\left(1.03-0.74\times\frac{F_{m}}{F_{s}}\right) \quad (2-1-11)$$

式中 p_{cc}——考虑轴向拉力影响的套管抗外挤强度，MPa；

p_c——无轴向应力时套管抗外挤强度，MPa；

F_m——套管受到的轴向拉力，kN；

F_s——套管本体抗拉强度，kN。

其中，p_c 和 F_s 可由套管手册查知。式（2-1-11）在 $0.1\leqslant\frac{F_m}{F_s}\leqslant 0.5$ 条件下的计算误差小于 2%。

（3）抗内压强度。抗内压强度是套管所能承受的最大内压力。套管柱承受内压力时主要有管体破裂、接箍泄漏和接箍开裂三种破坏形式。通常，接箍泄漏压力最小，且与螺纹类型有关，难以准确预测；现场一般是在螺纹处涂抹优质润滑密封油脂，并按规定扭矩上扣。各种套管的抗内压强度可查阅套管手册。

（4）三轴应力屈服强度。套管三轴应力屈服强度是指其在轴向拉力、内压力和外挤力联合作用下的屈服强度。当套管本体所受 Von-Mises 等效应力达到材料屈服强度时，套管开始屈曲。由弹性力学 Lame 公式，考虑套管柱受力轴对称性和轴向应力沿径向的均匀性，那么在三轴应力作用下，径向应力和周向应力的大小与内外压差和管径有关，套管强度设计最关心的即是最大径向应力和周向应力。当不考虑弯曲应力时，根据三轴应力公式和 Von-Mises 屈服准则，套管内壁最先屈服，其临界条件是 Von-Mises 等效应力 σ_{vme} 等于材料屈服应力 σ_s，即：

$$\sigma_{vme}=\frac{\sqrt{2}}{2}\sqrt{(\sigma_r-\sigma_\theta)^2+(\sigma_r-\sigma_z)^2+(\sigma_z-\sigma_\theta)^2}=\sigma_s \quad (2-1-12)$$

由式（2-1-12）可得套管三轴应力屈服强度的安全系数 S_3 表达式：

$$S_3=\frac{\sqrt{2}\sigma_s}{\sqrt{(\sigma_r-\sigma_\theta)^2+(\sigma_r-\sigma_z)^2+(\sigma_z-\sigma_\theta)^2}} \quad (2-1-13)$$

此外，由于套管长期接触井下各类流体，极易发生腐蚀，造成管体变薄、甚至钢材性能改变，最终导致承载力降低。因此，在设计套管强度时需考虑腐蚀的影响。容易引起腐蚀的介质主要有硫化氢、溶解氧和二氧化碳，硫化氢可使钢材发生氢脆断裂，尤其在酸性环境中更甚；对于含硫化氢的油气井，需选用抗硫化氢的套管，如 API 标准中的 H 级、K 级、J 级、C 级和 L 级套管，并注意在高碱性环境中使用；对于其他类型的腐蚀，可针对性地采用阴极保护、防腐剂、防腐涂层等措施来预防。

2. 抗腐蚀套管

1）低 Cr 经济型套管

低 Cr 套管的开发和使用主要集中 Cr 含量在 3%（质量分数）上，这主要是因为含量达到 3% 时，低 Cr 钢抗 CO_2 腐蚀性能提高的非常明显，但是 3Cr 和 5Cr 钢抗 CO_2 腐蚀的能力区别不大。适当降低含碳量可以提高基体中 Cr 的利用效率，同时降低 Mn 含量，严格控制 S 和 P 等有害杂质元素的含量，可以有效抑制有害元素的晶界偏聚及不良夹杂物的形成，同时添加一些微量合金元素，如 V、Mo、Ti 和 Nb 等强碳化物形成元素，可以提高 Cr 的合金化效果，同时起到细化晶粒的效果，抑制氢在材料表面的吸附，提高材料抗腐蚀能力。

低 Cr 套管的机械性能应满足 API Spec 5CT 中所列相应钢级材料性能要求，抗腐蚀性能应达到：平均腐蚀速率不大于 0.1mm/a，局部腐蚀速率不大于 0.26mm/a。

国产的 BG80–3Cr、BG90–3Cr 和 BG110–3Cr 等抗 CO_2 腐蚀套管以及 BG80S–3Cr 和 BG95S–3Cr 等抗 CO_2+H_2S 综合腐蚀的套管力学性能全面满足 API Spec 5CT 规范要求，宝钢 3Cr 系列套管的抗 CO_2 腐蚀性能比常规产品提高 5 倍以上，抗硫化氢应力腐蚀开裂性能满足 NACE TM 0177—2005 的标准要求。国产的 TP110NC–3Cr 比普通碳钢的 CO_2 腐蚀速率降低了 3~6 倍。

2）国产 13Cr 套管

国产 13Cr 套管采用超级马氏体 13Cr 材料，主要靠添加 12%~14%（质量分数）的 Cr，并加入了 Ni、Mo 和 Cu 等合金元素。相比于普通 13Cr 不锈钢来说，具有高强度、低温韧性及改进抗腐蚀性能的综合特点。在超级 13Cr 马氏体不锈钢中，将 C 含量减少到 0.03% 左右以抑制基体中的 Cr 元素析出成铬的碳化物；添加 5.5% 的 Ni 来获得单相马氏体；同时，在钢材中加入微量的合金元素（例如 Mo、Ti、Nb、V 等），Mo 元素能细化晶粒、提高材料的 SSC 和局部腐蚀抗力，而 Ti、Nb 和 V 等强碳化物形成元素的加入降低了超级 13Cr 材料的 SSC 敏感性。经过改进的超级 13Cr 马氏体不锈钢在 180℃高温 CO_2 腐蚀环境中仍具有良好的均匀和局部腐蚀抗力，同时具有一定的抗 H_2S 应力腐蚀开裂的能力。

13Cr 套管的机械性能应满足 API Spec 5CT 中所列相应钢级材料性能要求，抗腐蚀性能应达到点蚀速率不大于 0.3mm/a。

表 2–1–22 为国产 13Cr 及超级 13Cr 套管管体的拉伸、硬度及冲击性能的测试结果。可以看出，国产 13Cr 及超级 13Cr 油套管管体的拉伸强度及冲击韧性均满足 API Spec 5CT 及 JFE 厂标中所列钢级材料性能要求，达到国外同类产品的要求。

表 2–1–22 管体拉伸性能试验结果表

组别	样品	试样规格（直径 × 标距长）mm × mm	屈服强度 $R_{t0.5}$，MPa	抗拉强度 R_m，MPa	伸长率 %
1	HSL80–13Cr	8.9 × 35	575	770	27.0
			590	750	26.5
			572	760	28.0
	BGL80–13Cr	8.9 × 35	583	740	28.0
			580	735	28.5
			582	738	28.0
	API Spec 5CT L80–1		552~655	≥ 655	≥ 17

续表

组别	样品	试样规格（直径 × 标距长）mm×mm	屈服强度 $R_{t0.5}$，MPa	抗拉强度 R_m，MPa	伸长率 %
2	TP110–HP13Cr	8.9×35	879	900	24.0
			835	888	23.5
			845	884	24.0
	BG13Cr110S	8.9×35	887	910	23.0
			846	890	23.5
			858	897	23.5
	JFE 厂标材料		758 ~896	≥ 827	≥ 12

3. 高抗挤套管

高强度及高抗挤套管材料的成分设计主要是通过加入提高抗拉、抗内压、抗挤强度元素（如 Cr、Mo、W 等），控制 C、P 和 S 含量，控制有害元素，加入细化晶粒元素（Nb、B 等）及改善钢的显微组织，达到套管高强度性能要求（表 2–1–23 和表 2–1–24）。

表 2–1–23　140ksi 钢级套管机械性能对比表

机械性能	屈服强度 MPa	抗拉强度 MPa	伸长率 %	冲击功，J
天钢	1068	1128	26	115（0℃）
西姆莱斯	1013	1104	24	77（0℃）
V&M	976	1167	23	104（0℃）
塔里木油田标准要求	965~1172	≥ 1034	≥ 11	60（0℃）
JFE 规定	965~1171	≥ 1034	5CT 规定	27（–20℃）
V&M 规定	965~1138	≥ 1034	5CT 规定	50（20℃）

表 2–1–24　抗挤毁性能对比表

标准规范	HS110TT	TP110TT	KO110TT	API BUL 5C2 规定
抗挤毁强度，MPa	68.5	74.8	62.1	≥ 52.3

4. 气密封螺纹接头套管

异常高压气田目的层所采用的套管串必须具备性能优良的气密封特性，且要求使用寿命长，以满足后期开采的需要。API 圆螺纹和偏梯形螺纹在气密封性能上无法满足要求，必须开发具有良好气密封性能的特殊螺纹接头套管。气密封螺纹设计主要是进行密封结构、螺纹及扭矩台肩的设计。

确定密封结构的形式、尺寸和公差，要同时考虑接头的气密封性能和抗粘扣性能。密封过盈量和加工公差的确定与结构形式密切相关，其设计合理与否，不仅影响密封面接触压力的大小、接头应力分布及密封的可靠性，同时也影响加工成本和现场操作。

螺纹设计通常采用连接效率高的偏梯形螺纹，可以在螺纹形状上做些变化以提高抗复合载荷的能力，同时为兼顾上扣操作的方便性，对加工公差进行调整，包括齿高、螺距及锥度等，目的是减少螺纹干涉量，改善接头应力分布，降低峰值应力，提高螺纹的连接强度和耐腐蚀性能。

扭矩台肩的设计好坏直接影响接头的连接性能。好的设计可以保证接头的气密封性能、连接强度、抗粘扣及耐应力腐蚀等使用性能，还能提高抗压缩及弯曲变形能力。

第二节　定向井井眼轨道设计

井眼轨道是指一口井钻进之前设计出来的井眼轴线形状。对于超深井定向井轨道设计，最关键的要素是如何优化轨道设计，降低施工过程中的摩阻扭矩，提高定向效率，缩短定向周期。本节在简要介绍定向井井眼轨道设计基础理论、设计原则及轨道类型优选的基础上，结合超深定向井轨道设计实例，详细阐述了超深定向井轨道设计方法。

一、井眼轨道设计基础

定向井基本理论包括定向井的基本概念，涉及井深、井斜、方位、闭合方位、位移、视平移、狗腿度等，还包括轨迹计算方法等。上述基本理论在很多定向井书籍中均有详细阐述，本书不再重复，仅从坐标系统、防碰扫描等几个方面进行简述。

（一）投影方法及坐标系

钻井中实际井眼轴线的表示一般采用地理坐标、大地坐标、极坐标、相对坐标表示，可相互装换。

1. 地理坐标

地理坐标是日常生活中常用坐标系，是球面坐标，用经度、纬度标定坐标位置的方法。经线和纬线是地球表面上两组正交的曲线，这两组正交的曲线构成的坐标，称为地理坐标系。以赤道与本初子午线的交点为原点，书写格式：纬度在前，经度在后；数字在前，符号在后。如：北京 39.9° N，116.3° E。

2. 相对坐标

出于使用方便的考虑，钻井工程经常要使用以井口为原点的相对坐标，即以井口为原点的平面坐标。X轴为北坐标，方向与方位参考基准相同，一般为网格北或真北；Y轴为东坐标，指向东向，与北坐标垂直。以井口为起点，北为正，南为负；东为正，西为负。

3. 相对井口的极坐标

相对井口的极坐标原点为井口，用闭合距和闭合方位的形式描述空间坐标点。一般以大地坐标北为方位参考，北坐标即指向该方向，极坐标的方位也为大地坐标方位。

4. 大地坐标系

坐标系统采用一个十分近似于地球自然形状的参考椭球，作为描述和推算地面点位置和相互关系的基准面。一个大地坐标系统必须明确定义其三个坐标轴的方向和其中心的位置。若使参考椭球中心与地球平均质心重合，则定义和建立了地心大地坐标系（质心坐标系）。若椭球表面与一个或几个国家的局部大地水准面吻合最后，则建立了一个国家的局部大地坐标系（参心坐标系）。

中华人民共和国成立后，我国即着手开展大地测量控制网络的布设，先后建立了北京1954坐标系、西安1980坐标系。2008年7月，我国正式启用2000国家大地坐标系（CGCS2000），它以地心为原点，更适合于空间技术发展与卫星定位技术的应用需求。

WGS-84坐标系是一种国际上采用的地心坐标系。坐标原点为地球质心，其地心空间直角坐标系的 Z 轴指向BIH1984.0定义的协议地球极方向，X 轴指向BIH1984.0定义的零子午面和CTP赤道的交点，Y 轴与 X 轴和 Z 轴垂直构成右手坐标系，称为1984年世界大地坐标系统。

地图投影的实质就是将地球椭球面上的地理坐标转化为平面直角坐标，为了便于准确计算，用一个接近大地体的旋转椭球体作为地球的参考大小和形状，称为参考椭球体。投影方法包括方位投影、圆柱投影、圆锥投影。石油系统广泛应用的是圆柱投影。

5. 高斯（Gauss）投影和UTM（Universal Transverse Mercator）投影

1）高斯投影

高斯投影是一种等角横切圆柱投影（图2-2-1）。按一定经差将地球椭球面划分成若干投影带，这是高斯投影中限制长度变形的最有效方法。分带是既要控制长度变形使其不大于测图误差，又要使带数不致过多，以减少换带计算工作，据此原则将地球椭球面沿子午线划分成经差相等的瓜瓣形地带，以便分带投影。通常按照经差6°或3°分为六度带和三度带。六度带自0°子午线起每间隔6°自西向东分带，带号依次为1，2，…，60。我国的经度范围西起73°东至135°，可分成11个六度带，各带中央经线依次为75°，81°，…，129°，135°。

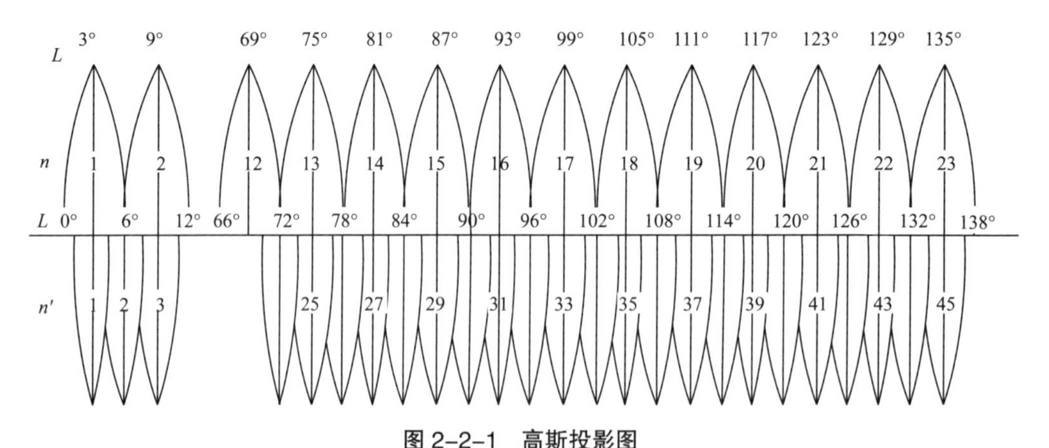

图2-2-1　高斯投影图

注：n 为6度投影分号；n' 为3度投影分号；L 为各分号中央度数。

2）UTM投影

UTM投影全称为通用横轴墨卡托投影，是一种等角横轴割圆柱投影，椭圆柱割地球于南纬80°、北纬84°两条等高圈。从分带来看，两者的分带起点不同，高斯投影自0°子午线自西向东分带，第1带的中央经线为3°；UTM投影自西经180°起每隔6°自西向东分带，第1带的中央经度为-177°，因此高斯投影的第1带是UTM的第31带。

由于高斯投影与UTM投影的每一个投影带的坐标都是对本带坐标原点的相对值，所以各带的坐标完全相同，为区别某一坐标系统属于哪一带，通常在横轴坐标前加上带号，如（4231898m，21655933m）中的21即为带号。

（二）磁偏角及收敛角

1. 磁偏角

地球是一个巨大的磁体，这个磁体的北极在地理南极附近，磁体的南极在地理北极附近。地球的磁场与一个棒状磁体的磁场相似，地磁轴与自转轴的交角为 11.5°，地磁两级在地面上的位置时经常变换的，磁北方位线与真北方位线并不重合，两者之间有一个夹角，即磁偏角（图 2-2-2）。磁偏角又有东磁偏角和西磁偏角之分。当磁北方位线位于真北方位线以东时，称为东磁偏角，取正值；反之，取负值。

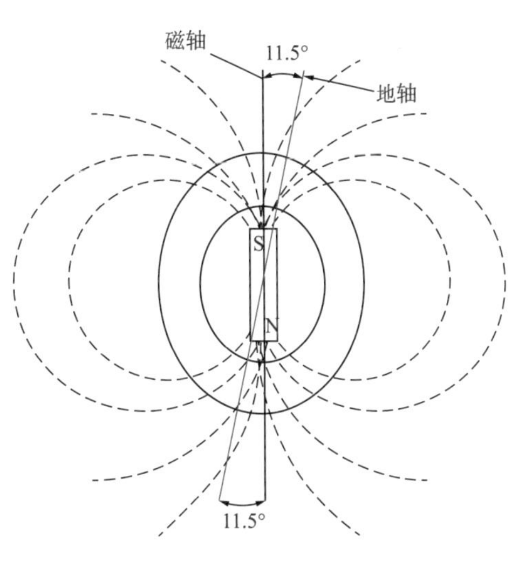

图 2-2-2　磁偏角示意图

2. 收敛角

真北方位线和网格北方位线的交角称为平面子午线收敛角，收敛角与磁偏角类似也有正负之分，当网格北方位线在真北方位线以东时，收敛角为正，以西为负。

$$网格方位 = 磁方位 + 磁偏角 - 收敛角$$

同一地点的磁偏角随着地球磁场的偏移每年发生变化，是一个变化量；而收敛角是由于投影和坐标转换过程中产生的，是固定值。

（三）轨道防碰扫描方法

在老区开发井、丛式井钻井或救援井轨道设计过程中，需要对设计轨道进行防碰 / 相交计算。它帮助钻井设计人员和施工人员了解相邻井轨迹的空间位置情况，避免和邻井发生碰撞。防碰计算方法有很多，目前常用 3D 最近距离法、法面扫描法和水平面扫描法三种模式来分析相邻井之间的位置关系和危险程度。目前 SY/T 6396—2014《丛式井平台布置及井眼防碰技术要求》推荐利用 3D 最近距离法进行防碰扫描计算。

3D 最近距离法是根据设计人员指定的测深间隔，从井口向井底依次扫描参考井上每个扫描点位置处与邻井的空间最短距离。

以参考井扫描点位置为球心考虑一个半径逐步变大的球体，当球体增长到恰好与邻井井眼轨迹相切时，切点就是邻井上对应的最近距离点。扫描点和该切点的连线长度即是在参考井扫描点位置处参考井与邻井之间的最近距离，连线的方位通常以网格北为参考。该方法的优势在于能够计算得到给定位置处的实际最近距离，尤其在打救援井的过程中非常有用。

1. 防碰误差源

由于轨迹测斜时使用的工具不同，不同的工具会有不同的测量误差，根据 1981 年 Wolff & de Wardt 提出的 Systematic Ellipse 系统椭球误差模型（SPE 9223）主要考虑有以下 6 个误差源：

（1）深度误差。测量井深过程中的沿井眼轴线方向的长度误差。

（2）未对准误差。测斜工具未能对准井眼轴线的角度误差。

（3）井斜误差。测斜工具测量井斜时本身的误差。

（4）方位误差。测斜工具测量方位时本身的误差。

（5）钻柱磁干扰误差。对于磁性测斜工具，钢性的钻柱会影响工具周边的磁场，从而导致测斜误差的产生。

（6）陀螺方位误差。对于陀螺测斜工具，其万向节会引起陀螺仪方向指示的误差。

2. 防碰风险评价方法

国内防碰风险评价常用井眼中心距法和分离系数法两种。

井眼中心距法（CTC）是目前国内防碰计算的常规做法，是根据防碰计算出来的参考井和邻井的中心距，依据经验判定防碰风险，一般下部井段要大于15m。

分离系数法是考虑测量误差后用分离系数来评价参考井和邻井空间位置情况的方法。

分离系数（SF）的三种计算方法：

（1）椭球包围球间距（椭球主轴间距）。这种计算方法采用了安全优先原则，位置不确定性椭球被放大到以其半长轴为半径的球，椭球之间的距离则用放大后的球体之间的距离来代替，因此可能发生较多误判报警的情况。

椭球间距 = 中心距 –（参考井椭球半长轴 + 邻井椭球半长轴）

分离系数 = 中心距 /（中心距 – 椭球间距）

（2）中心连线截距。在这种计算方法下，由于没有考虑椭球主轴的延伸方向，很可能出现相邻井之间的实际距离很近但是没有警告的情况。

椭球间距 = 中心距 – 两段中心线截距之和

分离系数 = 中心距 /（中心距 – 椭球间距）

（3）实际椭球间距。这种计算方法考虑了椭球的在中心连线方向上的延伸，较上面两种方法而言是一种比较实际的判断方法，能在大多数情况下给出正确的警告信息。

椭球间距 = 椭球间实际距离

分离系数 = 中心距 /（中心距—椭球间距）

对于不同情况的井眼轨迹需要用户灵活选择合适的计算方法来进行防碰及误差分析。分离系数表现了参考井和邻井之间间隔远近的程度，基于分离系数定义了三个安全等级：低风险、中风险和高风险。

安全等级数据定义在置信度设置为95%的情况下，低风险 $1.5 < SF \leq 5.0$，中风险 $1.0 < SF \leq 1.5$，高风险 $SF \leq 1.0$。显然，当SF下降到1.0以内的时候就表示参考井的扫描点和邻井的最近距离点两者的位置不确定性椭球开始相交，即发生碰撞的概率达到最高。对于丛式井组、绕障井钻井施工时，要高度重视防碰风险，当 $SF > 1.5$ 时较安全；当 $1.0 < SF \leq 1.5$ 时需慎重施工；当 $SF \leq 1.0$ 时就认为不适于继续钻进。对于救援井施工时，要反向使用防碰风险评价方法，对于重点井段必要时需借助磁测距仪器进行两井间的连通作业。

二、井眼轨道优化设计原则及轨道剖面类型

（一）井眼轨道优化设计原则

根据地质提出的井位与靶点 / 靶区位置的要求和地层特性，选择合适的井眼轨道剖面

类型，设计出井眼轨道，提出监测方法及要求。井眼轨道设计应与井身结构、井下钻具组合和钻井参数结合起来设计。

井眼轨道优化设计目的是降低井眼轨道控制的难度，以充分发挥动力钻具和转盘钻具各自的优势，为钻出平滑规则的井眼提供保障。应综合考虑斜井段 / 水平段设计长度、造斜率、造斜点、轨道剖面和后期的通井时间等因素，采取相应的优化措施：

（1）造斜点原则上选择在稳定、不复杂、可钻性较好的地层；

（2）井眼轨道剖面尽量简单，常规定向井一般采用“直—增—稳”剖面，水平井主要采用“直—增—稳—增—平”剖面，稳斜段作为实钻过程中的造斜率调整段，弥补工具造斜能力的偏差，也可使井眼轨迹更平滑、降低作业风险；

（3）平均造斜率应符合区域地层、定向工具造斜能力，且为钻井提速、后期管柱下入创造条件；

（4）井眼轨道设计应结合现场施工实际，在侧钻点（开窗点）、套管鞋附近应留15~20m余地，宜以稳斜、微增斜的方式中靶；

（5）进行老井开窗井眼（侧钻）轨道设计时，需对老井数据进行详细分析，如井身结构、井内管柱、钻井液密度、复杂情况、井斜、井径、套管、固井质量等。

对于超深定向井 / 水平井井眼轨道优化设计中，除了要遵循上述原则，还应进行钻具摩阻以及屈曲分析，综合优化轨道，降低施工的难度。

（二）定向井井眼轨道剖面类型

常规定向井的常用井眼轨道剖面主要有“三段制”和“五段制”，设计人员可根据钻井目的和地质要求等具体情况，选用合适的剖面类型，进行定向井设计（表2-2-1）。

按在空间坐标系的几何形状，又可分为二维定向井井眼轨道剖面和三维定向井井眼轨道剖面两大类。二维定向井是指设计井眼轴线仅在设计方位线所在的铅垂平面上变化的井。三维定向井是指设计的井身剖面上，既有井斜角的变化又有方位角的变化。三维定向井常用于在地面井口位置与设计目标点之间的铅垂平面内，存在着井眼难于直接通过的障碍物，设计井需要绕过障碍钻达目标点。

表2-2-1 各种井眼轨道剖面及用途特点

序号	剖面类型	井眼轨道剖面	用途特点
1	斜直井	稳	开发浅层油气藏
2	二段制	直—增	开发浅层油气藏
3	三段制	直—增—稳	常规定向井剖面、应用较普遍
4		直—增—降	多目标井、不常用
5	四段制	直—增—稳—降	多目标井、不常用
6		直—增—稳—增	用于深井、小位移常规定向井
7	五段制	直—增—稳—增—稳	用于深井、小位移常规定向井

（三）水平井井眼轨道类型

水平井井眼轨道剖面类型按空间位置可分为二维剖面和三维剖面，按施工增斜特点可分为“直—增—平”“直—增—增—平”“直—增—稳—增—平”“直—增—稳—增—微增—平”等剖面。在地面和地质条件允许的情况下尽可能采用二维剖面。

水平井按曲率半径的大小可分为长半径、中半径、中短半径、短半径和超短半径几种类型，见表2–2–2。

表2–2–2 水平井轨道剖面分类表

<table>
<tr><th>序号</th><th>按曲率半径的分类</th><th>狗腿度，(°)/30m</th><th>井眼曲率半径，m</th></tr>
<tr><td>1</td><td>长半径</td><td>2~6</td><td>860~285</td></tr>
<tr><td>2</td><td>中半径</td><td>6~20</td><td>285~85</td></tr>
<tr><td>3</td><td>中短半径</td><td>20~60</td><td>85~30</td></tr>
<tr><td>4</td><td>短半径</td><td>60~300</td><td>30~6</td></tr>
<tr><td rowspan="2">5</td><td rowspan="2">超短半径</td><td>特殊转向器</td><td>1~6</td></tr>
<tr><td colspan="2">特殊工具在井眼内完成从垂直转向水平，然后水平延伸一定距离的井</td></tr>
</table>

三、井眼轨道优化设计

（一）井眼轨道设计要点

1. 合理的剖面类型

复杂的剖面类型，势必带来施工难度的增加，因此剖面类型的选择应力求简单。

2. 合适的造斜点

造斜井段尽量选择井壁稳定、可钻性好的地层，提高钻速，降低复杂。造斜点的位置应根据设计井的垂深、水平位移和选用的井眼轨道类型来决定，并考虑井身结构的要求。尽量增加复合钻井定向井段，减少滑动定向井段。

3. 合适的井眼曲率

井眼曲率的选择，要考虑工具造斜能力和钻具刚性的限制。井斜角太小，井眼轨迹控制困难；井斜角太大，会增加施工风险。一般来讲，最大井斜角的大小与井眼轨迹控制的难度有下面的关系：

（1）最大井斜角小于15°时，井斜角和方位角难以控制。

（2）最大井斜角在15°~55°之间时，既有利于控制井斜角和方位角，也能顺利地钻井、固井和电测，是较理想的井斜角控制范围。

（3）最大井斜角大于55°时，摩阻大、携砂困难，易形成较难破坏的岩屑床，施工风险大，电测、完井作业施工的难度大。

（二）井眼轨道设计步骤

井眼轨道设计时，地质设计会提供基本的设计条件，包括井口坐标和靶点坐标及垂深等。

（1）井口大地坐标。

（2）靶点数据，包括：

①靶点类型，如点靶、圆形靶、矩形靶、圆柱体靶等；

②靶点坐标和深度；

③轨迹要求，如剖面类型、造斜点深度要求及其他要求。

根据地质设计给定的条件，井眼轨道设计基本步骤如下：

（1）根据井口及靶点坐标，计算靶点位移和方位；

（2）结合靶点垂深大概确定剖面类型和造斜点；

（3）应用定向井设计软件做出初步的设计轨道；

（4）检查上述结果是否满足地质要求、井身结构要求和邻井防碰要求，最大井斜角、造斜率等是否有利于施工作业；

（5）对设计轨道进行优化，直至满足地质要求和工程施工需要。

（三）井眼轨道剖面类型优选

（1）遵守地质要求。

对于特殊构造，地质设计中对井眼轨道有特殊要求，如中靶角度、造斜点深度，井眼轨道剖面类型选择时严格遵守地质要求。

（2）若地质设计无明确要求，可按照工程施工难度确定井眼轨道剖面。

①三段制（单圆弧）施工难度和摩阻低于五段制，常规定向井多采用三段制剖面设计。

②大位移井施工摩阻扭矩大，理论上悬链线剖面在降低摩阻方面优势明显，但设计和施工难度大，应用较少。多采用三段制和双增剖面。

③水平井因着陆方面的特殊要求，一般采用双增剖面设计，用小于水平段井斜 3°~5° 的井斜探油顶。

同一个靶点若采用不同的设计剖面，摩阻扭矩相差会较大，对钻机载荷及钻具钢级也会有不同的要求。根据经验及理论分析，施工摩阻扭矩方面：悬链线剖面 < 单圆弧剖面 < 双增剖面；位移较短时，差别不明显；水平段较长时，悬链线剖面优势较大。

（四）造斜率大小的选择

对同一口井采用不同造斜率设计的井眼轨道剖面进行摩阻扭矩受力分析，摩阻扭矩随造斜率增大而增大。（1.2°~2.1°）/30m 之间摩阻增加较快，超过 2.1°/30m 以后随造斜率增加摩阻增加不明显。所以从摩阻扭矩方面考虑，在满足施工要求的前提下，尽可能选择小的造斜率。

例如，塔里木油田定向井和水平井一般水平位移不大，摩阻扭矩对钻井的影响不大。因此在井眼轨道设计时，主要考虑造斜难度和施工周期的影响，造斜率一般选择较大[（4°~5°）/30m]。

（五）井眼轨道设计实例

1. FY208 井

FY208 井位于新疆维吾尔自治区阿克苏地区沙雅县境内，该井因地质和工程的需求，通过优化分析确定轨道设计。

1）基础数据

FY208 井基础数据见表 2-2-3。

表 2-2-3　FY208 井基础数据

靶点	X	Y	靶点海拔 /m	靶点垂深（不含补心高）m	预测地面海拔（不含补心高）m
靶点 A	x_1	y_1	-6285	7240	955
靶点 B	X_2	Y_2	-6465	7420	955

要求：设计井底为靶点 B 向前钻进 230m。

2）反推井口

计算可知，靶点 A 到靶点 B，井斜 68.35°，方位 267.35°，水平距 453.49m，垂距 180m。

井口推荐考虑问题及推荐原则：

（1）因两个靶点水平距及井斜较大，需设置一定长度的靶前距，同时尽量缩短井底闭合距，降低最大井斜角；

（2）造斜点选择问题，结合邻井 FY202 井等定向井，造斜点选择在桑塔木组，地层稳定，岩性为层状灰色泥岩、泥灰岩；

（3）最大狗腿度控制在 5° 左右，便于现场施工。

基于上述原则，推荐靶前距设置为 150m。

计算 FY208 井口坐标，X：x_0　Y：y_0。

据此井口进行井眼轨道设计。

3）井眼轨道设计

造斜点选择在 6951.88m，位于桑塔木组，最大狗腿度 5°，中靶点 A 前调整段长度有 48.79m；而后采用 3.5° 的狗腿增斜去中靶点 B，并根据要求中靶 B 后继续稳斜钻进 230m 完钻。设计表及详细数据见表 2-2-4。

表 2-2-4　FY208 井井眼轨道设计表

井深 m	井斜（°）	网格方位（°）	垂深 m	N/S m	E/W m	狗腿度（°）/30m	闭合距 m	闭合方位（°）	备注
6951.88	0.00	—	6951.88	0.00	0.00	0.000	0.00	—	造斜点
7239.88	48.00	267.35	7207.35	-113.62	-5.27	5.000	113.74	267.34	造斜段
7288.67	**48.00**	**267.35**	**7240.00**	**-149.84**	**-6.95**	**0.000**	**150.00**	**267.34**	**靶点 A**
7514.58	74.36	267.35	7347.95	-345.82	-16.04	3.500	346.19	267.34	增斜段
7781.78	**74.36**	**267.35**	**7420.00**	**-602.84**	**-27.95**	**0.000**	**603.49**	**267.35**	**靶点 B**
8011.78	74.36	267.35	7482.02	-824.08	-38.21	0.000	824.97	267.35	井底

2. YM221 井

YM221 井位于跃满西区块东北部近南北向分支断裂上，在新疆维吾尔自治区阿克苏地区沙雅县境内，该井因地质和工程的需求，通过优化分析确定井眼轨道设计。

1）基础信息

YM221 井靶点数据见表 2-2-5。

表 2-2-5　YM221 井靶点数据

靶点 A			靶点 B		
X	Y	垂深，m	X	Y	垂深，m
x_1	y_1	7395~7415	x_2	y_2	7490
井口坐标，$X:x_0$；$Y:y_0$。AB 连线水平距为 359.92m；方位为 278.47°					

注：预测井口海拔为 965m；垂深不含补心高。靶点 A 海拔 -6450~-6430m，靶点 B 海拔 -6525m。降低井斜，取靶点 A 垂深 7395m。

2）轨道设计调研分析

（1）地质分层信息。

YM221 井井深情况预测见表 2-2-6。

表 2-2-6　YM221 井井深情况预测

层位	深度，m	备注
桑塔木组底	7345	
良里塔格组底	7360	岩性主要为灰色泥晶灰岩夹含泥灰岩
吐木休克组底	7375	石灰岩、泥质灰岩互层夹中厚—厚层状灰质泥岩
一间房组	—	岩性主要为灰色泥晶灰岩及生屑、砂屑灰岩

注：深度计算以预测地面海拔 965m 计算。

（2）井身结构。

该井采用四开井身结构：

一开 ϕ444.5mm 井眼，ϕ339.7mm 套管，加固井口，封固上部疏松地层；

二开 ϕ311.2mm 井眼，ϕ244.5mm 套管下至石炭系顶部；

三开 ϕ215.9mm 井眼，ϕ177.8m 尾管下至吐木休克组顶部 5~8m；

四开 ϕ149.2mm 井眼，裸眼或者筛管完井。

3）井眼轨道优化设计

根据地质目的重新设计了井口位置。设计套管鞋到靶点 A 垂距 35~55m；套管鞋到靶点 B 垂距 130m。

表 2-2-7　井眼轨道设计详细数据表

井深 m	井斜 （°）	网格方位 （°）	垂深 m	N/S m	E/W m	狗腿度 （°）/30m	闭合距 m	闭合方位 （°）	备注
0.00	0.00	0.00	0.00	0.00	0.00	0.000	0.00	0.00	
7360.00	0.00	0.00	7360.00	0.00	0.00	0.000	0.00	0.00	套管鞋位置
7395.00	0.00	0.00	7395.00	0.00	0.00	0.000	0.00	0.00	靶点 A
7527.17	88.12	278.47	7480.90	12.24	-82.21	20.000	83.12	278.47	
7804.13	88.12	278.47	7490.00	53.00	-356.00	0.000	359.92	278.47	靶点 B

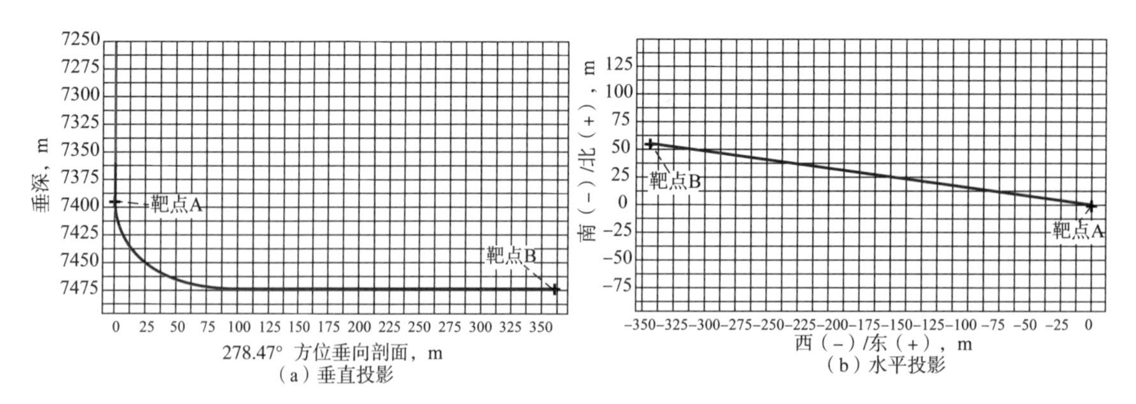

图 2-2-3　井眼轨道设计中的垂直投影图和水平投影图

4）井眼轨道设计分析

进行摩阻扭矩和水力参数分析，论证设计轨道是否满足条件。需要在 Wellplan 软件输入以下参数。

（1）主要钻具组合：ϕ171.5mm 钻头 + 螺杆 +$3^1/_2$in 钻杆 +$3^1/_2$in 加重 +$3^1/_2$in 钻杆 +4in 钻杆；

（2）摩阻系数：套管内 0.2，裸眼内 0.35 ；

（3）钻井液：密度 1.46g/cm^3，塑性黏度 24mPa · s，动切力 6 Pa ；

（4）转动钻进钻压设置 4tf，滑动钻进钻压 2tf。

通过模拟分析，三开在上述钻压条件下，滑动钻进中钻具可能会出现螺旋屈曲；当滑动钻进钻压为 1tf 时，螺旋屈曲会转化变为正弦屈曲。建议钻进中提高钻井液的润滑性能，同时使用水力振荡器缓解托压现象。图 2-2-4 所示为井眼轨道设计方案下钻具抗拉强度分析结果。

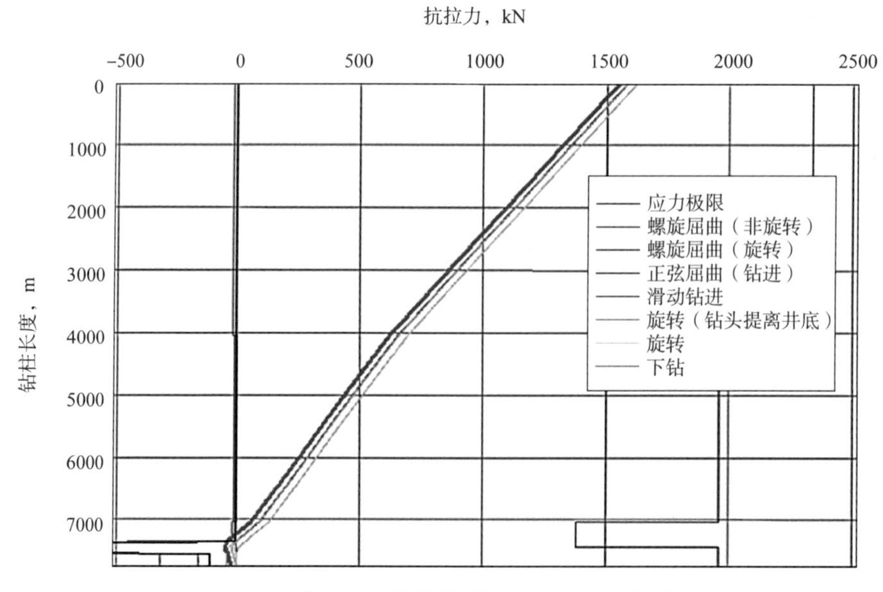

图 2-2-4　轨道设计方案下钻具抗拉强度分析结果

对四开钻具进行水力参数计算分析，如图 2-2-5 所示，当排量为 8~14L/s 时，泵压将达到 22~28MPa，需要高效能的钻井泵。

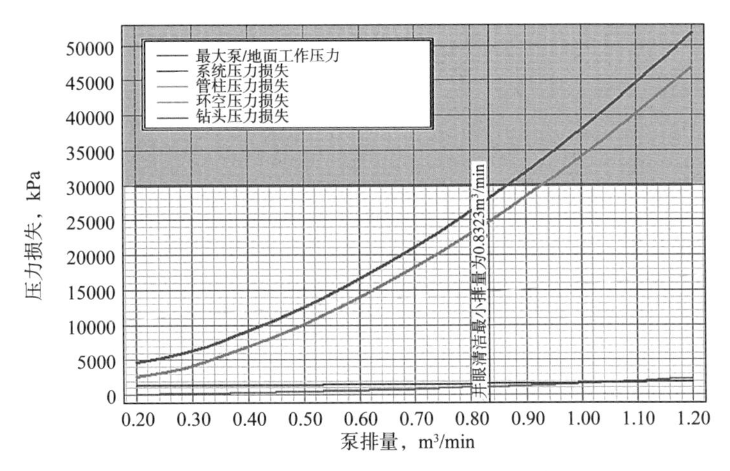

图 2-2-5　轨道设计方案下水力参数计算结果

根据地质提供的信息，进行井眼轨道剖面设计，模拟分析了钻具稳定性和水力参数，结果显示设计井眼轨道参数可满足工程和地质需要。

第三节　超深井钻具组合设计

超深井井下岩性和井眼轨迹往往更为复杂，上部井段井眼尺寸以及环空间隙大，存在携岩和井斜超标问题；下部井段地层温度、压力高，钻具载荷大，循环压耗高，钻具刺漏、断裂等事故时有发生，且处理困难；这些是制约超深井安全高效钻进的重要因素。超深井实钻统计资料显示：钻杆失效的主要形式为内外螺纹损伤、螺纹台阶面损伤、钻杆接头台肩损伤和刺漏，失效部位主要为上部钻杆；钻铤失效的主要形式为螺纹接头处损伤、本体弯曲、本体磨损，失效部位主要为钻铤与钻杆链接部位附近。超深井钻具失效的主要原因为钻具的疲劳损坏，高温和腐蚀环境（盐岩、硫化氢）会加速钻具的疲劳损伤，并降低钻具的极限强度。针对超深井钻具设计难题，本节在介绍钻具设计标准和原则基础上，归纳钻具设计方法，详述塔里木盆地钻具设计与强度校核实例以及非标钻具配套方案，以期为超深井钻具设计提供参考。

一、设计原则

钻具组合设计应遵循以下原则：

（1）满足顺利钻达设计井深要求。根据井深、井眼大小设计合适的钻具类型和组合形式，钻铤数量满足钻压需求；钻至深部井段时，上部钻具组合要满足强抗拉强度和抗扭强度需求，下部钻具需满足抗外挤强度需求；上部井段水眼尺寸选择以提高钻头水功率为目标，下部井段以降低循环压耗为目标。

（2）有效控制井身质量。根据地层造斜能力和地质要求，选择合理的组合形式以及钻井方式，超深井上部井段环空间隙大，钻具与井壁接触点少，需加强防斜，提高井身质量，为顺利实现地质目标奠定基础。

（3）满足井控安全要求。在油气层中钻井，按标准设计内防喷工具、防喷单根/立柱。

（4）钻具组合有利于钻井提速需要。在顺利实现钻达设计井深的前提下，优选提速工具及钻具尺寸、优化组合形式，尽量选用螺杆钻具以实现提速提效目标。

（5）钻具组合设计内容要和该井的钻井工艺一一对应。应包括各开次钻进、钻塞的钻具组合设计，特殊作业组合（定向井、水平井、取心等）要专门设计，钻具结构形式、钻铤及加重钻杆数量、稳定器、转换接头等要符合标准要求。定向段、水平段钻具还应开展摩阻分析。

二、钻具设计方法

（一）钻铤的设计与计算

1. 钻铤尺寸的确定

钻铤尺寸决定着井眼的有效直井，伍兹和鲁宾斯基提出井眼的有效直径等于钻头直径与钻铤外径的平均值：

有效井眼直径 =（钻头直径 + 钻铤外径）/2　　（2–3–1）

霍奇发展了这一结论，提出了允许最小钻铤外径的计算公式：

允许最小钻铤外径 =2 倍套管接箍外径 – 钻头直径　　（2–3–2）

钻铤柱中最下一段钻铤（一般应不少于 1 柱）的外径应不小于这一允许最小外径，才能保证套管的顺利下入。

采用光钻铤柱钻进，这一结论是正确的。如果下部钻具组合中安装了稳定器，则可以采用稍小外径的钻铤。

钻铤柱中选用的最大外径钻铤应保证在打捞作业中能够套铣。表 2–3–1 是推荐的与各种钻头直径对应的钻铤尺寸范围。

表 2–3–1　推荐的钻铤尺寸范围（SY/T 5088）

钻头直径，mm（in）	钻铤直径，mm（in）
120.6（$4^3/_4$）	79.3（$3^1/_8$），88.9（$3^1/_2$）
142.9（$5^5/_8$）~152.4（6）	104.7（$4^1/_8$），120.6（$4^3/_4$）
157.8（$6^1/_4$）~171.4（$6^3/_4$）	120.6（$4^3/_4$），127.0（5）
190.5（$7^1/_2$）~200.0（$7^7/_8$）	127.0（5）~158.7（$6^1/_4$）
212.7（$8^3/_8$）~222.2（$8^3/_4$）	158.7（$6^1/_4$）~171.4（$6^3/_4$）
241.3（$9^1/_2$）~250.8（$9^7/_8$）	177.8（7）~203.2（8）
269.9（$10^5/_8$）	177.8（7）~228.6（9）
311.1（$12^1/_4$）	228.6（9）~254.0（10）
374.6（$14^3/_4$）	228.6（9）~254.0（10）
444.5（$17^1/_2$）	228.6（9）~279.4（11）
508.0（20）~660.4（26）	254.0（10）~279.4（11）

大于 ϕ190.5mm（$7^1/_2$in）的井眼中，宜采用复合（塔式）钻铤结构，但相邻两段不同外径钻铤的外径差不应过大。合理控制钻铤柱中相邻两段不同规范（外径、内径及材料等）钻铤的抗弯刚度的比值，以避免在连接处以及最上一段钻铤与钻杆连接处产生过大的应力集中与疲劳，根据经验，这一比值应小于 2.5，一般情况下，相邻两段钻铤外径差值以不超过 25.4mm 为宜。

2. 钻铤长度的确定

钻铤长度取决于选定的钻铤尺寸与所需钻铤重量。

按照目前广泛采用的浮力系数法，应保证在最大钻压时钻杆不受压缩载荷。所需钻铤重量由下式计算：

所需钻铤重量 =（设计的最大钻压 × 安全系数）/ 钻井液的浮力系数

式中安全系数的合理取值范围是 1.15~1.25。

在斜井条件下，应按式（2-3-3）计算所需钻铤的重量：

$$W_{DC}=S_tW_{ob}/K_b\cos\alpha \quad (2\text{-}3\text{-}3)$$

式中　W_{DC}——所需钻铤的重量，kN；

W_{ob}——设计最大钻压，kN；

S_t——安全系数；

K_b——钻井液浮力系数；

α——井斜角，(°)。

根据钻铤的重量并考虑钻铤尺寸选择的油管因素，即可确定各段钻铤的长度和钻铤柱的总长度。

在钻水平井或大斜度井时，为避免大斜度井段钻铤产生过大的摩阻和扭矩，应代之以加重钻杆甚至普通钻杆。

在设计钻铤长度时，应保证中性点始终处于钻铤柱上。

（二）钻杆的设计与计算

不论在起下钻还是正常钻进时，经常作用在钻杆且数值较大的力是拉力。所以，钻杆柱的设计主要考虑钻柱自身重量的拉伸载荷，并通过一定的设计系数来考虑起下钻时的动载及其他力的作用。在一些特殊作业时也需要对钻杆的抗挤及抗内压强度进行计算。

钻杆柱设计必要的参数包括：(1）设计下入深度；(2）井眼尺寸；(3）钻井液密度；(4）抗拉安全系数或超拉极限；(5）抗挤安全系数；(6）钻铤长度、外径、内径及每米重量；(7）钻杆规范及等级。

1. 抗拉强度

抗拉强度设计的目的是要求最上部的钻杆必须有足够的强度承受全部钻柱的浮重，这个载荷可以采用式（2-3-4）计算（钻头、稳定器、转换接头的重量可以忽略不计）：

$$P=\left(\sum L_{dp}q_{dp}+\sum L_cq_c\right)K_b \quad (2\text{-}3\text{-}4)$$

式中　P——井口以下浸没在钻井液中的钻柱载荷，kN；

L_{dp}——钻杆长度，m；

L_c——钻铤长度，m；

q_{dp}——每米钻杆在空气中的重量，kN/m；

q_c——每米钻铤在空气中的重量，kN/m；

K_b——钻井液的浮力系数。

2. 抗挤强度

在钻杆测试过程中，由于钻杆内被掏空，而管外是钻井液柱，或管内有密度较低的地层流体，管内外压差对钻杆造成一个外挤力，为了避免钻杆管体被挤毁，钻杆柱承受最大外挤压力应小于该处钻杆的最低外挤力。

确定允许外挤压力应除以适当的安全系数。

$$P_{ac}=p_p/S_t \tag{2-3-5}$$

式中 P_{ac}——最大允许外挤压力；

p_p——钻杆最大抗外挤强度，MPa。

3. 抗内压强度

钻杆也会承受较大的净内压力，用钻杆的抗内压强度除以一个合适的安全系数，即得到允许净内压值。

4. 抗扭强度

在超深井中，尤其扩眼和处理卡钻时，钻杆的抗扭强度是关键参数，有关标准给出了各种尺寸、钢级与级别钻杆的理论抗扭强度。在钻井过程中加于钻杆上的实际扭矩难于测量时，可以采用式（2-3-6）进行估算：

$$M=30P_m/\pi N \tag{2-3-6}$$

式中 M——给钻杆施加的扭矩，kN·m；

P_m——使钻柱旋转所用的功率，kW；

N——钻柱转速，r/min。

应特别注意，在一般情况下加于钻杆上的扭矩不允许超过钻杆接头的实际紧扣扭矩，推荐的钻杆接头的紧扣扭矩在相关标准中已有规定。

5. 卡瓦挤毁强度

在 API 规范中规定的屈服强度不是材料开始永久变形的特定点，而是根据已发生总变形时的应力，这个变形包括全部弹性变形和一些塑性变形，如果实际载荷达到所给极限就会发生轻微永久伸长。为了避免这种情况的发生，最大允许设计拉伸载荷 P_a 应小于规范所给出的理论抗拉强度 P_t，一般取比例系数 0.9，即：

$$P_a=0.9P_t \tag{2-3-7}$$

计算的载荷 P 与最大允许拉伸载荷的差值代表了抗拉余量（M_{op}），即：

$$M_{op}=P_a-P \tag{2-3-8}$$

P_a 与 P 的比值即为安全系数（S_t）：

$$S_t=P_a/P \tag{2-3-9}$$

合理选择安全系数和抗拉余量是极为重要的，安全系数或抗拉余量过小，容易造成钻具损坏，过大又会造成浪费。设计时应充分考虑整个钻井过程中可能出现的各种超载情况和程度，如卡钻、起下钻加速和减速引起的动载等。

在深井中，由于钻柱重量大，当钻杆坐于卡瓦时将收到很大的箍紧力，当合成应力接近或达到材料的最小屈服强度时，会导致卡瓦挤毁钻杆。为了防止钻杆被卡瓦挤毁，要求钻杆的屈服强度 σ_s 与拉伸应力 σ_t 的比值不能小于一定数值，也就是说，要限制钻杆的拉伸载荷。如果考虑这一因素，选定的设计安全系数不应小于 σ_s 与 σ_t 的最小比值（表 2–3–2）。

表 2–3–2　不同卡瓦和摩擦系数条件下的 σ_s/σ_t 比值要求

卡瓦长度 in	摩擦系数 μ	横向负载系数 K	不同钻杆尺寸对应的最小比值 σ_s/σ_t						
			$2^3/_8$in	$2^7/_8$in	$3^1/_2$in	4in	$4^1/_2$in	5in	$5^1/_2$in
12	0.06	4.36	1.27	1.34	1.43	1.50	1.58	1.66	1.73
	0.08①	4.00	1.25	1.31	1.39	1.45	1.52	1.59	1.66
	0.10	3.68	1.22	1.28	1.35	1.41	1.47	1.54	1.60
	0.12	3.42	1.21	1.26	1.32	1.38	1.43	1.49	1.55
	0.14	3.18	1.19	1.24	1.30	1.34	1.40	1.45	1.50
16	0.06	4.36	1.20	1.24	1.30	1.36	1.41	1.47	1.52
	0.08①	4.00	1.18	1.22	1.28	1.32	1.37	1.42	1.47
	0.10	3.68	1.16	1.20	1.25	1.29	1.34	1.38	1.43
	0.12	3.42	1.15	1.18	1.23	1.27	1.31	1.35	1.39
	0.14	3.18	1.14	1.17	1.21	1.25	1.28	1.32	1.30

①摩擦系数 0.08 用于正常润滑情况。

6. 复合钻杆长度的确定

设计钻杆柱通常要确定某种特定钻杆尺寸、钢级、级别的钻杆的最大长度。根据上述钻杆拉伸载荷、最大允许设计拉伸载荷及抗拉余量（或安全系数），即可导出确定钻杆最大长度的计算式：

$$L_{dp}=(0.9P_t/S_tK_bq_{dp})-(q_cL_c/q_{dp}) \tag{2-3-10}$$

或

$$L_{dp}=(0.9P_t-M_{op})/K_bq_{dp}-(q_cL_c/q_{dp}) \tag{2-3-11}$$

在超深井钻柱设计时往往采用复合钻杆柱，这样既能满足强度要求，又能减轻钻柱重量，允许在一定钻机负载能力下钻达更大井深。

设计复合钻柱应自下而上地确定各段钻杆的最大长度，承载能力较低的应置于钻铤之上，按照上述公式计算其最大长度；承载能力强的钻杆置于较弱钻杆上，最大长度仍按上述公式计算。

三、常用钻具组合

钻头尺寸与钻铤、钻杆、方钻杆尺寸相互配合、连接的方式，关系到安全、快速、优质钻进。

不同的钻柱结构及在井下的受力状态，决定了钻头所受钻压的大小和方向。如定向钻进或井斜较大时，钻头所受实际钻压比钻压表显示的数据要小，若钻柱组合中带有扶正器，实际钻压更小。通过扶正器与井壁的摩擦作用，有利于钻头工作稳定。油气钻井中常用的钻具组合有：满眼钻具组合、塔式钻具组合、钟摆钻具组合、造斜钻具组合、倒装钻具组合等。

（一）满眼钻具组合

满眼钻具组合由多个外径接近于钻头直径的稳定器和大尺寸钻铤组成，用于防斜稳斜。例如 ϕ311.1mm 钻头 +$12^1/_4$in 扶正器 +NC56/NC61+ϕ229mm 钻铤 ×1 根 +NC61/NC56+$12^1/_4$in LF+NC56/NC61+ϕ229mm 钻铤 ×2 根 +NC61/NC56+$12^1/_4$in LF+ϕ203mm 钻铤 ×ϕ121.94m+8in 随震 +8in 钻铤 ×2 根 +410/NC56+ϕ139.7mm 加重钻杆 ×15 根 +ϕ139.7mm DP。

使用满眼扶正器（稳定器）的下部结构会带来相应的“满眼”问题：（1）下钻易遇阻，螺旋稳定器还会在小井眼段造成钻柱“旋转”，不严重的阻卡可以通过有控制的“下砸”和“提放”通过；（2）在易吸水膨胀井段起钻拔活塞，要求斜井钻井液抑制性要好，井壁滤饼要薄，操作中要谨慎。

（二）塔式钻具组合

塔式钻具组合是基于静力学防斜打直原理，利用倾斜井眼中钻头与钻铤的横向分力，迫使钻头趋向井眼低边钻进，以达到纠斜和防斜的效果。可以由几种不同尺寸的钻铤，组成的上小下大的底部钻具组合。例如 ϕ311.15mm 牙轮钻头 +630×630 浮阀 +631×730+ϕ288.6mm 钻铤 ×3 根 +731×731+ϕ288.6mm 减振器 +ϕ203.2mm 无磁钻铤 +ϕ203.2mm 钻铤 ×7 根 +631×410+ϕ177.8mm 钻铤 ×6+ϕ127mm 钻杆。

（三）钟摆钻具组合

钟摆钻具组合是指在钻柱下部适当位置安放扶正器，该扶正器支撑在井壁上，使下部钻柱悬空，底部钻柱将产生钟摆力，钟摆力迫使钻头切削井壁下侧，井眼将不断降斜，达到纠斜防斜目的。例如 ϕ444.5mm 钻头 +ϕ229mm 钻铤 ×2 根 +$17^1/_2$in LF+ϕ229mm 钻铤 ×1 根 +$17^1/_2$in LF+NC61（外螺纹）/NC56（内螺纹）+203mm 钻铤 ×12 根 +8in 随震 +203mm 钻铤 ×3 根 +ϕ127mm 加重钻杆 ×15 根 +ϕ139.7mm DP。

钟摆钻具组合注意问题：（1）钟摆钻具组合的钟摆力随井斜角的大小而变化。井斜角大则钟摆力大，井斜角等于零，则钟摆力也等于零，所以多用于纠斜。（2）钟摆钻具组合对钻压特别敏感，钻压加大，则增斜力增大，钟摆力减小；钻压再增大，还会将扶正器以下的钻柱压弯，甚至出现新的接触点，从而完全失去钟摆组合的作用，所以钟摆钻具组合在使用中必须严格控制钻压。（3）在井尚未斜或井斜角很小时，要想继续钻进而保持不斜，只能减小钻压进行“吊打”，由于“吊打”钻速慢，仅在对轨迹要求特别严的直井段，才使用钟摆钻具组合进行“吊打”。（4）扶正器与井眼间的间隙对钟摆钻具组合性能的影响特别明显，当扶正器直径因磨损而减小时应及时更换或修复。（5）使用多个扶正器的钟摆钻具组合，要进行较复杂的设计和计算。

（四）造斜钻具组合

最常用的造斜钻具组合是采用弯接头和井下动力钻具组合进行定向造斜或扭方位。这种造斜钻具组合是利用弯接头使下部钻具产生一个弹性力矩，迫使井下动力钻具（螺杆钻具或涡轮）驱动钻头侧向切削，使钻出的新井眼偏离原井眼轴线，达到定向造斜或扭方位的目的。

造斜钻具组合使用的井下动力钻具型号应根据造斜井段或扭方位井段的井深选择，1000m 以内井段，一般采用涡轮钻具或螺杆钻具，深层定向造斜或扭方位应使用耐高温的井下马达。

（五）倒装钻具组合

大位移井 / 水平井施工时，考虑到钻铤等工具刚性强，通常会把钻铤或加重钻杆安放在 30° 井斜以上井段，把部分钻杆放在钻铤或加重钻杆下面，称其为倒装钻具组合。

四、超深井钻具设计实例

如前所述，超深井钻具设计重点在于上部大尺寸井段和下部小尺寸井段。

（一）钟摆钻具组合设计实例

KS21 井表层 ϕ660.40mm 钻头开钻，为降低钻具与井壁间隙，设计采用 ϕ149.20mm 斜坡钻杆 ×V150I；考虑防斜打直目的，设计了双稳定器钟摆钻具组合，并进行了强度校核。表 2-3-3 为 KS21 井一开钻具组合设计表。

表 2-3-3 KS21 井一开钻具组合设计表

井筒名	主井筒	开钻次序	1	井段，m	0~200		密度，g/cm^3	1.05~1.15	
钻具组合图	钻具名称 × 规格型号	外径 mm	内径 mm	长度 m	累计长度 m	累计重量 kN	抗拉安全系数	抗挤安全系数	抗拉余量 kN
	斜坡钻杆 ×V150I	149.20	129.90	9.76	200.00	383.02	9.15	784.98	2771.48
	转换接头 NC56（外螺纹）×520			0.50	190.24	379.43			
	螺旋钻铤	203.20	71.44	135.00	189.74	379.43			
	NC61（外螺纹）×NC56（内螺纹）			0.50	54.74	122.77			
	螺旋钻铤	228.60	76.20	18.00	54.24	122.77			
	稳定器	660.40		2.30	36.24	78.26			
	螺旋钻铤	228.60	76.20	9.00	33.94	78.26			
	稳定器	660.40		2.30	24.94	56.01			
	螺旋钻铤	228.60	76.20	18.00	22.64	56.01			
	减震器	229.00		4.00	4.64	11.51			
	钻头	660.40		0.64	0.64	1.77			

注:（1）为进一步提高钻具安全性，现场根据实际情况尽可能使用 110 钻铤和 110 减震器代替 90 钻铤和 90 减震器。（2）下套管前使用三扶通井。

一开钻具强度校核井段为 0~200m，结果如图 2-3-1 所示。

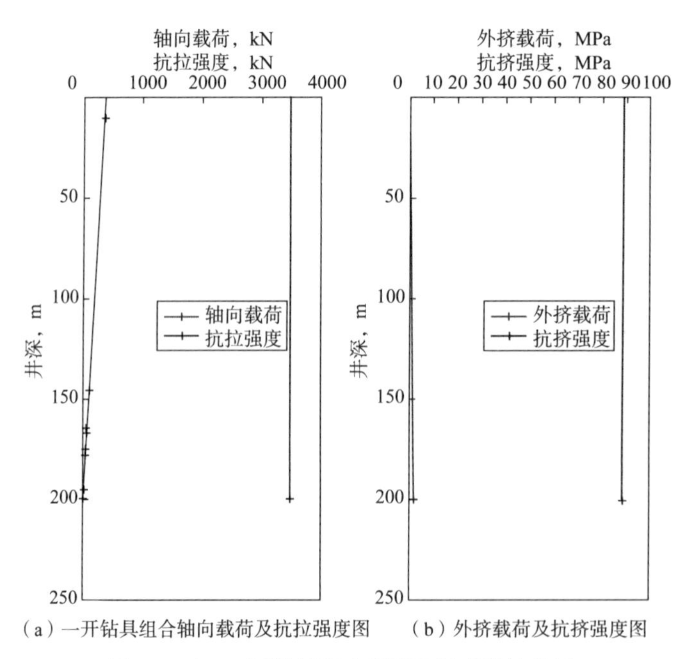

（a）一开钻具组合轴向载荷及抗拉强度图　（b）外挤载荷及抗挤强度图

图 2-3-1　一开钻具组合载荷及强度校核结果

（二）倒装钻具组合设计实例

YM7-H6 在四开水平段设计倒装钻具组合，施工中及时调整加重钻杆位置，保持加重钻杆底始终位于井斜 30° 以内井段；为保证钻具安全，井口应使用 400m 左右的全新 5in 钻杆，并进行了强度校核。表 2-3-4 为 YM7-H6 井四开水平段倒装钻具组合设计表。

表 2-3-4　YM7-H6 四开水平段倒装钻具组合设计表

井筒名	主井筒	开钻次序	4	井段	7284~7837m		密度		1.15~1.45g/cm^3
钻具组合图	钻具名称 × 规格型号	外径 mm	内径 mm	长度 m	累计长度 m	累计重量 kN	抗挤安全系数	抗挤安全系数	抗拉余量 kN
	斜坡钻杆 ×S135（塔标）	127.00	107.7	377.48	7837.0	1890.61	1.75	21.28	1089.29
	斜坡钻杆 ×S135I（塔标）	127.00	107.7	2900.0	7459.52	1779.01	1.49	2.45	604.19
	转换接头			0.50	4559.52	921.63			
	斜坡钻杆 ×S135I	88.90	70.20	3500.0	4559.02	921.63	1.97	1.74	710.97
	加重钻杆	88.90	52.40	432.00	1059.02	261.71			
	斜坡钻杆 ×S135I	88.90	70.20	600.00	627.02	123.29	14.71	1.51	1509.31
	无磁承压钻杆	88.90	70.20	9.60	27.02	10.16			
	无磁悬挂			2.00	17.42	8.35			
	无磁钻铤	120.70	57.15	9.00	15.42	8.35			
	浮阀			0.50	6.42	3.22			
	螺杆钻具	120.00		5.70	5.92	3.22			
	钻头	152.40		0.22	0.22	0.09			

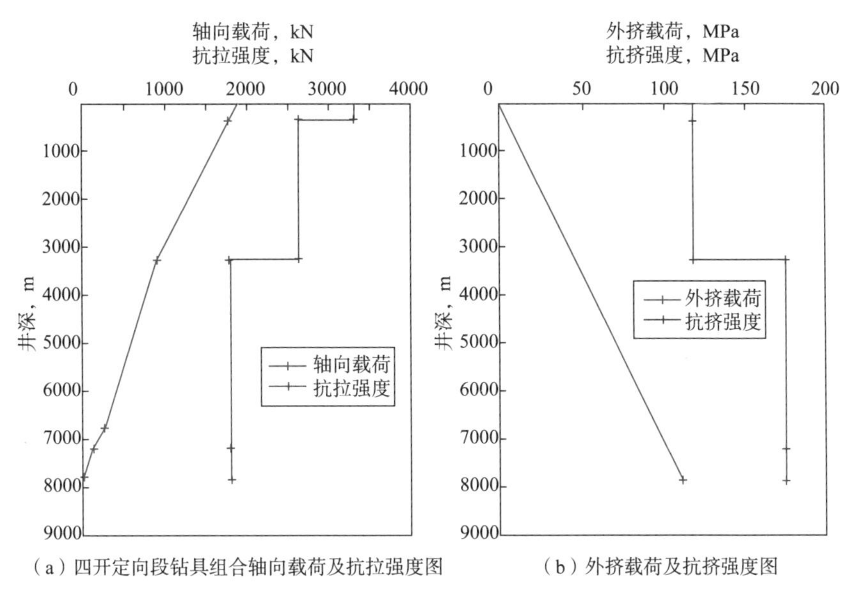

（a）四开定向段钻具组合轴向载荷及抗拉强度图　　（b）外挤载荷及抗挤强度图

图 2-3-2　四开钻具组合载荷及强度校核结果

第四节　超深井钻井参数优化设计

深部地层岩石强度高、研磨性强，超深井钻井过程中往往面临机械钻速低、钻头/钻具故障多发、钻井周期长等难题，严重制约深部油气的效益勘探开发。优化设计钻井参数可有效改善钻头和动力钻具的工作状态，提高钻井装备的功效，能在现有装备、工艺条件下提高机械钻速和钻井时效。

一、钻井参数优化理论及模型

（一）钻井参数优化理论的发展历程

钻井参数优化理论的发展历程可概括为以下几个阶段[11]：

（1）单目标、单参数钻前优化设计。

最早的钻井优化模型多以机械钻速为目标函数，通过邻井井史资料等描述钻压、转速和水力参数等单个参数对机械钻速的影响，以此找到最优值。例如，在一定条件下，机械钻速随钻压的增加而增加；当钻压增加到一临界值后，其他钻井参数将会限制机械钻速的继续上升，此时再继续加钻压，只会加速钻头的磨损，难以继续提高钻速；那么，将这一临界钻压作为优选结果以推荐应用。

（2）单目标、多参数钻前优化设计。

随着对钻井优化的认识不断深化，科研及工程技术人员发现钻井参数彼此耦合，会共同影响机械钻速。期间，富尔顿通过研究确定了钻压、转速和最小钻头水功率的关系曲线；美国 Amoco 公司研究制订了最小钻头水功率和最大经济水功率的“水力可钻性图版”，在此基础上，优选钻压和转速，从而在优选水力参数和机械参数之间建立了相应的关系。

（3）多目标、多参数随钻监测与优化设计。

利用杨格钻速方程可以在钻前或钻中优化机械钻速、钻头磨损等多个目标参数，对比分析同区块井间钻井效率，但在钻井设备和地质条件有差别时往往难以给出钻井参数优化方法，且具有地域限制。近年来，国内外开始广泛应用机械比能理论和模型实现随钻监测井下工作状态，动态优化钻进参数，评价钻井工艺/新工具，分析钻井技术经济指标，提高钻井效率，避免复杂事故。即以机械比能作为优化目标，结合随钻 MWD 和 LWD 测量参数及钻井参数分步测试，识别钻井提速/复杂工况的主要限制因素，进而定量优化钻压、转速、扭矩和水力参数。该方法在深井、超深井以及非常规油气藏钻井中取得了良好的应用效果。

（4）多目标、多参数远程随钻监测与优化设计。

随着信息传输、大数据和人工智能技术的发展，国内外正积极将已钻井史资料、地质信息以及多源随钻测量数据集成到同一软件平台以实时显示，采用多专业协同方式，钻井前线与后方专家联动，实时监测分析钻井工况，动态优化钻井参数。多源数据集成显示技术已较为完善，但前后方协同优化方面还有待加强。当前，该方法也多以机械比能作为优化目标。

（二）钻井参数优化模型

基于上节分析可知，机械比能模型是当前钻井参数优化设计的主要依据[12-14]。很多学者通过大量的室内实验和钻井实践，构建了相应的机械比能模型。现有的机械比能模型可划归为机械比能、钻进比能和水力机械比能三种类型，但一种贴合实际的机械比能模型应具备以下特征：尽管地层岩性有变化，但正常钻井状态下最小机械比能值应该约等于岩石抗压强度；模型基础参数易于测量或计算；对各类钻头、地层和井型均具有良好的适用性。

1. 机械比能模型及其特点

（1）Teal 模型[15]：

$$\mathrm{MSE}=\frac{\mathrm{WOB}}{A_{\mathrm{b}}}+\frac{120\pi NT}{A_{\mathrm{b}}\cdot\mathrm{ROP}} \tag{2-4-1}$$

式中 MSE——机械比能；

WOB——钻压，kN；

A_{b}——钻头面积，mm^2；

N——转盘转速，r/min；

T——钻头获得的扭矩，kN·m；

ROP——机械钻速，m/h。

Teale 模型所需参数少、便于计算。其中，钻压可通过地面记录的钩载反算，但钻头扭矩无法像钻压和转速这些钻井参数一样直接测量，因此利用地面扭矩按上述模型计算所得的机械比能值并非为钻头的机械比能值，所以 Teale 模型较难支撑钻井参数的定量优化。

（2）Pessier 模型[16]：

$$\mathrm{MSE}=\mathrm{WOB}\left(\frac{1}{D_{\mathrm{b}}}+\frac{13.33\mu N}{D_{\mathrm{b}}\cdot\mathrm{ROP}}\right) \tag{2-4-2}$$

式中　D_b——钻头直径，mm；

μ——滑动摩擦系数。

（3）樊洪海模型[17]：

$$MSE=WOB(\frac{1}{A_b}+\frac{2.91N}{D_b \cdot ROP}) \quad (2-4-3)$$

式中　D_b——钻头直径，mm；

μ——滑动摩擦系数。

针对钻头扭矩难以获得的问题，Pessier 模型和樊洪海模型对 Teale 模型进行了优化，使模型基础参数均能够在地面测取，进而提高了计算精度，得到了更广泛应用。但钻头扭矩回归数值和滑动摩擦系数受到钻头类型和地层岩性的影响较大，而且基于地面录井数据记录的钩载反算钻压本身也有一定偏差，因此优化后的模型仍存在一定的误差。

（4）Dupriest 模型[18]：

$$MSE=0.35(\frac{WOB}{A_b}+\frac{120\pi NT}{A_b \cdot ROP}) \quad (2-4-4)$$

（5）Cherif 模型[19]：

$$MSE=E_m(\frac{4WOB}{\pi D_b^2 \cdot ROP}+\frac{480NT}{\pi D_b^2 \cdot ROP}) \quad (2-4-5)$$

式中　E_m——机械效率。

受钻柱摩阻影响，通常钻头获得的破岩能量只有钻机功率的 30%~40%。Dupriest 和 Cherif 通过在 Teale 模型基础上乘以机械效率系数分别构建了相应模型，其中基础参数均在地面所测得。因此，Dupriest 模型和 Cherif 模型相比，前几种模型更能描述钻头实际。但机械效率受井深、井眼轨迹、钻头类型和钻具尺寸的影响十分显著，并非固定值，所以仍然存在偏差。

2. 钻进比能模型及其特点

（1）Miguel 模型[20]：

$$DSE=\frac{WOB}{A_b}+\frac{120\pi NT}{A_b ROP}-\frac{1.98\times 10^6 \cdot HP_B}{A_b ROP} \quad (2-4-6)$$

（2）Rashidi 模型[21]：

$$DSE=\frac{WOB}{A_b}+\frac{120\pi NT}{A_b \cdot ROP}-\frac{2.81\times 10^6 \cdot HP_B}{D_b^{3.19} \cdot ROP} \quad (2-4-7)$$

式中　DSE——钻头破岩比能；

HP_B——钻头水马力。

在钻压一定时，水力能量也可成为影响钻进效率的重要因素。Miguel 和 Rashidi 通过考虑水力能量对辅助破岩和清岩的有益作用，分别构建了相应模型。因此，钻进比能模型相比机械比能模型而言更适合监测及判别钻头泥包、井底泥包和钻头钝化等。当机械能量和水力能量同时增大时，钻进比能显著减小，即机械钻速明显提高。因此，钻进比能更适用于提速、随钻监测及优化钻井效率。当钻进工况较为理想时，钻进比能比机械比能更接近于所破碎岩石的抗压强度，但并非钻头剪切单位体积的岩石所需的实际能量。

3. 水力机械比能模型及其特点

（1）Mohan 模型[22]：

$$\mathrm{HMSE}=\frac{\mathrm{WOB_e}}{A_\mathrm{b}}+\frac{120\pi NT}{A_\mathrm{b}\cdot \mathrm{ROP}}+\frac{\eta\Delta p_\mathrm{b}Q}{A_\mathrm{b}\cdot \mathrm{ROP}} \tag{2-4-8}$$

其中

$$\eta=\frac{1-A_\mathrm{v}^{-k}}{M^2}$$

$$\mathrm{WOB_e}=\mathrm{WOB}-\eta F_\mathrm{j}$$

式中 HMSE——水力机械比能；

Δp——钻头压降，MPa；

Q——排量，L/s；

F_j——射流冲击力，N；

A_v——环空流速与喷嘴出口流速之比；

M，k——模型参数；

$\mathrm{WOB_e}$——有效钻压。

（2）孟英峰模型[13]：

$$E_\mathrm{MH}=\frac{40\mathrm{WOB_e}}{\pi D_\mathrm{b}^{\ 2}}+\frac{110NT}{D_\mathrm{b}^{\ 2}\cdot \mathrm{ROP}}+\frac{4\eta\Delta p_\mathrm{b}Q}{\pi D_\mathrm{b}^{\ 2}\cdot \mathrm{ROP}} \tag{2-4-9}$$

其中

$$\eta=\frac{1-A_\mathrm{v}^{-0.122}}{M^2}\qquad T=\frac{\mu \mathrm{WOB_e}\cdot D_\mathrm{b}}{3}$$

式中 E_MH——水力破岩比能。

Mohan 模型和孟英峰模型综合考虑了机械能量和水力能量的破岩作用，用有效钻压代替基于钩载反算的钻压，能够反映破碎单位体积岩石所需的实际能量。当输入的机械能量一定时，模型中的水力项反映了要达到预期的机械钻速所需的水力能量。因此，基于水力机械比能可以实时监测钻井效率，并能对钻进参数进行定量优化。

二、钻井参数优化理论及模型的应用

机械钻速、钻头 / 动力钻具与地层的匹配性及使用寿命、钻进工况等都是钻井效益的敏感因素，而且上述因素还存在一定竞争关系。在一定的地层和钻具组合条件下，优化钻进参数是改善钻进工况、提高机械钻速、延长钻头 / 钻具使用寿命的重要手段。因此，钻井参数优化是一个典型的多目标、多参数优化问题。钻井机械比能理论及模型提供了一种实时评价钻进状态的依据，基于机械比能理论，能够在钻前预测机械钻速、随钻诊断井底工况、随钻监测钻头磨损、钻头优选与评价钻头，进而发现影响钻井效率的主要限制因素，后续通过钻前优化设计或随钻动态优化钻井参数来针对性规避井下低效/复杂工况，实现钻井提速提效。

（一）钻前预测/优化设计机械钻速

目前钻井机械钻速的预测方法主要包括3种：（1）方法一，统计分析录井钻时数据构建钻速方程以预测钻速；（2）方法二，基于目标地层岩石可钻性特征及钻头结构预测机械钻速；（3）方法三，基于机械比能理论和抗压强度理论反推钻速方程来预测机械钻速。方法三综合考虑了影响钻速的钻压、转速、扭矩、排量等机械和水力因素，相对于前两种方法中的钻速方程（如 Borgouyne & Young 钻速方程），省去了很多不确定的系数，具有更普遍的适用性。根据钻压、转速、扭矩和排量等施工参数与钻速的相关性，可以在钻前或钻中优化设计上述钻井参数。

（二）随钻评价钻井效率

机械比能模型表征的是单位时间内破碎单位体积的岩石所消耗的机械能，因此，钻进过程中机械比能可代表钻井效率。当机械钻速达到预期时所消耗的机械能越小，表示钻井工艺与地层的匹配性越好，配套的钻井参数越合理。Teale 通过试验和理论推导发现，机械比能的最小值/最优值即为岩石的抗压强度。因此，利用岩石抗压强度和实钻机械比能的比值即可量化评价钻井效率。进而，根据机械比能模型，利用钻井参数与钻井效率的相关性，结合现场的分步测试，可以通过动态优化钻进参数改善钻井效率。

（三）随钻监测/识别井底工况

根据机械比能的原理：如果钻进工况良好，无粘滑、涡动等有害钻进状态，那么所输入的机械比能将主要用来破坏岩石，此时钻井效率和机械钻速达到最优。但机械能从地面向钻头传输过程中不可避免地存在损耗，即钻机提供的实际机械比能大于岩石的侧限抗压强度。多余的能力不仅造成能源浪费，甚至会导致有害振动并引发钻头/钻具先期损伤等复杂工况。通过随钻监测机械比能，随钻进时间推移，机械比能数值通常呈增大趋势，可分为两种情况：一是缓慢增大，当地层较为均匀时，主要是钻头磨损导致机械比能增大，属于正常工况，后续优化的方向是改进钻头性能指标；二是急剧增大，其原因可能是岩心突变、钻头/钻柱有害振动、钻头泥包、动力钻具失效、托压、井眼清洁问题等。进而，在结合现场分步测试识别低效工况的诱因，通过定量优化钻进参数或起钻来改善钻进工况。

（四）随钻监测钻头磨损

机械比能模型和钻速方程是钻井参数实时优化的两种依据。2010 年 Rashidi 等利用岩石抗压强度将机械比能模型和钻速方程结合，提出了一种实时预测钻头磨损的方法。基于机械比能理论和钻速方程的钻头磨损实时评价方法考虑因素比较全面，基于钻头磨损会影响机械比能和钻速这一客观实际，运用数学方法，利用实测机械比能和钻速来反算钻头磨损，相较于以往利用简单函数预测钻头磨损的方法，准确性显著增强，取得了比较好的应用效果。

（五）钻头优选与评价

Rabia 等[23]早在 1985 年即提出了一种用能量观点来评判钻头与地层匹配性的方法，即从井底上剪切单位体积岩石所需做的功。由机械比能的定义可知，地层应力环境、岩石类型及强度、钻头类型、钻头磨损程度等均会影响机械比能的具体数值。对于特定钻头，由于其对各种地层 / 岩石的适应性不同以及配套钻进参数的差异，机械比能值也有所差异。机械比能值越低，表明该钻头的破岩效率越高，钻头与地层越匹配越好，钻进参数越合理。反之，如果机械比能值一直偏高，说明钻头不适应于破碎该种岩石；在地层不变的条件下，机械比能值忽高忽低，说明配套钻进参数不够合理。基于上述原理，机械比能模型可用于评价 / 优化钻头使用效果，并已在现场取得良好使用效果。

（六）提高机械钻速

限制机械钻速的因素分为两类：一是钻进工况或钻头因素；二是地质因素。其中，前者为可控因素，可通过一定的设备和技术手段进行人为调节，主要包括钻头类型、钻头钝化、钻头泥包、井底泥包、钻具粘滑、钻具涡动等。基于机械比能理论，可分别建立井口和井底的实时机械比能、测录井参数趋势线来监测与识别井底以及井筒的工作状态及其与钻井液性能、钻压、转速和排量钻井参数间的关联，实时发现限制机械钻速的主要因素，及时进行钻进参数优化与优选，提高机械钻速，使钻进过程达到最优的技术和经济指标。

参考文献

[1] 高德利 . 复杂地质条件下深井超深井钻井技术 [M]. 北京：石油工业出版社，2004.
[2] 胜亚楠，管志川，张国辉 . 基于钻前风险预测的井身结构优化方法 [J]. 石油钻采工艺，2016，38（4）：415–421.
[3] 马玉杰，卓勤功，杨宪彰，等 . 库车坳陷克拉苏构造带油气动态成藏过程及其勘探启示 [J]. 石油实验地质，2013，35（3）：249–254.
[4] 李旭东 . 克深地区山前构造钻井提速技术研究 [D]. 大庆：东北石油大学，2018.
[5] 杨沛，刘洪涛，李宁，等 . 塔里木油田超深井钻井设计及优化技术——以亚洲最深井轮探 1 井为例 [J]. 中国石油勘探，2021，26（3）：126–135.
[6] 万夫磊，唐梁，王贵刚 . 川西双鱼石构造复杂深井安全快速钻井技术研究与实践 [J]. 钻采工艺，2017，40（5）：29–32.
[7] 陶鹏，敬玉娟，何龙，等 . 元坝高含硫气藏超深水平井钻井技术 [J]. 特种油气藏，2017，24（1）：162–165.
[8] 王剑波，刘言，龙开雄，等 . 元坝含硫超深水平井井身结构优化技术 [J]. 钻采工艺，2014（4）：15–17.
[9] 管志川，陈庭根 . 钻井工程理论与技术 [M]. 青岛：中国石油大学出版社，2017.

[10] 邹德永，管志川．复杂深井超深井的新型套管柱程序 [J]. 石油钻采工艺，2000，22（5）：14–18.

[11] 沙林秀．钻井参数优化技术的研究现状与发展趋势 [J]. 石油机械，2016，44（2）：29–33.

[12] 陈绪跃，樊洪海，高德利，等．机械比能理论及其在钻井工程中的应用 [J]. 钻采工艺，2015（1）：6–10.

[13] 孟英峰，杨谋，李皋，等．基于机械比能理论的钻井效率随钻评价及优化新方法 [J]. 中国石油大学学报（自然科学版），2012，36（2）：110–114，119.

[14] 周长所，杨进，幸雪松，等．基于机械比能理论的渤海深层钻井参数优化 [J]. 石油钻采工艺，2021，43（6）：693–697.

[15] Teal R.The Concept of Specific Energy in Rock Drilling[J]. International Journal of Rock Mechanics and Mining Science，1965（2）：57–63.

[16] PESSIER R C，FEAR M J. Quantifying common drilling problems with Mechanical Specific Energy and a Bit-specific Coefficient of Sliding Friction[C]. SPE 24584，1992.

[17] 樊洪海，冯广庆，肖伟．基于机械比能理论的钻头磨损监测新方法 [J]. 石油钻探技术，2012，40（3）：116–120.

[18] Dupriest F E，Koederitz W L.Maximizing Drill Rates with Real-Time Surveilance of Mechanical Specific Energy [C]. SPE/IADC 92194，2005.

[19] Cherif Hammoutene，Smith Bits. FEA Modelled MSE/UCS Values Optimise PDC Design for Entire Hole Section[C]. SPE 149372，2012.

[20] Miguel Armenta. Dentifying Inefficient Drilling Condition Using Drilling -Specific Energy[C]. SPE 116667，2008.

[21] Rashidi B，Hareland G，Fazaelizadeh M，et al. Comparative Study Using Rock Energy And Drilling Strength Models[J]. ARMA-10-254，2010.

[22] Kshitij Mohan，Faraaz Adil，Robello Samuel.Tracking Drilling Efficiency Using Hydro-Mechanical Specific Energy[C]. SPE / IADC 119421，2009.

[23] Rabia Hussain. Specific Energy as a Criterion for Bit Selection[C]. SPE 12355，1985.

第三章　超深定向井／水平井钻井技术

随着全球油气田的勘探开发朝着复杂类型油藏、非常规油气藏以及深层油气、海洋油气等类型发展，超深定向井／水平井钻井技术取得了持续进步，已成为开发深层油气藏、非常规油气藏的重要技术手段之一。为提高塔里木盆地山前盐下和四川盆地双鱼石构造等具备巨大勘探潜力的超深特殊油气藏的单井产量、油气采收率和开发效益，发展超深定向井／水平井钻井技术是必然趋势。

第一节　地质需求及主要技术难点

一、地质需求

随着我国油气勘探开发朝着深层特深层发展，对超深定向井／水平井技术的需求强烈，典型的有塔里木盆地山前盐下和四川盆地双鱼石构造等具备巨大勘探潜力的超深特殊油气藏。

（一）塔里木盆地山前盐下特殊油气藏

塔里木盆地地质构造分为“五隆四坳”，多期改造、叠合成藏，构造结构上分为山前（库车前陆冲断带碎屑岩）和台盆（塔中＋塔北海相碳酸盐岩）两大区域，储层埋深多在6000m以上，是塔里木油田的重要油气产区（图3-1-1）。

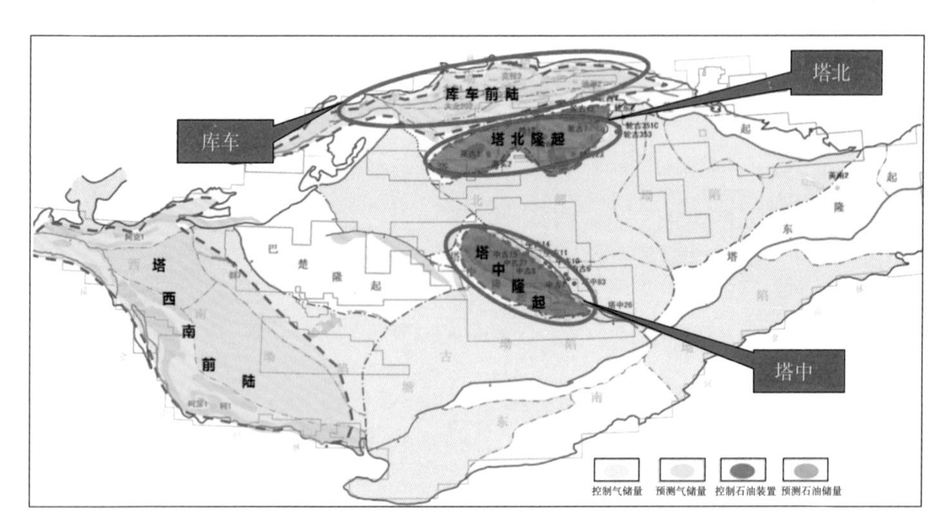

图3-1-1　塔里木油田主要分布区域

近年来，山前克深 10、克深 6 和克深 11 等区块存在逆掩推覆体导致的工程技术难题，加剧了山前井钻井难度，其中克深 10 区块最为典型，面临打不成井的重大工程挑战。以克拉苏构造带为例，部分区块发育 2 套以上断层 / 盐层，存在 6 个必封点，采用直井五开 / 六开井身结构“打成井”难度大，克深 10 区块钻探 4 口井，其中有 3 口井被迫临时完井。经过多轮次技术论证，大斜度定向井钻井技术（避开断层）是应对该难题的有效手段。考虑到山前盐下大斜度定向井钻完井及增产改造等相关配套技术还不成熟，故优选克深 10 区块一口井——KS1002 井作为先导试验井，以打成井为目标，初步形成山前盐下大斜度井钻完井及增产改造配套技术，指导克深 10 区块其他大斜度定向井的部署实施。

（二）四川盆地双鱼石构造复杂油气藏

双鱼石构造位于四川盆地川西地区西北部，大地构造位置隶属上扬子克拉通北缘龙门山山前褶皱带。从构造高带来看，可划分出 3 个区域，面积分别为 145km^2、54km^2 和 28km^2，展示出了川西北部龙门山前带巨大的勘探潜力（图 3-1-2）。

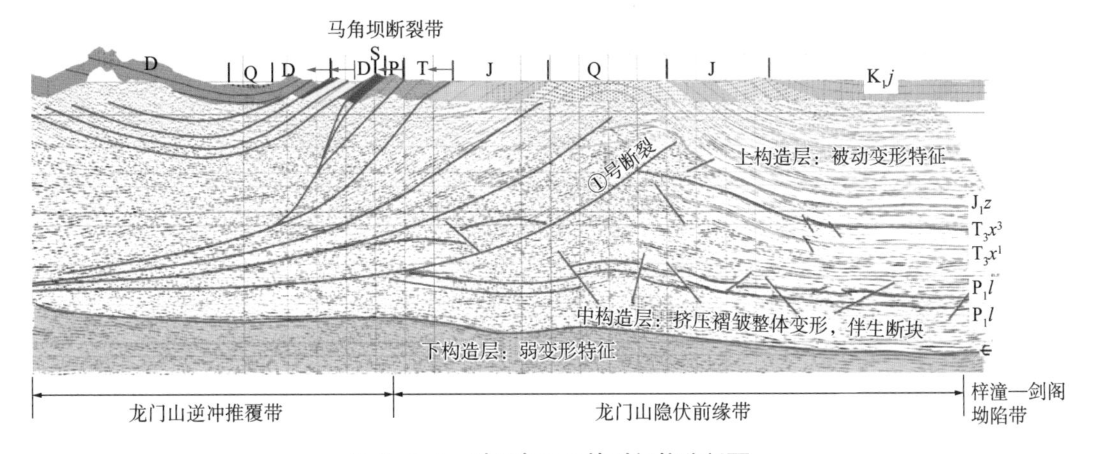

图 3-1-2　过双鱼石区块时间偏移剖面

根据地质条件及勘探转开发需求，双鱼石构造超深井井型由直井转为大斜度井和水平井。然而 8000m 级超深井 ϕ149.2mm 水平井眼下 ϕ127mm 尾管易屈曲卡钻，即使成功下入，但环空间隙小，水泥环薄，在超深高温高压气井条件下固井质量难以保证；须家河组—茅口组压力系统复杂，局部存在异常压力，安全密度窗口窄；沙溪庙组易漏失；茅口组和栖霞组局部地层不稳定，存在明显井径扩大，易掉块卡钻。需要加快发展深层定向井技术，优化形成双鱼石 8000m 级超深大斜度井 / 水平井井身结构，解决目前高磨区块、双鱼石区块下尾管难、尾管固井质量差、储层改造存在的困难等诸多难题。

二、主要技术难点

在开发塔里木盆地山前盐下和四川盆地双鱼石等复杂油气藏的过程中，由于埋藏深、造斜段 / 水平段长、钻遇目的层物性差、泥质含量高、超高温高压、构造复杂等特点，超深定向井 / 水平井钻井完井过程中尚存在下列技术难点：

（1）盐水、油气和高应力等引发压力复杂情况，导致井壁失稳。

大斜度井井身结构设计方面，区域构造运动复杂，地应力整体较高，地质不确定性较大，仍有钻遇断层的可能性，因此必封点分析与中完原则确定难度大。盐层与储层段垂距短，造斜点优选难度大：盐层强蠕变，易缩径，定向工艺与造斜工具仪器优选难度大。

例如塔里木克深2构造储层三个主应力属于走滑应力机制（$S_{\mathrm{H\,min}} < S_{\mathrm{V}} < S_{\mathrm{H\,max}}$），盐上地层最大水平主应力 $S_{\mathrm{H\,max}}$ 的方位位于东—西方向到西北—东南方向。盐下地层，KS201井、KS202井和KS205井的最大水平主应力 $S_{\mathrm{H\,max}}$ 的方位随深度增加而有所偏转，储层地应力高，加之盐上与盐下、不同井之间方位变化大，采用水基钻井液体系时，在岩石吸水膨胀情况下，极易导致剥落掉块。

（2）安全密度窗口窄，易出现溢漏同存。

塔里木油田陆续在库车坳陷发现了克深9、克深8、克深13、博孜3和大北12等大型超深、超高压气藏。上部古近系库姆格列木群发育有一套或多套膏盐岩层，厚度一般为200~3000m，个别井盐层厚度达到了4500m，膏盐岩层的地层压力系数一般为2.10~2.30，局部地层压力系数达到了2.45，而膏盐岩层下覆目的层地层压力系数仅在1.55~1.81，随着气藏的不断开发，后期开发井的目的层地层压力系数远低于1.50。因膏盐岩层和下伏目的层分别为两套差异巨大的压力系统，给钻井带来了巨大的风险，故膏盐岩层底界是盐层技术套管的必封点。如果技术套管没有封隔住全部的膏盐岩段，造成下一开次存在两套压力系统，钻进风险极大，极易对储层造成巨大伤害，甚至导致小井眼完井，难以实现地质目的；但膏盐层下部高钻时底板泥岩厚薄不一，如钻穿或钻揭过多，极易发生井漏，易造成盐层缩径卡钻，发生工程复杂[1]。

四川双鱼石区块横向上地层压力差异大，同层位各井分别存在气侵（溢流）、井漏等不同显示。ST8井采用密度1.55g/cm^{3}钻井液顺利钻过该层。ST6井采用密度1.65g/cm^{3}钻井液钻进至须四段井深3650.42m处发生溢流，关井发生井漏，现场分析须四段地层压力系数为1.72，提前下套管固井。其他井在该段钻进顺利。ST8井采用密度1.52g/cm^{3}钻井液钻至须三段井深3994.67m处发生溢流，提高密度至1.80g/cm^{3}恢复正常。SY001-H2井采用密度1.76g/cm^{3}钻井液钻至须三段井深3965.92m处发生溢流，用密度2.10g/cm^{3}钻井液压井成功。而相邻700m的ST1井在改段采用密度1.37g/cm^{3}钻井液顺利钻过。ST7井采用密度1.74g/cm^{3}钻井液钻至嘉四段发生盐水侵，提密度至2.13g/cm^{3}发生水漏并存，而ST8井采用密度1.80g/cm^{3}钻井液钻至嘉四段井漏失返。

（3）循环压耗高，井眼清洁困难。

滑动钻进中采用高钻压钻进使得泵压随之升高的同时，循环排量被迫降低。由于超深井大斜度井、水平井钻具在井下的工作状态，岩屑在井内运移速度慢，滞留时间长，造成井眼低边岩屑堆积。根据井斜角的不同可将定向井分为低斜度（10°~30°）、中斜度（30°~60°）及大斜度（60°~90°）井段。井斜角的存在是形成岩屑床的直接原因，在几种不同的井段中，中斜度的井斜角影响是最大的，不仅会造成井眼底边形成岩屑床，还有可能会发生因岩屑床滑落而造成的堵塞井眼和卡钻等事故的发生。在井斜大于45°井段，岩屑堆积更为严重。体积较大的岩屑沉积在钻井液流速较低的钻具下部，岩屑逐渐增多，形成岩屑床，导致钻具活动受阻，旋转扭矩增大，循环压耗增大，若岩屑床大量滑落[2]，还可能造成钻具埋卡等事故，影响水平段延伸能力。

2014 至 2019 年，川渝地区页岩气水平井卡钻埋旋导井 41 口，损失旋转导向 45 套，井眼清洁程度差是导致事故发生的主要原因之一。井眼清洁问题的本质是岩屑运移。机械钻速、转速、井斜角、钻井液性能、排量、偏心度和钻柱组合等因素都会影响岩屑运移。井眼清洁问题主要是环空岩屑浓度增加、岩屑床产生两方面，前者增加钻井液密度、降低机械钻速、磨损钻头，后者增大扭矩、增加卡钻风险[3]。

（4）摩阻扭矩大，钻进、套管下放困难。

超深水平井造斜段和水平段的施工过程较常规水平井存在着更大的风险和难度，合理预测和控制摩阻 / 扭矩，合理选择泵压和排量对于超深水平井的安全高效钻进至关重要。超深水平井、大斜度井进行井下钻具滑动钻井过程中，由于裸眼段长、井斜大，细长弹性钻柱在重力的作用下几乎全井段都与井壁之间频繁接触，接触产生的摩擦扭矩和摩擦力严重影响驱动载荷的传递。随着水平段不断增长，钻具与井壁的摩阻扭矩大幅度增加，易导致钻柱发生屈曲变形，无法有效传递钻压，采用常规导向钻具组合钻进水平段困难，滑动钻进效率低，周期长，严重制约钻井周期，增加钻井成本，甚至还可能造成卡钻等事故，造成严重的后果，还会影响钻进的极限长度[4-5]。

塔里木油田库车山前构造盐上地层普遍存在倾角大（最高 87°）、砾石多、抗压强度高（达 200MPa）、各向异性等特点，钻井过程中井斜控制难、扭矩波动大、井壁掉块多、钻头涡动、钻具黏滑等问题突出。在钻进过程中，钻头因钻遇砾石、井壁掉块或软硬夹层，钻具因摩阻变大出现临时性“蹩停”，产生周向、横向及轴向的不规则振动，表现为钻头及钻具的黏滞、加速滑脱及不规则公转运动，形成了钻头涡动、钻具黏滑现象，不仅加速了钻头磨损，同时也降低了钻头的破岩效率。正常旋转钻进时钻具保持恒定转速，随着井深或井底摩阻的增加，钻具底部会“黏附”在井底，这种“黏附”会一直持续到钻具扭矩超过钻具的静态扭矩，此时钻具会突然松开并且快速旋转。因为钻具静态扭矩高于钻具动态扭矩，钻具此时的瞬时旋转速度远远高于钻具正常旋转速度（比正常旋转速度高 3~5 倍），随后钻具转速又会逐渐降低，直到钻具再一次因扭矩过大而加速滑脱。钻具黏滑在深井、超深井、大斜度井及水平井普遍存在[6]。

四川双鱼石区块目的层垂深 7400m 左右，ϕ241.3mm 裸眼段长度超过 3000m，地层温度达到 160℃，定向施工井段垂深在 5400m 以上，滑动钻进时钻压不能有效传递，滑动钻进中工具面可控性差，扭矩传递慢，工具面调整到位困难。裸眼段长，摩阻扭矩大，钻井液密度高，滑动钻进存在“托压”现象，给井眼轨迹控制和防止卡钻造成困难。储层栖霞组地层压力低，孔缝发育好，压差—黏附卡钻风险大，ST7 井和 ST8 井在栖霞组均发生压差卡钻，给滑动钻进增加了难度和风险。

（5）普遍存在超高温超高压，井下工具仪器可靠性和寿命有待提高。

超高温、高压条件致使对定向仪器和工具的选择严苛。塔里木油田超深井对耐高温、耐高压工具提出更高要求，截至 2021 年底，塔里木油田已完钻、在钻 8000m 级超深井已达 50 余口，其中 2019 年成功钻探当时亚洲陆上第一深井——LUNT1 井，井深达到了 8882m，随着井深的增加，井底温度越来越高，若钻至万米，温度将高达 220℃、压力 160MPa。四川盆地双鱼石区块 ST3 井栖霞组井深 7403m，温度为 155℃，邻井实钻油气显示频繁，地层压力高，ST1 井测试茅口组压力为 121.58MPa，栖霞组压力为 95.63MPa。

（6）深部井眼轨迹调整困难，储层钻遇率低。

深部水平井钻井施工难度较高，尤其是薄油层，对水平段轨迹的控制精度、储层钻遇率和井身质量要求高。在实际的钻进作业过程中必须要对入靶角度进行精准控制，从而为钻井轨迹的调整保留一定的余地，而由于储层埋藏深、地层纵向变化大、油气层单层厚度薄的特点，也决定着对目的层的准确深度界定较为困难，这也进一步增大了水平段轨迹控制的整体难度。由于气藏非均质性强，储层变化快，在现场钻井施工过程中，需根据储层变化，不断调整井眼轨迹，保证在砂体中钻进，切实达到提高储层钻遇率的目的。但深部薄油层水平井往往仅有200m的靶前位移距离，调整段更是短至20m，若动力钻具造斜率出现异常，极易造成增斜井段不足而被迫填井；若动力钻具弯角度数过大，可能会导致井眼的狗腿度过大，使起下钻次数增加，井眼轨迹的圆滑度以及作业安全性下降。深部薄油层水平井在地层条件上也往往并不理想，岩石各向异性突出，可钻性通常较差，导致地质认识不足，这也就增加了造斜控制的难度。例如，塔里木油田某区块构造边缘储层横向展布不均、地层对比困难。油藏构造边缘的砂体发育不稳定、地层倾角变化大，地层对比困难，增加了着陆位置判断和油层追踪的难度。因此，在作业过程中需特别保证随钻测井数据的准确性以及导向工具快速稳定的造斜调整能力。

第二节　超深定向井／水平井常规钻井技术

旋转导向钻井技术、近钻头随钻地质导向钻井技术、水平井减摩减阻钻井技术、超深井小尺寸定向仪器和抗高温高压仪器等发展迅速，正逐步成为解决定向井/水平井钻完井技术难点的有效技术手段。

一、旋转导向钻井技术

旋转导向钻井技术可以在钻头钻进的过程中根据工程的需求更为容易地改变钻头钻进的方向，在导向过程中轨迹的改变是一个渐变的过程，因此钻头所受的摩擦阻力与摩擦阻力产生的扭矩较小，形成的井眼轨迹十分光滑无波动，有利于调整井眼轨迹，寻找目的层。目前超深水平井正逐年增多，针对超深水平井摩阻扭矩大、井壁稳定性差、井下故障和复杂情况频发等难题，旋转导向钻井技术为各种高难度井和特殊油藏钻井工艺提供了技术支撑。

（一）旋转导向钻井技术工作原理

迄今为止，定向钻井技术经历了三个里程碑：利用造斜器（斜向器）定向钻井；利用井下马达配合弯接头定向钻井；利用导向马达（弯壳体井下马达）定向钻井。这三种定向钻井工具的广泛使用，促进了定向钻井技术的快速发展，使得今天人们能够应用斜井、丛式井、水平井和水平分支井技术开发油田。

随着石油工业的发展，为了获得更好的经济效益，需要钻深井、超深井、大位移井和长距离水平井，而且常常要在更复杂的地层如高陡构造带钻井。这些都对定向钻井工具提出了更高的要求。

为了克服滑动导向技术的不足，从 20 世纪 80 年代后期，国际上开始研究旋转导向钻井技术，到 20 世纪 90 年代初期多家公司形成了商业化技术。旋转导向钻井系统实质上是一个井下闭环变径稳定器与测量传输仪器（MWD/LWD）联合组成的工具系统。它完全抛开了滑动导向方式，而以旋转导向钻进方式，自动、灵活地调整井斜和方位，大大提高了钻井速度和钻井安全性，轨迹控制精度也非常高，非常适合目前开发特殊油气藏的超深井、高难度定向井、水平井、大位移井、水平分支井等特殊工艺井导向钻井的需要。

目前的旋转导向钻井井下工具系统，根据其导向方式可以划分为推靠钻头式（Push the Bit）和指向钻头式（Point the Bit）两种（图 3-2-1）。推靠钻头式是在钻头附近直接给钻头提供侧向力；指向钻头式是通过近钻头处钻柱的弯曲使钻头指向井眼轨迹控制方向。

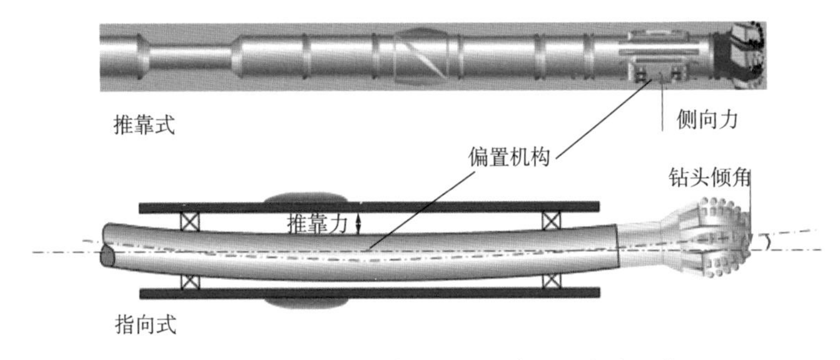

图 3-2-1　旋转导向钻井工具系统导向方式示意图

旋转导向钻井系统的工作机理都是靠偏置机构（Bias Units）分别偏置钻头或钻柱，从而产生导向。偏置机构的工作方式又可分为静态偏置式（Static Bias）和动态偏置式（Dynamic Bias）[即调制式（Modulated）] 两种，如图 3-2-2 所示。静态偏置式是指偏置导向机构在钻进过程中不与钻柱一起旋转，从而在某一固定方向上提供侧向力；调制式是指偏置导向机构在钻进过程中与钻柱一起旋转，依靠控制系统使其在某一位置定向支出提供导向力。

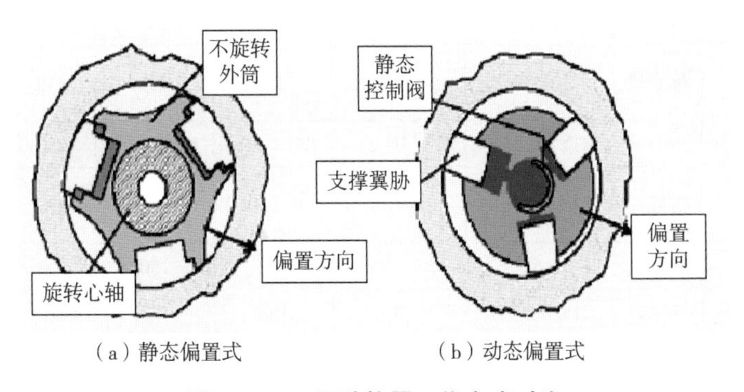

图 3-2-2　两种偏置工作方式对比

综合考虑导向方式和偏置方式，可以将目前世界上所有的旋转导向钻井系统的井下工具系统按其工作方式更全面、准确地分为三种，即静态偏置推靠式、动态偏置推靠式和静态偏置指向式，其代表性系统分别是贝克休斯（Baker Hughes）公司的 AutoTrak 系统、斯伦贝谢（Schlumberger）公司的 PowerDrive 系统和哈里伯顿（Halliburton）公司的 Geo-Pilot 系统。

在目前比较成熟的三种旋转导向系统中，从工作原理和适应井下工作环境方面来讲，三种工作方式的旋转导向钻井系统各有其特点：

（1）AutoTrak 系统采用了静态偏置推靠式工作原理，主要靠钻具的偏心控制来改变钻头上的侧向力。这种系统的优点是可以利用成熟的控制技术来实现偏心距的控制，但是井下复杂条件使得这种系统具有许多缺点，如位移工作方式、静止外套、小型化能力差、结构复杂等，所有这些都会影响这种系统的发展。

（2）PowerDrive X6 系统采用动态偏置推靠式工作原理，结构设计方面更为简单，小型化趋势好，全旋转工作方式使钻柱对井壁没有静止点，从而可以保证这种系统更能适合各种复杂的环境，钻井极限井深更深，速度更快，在大位移井、三维多目标井及其他高难度特殊工艺井中更具竞争力，但工作寿命有待进一步提高。此外，Schlumberger 公司又推出了采用动态指向式的 PowerDrive Xceed 和采用混合式的 PowerDrive Archer 旋转导向系统等。

（3）Geo-Pilot 系统采用了静态偏置指向式工作原理，通过控制钻柱弯曲特征来实现钻头轴线的有效导控，其优点是造斜率由工具本身确定，不受钻进地层岩性的影响，在软地层及不均质地层中效果明显，缺点是钻柱承受高强度的交变应力，钻柱容易发生疲劳破坏。另外，高精度加工是保证这种系统导向效果的关键。

表 3-2-1 为国际先进旋转导向系统关键参数。

表 3-2-1　国际先进旋转导向系统关键参数

厂家	工具型号	导向方式	适用井眼尺寸 mm	最大造斜率 (°)/30m	最高工作压力 MPa	最高工作温度 ℃	最高转速 r/min	堵漏材料粒径要求（浓度）mm
斯伦贝谢公司	Xceed 675	指向式	215.9~241.3	8	138	150	350	＜2（143g/L）
	Archer 675	混合式	215.9~241.3	14	138	150	350	＜2（143g/L）
	PowerDrive X6 675/475	推靠式	215.9~241.3 149.2~168.3	8	138	150	220	＜2（143g/L）
	Orbit 675/475	推靠式	215.9~241.3 149.2~168.3	8	138（207）	150（175）	350	＜2（143g/L）
	PowerDrive ICE 675 RSS	推靠式	215.9	8	207	200	350	＜2（190g/L）
哈里伯顿公司	GeoPilot XL 7600	指向式	215.9~241.3	10	138（207）	150（175）	250	＜1~3（114g/L）
	GeoPilot Dirigo 7600	指向式	215.9~241.3	10	138（207）	150（175）	250	＜1~3（114g/L）
贝克休斯公司	Auto Trak eXact	推靠式	215.9	15	138	150	400	＜1.5（143g/L）
	Auto Trak eXpress	推靠式	215.9~241.3	8	138	150	250	＜1.5（143g/L）
	Auto Trak G3	推靠式	215.9~241.3	6.5	138（207）	150（175）	250	＜1.5（143g/L）

旋转导向钻井系统的特点是：

（1）在钻柱旋转的情况下，具有导向能力；

（2）如果需要，可以与井下动力钻具一起使用；

（3）配有全系列标准的地层参数及钻井参数检测仪器；

（4）配有地面—井下双向通信系统，可根据井下传来的数据，在不起钻的情况下从地面发出指令改变井眼轨迹；

（5）工具设计制造模块化、集成化；

（6）可以在 150℃以上的高温井中使用；

（7）定向钻井时不需要特殊的钻井参数，就可以保证最优的钻井过程；

（8）导向自动控制，以保证准确光滑的井眼轨迹。

当前世界上许多公司已经实现自有旋转导向系统的研发并进行了现场测试和应用。其中 Baker Hughes 公司、Schlumberger 公司和 Halliburton 公司的产品较为成熟，被市场广泛认可。为顺应科技强国、在关键领域突破卡脖子技术目标，特别是在 2014 年国际油价进入低油价时期，国内公司近些年加快旋转导向工具的研发力度，多家单位开发了不同类型的旋转导向系统，典型的有中国石油川庆钻探工程有限公司 CG STEER 旋转导向钻井系统、中海油田服务股份有限公司 Welleader 旋转导向钻井系统、中国石化胜利油田捷联式旋转导向钻井系统等，技术正日趋完善[7-8]。

（二）中国石油智能导向系统（CNPC-IDS）

中国石油为加快旋转导向系统研发及产品定型，突破国外“卡脖子”技术，以“世界眼光、国际标准、高点站位、石油特色”为总体要求，以“顶层设计、统一标准、集中投入、集中研发、成果共享”为总体原则，于 2018 年 10 月抽调内部 7 家企业的技术骨干组成了跨专业、跨企业的集中研发团队，依托中国石油集团测井有限公司（以下简称中油测井公司）技术保障，在前期研发基础上持续加大技术攻关与实践，历时 5 年，攻克了总体设计、上下传通信、精确测量、精准导向、地面处理等多项关键技术，成功研制了具备自主知识产权的智能导向系统（CNPC-IDS）。

该系统由井下工具和地面系统组成，其中井下工具包括导向短节、MWD 姿态及伽马测量短节、通信供电短节，具备标准化机电接口，可扩展电阻率、中子、密度等多种随钻测井仪器，如图 3-2-3 所示，系统性能参数见表 3-2-2。

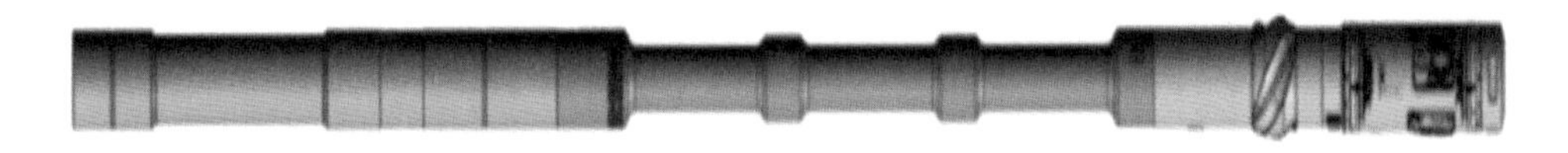

通信供电短节　　MWD姿态及伽马测量短节　　导向短节

图 3-2-3　CNPC-IDS 井下工具组成

表 3-2-2　CNPC-IDS 性能参数

参数	数值	参数	数值
适用井眼，mm	215.9	最大推靠力，kN	25.4
工具长度，m	11.5	近钻头测量零长，m	1.8
最大造斜率，(°)/30m	15	伽玛测量零长，m	3.7
抗压，MPa	140	MWD 测点零长，m	6.6
耐温，℃	175	纵向振动，g	< 20
最大钻压，kN	300.0	横向振动，g	< 10
最大抗拉强度，kN	2000	零度造斜能力	有

该系统耐温 175℃、抗压 140MPa、造斜率 15° /30m。技术人员制定了保证产品质量稳定、可扩展性强的技术规范和标准。中油测井公司形成了集研发、制造、检测、服务、维保为一体的全产业链。中国石油智能导向系统（CNPC-IDS）具有 7 项特点：（1）简单、模块化的底部钻具组合设计，满足 15° /30m 最大狗腿作业需求；（2）采用高抗震结构设计，满足在挂接螺杆高转速、强振动环境下的精准导向需求；（3）加速度传感器动态测量及磁通门传感器动态补偿校正技术能实现轨迹参数的精准测量，满足一趟钻作业要求；（4）统一、开放的接入标准可实现电阻率等仪器的扩展接入，满足多场景应用需求；（5）微弱泥浆压力波信号解码技术，满足不同现场工况需求；（6）非接触电磁耦合传输技术，实现主轴与非旋转套之间电能及信号双向传输，传输效率 80% 以上，满足高温环境下上下电子仓间的数据交互需求；（7）导向矢量闭环控制技术，导向方向控制精度为 ±1°，导向力控制精度为 1%，实现高精度三维导向控制，满足导向轨迹控制需求。

目前，该系统在长庆油田、塔里木油田、新疆油田、西南油气田和辽河油田等已累计完成 40 余口井试验与应用，进尺 3.5×10^4m。在川渝深层页岩气服务应用中创造了单趟钻最长入井 304h、循环 254h、单趟最大进尺 2045m、实钻最高造斜率 13.94° /30m、最高循环温度 147.5℃等多项纪录。已开始批量生产，实现了“高温、高造斜、高可靠”装备定型，可满足川渝地区、塔里木油田和新疆油田等非常规油气勘探开发领域水平井、大位移井作业需求，应用前景广阔。

（三）中国石油川庆钻探旋转导向钻井系统（CG STEER）

中国石油川庆钻探依托“十三五”国家油气重大专项，联合航天科工和中国石油大学（华东），自主研发成功了 CG STEER 推靠式旋转地质导向钻井系统，并在非常规油气实现了规模应用。

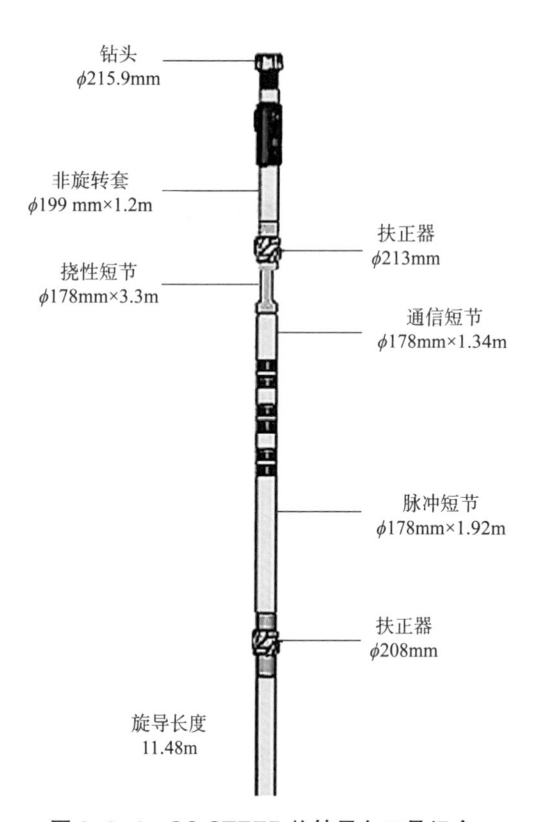

图 3-2-4　CG STEER 旋转导向工具组合

CG STEER 旋转导向钻井系统采用静态推靠式控制原理，主要由地面系统、导向及近钻头测量模块、挠性短节、中枢控制模块、发电机 / 双向通信模块和静态测量模块 6 部分组成。工具造斜率最高可达到 12.5° /30m；性能稳定，入井循环在 239h 左右；近钻头测量单元集成了井斜、方位、伽马等，近钻头井斜测量零长 1.1m，近钻头伽马测量零长 2.1m，测量深度 0.45m，如图 3-2-4 所示，实时反馈井眼穿行情况，精确指导储层追踪，实现地质导向功能；应用“温度补偿 + 微动态处理”技术，近钻头井斜控制精度 ±0.1°，方位控制精度 ±1°，显著提高了近钻头井斜与方位的测量精度。CG STEER 旋转导向钻井系统参数见表 3-2-3。

表 3-2-3　CG STEER 旋转导向钻井系统参数

参数	数值	参数	数值
适用井眼，mm	215.9	耐温，℃	150.0
最大造斜率，(°)/30m	12.5	近钻头井斜、伽马精度，(°)	±0.2
最大钻压，kN	300.0	近钻头伽马零长，m	2.1
最大抗拉强度，tf	200.0	近钻头方位精度，(°)	±0.5
主轴抗扭强度，kN·m	40.0	零度造斜能力	有
抗压，MPa	120.0	推靠力监控方式	压力闭环

主要技术优势：

（1）独创了平衡趋势造斜率预测模型，深化了对造斜率影响规律的认识，产品造斜能力大幅提升，ϕ215.9mm 井眼达到 12.5° /30m。

（2）近钻头测量功能优越、领跑行业。突破了狭小空间电路优化和抗振结构设计，近钻头井斜零长 1.1m，近钻头伽马零长 2.1m，优于进口同类产品，保障了优质储层钻遇率。

（3）控制功能完备、作业时效大幅提升。优化磁干扰补偿模型，开发了零度井斜造斜功能，实现“直—增—平”全井段作业；升级了闭环稳斜工作模式，减少人工干预。

（4）导向控制精准、机械钻速媲美进口。创新压力反馈控制算法，设计复合滑动轴承，突破高转速精确测控难题，系统适应转速达到 200r/min，机械钻速大幅提升。

（5）产品模块化设计，满足多样化需求。根据储层类型，可挂接自主研发的电阻率和伽马成像短节；根据地层可钻性，可提供单柱塞、双柱塞两种推靠装置；根据岩性特征，优化升级了耐磨型仪器工具。

（6）系统耐温 150℃、耐压 140MPa，能够适应高密度钻井液环境，具备近钻头井斜、方位和伽马测量功能，能够实现储层的精确追踪，已钻井优质储层钻遇率 98% 以上，综合性能达到国际先进水平[9-11]。

二、近钻头随钻地质导向钻井技术

针对油气藏非均质性强、储层变化快、储层砂体薄的特点，近钻头随钻地质导向钻井技术可以增加储层与井筒的接触面积，并提高产层的钻遇率，通过对轨迹控制精准的优势能保证精确打到靶层，克服了因油层埋藏深、厚度小、地层横向发育不稳定、产层深度预测不准等带来的钻井周期长、钻遇率低、轨迹调整困难、井眼轨迹质量差、水平延伸能力受限等一系列问题，为开发薄油层、断块油层与边际油藏等复杂储层提供优质、高效的解决方案。

（一）近钻头随钻地质导向钻井技术工作原理

随着油田开发进入后期，开采油层越来越薄，常规随钻测井系统 LWD 由于测量地层数据测点距离井底有 10~15m 的零长，不能满足超薄油层钻井技术服务需求，只有采用测量参数零长很短的近钻头随钻测量仪器才能有效地提高超薄油层钻遇率。

目前国外油田技术服务公司均研制出了近钻头地质导向系统，在近钻头伽马成像技术方面处于领先水平，研发制造的近钻头伽马成像仪器已经实现规模化应用。例如贝克休斯公司研制了一种可以测量近钻头井斜角、自然伽马、传播电阻率测量的近钻头地质导向工具（ZoneTrack），并集成了泥浆马达，提供 2MHz 和 400kHz 的不同深度的电阻率曲线测量。斯伦贝谢公司收购了 PathFinder 公司，近钻头仪器 PZig/IpZig 工具长度仅有 0.8m，可以测量近钻头井斜以及近钻头自然伽马曲线，IpZig 可以进行自然伽马成像[12]。斯伦贝谢公司的 IPzig，贝克休斯公司的 ZoneTrak，哈里伯顿公司的 GABI 都是出色的近钻头伽马成像导向仪器。这些仪器的共同优势在于传感器距离钻头非常近，使得伽马探测器测量得到的数据相较于钻头处真实数据滞后时间大幅减少；在近钻头伽马成像方面，它们可以实现实时传输、处理 8 扇区随钻方位伽马数据，同时支持 16 扇区随钻方位伽马数据存储，以备起钻后读取成像。

国内各大石油研究院也相继研究出了拥有自主知识产权的近钻头伽马随钻仪器，典型代表有中国石油推出的第 1 代地质导向仪器 CGDS-1，中国石化胜利油田钻井工艺研究院于“十二五”期间推出的 SL-NBGST 地质导向仪器以及中国石油长城钻探工程有限公司推出的测量近钻头处地层电阻率的测井仪器（GW-NB）[13]。表 3-2-4 为国内研发的仪器与国际先进水平的近钻头伽马成像仪器的主要技术指标对比。可以看出，国内近钻头方位伽马仪器在成像精度及耐温等级上与国外先进仪器存在一定差距，目前还没有大规模商业化应用的产品。研制近钻头地质导向系统，不仅可以满足薄油层和非常规油气储层等水平井钻井的需要，还可以提高我国石油工程技术服务企业在国际石油开发技术服务市场上的竞争力，对于打破国外技术垄断具有重大意义[14]。

表 3-2-4　国内外主要近钻头伽马成像仪器技术指标对比

对比项目	斯伦贝谢公司 IPzcig	贝克休斯公司 ZoneTrak	哈里伯顿公司 GABI	中国石油 CGDS-1	中国石化 SL-NBGST
测量参数	伽马成像	伽马成像	伽马成像	上下伽马方位电阻率	上下伽马
测点零长，m	0.60	0.70	3.35	2.70	0.60
成像精度	实时 8 扇区 存储 16 扇区	实时 8 扇区 存储 16 扇区	实时 8 扇区 存储 16 扇区	实时 2 扇区 存储 16 扇区	存储 2 扇区
最大耐温，℃	175	125	150	125	125
使用寿命，h	200	200	200	350	

（二）中国石油工程技术研究院地质导向仪器（CGDS-1）

CGDS 地质导向仪器通过近钻头地质、工程参数测量和随钻控制手段来保证实际井眼穿过储层并取得最佳位置的钻井技术，实现油气藏的最优开发效果（图 3-2-5）。应用范围：适用于油气探井、水平井和多分支井；适用于复杂地层、薄储层开发井；提高探井成功率、开发井储层钻遇率；提高油气采收率；提高产出投入比。表 3-2-5 为 CGDS 地质导向仪器主要技术参数。

表 3-2-5　CGDS 地质导向仪器主要技术参数

技术参数	数据或内容	技术参数		数据或内容
仪器尺寸，in	4.75，6.75	近钻头测点零长 m	钻头电阻率	0.75
近钻头测量参数	钻头电阻率，方位电阻率和自然伽马，井斜角和重力工具面角		方位电阻率	1.7
			方位伽马	1.88
			井斜和工具面	2.0

续表

技术参数	数据或内容	技术参数	数据或内容
电阻率探测深度，m	0.45	造斜能力，(°)/30m	0~15
伽马分层能力，cm	20	数据上传速率，bit/s	< 5
工作温度，℃	< 125	传输深度，m	< 7600

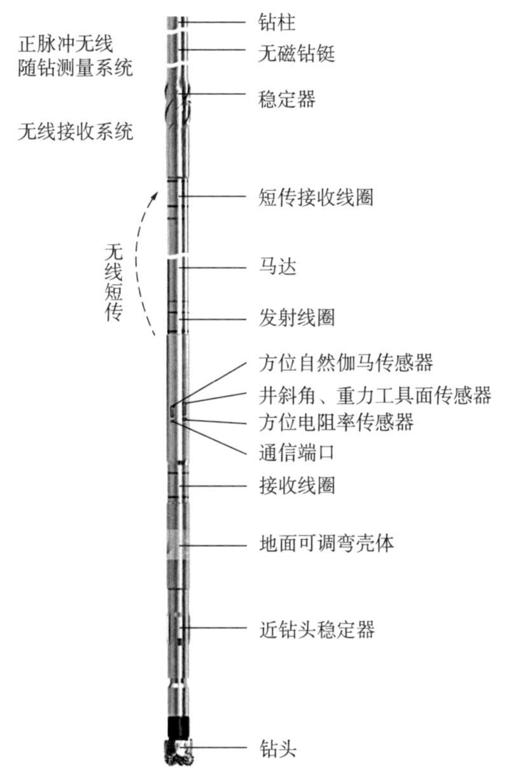

图 3-2-5　CGDS 地质导向仪器

CGDS 现场施工时通过 CGMWD 正脉冲泥浆传输系统，将近钻头伽马成像模块测量的扇区中最上方和最下方的伽马测量值实时传输到地面的地质导向软件平台，从而判断钻头在地层中的位置，并及时调整钻头钻进方向，以保证钻头在储层最佳位置中穿行。采用随钻方位伽马进行地质导向施工，利用方位伽马、伽马成像技术的边界效应，可以及时发现储层边界，从而确定进入储层的最佳时机，并提高对井眼轨迹的控制能力和储层钻遇率，进而更好地指导地质导向钻井施工[14]。

（三）中国石油长城钻探近钻头地层电阻率测井仪器（GW-NB）

中国石油长城钻探工程有限公司以自主研发的随钻测井系统 LWD 为平台，成功研制了与 CGDS 不同结构及原理测量近钻头处地层测井仪器（GW-NB），该仪器结构为在钻头与螺杆之间设计 1m 长的近钻头测量短节，通过无线短传将近钻头数据远传到螺杆上部的接收器，通过钻井液脉冲将数据发回地面进行解码，这种设计维护简单，井下动力马达采用常规的螺杆驱动即可，大大降低了仪器维修成本，缩短了仪器维护保养时间[13]。

图 3-2-6 是近钻头地质导向系统总体框图，主要包括常规随钻测井系统 LWD、近钻头接收短节、螺杆和近钻头测量短节。

近钻头测量短节通过无线短传，将近钻头的测量数据跨越螺杆传输到 LWD 模块中，然后通过泥浆脉冲编码传送到地面。近钻头接收短节安装在常规 LWD 的通信短节中，这样可以不增加传统 LWD 长度的同时实现与近钻头测量仪器的通信功能。近钻头测量短节，长 1m，螺纹类型为 431×430，内径 44.5mm，外径 178mm。主要由短传通信模块、方位伽马模块、井斜工具面模块、电阻率测量模块及供电系统组成。图 3-2-7 为近钻头测量短节组成结构框图。

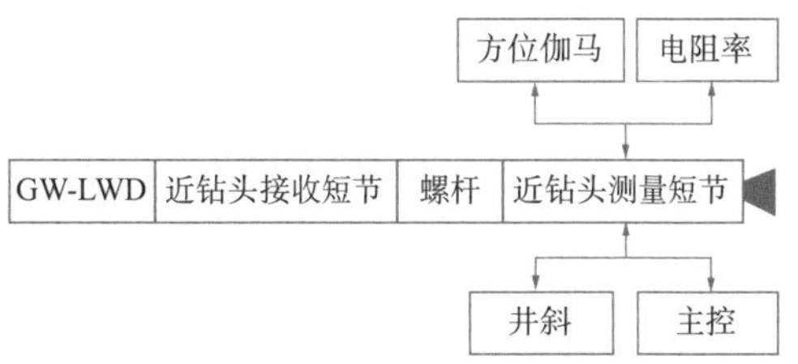

图 3-2-6　近钻头地质导向系统总体框图

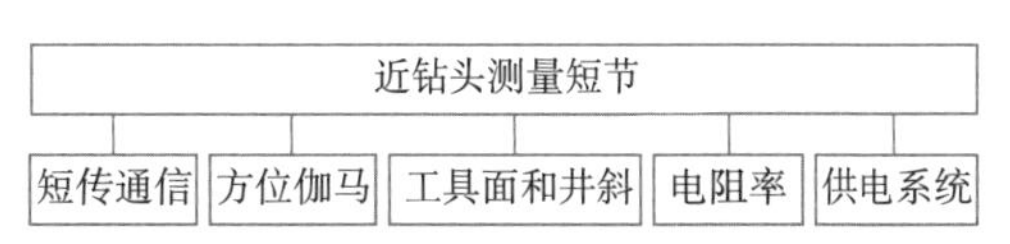

图 3-2-7　近钻头测量短节组成结构框图

近钻头电阻率测量模块采用单发单收的天线结构设计，属原创性的设计结构，该技术实现了近钻头不同深度的地层电阻率的测量。近钻头伽马测量模块为方位伽马成像测井仪，在钻井过程中，不但能够实时判断地层岩性，还能够分辨上下界面岩性特征。近钻头测量短节采用电池供电方式，2 节 10A·h 高温锂电池串联，单节电池供电电压为 14.4V，仪器工作电压为 28.8V，井下工作时间为 200h。

三、超深水平井减摩减阻钻井技术

（一）轴向振动减摩阻技术

目前，国内外典型振动减阻工具有偏心螺杆式水力振荡器、同心螺杆式水力振荡器、射流式水力振荡器等三种。其中偏心螺杆式水力振荡器以美国国民油井公司（NOV）的最为典型，同心螺杆式水力振荡器以加拿大井星公司（WellStar）的最为典型，射流式水力振荡器以中国石油渤海钻探工程公司的最为典型[15]。

1. 偏心螺杆式水力振荡器

偏心螺杆式水力振荡器是研究最早、应用规模最大的振动减阻工具，该工具以单头螺杆为旋转动力，以偏心阀为截流载体。该工具主要由振荡部分、动力部分和阀轴部分等组成（图 3-2-8）。该工具的动力部分主要由 1∶2 单头螺杆组成；阀轴部分主要由动阀盘和定阀盘组成，其中动阀盘为偏心阀，定阀盘为同心阀。该工具是通过转子旋转带动偏心阀门旋转，产生间歇性截流，在振荡部分形成周期性压力波动释放，从而实现整个工具规律的轴向振动。

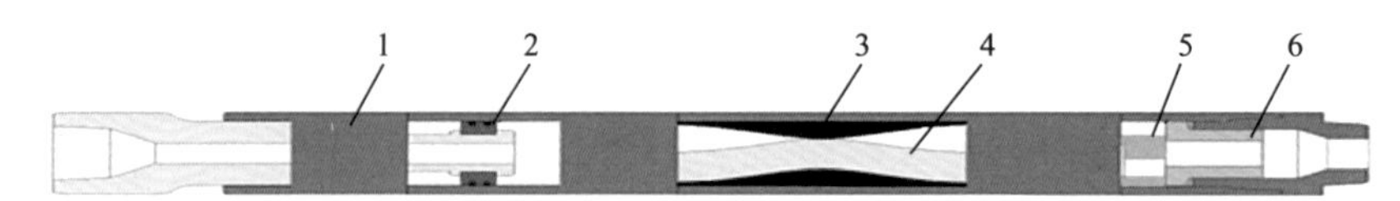

图 3-2-8　偏心螺杆式水力振荡器结构工示意图

1—碟簧组；2—活塞；3—定子；4—转子；5—动阀盘；6—定阀盘

该工具优缺点:（1）结构简单，缓解定向托压效果明显，目前在国内外应用数量最为广泛;（2）单头螺杆转动的稳定性略差，且转速高，橡胶定子磨损速率快，影响工具整体寿命;（3）橡胶材质的螺杆定子在深井高温深井中应用使用受限，耐温极限 150℃，限制了其在深部高温地层中的应用;（4）橡胶定子在油基钻井液环境下适应性减弱，寿命较水基钻井液环境大幅缩短，限制了其在页岩气水平井等油基钻井液中的规模化应用。

目前，NOV 偏心螺杆式水力振荡器有 6 种系列尺寸工具（表 3-2-6），振动频率 12~26Hz，适用温度 150℃、工作压差 3.1~4.8MPa，工具寿命 200h 以上。

表 3-2-6　NOV 偏心螺杆式水力振荡器性能参数表

工具外径 mm	推荐排量 L/s	温度 ℃	工作频率 Hz	工作压差 MPa	最大负载 kgf
85.7	4.5~7.0	150	26	3.1~4.8	83636
95.2	4.5~7.0	150	26	3.4~4.8	113636

续表

工具外径 mm	推荐排量 L/s	温度 ℃	工作频率 Hz	工作压差 MPa	最大负载 kgf
120.6	7.5~13.5	150	18~19	3.8~4.5	160909
171.4	20.0~30.0	150	16~17	4.1~4.8	315000
203.2	25.0~50.0	150	16	4.1~4.8	450000
244.5	30.0~55.0	150	12~13	3.4~4.8	572727

2. 同心螺杆式水力振荡器

同心螺杆式水力振荡器是近几年新研发的振动减阻工具，以多头螺杆为旋转动力，以同心盘阀为截流载体。主要由振荡短节、压力吸收装置、驱动总成、旋转阀门系统等4部分组成，如图3-2-9所示。其中驱动总成由5∶6多头螺杆提供启动阀盘旋转的动力；旋转阀门系统由同心动阀和定阀组成。当钻井液流经工具时，带动内部转子转动，转子带动动阀转动，产生高频振动，间歇性截流，在振荡部分形成周期性压力波动释放，从而实现整个工具规律的轴向振动。

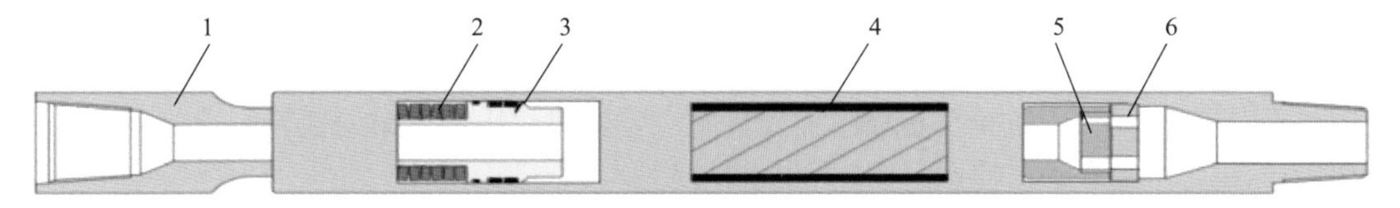

图3-2-9　同心螺杆式水力振荡器结构工示意图

1—心轴；2—碟簧组；3—活塞；4—5∶6多头螺杆；5—动阀盘；6—定阀盘

该工具优缺点：(1) 压降低，减少设备负载；(2) 利用多头螺杆提供动力，稳定性好，工具持续稳定工作时间长；(3) 多头螺杆和同心阀盘配合，转速低，定子橡胶磨损率低，延长了工具的寿命；(4) 橡胶材质的螺杆定子在高温深井中应用使用受限，耐温极限150℃，限制了该工具在深部高温地层中的应用；(5) 在油基钻井液环境下适应性减弱，寿命较水基钻井液环境大幅缩短，限制了该工具在页岩气等油基钻井液中规模化应用。

目前Wellstar水力振荡器有3种系列尺寸工具（表3-2-7），振动频率7~15Hz，适用温度150℃、工作压差2.0~3.8MPa，工具寿命300h以上。

表3-2-7　Wellstar水力振荡器性能参数表

工具外径 mm	推荐排量 m^3/min	压降 MPa	频率 Hz	工作温度 ℃
127	0.6~1.36	2.0~3.8	7~15	<150
165	1.1~2.18	2.0~3.8	7~15	<150
203	3.0~4.30	2.0~3.8	7~15	<150

3. 射流式水力振荡器

射流式水力振荡器是以射流元件为驱动动力，整套工具无密封元件。该工具由脉冲短节和振荡短节组成，脉冲短节主要由射流元件、节流杆和节流盘等组成，振荡短节主要由碟簧组、心轴和活塞等组成（图3-2-10）。钻井液通过脉冲短节的射流元件产生附壁作用，并在元件中的流动不断换向，推动节流杆做往复运动，在节流盘处产生截流压力脉冲。压力脉冲向上作用在活塞上，带动心轴压缩碟簧；当这个压力释放后，心轴在碟簧作用下返回到原来的位置。压力脉冲可以使振荡短节不断重复上述动作，从而使管柱在自身轴线方向上往复运动。

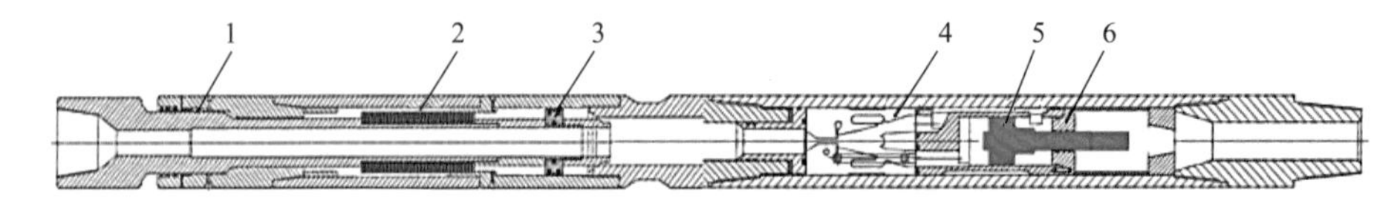

图 3-2-10 射流式水力振荡器结构工示意图

1—心轴；2—碟簧；3—活塞；4—射流元件；5—节流杆；6—节流盘

该工具优缺点：(1) 以射流元件为驱动动力，压降低，减少设备负载；(2) 全金属结构，耐温性达到 150℃，在深部高温地层中的适应性较强；(3) 全金属结构，耐油基钻井液，在页岩气水平井等油基钻井液中适应性强，寿命高；(4) 对钻井液固相要求高，含砂过高对射流元件冲蚀严重，影响射流元件寿命；(5) 对钻井液清洁程度要求高，杂质过多容易堵塞射流元件，引起循环系统憋压或工具无法正常工作。

目前中国石油渤海钻探工程公司射流式水力振荡器有 3 种系列尺寸工具（表 3-2-8），适用温度 150℃、工作压差 2.5~4.0MPa。通过与美国国民油井公司的技术对标，BH-HVT 水力振荡器在振动力、抗拉抗扭极限方面具有一定优势，压耗、耐温性等参数相近，整体达到国际知名产品水平，使用寿命达到 300h 以上。

表 3-2-8 BH-HVT 水力振荡器性能参数

序号	性能参数	美国国民油井公司技术对标			BH-HVT 水力振荡器数据		
1	适用井眼，mm	152.4	215.9	311.0	152.4	215.9	311.0
2	外径，mm	120	172	203	122	172	203
3	额定压降，MPa	2.5~4.0	2.5~4.0	2.5~4.0	2.5~4.0	2.5~4.0	2.5~4.0
4	振动力，kN	290	360	390	320	400	420
5	耐温性，℃	150	150	150	150	150	150
6	抗拉极限，kN	1500	3000	4000	2000	3500	4500
7	抗扭极限，kN·m	38	75	93	40	80	100

(二) 地面扭摆减摩阻技术

为了降低摩阻减少“托压”，近年来国外公司发展形成了两种主流方法：一是通过新兴钻井工具以及其相关的应用技术能够初步实现在复合钻进的状态下进行主要定向井段的施工，主要是旋转导向系统。二是使用滑动钻井降摩工具，代表之一是扭摆滑动钻井系统。旋转导向技术费用较高，因此近年来国外新兴的扭摆滑动钻井技术成为超深井降摩减阻的首选。

PIPE ROCK 钻柱扭摆滑动钻井系统是由中国石油川庆钻探公司自主研发，专门用于定向井和水平井滑动钻井过程中降低井下摩阻扭矩和滑动钻井“托压”现象、提高钻井效率和机械钻速的成套系统。通过一个与顶驱司钻箱相连的控制系统，控制顶驱带动钻具顺时针、逆时针按设计参数反复连续摆动，以保持上部钻柱一直处于旋转运动状态，从而克服滑动钻井过程中钻柱不旋转导致的摩阻大、“托压”、钻速慢等问题。

1. 系统组成

PICK ROCK 的硬件适合多种顶驱的安装，安装时间不超过 2h。硬件由顶驱控制器、触摸操作屏、控制信号切换部分、快速连接电缆组成。

1）顶驱控制器

PICK ROCK 钻柱扭摆滑动钻井系统顶驱控制器主要包括 PLC 模块、系统配电断路器、供电开关电源、信号隔离单元等（图 3-2-11）。

顶驱控制器具备运算功能、控制功能、通信功能、编程功能、诊断功能、处理速度迅速、模拟信号输入输出完全隔离的功能。

2）触摸操作屏

PICK ROCK 钻柱扭摆滑动钻井系统触摸操作屏采用西门子 12in 的操作面板，用于司钻操作该系统，实现参数显示与存储（图 3-2-12）。

图 3-2-11　顶驱加载控制模块——顶驱控制器

图 3-2-12　顶驱加载控制模块——触摸操作屏

3）控制信号切换部分

PICK ROCK 钻柱扭摆滑动钻井系统控制信号切换部分包括控制信号切换器和切换开关，通过线缆连接，用于切换老系统与新系统的信号控制（图 3-2-13）。

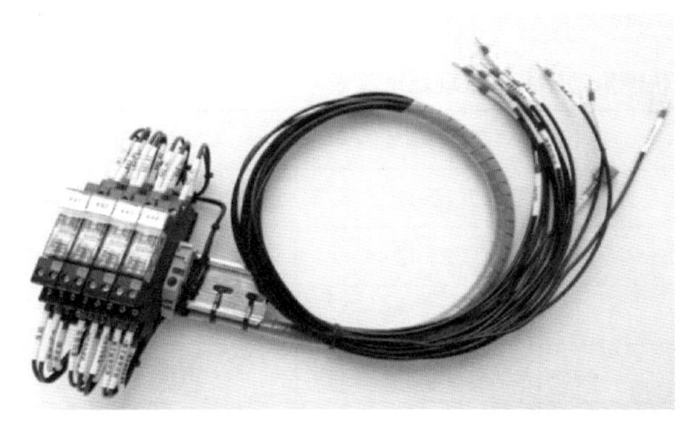

图 3-2-13　控制信号切换部分

4）快速连接电缆

PICK ROCK 钻柱扭摆滑动钻井系统快速连接电缆包括司钻箱连接线、控制器电源线、远程通讯线、操作屏通信线、操作屏电源线，采用插件的形式，实现快速安装、拆卸功能，且提高了现场安装时间（图 3-2-14）。

图 3-2-14　快速连接电缆

2. PIPE ROCK 钻柱扭摆系统技术优势

PICK ROCK 钻柱扭摆滑动钻井系统技术优势如图 3-2-15 所示。

（1）全部为地面设备，无井下工具，不影响顶驱正常操作，不会因为 PIPE ROCK 原因导致额外起下钻或井下工具落井风险。

（2）通过地面钻柱扭摆，把上部钻具静摩擦阻力变为动摩擦阻力，最大限度地降低长水平段水平井、大位移井滑动钻井过程中的摩阻，提高机械钻速。

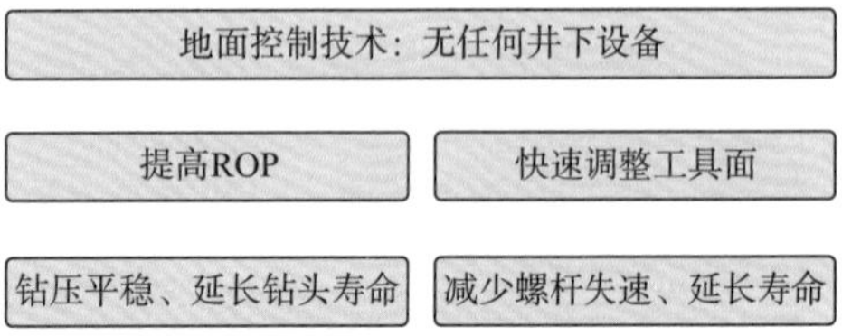

地面控制技术：无任何井下设备

提高ROP　　快速调整工具面

钻压平稳、延长钻头寿命　　减少螺杆失速、延长寿命

图 3-2-15　PIPE ROCK 钻柱扭摆滑动钻井系统技术优势

（3）在扭摆循环周期内，通过有控制地施加扭矩脉冲，稳定定向工具面，定向井工程师无须频繁进行校正和调整工具面作业，从而提高施工效率，同时工具面更加稳定，滑动钻井造斜率更高。

（4）通过消除滑动钻井过程中“托压”导致的瞬间大钻压，使螺杆和钻头受反扭矩冲击减小、螺杆和 PDC 钻头寿命提高，起下钻次数减少。

3. 现场试验情况

结合川渝、新疆地区勘探开发情况，中国石油重点在双鱼石地区和新疆地区等开展了钻柱扭摆快速滑动钻井系统的现场试验。先后在 SY001-X3 井、ST6 井、ST107 井、SYX131 井和 H16-19X 井进行了钻柱扭摆快速滑动钻井系统的现场试验。现场试验结果表明：该系统能使钻压平稳地传递给钻头，具有提高钻井速度、增加工具面稳定性、缩短工具面调整时间、提高定向效率和造斜效果、延长井下设备（螺杆、钻头）的使用寿命等优势（表 3-2-9）。部分井突破了大偏移距、上水平段无法实现“PDC+ 螺杆钻具”低成本模式钻进的技术瓶颈，促进了安全快速钻进，减少了起下钻的次数，缩短了施工周期。

表 3-2-9　钻柱扭摆快速滑动钻井系统现场试验表

序号	井号	井段，m	变频器型号	进线通道
1	ST107 井	6700~7003	西门子 120	无进线口，拆蜂鸣器进线
2	SY001-X3 井	8038~8600	西门子 120	有进线口
3	ST6 井	7765~8305	西门子 120	无进线口，拆隔栏挡板
4	H16-19X 井	6405~7126	西门子 120	有进线口
5	SYX131 井	7462~7859	西门子 120	有进线口

以 SY001-X3 井现场试验为例，该井定向采用了常规定向和扭摆定向。当不开扭摆定向时，钻压从 6tf 增加到 11tf 时，钻压几乎不回压。当开启扭摆后，钻压回压速度明显加快，送钻频率明显提高，定向摩阻减低 40% 左右，很快就回到了 6tf。降摩减阻效果明显。不使用扭摆段平均钻时为 41min/m，钻压 6~11tf。使用扭摆段平均钻时 30min/m，钻压 8~11tf。同时，使用扭摆能实现工具面动态调整，整个定向过程无上提重建工具面情况，大大提高了纯钻时效。仪器整体使用效果评价：使用扭摆系统能够有效的降低摩阻 24% 以上，机械钻速提高 22%，且工具面稳定，定向过程中无上提钻具重建工具面时间（表 3-2-10）。

钻柱扭摆钻井系统在双鱼石、新疆的五口井现场应用效果良好，平均定向钻井机械钻速提高 23%。

表 3-2-10 钻柱扭摆降阻技术提速效果

项目	SY001-X3 井	ST107 井	ST6 井	SYX131 井	H16-19X 井
应用前机械钻速，m/h	1.51	1.29	0.62	0.98	1.45
应用后机械钻速，m/h	1.84	1.76	0.73	1.12	1.80
提速比例，%	22	36	18	14	24

四、超深小尺寸定向设备

目前国内外对小井眼井的定义归纳起来主要有 4 种：（1）井径小于 215.9mm；（2）全井 90% 的井径都小于 177.8mm；（3）井径小于 152.4mm；（4）井径小于该地区常规井。对于 120mm 及以上井眼尺寸的小井眼定向井和水平井钻井均具有成熟的工具和装备，但对于 120mm 以下尺寸钻井配套工具和工艺还不成熟。因此对于超小井眼可以按照以下标准来对其定义：（1）井径小于 120mm；（2）需要采用非常规的工具才能完成的小井眼 [16]。

国内外关于小井眼、超小井眼钻井的案例报道很多。SlimDrill、UPAC、BP、Total Exploration 和 Amoco 等公司已经成功地在 Plungar、Texas、Oklahoma 和 Prudhoe 等地区，在 ϕ127mm~ϕ139.7mm 套管内采用套管开窗或加深钻进的方式，完成了数百口的小井眼钻井，作业井深在 2000~3000m，作业费用较新钻井得到大幅缩减。其中 BP 公司在 Prudhoe 海湾完成的小井眼，单井成本缩减达 80% 的基础上，还发现了过去被认为没有开发价值的新油层。

超深超小井眼钻探在塔里木油田应用较多，主要是在 ϕ127mm 套管内采用定向开窗的方式开展 104mm 超小井眼钻井，作业井深普遍在 7000m 左右。

（一）小接头钻杆

为了克服连续油管钻井系统抗拉强度对深井作业的限制，可以采用小接头钻杆开展深井超小井眼定向钻井，推荐使用的小接头钻杆尺寸主要为 ϕ60.3mm 和 ϕ73mm，其接头外径分别为 ϕ76.2mm 和 ϕ88.9mm，性能参数对比见表 3-2-11。

表 3-2-11　小接头钻杆性能参数对比数据表

管柱类型	外径 mm	钢级	接头外径 mm	本体壁厚 mm	屈服载荷 kN	屈服压强 MPa	屈服扭矩 N·m
小接头钻杆	60.3	S135	76.2	7.11	1108	192	11972
	73.0	S135	88.9	9.19	1556	205	20623

（二）超小尺寸定向仪器

根据井眼尺寸大小，ϕ114mm~ϕ120mm 井眼尺寸的超深小井眼，可以采用 ϕ88.9mm 的定向工具。钻具组合为：钻头 +ϕ88.9mm 单弯高温马达 +ϕ88.9mm 浮阀 +ϕ88.9mm MWD/LWD+ϕ73mm 小接头钻杆 +ϕ88.9mm 钻杆。为根本解决超深超小井眼定向钻井的问题，需要为 ϕ114mm 以下井眼配套超小尺寸 MWD 或 LWD 工具，并根据井眼情况配套使用 ϕ79mm~ϕ89mm 的高温马达。

例如，塔里木油田 YM702 井选择 APS 公司的 MWD 技术参数：抗高温抗高压（175℃、175MPa）；特制脉冲器，信号 45~60psi（钻井液的压力信号），对堵漏材料不敏感；悬挂式，无脱键风险，更小尺寸；新型解码技术，极大地提高了解码率（地面解码 4L）；特殊减震设计，最大达到 37g（探管）[17]。表 3-2-12 为 APS 仪器主要性能指标。

表 3-2-12　APS 仪器主要性能指标

测量项目	测量范围		测量精度
井斜，（°）	0~100		±0.1
磁方位，（°）	0~360		±0.1
工具面，（°）	0~360		±1
性能参数	数据	性能参数	数据
最高工作温度，℃	175	仪器总长，m	7.5
仪器外筒承压，psi	25000	泥浆信号强度，psi	45~60
抗压筒外径，mm	44	电池工作时间，h	280
仪器压降，MPa	0.3~0.5	仪器维护周期，h	600

（三）超小尺寸螺杆钻具

由于超小尺寸螺杆钻具目前主要应用于完井工作，因此必须设计长寿命大扭矩超小尺寸螺杆钻具，以适应深井超小井眼定向钻井条件，超小尺寸螺杆钻具参数见表 3-2-13。在螺杆钻具设计过程中可以通过以下手段提高其综合性能：（1）采用抗高温橡胶制造定子，提高螺杆钻具抗温性能；（2）采用硬橡胶定子制造工艺提高螺杆钻具承载能力；（3）通过弯点强化的方法提高弯点承载能力，提高螺杆钻具的安全性；（4）根据井眼尺寸和造斜率设计螺杆钻具弯角，提高超小井眼钻井的安全性和通过性能[16]。

表 3-2-13　超小尺寸螺杆钻具参数设计表

型号	外径 mm	头数	级数	排量范围 L/s	转速 r/min	工作压力降 MPa	输出扭矩 N·m	最大压力降 MPa	最大扭矩 N·m	工作钻压 kN	最大钻压 kN
5LZ79×7.0–3	79	5：6	3	3.2~9.9	120~435	2.4	410	3.39	578	15	25
7LZ79×7.0–4	79	7：8	4	2.8~7.8	131~418	3.2	413	4.52	584	15	25
5LZ82×7.0–3	82	5：6	3	6.2~12.8	122~329	2.4	820	4.5	1200	15	25
7LZ82×7.0–4	82	7：8	4	6.8~13.2	175~313	3.2	1071	6	2008	15	25
5LZ89×7.0–3	89	5：6	3	7.5~13.2	162~321	2.4	975	3.84	1020	22	35
7LZ89×7.0–4	89	7：8	3	4.7~10.8	110~250	3.2	1100	4.8	1760	22	35

五、抗高温高压设备

随着技术的进步，井下工具、仪器与材料的耐温耐压能力持续提升，国外 MWD 与 LWD、旋转导向钻井系统、螺杆钻具的最高耐温能力已分别达到 200℃、200℃和 230℃，钻井液的最高耐温能力已达 260℃左右。随着石墨烯等新材料的引入以及封装、冷却、绝缘等技术的发展，井下仪器、工具的耐温能力将整体超过 230℃，甚至有望达到 300℃。超深井井下工具仪器向抗高温、抗高压、长寿命、高质量，提高可靠性，减少井下复杂事故和工具失效带来的非生产时间等方向发展，将有力地推动深层超深井层油气勘探开发，解决超深定向井 / 水平井超高温超高压导致的工具仪器易失效的技术难题。

（一）抗高温橡胶螺杆

1. 结构机理

抗高温橡胶螺杆马达由定子和转子组成，是螺杆钻具最关键的部件，也是螺杆钻具中对温度最敏感的部件。定子中橡胶衬套的耐温性和寿命直接影响螺杆钻具的使用寿命，螺杆主要是通过对定子部件的优化提高其耐温能力，其组成结构从上到下依次是：旁通阀总成、马达总成、万向轴总成、传动轴总成、导向总成（弯螺杆）和防掉装置。

耐高温橡胶螺杆钻具以钻井液作动力液，是一种把液体压力能转换为机械能的容积式井下动力钻具。当钻井泵产生的高压钻井液流经旁通阀进入螺杆时，转子在压力钻井液的驱动下绕定子的轴线旋转，螺杆产生的扭矩和转速通过万向轴和传动轴传递给钻头，从而实现钻井作业。传统橡胶螺杆的加工方法是将橡胶浇铸在内壁光滑的定子壳体上，橡胶衬套的内表面为螺旋曲面，与转子相互耦合，利用两者的导程差形成螺旋密闭腔，完成能量转换。为保证螺杆的动力输出，转子外表面与定子橡胶衬套内表面必须为过盈配合。图 3-2-16 所示为耐超高温橡胶螺杆示意图。

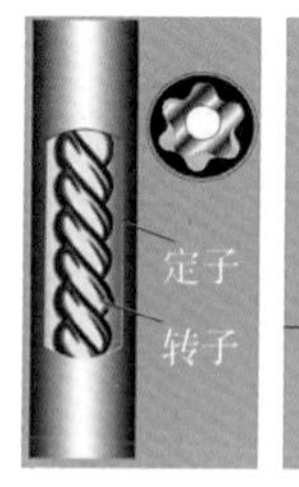

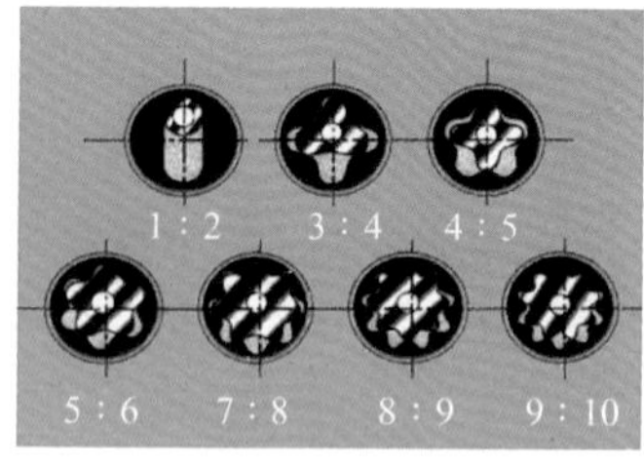

图 3-2-16 耐超高温橡胶螺杆示意图

2. 技术难点

（1）定子橡胶在高温条件下失效变形。普通螺杆钻具的马达总成的定子一般由丁腈橡胶材料制成，其工作温度上限为 140℃，在超深井的高温环境中，温度远远超过 140℃，10000m 深的超深井理论温度高达 220℃，定子橡胶在如此的高温环境下将失效而不能工作。

（2）超深井螺杆钻具连接螺纹脱扣。随着井深的不断增加，井底的钻井液压力也必然随之增加，高压钻井液对转子施加正向扭矩的同时，转子对定子壳体施加等值的反扭矩，在钻具频繁滞动和复合钻进的情况下，容易造成松扣，尤其在传动轴串轴承蹩卡或完全卡死情况下，脱扣危险加剧；当机械钻速快，井下不清洁，再遇到井斜较大，停转盘接单根前整个钻具积蓄很大的反扭矩，突然释放容易造成螺纹脱扣。

（3）马达定子内表面脱胶或掉块。造成定子脱胶或掉块的原因，有厂家制造因素（如挂胶质量、定子壳体内表面设计），用户使用过程中钻井液净化不彻底，混杂了金属等硬物件，井温升高使定子的橡胶老化，钻井液中混入了气体造成气蚀，不合理的钻井操作等。

（4）超深井螺杆钻具工作寿命短。由于螺杆钻具处于高温高压恶劣工作环境中，螺杆钻具的传动轴总成、万向轴总成、马达总成和旁通阀总成都很容易出现故障，将大幅度降低螺杆钻具的整体工作寿命。

（5）超深井螺杆钻具输出特性不能满足超深孔钻进工艺要求。超深孔钻进过程中可能采用一些特殊的钻进工艺，对螺杆钻具的输出特性可能会提出一些要求，常规螺杆钻具的输出特性一般难以达到要求。

3. 工具性能

针对于耐高温橡胶螺杆的抗温性能，国内外厂家通过材料优选及改进来提高其耐温性能。耐高温橡胶螺杆主要采用三种橡胶材料制成：丁腈橡胶 NBR、氢化橡胶 HR 和氨基橡胶 UF。目前，国外常用的定子橡胶包括氢化丁腈橡胶和羧基丁腈橡胶等，二者具有优异的耐超高温性和耐腐蚀性，但成本较高；国内仍以丁腈橡胶为主，而单一的丁腈橡胶并不能持续在高温中工作很长时间，因此需要对橡胶改性，从而使其保持较强的力学性能。通常采用的工艺包括硫化、添加防老化剂、添加耐热剂、增塑剂、添加高聚物及高饱和橡胶等。

耐高温橡胶螺杆钻具的主要优点为螺杆钻具压耗低，输出扭矩高，可适应高抗剪切强度地层；可适应各种 PDC 钻头、牙轮钻头、复合钻头，受地层岩性特性影响小；工具自身压耗低，允许中高排量的应用，利于井筒清洁及井下复杂处理；螺杆钻具输出扭矩高，允许较高钻头反扭矩，定向作业时工具面稳定；成本较低，经济性高。

市场主流工具性能指标：SLB PowerPak HT 系列螺杆，采用 HN234 橡胶时，最大作业温度可达到 175℃；采用 UF180 橡胶时，最大作业温度可达到 190℃。

抗高温橡胶螺杆的最大温度上限为 190℃，但高温环境下定子橡胶的热迟滞效应会加速橡胶老化失效。在长时间运行下，波峰处的橡胶处于高频加卸载过程，积聚内能导致橡胶内温度升高，橡胶变脆，橡胶部件最终会出现掉块、撕裂、脱胶等现象，造成螺杆失效。图 3-2-17 所示为橡胶衬套波峰处热迟滞效应示意图。

耐高温橡胶螺杆部件中含橡胶，其受高温影响大，目前主流的耐温橡胶螺杆可承受最高温150℃，国外较先进的产品也只能在低于190℃的井底环境下工作，因此井底温度 > 190℃时，耐温橡胶螺杆不再适用；另外转子对泥浆 pH 值有一定要求，转子腐蚀（pitting）而导致橡胶衬套橡胶刮裂失效，不利于井下安全。

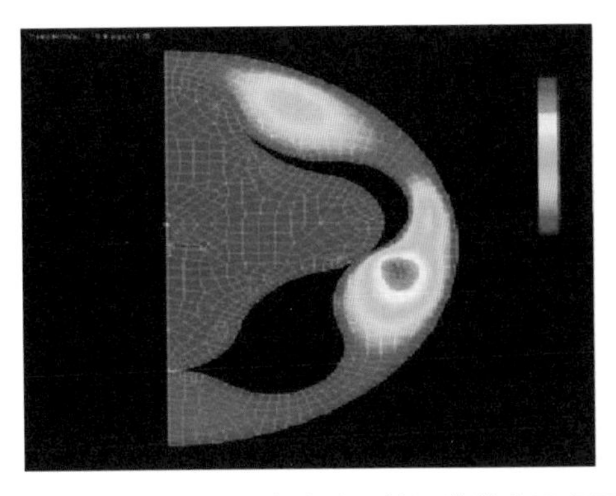

图 3-2-17　橡胶衬套波峰处热迟滞效应示意图

（二）涡轮钻具

1. 结构机理

涡轮钻具是一种叶片式井下井下动力钻具，它的作用是将钻井液的压能和动能转变为输出轴转动的机械能量，进而驱动钻头转动以破碎岩石。涡轮钻具主要由涡轮节、万向轴和传动轴三部分组成，涡轮节由涡轮定转子、扶正轴承、主轴及外壳等组成，将钻井液的压能和动能转换为主轴旋转的机械能；万向轴由壳体和挠动轴等组成，传递扭矩和水力载荷，饶轴可产生小角度弯曲，便于定向钻进；传动轴主要由径向硬质合金滑动轴承、止推轴承、轴及壳体等组成，承担上部钻具的自重、轴向水力载荷、钻压及钻头的反扭矩。此外，单级涡轮由定子和转子叶片组成，转子和定子叶片形状相同但弯曲方向相反。定子起到导流作用，将高压流体导向转子，推动转子旋转，转子与涡轮轴连接，将旋转力传递到涡轮轴。涡轮钻具由上百级单级涡轮组成。图 3-2-18 所示为涡轮钻具的关键部件示意图。

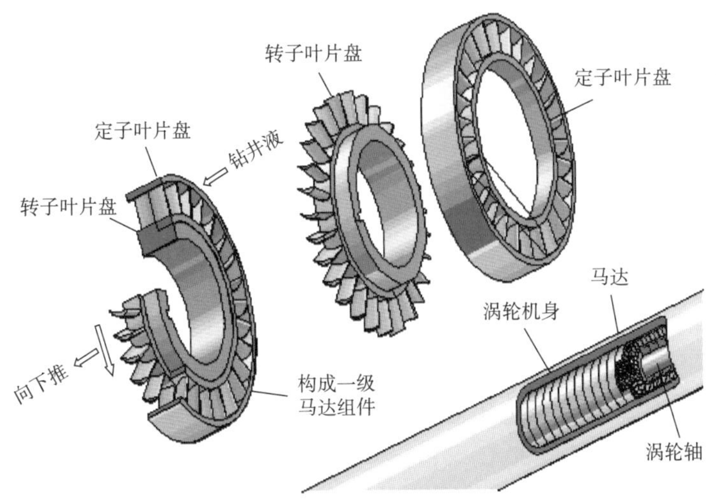

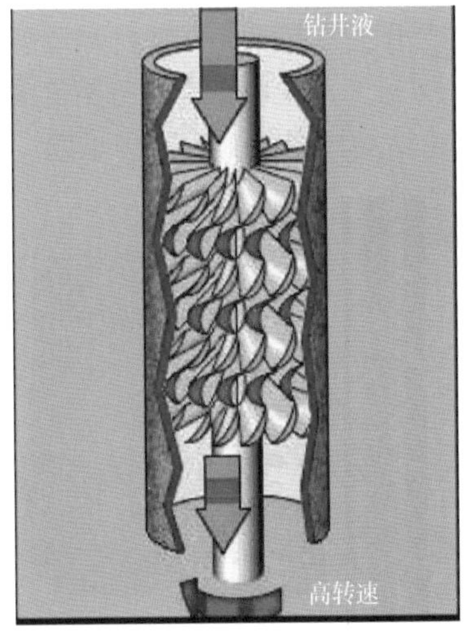

图 3-2-18　涡轮钻具的关键部件示意图

2. 技术难点

涡轮钻具的优点是：具有高速大扭矩的软特性，无横向振动，机械钻速高；对油基钻井液不敏感，能适应在高密度的钻井液中工作。特别是全金属的涡轮钻具耐高温，适宜于深井和高温环境下作业，是超深井高温高压工况下钻井的良好工具。超深井施工中涡轮钻具面临的主要难点分述如下：

（1）超深井涡轮钻井对泵的能力要求高。深井高密度钻井液条件下钻具循环压耗高，加之涡轮钻具本身压降大，因此，深井使用涡轮钻具对机泵能力要求也较高。由于超深井起下钻时间长，为保证涡轮钻具正常工作，施工前需要综合考虑钻头推荐排量和环空上返流速要求、钻具使用情况和地面设备能力，除必须满足涡轮钻具压降外，需要综合计算立管压力、循环压耗、钻头压降、涡轮钻具压降的关系，合理选择相关参数，制订详细的施工方案，使用要求高。

（2）涡轮钻具超深井钻井参数优化问题还需进一步研究。涡轮钻具转速与排量成正比，输出扭矩及压降与排量的平方成正比，功率与钻进排量成三次方关系，排量的变化对功率影响较大。钻压或扭矩过大会导致涡轮钻具产生“制动”而无法破岩钻进的现象。

一般情况下，在保证清岩、携岩前提下选择涡轮钻具最大功率时的排量作为钻进排量。涡轮钻具转速为其空转转速一半时，功率最大。在恒定排量下，涡轮钻具的每个转速对应一个钻压值，故可确定出在此情况下的最优钻压值。保证涡轮钻具水力流量和钻压处在这一参数，可保证涡轮钻具在最优状态下工作，如何保证涡轮钻具处在最佳的工作状况，发挥涡轮钻具工作特性最佳的关键问题，目前，对这些关键参数的控制还缺乏研究。

（3）涡轮钻具钻井液清洁度的控制方法尚需进一步研究。涡轮钻具有其特殊的设计结构，涡轮叶片之间的过流面积窄小，而且钻井液流经转子和定子时的方向持续变化，因此钻井液的洁净度会对涡轮的工作产生影响。遇过长软质材料会使涡轮叶片与叶片之间、转子与定子之间产生堵塞，造成涡轮工作效率低、功率损失严重及涡轮寿命降低等后果，产生泵压突然升高，造成不必要的起下钻。

（4）国内在配合涡轮钻具的钻头研制方面相对滞后，与之相配套的钻头类型是制约该项技术推广的瓶颈之一，特别针对结晶岩的高速涡轮钻具配合孕镶金刚石取心钻头的钻井技术还需进一步研究。

（5）另外，针对超深定向井／水平井施工，涡轮钻具直径较小，需要解决：小直径涡轮钻具功率急剧下降的难题、涡轮钻具转速高扭矩小的难题。

3. 工具性能

目前史密斯公司和百勤公司均有涡轮钻具技术。该类工具的动力组件为多组金属涡轮叶片，通过钻井液驱动涡轮叶片的方式提供动力，其特点是转速高、输出扭矩低，常与孕镶钻头配合使用。性能优势为可输出极高转速 400~600r/min；SLB-Neyrfor 涡轮钻具的作业温度为 260℃，百勤 Turbodynamics 涡轮钻具的作业温度为 300℃。由于不含橡胶件，其寿命较长，可达 800~1000h。但是由于涡轮输出转速高达 400~600r/min，须与孕镶钻头配合使用，不适宜 PDC 钻头；工具自身压耗极高，制约了高排量的应用，不利于井筒清洁及井下复杂处理，同时增加了地面钻井泵负载；并且涡轮＋孕镶钻头组合成本高昂，经济性低，综合性价比不高。图 3-2-19 所示为涡轮钻具及配套孕镶钻头。

图 3-2-19　涡轮钻具及配套孕镶钻头

（三）全金属螺杆

1. 结构机理

随着深井、超深井的勘探开发，对螺杆钻具的性能要求越来越高，井下工作环境温度常常高于200℃，常规螺杆钻具定子由定子壳体和橡胶衬套构成，耐温水平只能达到120℃左右，其耐高温性能已经远远不能满足正常钻井需要。全金属螺杆对温度的变化不敏感，可以在300℃左右的环境下工作，因此在高温井的钻井工作中，更加适用全金属马达螺杆钻具。

金属螺杆工作原理与螺杆相同，也是以钻井液作动力液，把液体压力能转换为机械能的容积式井下动力钻具。当钻井泵产生的高压钻井液流经旁通阀进入螺杆时，转子在压力钻井液的驱动下绕定子的轴线旋转，螺杆产生的扭矩和转速通过万向轴和传动轴传递给钻头，从而实现钻井作业。但与常规螺杆及等壁厚螺杆不同的是，全金属螺杆去除了橡胶部件，利用金属定子和金属转子之间的相互啮合进行钻井工作，具有很好的耐超高温性。此外，全金属螺杆定子更具耐磨性和耐腐蚀性，输出动力、耐高温、耐老化性能都较常规钻具具有大幅的提高，从而延长了螺杆钻具整体使用寿命（图3-2-20）。

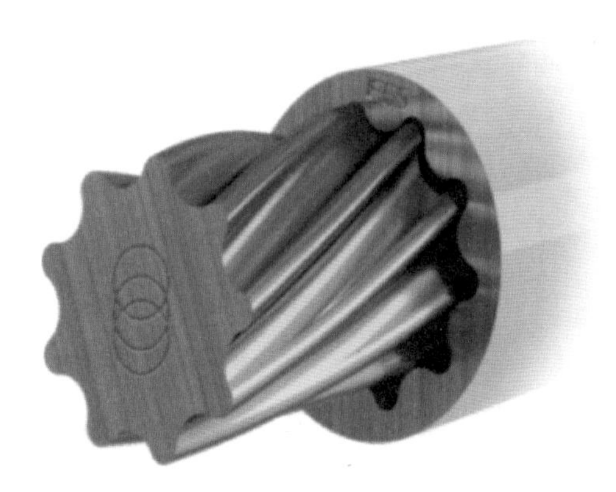

图3-2-20　全金属动力钻具定子和转子示意图

2. 技术优势

全金属螺杆属于容积型螺杆，并采用单根转子与单根定子配备，当液体经过定转子之间孔隙时发生体积变化，促使转子在定子里做行星旋转，当转子做行星旋转时从而产生扭矩。同等排量下，所产生的扭矩和压差成正比；同等压差下，产生的转速和流量成正比。

定转子采用间隙配合，特殊的线型使其在钻井液通过时就能产生压差和扭矩，并当流体通过时在定转子间隙处形成一层水膜，该水膜可使定子转子之间形成密封，且会在中间起润滑作用。

全金属螺杆主要的技术优势包括不受温度影响；不受钻井液类型影响，可适用于任何钻井液类型；可长时间井下作业，不存在任何类似橡胶螺杆掉块问题；输出扭矩更高。主要应用于石油天然气高温/超高温钻井作业、石油天然气高温增产作业、地热资源开采、水平定向井施工等。

3. 工具性能

目前市场商业化产品有两家：海博瑞HTS全金属螺杆、加拿大AMP全金属螺杆。通过同尺寸全金属螺杆性能对比（表3-2-14），其现场应用耐温等级均达到250℃，抗温能力相当，但在输出转速和输出扭矩上，海博瑞HTS全金属螺杆性能更具技术优势（HTS全金属螺杆输出扭矩10.7kN·m，输出转速80~220r/min）。

表 3-2-14 市场主流全金属螺杆性能对比

性能对比	海博瑞 HTS	加拿大 AMP
工具型号	HTS 127mm 全金属螺杆	AMP 127mm 金属螺杆
适合井眼，mm	149~171	149~171
耐温等级，℃	250	250
最大施加钻压，kN	35000	33360
排量范围，L/min	380~1892	567~1324
输出转速，r/min	80~220	84~200
定转子头数	9/10	9/10
转子级数	4.0	3.2
工作范围最大建议压差，kPa	13800	12755
工作范围内最大释放扭矩，N·m	10170	9535
上螺纹类型	$3^1/_2$inIF BOX	$3^1/_2$inIF BOX
下螺纹类型	$3^1/_2$inREG BOX	$3^1/_2$inREG BOX

基于抗高温高性能全金属螺杆的工具优选，海博瑞形成了 HTSϕ178mm 和 ϕ127mm 全金属螺杆（图 3-2-21），技术性能参数见表 3-2-15。

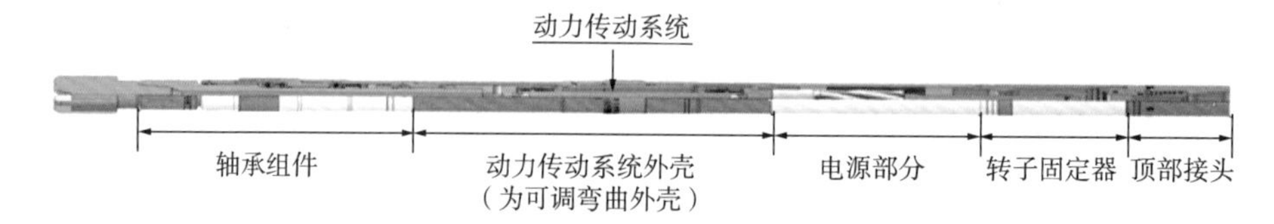

图 3-2-21 海博瑞 HTS 全金属螺杆钻具

表 3-2-15 海博瑞 HTS 全金属螺杆钻具性能参数

钻井参数	7in（178mm）		5in（127mm）	
钻头尺寸	$8^3/_8$~$9^7/_8$in	$5^7/_8$~$6^3/_4$in	149~171mm	213~251mm
排量	300~750gal/min	100~500gal/min	380~1892L/min	1140~2850L/min
空载转速，r/min	135~338		80~220	
带载转速，r/min	90~225		30~120	
转数 / 排量	0.3r/gal	0.53r/gal	0.12r/L	0.08r/L
转子 / 定子头数	5/6		9/10	
转子级数	4.0		4.0	
工作范围内最大释放扭矩	9000ft·lbf	7500ft·lbf	10175N·m	12150N·m
工作范围最大建议压差	2000psi	13000psi	17550kPa	13800kPa
制动扭矩	16000ft·lbf	2000ft·lbf	13800N·m	21600N·m
制动扭矩时压差	3900psi	3700psi	25493kPa	26871kPa
最大允许钻压	50000lbf	40000lbf	181kN	225kN
最大承受压力	30000psi	30000psi	210MPa	210MPa
最大承受温度	842 ℉	842 ℉	450℃	450℃

全金属螺杆的技术优势汇总如下：

（1）常规螺杆的定子通常采用内部橡胶芯子与钢铁外壳体连接，全金属螺杆采用全金属转子和定子，内部无任何橡胶件，具有较强的耐化学腐蚀性能以及更宽的作业温度范围，可适用于超高温作业环境，实验室测试温度达 400℃，目前井下遇到最高温度在 250℃；

（2）不受钻井液类型影响，可用于水基钻井液、油基钻井液、氮气、泡沫等；

（3）使用寿命长，可达 1000h，不存在橡胶螺杆长时间使用出现掉胶块现象，确保井下作业安全；

（4）螺杆长度较短，在同扭矩输出前提下，全金属螺杆要比等同配置橡胶螺杆短，缩短测斜仪器零长；

（5）大扭矩输出，可与市场上任意一款等壁厚或者硬橡胶螺杆的最大输出扭矩相媲美；

（6）无论在造斜段还是水平段钻进，全金属螺杆都可向钻头传输充足动力以便实现高机械钻速，并降低扭矩摩阻等问题。

（四）抗高温高压 MWD 仪器

1. 郑州士奇® 高温和超高温 MWD 仪器

郑州士奇测控技术有限公司研发的石油天然气钻井定向测斜仪器见表 3-2-16，在抗高温高压电子多点测斜仪、小径带伽马无线随钻、剪切阀脉冲器、自然和方位伽马、传感器短节及高温高压随钻测斜仪等应用研制方面具有技术优势。

表 3-2-16　郑州士奇® 石油天然气钻井定向测斜仪

序号	仪器名称	序号	仪器名称
1	一体化照相测斜仪	8	剪切阀脉冲发生器（175℃）
2	电子单点测斜仪（吊测、自浮）	9	SQMWD-YXB 系列双加速度传感器 175℃高温高压无线随钻测斜仪
3	电子多点测斜仪（高温 260℃）	10	地面无线传输系统
4	SQMWD-Y 型无线随钻测斜仪（150℃）	11	SQMWD-U 200℃超高温高压无线随钻测斜仪
5	175 度方位伽马、自然伽马探管及井深测量系统	12	连续波脉冲器（在研）
6	SQMWD-E 型大小井眼通用型高温高压无线随钻测斜仪	13	高速率 MWD/LWD 系统（在研）
7	可调式脉冲发生器		

（1）SQMWD-YXB 型双加速度传感器 175℃高温高压无线随钻测斜仪，如图 3-2-22 所示。

仪器特点：两组加速度传感器，在遇到传感器损坏时可在井下自动诊断并切换；RS485/CAN bus 双通道通信；可适配各种地质导向和旋转导向工具；具有三轴振动 / 粘滑参数；嵌入式 /PC 端程序模块化设计，可定制；可配发电机；可定制机械接口和电气接口。

技术参数：

①井斜为 ±0.1°（0°~180°）；

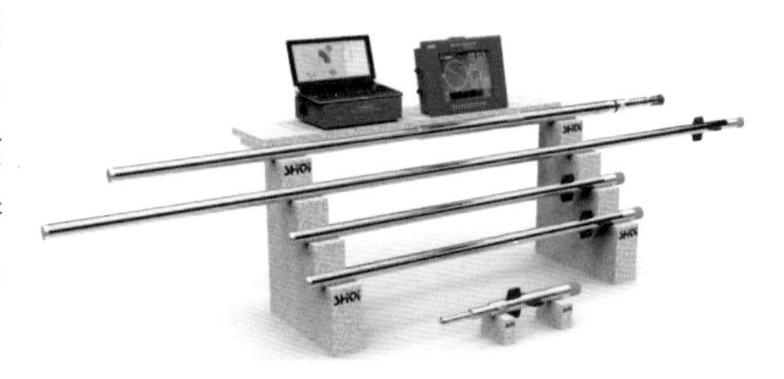

图 3-2-22　SQMWD-YXB 型双加速度传感器 175℃高温高压无线随钻测斜仪

②方位为 ±1.0°（0°~360°）；

③工具面为 ±1.0°（0°~360°）；

④最高工作温度为 175℃；

⑤仪器最大耐压为 20000/25000psi；

⑥仪器外形尺寸为 ϕ48mm×5695mm；

⑦电池工作时间为≥240h。

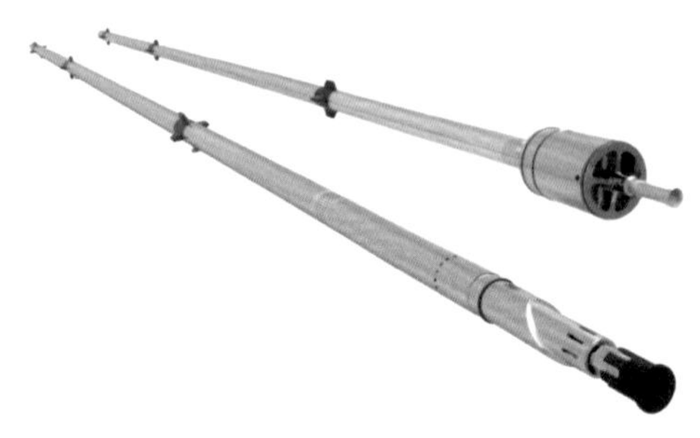

图 3-2-23　SQMWD-U 型 200℃超高温高压无线随钻测斜仪

（2）SQMWD-U 型 200℃超高温高压无线随钻测斜仪，如图 3-2-23 所示。

通过对超高温定向测量模块、上悬挂泥浆脉冲发生器、超高温超高压密封材料及密封件等关键技术的研发，形成一套耐温 200℃、耐压 25000psi 的超高温超高压无线随钻测量系统，解决超高温超高压油气区块开发中存在的测量技术难题。

技术参数：

①仪器外径为 48mm，可适用 118mm 以上井眼；

②井斜角误差为 ±0.1°（0°~180°）；

③方位角误差为 ±1.0°（0°~360°）（井斜≥5°）；

④重力工具面误差为 ±1.0°（0°~360°）（井斜≥5°）；

⑤磁性工具面误差为 ±1.0°（0°~360°）（井斜＜5°）；

⑥工作环境温度为 70~200℃；

⑦仪器最大耐压为 25000psi；

⑧编码方式为抗干扰能力较强的自研组合码。

（3）应用情况。2020 年 7 月至 2022 年 12 月，在塔里木油田共计应用施工 29 口井，总入井时间 21351h，总进尺 41069m；其中跟踪二开井段 22 趟钻，三开井段 58 趟钻，四开井段 78 趟钻，共计 158 趟钻。主要依托渤海钻探定向井公司，参与施工井位包括：YM20-6X 井、MS3 井、AM3 加深井、KZ108H 井、ZH2 井等 24 口井，大部分为造斜段和水平段仪器跟踪。其中已完钻的井中，YM20-6X 井、AM3C 井、MS502H 井和 GL3-H1 井等井深都在 8000m 以上；MS3 井温度最高，静止温度 164℃，循环温度 151℃；DB301T 井压力最高，密度 2.42g/cm^3，井底压力为 24165psi。

2. 美国 Keydrill 185℃高温 MWD 系统

美国 Keydrill 公司高温 MWD 系统 KIDM，主要由电池筒、定向探管、伽马探管、脉冲和定向鞋组成，为下坐键式；可以选择加装井下压力短节（KPWD），或外接第三方井下仪器；与常规 MWD 相比，耐高温 MWD，全部的机械、电子元件都要重新设计并使用特殊材料（图 3-2-24，表 3-2-17 至表 3-2-20）。

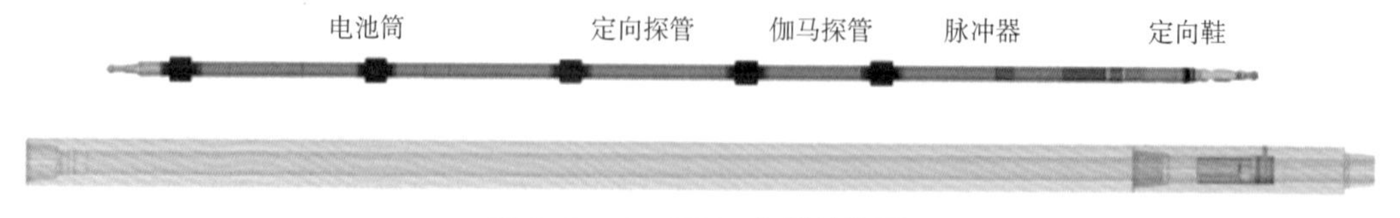

图 3-2-24　KIDM 仪器结构图

表 3-2-17　KIDM 探管性能参数

参数	测量范围	精度
井斜，(°)	0~180	±0.1°
连续井斜，(°)	0~180	±0.2°
方位，(°)	0~360	±0.25°
连续方位，(°)	0~360	±1.5°
工具面，(°)	0~360	±1°
方位伽马	1023CPS	±1CPS
高/低伽马	1023CPS	±1CPS
总伽马	1023CPS	±1CPS
环空压力，psi（MPa）	20000/（137.97）	0.2%
泵压，psi（MPa）	20000/（137.97）	0.2%
温度，℃	-40~205	±1°
井底转速，r/min	0~350	±1%

表 3-2-18　KIDM 工具参数

项目	性能参数
长度	29.7ft/9m
仪器本体外径	1.875in（48mm），依靠改变扶正器支撑翼的大小来配合不同井眼尺寸
工作电压	18~38V
适合井眼尺寸	3.75in，4.75in，6.5in，8.5in
耐温能力	工作温度 -25~185℃，极限温度 -40~190℃
承压能力	最大承压 25000psi（173MPa），标准承压 20000psi（137MPa）
转速范围	0~500r/min
电池寿命	根据测量项目不同，保守按照单节电池寿命 270h（不带伽马），225h（带伽马）计算；双电池筒配置可使仪器工作更长的时间
内存	大于 300h

表 3-2-19　KIDM 产品性能优势

项目	优势
耐高温、耐高压	高温 185℃，高压 25000psi/173MPa
先进高效的编码系统	采用 Qbus 编码和传输协议，支持更快速高效的数据解码格式，节约 25% 的传输时间，并确保数据精度和准确性；自动甄别信号失真和变形，达到稳定连续解码自动解码，不需要人工干预，避免人为错误
实时转动测试和实时转动序列置换	实时转动测试，判定定向滑动或复合钻进状态，并自动转换数据传输序列；当判定滑动钻进时，可传输工具面序列，当判定复合钻进时，可自动转换为伽马序列
动态井斜，方位测量	当定向滑动钻进时，提供连续动态井斜、方位测量；精度：动态井斜 ±0.1°，工具面/动态方位 ±0.5°
实时的震动和冲击检测功能	实时监测粘滑、转速、冲击和震动，提供井下震动报警，为定向井工程师判断井下震动状况，采取规避措施，避免仪器、螺杆和钻头失效和损坏
增加下行指令功能	增加了转动发指令功能，通过钻具转动给井下工具发指令，重新设置传输序列、传输速率、钻进模式、睡眠模式等，实现闭环钻井

续表

项目	优势
睡眠模式和再同步设计	仪器有两种睡眠模式（工具睡眠和数据睡眠模式），两种模式都能大大节省电池电量，延长井下仪器使用寿命；当仪器工作在超高温、等停或处理井下复杂等工况时，可通过发指令进入睡眠模式；当恢复正常钻进时，再通过地面转动钻具发指令，唤醒仪器继续工作
信号重新同步功能	在井漏、井下失衡或高振动等恶劣钻井条件下，解码困难，可通过发指令，通过发送特殊值设定，重新建立信号同步，改善信号解码
扩展接口充足	具备36个开放通道，可根据需要加接环空压力探管，或外接第三方井下仪器

表3-2-20　现场应用的3口井案例

案例序号	作业位置	井深，ft（m）	最大井温，℃
1	美国得克萨斯 Austin	21976/（6700）	180.9
2	美国得克萨斯 Live Oak	22020/（6713）	177.3
3	应客户要求，井场保密	20900/（6372）	167

第三节　超深定向井／水平井特色钻井技术

在超深定向井/水平井技术的应用过程中，针对塔里木盆地山前盐下和四川盆地双鱼石构造等特殊油气藏和小井眼钻井难题，形成了具有中国石油特色的钻完井技术。

一、塔里木盆地超深盐下大斜度井钻井技术

库车山前地质构造运动复杂，形成冲断叠瓦构造地层模式，纵向上发育多套断层和盐层，压力系统复杂，存在多个必封点，现有井身结构套管层次无法满足直井钻探要求。为实现地下绕障避开逆掩断层，同时多穿裂缝提高单井产量，塔里木油田创新设计大斜度井井型。通过工程地质一体化的大斜度井设计、旋转导向+随钻扩眼定向、安全下套管与套管防磨等工艺技术配套，攻关形成超深盐下大斜度井/水平井钻井技术，成为库车山前勘探发现与开发提产的重要工程利器。

（一）基于工程地质一体化的井眼轨道设计

库车山前地应力整体较高，大斜度井井壁稳定性差，储层上部发育巨厚强蠕变复合盐膏层，井眼轨道如何优化设计对于大斜度井钻井安全至关重要。通过国内外技术广泛调研，结合对库车山前地层特点的研究摸索，创新建立了一套工程地质一体化的超深盐下大斜度井/水平井轨道设计方法。

1. 构建三维地质力学模型

利用地质构造认识、已钻井测井资料、工程地质形迹等，在构造建模基础上，建立了该构造三维地应力模型，以此为基础进行全井筒现今应力场分布规律、天然裂缝预测、储层可压裂性研究、井壁稳定性分析等研究（图3-3-1和图3-3-2）。

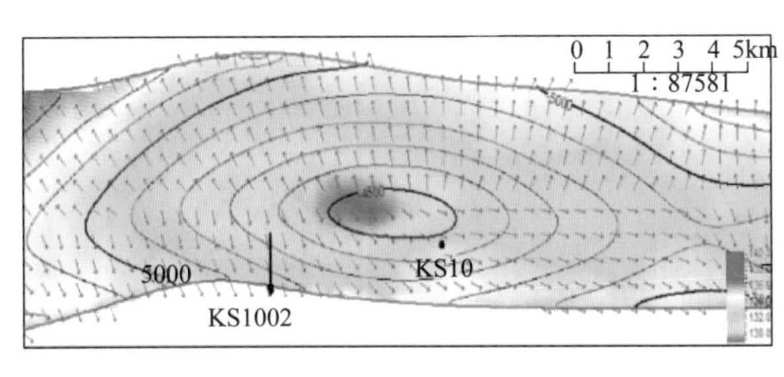

(a) 目的层最大主应力方位及应力差

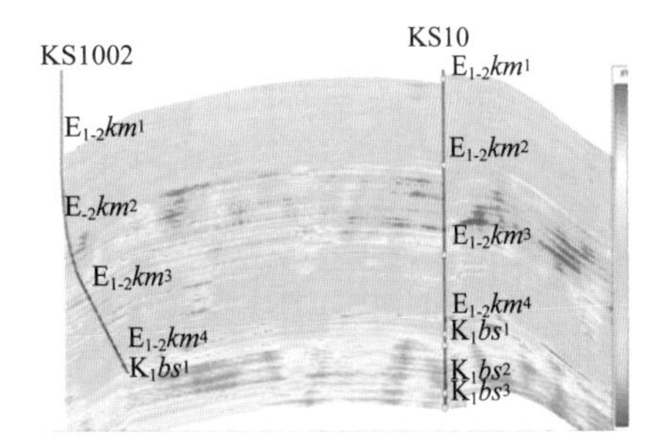

(b) 沿井眼轴向的水平应力差分布

图 3-3-1 克深 10 区块三维地质力学模型建立

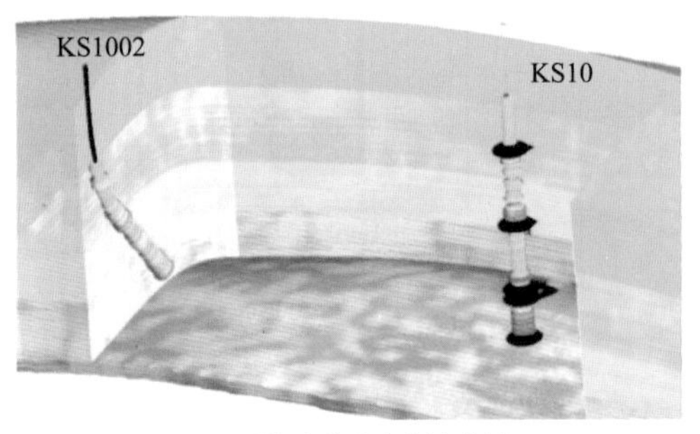

(a) 沿轨迹井壁稳定性分析

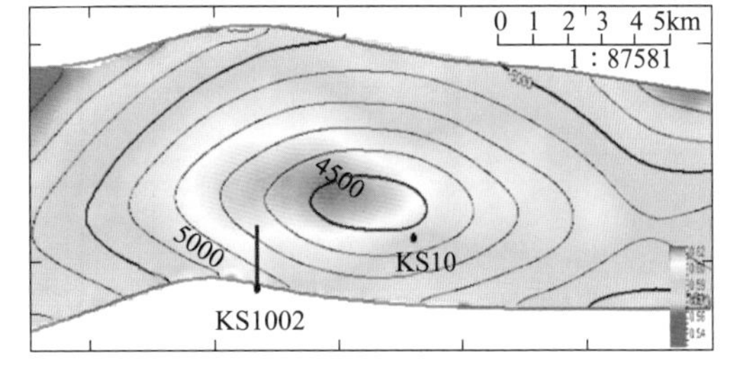

(b) 目的层岩石可压裂性预测

图 3-3-2 基于三维地质力学的井壁稳定性及储层可压力性分析

2. 确定井眼轨道关键参数

1) 钻探方位

设计轨迹应整体位于储层可压裂性较好区域，利于后期压裂改造实施形成复杂缝网。钻探方位选择应优选井壁稳定较优方位，减少井壁失稳复杂发生，同时应尽量垂直于天然裂缝走向，以获得更高单井产量。以 KS1002 井为例，其北偏西方向（–45°~15°、135°~195°）的井壁稳定优于东西方向，而天然裂缝走向集中于 90° –130°，利于天然裂缝钻遇为北偏东方向（0°~90°），综合考虑天然裂缝钻遇、压裂改造效果，有利的钻探方位为北偏东 15° 方向（图 3-3-3）。

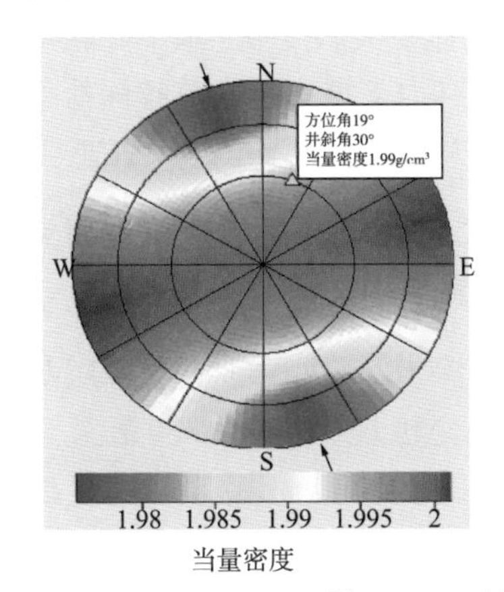

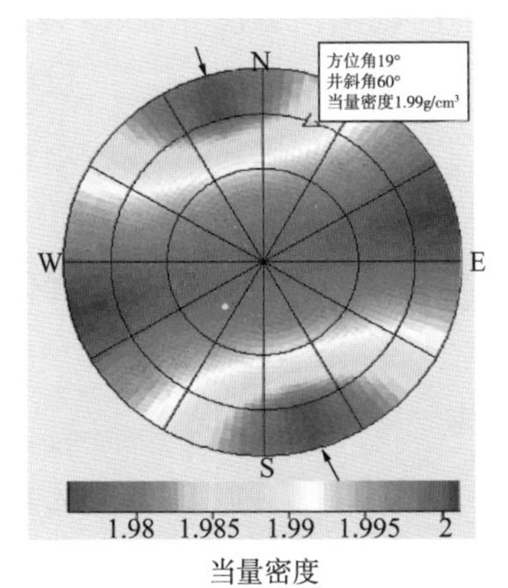

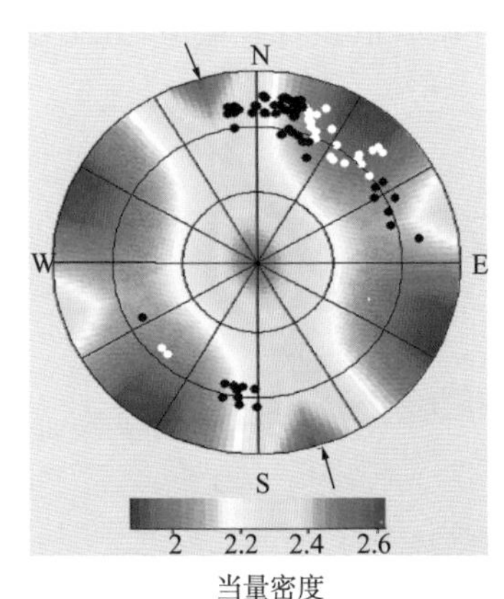

图 3-3-3 KS1002 井盐膏层井壁稳定性及储层裂缝特征分析

2）造斜点

结合邻井实钻岩性特征，考虑靶点位移及垂向地层厚度分布，造斜点优选在膏盐岩段中可钻性适中、井径规则且正常压实的泥岩地层位置。以 KS1002 井为例，优选位置为 5350~5400m（图 3-3-4）。

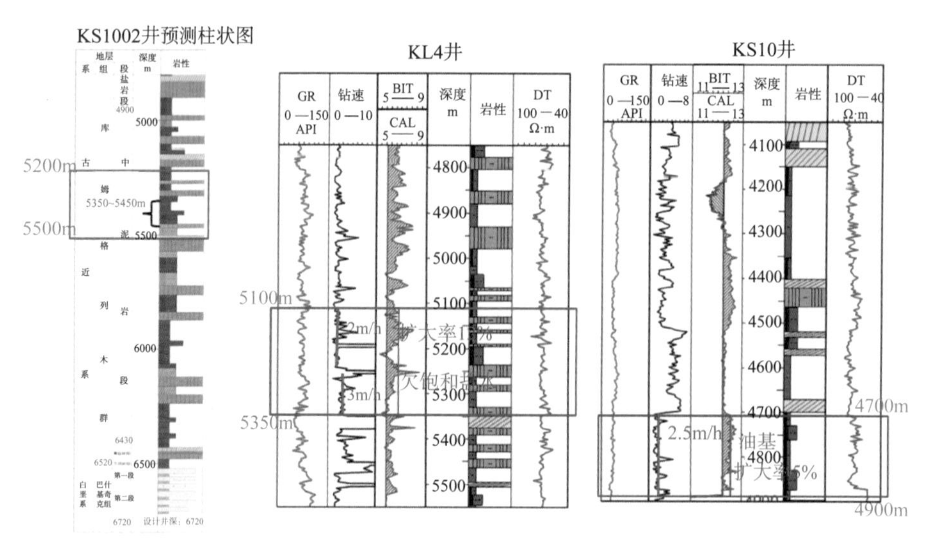

图 3-3-4　KS1002 井造斜点选择设计依据

3）造斜率

综合考虑高盐层封盐厚壁套管可下入性以及旋转导向工具在盐膏层不同井眼尺寸井眼造斜能力，一般宜控制在（3°~6°）/30m 范围内。

4）井斜角

井斜角的设计要综合考虑轨迹能尽量地垂直于储层裂缝面，同时兼顾地质钻揭储层垂厚要求。以 KS1002 井为例，天然裂缝主要为北倾，东西走向，以 70°~90° 高角度、直立缝为主，以 70°~90° 井斜角可垂直穿裂缝（图 3-3-5），考虑保证井眼能够穿足够有利储层厚度，最终井斜角设计在 60° 。

5）井眼轨道设计

钻探方位、造斜点、造斜率以及井斜角等轨道设计的关键参数确定后，即可完成整个井眼轨道设计。截至 2021 年底，已利用该方法完成 23 口超深盐下大斜度井 / 水平井轨道设计，有力支撑库车山前超深盐下大斜度井 / 水平井安全高效钻进。

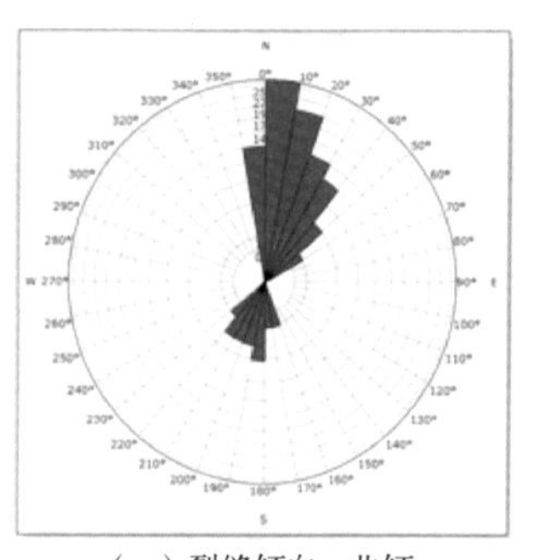

（a）裂缝倾向：北倾

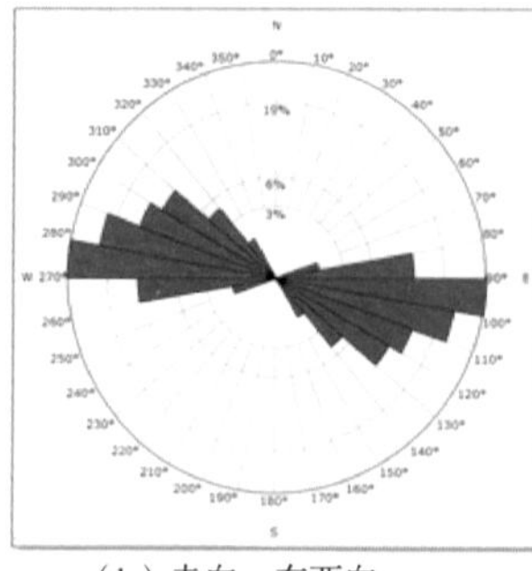

（b）走向：东西向

图 3-3-5　KS1002 井天然裂缝产状

（二）基于盐层蠕变机理研究优化井身结构设计

克深 10 区块浅部发育薄层盐岩，蠕变机理不清，加之克深 10 区块发育巨厚盐膏层，厚度接近 4000m，盐间可能存在发育高压盐水层及低压易漏层，压力系统复杂，井身结构设计需要考虑因素多，设计难度大，需从盐层蠕变机理研究出发，开展科学化的井身结构设计。

1. 盐层蠕变机制研究

研究表明，盐岩蠕变可分为位错滑移机制和压溶蠕变机制两种。为摸清影响克深地区盐膏层蠕变速率的主控因素，对克深区块复合盐膏层取样，开展室内评价实验，其主要成分为 NaCl 且较为干燥，根据室内评价实验结果其蠕变主要受位错滑移机制控制，蠕变速率主要受地层水平应力差和温度等因素影响（图 3-3-6）。

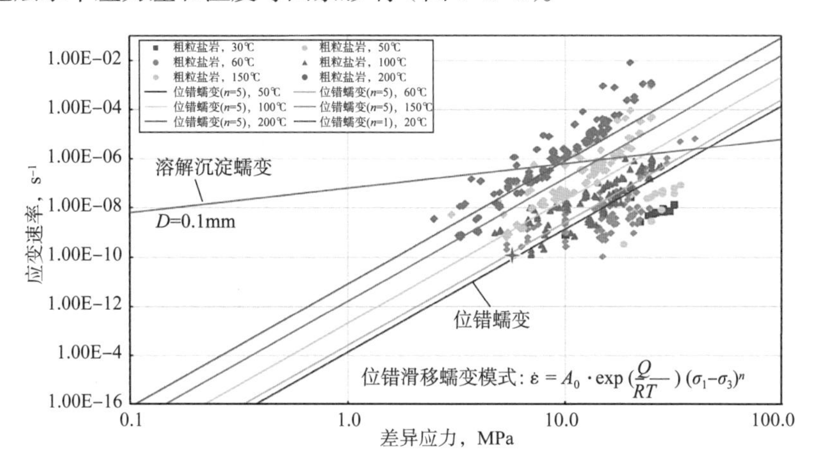

图 3-3-6　盐岩蠕变机制判断图版

注：D—颗粒尺寸；$\dot{\varepsilon}$—稳态应变速率；A_0—材料属性参数；Q—激活能；R—气体常数；T—温度；n—幂次（溶解沉淀蠕变 n 取 1；位错蠕变 n 取 5）

根据水平应力差与温度对盐岩蠕变影响图版：差应力低于 15MPa，温度低于 60℃时，盐岩蠕变速率低于 4.4×10^{-2}mm/h；应力差达到 20MPa，温度超过 60℃后，盐岩蠕变速率迅速增大（图 3-3-7）。同时，盐层中发现包裹体最高温度为 57.1℃（低于 57.1℃，盐岩呈现脆性，微裂缝存在贯通；大于 57.1℃，盐岩呈现塑性，微裂缝不贯通，流体无法进入盐岩。

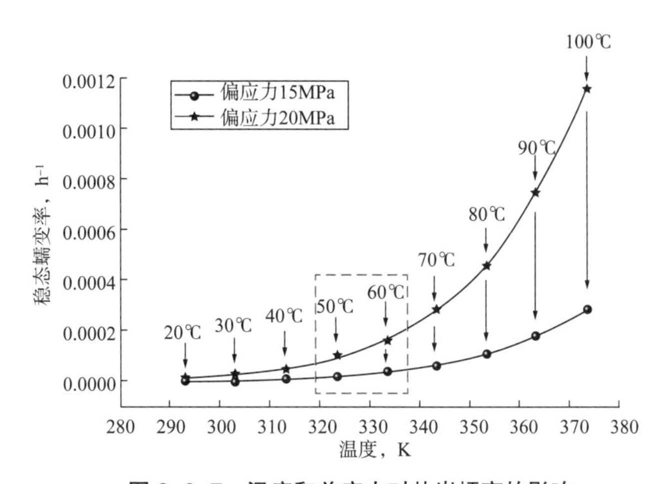

图 3-3-7　温度和差应力对盐岩蠕变的影响

基于克深地区地温梯度计算公式，推算 60℃对应的井深为 1500m 左右，即克深地区浅部盐层主体表现为蠕变性较弱（1500m 以浅），盐层主体表现为脆性，蠕变速率较低，可以按常规地层考虑其井壁稳定性，也就是说浅层薄盐具备与下部新近系地层合打得条件。但随着深度增加，地层温度升高、水平差应力增大，盐层表现出强塑性特征，蠕变速率较快，宜采用高密度钻井液来抑制盐层蠕变。

2. 大斜度井井身结构设计

结合区域盐膏蠕变特征分析及已钻井实钻工程表现，精细化预测克深 10 区块地层压力剖面（图 3-3-8），梳理分析全井纵向上共存在的 4 个“必封点”，需设计五开井身结构。

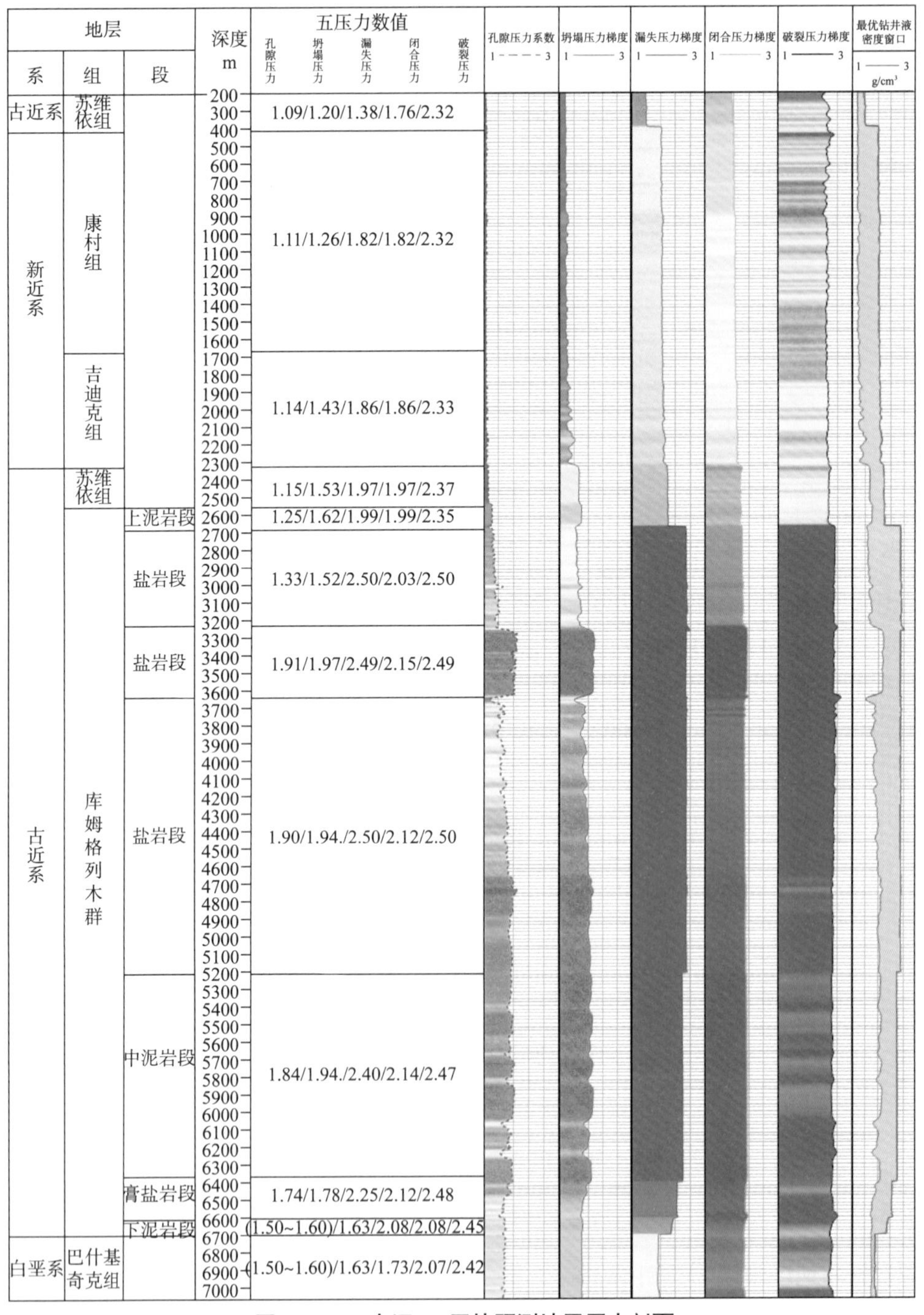

图 3-3-8　克深 10 区块预测地层压力剖面

为满足 5in 尾管完井要求，同时保证大斜度井目的层固井质量，将克深 10 区块常用的塔 Ⅰ—五开井身结构优化为塔 Ⅱ—五开井身结构（图 3-3-9），并将塔 Ⅱ—井身结构配套的 $5^1/_2$in 套管优化为 5in 尾管。一开采用 22in 井眼钻至浅层盐顶 520m 左右，下入 $18^5/_8$in 表层套管，封固地表疏松层；二开采用 17in 井眼钻至下盘古近系盐顶 2500m 左右，下入 $14^3/_8$in+$14^3/_4$in 复合套管，封固盐上相对低压层；三开采用 $13^1/_8$in 井眼钻至中泥岩段稳定泥岩地层 4950m 左右，下入 $10^3/_4$in+11.55in 复合套管，确保封固强蠕变软泥岩以及可能发育高压盐水井段，同时为四开定向造斜创造良好井眼条件。四开采用 $9^1/_2$in 井眼钻至目的层顶 6871m 左右，下入 $8^1/_8$in 封盐厚壁套管，确保封固剩余全部含盐地层；五开采用 $6^5/_8$in 井眼钻井设计完钻井深，下入 5in 尾管，实现目的层专打专封，同时考虑完井、采气等工况下封盐套管全生命周期安全，设计尾管悬挂点位置避开含盐地层。该井身结构兼顾大斜度井安全钻井与后期改造开发需要。

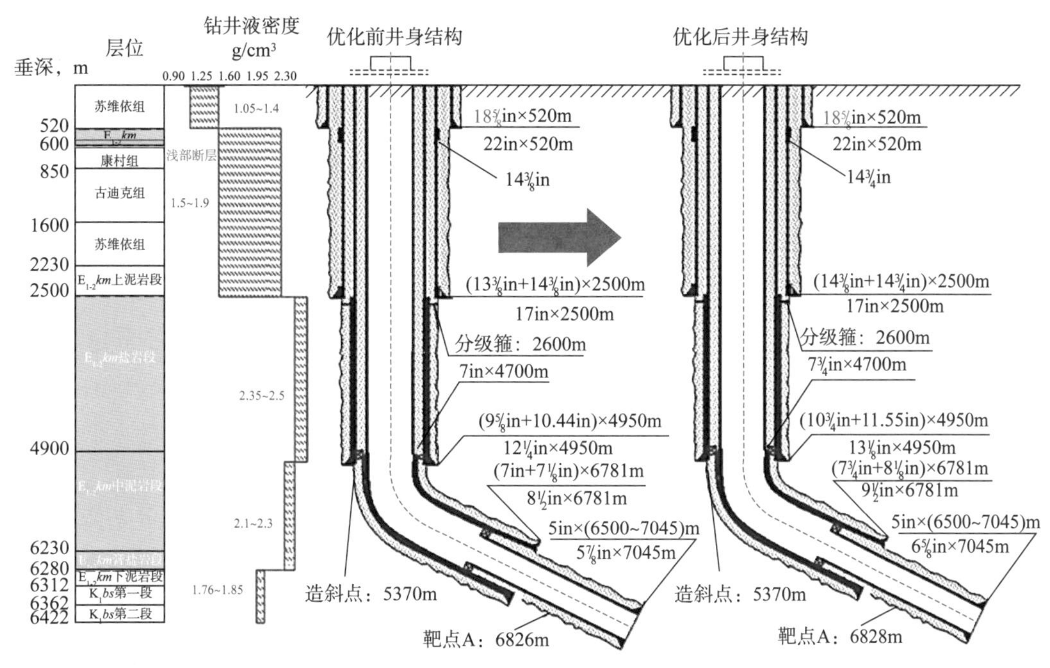

图 3-3-9　克深 10 区块井身结构优化前后对比

3. 盐膏层弯曲段套管全生命周期安全设计

造斜段 $8^1/_8$in 封盐套管在弯曲状下受力情况复杂，科学地套管强度设计有利于确保井筒长期安全性。从套管弯曲状态下受力情况入手，量化不同弯曲程度下带来的弯曲应力大小，再运用经典的 von Mises 理论，计算弯曲条件下套管三轴等效应力。利用 WELLCAT 套管校核软件，对比计算了 3°/30m、5°/30m、7°/30m 和 9°/30m 等 4 种不同造斜率条件下三轴等效强度系数，计算出 5400m 井深位置的套管三轴安全系数分别下降了 2.71%、4.65%、6.59% 和 8.91%。针对钻井时极端工况条件，而且考虑后期改造、生产时套管可能的危险工况，开展了套管全生命周期服役工况强度校核，选用 $8^1/_8$in 套管能够满足套管设计安全系数要求（图 3-3-10）。

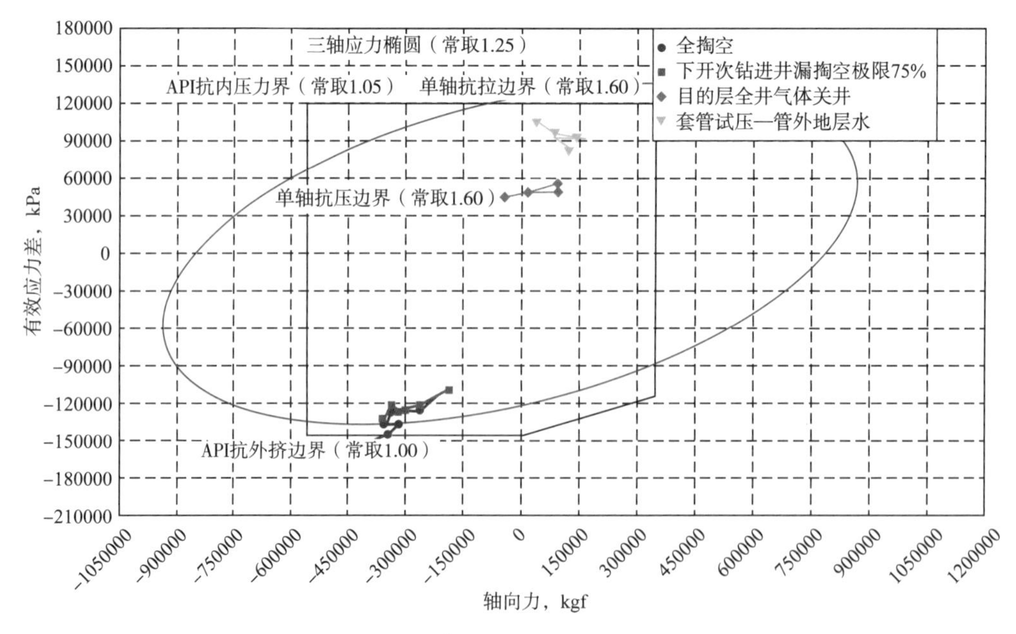

图 3–3–10　$8^1/_8$in 封盐套管强度校核结果

（三）盐膏层“旋转导向 + 随钻扩眼”优快定向钻井工艺

1. 盐层定向工具对比优选

超深盐膏层大斜度井定向时井下工况条件恶劣，温度高、压力大（温度 140~160℃、压力 120~150MPa），且高密度油基钻井液环境。若采用常规螺杆定向，滑动钻进时钻具处于静止状态，将增大盐层钻具卡钻风险，螺杆定向时需来回摆工具面，定向效率低。为提高定向钻具效率，保证井眼轨迹光滑，降低钻具卡钻风险，优选旋转导向系统作为盐膏层定向的首选工具。调研国际先进旋转导向系统表明，斯伦贝谢、哈里伯顿、贝壳休斯等公司工具均能满足井下工况要求（表 3–2–1），其中斯伦贝谢公司旋转导向系统最高抗温可达 200℃、最高抗压可达 207MPa。

2. 随钻扩眼工艺评价

盐膏层定向钻进面临盐层蠕变缩径快、下套管通井时间长、下套管摩阻吨位大等难题。随钻扩眼能够有效增加井眼尺寸，兼具延长盐层蠕变阻卡时间和降低钻固井期间井底 ECD 的技术优势，且相比钻后扩眼，随钻扩眼扭矩波动相对小。广泛调研国内外扩眼工具类型及特点（表 3–3–1），从旋转导向工具全旋转定向原理出发，评估论证随钻定向扩眼技术可行性，确定了“旋转导向 + 同心扩眼器”工艺技术组合，优选应用了斯伦贝谢公司犀牛同心扩眼器。

表 3–3–1　国内外常用扩眼工具及其特点参数

厂家	代表型号	类型	激活方式	工具参数	适用井
斯伦贝谢公司	Rhino XS	滑移液压扩张式	压差	耐温 204℃，最大压差 20.7MPa	直井 + 定向井
哈里伯顿公司	UR	滑移液压扩张式	投球	耐温 200℃，最小打开压差 3.5MPa	
	XR	滑移液压扩张式	压差		

续表

厂家	代表型号	类型	激活方式	工具参数	适用井
威德福公司	RipeTide	滑移液压扩张式	电控 / 投球	耐温 150℃，最小打开压差 > 4MPa	直井 + 定向井
贝克休斯公司	GaugePro	滑移液压扩张式	投球	耐温 200℃，最小打开压差 8.5MPa	
	Ledge X	偏心扩眼工具	—	耐温 > 200℃	
Andergauge 公司	Anderreamer	滑移液压扩张式	压差	耐温 186℃，最小打开压差 9MPa	
	NOV/PSD	偏心扩眼工具	—	耐温 186℃	
	DL Reamer	微扩眼工具	—		
德士古（Tesco）公司	Underreamer	悬臂液压扩张式	压差	耐温 > 180℃，最小打开压差 6.5MPa	
胜利石油管理局	SPK 系列	偏心式扩眼工具	—	耐温 > 160℃	
	SJK 系列	滑移机械扩张式	压差	耐温 > 160℃，最小打开压差 6.8MPa	
	SYK 系列	滑移液压扩张式	压差		
	YK 系列	滑移液压扩张式	压差		
	JK215 系列	滑移机械扩张式	压差		
辽河油田	RWD 系列	滑移液压扩张式	压差	耐温 175℃，最小打开压差 8.3MPa	
百施特公司	UR 系列	滑移液压扩张式	压差	耐温 200℃，最高压差 30MPa 最小打开压差 10.5MPa	
	Stiletto 系列	双心扩眼钻头	—	耐温 200℃	

3. 钻具组合设计及参数优化

在确定采用随钻扩眼 + 旋转导向底部钻具组合后，为获得较优水力参数保证井眼清洁和保证较高的钻具抗拉余量以应对事故复杂处理，设计采用 $5^{7}/_{8}$in 大尺寸钻杆。以 BZ3-K2 井为例，四开随钻扩眼定向钻具组合设计为：$9^{1}/_{2}$in 钻头 + 旋转导向 ×1 根 + 无磁钻铤（MWD）×1 根 +7in 无磁钻铤 ×1 根 + 浮阀 ×1 个 +$9^{1}/_{2}$in 稳定器 ×1 根 +7in 短钻铤 ×1 根 + 扩眼器 ×1 个 +7in 螺旋钻铤 ×1 柱 + 随钻震击器 ×1 根 +$5^{1}/_{2}$in 加重钻杆 270m+$5^{7}/_{8}$in V150I 斜坡钻杆。

为获取较高的极限钻速，在钻机设备能够满足的条件下，尽量提高钻井机械参数。以 BZ3-K2 井为例，盐膏层定向设计采用钻压 60~120kN、转速 80~100r/min、泵压 27~30MPa、排量 28~35L/s，全裸眼尺寸由 $9^{1}/_{2}$in 扩大至 $10^{1}/_{2}$in。

4. 应用效果

从应用效果上看，该组合定向钻井工艺，增大环空几何空间，延长蠕变缩径安全时间，保证井眼光滑平整，减少钻进阻卡，且钻井漏失明显较少（表 3-3-2）。

表 3-3-2 “旋转导向 + 随钻扩眼”优快定向钻井工艺应用案例

井号	工具型号	工具尺寸 in	扩眼尺寸 in	扩眼井段 m	扩眼进尺，m	机械钻速 m/h	应用情况
DB1701X	XS9250	$9^{1}/_{4}$	$10^{1}/_{2}$	6056~6562	506	5~23	无阻卡无漏失
BZ3-K2	XS9250	$9^{1}/_{4}$	$10^{1}/_{2}$	4529~5431	902	6~14	无阻卡无漏失
KS10-2	XS9250	$9^{1}/_{4}$	$10^{1}/_{2}$	5212~6512	1300	3~15	无阻卡无漏失
KS2-2-H1	XS9250	$9^{1}/_{4}$	$10^{1}/_{2}$	5463~6578	1115	4~18	无阻卡无漏失

（四）地层前视探测辅助盐底卡层技术

BZ3-K2 救援井四开盐底精准卡层要求高、难度大，留盐可能影响五开连通钻进，不留盐则可能提前连通 BZ3-1X 目标井。为此，综合考虑地质风险、工程难度，确定进入下泥岩段 0.3~0.5m 中完原则，评价优选 GLASS 地层前视技术，配合传统地质卡层手段实现盐膏精准盐底卡层。

1. 评价优选 GLASS 地层前视技术

为实现盐底准确卡层，对比评估 VSP 随钻地震测井、声波远探测测井、GLASS 地层前视探测测井等技术辅助卡盐底的技术可行性。其中，GLASS 地层前视技术可对钻头前方地层电阻率的差异以及变化趋势进行识别；可定量判断钻头前方电阻率的变化范围；可预测钻头与前方电阻率变化界面的距离。基于 BZ3-1X 井电阻率和伽马剖面建立地质模型，模拟推演结果显示，预测精度在 80% 以内，即钻头位置距离盐底垂深 5m 时，误差范围约为 ±1m。因此，探索选用 GLASS 技术作为地质卡层辅助手段。图 3-3-11 所示为 BZ3-1X 井 GLASS 正演模拟结果。

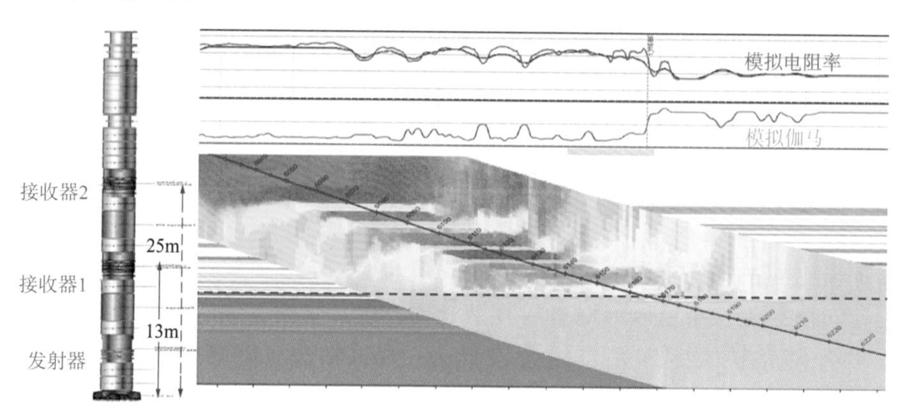

图 3-3-11　BZ3-1X 井 GLASS 正演模拟结果

2. 采用 GLASS 地层前视技术随钻预测盐底位置

采用 GLASS 测井 + 旋转导向钻具组合盐底卡层钻进过程中，可根据需求随时启动探测程序，测取钻头前后高阻与低阻地层响应关系明显，基于此预测盐底位置。

BZ3-K2 井采用 GLASS 测井 + 旋转导向钻具组合钻进至 6161.7m（垂深 5909.0m），返出岩性为褐色盐质泥岩，元素录井分析对比表明，6161.7m 岩性对应目标井盐底之上最后一套盐质泥岩。为了进一步验证，启动 GLASS 测井工具辅助卡层，探测结果表明，6040~6135m 高阻与低阻地层响应关系明显，解释盐底垂深 5913.5m ± 1m。据此，确定了最终卡盐底技术措施：起钻甩 GLASS 及旋导工具，下常规微增钻具组合，稳斜钻进 5m，若钻遇微钻时升高或见膏盐，即可中完；若不见钻时升高，则继续稳斜钻进，视岩性和钻时变化情况，确定钻穿盐层中完。图 3-3-12 所示为 BZ3-K2 井 GLASS 前视探测成果及随钻地质剖面。

3. 传统组合盐底卡层手段实现精准卡层

基于盐底位置预测，结合岩性组合、微钻时、泥岩切削特征、碳酸盐岩含量与矿物差异、聚盐元素含量和卤水特征系数等传统评价指标，实现盐底精准卡层。BZ3-K2 井在

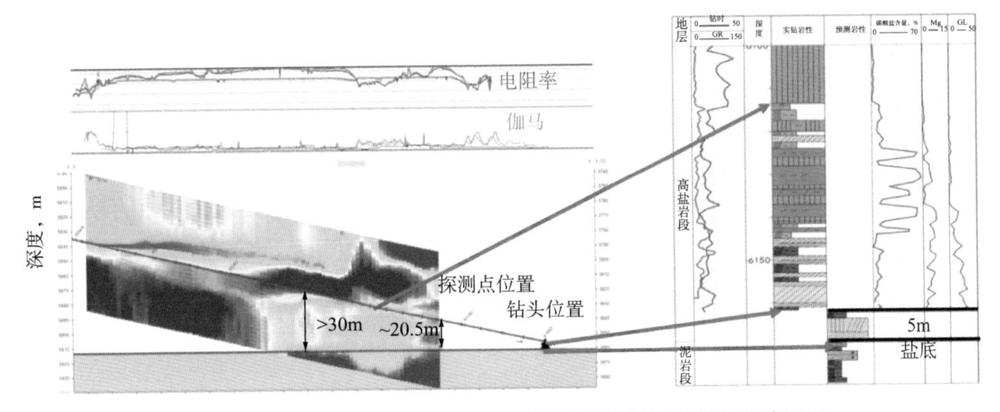

图 3-3-12 BZ3-K2 井 GLASS 前视探测成果及随钻地质剖面

井深 6161.7m 下入常规微增钻具组合，继续盐底卡层钻进至 6170.2m，微钻时显著升高，6169.9~6170.2m 微钻时由 0.89min/0.1m 上升至 2.66min/0.1m；元素录井与区域盐底组合特征一致，氯元素含量由 3.10% 下降至 0.38%，镁元素 5.48% 上升至 7.56%；6170~6170.2m 岩性为含膏泥岩，岩屑形态符合底板泥岩特征。据此，判断已钻揭下泥岩段 0.3m，垂深 5913.92m，决定进行中完作业，从而创下库车山前盐底卡层新纪录。

（五）大斜度井盐膏层套管防磨及安全下套管技术

1. 大斜度井套管防磨工艺技术

考虑套管弯曲可能带来套管磨损，从而降低套管强度剩余强度，强度下降过多易导致套管在盐膏层复杂的服役环境中失效。钻井实践中，结合大斜度井实钻井眼轨迹，基于高密度油基钻井液中钻杆接头与 140 钢级套管的磨损试验获取的磨损系数，利用 CasingWear 软件预测套管最大磨损量，采用等比例强度下降模型计算出套管剩余强度（图 3-3-13），校核判断磨损后套管是否满足后期生产要求。考虑斜井段套管下入后钻井作业时间长，套管与钻杆之前相互摩擦时间也长，为降低套管磨损保证安全，特制定相应技术措施，包括后续钻进中配套使用钻杆胶皮护箍（图 3-3-14），禁止使用含铁矿粉加重材料等。

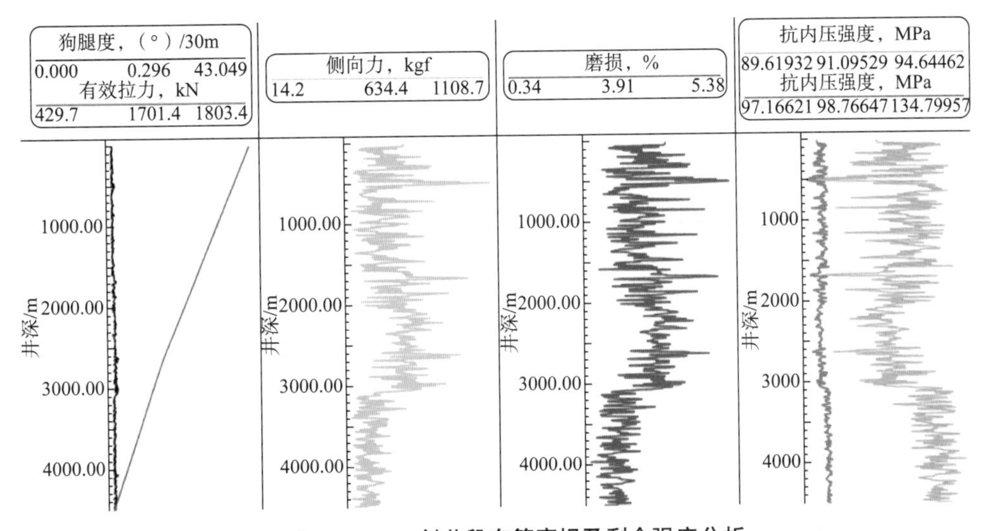

图 3-3-13 斜井段套管磨损及剩余强度分析

图 3-3-14 现场采用钻杆胶皮护箍照片

2. 套管可下入性评估及通井工艺技术

首先，借助 WELLPLAN 软件，结合实钻井眼轨迹，精细模拟套管下入工况，计算套管下入摩阻大小，模拟计算结果显示套管能够实现顺利下入。其次，为设计合理的模拟通井钻柱验证套管的可下入性，计算套管柱、通井钻柱的弯曲变形能，对比套管与不同通井钻具组合刚度比，优化采用双扶钻具组合下套管前模拟通井（图 3-3-15）。

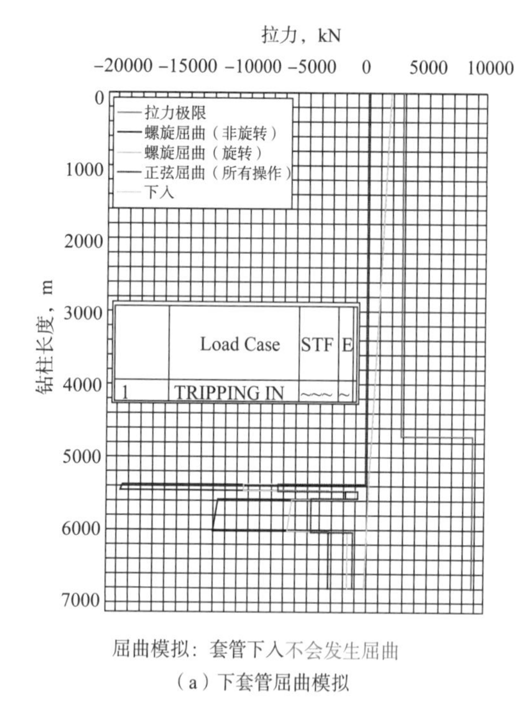

屈曲模拟：套管下入不会发生屈曲

（a）下套管屈曲模拟

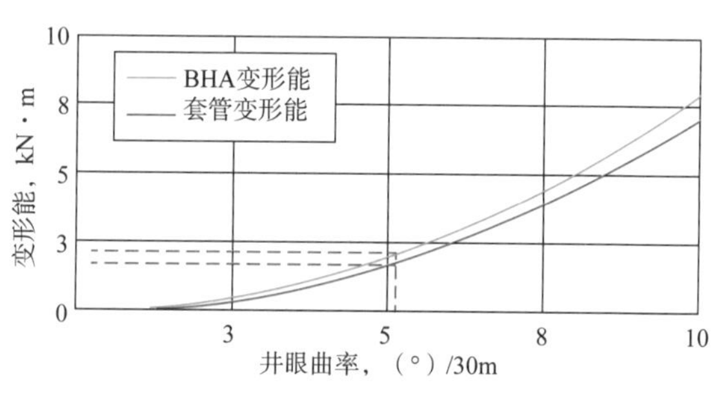

弯曲变形能：双扶通井BHA>套管

（b）弯曲变形能模拟

图 3-3-15 WELLPLAN 软件套管可下入性评估示意图

考虑盐膏层大斜度段长稳斜井段岩屑易堆积到井眼低边形成岩屑床，另外，盐构造条件下井壁失稳机理复杂，采用常规正划眼通井时间长、效果差。基于高转速“传送带”携岩理论（图 3-3-16），现场采用高泵压、大排量、高转速的全裸眼倒划眼通井工艺措施，清除大斜度井段岩屑床，修整井壁保证井眼光滑通畅，以保证大井斜强蠕变盐膏层条件下高刚度厚壁套管的一次性顺利下入。另外，采用随钻扩眼工艺有效降低了套管下入难度，下套管过程摩阻明显下降（图 3-3-17）。

2019 年该技术取得重要突破，成功钻探油田首口超深盐下大斜度井——KS1002 井，填补国内超深盐下大斜度井技术空白。后续，又持续攻关完善了随钻定向扩眼、盐底卡层、盐层固井等配套工艺技术，全面推广至克拉苏构造带克深、博孜、大北等区块，截至 2021 年底，已累计成功实施 12 口大斜度井 / 水平井（表 3-3-3），钻井成功率 100%，已成为库车山前复杂构造勘探打成井和开发区块提产稳产的重要手段。

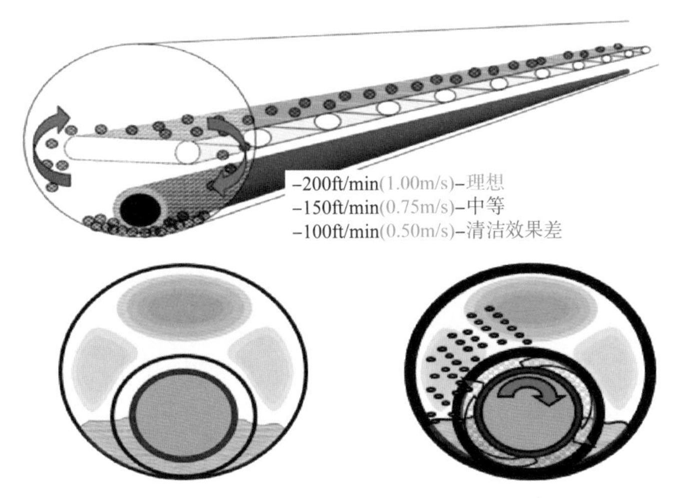

图 3-3-16 大斜度井传送带携岩理论示意图

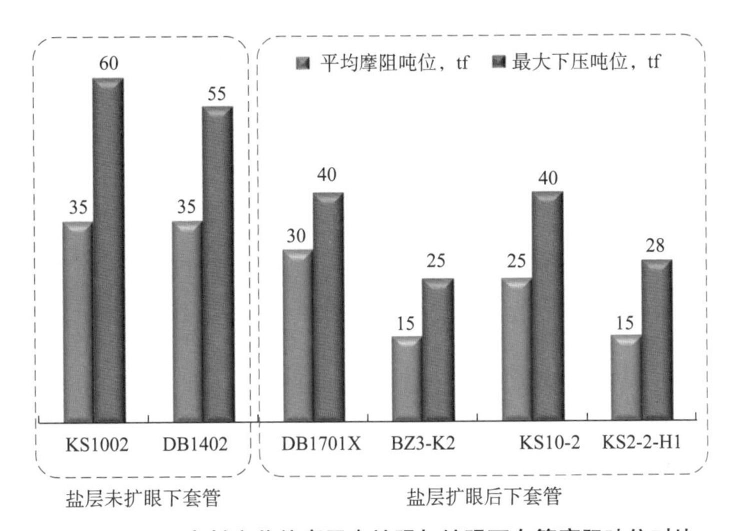

图 3-3-17 大斜度井盐膏层未扩眼与扩眼下套管摩阻吨位对比

表 3-3-3 超深盐下大斜度井完钻井情况

序号	井号	区块	井型	完钻井深，m	钻井周期，d
1	KS1002	克深	大斜度井	7060	343
2	KS10-2		大斜度井	6880	221
3	KS2-2-H1		水平井	7200	315
4	BZ3-1X	博孜	大斜度井	6569	268
5	BZ3-2X		大斜度井	6247	240
6	BZ3-3X		大斜度井	6292	294
7	BZ3-K2		大斜度井	6473	323
8	DB11-H2	大北	水平井	6057	192
9	DB1701X		大斜度井	6932	288
10	DB1702X		大斜度井	6669	183
11	DB1402		大斜度井	7040	424
12	DB1401		水平井	6608	322

（六）典型案例——KS1002 井

1. 钻井技术难点

KS1002 井纵向上发育 1 条浅部断层，自上而下地层为断层上盘古近系苏维依组、库姆格列木群；断层下盘新近系康村组、吉迪克组；古近系苏维依组、库姆格列木群；白垩系巴什基奇克组。断层下盘古近系库姆格列木群又分为上泥岩段、盐岩段、中泥岩段、膏盐岩段、下泥岩段，其中盐岩段—中泥岩段—膏盐岩段为一套巨厚复合盐膏层，厚度约为 3980m。

全井地层岩性复杂，具有以下突出工程地质特征：

（1）巨厚盐膏层以上，存在浅部断层，承压能力有限，同时，受浅部断层挤压影响，断层附近可能会钻遇少量薄膏盐层。

（2）巨厚盐膏层，垂向厚度达 3980m 且具有蠕变性强，盐间发育 3 套超强蠕变欠压实软泥岩，软泥岩中可能存在高压盐水，盐底岩性组合模式多变且存在薄弱层。

（3）巨厚盐膏层以下，为目的层巴什基奇克组，埋藏超深达 6422m，地层温度高，超过 150℃，天然裂缝发育。

由于该井工程地质条件复杂，加之盐膏层大斜度井工艺特殊性，给钻井工程带来了系列技术难题：

（1）大斜度井轨道设计及定向工艺方面，在项目开展之前，克深地区尚未完成过水平井或大斜度井的设计和施工，该区坡地应力整体较高，大斜度井井壁稳定性差；盐层与储层段垂距短，造斜点优选难度大；盐层强蠕变，易缩径，定向工艺与造斜工具仪器优选难度大。

（2）大斜度井井身结构设计方面，区域构造运动复杂，地质不确定性较大，仍有钻遇断层的可能性，因此必封点分析与中完原则确定难度大。

（3）弯曲段套管校核及套管防磨方面，由于在盐层段造斜，盐层段弯曲井眼条件下的套管强度降级及套管磨损后的套管强度计算困难。

（4）大斜度井下套管与固井工艺方面，盐层缩径严重，高刚度厚壁套管大斜度井段安全下入难度大。

2. 井眼轨道设计及定向工具优选

图 3-3-18　KS10 井岩心高角度缝

结合邻井实钻岩性特征，优选在中泥岩段中可钻性适中、井径规则且正常压实的泥岩地层位置开始造斜，造斜点井深 5370m 左右。天然裂缝主要为南倾，以 70°~90° 高角度、直立缝为主（图 3-3-18），为使得井眼尽可能垂直天然裂缝面提产单井产量，同时兼顾地质钻揭储层垂厚要求，设计井斜角 60°；同时，为保证套管顺利下入、减少过大套管弯曲带来的强度降级及磨损等，设计造斜率 2.8°/30m。采用“直—增—稳”三段制轨道剖面（图 3-3-19），设计总井深 7049m。

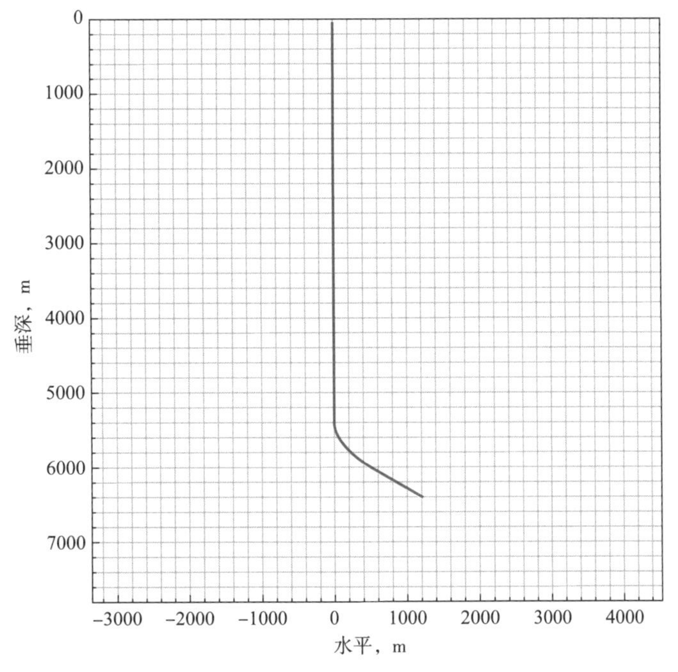

图 3-3-19 KS1002 井设计井眼轨道剖面（15.02° 方位垂直投影）

为保证井眼光滑、提高钻进速度、降低盐层缩径卡钻风险等，考虑 KS1002 井井下最高温度 148℃、压力 138MPa、油基钻井液等工况条件，优选旋转导向工具顺利完成了该井盐膏层定向（图 3-3-20）。实钻轨迹与设计轨道高度吻合，光滑的井眼条件为后续厚壁封盐套管顺利下入创造了良好的条件（图 3-3-21）。

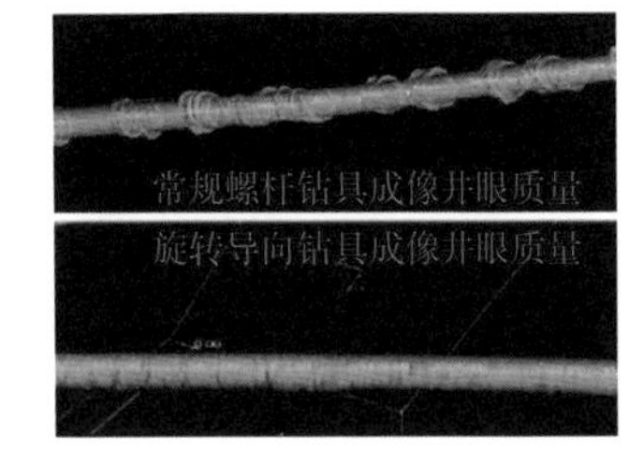

图 3-3-20 常规螺杆与旋转导向钻具井眼质量

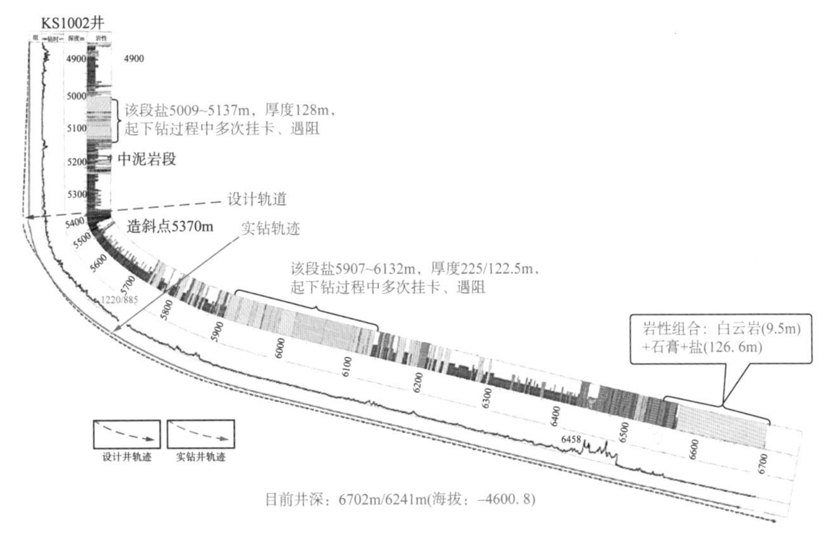

图 3-3-21 KS1002 井实钻轨迹与设计轨道对比

3. 实施效果

针对克深地区超深、多断层、巨厚盐膏层复杂油气藏，创新采用大斜度井绕障方式避开盐间中深部断层，首次成功钻探了塔里木超深盐膏层大斜度井 KS1002，与 KS10 直井相比，天然气单井产量由 $20\times10^4m^3/d$ 增加到 $60\times10^4m^3/d$，钻井周期由 392d 下降至 344d。通过研究与实践探索，实现了克深地区多断层“打不成”到“打得成”的突破，取得了宝贵的大斜度井钻完井技术经验，形成了超深巨厚盐膏层大斜度井设计及配套工艺技术。

主要创新点包括：

（1）创新提出由守转攻的盐层蠕变应对思路，增大环空间隙和密度窗口空间。针对以往采取反复通井、提密度、无接箍套管等被动措施应对盐岩蠕变的问题，由守转攻，主动扩眼，增大环空几何空间和密度窗口空间，减少钻进阻卡、溢漏复杂，且满足扶正器安放条件。

（2）创新建立了一套地质工程一体化的超深盐下大斜度井设计方法。通过建立三维地质力学模型，综合考虑井壁稳定性、裂缝产状，优选钻探方位、井斜角等轨道参数；基于盐层蠕变规律研究，摸清蠕变速率主要受温度、差应力控制，科学确定必封点位置，优化设计大斜度井井身结构。

二、四川盆地双鱼石超深大斜度井 / 水平井钻井技术

川西双鱼石区块受到多期构造运动的影响，构造褶皱强烈，下二叠统及以下深部储层地质环境恶劣，具有高温（大于 160℃）、高压（地层压力系数大于 2.10）、高含硫（大于 $10g/m^3$）、超深（大于 7000m）、多压力系统并存等钻井难点，同一井段喷、漏、卡、塌、高压盐水等工程复杂情况共存，钻井勘探风险难度极大。为确保安全钻进至目的层位，攻关形成了双鱼石大斜度 / 水平井井身结构优化设计技术和针对超深井窄安全密度窗口、多压力系统特点的精细控压作业模式。

（一）井身结构优化设计

1. 优化前井身结构及水平井钻完井难点分析

ST1 井是西南油气田 2012 年部署的一口风险探井，于同年 11 月 26 日开钻，2014 年 1 月 16 日钻至井深 7308.65m，层位栖霞组（进栖霞组 115.11m），栖霞组测试产气 $87.6\times10^4m^3/d$，茅口组测试获气 $126.77\times10^4m^3/d$，截至 2019 年 5 月，双鱼石区块内栖霞组正钻井 6 口，完钻井 13 口，测试 9 口，均获工业气流，单井测试产量 3.25×10^4~$87.61\times10^4m^3/d$，双鱼石区块具有良好的勘探开发前景。

一直以来，双鱼石区块直井和定向一直采用 20in—$14^3/_8$in—$10^3/_4$in—7in—5in 井身结构（见图 3-3-22），一开 ϕ660.4mm 钻头钻至 70m 左右，下 ϕ508mm 加深导管，封固地表松散层；二开 ϕ444.5mm 钻头钻至 500m 左右，下 ϕ365.13mm 表层套管，封固上部水层、漏层、垮塌层，安装井口；三开 ϕ333.4mm 钻头钻至须三段顶，下 ϕ273.05mm 技术套管，为下步钻高压层做准备；四开 ϕ241.3mm 钻头钻至栖霞组顶，下 ϕ193.68mm（外加厚）+ϕ184.15mm（外加厚）+ϕ177.8mm 油层套管；五开 ϕ149.2mm 钻头钻栖霞组至完钻井深，下 ϕ127mm 尾管完井，随着勘探转开发，双鱼石构造超深井井型由直井转为大

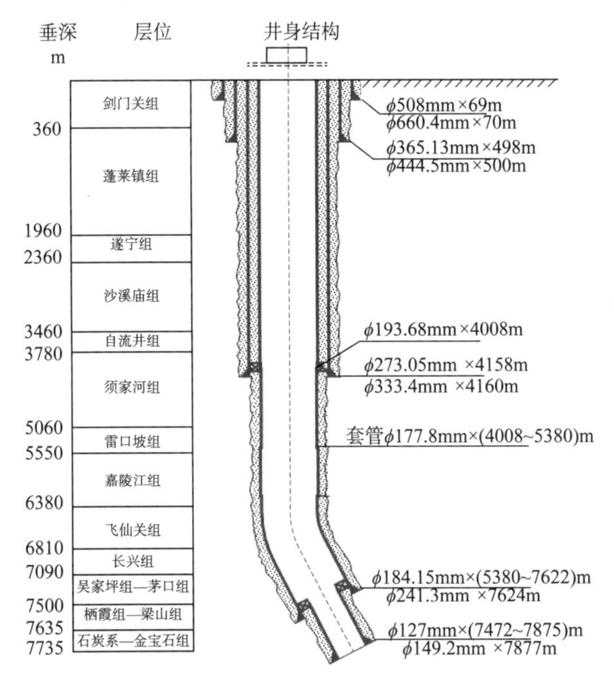

图 3-3-22　双鱼石区块优化前井身结构

斜度井、水平井，井身结构钻头尺寸没有发生任何变化，只是完井方式发生了改变，5in 尾管变为 $4^1/_2$in 尾管或裸眼完成，不能实现有效的储层改造。

大斜度井 / 水平井钻井工程难点：

（1）8000m 级超深井 ϕ149.2mm 水平井眼下 ϕ127mm 尾管易屈曲卡钻，还没有类似的成功经验可借鉴；为预防卡钻事故，2019 年，前双鱼石区块大斜度 / 水平井都是采用裸眼完井或下 ϕ114.3mm 尾管。

（2）栖霞组局部地层稳定性较差，可能发生掉块，ST7 井栖霞组钻至井深 7625m 发生卡钻，电测该段局部井径扩大率达到 66%，ST8 井栖霞组局部井径扩大率达到 23%，这就进一步增加了钻井和下套管的难度。

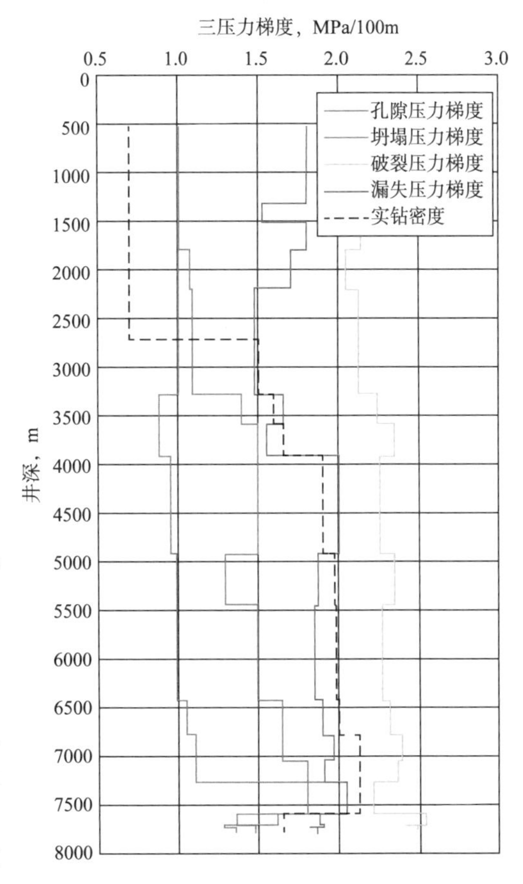

图 3-3-23　双鱼石区块三压力剖面

（3）即使 ϕ149.2mm 井眼下入了 ϕ127mm 尾管，ϕ149.2mm 井眼与 ϕ127mm 尾管单边间隙仅 11mm，环空间隙小，水泥环薄，还要考虑水平井套管的居中度问题，在超深高温高压气井条件下固井质量难以保证。若水平段水泥浆胶结质量不好，在分段压裂改造中压裂液通过水泥环界面互窜，进而会影响水平井分段改造效果。

2. 大斜度 / 水平井井身结构优化

随着双鱼石构造勘探开发区域由北部向西南部拓展，自流井组—茅口组存在异常高压，导致表层套管和技术套管井控风险陡增。根据严格执行集团公司井控办〔2019〕17 号文《关于进一步强化井控工作的紧急通知》“技术套管抗内压强度与最高地层压力相匹配”井控要求，结合图 3-3-23 双鱼石三压力剖面看：

ϕ365.13mm 表层套管下深由 500m 优化至 2400~2600m，封隔 1300~1500m（蓬莱镇组）裂缝发育低压易漏层（漏失压力系数 1.53~1.70），避免钻遇自流井组底、须家河组高压层段后造成上漏下溢复杂。使用

ϕ374.65mm×18.65mm×110 钢级气密封抗硫套管，抗内压强度由 33MPa 提高至 66MPa。见图 3-3-24 和图 3-3-25 及表 3-3-4。

ϕ273.05mm 技术套管优化为 ϕ282.58mm 或 ϕ286.58mm 厚壁套管，深下至雷口坡组顶，封隔自流井、须家河组有可能的高压，把雷口坡组可能的低压与上部高压分隔开来，利于雷口坡承压堵漏，同时降低 ϕ241.3mm 多压力系统、长裸眼段钻井难度，缩短 ϕ241.3mm 裸眼段长度近 1000m，避免 ϕ241.3mm 同一裸眼出现溢—漏—溢复杂，若自流井、须家河没有钻遇异常高压，可钻过雷口坡后在嘉顶下套管，把雷口坡组以上低压和下部高压分隔开来。抗内压强度由 67.3MPa 提高至 87.5/95.5MPa。

为此，得到了第二轮优化的井身结构，ϕ660.4mm 钻头钻进 250m 下入 ϕ508mm 表层套管，封隔地表窜漏及垮塌层、水层，安装简易井口装置，为下步空气钻井提供条件；ϕ455mm 钻头钻至沙溪庙组中部下入 ϕ374.65mm 技术套管，封隔上部可能存在的垮塌层及低压易漏层，安装井口装置，为下一步安全钻井提供条件；ϕ333.4mm 钻头钻进雷口坡组顶部 5m，下入 ϕ282.58mm 技术套管，封隔上部相对低压层，为下部高压、裂缝性气层的安全钻井创造条件，ϕ241.3mm 钻头钻进栖霞组顶部垂深 1~2m，下入 ϕ184.15mm+ϕ177.8mm 油层套管，采用先悬挂 ϕ184.15mm 套管，完钻后再回接 ϕ184.15mm+ϕ177.8mm+ϕ184.15mm 套管的固井方式；ϕ160mm 钻头钻完栖霞组储层段下 ϕ127.0mm 尾管，若四开 ϕ241.3mm 井眼在吴家坪组出现严重复杂或上部裸眼段承压能力不能满足安全钻进，则提前悬挂 ϕ219.1mm 技术尾管；五开采用 ϕ190.5mm 钻头钻至栖霞组顶，先悬挂 ϕ168.3mm 套管，再回接 ϕ184.15mm+ϕ177.8mm+ϕ184.15mm 套管；六开采用 ϕ139.7mm 钻头钻至完钻井深，下 ϕ114.3mm 尾管完井。

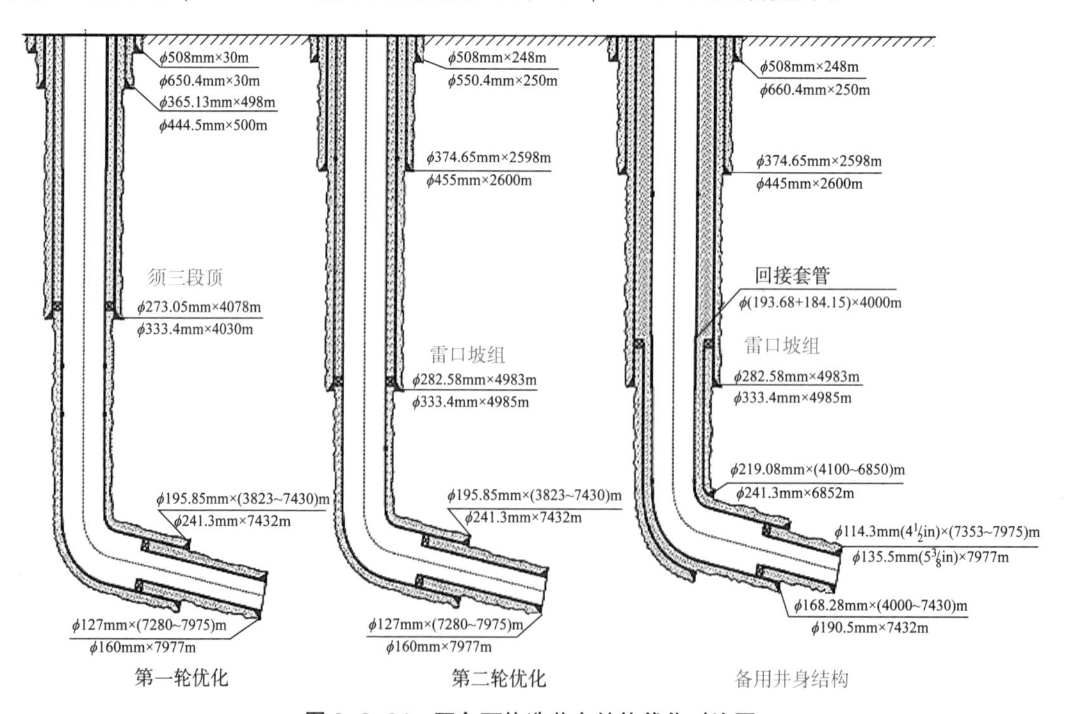

图 3-3-24 双鱼石构造井身结构优化对比图

表 3-3-4 双鱼石构造套管优化主要参数对比表

套管程序	优化前	优化后
表层套管	下深：500m	套下深：2400~2600m
	尺寸：365.13mm	尺寸：374.65mm
	钢级：110	钢级：110 抗硫
	壁厚：13.88mm	壁厚：18.65mm
	螺纹类型：偏梯型螺纹	螺纹类型：气密封螺纹
	抗内压强度：33MPa	抗内压强度：66MPa
	最大允许关井能力：26MPa	最大允许关井能力：52MPa
技术套管	下深：须三段顶（4000m 左右）	下深：雷口坡组（5000m 左右）或嘉陵江组顶
	尺寸：273.05mm	尺寸：282.58/286.58mm
	钢级：110 钢级	钢级：110 钢级
	壁厚：13.84mm	壁厚 18.64mm/20.64mm
	抗内压强度：67.3MPa	抗内压强度：87.5/95.5MPa
	最大允许关井能力：53.8MPa	最大允许关井能力：70/76MPa

（二）窄密度窗口储层精细控压钻井技术

针对双鱼石构造储层窄安全密度窗口、多压力系统的钻井难点，形成了精细控压钻井技术体系，通过建立井筒压力平衡状态，降低严重井漏风险，即通过密度窗口的准确测试，精确控制井底压力在密度窗口范围内，并保持不同工况井底压力恒定控制。

1. 精细控压钻井地面控制工艺流程

地面控制工艺流程的合理确定是精细控压钻井实施的关键步骤，通过针对不同工况下的精细控压钻井工艺流程的研究，形成了正常钻进、起钻、下钻和接单根等不同工况的压力控制工艺。对于起下钻目前有几种方式，包括：原浆控制回压强行起下钻（起下钻结束前需要不压井装置）、重浆帽压井起下钻、安放套管阀强行起下钻三种方式，目前现场应用较多的是重浆帽压井起下钻。

2. 精细控压溢漏复杂处理技术

精细控压钻井过程中，未钻遇显示时首先按照设计地层压力和漏失压力系数为地层安全密度窗口。

精细控压钻井前按照设计的地层漏失压力系数进行地层承压能力测试。首先，根据钻井液密度和井深计算出设计地层漏失压力对应的井口套压；关闭井口出口循环通道，小排量向地层憋入钻井液，同时记录好井口套压，井口套压每升高 0.5MPa，停止憋入钻井液，并观察套压是否发生降低，持续观察 1min，如果套压保持不变，则重复上一过程至套压达到计算值，否则停止向井筒憋入钻井液，静止观察 10min，井口套压稳定后，此时对应的井底压力即作为地层漏失压力。

精细控压钻井过程中，利用质量流量计和环空液面监测仪实时监测出口钻井液流量、密度、气测值等参数变化情况，及时发现参数异常。当钻遇溢流显示时，出口钻井液密度会降低、全烃值升高，立即按照精细控压钻井关井程序关井，初步求取地层孔隙压力值，根据计算出的地层孔隙压力后进行循环排气，循环排气完成后，开始精确求取地层孔隙压力。首先，根据 PWD 实测数据或软件计算记录下开始求取地层孔隙压力时初始点的井底压力；其次降低井口套压 0.2MPa，并保持不变，同时维持泵冲不变，循环观察一个迟到时间，如果出口钻井液液面保持稳定不变，则记录下这一过程的井底压力平均值，并继续重复上述过程，如果出口发现溢流则停止降低密度，则地层孔隙压力约为上个测点井底压力平均值 –0.1MPa。依据求取的地层孔隙压力，附加 0.3~0.5MPa 为目标井底压力，然后利用 PWD 数据或者精细控压钻井软件计算井底压力计算数据进行循环排气后恢复精细控压钻井。

3. 精细控压钻井技术现场试验

川西地区双鱼石构造下二叠统及以下深部储层，钻井勘探风险难度极大，主要特点是高温（大于 160℃）、高压（地层压力系数大于 2.10）、高含硫（大于 $10g/m^3$）、超深（大于 7000m），更为严重的是纵向的压力梯度变化很大，在钻遇高压气层的井眼内，同时存在裂缝型漏失层，安全密度窗口窄，从而导致同一井段喷、漏、卡、塌、高压盐水等多个工程复杂情况共存，尤其是深部地层，钻遇目的层局部裂缝发育、存在压力漏斗等情况，井漏不可避免。L16 井处理复杂累计损失时间 46d，L104 井处理复杂累计损失时间 9d，LT1 井处理复杂累计损失时间 13d（侧钻前）；构造严重的溢漏复杂现象极大地增加了钻井工程难度，损失的成本也难以接受。

因此为了保证川西地区安全钻井的顺利实施，降低作业井控风险，降低钻井液漏失量，缩短钻井周期，针对双鱼石构造长裸眼段、多压力系统、零负安全密度窗口难以钻进的难题，在上部针对须家河组—茅口组多压力系统，采用微欠释放地层压力精细控压钻井模式，逐步建立安全窗口，或采用微过微漏状态的精细控压钻井模式；在下部针对栖霞组—金宝石组窄安全密度窗口储层，采用承压堵漏 +MPD 微过平衡的精细控压作业模式，保证钻井安全和实现地质目标。相对前期钻井单井漏失减少 63.45%，复杂处理时间降低 73%（图 3–3–15 和图 3–3–26，表 3–3–5）。

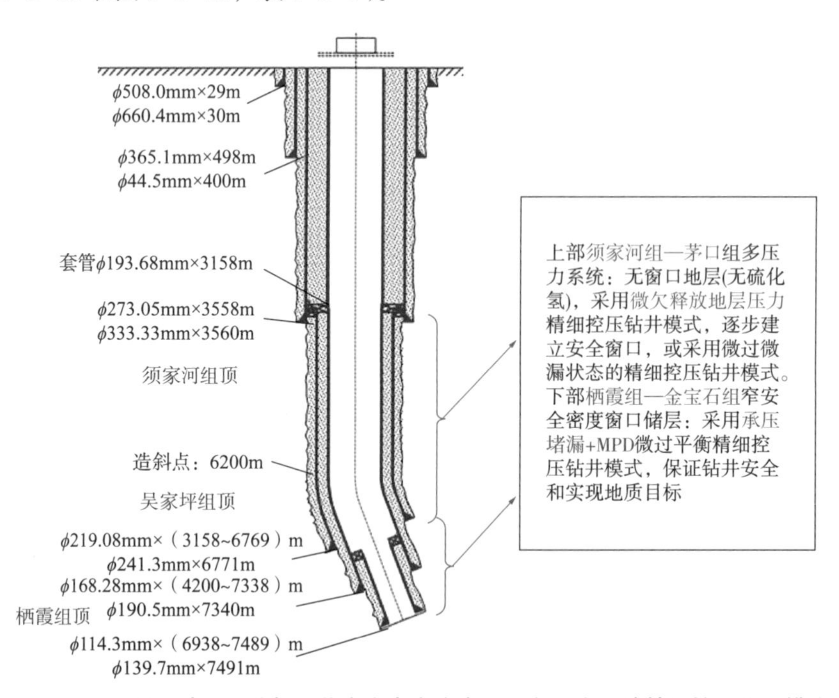

图 3–3–25　川西地区深井超深井窄安全密度窗口、多压力系统精细控压作业模式

表 3-3-5　精细控压现场试验统计表

序号	井号	层位	钻井液密度 g/cm³	控压值 MPa	漏失钻井液量，m³	进尺 m	完钻井深 m	处理复杂时间，h
1	SYX133 井	茅口组	1.95	0	0	367.22	8102	0
2	SY001-X3 井	须四—栖霞组	1.80~1.95	0~4.5	180.9	3858	8600	71.5
3	ST107 井	栖霞组	1.90~1.93	0~4.5	787.5	116.58	7480	134
4	SY001-H2 井	茅口组—栖霞组	1.08~1.85	0~5.5	0	516	7396	0
5	ST102 井	沙溪庙组—须三顶	1.85	0.35	0	915.6	7756	0
6	ST6 井	飞仙关组—茅口组	1.930~1.99	0~4.5	0	1127.45	8305	2.5

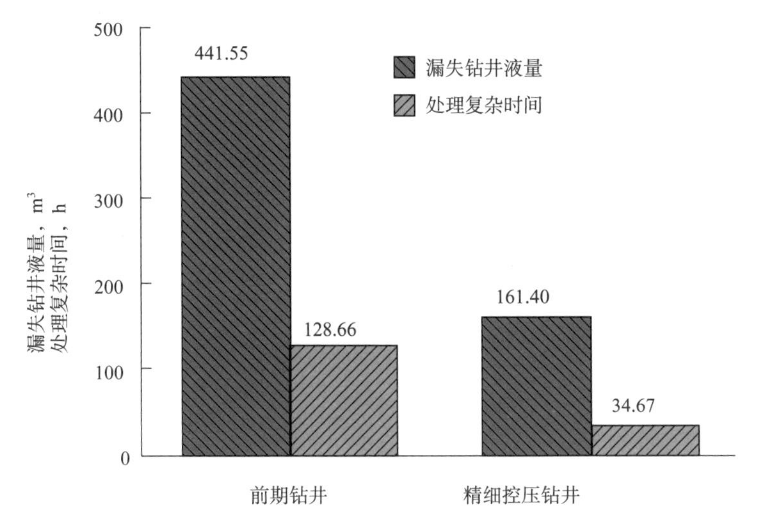

图 3-3-26　精细控压钻井应用效果

（三）典型案例——SY001-H6 井

1. SY001-H6 井基本情况

SY001-H6 井位于四川省广元市剑阁县秀钟乡双星村 5 组，与 ST7 井同井场。构造位置是在双鱼石—河湾场构造带田坝里潜伏构造，田坝里构造上二叠统底界构造北倾没端。设计井深 8560m（垂深 7652m），完钻层位栖霞组，钻探目的是利用 ST7 井已落实储量，探索水平井在裂缝不发育区提高单井产量，完钻原则是钻完栖霞组储层再钻 30m 口袋完钻，完井方法是裸眼完井（表 3-3-6）。

表 3-3-6　地层分层情况及岩性描述

层位		设计地层			故障提示
组	段	岩性简述	垂深 m	垂厚 m	
剑门关组		泥岩、泥质粉砂岩	200	200	防垮塌 防漏
蓬莱镇组		泥岩、砂质泥岩	1775	1575	

续表

层位		设计地层			故障提示
组	段	岩性简述	垂深 m	垂厚 m	
遂宁组		泥岩、岩屑石英砂	2185	410	防垮塌、防漏
沙溪庙组		泥岩、砂岩	3265	1080	防漏、防喷
自流井组		泥岩、页岩、砂岩	3575	310	防塌 防漏 防卡 防喷
须家河组	四段	砂岩夹页岩	3905	330	
	三段	砂、页岩互层	4255	350	
	二段	砂岩夹页岩	4685	430	
	一段	砂、页不等厚互层	4910	225	
雷口坡组		云岩夹灰岩及石膏	5440	530	
嘉陵江组		白云岩夹石膏	6415	975	防膏盐污染、防盐水浸、防喷、防漏、防卡、防硫化氢
飞仙关组		灰岩夹灰质页岩、白云岩	6775	360	
长兴组		生屑灰岩	7040	265	防喷 防漏 防硫化氢
吴家坪组		生屑灰岩，中部夹凝，灰岩底为泥岩	7265	225	
茅口组		生屑灰岩夹泥灰岩	7595	330	
栖霞组 A点		生屑灰岩、白云岩	7662	67	
栖霞组 B点		黑色页岩夹石英砂岩	7652	10	

2. 钻井技术难点

（1）沙溪庙组易井漏；嘉陵江组—栖霞组安全密度窗口窄，溢漏同存。

（2）井底温度高，工具稳定性差。

井底静止温度在165℃左右，虽下钻时已分段循环降温，但是定向仪器、螺杆在高温下的稳定性仍然较低。

（3）所钻地层属于含硫地层。

本区域仅在目的层栖霞组和茅口组取得实测资料，栖霞组实测 H_2S 含量为 4.88~10.47g/m^3、茅口组实测 H_2S 含量 0.226g/m^3。预计该井茅口组 H_2S 含量约 0.5g/m^3，栖霞组 H_2S 含量约为 6.0g/m^3。

3. 井眼轨道设计

针对 SY001-H6 井钻井难点，分析出 3 个必封点，设计两套“五开五完”非标井身结构应对井下复杂，借鉴同场井双探 7 的经验，综合考虑井下安全和钻井成本，最终按方案一进行设计（图 3-3-27 和图 3-3-28）。

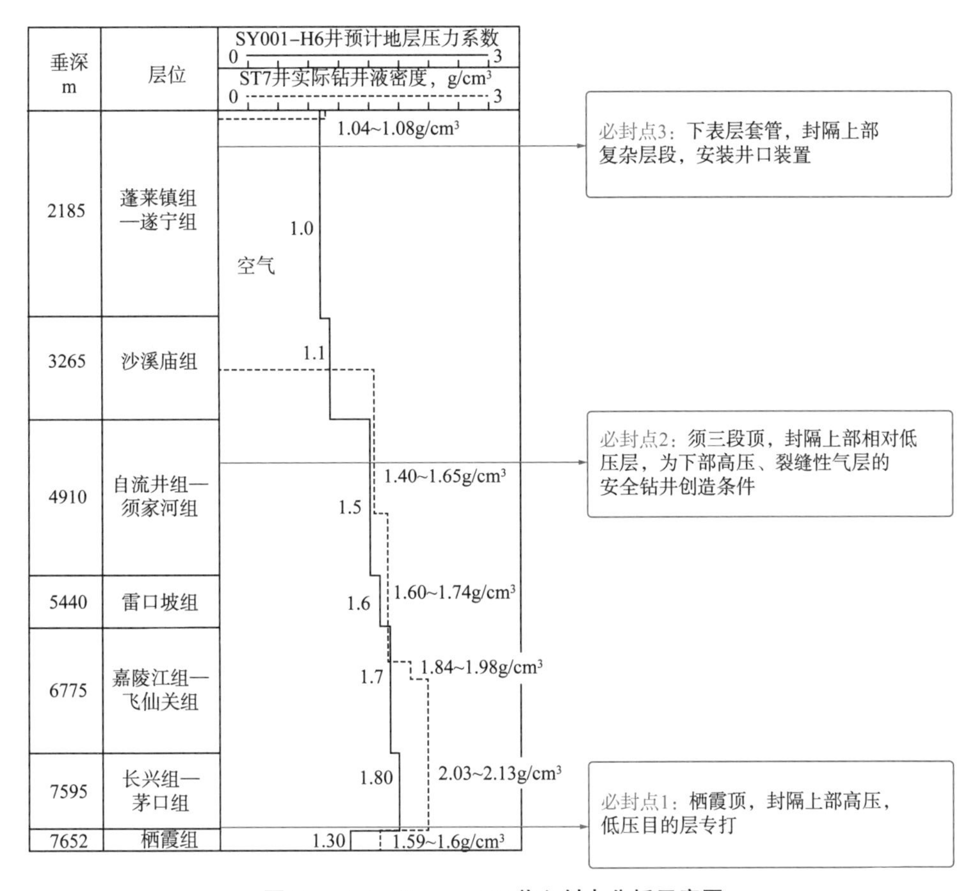

图 3-3-27　SY001-H6 井必封点分析示意图

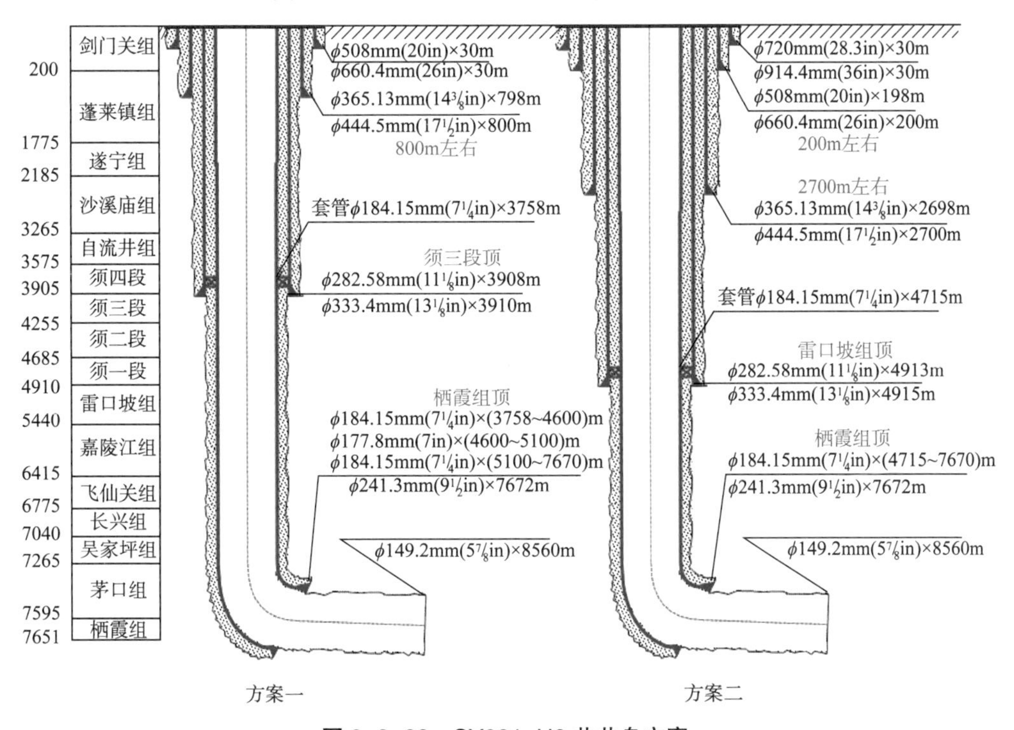

图 3-3-28　SY001-H6 井井身方案

4. 定向井工艺

针对 SY001-H6 井底循环温度高达 171℃，静止温度超过 180℃，螺杆稳定性差易脱胶、钻井液存在杂质等难点；从 6000m 开始采用分段式循环降温方法，改善井底高温等复杂情况，下钻到底确保仪器正常（图 3-3-29）。

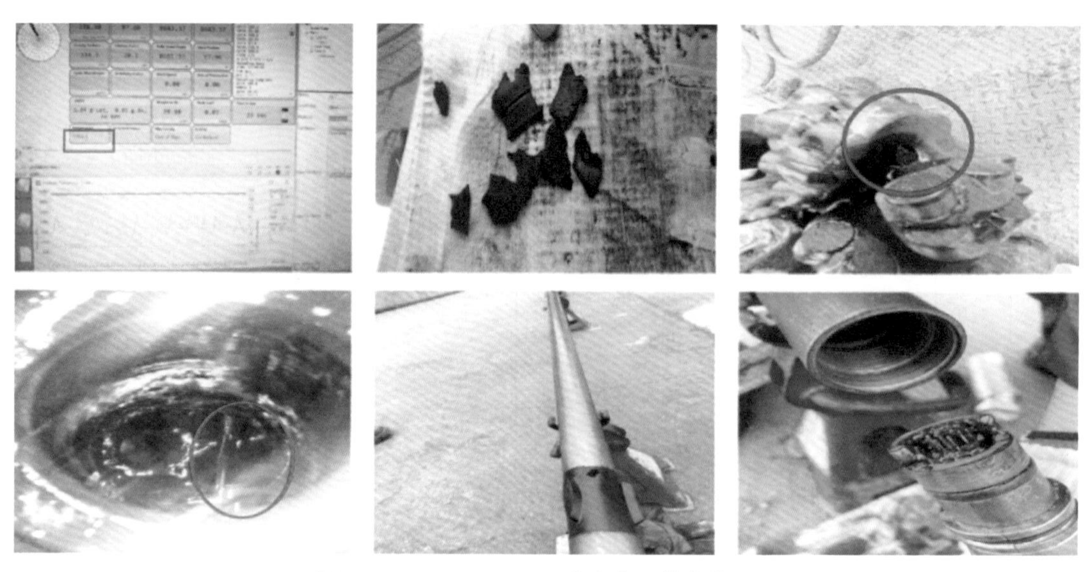

图 3-3-29 SY001-H6 井底高温带来的问题

针对 SY001-H6 井水平段井斜不断调整，地层岩性变化大（图 3-3-30），随着井深不断增加，施工难度加大，定向困难、频繁托压、憋泵等现场，以小幅度定向，调整钻压参数等方法来调整井斜以达到地质导向指令，满足轨迹要求。

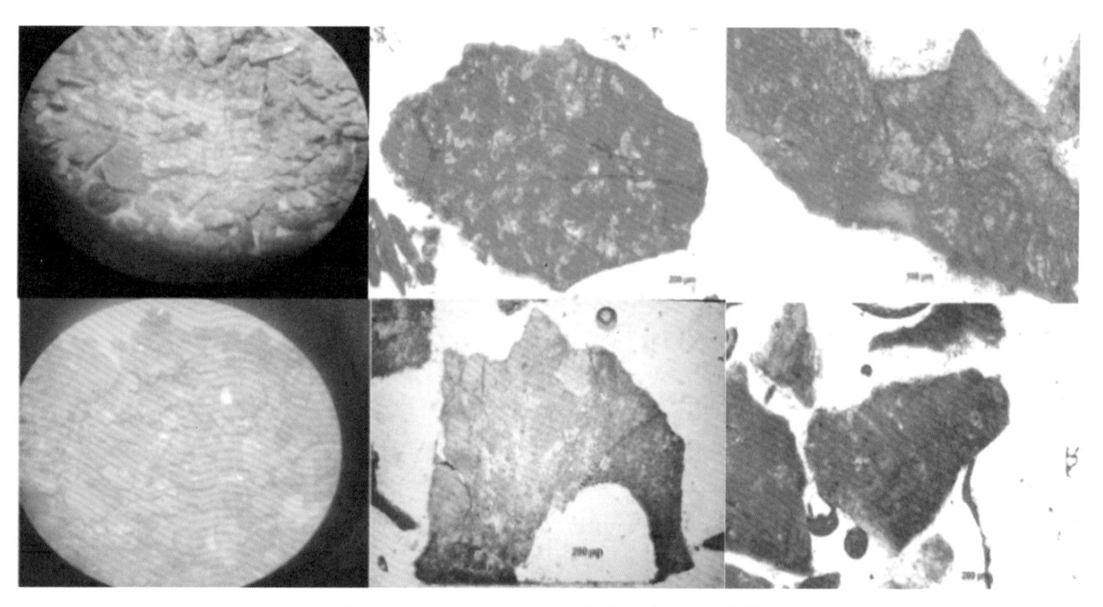

图 3-3-30 SY001-H6 井水平段地层岩性

5. 实施效果

中国石油西南油气田 SY001-H6 井于 2021 年 3 月 8 日开钻，针对双鱼石构造储层钻井中“上喷下漏”典型复杂，ST001-H6 井四开采用精细控压排气降压，将密度由 2.06g/cm³ 逐步降低至 1.97g/cm³，逐步释放地层压力，减少井底压差，在保证井控安全的同时，长兴组和茅口组未钻遇漏失，顺利钻至中完井深，四开中完期间采用全自动精细控压固井技术，实现全过程井筒压力、自动、高效、精密准确控制。五开栖霞组在喇叭口窜气和地层裂缝发育的情况下，采用微过平衡的精细控压钻井顺利钻至完钻井深 9010m。

2022 年 6 月 23 日，SY001-H6 井安全钻至栖霞组 9010m 完钻，井温超过 180℃，地层压力超过 130MPa，H_2S 含量达 6g/m³，钻井周期 472 天，平均机械钻速 1.25m/h，是一口超井深、超高温、超高压水平井，创造中国石油最深井和中国陆上最深气井纪录。

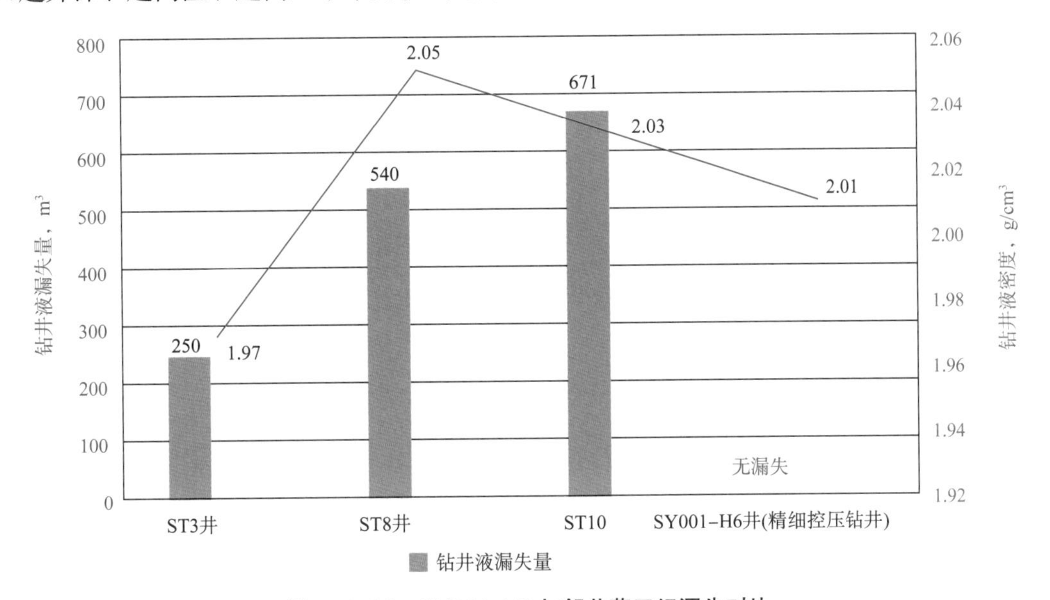

图 3-3-31　SY001-H6 与邻井茅口组漏失对比

三、超深井超小井眼定向钻井技术

超小井眼钻井技术比小井眼钻井技术更具生命力，是解决小井眼钻井难题的有效手段，对认识油气藏、直接获取地质参数、提高储层动用程度等具有特殊意义，能够有效避免钻井工程报废，大幅降低钻井成本，减少环保压力。为了实现超深低产井挖潜，提高区块油气采收率等目标，开展了 ϕ104.8mm 超深井超小井眼钻井配套技术攻关和探索，下面以塔里木油田 YM6C1 井为例进行介绍。

（一）YM6C1 井基本情况

YM6C1 井位于新疆维吾尔自治区阿克苏地区沙雅县境内，该井位于 YM5 井南西方向 4.9km 处，是 2015 年 4 月完钻的一口直井，原井筒技术套管外径为 200mm，下深为 6380m。为实现一间房组储层改造目的，设计从其下部侧钻先导试验井 YM6C1 井。受原井筒尺寸限制及目的层（一间房组）低压层的影响，需先开窗侧钻 ϕ171.5mm 小井眼到达目的层顶部，下入 ϕ127.0mm 套管；再钻 ϕ104.8mm 超小井眼后裸眼完井，YM6C1 井设计井深为 7409m，井身结构示意图如图 3-3-32 所示。

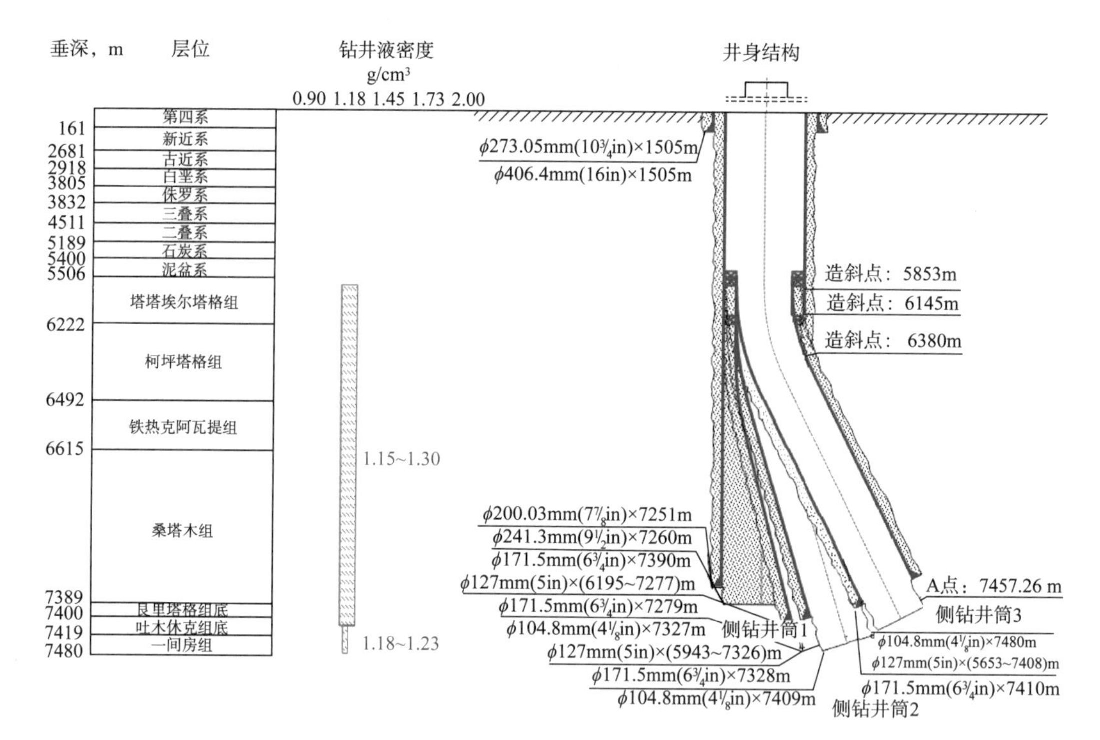

图 3-3-32　YM6C1 井井身结构示意图

针对塔里木油田超深井超小井眼钻井机械钻速低、压耗大、卡钻风险大以及钻具和井下仪器的局限性大等问题，根据 YM6C1 井超小井眼钻井先导试验的工程技术和地质要求，重点对螺杆钻具、无磁钻铤和钻头的优选，以及钻具组合、水力参数和 MWD 的优化等关键技术进行了分析研究，形成了 φ104.8mm 超深井超小井眼定向钻井技术。

（二）钻井技术难点

在塔里木油田超深井钻井实践中，超小井眼定向钻井技术的难点主要包括两个方面：一是工程技术问题，如机械钻速低、压耗大、卡钻风险大等；二是钻具和井下仪器的局限性大。

（1）超小井眼定向钻井小尺寸钻具柔性大、机械钻速低、加压困难，定向滑动钻进过程中，40kN 钻压便可引起屈曲变形，转盘复合钻进过程中，95kN 钻压便可引起屈曲变形。

（2）由于 φ104. 8mm 超小井眼环空间隙小，φ73.0mm 钻杆长（长达 1500m），导致小尺寸钻杆内外压耗大，约占总循环压耗的 80% 以上。

（3）受井眼规格和排量影响，岩屑上返困难，形成岩屑床，易造成卡钻。因此，小井眼钻井多存在缩径卡钻和砂卡风险。

（4）超小井眼难以采取有效降温措施，MWD 与螺杆钻具长时间暴露在高温（井底温度约为 160℃，循环温度约为 150℃）下易失效，也易导致 MWD 仪器信号传输强度受到影响，信号稳定性较差。

（5）超小尺寸钻具的振动、冲击、涡动、托压相对剧烈，极易损坏 MWD 等钻具，且小尺寸螺杆钻具易制动，平均寿命短。

（6）超小井眼采用滑动方式控制水平段的轨迹平均长度为 200m，当水平段长度超过 300m 后，滑动定向钻进极为困难，且超小尺寸井底钻柱组合（BHA）滑动工具面不稳定，轨迹控制难度大，易造成轨迹偏离设计[18]。

（三）定向工具优选

1. 螺杆钻具

为了更好地控制轨迹，提高机械钻速，避免超小井眼钻井时螺杆钻具频繁制动，尤其是目前常用螺杆钻具中 ϕ89.0mm 螺杆脱胶现象严重的问题，综合考虑塔里木油田钻井要求，决定采用 5LZ80×7.0I 型螺杆钻具。

1）新型抗高温防脱胶螺杆

5LZ80×7.0 Ⅰ型螺杆钻具使用新型 H–NBR 抗高温硬橡胶，并进行了等壁厚新流线设计：（1）新型 H–NBR 硬橡胶具有良好的耐高温性能和机械性能，邵氏硬度为 82HA，抗拉强度为 67MPa，抗撕裂强度为 75MPa，耐温为 175℃；（2）螺杆钻具定子采用叠片式等壁厚橡胶层，增大了橡胶层与叠片的黏接面积，较好解决了变形剥落和高温失效问题；（3）定子与转子的共轭线型采用三次样条函数拟合优化设计曲线轮廓，最终获得过流面积趋于最大化、偏心趋于最小化、且啮合性能强的转子与定子共轭线型。转子与定子的头数比为 5∶6，最大过流面积为 3758.66m^2，定子与转子的偏心距为 6mm，最大相对滑动率为 0.167。

经过上述优化后，螺杆钻具性能大幅提升：排量由 2.5~7.0L/s 增至 7.0~13.0L/s，最大工作扭矩由 620N·m 增至 2050N·m，最大制动扭矩由 930N·m 增至 3060N·m，最大钻压由 25kN 增至 125kN，功率扩大近 4 倍，达到 78kW。实验效果显示，螺杆钻具在 165℃高温下持续工作 72h，高温环境下动力衰减不超过 15%，且可保持 2.8m/h 的机械钻速。

2）传动单元和防脱机构优化

传动单元主要由传动轴总成、万向轴总成和防掉总成等组成。为了适应超小井眼钻井对传动结构及动力的特殊要求，在结构上对螺杆钻具传动单元和防脱机构（图 3–3–33）进行了优化改进。

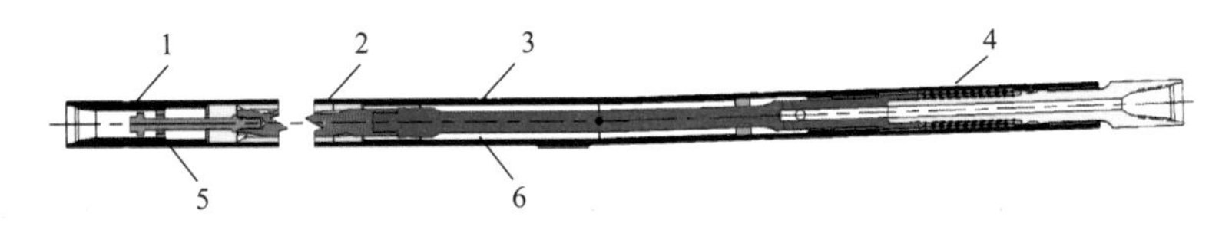

图 3–3–33　传动单元和防脱机构

1—旁通阀总成；2—马达总成；3—万向轴总成；4—传动轴总成；5—转子防掉装置；6—挠动轴

（1）万向轴部件为了克服花瓣齿间易疲劳缺陷的问题，将花瓣式万向轴结构改为球接触万向轴结构，螺杆的行星运动通过钢球在球窝内的滚动来实现，螺杆的扭矩通过钢球的剪切运动来传递，轴向力则通过万向轴总成的挠动轴端部球头来传递，具有较高的疲劳极限，可靠性更强，使用寿命提高了 230%。

（2）采用推力串轴承结构设计，即所谓的多联止推角接触球轴承。利用推力串轴承平衡螺杆马达的轴向力，使轴承的每列钢球与相邻 2 个内圈和外圈同时接触，可以承受高达 11450kgf 的双向轴向载荷，非常适用于扭矩大、转速较低以及振动剧烈的超小井眼钻井环境，模拟和实测均显示横向振动减小，可靠性提高 60%。

（3）采用有限元模拟分析防掉壳体、防掉杆、防掉帽的载荷环境，并根据材质性能参数校核防掉总成各部件强度。

2. MWD 仪器

为满足小井眼轨迹控制要求，选用进口定制 MWD，适用井眼尺寸：4~6in（101.6~152mm）（表 3-3-7）。

表 3-3-7　MWD 主要性能指标

项目	参数	项目	参数
最高工作温度，℃	175	仪器总长，m	7.5
仪器外筒承压，psi	25000	泥浆信号强度，psi	45~60
抗压筒外径，mm	44	电池工作时间，h	280
仪器压降，MPa	0.3~0.5	仪器维护周期，h	600

考虑超深超小井眼定向井井下振动大、钻压传递困难等问题，优化了 MWD 抗振性能，并对其井下振动进行实时监测。

（1）设计特殊减振装置，该装置主要由抗压筒、扶正器、高压尾帽、减振胶棒、减振胶块和减振垫片组成（图 3-3-34）。其中，减振胶块和减振垫片通过螺钉固定在扶正器本体的圆周面上，且减振垫片位于扶正器本体与减振胶块之间，可有效吸收冲击，缓冲系统的振动，大幅降低井下振动对无线随钻测斜仪的损害，横向振动最大值为 37g（g 为重力加速度，m/s^2）。

（2）采用悬挂式安装方式，外壳主体内外采用双花键结构，无脱键风险，增大了阻尼材料接触面积，满足刚度的同时便于加工和拆装。

（3）减小抗压筒外径，仅为 44mm，与无磁钻铤 56mm 的内径相匹配。

（4）降低系统电力损耗，高温下电池寿命可达 300h。

MWD 减振工具有良好的抗疲劳强度、减振效果和黏性阻尼特性，提高了仪器的可靠性。

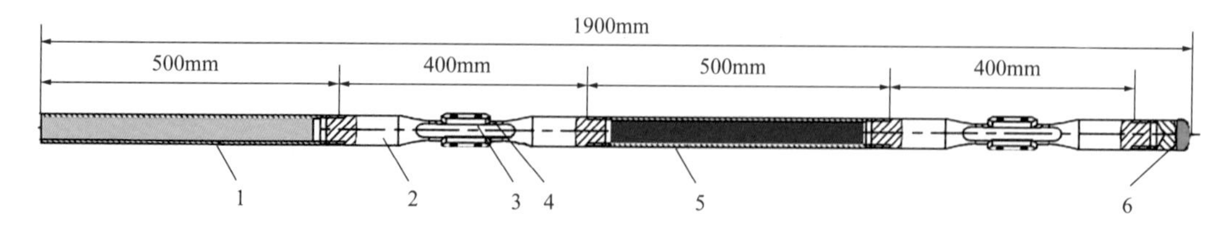

图 3-3-34　减振装置示意图

1—抗压筒；2—扶正器；3—减振垫片；4—减振胶块；5—减振胶棒；6—高压尾帽

3. 无磁钻铤

基于保障钻具强度的同时增加环空间隙和水眼面积，减少环空压耗的考虑，选用进口 P550 材质的无磁钻铤，其性能参数见表 3-3-8。其屈服强度和疲劳强度大幅度提高，分别达到 965MPa 和 550MPa；通过有限元模拟计算，设计无磁钻铤的尺寸与螺纹类型，外径最小处为 82.6mm，内径为 55.8mm，螺纹类型采用非 API 特级螺纹。

表 3-3-8 无磁钻具材料力学性能参数（室温，下限值）

参数	数值	参数	数值
屈服强度，MPa	965	冲击功，J	81
抗拉强度，MPa	1035	疲劳强度，MPa	550
延伸率，%	20	布氏硬度，HB	350~430
断面收缩率，%	50		

4. 钻头

由于塔里木地区跃满区块目的层一间房组和鹰山组主要为石灰岩，考虑到定向井轨迹控制的需要，设计了 B713D 型 PDC 钻头，采用混合式布齿方式，以等磨损原则布置切削齿，切削齿直径为 13mm 和 16mm，后倾角为 15.0°，内锥角为 75.0°，冠顶旋转半径为 44.0mm，冠顶圆半径为 33.2mm，外锥高度为 32.2mm，喷嘴组合为 ϕ10.0mm×4。利用计算流体力学和粒子成像测速技术对 4 个喷嘴的出口流场进行仿真测试获取喷嘴轴向速度，推荐钻压为 10~20kN，钻井液排量为 5~15L/s，转速为 50~300r/min。这些参数和所用螺杆的功率等参数相匹配，可有效提高机械钻速。

5. 钻具组合

针对塔里木地区井身结构特点和造斜需求，优化设计先导试验井 YM6C1 下部钻具组合：ϕ104.8mmPDC 钻头 ×0.28m+ϕ80.0mm1.5° 马达 ×4.03m+ 转换接头 +ϕ88.9mm 无磁钻铤 ×9.52m+ϕ86.0mmMWD 悬挂短节 ×1.65m+ 转换接头 +ϕ73.0mm 钻杆 ×1581.40m+ 转换接头 +ϕ83.0mm 浮阀 +ϕ88.9mm 加重钻杆 ×276.00m（30 根）+ϕ88.9mm 钻杆 ×3000.00m（315 根）+ 转换接头 +ϕ101.6mm 钻杆 ×2535.00m。

同时，根据 YM6C1 井井身结构，模拟计算了井下钻柱受力载荷情况。结果显示：套管内和裸眼段的摩阻系数分别取 0.25 和 0.35，钻压为 4000 kgf，起下钻速度为 18m/min 时，7000m 范围内井下钻柱的抗拉、抗扭载荷均在拉力强度和抗扭强度范围之内，全部满足强度要求。

另外，考虑到井下钻柱属于细长杆模型，振动较大，达 120g 左右，超过 50g 就会对 MWD 仪器产生严重损坏。因此，结合细长杆模型特点，研发了前文所述的特殊减振器。加入减振器后井下钻柱的轴向振动基本上消除，横向振动大多由原来的 30g 降到 10g 以下，减振效果显著。

（四）实施效果

YM6C1 井施工过程中，井底静止温度为 161℃，井底循环温度为 152℃，所采用的 BHA 入井时间为 91.5h，循环时间为 39.5h，纯钻进时间为 33.5h，一趟钻完成 7340~7409m 井段超小井眼钻进，纯进尺为 69m，精准钻穿目的层至设计井深，先导试验取得了较好的效果：（1）优化后的 BHA，钻柱横向振动从 150g 降低至 30~40g；（2）MWD 信号良好，个性化定制的高温螺杆动力强劲，7340~7410m 井段平均机械钻速达到 3.5m/h，是同规格常规钻具的 2.5 倍，提速明显，出井钻头磨损较小，且切削齿磨损明显；（3）钻进过程井斜、方位调整符合设计要求，井眼轨迹控制和设计吻合较好，靶心距为 1.6m。该技术较好地解决了塔里木油田超小井眼钻井技术难题，可为同类井的钻井工艺改进提供技术参考。

参考文献

[1] 李刚，周鹏遥，刘宁，等．库车坳陷大斜度井膏盐层底卡层技术探索 [J]. 石油工业技术监督，2021，37（10）：30–33，62.

[2] 王智锋．复杂结构井岩屑床清除技术 [J]. 石油钻采工艺，2009，31（1）：102–104.

[3] 范玉光，田中兰，马喜伟，等．页岩气水平井井眼清洁评价研究 [J]. 石油机械，2021，49（3）：9–14.

[4] 薄玉冰．定向钻井中托压机理分析及对策探讨 [J]. 石油钻探技术，2017，45（1）：27–32.

[5] 史配铭，倪华峰，石崇东，等．苏里格致密气藏超长水平段水平井钻井完井关键技术 [J]. 石油钻探技术，2022，50（1）：13–21.

[6] 张端瑞，文涛，蒲磊，等．“垂直钻井工具 + 等壁厚螺杆”提速钻具组合先导性试验——以库车山前高陡构造克深 A 井为例 [J]. 石油钻采工艺，2020，42（6）：684–690.

[7] 侯得景，韩东东，邱小华，等．中海油大尺寸标准型旋转导向在渤海油田的应用 [J]. 科学技术创新，2021,（12）：43–45.

[8] 杨春旭，王瑞和，韩来聚，等．捷联式旋转导向钻井系统的研制与现场试验 [J]. 石油化工高等学校学报，2019，32（6）：90–96.

[9] 冯思恒，李雷．CG STEER 旋转地质导向钻井系统推动非常规油气开发关键技术自主可控 [J]. 钻采工艺，2022，45（1）：69.

[10] CG STEER 旋转地质导向钻井系统 [J]. 钻采工艺，2021，44（5）：130.

[11] 赵文庄，韦海防，杨赟．CG STEER 旋转导向在长庆页岩油 H100 平台的应用 [J]. 钻采工艺，2021，44（5）：1–6.

[12] 孙精明．新型近钻头随钻测量仪的研制 [D]. 大庆：东北石油大学，2018.

[13] 乔建国．一种新型近钻头地质导向系统的设计与实现 [J]. 中国石油石化，2017（11）：63–64.

[14] 潘兴明，张海波，石倩，等．CGDS 近钻头地质导向钻井系统搭载伽马成像技术 [J]. 石油矿场机械，2021，50（1）：84–88.

[15] 王建龙，祝钰明，柳鹤，等．典型振动减阻工具研究进展及展望 [J]. 西部探矿工程，2022，34（1）：68–70+75.

[16] 白璟，张斌，张超平．超深超小井眼定向钻井技术现状与发展建议 [J]. 钻采工艺，2018，41（6）：5–8+143.

[17] 刘永成，赵立朝．小井眼定向工具在塔里木油田的应用 [J]. 石化技术，2021，28（11）：67–68.

[18] 章景城，马立君，刘勇，等．塔里木油田超深井超小井眼定向钻井技术研究与应用 [J]. 特种油气藏，2020，27（2）：164–168.

第四章　超深井钻井液技术

近年来，全球各大石油公司和石油技术服务公司均对高温高密度钻井液体系适应温度和密度范围有不同的划定标准，主要是由于各个石油公司或油田技术服务公司自身钻井液应用技术水平的不同，因此对钻井液体系的抗温能力与对应钻井液密度范围的界定并没有取得广泛的一致。目前，国际上较为认同的高温高密度钻井液基本遵循斯伦贝谢公司对钻井液体系的抗温能力与密度范围的划分标准。本章结合斯伦贝谢公司对钻井液体系的抗温能力与密度范围的界定，总结推荐给出了不同钻井液体系适应的温度与对应密度范围的基本界定，如图 4-0-1 所示。

本章主要针对深井超深井钻井过程中，钻井液体系面临的高温高密度水基钻井液维护处理难题，高温高密度油基钻井液流变性难以控制的难题，超深井井壁失稳、钻井液漏失严重等问题，论述了高温高密度水基钻井液技术、高温高密度油基钻井液技术、超深井井壁稳定技术和超深井防漏堵漏技术 4 项技术，并辅以现场典型应用实例。

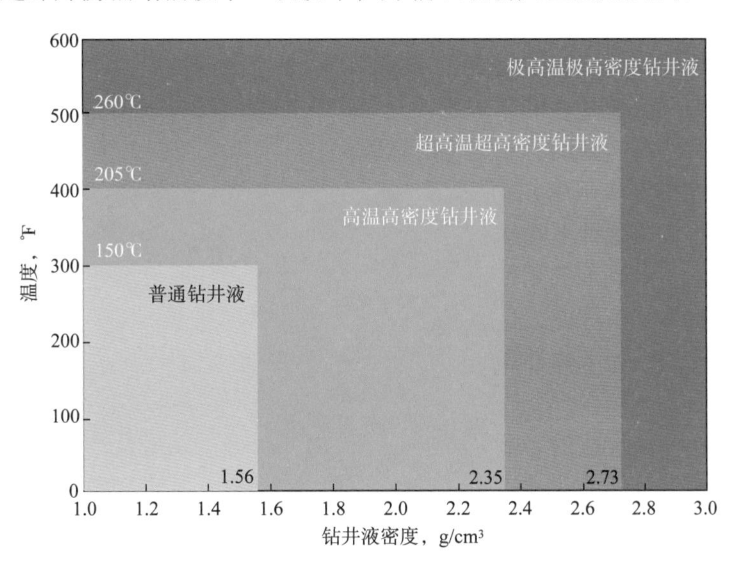

图 4-0-1　钻井液体系适应的温度与密度范围的界定

第一节　高温高密度水基钻井液技术

一、高温高密度水基钻井液维护处理难点

随着我国油气资源勘探开发技术的不断发展，油气勘探开发逐渐向深层发展，钻井工

程中钻遇（超）高温（超）高压储层的概率也逐渐增大。在深井超深井钻井过程中，由于井底压力和温度高，因此要求钻井液的密度也越高，抗温性也越强。

一方面，由于井底温度高，导致对高密度钻井液的维护与处理异常复杂，经常陷入“加重→增稠→降黏→加重剂沉降→密度下降→再次加重”的恶性循环，影响钻井的正常进行，甚至可能引起卡钻等井下复杂。当钻井液密度超过 2.35g/cm^3 时，体系中的固相含量极高，超高温超高密度钻井液体系的流变性和沉降稳定性之间的矛盾十分突出。

另一方面，高温使钻井液的滤失造壁性能变坏，即滤饼变厚，渗透性变大，滤失量剧增；同时，高温使钻井液中各组分本身及各组分之间在温度较低时本来不易发生的变化、不剧烈反应、不显著的影响都变得激化了。此外，高温高密度钻井液流变性随温度变化也经常发生高温降黏现象或高温增稠现象。高温降黏可能引起钻井液在深井高温井段携岩能力及悬浮能力的下降，严重时可进一步造成钻井液加重剂的沉降；而高温增黏现象严重时可使钻井液丧失流动性，更进一步引起井下一系列复杂问题。

因此，解决好（超）高温（超）高密度钻井液的整体的抗温能力与流变性和沉降稳定性之间的矛盾是保证（超）高温（超）高密度钻井液正常施工的前提。

（一）高温对钻井液性能的影响

高温对钻井液的影响最为显著，具体表现为：

（1）升温使钻井液的造壁性能变坏，即滤饼变厚，渗透性变大，滤失量增高。

（2）高温对钻井液流变性的影响比较复杂，其影响情况可根据黏度与温度的关系分为三种形式：高温后增稠、高温后减稠、高温固化。

（3）钻井液经高温作用后 pH 值下降。其下降程度视钻井液体系不同而异。矿化度越高，其下降程度越大。这种下降必然会恶化钻井液性能，影响钻井液的热稳定性。

（4）高温增加了处理剂的用量。实验表明高温钻井液比浅井常规钻井液，需要消耗更多处理剂才能维护钻井液性能，这主要是因为维持高温高压下所需要的钻井液性能要比低温消耗更多的处理剂，为了弥补高温的破坏作用所带来的损失而做的必要补充。

1. 高温对黏土的影响

高温对水基钻井液性能的影响十分明显并且十分复杂。一般认为是由于高温引起钻井液组分变化和影响组分间的化学以及物理化学作用的结果，其中高温是影响水基钻井液中黏土作用的关键因素。主要表现在黏土的高温分散、聚结、钝化。

1）高温分散

高温分散指钻井液中的黏土颗粒在高温作用下自动分散的现象。水基膨润土悬浮体经过高温后，膨润土颗粒分散度增加，比表面积增大，粒子浓度增大，表观黏度和动切力与静切力随之变大，并且其分散程度与水化分散能力相对应，因此，钻井液中的高温分散的本质实际上就是水化分散，只不过是高温激化了这种作用。

2）高温聚结

高温加剧水分子的热运动，从而降低了水分子在黏土表面或离子极性基团周围定向的趋势，减弱了水化能力，减薄了外层水化膜厚度。高温作用降低了水化粒子和水化基团的水化能力，减薄水化膜的作用就是高温去水化作用。同时随着温度的升高，一般促进处理剂在黏土表面解吸附，这种作用称为处理剂的高温解吸。高温引起黏土颗粒布朗运动加速，使固相颗粒间的碰撞频率增加。以上三种因素的综合作用结果使黏土颗粒的聚结稳定性能有所下降，从而产生了不同程度的聚结现象。

3）高温钝化

实验发现，黏土悬浮体经过高温作用后，土粒子的表面活性降低，称这些现象为高温表面钝化。目前，产生的作用机理还不是很明确，一般认为，高温下土晶格中 Si、Al 和 O 及钻井液中的 Ca^{2+}、OH^-、Fe^{2+} 和 Al^{3+} 等发生类似水泥硬化的反应，生成了类似硬硅酸钙或铁铝硅钙的物质，改变了晶格表面的结构和带电情况，从而降低了表面剩余力场和表面活性，也降低了表面的水化能力。

2. 高温对处理剂的影响

高温对处理剂的影响也不能忽视，主要体现在处理剂高温降解、高温交联、高温解吸以及去水化作用。

1）高温降解

有机高分子化合物因为高温作用产生分子链断裂的过程。包括高分子主链的断裂，亲水基团和主链联接链的断离两个方面。前者使处理剂的分子量降低，部分或者全部失去高分子的性质，导致大部分或者全部失效，后者降低了处理剂的亲水性，从而使处理剂的抗盐、抗钙能力和效能降低，从而丧失作用效果。

2）高温交联

处理剂分子中存在各种不饱和的键和活性基团，高温催使分子间发生各种反应，相互联接，增大分子量。有机高分子处理剂都能发生高温交联，一般分为两种情况：交联过度，形成三维空间网状结构，成为体型高聚物，处理剂完全失效；交联适当增大分子量，抵消降解的破坏作用，保持以至增大处理剂的作用效果。

3）高温解吸

温度升高，处理剂在黏土表面的吸附平衡向解吸方向移动，吸附量降低。由于处理剂在高温作用下大量的解吸加剧了黏土粒子各种电解质的高温聚结作用，从而使钻井液高温滤失量猛增，流变性能变坏。

4）去水化作用

高温下，由于黏土粒子水化膜减薄，促使了高温聚结作用，这样必然是高温下的滤失量上升，流变性能变化，这种变化是可逆的。

（二）高密度对钻井液流变性与沉降稳定性的矛盾

随着井深的增加，井底压力逐渐上升，为了平衡井底压力不得不进一步提高钻井液密度，一般而言，高密度钻井液固相含量很高，若采用重晶石作加重材料，钻井液密度达到 2.5g/cm^3 时，钻井液中固相含量体积分数将大于 60%。与此同时，如果固相颗粒分散性增强，巨大的固相颗粒比表面积通过润湿作用和吸附作用使得钻井液中自由水含量大幅减少，导致体系中钻屑容量限降低，一旦遇到外部污染，固相颗粒极易连接形成结构，导致钻井液的黏度和切力迅速增加，使流变性和沉降稳定性之间矛盾突现。

（1）随着密度的增加，钻井液流动性问题变得比较突出，经常陷入加重—增稠—降黏—加重剂沉降—密度下降—再次加重的恶性循环，甚至导致卡钻。

（2）高密度钻井液由于体系的固相含量和液柱压力很高，沉降稳定性能差、固相粒子在井壁的沉积机会增大，钻进时要求钻井液具有冲刷能力用以抵消这种沉积效应，但是由于高密度钻井液体系的循环惯性较大，排量很难提高，操作难度大，导致井眼环空的水力环境渐趋恶化。

（3）高密度钻井液体系较难选择合适的稀释剂。通常情况下稀释剂的效果随着钻井液体系固相含量的升高而迅速降低，由于高密度体系中固相体积分数一般高于 30%，常规的稀释剂可能根本无效，因此必须使用专门的高效稀释剂。

（4）在高密度条件下，固相含量高，为了降低流动阻力，通常需要向体系中添加润滑剂，这固然能够减小固相之间的摩擦效应，但同时也增加了相界面阻力，如果润滑剂使用不当，不但无法改善流动性，而且会由于相界面阻力的增大使体系流动性急剧变差。

（5）高密度钻井液由于固相含量高，液相含量相对较少，抗固相污染能力相对较低，加重剂黏度效应明显，对加重材料的种类、密度和粒度提出了更高的要求。同时要求高密度钻井液具有强抑制性，减少有害固相的侵入。

二、高温高密度水基钻井液维护处理原理

近年来，国内外深井高温高密度钻井液有了很大发展，就其分类而言目前主要有水基和油基两种。与水基钻井液相比，首先，油基钻井液具有受高温影响较小而受压力影响较大、高温性能易控制且抑制页岩水化能力强的特点，因此是解决深井泥页岩、盐岩、膏泥岩层井段不稳定的问题的有效方法，其次，抗污染能力强、润滑及滤失好，能有效降低钻井扭矩，防止腐蚀，有效预防卡钻，正因为这些优点，国外钻深井中广泛使用油基钻井液。国内近些年来油基钻井液应用井数日益增加，但是仍然以水基钻井液为主。与水基钻井液相比，油基钻井液有以下缺点：初始成本高，应用条件苛刻，对环境污染严重，后期处理费用高，更容易发生地层漏失，气溶性好，易造成井涌，因此受到限制。根据国情，我国深井钻井液一直以水基钻井液为主。自从 1975 年磺化处理剂及其体系获得成功后，在全国被广泛使用，并成为我国深井通用的钻井液体系，20 世纪 90 年代以来，聚磺钻井液体系基本上形成了我国深井钻井的水基钻井液高温处理剂和体系系列，为我国深部油气资源的勘探提供了必要技术条件。

目前，国内外研究抗高温水基钻井液，主要是在保证处理剂抗温能力的基础上研究高温对钻井液体系的作用机理，找出有利于性能改善的影响因素，并在体系的建立和应用中充分利用和发挥有利因素而抑制不利因素，目标形成利用高温改善钻井液性能的钻井液体系及应用工艺。

（一）高温稳定性控制原理

高温对钻井液的性能破坏最为严重，对于抗高温钻井液体系来说，其关键技术是如何维持和控制钻井液高温高压条件下的滤失性和流变性。因此，用于钻井液中的降滤失剂和稀释剂必须具有较好的抗温能力。目前深井高温高密度水基钻井液高温稳定性的控制主要思路是：

（1）研发各种抗高温处理剂，利用处理剂有效防止、抑制、消除高温对黏土粒子的高

温分散、高温聚结和高温钝化作用。

（2）严格控制膨润土土含量，浓度尽量保持下限。

1. 抗高温处理剂研制

国外在 20 世纪 80 年代开始将超高温水基钻井液的重点放在对专用处理剂的研制上，其中尤以多元共聚物类抗高温处理剂的发展最为突出，先后形成了以抗高温聚合物 Driscal D、KemSeal 和 Polydrill 等为代表的一系列产品，这些合成抗高温多元共聚物使用合成单体大多集中在乙烯基磺酸单体（AMPS）与丙烯酰胺、烷基丙烯酰胺、乙烯基乙酰胺和乙烯基吡咯烷酮等单体。而我国在抗高温多元共聚物的研制方面起步较晚，但近 10 年来发展较为迅速，先后研制出了高温保护剂、抗高温降滤失剂、降黏剂、增黏剂等，同时研制出了能够抗 200℃以上的抗超高温水基钻井液体系，如由抗高温保护剂、高温降滤失剂、封堵剂、增黏剂等组成的抗温可达 240℃的淡水钻井液体系，其高温高压滤失量低，并具有良好的流变性、抑制性和抗钻屑污染性能；如由膨润土、SMP-2、SPNH、HL-2、SMC、80A51、KHPAN、SF260 和高温稳定剂等组成的抗 200℃高温、密度达 2.30g/cm^3 的水基聚磺钻井液，其热稳定性好，流变性好，抗盐、抗钙污染能力强；以抗高温降滤失剂 LP527-1、MP488 和抗盐高温高压降滤失剂 HTASP 等为主处理剂，与磺化褐煤和 XJ-1 分散剂等配制的密度 2.30g/cm^3、盐含量 10%~30% 的盐水钻井液，经过 220℃老化 16h 后，表现出良好的高温稳定性，没有出现高温稠化现象，高温高压滤失量控制在 20mL 以内；以新型抗高温聚合物 SDTP 为主处理剂，磺化酚醛树脂 SMP-3、磺化褐煤树脂 CXB-3、抗氧化剂等配制成的抗超高温低固相水基钻井液体系，经 230℃超高温老化后性能稳定、流变性好，并无高温减稠现象。

在水溶性高分子多元共聚物处理剂的研制方面，国内罗平亚院士和孙金声院士等率领的科研团队开展了大量的室内研究工作，提出了聚合物处理剂抗高温抗盐具备的基本条件，即聚合物应具备：

（1）较强的分子链刚性，聚合物分子主链上最好含有环状结构，同时，设计梳形结构产品以提高共聚物的分子链支化程度；

（2）聚合物分子链含有多种不同类型的吸附基团，以达到吸附基团的协同作用，保证处理剂分子在高温下仍然具有较强的吸附量；

（3）吸附基团具有较强的高温吸附能力；

（4）具有高温水解稳定性强的吸附基团，且吸附基团的高温解吸附趋势尽可能低。

另外，为保证聚合物具有良好的抗温能力，聚合物还应满足以下基本要求，即：

（1）盐对聚合物在黏土颗粒上的吸附量影响小；

（2）聚合物水化基团的盐敏感性较低；

（3）具有以羟基和胺基为主要的吸附基团，以磺酸基为主要的水化基团，且同时需要保证足够的吸附基团和水化基团。

在抗高温聚合物处理剂分子结构设计上，近年来科研工作者大都主要依据以下 4 个方面来提高新型高分子处理剂的抗温能力：

（1）设计高分子聚合物主链为 C—C 结构以提高聚合物分子链的热稳定性；

（2）聚合物分子侧链中引入大侧基或刚性侧基以提高聚合物分子链的运动阻力；

（3）选择聚合单体时采用对盐不敏感的水化基团以提高聚合物的抗盐性能；

（4）聚合物分子侧链中引入水解稳定性较强的水化或吸附基团以提高聚合物的抗温能力。

2. 膨润土含量控制

水基深井高温高密度水基钻井液受固相含量高的限制流动性本身就难控制，所能容纳的黏土含量本身就很低，所以其黏土容量上限很低，而为悬浮极大量重晶石需要其黏土容量下限又必须较高，上下限之间间距太小，使用起来十分困难。加之高温对黏土的作用影响很大，为了尽量减小高温对黏土的影响，应尽量取其下限。

目前，比较常用的方法有以下几种：

（1）减少加重剂的用量。研发更高密度的加重材料，目前使用的重晶石粉密度为 $4.2g/cm^3$，铁矿粉主要成分为三氧化二铁，密度 $4.9\sim5.3g/cm^3$；方铅矿粉是一种主要成分为 PbS 的天然矿石粉末，密度高达 $7.4\sim7.7g/cm^3$。

（2）提高钻井液液相密度。采用无机盐或有机盐进行加重，目前较为成功的体系有甲酸盐—聚合物钻井液体系、复合有机盐钻井液体系。

（3）尽量减少钻屑等有害固相含量。用好多级固控技术。

（二）流变性与沉降稳定性控制原理

深井的钻进要求钻井液具有较高的密度来平衡井底压力，高密度钻井液的流变性与沉降性能控制是面临的首要难题，通常情况下流变性的解决意味着沉降性不稳定的增加，这是由于高密度钻井液的固相含量过高所致。膨润土和润滑剂的使用都存在着流变性和沉降性的矛盾，前者的最佳限量的把握难以掌控，后者的存在对于流变性的影响不可忽视。再加上加重材料由于种类、密度和粒度方面尚未存在有效的控制手段，从而导致钻井液受到有害固相污染的情况比较严重，过高的固相含量，由于其颗粒的不断分散，流变性不能有效控制，从而导致稳定性变差，加入了稀释剂和胶液又很容易导致处理不当而引起增稠或者减稠的现象，最终导致流变性和沉降性的矛盾问题的出现，使得钻井工作难以继续开展。合适的密度、良好的流变性、良好的高温稳定性、良好的失水造壁性、良好的抗污染性能、良好的润滑性、较强的抑制性以及能很好地保护油气层等是对高密度钻井液的技术要求，因此必须合理使用加重材料以及调整膨润土的含量，在提高流变性，保持沉降稳定的基础上，满足深井施工的技术要求。

1. 液相对流变性与沉降稳定性的影响

通过添加高溶解度的有机盐，提高溶液密度，相同密度的钻井液可大幅度减少固相加重剂加量，从而可以克服固相加重材料含量过高引起的钻井液黏度增加、沉降稳定性变差的问题。

1）液相密度

由斯托克斯公式可以看出，提高钻井液液相密度也能够提高钻井液的稳定性，目前钻井液提高液相密度的方法主要是在钻井液中加入各种可溶于水的无机盐和有机盐，特别是有机盐具有溶解度高、结晶点低的特点。目前使用的主要有甲酸钠（甲酸钾、甲酸钙、甲酸铯）、乙酸钠（乙酸钾……）等有机盐，采用斯托克斯公式计算颗粒粒径为 1μm 左右的亚微米级 $BaSO_4$ 粉在不同密度溶液时的自由沉降速度，结果见表 4-1-1。

表 4-1-1　重晶石在不同液相密度的自由沉降速度

盐水种类	最大密度，g/cm^3	自由沉降速度 v_0	
		m/s	mm/d
清水	1.00	1.6×10^{-4}	139.00
氯化钠	1.20	1.6×10^{-6}	130.00
氯化钙	1.42	1.39×10^{-6}	120.00
甲酸钾	1.58	1.31×10^{-6}	114.00
溴化钙	1.84	1.18×10^{-6}	102.00
甲酸铯	2.20	1.0×10^{-6}	87.00

由表可见，重晶石在清水中的沉降速度为 139.00mm/d，采用甲酸铯可以把钻井液液相密度提高到最大 2.20g/cm^3，但是重晶石的沉降速度只降低到 87.00mm/d，可以看出采用提高钻井液液相密度对提高钻井液稳定性能的作用有限。

2）液相黏度

从斯托克斯公式可以看出，颗粒在溶剂中的沉降速度与溶剂黏度成反比，采用斯托克斯公式计算 API 标准重晶石在不同黏度溶液时的自由沉降速度，结果见表 4-1-2。

表 4-1-2　重晶石在不同黏度溶液中的自由沉降速度

黏度，mPa·s	自由沉降速度 v_0	
	m/s	mm/d
1	1.6×10^{-6}	139.00
10	1.6×10^{-7}	13.90
50	3.2×10^{-6}	2.77
100	1.6×10^{-6}	1.39
300	5.4×10^{-5}	0.46

高浓度有机酸盐与现有高温处理剂有较好的配伍性（不严重影响其高温降失水、降黏效能），在高温条件仍比较容易建立符合要求的钻井液体系。且腐蚀性也比无机盐相对较弱，能较好地减缓抑制性与配伍性的矛盾，使体系达到很高的抑制性。

如图 4-1-1 所示，有机盐溶液密度很容易达到 1.50g/cm^3 以上，它加重到 2.00g/cm^3、2.50g/cm^3 所需重晶石相当于淡水钻井液加重到 1.50g/cm^3、2.00g/cm^3。这样固相含量就低得多，其黏土容量限升高很多。同时，由于其活度很低，钻井液抑制黏土水化能力成倍提高，又使黏土容量极限大大提高，同时减轻对高温降黏剂的压力，又能稳定井壁和保护油层。

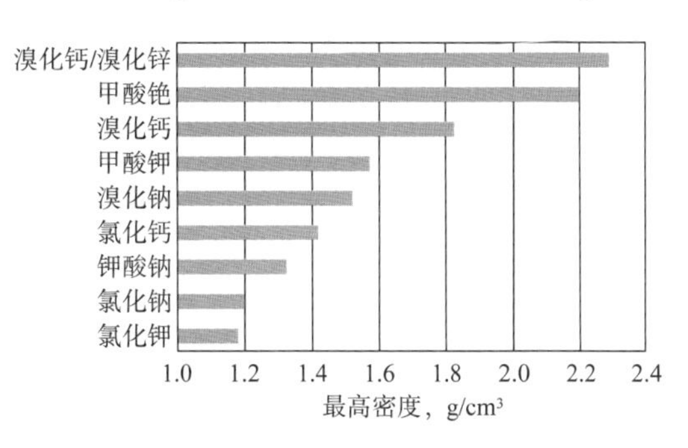

图 4-1-1　各类盐加重的最高密度

目前比较成熟的产品有系列的有机盐加重剂，抗温能力达 200℃以上，其缺点是成本较高，有效配套处理剂还不完善。

2. 加重材料对流变性与沉降稳定性的影响

加重材料由不溶于水的惰性物质经过研磨加工而成。为了应对高压地层和稳定井壁，需要将其加到钻井液中提高钻井液的密度。加重材料应具备的条件是自身的密度大、磨损性小、易粉碎，并且应属于惰性物质，既不溶于钻井液，也不与钻井液中的其他组分发生相互作用。

1）加重材料种类

钻井液的常用加重材料有以下几种：

（1）石灰石粉。石灰石粉的主要成分为 $CaCO_3$，密度为 2.70~2.90g/cm^3。易与盐酸等无机酸类发生反应，生成 CO_2、H_2O 和可溶性盐，因而适于在非酸敏性而又需进行酸化作业的产层中使用，以减轻钻井液对产层的伤害。但由于其密度较低，一般只能用于配制密度不超过 1.68g/cm^3 的钻井液和完井液。

（2）重晶石粉。重晶石粉是以 $BaSO_4$ 为主要成分的天然矿石，经过加工制成的一种灰白色粉末状产品。按照 API 标准，其密度应该达到 4.20g/cm^3，粉末细度要求是通过 200 目的筛网时，筛余量小于 3.0%。重晶石粉用于加重密度不超过 2.30g/cm^3 的水基或者油基钻井液，是目前应用最为广泛的一种钻井液加重材料。

超微重晶石是以普通重晶石、高纯重晶石为原料形成的粒径中值分别约为 12μm、6μm 和 1~2μm 的加重材料。因此，用超微重晶石加重的超高温水基钻井液比用普通重晶石加重的超高温水基钻井液其沉降稳定性更好，流变性调控亦较为容易，不易出现老化前后黏度和切力的激增或骤降；另外，相比于普通重晶石的粗颗粒，超微重晶石更有利于形成薄而致密的滤饼。

超微重晶石虽然具有沉降稳定性好，纯度高，密度值高等优良的特点，但值得注意的是：并不是在任何钻井液加重均可以使用超微重晶石。因为超微重晶石一般具有纯度较高、颗粒粒径较小的特点，这使得其具有较强的表面效应、体积效应等，从而使得它表现出较强的表面能、高活性、高扩散性及团聚特性等细颗粒的典型特征，室内实验结果表明，当钻井液所需密度较高（如大于 2.2g/cm^3）时，用单一超微重晶石加重的超高密度水基钻井液流变性明显较差。

（3）铁矿粉和钛铁矿粉。铁矿粉的主要成分为 Fe_2O_3，密度为 4.90~5.30g/cm^3；钛铁矿粉的主要成分是 $TiO_2 \cdot Fe_2O_3$，密度为 4.50~5.10g/cm^3。都为棕色或者黑褐色粉末。因密度都大于重晶石，所以用于配制密度更高的钻井液。加重基浆到同一种密度，选用铁矿粉，加重后钻井液中的固相含量（常用体积分数表示）要比选用重晶石时低。例如，用密度为 4.20g/cm^3 的重晶石将某种钻井液加重到 2.28g/cm^3，其固相含量为 39.5%；而使用密度为 5.20g/cm^3 的铁矿粉将该钻井液加至同样密度时，固相含量仅为 30.0%。加重后固相含量低，有利于流变性能的控制并且有利于提高钻速。并且由于铁矿粉和钛铁矿粉都具有一定的酸溶性，所以可应用于需要进行酸化的产层，由于这两种材料的硬度都几乎为重晶石的 2 倍，因此耐研磨性能更好，在使用中颗粒形态保持较好，损耗率低。不利的一面是，对井下工具的磨损也较为严重。在我国铁矿粉作为钻井液加重材料的用量仅次于重晶石。

（4）方铅矿粉。方铅矿粉的主要成分是 PbS，一般呈黑褐色。密度可高达 7.40~7.70g/cm^3，因而经常用于配制超高密度的钻井液以控制地层出现异常高压。由于方铅矿粉的成本高、货源少，一般仅在地层孔隙压力极高的特殊情况下才使用。例如我国的滇黔桂石油勘探局曾在 G-3 井使用了方铅矿加重钻井液，配制出了密度为 3.00g/cm^3 的超高密度钻井液。

（5）可酸溶性超微加重材料。近年来，随着石油钻井技术取得了很大的进展，特殊井钻井工艺技术越来越成熟，因而对特殊性能的钻井液技术需求也不断增长，API 标准重晶石由于其固有的属性，在超高密度钻井液加重、窄密度窗口地层、大位移井携岩、高密度钻井液流动性改善、沉降稳定性控制、循环当量密度控制和储层保护等方面逐渐显现出其不足之处，如重晶石的加重容量限较低，为 2.3~2.4g/cm^3，而高密度钻井液中重晶石的沉降极有可能导致严重的钻井安全和井控风险，经常出现过大扭矩和摩阻、卡钻等井下复杂情况。因此，为了更好地应对高温高压钻井、大位移钻井、小井眼连续管钻井等，并尽可能地降低储层伤害，逐渐开发出了如超微锰粉（Micromax，形态呈球状，D_{50}[1] 约为 1μm，密度达 4.8g/cm^3）和超微钛铁粉（Microdense，形态呈圆弧钝化状，D_{50} 约为 5μm，密度达 4.6g/cm^3）等为代表的可酸溶性超微加重材料。

研究结果表明，以超微锰粉和超微钛铁粉为代表的超微加重材料在解决高密度、超高密度钻井液中加重材料的沉降稳定性和循环当量密度（ECD）控制等方面具有明显的优势。这主要是由于其具有自身密度大和颗粒尺寸小的特点，因而超微加重材料加入钻井液中往往能够形成很高的钻井液密度，而钻井液的塑性黏度一般较小，且具有良好的沉降稳定性，较低的动切力便能使高密度、超高密度钻井液中的超微加重材料保持悬浮稳定性；另外，可酸溶性超微加重材料能够溶于低浓度的盐酸或有机酸，经酸化 / 酸洗后滤饼易清除、酸化效率高、返排效果好和岩心渗透率恢复值较高等，因而在储层保护方面具有良好的应用前景。同时，可酸溶性超微加重材料具有不溶于有机盐、硬度高、磨蚀性低和环保等特点，因而其与可溶性有机盐进行复合加重时，能够较易配制出超高密度或极高密度钻井液。

2）加重材料密度

采用斯托克斯公式计算粒径 1μm 的不同密度的加重材料颗粒在清水中的沉降速度，结果见表 4-1-3。

表 4-1-3　不同种类加重剂在清水中的自由沉降速度

加重材料	密度，g/cm^3	自由沉降速度，mm/d
石灰石粉	2.90	82.3
重晶石粉	4.20	139.0
钛铁矿粉	5.10	177.7
铁矿粉	5.30	186.3
方铅石	7.70	290.4

由表可见，随着加重剂的密度增加，加重剂的自由沉降速度增加，但是即使采用密度最小的石灰石进行加重，其每天的沉降也达到 82.3mm，颗粒沉降速度依然较快。

3）加重材料粒径

目前使用的加重材料主要是重晶石粉，GB/T 5005—2010《钻井液材料规范》中规定，重晶石粉的粒径绝大部分分布在 43~74μm 之间。计算不同粒径重晶石在水中受到的重力大小，结果见表 4-1-4，采用斯托克斯公式计算不同粒径重晶石颗粒在清水中的沉降速度，结果见表 4-1-5。

[1] D_{50}——累积分布为 50% 的粒径，也叫中值粒径。

表 4-1-4　不同粒径重晶石在水中受到的重力

粒径，μm	重力 G，N	粒径，μm	重力 G，N
0.01	1.64×10^{-20}	10	1.64×10^{-11}
0.1	1.64×10^{-17}	100	1.64×10^{-8}
1	1.64×10^{-14}		

表 4-1-5　不同粒径重晶石颗粒在水中的自由沉降速度

粒径，μm	自由沉降速度 v_0	
	m/s	mm/d
0.01	1.6×10^{-10}	0.014
0.0	1.6×10^{-8}	1.390
1	1.6×10^{-6}	139.000
10	1.6×10^{-4}	13900
43	2.9×10^{-3}	256411
74	8.8×10^{-3}	759387
100	1.6×10^{-2}	1390000

由表 4-1-4 和表 4-1-5 可见，随着重晶石颗粒粒径的减小，其在水中受到的重力下降明显，颗粒粒径缩小 10 倍，重晶石颗粒在水中所受的重力缩小 1000 倍。不难发现，随着重晶石颗粒粒径的减小，重晶石粉在水中沉降的速度迅速变小，颗粒尺寸大小降低 10 倍他的沉降速度降低 100 倍，当颗粒粒径小于 0.1μm 时，颗粒一天的沉降距离小于 1.4mm，近乎处于悬浮状态，API 重晶石颗粒介于 43~74μm 之间，颗粒一天的沉降距离在 256411~759387mm 之间，沉降速度很大。所以提高钻井液稳定性，采用细颗粒加重材料不失为一种行之有效的办法。

三、高温高密度水基钻井液体系与现场试验

国内目前常用的水基钻井液体系主要有膨润土钻井液体系、聚合物钻井液体系、氯化钾聚磺钻井液体系、有机盐钻井液体系、饱和盐钻井液体系、抗高温环保钻井液体系。本书主要讨论饱和盐钻井液体系、有机盐钻井液体系和抗高温环保钻井液体系在高温高密度条件下性能评价。

（一）饱和盐水磺化钻井液体系

饱和盐水磺化钻井液体系是目前应用最为广泛的高温高密度钻井液体系。饱和盐水磺化钻井液是指以氯化钾和氯化钠作为抑制剂，磺化酚醛树脂类、褐煤树脂类、磺化褐煤类、羧甲基纤维素或聚阴离子纤维素类等用作降滤失剂，沥青类、细目钙类、纤维类和方解石粉等作为封堵剂形成钻井液体系。该体系的抗温达 180~220℃，密度 1.8~2.6g/cm^3。已在 BZ101 井、BZ102 井、DB203 井、KS5 井、KS8 井和 KS202 井、迪那区块等塔里木油田的高难度复杂井进行了成功的应用。

1. 体系的特点

（1）强抑制性。体系中含有的钾离子能够在黏土的渗透膨胀阶段与完全分散的黏土进行层间阳离子交换，因此能有效抑制地层泥岩的渗透膨胀和分散，能够控制地层造浆，同时能够抑制钻井液中膨润土高温分散。

（2）强封堵性。严格控制体系中的膨润土含量（MBT）值，复配优质沥青类材料，同时加入成膜封堵剂，对地层实行有效封堵，保证该体系在钻完井过程中能够对井壁微孔隙、微裂缝进行有效封堵，提高地层承压能力。

（3）优良的稳定性。该体系的主处理剂均为抗高温能力很强的处理剂，其抗温能力均达到 180℃以上。

（4）优良的抗污染能力。该体系的主处理剂均为抗钙、抗盐能力很强的处理剂，可有效应对盐膏层及复合盐层对该体系的污染。

2. 饱和盐水磺化体系的配方及性能

饱和盐水磺化钻井液体系配方表及性能参数见表 4–1–6 和表 4–1–7。

表 4–1–6 饱和盐水磺化钻井液体系配方表

序号	材料名称	功能作用	加量，kg/m³
1	膨润土		15~25
2	烧碱	调 pH 值	5~10
3	纯碱	除钙剂	2~5
4	SMP–2/SMP–3	降滤失	40~50
5	SPNC/BARANEX	降滤失剂	20~30
6	PCS–2	降滤失剂	20~30
7	SY–A01	防塌封堵	10~20
8	ENEDRIM–O–205FHT/DYFT–2	防塌封堵	10~20
9	SP–80	乳化剂	3~6
10	KCl	抑制剂	50~80
11	NaCl	抑制剂	100~150
12	聚合醇（GEMGPN）	抑制剂	根据需要
13	成膜封堵剂	封堵抑制	根据需要
14	高密度重晶石	加重剂	根据密度

表 4–1–7 饱和盐水磺化钻井液体系性能参数表

参数	性能指标	参数	性能指标
密度，g/cm³	2.10~2.35	Cl^- 含量，mg/L	170000 左右
漏斗黏度，s	45~75	润滑系数 K_f	0.1~0.15
塑性黏度，mPa · s	33~81	含砂量（体积分数），%	≤ 0.2
屈服值，Pa	3~12	MBT，g/L	10~25
静切力（10s/10min），Pa/Pa	2~5/5~15	pH 值	8.5~11

续表

参数	性能指标	参数	性能指标
API 失水量 / 滤饼厚度，mL（mm）	≤ 5/0.5	固相含量，%	31~48
HTHP 失水量 / 滤饼厚度，mL（mm）	≤ 10/1	摩阻系数	≤ 0.1

注：采用动失水仪进行钻进状态模拟时高温高压失水（170℃）。

体系的现场维护要点：

（1）调整钻井液密度在合理范围内，对井壁形成有效的力学支撑，防止盐膏层蠕变、复合盐层剥落垮塌、井漏、溢流等复杂情况的发生。

（2）通过控制膨润土的含量来实现良好的流变性。高密度钻井液中膨润土的含量是影响钻井液流变性的关键因素。考虑到地层温度情况，确定膨润土含量应控制在 18~25g/L，配浆时应考虑到盐对膨润土粒子的“钝化作用”，将膨润土充分预水化，同时使用 SMP-2 等降滤失剂护胶。

（3）确保钻井液的强抑制性和封堵能力。由于大段的膏岩、盐岩中夹杂着薄层泥岩，因此必须有效抑制其水化和分散，否则会使膏岩、盐岩失去支撑而造成井壁坍塌。确保钻井液中 KCl 的有效含量在 8% 左右，根据情况可适当复配聚合醇，确保钻井液具有优良的抑制性；采用合理的 MBT 值、粒子级配及严格的固相控制，确保形成优良的滤饼，同时复配具有封堵作用的沥青及成膜封堵剂，确保钻井液体系的强封堵能力。

（4）确保钻井液中 Cl^- 的含量。在钻遇盐岩层、膏岩层的过程中，控制适当的含盐量非常重要。如果含盐量太低，则会造成地层中的盐溶解，从而形成大肚子井眼；如果含盐量过高，就不能有效溶解蠕变缩径部分。根据现场地质情况，该段钻井液体系中的 Cl^- 浓度一般应控制在 150000~170000mg/L。

（5）保证钻井液优良的润滑性。高密度钻井液的润滑性对钻井速率影响很大。润滑剂的含量应在 3% 以上，可以很好地提高钻井液润滑性，降低摩擦系数，有利于提高机械钻速。

（6）严格控制钻井液的 pH 范围在 9~10，保证材料充分发挥作用。

3. KS802 井应用效果

该井原设计井深 7360m，后加深至 7415m，层位为白垩系巴什基奇克组，电测井底温度 165℃。该井盐膏层段钻进对钻井液面临以下挑战：

（1）上部盐岩、含膏盐岩、泥质盐岩层易蠕变缩径卡钻，下部易发生井漏，导致液柱压力降低，增加了卡钻、溢流的风险。

（2）泥岩、盐岩、膏岩对钻井液的污染易引起钻井液黏度和切力升高、滤失量增大、滤饼虚厚等情况的发生，因而要求钻井液具有优良的抗污染能力。

（3）井底温度 165℃，要求钻井液具有优良的抗温性。

（4）目的层埋藏深，井底压差大，且该段井壁易剥落垮塌，要求钻井液具有良好的润滑封堵能力。

针对上述难点，现场应用的配方为：淡水 +4% 膨润土粉 +1%NaOH+6%SMP-2+3%SMP-3+6%SPNC+6%PSC-2+2%ENEDRIM-O-205FHT+0.2%SP-80+8%KCl+25%NaCl+ 高密度重晶石粉至 2.25g/cm^3。

该井现场部分井段饱和盐水磺化钻井液体系性能指标见表 4-1-8，现场钻进期间未发生任何因钻井液原因造成的井下复杂，保证了施工的顺利进行。

表 4-1-8　KS802 井现场部分井（段）钻井液性能指标表

井深 m	密度 g/cm³	漏斗黏度 s	旋转黏度计度数						静切力 Pa/Pa	表观黏度 mPa·s	塑性黏度 mPa·s	动切力 Pa
			θ_{600}	θ_{300}	θ_{200}	θ_{100}	θ_{6}	θ_{3}				
6646	2.23	66	134	77	56	33	5	3	2.5/15.5	67	57	10
6692	2.25	61	118	70	52	32	6	4	3.5/15.5	59	48	11
6862	2.25	55	103	61	46	28	5	3	3.0/12.0	51.5	42	9.5
7057	2.25	55	93	55	42	27	6	4	5.0/15.0	46.5	38	8.5
7167	2.25	52	91	55	42	28	6	4	5.0/14.5	45.5	36	9.5

（二）有机盐钻井液体系

近年来，有机盐钻井液体系逐渐发展成熟，该体系主要是以甲酸盐等有机酸盐为液相加重剂，以白沥青、聚合醇为防塌封堵剂，配合抗盐黏土、润滑剂形成的一种盐水体系，该体系的抗温 180~220℃，密度 1.8~2.6g/cm³。已在青海和塔里木等地区广泛使用。

1. 有机盐体系特点

（1）强抑制性。水活度极低，对易水化泥岩抑制能力极强，体系中阴离子和阳离子对黏土颗粒的吸附扩散双电层有较强的压缩作用，压缩后使其变薄，加速聚沉，从而抑制黏土分散，其抑制性大大高于常规水基钻井液，与油基钻井液相当。

（2）抗污染能力强。控制有机盐基液的浓度，可以做到氯化钠在有机盐钻井液中既不溶解也不分散，保持原状，也可以做到小部分溶解。石膏钻屑在有机盐钻井液中会保持原状。该体系抗盐可达饱和，抗石膏污染能力强。

（3）良好的稳定性和抗温性。复合有机盐基液能较好地保护处理剂，延缓处理剂降解，通过其协同增效的作用，有效地提高其他处理剂的抗温能力，从而提高钻井液体系抗温能力，体系抗温达 200℃以上。

（4）较好的润滑性。有机酸根离子具有很强的表面活性，本身就是很好的润滑剂，并能吸附在金属或黏土表面，形成润滑膜降低井眼阻力；低固相含量能有效地降低摩擦系数；通过配套聚合醇和白沥青等润滑剂形成致密的光滑滤饼，卡钻事故率显著降低。

（5）抗腐蚀性强。复合有机盐钻井液中存在大量的有机酸根阴离子，可通过配位键吸附于金属表面，保护金属不被腐蚀。复合有机盐钻井液不含溶解氧，与橡胶不反应，不会氧化橡胶使其老化，其较强的还原性可保护橡胶不被腐蚀与破坏，实现对金属管串和橡胶件的良好保护。

（6）较好的储层保护性。体系中不含二价以上离子，滤液与地层水接触时，不产生化学污垢，无沉淀物析出，消除堵塞；没有或低固相，避免了固相沉积及堵塞对储层的伤害；当有机盐类溶液的密度为 1.04g/cm³ 时，需氧菌和厌氧菌两种细菌难以生存和繁殖，避免完井过程中细菌对储层的伤害。

（7）环境友好。有机盐系列水溶液、各种处理剂、典型钻井液的 EC_{50} 均大于 30000mg/L，属无毒。

2. 有机盐钻井液体系的配方及性能

有机盐钻井液体系配方表见表 4-1-9；抗温 180℃和 200℃，密度 1.80~2.50g/cm^3 的有机盐钻井液体系性能见表 4-1-10 和表 4-1-11。

表 4-1-9 有机盐钻井液体系配方表

序号	材料	加量，kg/m^3	
		抗温 180℃ 密度 1.80~2.50g/cm^3	抗温 200℃ 密度 1.80~2.50g/cm^3
1	纯碱	3	3
2	增黏剂 BZ-VIS	30	30
3	生物聚合物 BZ-HXC	0.5	0.5
4	降滤失剂 BZ-Redu-Ⅰ	10	22
5	降滤失剂 BZ-Redu-Ⅱ	20	22
6	防塌润滑剂 BZ-YFT	50	80
7	抑制润滑剂 BZ-YRH	40	60
8	有机盐 BZ-WYJ-Ⅰ	0~50	0~50
9	有机盐 BZ-WYJ-Ⅱ	50~100	50~100
10	重晶石	根据密度	根据密度

表 4-1-10 抗温 180℃，密度 1.80~2.50g/cm^3 的有机盐钻井液体系性能表

温度 ℃	密度 g/cm^3	表观黏度 mPa·s	塑性黏度 mPa·s	动切力 Pa	静切力 Pa/Pa	API 失水量 mL	高温高压 失水量 mL	pH 值	备注
70	1.80	60.0	54.0	6.0	1.0/1.5	3.0	13.0	8.5	180℃ ×16h
70	2.10	68.0	62.0	6.0	1.0/1.5	3.6	12.8	8.5	180℃ ×16h
70	2.50	82.0	75.0	7.0	1.0/1.5	4.5	11.0	8.5	180℃ ×16h
70	2.50	79.0	72.0	7.0	1.5/2.5	4.8	13.2	8.5	180℃ ×100h

表 4-1-11 抗温 200℃，密度 1.80~2.50g/cm^3 的有机盐钻井液体系性能表

温度 ℃	密度 g/cm^3	表观黏度 mPa·s	塑性黏度 mPa·s	动切力 Pa	静切力 Pa/Pa	API 失水量 mL	高温高压 失水量 mL	pH 值	备注
70	1.80	55.0	50.0	6.0	0.5/2.5	2.4	11.0	8.5	200℃ ×16h
70	2.10	62.5	55.0	7.5	1.5/3.5	3.5	13.0	8.5	200℃ ×16h
70	2.50	75.0	67.0	8.0	2.0/3.0	4.8	13.8	8.5	200℃ ×16h
70	2.50	80.0	72.0	8.0	2.0/3.5	4.6	14.0	8.5	200℃ ×100h

3. 有机盐钻井液体系的现场维护要点

（1）开钻前充分循环，清除有害固相，按配方浓度加入有机盐。

（2）钻进时采取“细水长流”的方法不断补充胶液，以减少失水，维护性能稳定。配制胶液时始终保持有机盐 BZ-WYJ-Ⅰ的含量，维护体系稳定，使用 BZ-Redu 控制钻井液的滤失量。钻进过程中以胶液方式补充新浆，保持有机盐的有效含量，保持各种处理剂

的有效含量，使钻屑被适度絮凝，以利于固控设备的清除，控制性能满足现场施工需要。一方面，加大有机盐的含量，采用 BZ-WYJ-Ⅰ和 BZ-WYJ-Ⅱ及 BZ-YFT 相复配，有效提高钻井液的抑制性和防塌性，保证井壁稳定；另一方面，将 BZ-WYJ-Ⅰ和 BZ-WYJ-Ⅱ及 BZ-YFT、BZ-YRH、BZ-Redu1 配成胶液，细水长流式补充，保证钻井液性能稳定。

（3）保证钻井液的失水造壁性，根据现场实际性能加足降滤失剂及防塌封堵剂，控制好钻井液的高温高压滤失量，保证钻井液形成优质滤饼。

（4）钻水泥塞时，使用固控设备最大限度清除有害固相，补充新浆及主要处理剂，调整钻井液性能满足需要。钻进过程中用好四级固控设备，振动筛筛布要求大于 160~180 目，使用率达到 100%；离心机使用率达到 30% 以上，及时清除钻屑，控制含砂量小于 0.3%。

（5）钻塞过程中加强钻井液处理，小循环降低钻井液循环量，用纯碱进行钻井液预处理，防止钻井液稠化。一旦发现循环钻井液被水泥污染出现高温稠化现象，不要停泵，立即将储备好的钻井液替入井内进行置换，将全部新配钻井液一次性替入井内，钻塞污染钻井液全部排放。在套管内循环 1~2 周，待钻井液充分剪切、处理剂充分溶解后再开始新眼钻进。

（6）钻遇复合盐层时措施。

①在盐膏层钻进过程中，加强划眼和短程起下钻，如在性能满足井下安全的前提下，仍然划眼困难，则在设计范围内逐渐提高钻井液密度，提密度时幅度不要太大，同时注意监测井漏。

②在大段纯盐层及石膏层钻进时极易发生钙离子污染。监测钻井液性能主要是要监测好钙离子变化，在纯盐层或盐膏层钻进过程中，要不断补充纯碱、烧碱，一旦钙污染，会对钻井液切力和失水量等产生极大影响。通过钻井过程中处理钙污染得出的经验就是要始终将钙离子含量控制到很低的值，尤其在大段纯盐层，若钻时快，就要提前加足纯碱、烧碱，必须控制好钻井液中钙离子含量，否则污染后钻井液很难再恢复到污染前的性能。

③配胶液时，根据实际钙离子含量确定加纯碱和烧碱量。配胶液一般配方：50%BZ-WYJ-Ⅰ+30%BZ-WYJ-Ⅱ+1%BZ-Redul+3-5%BZ-YFT+3-5%BZ-YRH+纯碱和烧碱。处理过程中除钙与稀释护胶同时进行，一次性加足纯碱进行除钙，并且加大胶液中烧碱的用量，加强对钻井液的稀释，胶液大量均匀跟进，对钻井液进行护胶，维护钻井液性能稳定，避免污染恶化。

④针对后期出现的盐重结晶析出现象，在稀释钻井液效果不明显的情况下，在钻井液中加入盐重结晶抑制剂 NTA-2 来抑制盐的重结晶析出。在实际处理当中提前做好预防，保证处理后钻井液性能的稳定。

⑤每次钻井液调整前均要做大量的小型实验，任何调整都以小型实验数据为依据。在盐膏层段钻进过程中，以实验为基础，加强对性能的监测，保证钻井液性能稳定，达到预期的调整效果。

4. KS208 井应用效果

有机盐体系在该井应用井深 6905.50m，连续穿越 3000m 盐膏层，钻井液性能稳定，实现与钻井液相关“零事故、零井漏复杂、钻井液零排放”“电测等作业均一次成功”，现场岩屑情况见图，井眼规则，试验井段井径扩大率 5.01%。

（1）该井一开井段上部井段为粗砾石层，要采用高般含高粘切泥浆性能，保护基础，保证携砂；下部井段适当降低黏切，以利于大排量冲刷井壁，防止近井壁滞留层过厚，形成的滤饼虚厚，造成阻卡。一开钻进排量大，基本上在 65L/s 以上，钻井液中岩屑也多，如果大分子浓度过高，过筛困难，因此，维护以补充稠膨润土浆和稀胶液为主，保证钻井液具有足够的切力，满足携砂，实践证明效果良好。并且该井段钻井液膨润土含量高，失水大，在井壁能快速形成修补井壁滤饼，防止了砾石层的垮塌和井漏，钻井液具有较好的悬浮携带能力，大块砾石均能有效带出，起下钻畅通无阻。

KS208 井一开钻井速度较快，进尺时间仅用了 3.29d，除了工程参数适应该地层外，钻井液在减少全井段的阻卡，提高钻井时效方面也做了一些保障工作，全井段起下钻顺利、通畅，节约了时效。克深区块各井一开时间对比见表 4-1-12。

表 4-1-12　克深区块各井一开钻井表

井号	井段，m	周期，d
KS203 井	0~205.67m	7.2
KS204 井	0~200.74m	7.89
KS205 井	0~199.94m	9.7
KS206 井	0~200m	6.375
KS207 井	0~203.89m	3.58
KS208 井	0~196.38m	3.29

（2）二开上部井段钻井液造浆不厉害，但分散性强，首先，要保证大分子加量充足，强包被利于细小、分散固相的清除，其次，要使用好固控设备，并且采用勤放三角罐，放除砂器、离心机底流等手段，降低钻井液中劣质固相的含量。下部井段易阻卡易垮塌，垮塌基本上属地层倾角应力垮塌，钻井液上除了增强力学支撑，提高钻井液密度，还要控制好中压失水，胶液中及时跟进有机盐，增强钻井液抑制性，改善滤饼质量，调整好流变性能，降低黏切，从而减少起下钻阻卡现象发生。通过以上办法，KS208 井在 1800m 之前的井壁稳定问题基本解决。

（3）由于有了邻井的经验与教训，在进入吉迪克组前，提前 1400m 开始提高有机盐（BZ-WYJ-1）的加量，保证钻井液有机盐浓度达到 40% 以上，大大提高了钻井液的抑制性，并且通过其他处理剂的复配使用，控制适当的钻井液密度，在钻入吉迪克组时有效减少了井壁失稳、掉块剥落等复杂情况的发生。下部井段钻井液性能稳定，维护简单，直至中完前起下钻均通畅无阻。在吉迪克组底部易漏含水砂岩层，保证井壁稳定的前提下，合理降低钻井液密度，加入适当量的随钻堵漏剂，顺利钻穿吉迪克组，避免了井漏的发生。三开安全钻至三开中完井深，未发生任何卡钻、井漏等井下复杂情况，盐顶卡层准确，后续测井、下套管固井施工顺利。

该井中完固井施工也是一项技术难点，钻井液密度高（1.65g/cm^3），3000 多米长裸眼段双级固井，由于钻井液体系中有机盐含量大，固井前水泥浆稠化实验表明，钻井液与水泥浆接触不足 30min 便相互反应，稠化将会导致无法顺利替浆。现场用固井隔离液与膨润土浆隔离液双隔离液对水泥浆和钻井液进行彻底隔离。实际固井过程中，施工顺利，钻井液顶替到位，并且井底钻井液污染不严重，为后续钻塞打下了良好的基础。

图 4-1-2 KS208 井三开各井段岩屑照片

有机盐体系抑制性强，处理剂复配合理，性能稳定，维护简单，且抗污染能力强，非常适合该井三开以泥岩为主地层的钻进。井壁稳定，包被抑制性强，岩屑返出切屑整齐，代表性极好。三开各井段返出岩屑如图 4-1-2 所示。

（4）四开钻进地层属古近系库姆格列木群，该地层十分复杂，盐、膏、膏泥、盐泥及泥岩混层且埋藏深，地层压力系数高，需钻井液密度 2.25g/cm^3 以上的钻井液才能平衡地层压力。钻进过程中，调整好钻井液密度，即能够满足支撑井壁，防止井壁蠕变缩径，又避免了当量密度过高压漏地层。全井段补充欠饱和有机盐水胶液维护钻井液性能稳定，通过短起下钻情况控制盐水胶液饱和度，同时，调节好钻井液流变性能，避免黏切低加重物沉淀、黏切高流动困难的现象发生。转型后，钻井液固相含量低，钻进过程中要严格控制地层中劣质固相的侵入，振动筛和除砂器均最大限度地发挥作用。钻井液中除了保证有机盐的有效含量外，还加大抗高温抗盐降滤失剂（BZ-REDU-3）、抑制防塌剂（BZ-YFT）的用量，确保钻井液的低失水、强抑制性和强封堵能力，提高滤饼质量，维护井眼稳定，防止泥岩水化缩径。并且由于该井盐膏层段长，钻井液必须保持适当的 pH 值，这直接关系着钻井液处理剂性能的有效发挥，同时也是判断钻井液是否受到污染的主要依据。在盐膏层钻进过程中，由于 Ca^{2+} 和 Mg^{2+} 等离子对钻井液的污染，pH 值往往会不断降低，现场维护过程中，及时补充烧碱、纯碱，减少各种因素造成的钻井液 pH 值的降低，避免处理剂效能降低和钻井液性能的破坏。四开膏盐层岩屑如图 4-1-3 所示。

图 4-1-3 KS208 井膏盐层岩屑照片

表 4-1-13 克深区块各井四开钻进情况

项目	KS203 井	KS204 井	KS205 井	KS206 井	KS207 井	KS208 井
四开井深 m	4466~6546.8	4493~6421	5576~6843	5225.66~6486.47	5543.63~6737.7	4929~6585
地层厚度 m	2080.8	1928	1267	1242.81	1194.07	1656 （旧井眼）
四开开钻时间	2011.8.9 11：00	2011.5.25 22：00	2011.8.7 16：00	2012.4.21 14：00	2012.3.21 07：00	2012.5.22 20：30
四开完钻时间	2012.1.16 14：00	2011.9.12 04：30	2011.11.21 16：00	2011.5.16 03：30	2012.4.27 23：30	2012.6.29 16：00
四开完井周期	160.1	109.3	106	24.6	37.7	37.8
钻井液密度 g/cm^3	2.33	2.3	2.3	2.28	2.25	2.23

（三）抗高温环保钻井液体系

随着全世界各油田的开发逐渐进入中后期，钻井作业的难度和油气井开发成本都在急剧地增加。典型的高难度井有超深井、高温井、高压井、大位移井和深水井，在多数情况下、井身剖面设计越复杂，在钻井中遇到的井下复杂情况也越多，经常遇到的问题有扭矩过大、起下钻遇阻、卡钻、机械钻速低、井眼失稳、井漏和地层伤害等。在国外，解决这些问题的传统方法是采用油基钻井液和合成基钻井液。随着国家对环境保护越来越严格的要求及环保意识的提高，环保部门对钻井液和钻屑毒性的控制日益严格，油基钻井液和合成基钻井液的使用受到了很大程度的限制。为了减轻对环境的危害和降低成本，各国石油工作者做了大量的工作，各油田公司和油田技术服务公司也在不断引进高效、低成本和无毒的环保型钻井液。它们在解决世界各油田的复杂钻井过程中发挥了各自的作用。

1. 页岩稳定性

在钻井过程中，大约有占总数 75% 的地层为泥页岩层，而且超过 90% 的井眼失稳问题是泥页岩不稳定所引起的，所以提高泥页岩稳定性是高性能钻井液的重要指标之一。保持泥页岩稳定最重要的方法是防止压力传递入泥页岩中，这是一个依时性的过程。并且泥页岩在钻井液中的浸泡时间比钻屑在钻井液中的浸泡时间高出许多倍。泥页岩自身实际上扮演了半透膜的作用，因为其富含黏土矿物的基质能够抑制溶质的移动。滤液的侵入改变了近井壁地层的压力分布情况，并促使泥页岩失稳。当滤液侵入减少，支撑压力稳定时，便可实现泥页岩稳定。目前已发现聚合醇、硅酸盐和铝盐络合物等几种处理剂可降低孔隙压力传递。据报道，聚合醇主要通过浊点效应降低孔隙压力传递，而硅酸盐和铝络合物是通过其沉淀过程来控制孔隙压力传递。

高性能水基钻井液中的一种微细且可变形的聚合物可以封堵泥页岩孔隙、喉道和微裂缝。该聚合物即使在高浓度的盐溶液中依然能保持稳定的颗粒尺寸分布，再加上它的可变形特点，使其可以与页岩上的微孔隙相匹配，并沿着裂缝架桥同时紧密充填，从而提高钻井液的封堵效率。对于常规的封堵剂，如碳酸钙等超细颗粒，其粒度经常不能与这些微孔隙和微裂缝很好匹配，因此不能实现有效的封堵。

高性能水基钻井液还应用了一种铝酸盐的络合物。这种络合物在强酸性水溶液中以 $[Al(OH_2)_6]^{3+}$ 的形式存在；当 pH 值为 4.6 时，两个羟桥又连接形成双核的铝离子的络合物 $[Al(OH)(OH_2)]^{2+}$；当溶液碱浓度继续升高时，铝的羟化络合物又转化成白色羟化铝沉淀。根据铝络合物的这一原理：其在钻井液中是可溶的。但当它进入页岩内部后，由于碱浓度的升高以及与多价阳离子的反应，则会生成沉淀，从而进行有效的封堵。采用铝化学方法增强井壁稳定性，其依据是改变岩石的物理和化学性质，与目前研究的钻井液与页岩之间发生离子交换的方法不同，该方法根据铝化学原理，通过生成氢氧化铝沉淀最终与地层矿物的基质结合成一体。这种铝的沉淀物能显著增强井壁稳定性，提高敏感性页岩的物理强度，并形成一种物理的屏蔽带，阻止钻井液滤液进一步侵入页岩。这也就是高性能水基钻井液之所以比常规聚合物钻井液具有更高的页岩稳定性的原因。采用这种独特的新方法来获得选择性半透膜，其中既用到了力学方法，也用到了化学方法。而普通水基钻井液的膜效率极低，使钻井液中的自由水只能单向流入泥页岩中，使地层孔隙压力增高，导致泥页岩不稳定。

2. 对黏土颗粒的抑制性

钻井过程中若钻井液不能有效地抑制黏土矿物的水化分散，钻井就会出现一系列的问题，如钻头泥包、钻井液净化不良以及流变参数和滤失量难以控制等。高性能钻井液可以通过以下途径使钻屑变得稳定：抑制黏土膨胀；减小膨胀压力；堵塞孔隙防止逆向渗透，使滤液进入钻屑内部的趋势减弱；利用聚合物的包被作用，防止钻屑分散。

高性能水基钻井液使用了一种具有保持性、易溶于水的聚胺类衍生物的混合物来抑制黏土的水化分散，主要通过阳离子交换，抑制黏土和钻屑的水化分散，但是不存在像 KCl 那样潜在的环境保护问题。在有效地抑制黏土和黏性页岩地层的水化和塑化作用的同时，还具有防止钻头泥包的作用。低分子量聚胺类处理剂与黏土的反应机理包括氢键力、偶极作用和离子交换作用，此外还有与低分子量的胺所发生的相互作用。

此类泥页岩抑制剂独特的分子结构，使其分子能很好地镶嵌在黏土层间，并使黏土层紧密结合在一起，从而降低黏土吸收水分的趋势。结合用蒙特卡洛方法和分子动态学方法，采用页岩抑制剂的水溶液和蒙脱土片对新型抑制剂进行分子设计和 X 射线衍射研究结果表明，这类新型泥页岩抑制剂抑制泥页岩膨胀的机理不同于聚乙二醇类，它主要是通过胺基特有的吸附而起作用，而不是通过驱除页岩层空间内的水起作用。这种作用机理是中性的胺类化合物分子通过金属离子吸附在黏土上，或者是质子态的胺分子通过离子交换作用替代金属离子。对浸泡在泥页岩抑制剂溶液中的蒙脱石样品进行 X 射线衍射实验，结果表明，随着泥页岩抑制剂浓度的增加，黏土层间距减小，这种变化趋势与观测到的聚乙二醇正好相反，同时印证了对其抑制机理作出的推断。

测量结果表明，泥页岩抑制剂的质子化程度对吸附机理至关重要，同时也表明黏土层间确实存在泥页岩抑制剂。此外，用不同分子量的中性胺类页岩抑制剂进行分子建模研究，结果表明某种分子量的胺类化合物以桥联方式复合吸附在黏土层间，这种化合物的抑制效率优于其他类型化合物。

高性能水基钻井液还使用了一种适当分子量的部分水解聚丙烯酰胺来包被钻井过程中产生的钻屑，防止钻屑在环空中循环时发生破裂。这是一种阴离子型聚合物，它附钻屑带正电荷的部位后可以起包被作用，从而使钻屑的分散程度尽可能降低，提高固控设备的清除效率。

高性能水基钻井液通过加入部分水解聚丙烯酰胺和聚胺类，使固相清除效率和所钻地层稀释效率的效果比常规水基钻井液高许多，在不少情况下能达到油基钻井液的效果。

3. 提高时效和防钻头泥包特性

钻头泥包和机械钻速的提高受许多因素的影响，如钻井液的类型、水力冲击压力和钻头类型、钻屑的尺寸和黏附性也影响钻头泥包的趋势。提高钻速的最有效添加剂是能够在全属和岩石表面产生润湿性反转并形成亲油膜的处理剂，这样就可以减弱甚至在多数情况下可完全消除水化黏土和钻屑对金属表面的黏附作用。

在高性能水基钻井液中使用了一种获得了专利的抗泥包添加剂，该处理剂可覆盖在金属和岩石表面，而且其所用基液和表面活性剂都具有良好的环保特性。该处理剂还具有防止钻屑聚结的能力，因而可以提高井眼净化效率。该处理剂是由表面活性剂和润滑剂组成的特殊混合物，能覆盖在钻屑和金属表面，从而降低土水化和在金属表面粘结的趋势，防止水化颗粒聚结，阻止钻头泥包。使发生水化的黏土不易在金属表面黏附，从而有利于提高机械钻速，可确保起下钻顺利。该处理剂的化学作用还可防止井底钻屑累积，使钻头不断地与新地层接触而提高钻速。这种特殊的表面活性剂和润滑剂的混合物在钻井过程中不仅可减轻钻头和井底钻具的泥包，而且通过降低摩擦系数来增强钻井液润滑性，有利于降低钻柱的扭矩和拉力。

聚结试验是评价高性能水基钻井液重要实验之一。实验时将一个钢制金属棒插入盛有钻井液和钻屑的罐中，钻屑分布在棒的周围。将罐密封后在室温下滚动一定时间，取出棒子拍照。刮下棒子上的钻屑，然后干燥称重，计算聚结在棒上钻屑的质量分数。其他几种水基钻井液聚结的钻屑的质量分数最大为 80%，而在高性能水基钻井液中几乎没有聚结物出现。

4. 高温稳定性

当钻井液达到更深地层的时候，由于地层处于高温高压条件下。钻井液要求更高的性能以维持在高温条件下的稳定。目前油基钻井液已经能在 200 多摄氏度的高温条件下保持较好的钻井性能并进行正常钻进。但是高性能钻井液还不能与油基钻井液相媲美。水基钻井液不抗高温主要是由于含有水溶性聚合物所造成的，在水基体系中水溶性聚合物主要用来作为降滤失剂和黏度控制剂。因此，将来的工作需要提高钻井液在高温下维持稳定和保证性能的能力。

5. 环境保护

目前，处理钻屑和废弃钻井液的方法主要有 3 种：就地直接排放、回注井下和陆上处理。在美国、英国、挪威和黑海等地区，对防止环境污染的要求更为严厉。现场操作人员使用多种方法处理钻井废弃物，因为管理钻井废物的总成本大大高于收集和排放钻井废物的成本。

在许多地方，操作人员必须考虑钻井液对环境的长期潜在危害和当今对钻井废弃物的管理法令。英国北海的环保部门规定，如果油基钻井液和合成基钻井液在钻屑上的滞留质量超过了总量的 1%，那么就不能向环境排放。因此油基钻井液和合成基钻井液必须经过处理，做到“零排放”。

而高性能水基钻井液在环保性方面有了很大改进，其生物毒性和自然降解性能都有了大幅度提升，大大缓解和降低了后期的废弃物处理成本。

第二节　高温高密度油基钻井液技术

在深井超深井施工过程中，极易钻遇盐膏层，大段水敏性地层等复杂情况。常规水基钻井液由于抑制能力不足，无法在盐膏层井段、强水敏性地层中应用。与水基钻井液相比，油基钻井液具有强的抑制性，能有效抑制泥页岩水化膨胀、分散，稳定井壁，抗岩屑侵能力强，热定性好，抗温达 200℃以上。在高密度、高温下仍具有良好流变性能，良好的润滑性能，抗盐、石膏、盐水，对油气层伤害程度低。

基于以上特点，高温高密度油基钻井液特别适用于强水敏性泥岩、大段含盐膏地层和高压力系数等地层。国外在钻完井作业中已大量使用。近年来，国内在页岩油气井、复杂地层开始规模使用。

一、油基钻井液组分及作用机理

油基钻井液是以油为连续相、盐水为分散相，并添加主乳化剂、辅乳化剂、润湿剂、有机土、增黏剂、提切剂、氧化钙和加重剂等所形成的稳定的乳状液体系。

（一）基础油

柴油在油包水乳化钻井液中作为连续相。柴油是一种石油提炼后的油质产物，它由不同的碳氢化合物混合组成。主要成分是 Cg—Cz 的石蜡烃、芳香烃，也含有一定的硫氧化合物。芳香烃溶解沥青质，而石蜡烃不溶解沥青质。柴油中芳香烃含量以苯胺点表示；芳香烃含量过高，由于其溶解沥青质而不能形成沥青悬浮体，另会引起橡胶配件破坏，故配制柴油基钻井液应选用芳香烃含量小于 20% 的柴油，一般苯胺点在 68℃左右。柴油的密度一般为 0.82~0.86g/cm^3，其运动黏度（20℃）为 3.0~8.0mm^2/s，酸度表示柴油中所含酸性物质的多少，酸度过高，会腐蚀设备，因此要求酸度不大于 7mg（KOH）/100mL。这些油按凝固点分为 10$^\#$、0$^\#$、−10$^\#$、−20$^\#$ 和 −35$^\#$ 等 5 个牌号，在库车山前油基钻井液中所使用的柴油为 0$^\#$ 柴油。

柴油中非极性物质和亲油性乳化剂的非极性基团由于分子间作用力能很好地结合，从而使得柴油能够更好地被乳化，形成的乳状液的稳定性也较高。为了保证作业安全，要求柴油的闪点和燃点分别在 55℃和 220℃以上。

柴油基钻井液中，如采用沥青类作为降滤失剂与增黏剂，柴油中芳香烃溶解沥青质成为小分子溶液，沥青质不能在芳香烃含量高的柴油中形成悬浮胶体，难以形成薄而致密的滤饼，造成油基钻井液滤失量高；而石蜡烃不溶解沥青质，沥青质在石蜡烃含量高的柴油中成为悬浮胶体。因而必须控制柴油中芳香烃含量。

（二）水相

淡水、盐水或海水均可用作油包水钻井液的水相。但通常使用含一定量 $CaCl_2$/NaCl，其主要目的在于控制水相的活度，以防止或减弱泥页岩地层的水化膨胀，保证井壁稳定，降低水相的表面张力，对乳状物起稳定作用；增加抗地下水或盐类的污染能力；可增加乳状液的密度，用 $CaCl_2$ 配制的盐水，最大的加量可达 40%，油包水乳化钻井液的水相含量通常用油水比来表示。在一定的含水量范围内，随着水所占比例的增加，油基钻井液的黏度和切力逐渐增大。因此，人们通常用它作为调控油基钻井液流变参数的一种方法。对高密度油基钻井液而言，水相含量应尽可能小些。调整油水比的一般原则是，以尽可能低的成本配制成具有良好乳化稳定性和其他性能的油包水乳化钻井液。

水相的活度由水中盐的浓度确定。淡水理论上的活度值为 1.0，而地层中泥页岩的活度一般小于 1.0。要使钻井液和页岩达到活度平衡的理想状态，就必须降低钻井液中水相的活度，常用的方法是向水相中加入无机盐（通常为 NaCl 或 $CaCl_2$）。油基钻井液水中的 $CaCl_2$ 达到 40% 时，大约可以产生 16110psi 的渗透压；当油基钻井液水中的 $CaCl_2$ 为 22%~31% 时，渗透压为 5000~10000psi，因此多数油基钻井液选用 $CaCl_2$ 作为活度调节剂。

（三）乳化剂

油包水乳状液是一种热力学不稳定体系，具有大的表面自由能，有一种自动聚结合并降低其表面自由能的倾向。油水有分离趋势，最终必然也会失去沉降稳定性。为了形成稳定的油包水乳化钻井液，必须使用乳化剂。在油包水乳化钻井液中加入乳化剂，具有两亲结构的乳化剂分子吸附于油水界面，降低了表面自由能并形成具有一定强度的界面膜，从而对分散相起保护作用，避免了分散相液滴在运动中相互碰撞而聚结在一起。这也是保证该钻井液具有沉降稳定性的前提条件。

为了获得良好的乳状液稳定性，通常采用两种乳化剂（主乳化剂和辅乳化剂），主乳化剂的关键作用是形成膜的骨架，辅乳化剂的作用主要是巩固主乳化剂，使乳状液更加稳定。主乳化剂与辅乳化剂复配可以调节乳化剂混合物的亲油亲水平衡值在 4 左右，以达到较好的乳化效果。同时，辅乳化剂可以弥补主乳化剂亲油性过强的不足。使辅乳化剂亲水头基、辅乳化剂亲油链、主乳化剂亲油链和油相，四者之间由于极性相同而相吸，结构相似而相亲，从而形成较为稳定的乳状液滴。

1. 乳状液稳定机理

乳状液的形成理论包括定向楔形理论、界面张力理论、界面膜理论、相似相溶原理和电效应理论等。从乳状液的形成理论分析可知：在油—水体系中加入复合乳化剂，乳化剂在油—水界面作定向吸附，可以降低油水两相液体之间的界面张力。由于乳化剂分子结构中同时具有亲油和亲水两个基团，可存在于油—水界面上，亲油基团一端伸向油相，而亲水基团一端伸入水相中。故降低油水界面张力，抵消界面上的剩余表面自由能，阻碍并减少聚结的趋势，而且可以形成致密的界面复合膜，对水相液滴起保护作用。另外，由于吸附和摩擦等作用使得液滴带电，带电液滴在界面两侧形成双电层结构，液滴间双电层的排斥作用使液滴难以聚集，因而提高乳液的稳定性。

乳状液界面膜理论表明，表面活性剂在乳液两相界面上形成界面膜，其紧密程度和强度是影响乳状液稳定的重要因素。当界面膜由复合乳化剂形成时，进一步降低界面张力而有利于乳化；按照吉布斯函数，界面张力减低就会引起表面吉布斯自由能的减少，体系就会趋于稳定，就可形成更为紧密的分子排列，从而大大增加界面膜的强度，不易破裂，分散相不易聚结。此外，两种乳化剂复配，增加液滴所带的电荷，加大乳状液滴之间的排斥力，使其在体系分散相液珠在做无休止的布朗运动时，受到碰撞而不易于破裂，因此避免水珠变大而降低乳状液的稳定性。

综上所述，采用亲油性强及亲水性强的两种表面活性剂复配，在界面上形成“复合界面膜”提高乳化效果，增加乳状液稳定性。这种复合膜比单一的表面活性剂所形成的界面膜紧密、强度高。故采用主乳化剂与辅乳化剂复配要比采用单一表面活性剂时乳状液乳化稳定性好。

此外，乳化剂还可能增加外相黏度。因为用于油包水钻井液的乳化剂大多具有两亲结构，主乳化剂的亲水亲油平衡值（HLB）一般小于 6，故属于亲油表面活性剂，其亲油（非极性）基团的截面直径大于亲水（极性）基团的截面直径。当主乳化剂在油相中的浓度超过临界胶束浓度（CMC）时，主乳化剂在油基钻井液中的油水界面层上（吸附状态）与在油相内（溶解状态）处于近似的动态平衡中。而主乳的加量一般都会远大于其本身在油相中的临界胶束浓度，因此有相当多的主乳化剂会进入外相中，这样就会增加外相黏度，在一定程度上会影响油基钻井液的流变性能。

2. 乳化剂的复配方式

乳化剂的复配方式有：（1）采用 2 个 HLB 值相差较大的非离子乳化剂复配；（2）采用阴离子和非离子乳化剂复配。

总结国内外油包水乳化剂的研究现状，选择乳化剂时可遵循以下规则：

（1）乳化剂应为两亲性的表面活性剂，其 HLB 值为 3~8。主乳化剂的亲油性强（HLB 值为 3~6），辅助乳化剂亲水（HLB 值为 7~9）。

（2）乳化剂亲油基的亲油性要强于亲水基的亲水性，非极性基团的截面直径必须大于极性基团的截面直径。

（3）盐类或皂类，应选用高价金属盐。

（4）能较大幅度地降低油水界面张力。

（5）可以形成具有一定强度的界面膜。

（6）抗温性能好，在高温下不降解，解吸不明显。这就要求在乳化剂的分子结构中支链的数量尽量少；主链上尽量不含酯键、醚键，最好含有酯环和芳环；分子中含强的水化基团，如磺酸基、酰胺基等，因为水化基团的稳定性在很大程度上决定了处理剂分子的抗高温能力。

（四）润湿剂

大多数岩石是亲水的。当重晶石粉和钻屑等亲水的固体颗粒进入油包水型钻井液时，它们趋于与水结合并发生聚结，引起黏度提高和沉降，从而破坏乳状液的稳定性。与水基钻井液相比，油包水钻井液一般切力较低，如果重晶石和钻屑维持其亲水性，则它们在钻井液中的悬浮会成为问题。为了避免以上情况的发生，有必要在油相中添加润湿控制剂，简称润湿剂。润湿剂是具有两亲结构的表面活性剂，分子中亲水的一端与固体表面有很强的亲和力。当这些分子聚集在油和固体的界面并将亲油端指向油相时，原来亲水的固体表面会转变为亲油，这一过程常称为润湿反转。

油包水乳化钻井液加入润湿剂，润湿剂吸附在颗粒表面，将亲油一端伸向油相，亲水的加重剂与钻屑颗粒表面迅速转变为亲油颗粒，从而保证它们能较好地悬浮在油相中。若油包水体系的润湿剂的性能较差，不能很好地将岩屑润湿悬浮住，造成岩屑下沉，在压持作用下重复的切屑岩石，不仅极大地减少了钻头的寿命，还会严重影响钻速。对于加重材料来说，若其固体颗粒表面没能形成较好的油湿性，则在油相中的悬浮性能不会很好，钻井液体系的稳定性都会遭到破坏。若固相过于油湿，故悬浮性会有所降低，固相也可能沉淀为十分坚硬的沉淀物，此时需加入提切剂来增加体系的切力，因此加入润湿剂保持固相适当的油湿状态是维持稳定乳状液的保证。

（五）降滤失剂

油基钻井液必须严格控制其滤失量，要求其滤液必须是油。降滤失剂在油基钻井液中起到降滤失作用。在油基钻井液中起降滤失作用的主要组分为微细固体颗粒、乳化液滴和胶体处理剂。首先，钻井瞬时滤失时，钻井液中细小固体颗粒伴随着钻井液侵入井壁外层形成内桥堵（细小固体颗粒要有适合的尺寸，颗粒尺寸为孔隙尺寸的 1/3 或 2/3 比较合适容易形成桥堵），桥堵形成一层薄滤饼（内滤饼）；其后，乳化液滴侵入在固体颗粒之间的孔隙并在压差下产生变形，密封固体颗粒之间的空隙，但空隙还是具有渗透性；最后，分散 / 溶解在油中的降滤失剂等颗粒 / 胶体充填在乳化液滴和固体之间的界面区域，阻止油相通过滤饼流入地层，随着滤液的侵入，越积越多的胶体吸附沉积在井壁表面，形成一层致密的滤饼（外滤饼）。以上 3 种钻井液组分共同作用，以达到降滤失的目的。

在滤饼或者岩石的毛细孔处，由于液体的贾敏效应而使钻井液中的乳化小液滴阻塞在孔喉处，而贾敏效应具有叠加性，则逐渐增加的微小水滴能在滤饼表面形成液阻作用，这种贾敏效应有助于阻止油性滤液继续向地层中渗滤，这是油基钻井液能显著降低滤失量的一个很重要的一个因素。

油基钻井液中所需的降滤失剂应具有以下基本特点：（1）在油中具有良好的分散性，大部分以胶体形式存在最好；（2）具有良好的配伍性，不会对钻井液流变性产生较大的影响；（3）具有一定的抗温能力；（4）原料来源广泛，价格便宜，制备工艺简单。

主要分为沥青类，有机褐煤类，聚合物类等。

1. 沥青类降滤失剂

沥青中主要含沥青质与胶质，当沥青中胶质含量越高，其软化点越低，在空气中加热氧化可使胶质转化成沥青质，提高沥青的软化点和沥青质含量。软化点低，氧化程度低的沥青，其中焦油含量大。焦油可溶解沥青，因而很难得到胶态沥青质分散物。所以，低软化点或氧化程度低的沥青在油包水乳化钻井液中难以起到良好的降滤失作用。提高沥青软化点，即提高其沥青质含量，也就是提高沥青质在油相中分散颗粒浓度，从而起到降滤失作用。一般选用软化点为 150℃以上的氧化沥青或天然沥青用作降滤失剂。

在油基钻井液中，沥青质在界面的吸附对界面膜强度起重要作用，并影响乳状液的稳定性。Shue 等测得沥青质甲苯溶液—水的界面张力随时间延长而下降。油—水界面张力随沥青质在界面上吸附量的增加而显著降低而最终达到平衡。将沥青类处理剂用于油包水乳状液中，电稳定性会有所上升，分散的沥青质能充分吸附在油—水界面膜中，此时沥青质也能堆砌形成另一界面膜层覆盖在油水界面层之上，在一定程度上增加了体系中液珠界面膜厚度、强度和黏弹性，使水珠更不易聚结，因而，沥青类物质起到了一种辅助乳化分散液珠的作用，体系稳定性随之有所提升。

2. 有机褐煤类降滤失剂

褐煤含有大量腐殖酸，腐殖酸（HA）是一类呈黑色或棕色的大分子天然化合物因其自身结构中含有多种官能基团，具有亲水性、络合能力以及较强的吸附分散能力：但腐殖酸通常是水溶性的，不能直接用于油基钻井液中，需要对其亲油改性，才能分散在油基钻井液中。主要使用有机胺对其改性，有机胺包括季铵盐和其他类型胺类。

钻井液瞬时失水期间有机褐煤在油相中分布的微细颗粒进入地层形成桥堵。首先，微细颗粒必须有合适的颗粒尺寸，颗粒尺寸为孔隙尺寸的 1/3 或 2/3 比较合适，容易形成桥堵。其次，桥堵形成后，较小的颗粒和细的胶体颗粒都会被滞留住，这些颗粒在地层内以一定的方式相互吸附交联，形成一层薄而韧的内滤饼，达到降低滤失量的作用。最后，在井壁上形成一个外层，即表面滤饼。随着滤液侵入地层，亲油胶体的胶体颗粒进一步吸附和沉积在井壁表面，形成一层致密的滤饼，井壁表面的渗透率大大降低，几乎接近于零。

滤饼的渗透率随颗粒的平均直径降低而降低；随颗粒尺寸范围的加宽而降低，也就是说合理的颗粒分配能够大大降低滤失量。滤饼的最小渗透率只有在超过一定比例的宽窄粒径过量时才能获得，而不是在尺寸成直线关系时获得。因此，颗粒尺寸的均匀分级相对说是第二位重要的。显然颗粒尺寸分布不能有较大的间隙，否则较小颗粒就会通过较大颗粒之间的孔隙。

3. 聚合物类降滤失剂

高分子聚合物降滤失剂是20世纪90年代才发展起来的，在抗高温、易分散、辅助调节流型等方面具有突出的优势，因而近年来逐渐得到关注。优良的降滤失剂应具有如下性质：具有很高的抗温能力（$>210℃$），降滤失剂支链要少，主链上尽量不含有酯键、醚键等；降滤失剂应该有很好的油溶性，在油中能够很好地分散；降滤失剂应该与油基钻井液的其他处理剂有很好的配伍性，至少不会对钻井液的乳化性能和流变性造成较大的影响；降滤失剂应该具有无毒或低毒特性，不会对环境造成损害；降滤失剂的原料应该具有广泛的来源，价格便宜，易于加工生产。

此外，还有橡胶及改性物、聚苯乙烯及改性物、丙烯酸酯类改性物、聚合物微球等类油基钻井液聚合物类降滤失剂。

（六）有机土

有机膨润土是由有机离子或中性分子以共价键、离子键、氢键、偶极键以及范德华力和库仑力与蒙脱石结合而成的蒙脱石有机复合物。作为油基钻井液中最基本的亲油胶体，有机膨润土主要用来提高油基钻井液的黏度和切力，同时降低滤失量，其性能的好坏直接影响钻井液的流变性和滤失性。

膨润土是一种以层状硅铝酸盐蒙脱石为主的黏土颗粒，具有很强的吸附能力和膨胀性等性质，但是由于其表面的强亲水性，使其与有机溶剂的亲和力有限，从而限制了在油基钻井液中的应用。在适当条件下采用有机阳离子将膨润土层间无机阳离子交换出来，或者直接在膨润土层间插入有机分子，降低硅酸盐片层的表面能，撑大膨润土层间距，改善膨润土层间的界面极性和化学微环境，所得产物即为有机膨润土。

制备有机土通常选用钠蒙脱石与锂蒙脱石，锂蒙脱土具有良好的悬浮和增稠性能。采用季铵盐阳离子表面活性剂、磷脂衍生物、苯甲酸和葡萄糖酸等有机酸化合物、非离子表面活性剂等进行阳离子交换作用，用静电吸引的方式来紧密连接胺基所带烷基是亲油性较强的长链烃基，当与带有适当长度的链状烃基阳离子表面活性剂反应后，其烃基能覆盖在膨润土表面，这样膨润土的极性基就被覆盖住，从而使改性后的膨润土显示了良好的亲油性能，改性后的膨润土称为有机土。

（七）激活剂

由于不同油基钻井液所用油品有所差异以及有机膨润土的品质也有所不同，当有机膨润土的造浆能力达不到油基钻井液所需的黏度和切力要求时，为增强有机土在油中的胶凝性能，常需借助极性活化剂，该剂一般使用小分子极性物质作为有机膨润土增效剂以促进有机膨润土在油基钻井液中的分散、活化，如丙酮、甲醇/水、乙醇/水、己一酮内烯碳酸酯、二甲基甲酰胺等。有机膨润土激活剂特点为：在较短时间内能使有机土在油相中迅速润湿、分散、溶胀成胶，从而改善和提高有机土的成胶率和造浆能力。关于其作用机理，推测可能是此类极性分子的加入改变了非极性溶剂的介电常数，使得有机土与分散介质间溶度参数相近，从而有助于有机土一定程度上的膨胀与分散。同时，极性活化剂分子可吸附于黏土片层上，也可在一定程度上改善其疏水性及促进其膨胀与分散。较多研究指出，介质内少量水分的存在对于油基钻井液黏切的提升具有重要的作用，推测可能是水分子吸附于有机土中极性黏土表面处，产生较大的偶极使得颗粒间极性相互作用（范德华力）增强，同时少量水的存在有助于黏土片层间的氢键结合，从而有助于体系内三维网架结构的形成，进一步提升有机土的胶凝效率。

（八）碱度调节剂

氧化钙（俗称石灰，分子式 CaO）是油基钻井液中使用的碱度调节剂，也是油基钻井液的必要组分，其主要作用有以下方面：（1）提供的 Ca^{2+} 有利于二元金属皂的生成，从而保证所添加的乳化剂可充分发挥其效能；（2）维持油基钻井液 pH 值在 9~11 范围内，以利于防止钻具腐蚀。

随着井底温度的增加，钻井液体系碱度的调节变得更加关键，CaO 的加入使体系表现出以下几个特点：

保持分散相水相的 pH 值在碱性范围内，使乳化剂和各处理剂在碱性范围内获得最佳性能，还能有利于防止钻具受到腐蚀侵害。

钻井液若维持合适碱度的结果，能够实现油基钻井液的高温稳定性。

油基钻井液钻井时可能碰到的酸性气体 H_2S 和 CO_2。会降低水相的 pH 值而污染油基钻井液，改变乳化剂在钻井液中的溶解度，乳化稳定性易遭到破坏，导致钻井液流变性变差。通过测量体系的碱度变化来判断酸化气体污染钻井液的程度，还可作为消除酸性气体污染的方法。

由于使用的 $CaCl_2$ 这种电解质具有电离性质，CaO 加到体系中可保持碱度以防正电离的发生。

过量的石灰是有害的，过高的碱度也会引起流变性数值的增加，石灰随着循环时间和温度而消耗，在新的和不稳定的体系中消耗十分迅速。因而进行碱度测定并维持在合适范围是非常必要的。一般要求钻井液中碱度值须保持在 1.5~2.5 范围内。

二、高温高密度油基钻井液维护处理难点

在高温高压条件下，与水基钻井液体系相比，采用油基钻井液体系进行施工，具备以下优点：

（1）油基钻井液抗温能力更强；

（2）油基钻井液抗盐能力优秀；

（3）有利于井壁稳定；

（4）润滑能力优异；

（5）对油气层伤害小。

尽管油基钻井液具备以上优点，但是由于成本与毒性原因，国内目前勘探开发过程中仍以水基钻井液为主。困扰高温高密度油基钻井液广泛应用的难点主要有：高温高压对油基钻井液流变性影响大与油基钻井液防漏堵漏材料少两个方面。

（一）高温高压对油基钻井液流变性能的影响

高温对油基钻井液流变性的影响主要表现在黏度上。在常压下，油基钻井液黏度受温度的影响较大。由于油基钻井液以油为外相，因此，外相油黏度的高低决定了油基钻井液黏度的大小，可见油基钻井液在常压下受温度的影响来源于配制的基础油类。

实验表明，温度对油基钻井液黏度的影响主要体现在以下几个方面：

在常压下随着温度升高，油基钻井液的流变性（表观黏度、塑性黏度及动切力）均大幅度地降低，其降幅将随着温度的升高而逐步减缓下来。

不同基础油类（如柴油与白油）配成的油基钻井液流变性在常压下受温度的影响程度也不尽相同。而其变化规律与配浆的基础油相似，其中以柴油配制者降幅最大。因此选用受温度影响幅度较小的基础油类配制的油浆更能适应深井钻井的需求。

在常压下，即使选用温度效应较小的油基加重钻井液，也会因在150℃以上出现加重剂沉淀现象，故对加重油基钻井液的使用应特别注意。

在常温下，压力对水基钻井液的流变性的影响基本不大，而对油基钻井液却产生了较大的影响，主要体现在以下几个方面：

（1）在定温下，随着压力的上升，无论哪种基础油配制的油基钻井液流变性包括表观黏度、塑性黏度及动切力都随之逐步增加，渐渐变稠。

（2）基础油性质不同，受压力的影响程度也不尽相同。柴油的增黏幅度最大，每100MPa可高达平均3.11倍。

（3）油基钻井液受压力的影响也表现出与基础油相似的规律。其流变性的增幅每100MPa分别为：动切力最大达3.30%、塑性黏度215%、表观黏度147.6%。

（二）油基钻井液防漏堵漏材料缺失

油基钻井液的漏失问题日益突出，大大限制了其规模化推广应用。针对油基钻井液漏失问题，国内外专家学者开展了大量的理论与实验研究工作。Onyia研究发现，使用水基、油基钻井液的地层初始破裂压力基本相同，但使用油基钻井液的裂缝延伸压力与裂缝重开启压力远远小于水基钻井液，这是由于油基钻井液滤饼无法实现裂缝尖端压力隔离而引起的。Dupriest与Benaissa等进一步指出，约90%的钻井液漏失问题是由天然或诱导裂缝的延伸扩展引起的，而裂缝延伸压力较低则是导致油基钻井液严重漏失问题的根本原因。Aderibigbe则开展了一系列力学测试评价实验，研究表明，一旦油基钻井液沿着微裂缝或连通孔隙侵入地层内部，乳化剂和润湿剂等表面活性剂组分与地层岩石表面接触，将改变地层岩石的表面性质，导致岩石抗拉抗剪强度降低，极易产生诱导裂缝，引起大规模钻井液漏失。为此，国内外先后研发了热固性橡胶、吸油膨胀树脂、油基凝胶、复合堵漏剂等油基钻井液堵漏材料，并开展了相关现场试验，但尚未形成油基钻井液高效防漏堵漏配套技术措施。

三、高温高密度油基钻井液维护处理原理

（一）高温高密度油基钻井液流变性控制原理

高温高密度油基钻井液的流变性控制是首要难题，通常情况下油基钻井液流变性的突变意味着沉降性能变化，这是由于高密度钻井液的固相含量过高所致。有机土、润滑剂、降滤失剂、加重材料等钻井液处理及都会对钻井液流变产生重要影响。高密度钻井液由于其过高的固相含量，导致体系中各种固相颗粒的不断分散，流变性不能有效控制从而导致稳定性变差，使得钻井工作难以继续开展。合适的密度，良好的流变性、良好的高温稳定性、良好的失水造壁性、良好的抗污染性能、良好的润滑性、较强的抑制性以及能很好地保护油气层等是对高密度钻井液的技术要求，因此必须合理使用有机土、提切剂、润湿剂、降滤失剂，在提高流变性、保持沉降稳定的基础上，满足深井施工的技术要求。

油基钻井液体系中关键处理剂品种的优选很重要，需要有良好的抗温性和增黏提切效果：

（1）有机土加量越高，钻井液流变值越大，但并不是加量越大越好，要选择适当的流变值；

（2）提切剂可以提高钻井液体系的切力，提切剂加量要与有机土加量进行配比，才能充分发挥作用，提切剂加量过低或过高都不能最好地提高切力；

（3）润湿剂加量对钻井液流变性影响较小，但其影响钻井液静态沉降稳定性，润湿剂加量不能过低或过高，应根据加重剂的量选择合适的润湿剂加量；

（4）降滤失剂加量一方面影响钻井液流变性，另一方面还决定着体系的滤失性，优选加量时同样应该考虑两个方面。

（二）高温高密度油基钻井液防漏堵漏技术

油基钻井液防漏堵漏的技术依据“刚柔并济，变形封堵，细粒充填及限制渗透”的堵漏原理，利用刚性封堵剂的刚性，使其在与其尺寸相匹配的裂缝中某个位置卡住，起到架桥作用，而具有可变形性的柔性粒子能减小填塞层的渗透性，相对较小粒径的弹性颗粒填充裂缝并最终堵住裂缝，形成高强度的堵塞层，从而提高地层的承压能力，有效降低和防止堵漏材料的返吐，防止钻完井等后续作业时发生漏失。选择随钻堵漏材料最重要的一点是，要求堵漏材料与油基钻井液无明显的化学作用，对钻井液性能无影响，且具有一定的耐水、耐油、耐温能力；同时，还可以配合选择使用不同形态、不同软硬程度、不同粒径或者有弹性的材料。刚性、可变形和弹性堵漏材料的主要性能要求为：

（1）刚性堵漏材料为防漏堵漏体系的主要架桥粒子，在优选该类材料时，除了对其粒径有一定的要求以外，还要考虑其在钻井液中的悬浮稳定性和承压能力，所以要综合考虑材料的抗压强度和密度；

（2）可变形堵漏材料为柔性堵漏材料，能在温度作用下产生一种可塑性高强凝胶，具有一定的变形能力，挤入裂缝后能随着裂缝的形状改变填塞漏层缝隙，减小填塞层的渗透

性，有效阻止钻井液向地层漏失；

（3）弹性堵漏材料为封堵微裂缝和诱导裂缝的关键，能在压力作用下挤入微裂缝中，在自身弹性作用下增大与裂缝面的摩擦，增加整个封堵层的弹性，避免堵漏材料向裂缝深处滑动，或者由于地层呼吸作用产生返吐。

四、高温高密度油基钻井液体系与现场试验

（一）油基钻井液配置与性能调整

高温高密度油基钻井液配制有两种方法：一是在现场直接配制高密度油基钻井液；二是采用回收的油基钻井液现场调整性能。

1. 配制油基钻井液设备

（1）试用循环、加重系统及固控设备，确保处于正常工作状态。重点关注并更换高频振动筛，保证振动筛能正常工作使用，配备高频适合高密度钻井液体系的离心机。

（2）准备好储备罐到循环罐的转钻井液泵与管线，必要时配置 4~5 个大功率的螺杆泵，螺纹管需要备足 50~80m。保证倒钻井液和替浆作业连贯。

（3）罐区配置阀门、电源开关要防火防爆及排气通风。

（4）所有的阀门等的橡胶件应耐油和耐腐蚀，以保证使用时的密封性。

（5）提供从储油罐到钻井液罐的安全的供油管线。

2. 现场配制高密度油基钻井液新浆

以配制柴油包水钻井液为例：把所需的柴油先加入配浆罐中，按配方，把计算好数量的材料数量，依次加入主乳化剂、辅乳化剂、润湿剂、石灰，经过充分的搅拌和剪切，离心泵不停，如有钻井液枪最好开钻井液枪，每种材料加入后都要搅拌 10~20min，全部加完后至少循环并剪切 30min。直到全部加入材料溶解 / 分散为止，完全混合均匀后就可得到稳定的体系。

然后准备浓度为 25% 的 $CaCl_2$ 盐水，将 $CaCl_2$ 盐水缓慢混入柴油乳化液中。在加入过程中，最好在钻井液枪等专门设备强有力的搅拌下充分混合，以便尽快形成乳化液。在继续搅拌下加入降滤失剂、石灰和有机土，待乳状液稳定形成后，在加重前，应进行全套性能检测。如性能满足要求，则通过加重漏斗和剪切泵加入重晶石以达到所要求的密度。控制合适的加重速度，如重晶石被水润湿，会使钻井液中出现粒状固体，这时应降低加入重晶石的速度，并适当增加润湿剂的用量。

3. 回收油基钻井液调整转化为高密度油基钻井液

回收的油基钻井液送至现场调整转化为高密度钻井液方法有两种：第一种是配制新浆与老浆混合，达到设计性能要求；第二种方法是在回收的油基钻井液中加入各种处理剂，达到设计性能要求。回收的油基钻井液必须充分使用离心机来降低其无用固相含量和密度，取样并对钻井液性能做全面检测，根据实际测得的性能，通过计算首先调节油水比，然后根据小型实验结果，补充主乳化剂、辅乳化剂、有机土、润湿剂、降滤失剂、石灰等处理剂，最后使用高密度重晶石调节密度，充分循环剪切后调整转化为高密度油基钻井液。

4. 用现场高密度油基钻井液降密度调整转化为钻储层段中高密度钻井液

钻进储层段油基钻井液密度一般为1.80~1.95g/cm^3，是用钻盐膏层高密度钻井液加入基液后降密度转化而成。

先对高密度钻井液用离心机清除无用固相，配制基液进行稀释。配制油基钻井液胶液时，遵循以下步骤；在柴油中缓慢加入有机土、石灰、主乳化剂、辅乳化剂、$CaCl_2$盐水（用另一个池子提前配好）、降滤失剂、胶液，配好后让其循环剪切1~2h。现场作业期间，至少保证有两个钻井液罐参与配制基液，降密度期间，保持一个钻井液罐打油基钻井液基液，另一个罐向循环罐补充基液降密度。按照循环周均匀地通过螺杆泵向循环罐中补充胶液，降低钻井液密度至钻进储层要求的设计密度，一般需要多个循环周，保证密度均匀。

（二）油基钻井液体系替换

下面介绍配制好的油基钻井液替换原井浆中水基钻井液流程。

1. 替浆前检查

根据井身结构，确保有充足的油基钻井液量。确保替完浆后能迅速建立循环或钻进，确保所有在替浆过程中所需要的设备能正常工作，如螺杆泵、加重泵、管线等；确保所有钻井液罐、闸板、振动筛、出口管线和阀门可操作并按计划处于开 / 关位置；确保所有人（包括钻台人员、泵工、振动筛人员、钻井液工程师、录井人员）到岗；注意钻井液罐的调整和体积变化。

2. 替浆作业

（1）确保水基钻井液循环充分后，停泵，迅速放空钻井液泵上水管线的水基钻井液清理上水管线，连接好管线后，排空气和试压。

（2）隔离液罐上水，打入隔离液2~4m^3。

（3）将钻井液泵上水管调至油基钻井液罐，将油基钻井液替入井内；替浆时，用其他钻井液罐往上水罐补充体积。返出的水基钻井液进回收罐。实际替浆量由钻井液工程师同录井人员核对，录井人员需要在罐面记录替浆量。替浆时，钻井液泵的排量可根据井身结构和使用水基钻井液时的排量决定。

（4）钻井液工程师确认返出井浆破乳电压大于150V后停泵，关闭所有闸板和阀门，将锥形罐中的水基钻井液清理干净，封好挡板。清理钻井液循环槽，经钻井液工程师确认钻井液罐及钻井液槽管线清洁后，开启振动筛（筛布换为100目），返回的钻井液经锥形罐—钻井液槽—流入循环罐内建立循环。

（5）开始慢慢开泵，按照钻井液工程师的建议逐渐增加泵速，防止跑浆。充分循环剪切油基钻井液，测定钻井液性能，做出及时调整。

3. 注意事宜

（1）替浆排量在设备的额定工作范围内尽可能地大，以保证顶替效果。

（2）钻井液工程师负责观察油基钻井液和水基钻井液界面。录井人员协助计量替入的钻井液体积和返出的时间。

（3）根据现场实际情况，可作出及时调整。

（4）听从监督指挥，保持及时沟通。

（三）维护处理措施

1. 油基钻井液日常维护处理

（1）密度的调整：根据地层压力系数调整初始钻井液密度开始钻进。在钻进过程中，根据井下情况、气测值的大小、后效气测值的大小、单根气的大小、起下钻阻卡和漏失与溢流情况，逐步调整钻井液密度，温度和压力对钻井液密度的影响将会很明显。而超深井段温度可达 180℃以上，对井下钻井液密度会有显著影响，现场工程师使用软件计算井筒内的实际液柱静压力、钻井液当量循环密度（ECD）和循环池内钻井液的体积，并以此为依据调整钻井液密度和判断是否存在溢流或井漏等。

（2）流变性的调整。

①油基钻井液体系黏切高的原因是体系内劣质固相含量增加，处理方法：降低固相含量；提高油水比，直接向钻井液内加柴油。辅助加入乳化剂和润湿剂，提高乳化稳定性和固相的亲油性。

②油基钻井液体系黏切低处理方法：加入有机土、悬浮剂、流变性调节剂。提高体系整体黏切，辅助使用增黏剂，重点提高体系悬浮力。特殊情况可降低油水比，直接向钻井液内加入盐水，辅助加入乳化剂和润湿剂，提高乳化稳定性和固相的亲油润湿性。

（3）滤失量的控制。日常维护时直接向钻井液内加入降滤失剂，提高滤饼质量。

（4）油水比的控制。根据性能需要，适当调控保持油水比。

（5）乳液稳定性的控制。电稳定性是衡量油基钻井液稳定性的一个重要参数。通常其破乳电压大于 500V。破乳电压的大小通常跟油水比、电解质的浓度、水润湿固体、处理剂、剪切状况、温度等有关。在现场防止地层水的侵入，加入柴油，提高油水比，再加入乳化剂、润湿剂、氯化钙、石灰来处理，使电稳定性逐步上升。

高温高压的滤液中不应该含有自由水。若高温高压滤失有增大趋势或滤液中有自由水，应立即将主辅乳化剂直接加入体系或预混合后加入体系。如果因提高密度需要而在钻井液中直接加入重晶石，应随时补充乳化剂以保持重晶石的湿润性。保持一定量的未溶石灰（14~17kg/m^3）。体系的电稳定性在 65℃时，应保持在 500~800 V。

（6）劣质固相含量的控制。劣质固相是导致油基钻井液体系性能变差的最重要原因。因此，要想保证油基钻井液体系性能稳定良好，必须严格控制劣质固相含量，提高固控设备使用率，换高目数的筛布，充分使用离心机。

（7）控制水相氯化钙浓度。水相氯化钙浓度控制在 25% 左右。

（8）碱度控制。油基钻井液体系中过量石灰体现出碱度及乳化稳定性。必须保证体系中过量石灰在 3mg/L 以上。钻井过程中，石灰含量会有消耗，应每天检测碱度并根据其需要添加石灰。

（9）其他性能的控制。

①破乳通常是因为乳化剂不足、剪切不够或水湿性固体增多导致。此时体系的电稳定性降低，滤液中有自由水出现。在钻井液罐的液面上有时可以看到油带，钻井液暗淡粗糙。常用补救方法为添加乳化剂和石灰，并伴随长时间搅拌。

②一旦出现固相的大量沉淀和振动筛上糊状泥团等现象，表明体系有润湿反转风险，此时应添加强效油湿表面活性剂，避免润湿反转。

2. 油基钻井液复杂预防与处理

1）高压盐水污染的预防与处理

（1）钻遇高压盐水层前。

①注意观察并记录钻井液罐液面、回流速度以及钻井液的入口与出口密度。确保钻进和起下钻时井内钻井液量正常。

②井控工程师与井场地质专家准确预测所需钻井液密度。

③适当提高钻井液油水比和破乳电压，保证体系性能良好。

④当钻井参数或地质条件变化时，采用低泵冲循环。

（2）钻遇高压盐水层后。

回收返出钻井液至别的钻井液罐，测量并记录返回钻井液性能。钻井液如遇盐水污染，应首先进行盐水污染监测判断，然后根据污染的程度进行分别处理。

①少量的小型污染，控制进口密度恒定，以保证井下不会进一步出盐水，可考虑适当加重钻井液。

②油基钻井液体系黏切低的处理方法：加入有机土、悬浮剂、流变性调节剂。提高体系整体黏切，辅助使用增黏剂，重点提高体系悬浮力。特殊情况可降低油水比，直接向钻井液内加入盐水，辅助加入乳化剂和润湿剂，提高乳化稳定性和固相的亲油润湿性。

③根据关井压力或钻井液受污染的情况决定加重钻井液的密度。控制入口钻井液的密度至设定的范围内，加柴油和乳化剂恢复油水比和乳化稳定性。

④对已经受到严重污染的油基钻井液，倒入其他罐内进行恢复处理，恢复油水比和钻井液的其他性能。

（3）滤失量的控制。日常维护时直接向钻井液内加入降滤失剂，提高滤饼质量。

（4）油水比的控制。根据性能需要，适当调控保持油水比。

（5）乳液稳定性的控制。电稳定性是衡量油基钻井液稳定性的一个重要参数。通常其破乳电压大于500V。破乳电压的大小通常跟油水比、电解质的浓度、水润湿固体、处理剂、剪切状况、温度等有关。在现场防止地层水的侵入，加入柴油，提高油水比，再加入乳化剂、润湿剂、氯化钙、石灰来处理，使电稳定性逐步上升。

高温高压的滤液中不应该含有自由水。若高温高压滤失有增大趋势或滤液中有自由水，应立即将主辅乳化剂直接加入体系或预混合后加入体系。如果因提高密度需要而在钻井液中直接加入重晶石，应随时补充乳化剂以保持重晶石的湿润性。保持一定量的未溶石灰（14~17kg/m^3）。体系的电稳定性在65℃时，应保持在500~800V。

（6）劣质固相含量的控制。劣质固相是导致油基钻井液体系性能变差的最重要原因。因此要想保证油基钻井液体系性能稳定良好，必须严格控制劣质固相含量，提高固控设备使用率，换高目数筛布，充分使用离心机。

（7）控制水相氯化钙浓度。水相氯化钙浓度控制在25%左右。

（8）碱度控制。油基钻井液体系中过量石灰体现出碱度及乳化稳定性。必须保证体系中过量石灰在3mg/L以上。钻井过程中，石灰含量会有消耗，应每天检测碱度并根据其需要添加石灰。

（9）其他性能的控制。

①破乳通常是因为乳化剂不足、剪切不够或水湿性固体增多导致。此时体系的电稳

定性降低，滤液中有自由水出现。在钻井液罐的液面上有时可以看到油带，钻井液暗淡粗糙。常用补救方法为添加乳化剂和石灰，并伴随长时间搅拌。

②固相的大量沉降和振动筛上糊状泥团表明钻井液中的固体或井眼已反转为水湿性。此时应添加强效油湿表面活性剂，以解决问题。

2）钻井液污染的预防与处理

钻井液污染主要来自替浆作业及固井水泥浆。

处理措施：监测混浆性能，排放掉破乳电压小于 100V 的被污染油基钻井液。对已受污染的油基钻井液，倒入其他罐内进行恢复处理，恢复油水比和钻井液的其他性能。

3）油气侵的预防与处理

油气侵会使油基钻井液黏度和密度下降。

预防及处理措施：选择合适的钻井液密度，适当降低油水比，提高破乳电压，保证钻井液内有过量的乳化剂，及时补充增黏剂。

4）酸性气体侵的处理

（1）发生二氧化碳气体侵入时，应及时加入生石灰处理，控制钻井液体系中过量石灰在 12mg/L 以上，并提高钻井液密度。

（2）进入含硫化氢地层前，应及时加入生石灰处理。保持钻井液体系中石灰在 12mg/L 以上，并加入除硫剂进行预处理。

（四）常见问题及对策

油基钻井液常见问题及对策见表 4-2-1。

表 4-2-1　油基钻井液常见问题及对策

问题	原因	对策
表面无光泽，粗糙，有颗粒状结构，甚至液面有自由水	（1）乳化剂不足； （2）存在水污染； （3）水相内 $CaCl_2$ 过饱和或钻盐层造成盐污染； （4）加重晶石速度太快； （5）大量钻屑侵入； （6）天气太冷； （7）受到水基钻井液污染	（1）补充乳化剂及必要的石灰； （2）恢复正常的油水比，切断水污染源； （3）增加机械剪切； （4）减慢加入重晶石速度，加强剪切强度 并加润湿剂； （5）加强固控，降低钻进速度； （6）控制污染源，放弃严重污染的部分
黏度太高，表观黏度、塑性黏度和动切力及静切力都较高	（1）油水比太低，或含水量上升； （2）固相大量侵入，甚至引起固相水湿； （3）酸性气体（主要是 CO_2）污染； （4）化学处理过度； （5）井下温度升高	（1）加油并制止水侵入，添加乳化剂及润湿剂； （2）加强固相控制，加油或加润湿剂； （3）添加石灰维护碱度
黏度低，动切力和静切力也低	（1）油水比太高，缺少可乳化的水； （2）缺少增黏剂； （3）新配油基体系未达稳定状态； （4）加入电解质速度太快； （5）井下气体侵入造成稀释	（1）补加水和水相电解质； （2）添加增黏剂； （3）减慢加入电解质速度，严密注意水润湿现象； （4）添加润湿剂、主乳化剂及石灰，控制气侵
重晶石沉淀	（1）加重晶石速度过快或缺乏润湿剂； （2）切力小，悬浮能力低； （3）电稳定性不足； （4）较多水侵入使重晶石水润湿	（1）添加乳化剂和润湿剂并放慢重晶石加入速度； （2）添加有机土等增黏剂； （3）加强搅拌并延长时间
电稳定性连续增大	（1）侵入较多原油或加入柴油； （2）水相因蒸发而减少； （3）对新浆增加机械剪切和提高温度促进乳化	（1）应维持合适的油水比，添加乳化剂和必要的石灰； （2）补加水或盐水，保持水相电解质浓度； （3）维持正常搅拌即可，适当控制碱度

续表

问题	原因	对策
电稳定性连续下降	（1）水侵入较大； （2）加入大量电解质使固相水润湿； （3）长期静止； （4）化学处理不足； （5）正在发生水润湿固相； （6）在测性能时，样品的温度偏高	（1）加油或新浆，添加乳化剂和必要的石灰； （2）减慢加入电解质速度，添加乳化剂和润湿剂，适当加水以降低电解质浓度； （3）恢复循环和加强搅拌； （4）每次测试样品的温度应统一

五、高温高密度油基钻井液现场应用

高温高密度油基钻井液体系（INVERMUL）以抗高温乳化剂、抗高温辅乳化剂、降滤失剂和增稠剂等为主要添加剂，主能解决高压、高温（204℃）和高密度（2.2g/cm^3）条件下重晶石的沉降问题。

（一）体系特点

（1）高温条件下（≥200℃），乳化剂稳定性强，确保体系具有良好的流变性能、滤失性能和滤饼质量。

（2）高油水比能抗较大量的水或盐水浸污，具有优良的抗污染性。

（3）超强抑制性，确保井壁稳定，井眼更规则。

（4）对高压页岩地层，可以用更低的密度钻井液进行钻进。

（5）优良的润滑性。

（6）防腐抗磨性能好，对井下工具、泵和管线的伤害降到最低。

（7）维护简单，维护量小。

（8）回收重复利用率高，综合成本低。

（二）体系的配方及性能

油基钻井液体系配方与性能参数见表 4-2-2 和表 4-2-3。

表 4-2-2　油基钻井液配方表

处理剂名称	功能作用	浓度，kg/m^3
EZMULNT	高温辅乳化剂	20~35
INVERMULNT	高温主乳化剂	20~35
DURATONEHT	高温降滤失剂	15~25
CaO	皂化、调碱度	20~45
GELTONEV	高温增稠剂	5~8
$CaCl_2$	调矿化度	30~45
DRILTREAT	高温润湿剂	2~5
OMC	高温降黏剂	1~3
SUSPENTONE	高温增稠剂	3~6
高密度重晶石	加重剂	根据需要
水		根据油水比

表 4-2-3　高温高密度油基钻井液基本性能表

性质	参数	性质	参数
相对密度，g/cm^3	2.00~2.40	动切力，Pa	6~18
油 / 水比	80/20~95/5	静切力（10s/10m），Pa	2~5/5~18
破乳电压，V	≥ 500	低固相，%	≤ 5
HTHP 滤失量（30min/180℃ /500psi），mL	≤ 6.0	EXLime 过量石灰	≥ 5

（三）高温高密度油基钻井液体系的现场维护与处理

1. 体系的维护处理工艺

（1）根据性能需要，适当保持油水比（OWR）。随着密度逐渐升高，油水比升高，油水比最高 90∶10。

（2）确保钻井液中的乳化剂含量在设计范围内，同时要及时测定电稳定性，补充乳化剂来确保钻井液乳化效果，防止破乳发生。

（3）高温高压滤液中不能含有自由水。若 HTHP 滤失量有增大趋势或滤液中有自由水，应立即将主辅乳化剂直接加入体系或预混合后加入体系；因提高密度需要在钻井液中直接加入重晶石时，应随时补充乳化剂，以保持重晶石的湿润性，保持一定量的未溶石灰量，体系的电稳定性应大于 400V。

（4）良好的井眼清洁是关键，保证钻井液在高流速下具有剪切稀释性，而在低流速下具有较高的黏切。低剪切速率下的黏切可用流型调节剂来调节，以维护钻井液的 6/3 转读数维持在所需范围之内。SUSPENTON 和 RM-63 能够在不影响高转数读数的条件下，提高钻井液对加重材料的悬浮能力，可以根据情况适当加入。

（5）根据钻进过程中钻井液流变性能的变化，现场工程师应每天监测钻井液的氯离子和钙离子含量，若其含量过低，应适当补充 $CaCl_2$ 来调整。

（6）温度和压力对钻井液密度和体积的影响较大。在温度达到 180℃以上时，对井下钻井液密度会造成显著影响，现场工程师要依据 DFG 模拟计算井筒内的实际液柱静压力、ECD 和循环池内钻井液的体积，调整钻井液密度，判断是否存在溢流或井漏等。

（7）高效固控对保持钻井液性能稳定具有特别重要的意义，要尽可能使用细的筛布（180 目的筛布较合适）。筛布出现破损应及时更换，现场尽量使用最大目数的筛布，以降低固相含量，并对排量等钻井参数进行优化。现场需配备柴油喷头清洗振动筛，不能用水清洗。

（8）起钻、测井和下套管前要注入低滤失、强乳化优质钻井液，要保证钻井液高温高压下长时间的性能稳定。

2. 体系维护处理难点

（1）井浆密度和材料浓度有关，不同井浆密度时，体系中各种材料的浓度不同，具体浓度根据现场施工情况决定。

（2）INNOVERT 体系为无土相体系，适当的低密度固相有利于体系的流变性和降滤失作用，但低密度固相过量时，也会导致一系列事故复杂产生，必须杜绝。低密度固相应控制在 6% 以下。

（3）如果体系流变性好，但破乳电压不高，可待钻井液循环2~3周后再测定，如仍不高，可补充EZ-MUL、FACTANT和LIME。

（四）高温高密度油基钻井液体系的现场应用

以INVERMUL体系的应用效果为例。

KS504井设计井深6845m，完钻井深6798m，井底最高温度为154℃。该井盐膏层段难点及对钻井液的要求如下：

（1）膏盐岩层裸眼段长达3741m，井漏、溢流、卡钻风险较大。泥岩、盐岩、膏盐侵入钻井液现象严重，必须保证钻井液具有优良的抗污染能力，同时做好固相控制工作。

（2）保证钻井液具有很高的盐水相容性，能有效避免因盐水污染而带来的卡钻风险，保证钻井液具有良好的乳化性及较高的油水比。

（3）严格控制钻井液的高温高压失水，保证形成坚韧而薄的滤饼，复配优质高效沥青类材料，保证井壁稳定。

（4）保证钻井液始终保持较低的固相含量和良好的流型，以有利于井壁稳定，同时也可以降低开泵时的激动压力，尤其是在下部白云岩易漏地层，可有效减少井漏现象发生。

针对上述难点，现场应用的钻井液配方见表4-2-4。

表4-2-4　KS504井现场高温高密度油基钻井液配方表

处理剂名称	功能作用	浓度，kg/m^3
EZMULNT	高温辅乳化剂	25
INVERMULNT	高温主乳化剂	25
DURATONEHT	高温降滤失剂	18
CaO	皂化、调碱度	25
GELTONEV	高温增稠剂	5
$CaCl_2$	调矿化度	35
DRILTREAT	高温润湿剂	2
SUSPENTONE	高温增稠剂	4

盐膏层井段对应的钻井液主要性能见表4-2-5。

表4-2-5　KS504井盐膏层井段高温高密度油基钻井液性能表

井深 m	密度 g/cm^3	漏斗黏度 s	静切力	表观黏度 mPa·s	塑性黏度 mPa·s	动切力 Pa	油水比	破乳电压 V
2684	2.20	96	4/5	60	54	6	80/20	545
3622	2.28	88	5/8	82.5	73	9.5	83/17	560
4675	2.32	85	5/8	85	79	6	85/15	550
5612	2.32	88	6/7	78	73	5	85/15	546
6416	2.38	108	4/7	82.5	76	6.5	90/10	530

第三节　超深井井壁稳定机理和技术

一、超深井井壁稳定机理

钻井过程中常遇的一种主要难题是保持井眼稳定。如果井眼不能保持通畅，就必须需要下套管。很显然，一个井筒所能下套管的级数是有限的。井眼失稳主要有软塑性地层受压挤向井筒和硬脆性地层受应力作用剥落。最常见的是泥页岩垮塌，伴随井眼扩大、掉块架桥和起下钻期间堵塞井眼。这些问题造成了钻井时间及成本的大大增加，甚至导致如卡钻、侧钻等更大的井下事故。

本节将从硬脆性泥页岩井壁稳定机理和盐膏层井壁稳定机理两个方面分别论述。

（一）泥页岩井壁稳定机理

泥页岩是一种成分多变的广为分布的沉积地层的名称。大多数情况下，泥页岩主要由粉砂和黏土两种组分组成并含有数量不等的微量组分。对于泥页岩在液相介质中的稳定，粉砂和黏土两种组分起着决定性的作用。给出了泥页岩地层中的粉砂和黏土两种组分的排列方式及其两者之间的粒度关系。粉砂只是泥页岩中的非常细小的砂粒，而黏土则是控制泥页岩构造和物理性质的主要因素。因此，从泥页岩的稳定性出发，可以把黏土分成两类，即膨胀性或蒙皂石黏土和非膨胀性或非蒙皂石黏土。

这两类黏土可以简单地定义为在有水存在的条件下，膨胀性或蒙皂石黏土的体积可因吸水而增加数倍；非膨胀性或非蒙皂石黏土的体积膨胀通常不会超过百分之几。一般说来，蒙皂石黏土和非蒙皂石黏上代表的仅是两种极端类型，天然产出的混合黏土多具有中等程度的膨胀性。除了膨胀以外，在像水一类的极性液体中，不论是膨胀性黏土还是非膨胀性黏土均会发生分散。显然，对于泥页岩井壁的稳定，黏土矿物的作用非常重要。

1. 膨胀性泥页岩井壁稳定机理

膨胀性泥页岩具有可以吸附水和离子的亲水表面。悬浮液中的膨胀性或蒙皂石黏土的水化使颗粒与颗粒之间产生排斥力。除此以外，吸附到膨胀性或蒙皂石黏土上的水溶解其中的盐，并导致膨胀压力的增加，结果使颗粒集合体分散在水介质中。

存在于水介质中的大多数黏土在其表面上都带有负电荷。颗粒表面上的电荷导致形成双电层并进而产生静电斥力。水介质中的盐类物质可以压缩双电层并使溶液中的颗粒絮凝。

2. 非膨胀泥页岩井壁稳定机理

长期以来人们认为泥页岩中的蒙皂石黏土组分几乎是其在液相环境下不稳定的唯一原因。然而后来的研究却发现，许多遇水不稳定页岩中只含有极少量或根本不含蒙皂石黏土。大量研究认为：

（1）不含蒙皂石黏土的页岩也具有水敏感性；

（2）矿物成分相似的页岩在有水存在时具有不同的崩解特性；

（3）在具有稳定敏感性页岩作用的化学处理剂中，氢键聚合物是最有效的一类。

因此，保证非膨胀性或蒙皂石黏土地层井壁稳定要通过聚合物分子与无机处理剂共同作用。

聚合物分子量对页岩稳定性的控制作用：聚合物分子量链长与页岩稳定性之间的这种关系可能是由页岩的显微构造所决定的。长链聚合物可与多个黏土或粉砂颗粒相互作用而把它们连接在一起。当页岩内部颗粒的接触点被水化、页岩开始崩解时，能形成氢键的高分子聚合物就会把粉砂粒束缚在一起。最佳设计的聚合物应当在页岩内部的接触点被侵入的聚合物溶液水化时把页岩颗粒束缚在一起而保持其整体性。

无机处理剂对页岩稳定的作用：许多聚合物在低温条件下是非常好的页岩稳定剂，但当温度高达 80℃时便丧失其稳定性能。这是由于页岩的稳定机理是气键键接，温度的升高增加了聚合物在水中的溶解度，减弱了聚合物对页岩的吸附作用。无机盐的加入可减弱聚合物溶解并进入液相的趋势。

3. 硬脆性泥页岩井壁稳定机理

许多年来，沥青和其他一些类型的沥青质产物一直被用于水基钻井液中作为保持井壁稳定的添加剂。事实证明，这种添加剂可以减轻含有水敏性剥落页岩硬脆性或裂缝性页岩的地层中的井壁不稳定性。硬脆性页岩裂缝、层理发育，是构造运动和成岩作用共同的产物。在钻头钻遇时，早在钻遇之前就加入钻井液体系的沥青类添加剂进入硬脆性泥岩的孔隙空间、微裂缝和层理面中。通过塑性流动机制，沥青被挤入孔隙、裂缝和层理中，堵塞裂缝、层理面和孔隙，降低渗滤和全钻井液侵入并把基质组分粘结在一起使之免遭剥落。除此之外，硬沥青和沥青类添加剂还会在井壁周围形成一层薄膜，大大减轻井壁侵蚀。

对硬脆性泥岩来说，无机阳离子也具有重要的稳定作用。高电解质浓度钾基钻井液具有很好的防止页岩坍塌作用。钾离子除了使负电荷减弱、黏土晶层间距变小、层间内聚力增加和吸水力下降以外，由于其水化半径小（0.76nm），容易进入页岩的 1.0nm 大小的裂缝中，排斥其他离子，阻止黏土水化，使黏土层间保持稳定而不剥落。饱和盐水钾基钻井液中的电解质浓度具有远高于页岩中的电解质浓度，正渗透压力的作用也有助于防止页岩吸水、膨胀和剥落。聚合物的作用在于大分子吸附和包裹黏土，在黏土表面形成薄膜，减小页岩的润湿速度和润湿程度，并在井壁上形成光滑的滤饼。

（二）盐膏层井壁稳定机理

不同盐膏层组分井壁失稳机理有所不同，必须分别论述。

1. 以石膏和膏泥岩为主的地层

这类地层主要的矿物组分是石膏和黏土矿物，而石膏的主要成分是硬石膏，它遇水就会发生化学反应，生成有水石膏（$CaSO_4 \cdot 2H_2O$）。实验室结果表明，硬石膏在非自然压实状态下吸水后，其轴向膨胀量为 26%；若将实验室压制的硬石膏岩心放入饱和盐水或饱和的 $CaSO_4$ 溶液中都可观察到明显的水化分散、解体现象。地层矿物相对吸水量急剧增大，含膏地层尤为明显。

从实钻情况来看，井下钻遇的复杂地层，大多数出现在膏泥岩和软泥岩地层中，在这类以石膏为主的地层中，并不是单纯的石膏吸水膨胀问题，而是因硬石膏吸水膨胀后这类综合效应。可从物理化学和力学方面来研究，位于井眼周围伤害带的硬石膏吸水膨胀和分散能力比泥岩和盐岩都要强。在膏盐岩和膏泥岩地层，尤其是石膏充填在泥岩、粉砂岩孔洞、裂缝以及石膏为胶结物的膏质盐层中，将引起缩径或掉块。

另外，没有与钻井液接触的表面（非自由表面），由于很强的毛细管力和裂隙的存在，或在钻井液密度不适应时，井壁会发生剪切破坏，井壁周围产生微裂缝，这样井壁深处的硬石膏得以吸水，强度降低，对周围岩石产生两方面的影响：

一是降低了围岩的有效强度；

二是硬石膏吸水产生膨胀应力。

这两方面的影响，就造成了钻井液的有效液柱压力（径向应力）的降低，从而表现出井径缩小或垮塌的现象。由克拉苏构造 KL4 井测井曲线观察到：2636~2660m 井段膏泥岩地层缩径 2%~8%，4196~4230m 井段石膏层缩径 5%~12%。

2. 含盐膏和泥岩地层

这类地层井壁失稳原因主要有三个方面：

一是以高矿化度（饱和盐水）、高密度钻井液钻进此类地层时，盐岩在高密度下蠕变不严重，但无水膏、泥岩吸水膨胀、分散造成缩或掉块等，如 KL4 井：4800~5000m 井段井径扩大 10%~30%；

二是低矿化度的钻井液钻遇此类地层时，盐岩溶解及石膏吸水膨胀、分散等，使井下发生严重垮塌，如 KS5 井：2780~2840m 井段泥岩坍塌掉块；

三是高地应力会加剧夹杂在盐膏层间的泥岩、砂岩及硬质石膏地层的垮塌，由于层状盐岩层间不同的蠕变速率，使得盐岩在蠕变过程中夹层泥岩、砂岩及硬质石膏地层垮塌。

为了确保这类以盐岩为主的地层井壁稳定性，要求使用高密度饱和盐水钻井液，抑制盐岩溶解，使井壁处于弹—塑性状态，保证钻井液与地层达到力学和化学上的平衡，使井壁达到稳定。

3. 软泥岩地层

软泥岩以黏土矿物为主，同时含有少量盐（2%~10%）和石膏（8%~19%）。黏土矿物以伊利石为主，含量大约为 26%，其次是伊 / 蒙混层和绿泥石，不含蒙脱石。通过理化性能试验得知，这类泥土矿物的吸水性、膨胀性和分散型相对较弱，这类地层表现出的分散型和吸水膨胀，主要因为其中含的膏、盐所造成的，膏、盐含量越大，表现出的分散性和吸水膨胀性越强，在高的地应力下，就表现出塑性流动。

从电测得知，这类地层具有高伽马、高声波时差和低电阻的电性特征，从而可知地层泥质含量高、孔隙度大，地层水含量大，矿化度高等特点；从返出盐屑分析，岩性的黏性强，成团块状。当钻遇这类地层时，由于地层孔隙度和所含的膏、盐的吸水，以及钻井液滤液在液柱压力下进入地层孔隙中，使得地层孔隙压力增加。在地应力的作用下，使软泥岩发生塑性流动；钻井液密度越低，软泥岩厚度越大，表现出的塑性越强。

此外，相邻的低压易漏地层，由于使用较高密度的钻井液导致承压能力低的地层发生井漏，井内液柱面下降，液柱压力下降，不能平衡软泥岩地层的塑性流动，造成卡钻的钻井事故。

解决这类矛盾，要提高钻井液密度，增加钻井液液柱的有效压力；同时，控制钻井液的高温高压滤失量，改善滤饼质量，阻止钻井液滤液进入更深的地层；另外，提高相邻地层承压能力。解决了这些的问题，可以在一定周期后（在地应力释放一定程度后，地层趋于稳定），利用划眼等方法解决起下钻阻卡问题，使井眼趋于稳定。

4. 纯盐层

纯盐层的井壁失稳主要表现为塑性流动（蠕变），盐岩蠕变与下面几个因素密切相关：

（1）盐层的埋藏深度。对于较纯的盐层来说，埋藏越深，上覆盐层压力越大，蠕变越快；但是对于复合盐膏层，随着深度增加，蠕变速率与盐岩成分和构造应力有关。

（2）井下温度。温度越高，盐岩强度、弹性模量和剪切模量降低，泊松比增大，导致复合盐层产生损伤，在一定程度上缓和复合盐层地层各向异性程度，减小非构造应力对井眼椭圆度的影响，减少阻卡现象。

（3）非构造应力。在岩性相同的情况下，有效上覆盐层压力梯度和地层温度一定的情况下，影响盐岩蠕变的主要因素为构造应力系数，构造应力系数越大，水平地应力越大。水平地应力大小将直接影响井眼闭合速度和井眼缩径率。地应力差值越大，井眼椭圆度越严重，阻卡越严重。

（4）钻开盐层的时间。随着钻开盐层的时间的增加，盐层蠕变也随之增加，从而造成井眼缩径、遇阻卡钻。

（5）盐层厚度。盐层厚度不同，盐层各处的井壁位移（井眼缩径）与时间基本呈线性关系。井眼附近应力场在短时间内变化有限，因此蠕变速度基本是稳定的，但是在盐层厚度不同的情况下，盐层的流动受到上下地层砂岩的共同牵制，从而降低了井眼截面和井眼直径的收缩速率；一般情况下，盐层中部的蠕变最厉害。

（6）盐层组分和成因。各类盐层在相同压差下产生塑性变形的速率不相同，氯化钠的膨胀百分数高于氯化钾。复合盐层较纯盐层更容易发生塑性变形，盐岩的塑性变形还与盐岩的成因有关系。中国石油大学黄荣樽等对中原油田盐岩所做的研究结果得出：在温度较低时原生盐层蠕变速率大，次生盐层较小；而温度较高时（井深超过 4000m）原生盐层蠕变速率小，次生盐层则大。盐岩的变形能力还与其晶粒粗细、含水多少及压实程度有关。

二、超深井井壁稳定技术

根据泥页岩与盐膏层井壁稳定机理分析研究发现，深井井壁稳定技术在钻井液方面主要应该做好以下几个方面：

（1）合适正确的密度。优化钻井液相对密度以平衡页岩孔隙压力和破裂压力梯度。

（2）有效控制钻井液的渗透性。水相盐度 / 活度通过氯酸盐或甲酸盐来调节。

（3）泥岩稳定。盐类型，如 K^+ 盐、Ca^{2+} 盐、Al^{3+} 盐、硅酸盐。

（4）控制增长。加入两性离子钻速增强剂或表面活性润湿剂，如清洁剂 / 氨基化学剂 / 硅酸盐等。

（5）渗透膜形成剂。通过甲酸盐，乙二醇，聚甘油酯，合成基油，硅酸盐，天然黑沥青和沥青粉，降低页岩渗透性或孔隙空间尺寸。

通过多年的技术研究，目前已经对深井、超深井井壁失稳形成了油基钻井液、硅酸盐钻井液、饱和盐水钻井液等多种钻井液技术。

（一）高密度饱和盐水钻井液技术

1. 高密度饱和盐水钻井液的设计原则

（1）能有效抑制盐膏层蠕变、盐溶和水敏性地层水化膨胀，以保证井眼的稳定；

（2）高温条件下，尤其是高密度钻井液，仍能保持良好的流变性能；

（3）具有良好的润滑性和抗盐、抗钙、抗钻屑侵的能力及抑制钻井液中盐重结晶的能力；

（4）高温高压下仍具有较低的滤失量，能形成薄而韧、压缩性好的滤饼。

2. 高密度饱和盐水钻井液的组成

1）膨润土或抗盐土

膨润土或抗盐土主要用来提高饱和盐水钻井液的塑性黏度和动切力。一般情况下，钻井液中膨润土含量应控制在15~20g/L。如膨润土含量过低，则钻井液切力低，影响岩屑的携带与加重剂的悬浮；而膨润土含量过高则钻井液黏切过大，性能不稳定。钻井液中最佳膨润土含量应随钻井液密度和温度增高而下降。由于膨润土在盐水中不易水化，故应先将膨润土在淡水中进行预水化（水化时间≥36h），然后再加盐或加到盐水钻井液中。而抗盐土可以直接加到盐水或饱和盐水钻井液中，但必须使用剪切枪使抗盐土在水中充分分散。

2）盐类

一般选用氯化钠。在特殊情况下，选用氯化钾与氯化钠进行复配。对于石膏含量较高的地层，也可选用硫酸钙，利用同离子效应来控制 Ca^{2+} 对钻井液性能的不良影响。

3）护胶剂与降滤失剂

通常选用野生植物胶、羧甲基纤维素、预胶化淀粉、羧甲基淀粉、聚丙烯酸盐类（如水解聚丙烯腈、水解聚丙烯酰胺、PAC141 等）来使钻井液流变参数与滤失量达到钻井工程的要求。使用时，处理剂数量必须加足，才能保证性能稳定。上述处理剂抗温能力不同，因此需依据所钻井的最高井底温度来选用护胶剂和降滤失剂，以确保在高温下仍具有良好的性能。钻进深部盐膏层时，为了降低高温高压滤失量，可加入磺化度高的磺化酚醛树脂或 SPNH、SLSP 等。

4）降黏剂

对于未加重的饱和盐水钻井液，只要控制好膨润土含量，加足护胶剂和降滤失剂，通常不需要降黏剂。但对于加重的饱和盐水钻井液，尤其当密度大于1.8g/cm^{3}时，若膨润土含量过高，则往往需要加入饱和盐水以降低土含量，并加入降黏剂来调整流变参数。常用的降黏剂有 SF-260、两性聚合物 XY-27 以及水解聚丙烯腈的盐类等。

5）流型调节剂

饱和盐水钻井液往往动切力低，携带岩屑能力较差。可加入1%~2.5%海泡石。海泡石应预先配成10%预水化浆再加入井浆中。

6）沥青类产品

对于层理裂隙发育的复合盐膏泥页岩层，为了防止井塌，可加入1%~2%的沥青来封堵泥页岩的层理与裂隙。

7）烧碱和纯碱

根据所选用处理剂的需要，可用纯碱除钙，用烧碱调整 pH 值。

8）润滑剂

为了改善钻井液的润滑性能，应加入适量的润滑剂等。

9）重结晶抑制剂

为了抑制深井段因盐岩溶解而引起井径扩大，并避免出现井下复杂情况以及防止盐的重结晶，可在饱和盐水钻井液中加入适量的重结晶抑制剂。常用的重结晶抑制剂有氮氚三乙酰胺的衍生物 NTA 等。

3. 高密度饱和盐水钻井液性能

表 4–3–1 为高密度聚合物饱和盐水钻井液配方。

表 4–3–1　高密度聚合物饱和盐水钻井液配方

处理剂名称	主要功用	处理剂加量，kg/m^3			
		配方 1	配方 2	配方 3	配方 4
钠膨润土	提黏切、降滤失	30~40	30~40	30~40	30~40
纯碱	除钙	5~7	5~7	5~7	2~3
烧碱	除镁调节 pH 值	3~5	3~5	3~5	5~6
氯化钠	提高含盐量	360~370	360~370	360~370	360~370
CMS	护胶、降滤失	20~25	20~25	20~25	20~25
CMC（高黏）	提黏、降滤失				10~15
磺化酚醛树脂类产品（SP 或 SLSP 或 SPNH）	降滤失	20~25	20~25	20~25	15~30
聚丙烯酸盐类产品（KPAM 或 CPA 或 SK）	护胶、降滤失抑制泥岩分散	2~4	2~4	2~4	0.75~1
磺化沥青	封堵剂	15~20	15~20	15~20	15~20
磺化褐煤	降黏、降滤失			5~10	
XW–74	降黏、降滤失	1~3			
磺化单宁	降黏切		5~3		5~10
铁铬木质素磺酸盐	降黏切			5~10	
盐重结晶抑制剂	抑制盐溶与重结晶	3~4			0.5~1
润滑剂	降低滤饼摩擦系数	视需而定	视需而定	视需而定	
改性石棉	提高携岩能力	视需而定	视需而定	视需而定	

基本性能为：密度 2.0~2.30g/cm^3；漏斗黏度 60~80s；塑性黏度 60~75mPa · s；动切力 10~20Pa；API 滤失量为 4mL/1.0mm；HTHP 滤失量不大于 10mL/30min；膨润土含量 15~25g/L；[Cl^-] ≥ 190000mg/L；pH 值 9~10。

对于不同的高密度饱和盐水钻井液体系和不同的配方，其适用的地层、应用效果和配制成本等也有所不同。因此，应根据实际地质特点和以往的钻井实践，并同时综合考虑成本和维护等方面的因素，对高密度饱和盐水钻井液体系及配方进行优化设计，使其能够达到所需的各项钻井液性能指标，以满足钻井、测井和固井对钻井液的要求，达到安全、顺利地钻穿复杂盐岩层和盐膏层的目的。

4. 高密度饱和盐水钻井液的现场维护技术

钻井液的维护，特别是高密度饱和盐水钻井液的维护，对维持钻井液性能的稳定以确保井下安全至关重要。高密度饱和盐水钻井液在井下极易形成厚滤饼和假滤饼，从而造成井径缩小和钻头、扶正器泥包，再与盐、膏、软泥岩的复杂情况交织在一起，会造成对井下阻卡原因的判断失误和操作处理不当。因此，对于高密度饱和盐水钻井液，必须运用科学方法和态度精心维护、正确处理，并严格控制其固相组成和各项性能参数，以形成优质滤饼，并具有良好的流变性能。

高密度饱和盐水钻井液的维护原则是以护胶为主，降黏为辅。这是因为在该类钻井液中，黏土颗粒不易形成端—端或端—面连接的网架结构，而特别容易发生面—面聚结，变成大颗粒而聚沉，因此需要大量的护胶剂维护其性能，否则在使用过程中常会出现黏度、切力下降和滤失量上升的现象。一旦出现以上异常情况，应及时补充护胶剂。添加预水化膨润土也能起到提黏和降滤失的作用，但加量不宜过大。

对于高密度饱和盐水钻井液体系，在维护处理时应注意以下 12 个问题：

（1）高密度饱和盐水钻井液应具有优良的流变性能和合理的环空流型。在盐膏层钻井过程中所发生的井径扩大与泥页岩坍塌等复杂情况，除与钻井液的密度、含盐量及配方有关外，还与钻井液的流变性能和环空流型紧密相关。环空紊流对盐岩层与泥页岩的冲蚀亦会引起井径扩大与井塌。例如，当中原油田使用油包水乳化钻井液钻进文东构造 3000m 左右的盐膏层时，钻井液的塑性黏度为 30~42mPa・s、动切力为 2~6Pa 时，钻井液在环空中处于紊流，发生井塌，大的塌块重达 70~80g。当提高油包水乳化钻井液的塑性黏度至 35~55mPa・s、动切力至 10~15Pa，使其在环空中处于层流时，则井下情况恢复正常。

（2）当所需高密度饱和盐水钻井液的密度大于 2.0g/cm^3 时，应优先使用铁矿粉（密度 5.0g/cm^3）加重；密度 2.10g/cm^3 以上必须使用铁矿粉加重，不能使用重晶石加重。

（3）高密度饱和盐水钻井液的膨润土含量必须严格控制，不宜过高。密度为 2.20~2.30g/cm^3 的钻井液，其 MBT 值一般以控制在 15~20g/L 为宜，并且膨润土必须经预水化之后再加入钻井液中。如果膨润土黏土含量增高引起黏度、切力上升，可用离心机清除膨润土与钻屑，或加入饱和盐水、饱和盐水胶液并同时加重的方法来降低钻井液中的膨润土含量，必要时也可配合加入降黏剂来调整钻井液的黏度和切力。如果因为膨润土含量过低而出现动切力低、携砂能力差、滤失量大且滤饼厚等情况，则可适量补充预水化膨润土浆或抗盐土浆。

（4）高密度饱和盐水钻井液应严格控制低密度固相含量小于 3.0%，严禁人为地在全井钻井液中混入低密度固相材料（如堵漏材料），控制钻井液中钻屑含量不大于 2 倍膨润土的含量。

（5）一般情况下，不可在高密度饱和盐水钻井液中直接加入处理剂干粉，而应配成胶液，在充分溶解后再加入。由于高密度饱和盐水钻井液中的自由水含量很少，液相中处理剂的浓度相对较高，如果在钻井液中直接加入处理剂干粉，会导致溶解不充分，不能充分发挥作用。此时，相当于在钻井液中加入了低密度固相材料，从而会导致黏切升高、流变性失控。

（6）室内实验和现场实践证明，SMP-2 和 SPC 具有较好的控制滤失量和维持钻井液胶体稳定性的作用，其中 SMP-2 具有更好的抗盐和护胶能力，在高密度饱和盐水钻井液中取得了很好的应用效果，推荐加量为 6%~8%。

（7）高密度饱和盐水钻井液一般采用铁铬木质素磺酸盐（FCLS）碱液进行流变性控制。铁铬木质素磺酸盐以降黏为主，同时也起降滤失作用。因为它可以通过吸附作用来削弱和拆散钻井液中黏土颗粒间形成的网架结构，同时对黏土也有一定的聚结稳定作用。其缺点是有时会使钻井液所形成的滤饼摩阻系数较大，黏土颗粒高度分散，黏切上升，并严格要求钻井液的 pH 范围在 9~10。如果高密度饱和盐水钻井液的膨润土含量及固相含量控制得别当，一般都不用降黏剂。

（8）高密度饱和盐水钻井液应强化滤饼的质量和对润滑性的改善，并提高滤饼的可压缩性。一般可选择 3% 粉状磺化沥青和 2%~3% 超细碳酸钙（QS–2）或 2%~3% 与地层温度相适应软化点的超细颗粒的乳化沥青来调节固体颗粒的级配。同时可混入 3%~8% 柴油及少量表面活性剂来改善滤饼的润滑性。

（9）对于高密度饱和盐水钻井液，要特别重视钻井液 pH 的变化，并注意对钻井液滤液甲基橙碱度 P_f 和酸碱度 M_f 的测定和分析，以便能够及时地避免阴离子 CO_3^{2-} 和 HCO_3^- 对钻井液造成的污染。由于高密度饱和盐水钻井液中含量高的固相，以及大量的加重材料和钻遇的盐膏层都会消耗大量的烧碱，同时，降黏剂铁铬木质素磺酸盐也要消耗一定量的烧碱；所以要重视 pH 值的变化，一旦发现 pH 值有下降趋势，应及时补充烧碱，以避免由此引起的处理剂效能降低和钻井液性能变坏。

（10）高密度饱和盐水钻井液的固相控制问题十分重要。由于钻井液密度高，给固控工作增加了难度。这种情况下，除泥器和除砂器的使用效率降低，离心机又不便于多用。所以一定要注意振动筛的管理使用，尽量用细目筛布。另外，如果使用了强分散性的降黏剂铁铬木质素磺酸盐，则不可避免地加大了钻井液中细分散颗粒的浓度，严重时还可能会造成井下阻卡。因此，必须保证固控设备处于良好的状态，井内返出的钻井液应严格经过四级固控设备，以最大限度地除去无用固相。最好配备两级离心机，以清除低密度无用固相。

（11）为了维持饱和盐水钻井液中的盐始终处于饱和状态，除使用盐重结晶抑制剂外，还需要定期地补充一定量的细盐。

（12）如果遇到钻井液携屑不好的情况，除采取适量补充预水化膨润土浆的措施外，还可以加入改性石棉或抗盐土。

对于不同体系和配方的高密度饱和盐水钻井液，其维护工艺措施也会有所不同。应根据钻井液的实际组分和性能进行维护，以确保钻井液性能的稳定。

总之，高密度饱和盐水钻井液的维护技术是保证其以优良性能钻穿盐膏层很重要的一个环节。在使用过程中，必须把握好高密度饱和盐水钻井液的各项维护要点，并与其他工程措施，如井身结构、固井技术等相配套，以确保钻井液满足地质和钻井工程的要求。

（二）强封堵油基钻井液技术

1. 设计的基本原则

强封堵油基钻井液主要用于钻进垮塌严重的泥页岩地层与蠕变性强的盐膏层，该体系主要利用油基特有的强抑制且不溶解石膏的特性，配合超高密度平衡地层应力缓解井壁失稳。该体系应选用活度平衡的配方；而对环保要求严格的地区和海上，则必须选用以矿物油作为基油的油基钻井液配方。

高温条件下黏度、切力降低，必须在配方中有足量的抗温性强的亲油胶体，以保证钻井液有较强的携屑能力；为提高钻速，可使用不含沥青类产品的低胶质油基钻井液配方，使滤失量适当放宽；而在钻遇油气层时，则应严格控制滤失量，并且不宜使用亲油性很强的表面活性剂，以防止因润湿性反转而引起的油气层伤害。

2. 油基钻井液组分组成

油包水乳化钻井液是以水滴为分散相、油为连续相，并添加适量的乳化剂、润湿剂、亲油胶体和加重剂等所形成的稳定的乳状液体系。

（1）基油：在油包水乳化钻井液中用作连续相的油称为基油，目前普遍使用的基油为柴油（我国常使用零号柴油）和各种低毒矿物油。

（2）水相：淡水、盐水或海水均可用作油基钻井液的水相，但通常使用含一定量 $CaCl_2$ 或 NaCl 的盐水，其主要目的在于控制水相的活度，以防止或减弱泥页岩地层的水化膨胀，保证井壁稳定；油包水乳化钻井液的水相含量通常用油水比来表示，由钻井液蒸馏实验测得的油相体积分数（f_o）和水相体积分数（f_w），可以很方便地求出油水比，例如，当测得油相体积分数 f_o=0.45，水相体积分数 f_w=0.30，固相体积分数 f_s=0.25 时，则油水比为 3/2（常表示为 60/40）；一般情况下，水相含量为 15%~40%，最高可达 60%，且不低于 10%；在一定的含水量范围内，随着水所占比例的增加，油基钻井液的黏度、切力逐渐增大，因此人们常用它作为调控油基钻井液流变参数的一种方法，同时增大含水量可减少基油用量，降低配制成本；但随着含水量增大，维持油基钻井液乳化稳定性的难度也随之增加，必须添加更多的乳化剂才能使其保持稳定；对于高密度油基钻井液，水相含量应尽可能小些，由于钻井液体系的多样性和复杂性，目前还没有确定油水比最优值的统一标准，调整油水比的一般原则是，以尽可能低的成本配制成具有良好乳化稳定性和其他性能的油包水乳化钻井液；在实际钻井过程中，一部分地层水会不可避免地进入钻井液，即油水比呈自然下降趋势，因此为了保持钻井液性能稳定，必要时应适当补充基油的量；对于全油基钻井液，水是应加以清除的污染物，但一般 3%~5% 的水是可以容纳的，不必一定要清除，因为靠增加基油来减少水量会使钻井液成本显著增加。

（3）乳化剂：为了形成稳定的油包水乳化钻井液，必须正确地选择和使用乳化剂。

（4）润湿剂：大多数天然矿物是亲水的，当重晶石粉和钻屑等亲水的固体颗粒进入油包水型钻井液时，它们趋向于与水聚集，引起高黏度和沉降，从而破坏乳状液的稳定性；与水基钻井液相比，油包水型钻井液一般切力较低，如果重晶石和钻屑维持其亲水性，则它们在钻井液中的悬浮会更成问题，为了避免以上情况的发生，有必要在油相中添加润湿控制剂，简称润湿剂。

（5）亲油胶体：习惯上将有机土、氧化沥青以及亲油的褐煤粉、二氧化锰等分散在油包水乳化钻井液油相中的固体处理剂统称为亲油胶体，其主要作用是用作增黏剂和降滤失剂；其中使用最普遍的是有机土，其次是氧化沥青；有了这两种处理剂，可以使油基钻井液的性能可以像水基钻井液那样很方便地随时进行必要的调整。

（6）石灰。

（7）加重材料。

3. 配方

油水比为 85~70∶15~30 的油基钻井液体系配方见表 4–3–2。

表 4-3-2　油基钻井液体系配方

材料名称	加量，%	材料名称	加量，%
有机土	4~6	SP-80（或 ABS、烷基苯磺酸钙）	2~7
氧化沥青	2~8	石灰	4~8
环烷酸钙（或油酸）	约 2	加重剂	视需而定

4. 油基钻井液的配制方法

大多数情况下，油基钻井液是在生产现场配制而成的。为了能够形成稳定的油包水乳状液，在配制时必须按照一定的步骤和顺序将各种组分混合在一起。试验表明，所采取的配制方法是否正确，直接影响钻井液的性能和质量。下面是美国 M-I 钻井液公司推荐的配浆程序。

（1）洗净并准备好两个混合罐。

（2）用泵将配浆用基油打入 1 号罐内，按预先计算的量加入所需的主乳化剂、辅助乳化剂和润湿剂。然后进行充分搅拌，直至所有油溶性组分全部溶解。在常温条件下，混合 31.8m^3 大约需要 2 h 或更长时间，将油预热或剧烈搅拌可缩短溶解的时间。

按所需的水量将水加入 2 号罐内，并让其溶解所需 $CaCl_2$ 量的 70%。

（3）在泥浆枪等专门设备强有力的搅拌下，将 $CaCl_2$ 盐水缓慢加入油相。最好是在 3.45mPa 以上的泵压下，通过泥浆枪喷嘴对钻井液进行搅拌。若泵压达不到 3.45mPa，则应选用更小喷嘴，并降低加水速度。

（4）在继续搅拌下加入适量的亲油胶体和石灰。当乳状液形成后，测定其流变参数、pH 值、破乳电压和 HTHP 滤失量等性能。

（5）如性能合乎要求，可加入重晶石以达到所要求的钻井液密度。加重晶石的速度要适当（以每小时加入 1000~1500kg 为宜）。如重晶石被水润湿，会使钻井液中出现粒状固体，这时应减缓加入速度，并适当增加润湿剂的用量。

（6）当体系达到所需的密度后，加入剩余的粉状 $CaCl_2$，最后再进行充分搅拌。

三、现场应用案例

（一）高密度有机盐钻井液技术在 YT1 井的应用

落雁山构造是柴达木盆地一里坪南斜坡一个三级构造，位于一里坪凹陷南段，东邻船形丘构造，西接土疙瘩构造，南望那北构造。该井自上而下钻遇新近系狮子沟组（N_2^3）、上油砂山组（N_2^2）、下油砂山组（N_2^1）、上干柴沟组（N_1）、古近系下干柴沟组（E_3^2）。四开井眼钻遇上干柴沟组（N_1）的上部（3785~4169m）以棕褐色泥岩、砂质泥岩、泥质粉砂岩为主，夹棕红色、灰色砂质泥岩、泥质粉砂岩；下部（4169~4450m）岩性以棕灰色、棕红色泥岩、砂质泥岩、泥质粉砂岩为主，夹少量棕褐色泥岩。下干柴沟组（E_3^2），上部（4445~5108m）以棕红色泥岩、砂质泥岩、泥质粉砂岩为主，夹棕灰色浅灰色泥岩、砂质泥岩、泥质粉砂岩；下部（5108~5909.95m）以棕褐色泥岩、砂质泥岩、泥质粉砂岩为主，夹少量灰色泥岩、砂质泥岩、泥质粉砂岩、粉砂岩、棕褐色含砾砂岩。

1. 钻井液配方

YT1 井一开用 φ660.4mm 钻头钻至井深 206m，下入 φ508.0mm 套管至井深 205.20m；二开用 φ444.5mm 钻头钻至井深 1500m，下入 φ339.7mm 套管至井深 1498.67m；三开用 φ311.2mm 钻头钻至井深 4200m，下入 φ250.8mm+φ244.5mm 套管至井深 4199.41m；四开用 φ215.9mm 钻头以 2.34g/cm^3。

根据经验，优选抗高温降滤失剂与抑制防塌剂材料以降低高温滤失量；优化有机盐含量配比，以提高钻井液的基液密度；优选加重材料控制钻井液的固相含量；通过以上实验过程，确保在高温、高压、高密度条件下的钻井液具有良好的流变性能，进行 BH-WEI 体系配方实验。根据实验确定钻井液的配方如下，不同配方的 BH-WEI 钻井液性能评价见表 4-3-3，该抗高温高密度体系的流变性能较好。

配方 1：0.2%NaOH+3%BZ-TQJ+1.5%BZ-KLS-Ⅰ+3.5%BZ-KLS-Ⅲ+3.5%BZ-YFT+2.5%BZ-YRH+2%YX+40%BZ-YJZ-I+20%BZ-YJZ-Ⅱ+$BaSO_4$（用于井深 4200~5200m，抗温 180℃，钻井液密度不大于 2.20g/cm^3，选用密度不小于 4.20g/cm^3 的 $BaSO_4$ 作为加重剂）。

配方 2：0.2%NaOH+2.5%BZ-TQJ+1.5%BZ-KLS-Ⅰ+3.5%BZ-KLS-Ⅲ+3.5%BZ-YFT+3.0%BZ-YRH+2%YX+40%BZ-YJZ-Ⅰ+40%BZ-YJZ-Ⅱ+$BaSO_4$（用于井深 4200~5200m，抗温 180℃，钻井液密度大于 2.20g/cm^3，选用密度不小于 4.30g/cm^3 的 $BaSO_4$ 作为加重剂）。

配方 3：0.2%NaOH+2.5%BZ-TQJ+2%BZ-KLS-Ⅲ+4.5%Redu200+3.5%BZ-YFT+2.5%BZ-YRH+2%YX+40%BZ-YJZ-Ⅰ+20%BZ-YJZ-Ⅱ+$BaSO_4$（用于井深大于 5200m，抗温 200℃，钻井液密度不大于 2.20g/cm^3，选用密度不小于 4.20g/cm^3 的 $BaSO_4$ 作为加重剂）。

配方 4：0.2%NaOH+2.5%BZ-TQJ+2%BZ-KLS-Ⅲ+4.5%Redu200+3.5%BZ-YFT+3%BZ-YRH+2%YX+40%BZ-YJZ-Ⅰ+40%BZ-YJZ-Ⅱ+$BaSO_4$（用于井深大于 5200m，抗温 200℃，钻井液密度大于 2.20g/cm^3，选用密度不小于 4.30g/cm^3 的 $BaSO_4$ 作为加重剂）。

由此可知，配方 1 和配方 2 降滤失剂以 BZ-KLS-Ⅲ为主、BZ-KLS-Ⅰ为辅，能够控制钻井液滤失量在合理范围，体系抗温达 180℃；配方 3 和配方 4 以 REDU-200 为主、BZ-KLS-Ⅲ为辅，能够控制钻井液滤失量在合理范围，体系抗温达 200℃。

钻井液密度不大于 2.20g/cm^3 时，使用 40%BZ-YJZ-Ⅰ+20%BZ-YJZ-Ⅱ配制基液、选用密度不小于 4.20g/cm^3 的 $BaSO_4$ 作为加重剂；钻井液密度大于 2.20g/cm^3 时，使用 40%BZ-YJZ-Ⅰ+40%BZ-YJZ-Ⅱ配制基液、选用密度不小于 4.30g/cm^3 的 $BaSO_4$ 作为加重剂。

表 4-3-3 不同配方的 BH-WEI 钻井液性能评价

配方	热滚条件	ρ g/cm^3	FV s	PV mPa·s	YP Pa	Gel Pa/Pa	FL_{API} ml	FL_{HTHP} ml
配方 1	热滚前，180℃ ×16h	2.2	101	68	25	9/13	2.2	10.5
		2.2	72	50	18	6/16	3	11.4
配方 2	热滚前，180℃ ×16h	2.42	108	71	27	9/18	1.9	10.2
		2.42	74	51	20	7/17	2.8	11.6
配方 3	热滚前，200℃ ×16h	2.42	130	72	30	12/20	2.4	9.3
		2.2	77	54	22	9/20	2.6	11.8
配方 4	热滚前，200℃ ×16h	2.44	133	73	32	14/23	2.0	9.6
		2.44	78	57	24	9/21	2.5	12.0

2. 现场应用效果

1）处理高压盐水侵效果

YT1 井四开井段发生盐水侵时，钻井液的密度、黏度、切力、pH 值降低，Cl^- 含量在 16480~70900mg/L 范围变化，每次下钻到底会放盐水及低密度混浆。针对盐水侵，钻井作业中严格控制膨润土含量，加足抗盐抗温防塌处理剂，使钻井液具有较强的抗盐水污染能力来降低盐水侵对井壁的伤害。由于该井四开井段盐水层特征为高压高渗透，为了减少压差卡钻、井漏等事故复杂情况的发生概率，采用相对压稳盐水层的方法处理。钻井施工中使用合适的密度控制地层流体的侵入，黏度和切力控制在正常范围内。严格落实坐岗制度，认真观察钻井液数量、性能等情况变化，及时发现盐水侵并进行针对性的处理。每次起钻前，使用井浆加入 3%BZ-KLS-Ⅲ、3%Redu200 和 3%BZ-YFT 等处理剂，配制高黏度、高切力防塌防沉淀封闭浆封闭裸眼井段；套管内钻具泵入适当重浆微增液柱压力，确保了每次下钻顺利到底。四开井段主要高压盐水侵，情况如下：

（1）以密度为 1.92g/cm^3 的钻井液钻至井深 4887.65m 发生溢流。关井期间溢出钻井液 0.60m^3，平均溢速为 18.00m^3/h，溢流层位 E_3^2，井段 4564~4565m，岩性为棕红色泥质粉砂岩。采用彻底压死盐水层方法处理。注入 223m^3 平均密度为 2.26g/cm^3 的压井液成功压井，期间排放密度为 1.13~1.60g/cm^3、漏斗黏度为 29~41s 的盐水及低密度混浆共 65.2m^3。

（2）以密度为 2.18g/cm^3 的钻井液钻至井深 4892.34m，钻井液密度、黏度、切力大幅度降低，分析为发生了高压盐水侵。采用提高钻井液密度至 2.30g/cm^3 压稳盐水层方法处理，期间排放密度为 1.13~1.29g/cm^3，漏斗黏度 27~40s 的盐水及低密度混浆 15.5m^3。根据井下情况，恢复钻进后钻井液密度调整至 2.34g/cm^3。

（3）以密度为 2.32g/cm^3 的钻井液钻进至井深 5909.95m 发现溢流，溢流量 2.0m^3。关井期间溢出钻井液 3.0m^3，平均溢速为 10m^3/h，溢流层位 E_3^2，井段 5907~5909.95m，岩性为浅灰色泥质粉砂岩。采用压稳盐水层方法处理。第 1 次压井注入密度 2.4~2.44g/cm^3，漏斗黏度 62~68s 的 240m^3 压井液压井不成功，期间放掉密度为 1.09~1.48g/cm^3、漏斗黏度 28~36s 的盐水、CO_2 污染的低密度混浆 165m^3；第 2 次压井不成功，注入密度为 2.40~2.41g/cm^3、漏斗黏度为 58~70s 的压井 2.4~2.44g/cm^3，漏斗黏度 52~58s 的压井液 39m^3；注入密度为 2.50g/cm^3、漏斗黏度为 67s 的压井液 34m^3，期间放掉密度为 1.09~1.53g/cm^3、漏斗黏度为 28~36s 的盐水、CO_2 污染的低密度混浆 18.9m^3；第 3 次压井注入密度为 2.50g/cm^3、漏斗黏度为 54~68 s 的压井液 236m^3，压井成功，期间放掉盐水、CO_2 污染的低密度混浆为 138m^3。

2）井壁稳定效果

当温度高于构象转变温度时，黄胞胶分子由原来有序的稳定的二维结构变成杂乱无序的结构，使其主链暴露出来，更容易受到外部自由基和酸碱的攻击而变得不稳定，四开井段 BH-WEI 体系避免使用崩溃式降解材料 BZ-JXC。BZ-KLS-Ⅰ是由含烷烃支链的丙烯类单体与含磺酸基的丙烯类单体共聚合成的中等分子量的线型分子。其分子中亲水基团多，与水、土结合能力强，护胶能力强，有利于保持钻井液中细颗粒含量，形成致密滤饼，降低滤失量。由于分子链为 C—C 键连结，其分子在高温下不易断链，抗温能力较强。前期可适当使用渐进式降解材料 BZ-KLS-Ⅰ。尽可能避免处理剂热解作用使钻井液存在 CO_3^{2-}/HCO_3^-。由于 REDU-200 水溶黏度略高，采取多次加入达到所需浓度。

井深 5200m 前（井温≤ 180℃）降滤失剂逐渐更换为 BZ-KLS-Ⅲ和 REDU-200；井深到达 5800m 后（井温 200℃左右）降滤失剂以 REDU-200 为主。在 205℃高温、密度高达 2.50g/cm^3 环境下，降滤失剂仅用 REDU-200 减少材料降解，可增强体系抗高温稳定性能、延长维护周期。

YT1 井四开井眼施工中发生多次高压盐水侵，受盐水浸泡、液柱压力降低、活度失衡等因素影响，井壁出现坍塌掉块。CO_2 侵亦造成滤失量增大、滤饼质量变差等对井壁稳定不利的影响。发生高压盐水侵、CO_2 侵时，力争快速处理，尽早控制高压盐水侵、CO_2 侵污染；加足 BH-WEI 体系材料，重建体系强抑制性及良好的封堵防塌能力。该井四开起钻前，在裸眼井段注入防塌防沉淀封闭浆，确保了每次下钻正常到底。通过 YT1 井四开井段 BH-WEI 钻井液的成功应用，体现了该体系具有抑制性强、良好的抗污染能力、高相对密度条件下良好的流变性以及优异的抗高温性能。虽然 YT1 井四开井段施工过程中受高温、高密度、高压盐水层、高浓度 CO_2 等叠加复杂因素影响，但 BH-WEI 钻井液性能变化一般在可控、可接受的范围。

（二）强封堵油基钻井液技术井在 GT1 井的应用

高泉背斜构造上属准噶尔盆地南缘山前冲断带四棵树凹陷。四棵树凹陷处于北天山构造带与西准噶尔构造带交会处，南以托斯台前缘断裂和巴音沟断裂为界，东北部以北北西走向的艾卡断裂与车排子凸起相隔，总体走向北西西—南东东 。高泉背斜北翼发育高泉北断裂，为北北东向南倾逆断层，背斜西翼发育 GQ1 井南断裂，为东西向北倾逆断裂，平面上发育 3 个局部高点，GT1 井位于北高点。侏罗系头屯河组顶界圈闭面积 71.4km^2，闭合度 500m，高点埋深 5770m；三工河组顶界圈闭面积 45.7km^2，闭合度 450m，高点埋深 5970m；八道湾组顶界圈闭面积 48.1km^2，闭合度 450m，高点埋深 6270m。GT1 井位于准噶尔盆地南缘冲断带四棵树凹陷高泉东背斜构造，设计井深 5980m，目的层侏罗系头屯河组，兼探白垩系吐谷鲁群。2017 年前，该构造没有一口井钻达目的层，由于以前的井三开以下使用水基钻井液，井壁失稳严重，井下阻卡事故频发。因此，2018 年 GT1 井三开以下选择使用强封堵高密度油基钻井液，保障该井能顺利钻到目的层，探明目的层的油气储量。

塔西河组地层岩性为褐色、灰色泥岩夹薄层泥质粉砂岩、绿灰色石膏质泥岩及膏盐岩，易水化分散；存在断层、破碎带，钻进过程中，井壁易出现掉块、垮塌等复杂情况。安集海河组地层岩性主要为一套绿灰色、深灰色泥岩，夹不等厚绿灰色、深灰色泥质粉砂岩、绿灰色粉砂质泥岩。泥岩遇水极易水化、破碎带发育，钻进过程中，井壁易膨胀缩径、分散垮塌，井壁易失稳，进而引起井下卡钻等复杂事故。

技术对策：

（1）钻遇断层、破碎带时，强化油基钻井液的封堵能力，采用沥青质封堵剂和纤维类封堵剂相结合，对断层、破碎带进行治理，控制 140℃条件下 HTHP 滤失量小于 3.0mL；

（2）维持油基钻井液的密度能平衡安集海河组地层坍塌压力；

（3）采用活度平衡理论，使油基钻井液滤液的活度低于所钻地层水活度，从而使油基钻井液中水相不向地层渗透，相反使地层水向油基钻井液中渗透，有效抑制水敏性地层吸水缩径。

1. 钻井液配方

配方：柴油（0#—35#）+5%~8% 乳化剂 KOD-1+1%~3% 有机土 HB-2+3%~5% 油基降滤失剂 KOD-2+3% 石灰 +1%~2% 封堵剂 YH-150+1%~2% 封堵剂 SOLTEX+1%~2% 阻燃阻爆剂 KOD-3+ 氯化钙水溶液 + 重晶石。

配制方法：加入配比量的柴油（0#—35#）、乳化剂 KOD-1、有机土 HB-2 和油基降滤失剂 KOD-2，高搅 30min；加入石灰，高搅 20min；加入封堵剂 YH-150 和 SOLTEX 及阻燃阻爆剂 KOD-3，高搅 20min；加入氯化钙水溶液，高搅 30min；加入重晶石，高搅 30min；高速搅拌机转速设置为 10000r/min。

配制密度 2.30g/cm^3 的强封堵高密度油基钻井液，在 50℃条件下测定其基本性能，结果见表 4-3-4，可以看出，其在 140℃热滚前后都具有好的性能指标。热滚后，强封堵高密度油基钻井液具有好的流变性能、封堵性能和乳化稳定性能，闪点 125℃，阻燃阻爆效果好，能满足现场安全施工的要求。

表 4-3-4　强封堵高密度油基钻井液的基本性能

试样	密度 g /cm^3	*PV* mPa·s	*YP* Pa	*Gel* Pa/Pa
140℃热滚前	2.30	66	9	3/7
140℃热滚 24h 后	2.30	64	10	3/8
试样	闪点，℃	ES，V	油水比	FL_{HTHP}，mL
140℃热滚前	125	824	90 : 10	3.2
140℃热滚 24h 后	125	902	90 : 10	2.8

2. 现场应用

GT1 井于 2018 年 3 月 24 日开钻，2018 年 11 月 9 日完钻，设计井深 5980m，完钻井深 5920m，完钻层位头屯河组，电测井底温度 140℃，全井平均机械钻速 2.58m/h，完钻周期 230 d。该井在 2710~5920m 井段使用强封堵高密度油基钻井液，井身结构及钻井液体系见表 4-3-5。钻进过程中，钻井液性能稳定，在 -30℃条件下具有好的流变性能。在塔西河组，钻遇 150m 的破碎带，采用沥青质封堵剂 SOLTEX、YH-150 和纤维类封堵剂 TP-2 相结合方法进行有效封堵。在井深 5756m 处钻遇裂缝井发生井漏，漏速 14.6m^3/h，采用强封堵高密度油基配套堵漏技术，经过 2 次堵漏，堵漏成功，堵漏效果较好，累计漏失密度 2.30g/cm^3 的强封堵高密度油基钻井液 78m^3。电测结果显示井径规则，未出现垮塌现象，最大井径扩大率 3.4%，平均井径扩大率 1.3%。返出的泥岩棱角分明，呈片状。井眼通畅，无井下事故发生，电测、下套管均一次成功。邻井 GQ1 井于 2003 年 8 月 28 日开钻，2004 年 11 月 30 日完钻，设计井深 5400m，在井深 5594m 处钻遇高压水层，有机盐聚合醇水基钻井液性能受到破坏，井壁失稳严重，井下阻卡事故频发，在 5285m 处提前完钻，完钻层位安集海河组，全井平均机械钻速 1.84m/h，完钻周期 459.9d。在同一构造，强封堵高密度油基钻井液体系与有机盐聚合醇水基钻井液体系相比，复杂事故率降至 1%，钻井周期缩短 50%，钻井综合成本降低 50%，提质提效效果显著。2019 年 1 月 6 日，GT1 井试油喜获高产油气流，准噶尔盆地南缘勘探实现重大突破，日产原油 1.213×10^{3}m^3、天

然气 $3.217\times10^5m^3$，创整个盆地单井日产量最高纪录。

表 4-3-5　强封堵高密度油基钻井液性能

井深 /m	密度，g/cm^3	FV，s	PV，mPa·s	YP，Pa	Gel，Pa/Pa	ES，V	油水比	FL_{HTHP}，mL
2710.00	1.85	75	59	5.5	1.5/6.0	662	90：10	2.4
3054.00	1.98	80	65	7.0	2.0/9.0	720	90：10	2.6
3432.00	2.02	84	73	8.0	2.5/10.0	756	91：9	2.4
3772.00	2.04	87	76	8.0	3.0/10.5	780	91：9	2.8
4188.00	2.10	94	83	10.5	3.5/12.5	880	92：8	2.8
4510.00	2.13	96	84	11.0	3.5/13.0	1026	97：3	2.6
4905.00	2.14	96	83	11.5	3.5/13.5	926	97：3	2.4
5222.00	2.15	97	84	12.0	4.0/13.0	868	97：3	2.6
5430.00	2.15	96	83	10.5	3.5/13.0	945	97：3	2.6
5622.00	2.25	99	87	12.5	4.0/14.0	843	97：3	2.4
5812.00	2.35	103	90	13.5	4.5/14.5	872	96：4	2.4
5920.00	2.42	106	94	14.0	5.0/15.0	846	95：5	2.2

第四节　超深井防漏堵漏技术

井漏是指在石油和天然气勘探开发的钻井、固井和修井等作业过程中，井内工作流体（钻井液、固井水泥浆、修井液等）漏失到地层中的现象。井漏的直观表现是地面钻井液罐液面的下降、或井口无钻井液返出、或井口钻井液返出量小于钻井液排量（不包括井下正常消耗）。

井漏的产生必须具备三个必要条件：（1）地层中存在能使钻井液流动的漏失通道，如孔隙、裂缝或溶洞。漏失通道要有足够大的开口尺寸，其开口尺寸至少应大于钻井液中的固相颗粒直径，才能使钻井液在漏失通道中发生流动。（2）井筒与地层之间存在能使钻井液在漏失通道中发生流动的正压差。井筒与地层之间存在正压差时还不一定产生井漏，只有当该压差大到足以克服钻井液在漏失通道中的流动阻力时才会发生井漏。（3）地层中存在能容纳一定钻井液体积的空间，才有可能构成一定数量的漏失。这三个条件缺一不可，必须同时具备才产生井漏。换言之，只有漏失通道存在而没有足够大的正压差，钻井液也不会在漏失通道中流动而引起井漏。若漏失通道和足够大的正压差都存在，但地层中没有足够的空间容纳钻井液，也不会发生明显的井漏。

在钻井工艺措施欠妥的情况下，产生井漏的三个条件都有可能人为造成。尤其是钻遇易破裂地层，若作用在井壁的压差过大，可能使地层中原本不会产生井漏的漏失通道的开口尺寸扩张、相互连通而发生井漏，或把无漏失通道的地层压裂而引发井漏，这些都必须引起钻井作业人员的高度重视。钻井中产生的井漏可归纳为 8 种情况：（1）钻进过程中井漏；（2）提高钻井液密度过程中井漏；（3）关井过程中井漏；（4）压井过程中井漏；（5）下钻或开泵时井漏；（6）承压堵漏过程中发生井漏；（7）下套管固井过程中引起井漏；（8）其他作业过程中操作不当等。

近年来，随着勘探向深层、高温与高压地层钻探，井漏问题变得日益突出，因而防漏与堵漏成为高效、安全钻井所必需采取的措施。由井漏引起的复杂情况和诱发的其他各种井下恶性事故，对钻井工程的危害极大。例如钻井过程中如果发生大量漏失且缝洞体相对定容，引起缝洞体产生次生圈闭压力，造成异常高压，不排除后续在相应层位钻遇更高压力的可能性。但针对这种情况，现有三维地震资料 24h 切片精细解释预判缝洞体的技术，根据实钻资料及时迭代更新缝洞体模型，及时优化钻井液密度和工程措施，最大限度降低溢漏塌卡复杂风险。

井漏会延误钻井作业时间，延长钻井周期。井漏过程中，由于钻井液或堵漏材料的大量漏失会造成巨大的物资损失。部分漏失还发生在储层段，大量钻井液漏入储层，造成储层伤害，影响产能。井漏还干扰了地质录井工作和钻井液性能正常维护和处理。由于井漏的原因复杂、制约因素较多，而且堵漏技术的针对性较强，所以至今还没有完全解决这一技术难题。

一、深井超深井防漏技术

在深井超深井钻完井过程中，往往可以根据邻井施工经验与地层压力预判易发生漏失的地层，提前进行防漏工作，阻止或缓解漏失情况的发生。随着近年来，防漏堵漏技术的研究与现场应用，越来越多的钻井液技术人员认识到，以防为主的重要性，有效的防漏施工工艺，往往能够最大限度地降低甚至避免钻完井施工过程中复杂情况的发生，以下主要就深井超深井防漏技术进行探讨。

（一）防漏技术思路

1. 调整钻井液性能与钻井措施

调整钻井液性能与钻井措施包括改变钻井液密度、黏度、切力和泵排量等，其重要作用是降低井筒液柱压力、激动压力和环空压耗，改变钻井液在漏失通道中的流动阻力，减少地层产生诱导裂缝的可能性。

1）降低钻井液密度

降低钻井液密度是减少静液柱压力的唯一手段。部分井由于井控或防塌的需要，在对该井地层孔隙压力和坍塌压力认识不清的情况下，采用过高钻井液密度钻进，从而对部分裸眼井段地层所产生的压力超过钻井液进入地层的流动阻力或地层破裂压力，从而引发井漏。对于这类井漏，可在认真研究分析裸眼井段地层上述各种压力的基础上，通过降低钻井液密度至合理值来制止井漏。

采用降低钻井液密度来制止井漏时应注意以下几个问题：

（1）研究分析裸眼井段各组地层孔隙压力、破裂压力、坍塌压力、漏失压力，确定防喷、防塌、防漏的安全最低钻井液密度。

（2）依据裸眼井段各组地层结构，确定降低钻井液密度的技术措施。如裸眼井段不存在坍塌层，可采用离心机清除钻井液固相来降低钻井液密度，同时补充增黏剂、水、低浓度处理剂或低密度钻井液，保证既降低钻井液密度又保持钻井液原有性能。

（3）降低钻井液密度时，应降低泵排量，循环观察，不漏后再逐渐提高泵排量至正常值，如仍不漏即可恢复正常钻进。

2）提高钻井液黏度和切力

当钻进浅层胶结差的砂层、砾石层或中深井段渗透性好的砂岩层发生井漏时，可通过往钻井液中加土粉或增黏剂来提高钻井液黏度和切力，增大钻井液进入漏层的流动阻力来制止井漏。也可在地面配制高膨润土含量的稠浆，挤入漏层堵漏。

3）降低钻井液黏度和切力

深井钻井过程中发生井漏，在保证井壁稳定和携带与悬浮岩屑的前提下，通过降低钻井液黏度和切力来减低环空压耗和下钻激动压力来制止井漏。

4）改变钻井工程技术措施

不合理的钻井工程技术措施往往会诱发井漏。对于这种类型的漏失，可在分析漏失原因的前提下，通过改变钻井工程技术措施来制止井漏。通常可采取下述措施：

（1）调整泵排量。对于浅层胶结性差的砂、砾岩所发生的井漏，可通过降低泵排量来降低环空压耗制止井漏，对于处理井塌划眼过程中，因泵压升高而憋漏地层，也应降低泵排量。对于因钻进速度过快，环空钻屑黏度过高而发生的井漏，在可能的条件下，应增加泵排量或控制钻速。

（2）改变开泵措施。对于起钻前钻井液黏切高或井内钻井液静止时间长的深井下钻一次到底，开泵过猛引起的井漏，可采取立即起钻静止，然后分段下钻循环，开泵时降低排量，控制泵压，防止再次憋漏。

（3）改变加重钻井液方式。使用高密度钻井液时，对于因一次提高钻井液密度过高或加重不均匀而发生井漏的情况，应立即起钻静止，再次下钻到底加重时，应控制加重速度。

2. 形成填塞层增加井壁承压能力

针对裂缝性地层承压能力低的原因，想要提高地层承压能力，可加强井壁岩石强度，增加井壁围岩的力学承受力，使井壁围岩弱结构在钻完井施工过程中不被诱导起裂，使非致漏裂缝不被诱导。对于强化井壁，增加井壁承受力，国内外做过许多研究，其中以 Alberty 和 Mclean 等提出的应力笼理论（stresscage）为代表[1-2]。

强化井壁的应力笼理论指出，首先，井内流体压力在井壁围岩上诱导出新裂缝，井中的固相颗粒在井壁裂缝处临时停靠、聚集，液柱压力把颗粒嵌入裂缝中，就像打入一个楔子到裂缝之中一样。其次，由固相颗粒组成的楔子，进入裂缝端口后，使井眼的钻井液压力与裂缝的液体压力隔离，如果地层岩石的渗透性比楔形堵塞物的渗滤作用大，则楔形堵塞物后的滤液就会弥散，那么堵塞物后面的那段裂缝中液体的压力将消散，最终与周边孔隙压力平衡，同时裂缝有逐渐闭合的趋势。最后，逐步闭合的裂缝对楔形堵塞物产生了压应力，相反，楔形堵塞物的存在压缩了井壁围岩，部分抵消了井壁围岩由主应力产生的周向应力，就像在井壁上形成一层应力笼一样，从而减少了井壁围岩承受的周向应力，使得地层岩石的弱结构面（非致漏裂缝、瑕疵等）不被诱导压开，即提高了地层承压能力。

该理论指出，固体颗粒在裂缝处形成楔形堵塞物的能力主要取决于裂缝开度的大小和钻井液中固相的尺寸，而井壁围岩所受的切向压力减少的幅度取决于堵塞物所在的位置和范围、地层硬度以及在隔离段外侧裂缝的压力降的大小。该理论还指出，如果地层孔隙压力比井眼压力低得多，则在裂缝处的压差也会很大，楔形堵塞物需要承受很大的压应力，而在地层孔隙压力较高的地层，井眼钻井液的压力与地层孔隙压力很接近，那么在堵塞物上产生的压差会更小。

该理论还给出了形成楔形堵塞物后减少周向应力计算模型：

$$\Delta p = \frac{\pi}{8} \cdot \frac{w}{R} \frac{E}{1-\upsilon^2}$$

式中　Δp——裂缝填塞后增加的承压能力，MPa；

w——裂缝宽度，m；

R——井筒半径，即封堵层离井中心距离，m；

E——地层的杨氏模量，MPa；

υ——地层岩石的泊松比。

由该式可以计算出，当裂缝宽度增大到 1mm，并且井筒半径取 0.1m 时，就可以有效地提高井眼承压能力至 6.895MPa 以上。

利用防漏堵漏方法提高地层承压能力，强化井壁的应力笼理论是为了增加井壁承受力而不被诱导压开来提高地层承压能力。而封堵裂缝形成填塞层方法则是通过运用封堵剂封堵裂缝，减少裂纹尖端的应力集中，阻止裂纹的扩大和延伸，提高地层承压能力。

防漏堵漏理论提出合理尺寸的颗粒材料在相应的压差作用下封堵裂缝，可以防止漏失。此过程包括两个连续过程：（1）大量的较大颗粒材料阻止钻井液中的较小颗粒材料漏失。（2）钻井液中的颗粒材料阻止基浆的滤失。防漏堵漏之后，颗粒材料便在裂缝中形成一段过滤的“砂床”，“砂床”形成后就会将堵漏浆或钻井井浆过滤，将堵漏浆中的颗粒留下，水相通过“砂床”滤失弥散，使得堵漏颗粒在裂缝尖端或是裂缝喉道处开始自发收缩，最终形成填塞层。填塞层形成之后，作用在裂缝壁面的促使裂纹尖端应力集中的垂向力（垂直于裂缝壁面）消失，阻止裂纹扩延。因此，要想提高地层承压能力，需要用固相颗粒对各种裂缝进行有效地封堵。

在形成填塞层过程中，漏失液体可分为两部分，一是通过裂缝壁面向地面渗透，二是通过尖端向岩石内部漏失。

库车山前井漏是该区块钻井过程中常见的井下复杂情况之一，它不仅会耗费钻井时间，损失钻井液，而且有可能引起卡钻、井喷、井塌等一系列复杂情况，甚至导致井眼报废，造成重大经济损失。井漏对油气勘探、钻井和开发作业都会带来巨大的经济损失。

（二）防漏技术机理

提高地层承压能力的方法：一是需要改变井壁围岩力学状态，使之不容易被压开；二是及时有效地封堵各种裂缝，防止诱导裂缝的产生。

1. 防漏堵漏提高承压能力的要求

要封堵裂缝提高地层的承压能力，必须在裂缝中快速地形成满足以下要求的填塞层，才能够有效地防止井漏和消除裂缝中的诱导作用。

（1）形成的填塞层必须满足低渗透率。

只有填塞层渗透率很低，钻井液通过填塞层的速率小于钻井液从裂缝壁面渗透出去的速率，缝内钻井液才不能完全补充，缝内诱导作用力就会消失，裂缝就不会被诱导扩延，因而不再增大，填塞层才会牢固。

（2）形成的填塞层能够承受一定的压力。

填塞层形成后，缝内诱导压力消失，裂缝壁面会产生压缩填塞层的闭合应力，因此，形成填塞层要承受井内流体和地层流体压差，同时承受缝面岩石的闭合应力。否则，填塞层就会被压碎，产生第二次漏失。

2. 防漏堵漏技术实现提高地层承压能力的机理

防漏堵漏浆能够快速地形成满足低渗透率和高强度的填塞层，能够提高地层承压能力，是因为它有如下的作用机理：

（1）对于开度较大的致漏裂缝。

对裂缝地层发育开度较大的裂缝，在钻井液柱压力作用下就会产生漏失，如果使用堵漏浆能快速（很短时间内、很少漏失量）形成填塞层，就能够降低钻井液漏失速度，最后彻底堵死裂缝。同时，由于形成的填塞层等渗透率很低，钻井液在致漏裂缝中壁面渗透速率比在填塞层中渗透速率大，缝内诱导作用逐渐减小直到消失，因此就能阻止致漏裂缝的开度扩大。由于填塞层强度高，能够承受井内流体压力与地层流体压力，使填塞层不能够向缝内移动。因此，能够牢固地封堵非致漏裂缝，并制止其进一步扩大。

（2）对非致漏裂缝和弱结构面。

对于裂缝地层发育的大量闭合的非致漏裂缝，当钻井液与之作用时，不会立即发生漏失，但是钻井液中的水相会渗入裂缝之中，由水相产生的水力尖劈作用会扩大裂缝，直到达到漏失程度，裂缝才会产生漏失。对地层弱结构面，井内流体压力会使得弱结构面承受应力大于其抗张强度，因此弱结构面破裂产生裂缝，然后被液相水力尖劈作用扩大到致漏程度而产生漏失。对于这两类问题，只要有漏失，堵漏浆就会在裂缝中快速形成填塞层，堵住漏失，消除水力尖劈作用，承受压差和缝内岩石壁面产生的闭合应力。因此防漏堵漏技术能够封堵非致漏裂缝、弱结构面等引起的漏失，且能消除其扩延的诱导作用，制止其进一步扩大。

3. 防漏堵漏技术机理的可能性

及时封堵机理是能够实现的，是能够提高地层承压能力的，主要是因为水力造缝是一个渐进的过程。Geertsma 和 Deklerk 对水力作用下裂缝扩展进行了细致研究[3-4]，提出了缝壁上的液体正压力会使裂缝边界处的壁面闭合的动平衡裂缝概念，指出裂缝是缓慢开裂和闭合的。因此，对于非致漏天然裂缝（微裂缝、小裂缝、井壁岩石弱结构面的）被诱导开启扩大到致漏宽度是一个逐渐进行的过程，从液体进入裂缝，产生水力尖劈作用，产生诱导裂缝，从细微裂缝开始扩大需要一定的时间和具有一定的速度。其裂缝生长速度在压力足够大时，取决于液体进入裂缝的净速度，只要有效制止和控制液体进入裂缝的速度就可以终止和控制裂缝的产生和扩大。而裂缝的防漏堵漏技术能够立即形成填塞层。形成之后就能有效地制止和控制液体进入裂缝的速度，因而可以终止和控制裂缝的产生和扩大。

4. 防漏堵漏技术材料要求

提高地层承压能力防漏堵漏技术的实现取决于对填塞层的特殊要求，而对填塞层的特殊要求形成了对随钻防漏堵漏技术材料的要求。根据提高承压能力防漏堵漏技术原理，防漏堵漏技术材料应该具有以下几点要求：

（1）快速地形成填塞层对材料的要求。

要快速地形成填塞层，防漏堵漏材料一定要在裂缝中很快挂阻、架桥、填充、形成结构。不同粒径的刚性颗粒物质架桥以后，会形成致密的力链网络，力链网络的空间需要弹性颗粒的填塞和纤维的嵌入，从而形成致密的结构性封堵。因此要求随钻防漏堵漏材料必须具备刚性颗粒、弹性颗粒和纤维三类物质。用于架桥的刚性颗粒状的物质，一定是不规则的非球形物质，由于边缘效应，很容易在裂缝中挂阻架桥；此外，还需大小颗粒复配，大颗粒架桥，小颗粒填充。用于填塞力链网络的弹性颗粒必须具有较高的回弹率和抗温性。用于形成结构纤维应该是刚柔并济的。

上述三种物质共存，才能够快速地形成填塞层。

（2）形成低渗透率填塞层对材料的要求。

防漏堵漏技术要求形成填塞层渗透率要低，因此，防漏堵漏技术材料的粒径要与裂缝尺寸相匹配，尺寸、浓度要满足要求。一定级配下的封堵材料颗粒形成的填塞层才能够形成很低的渗透率，因此，堵漏材料级配要满足形成填塞层低渗透率的要求。

（3）填塞层需要承受一定的压力对材料的要求。

填塞层形成后必须承受：①井内流体的压力激动。钻井作业过程中，压力激动不可避免，很容易超过原有的压力，因此，要求填塞层必须承受住此压力。②缝面岩石产生的闭合应力，随着诱导作用的消失，地层岩石会产生比较大的闭合应力，填塞层必须承受岩石闭合产生的应力。③必须承受住井内流体压力与地层压差，要求填塞层在此作用下不能向井内移动或向裂缝深处移动。基于以上要求，可得出防漏堵漏技术材料一定是能够承受较大应力的高强度刚性物质，并且在高温作用下强度要高。

（4）工艺对防漏堵漏材料的要求。

根据处理的工艺可知，随钻防漏堵漏材料还需要满足：①防漏材料与携带液（钻井液）不发生物理化学作用；②对钻井液流变性、失水造壁性、润滑性等影响较小，满足钻井工艺；③具有较高的抗高温高压性能，堵漏材料在井底长时间作用之后，仍能保持较好性能；④要求材料易于辨认，不影响录井工作。因此，上述三类材料一定是惰性物质，不与钻井液反应，或在高温条件下也不与钻井液反应，且颜色异于一般的钻屑。

（三）钻井液防漏材料

1. 颗粒类材料

颗粒类材料在钻井液中应用非常广泛，从纳米级到毫米级，尺寸范围广，可选择性强，而且效果显著。下面实验选用的颗粒材料主要有纳米材料、各种粒级的碳酸钙颗粒、石英颗粒、石墨颗粒以及研制的新型高强度聚酯颗粒材料等，图 4-4-1 展示了几种实验中用到的颗粒材料。

目前，碳酸钙颗粒仍然是应用最广泛的桥塞颗粒材料，碳酸钙的优点在于来源广且价格便宜，同时具备很高的酸溶率。但是碳酸钙材料最大的不足就是其抗挤和抗压强度相对较低。石英砂强度比碳酸钙高，但是由于其酸溶难度较大，现场应用相对较少；石墨颗粒具有柔性，在压力作用下颗粒可以发生形变，不易破碎，但是其强度相对较低；研制的高强度无缺陷聚酯材料具有很高的抗挤压能力，能够弥补碳酸钙材料的不足。

图 4-4-1　防漏颗粒材料

在实验当中需要用到不同尺寸的颗粒，为了便于表述，将所用到的所有不同尺寸的颗粒进行了编号，见表 4-4-1。

表 4-4-1　实验用颗粒材料的尺寸分布

粒级	XA	A_0	A	A_1	A_2	B
目数	30~40	40~60	60~120	60~80	80~120	>120
粒径，mm	0.6~0.425	0.425~0.25	0.25~0.125	0.25~0.18	0.18~0.125	<0.125
粒级	B_1	B_2	B_3	B_4	C	D
目数	120~150	150~180	120~180	180~325	>325	1000
粒径，mm	0.125~0.106	0.106~0.083	0.125~0.083	0.083~0.047	<0.047	0.013

2. 纤维材料

实验选用的纤维材料为改性植物纤维，此纤维呈深灰色，质轻，长度为 3~20mm，物理化学性质稳定，如图 4-4-2 所示。纤维材料有助于颗粒材料的团聚，填充微孔隙，有助于增强封堵隔墙的整体性和致密性。

图 4-4-2　改性植物纤维

3. 片状材料

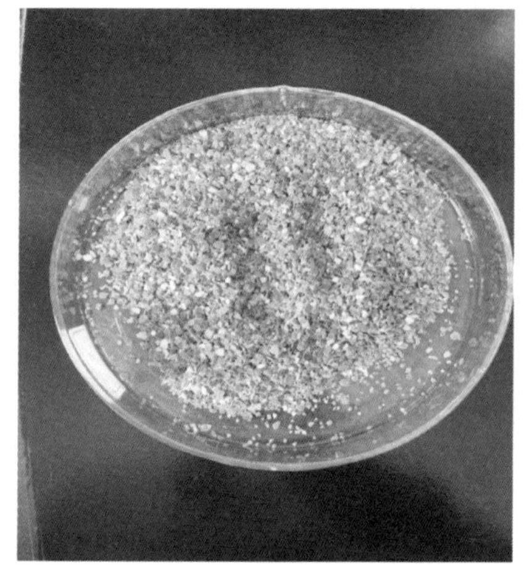

图 4-4-3　高摩阻材料

实验选用的片状材料为研制的一种新型的片状高摩阻材料，强度高，表面凹凸不平，边缘呈纤维状，该片状材料对颗粒材料有包裹作用，同时增强了封堵隔墙与裂缝壁面间的摩擦阻力，有利于封堵隔墙的形成和稳固。图 4-4-3 所示为所用的高摩阻材料。

（四）防漏施工工艺

地层受钻井扰动之后，原地应力平衡状态被破坏，井眼岩石被掏空，取代的是钻井液。过大的钻井液液柱压力使得地层裂缝延伸和张开，如果裂缝扩张开度足够大，则钻井液沿裂缝漏失，加入刚性封堵剂的随钻防漏浆随着钻井液漏失进入裂缝之中，其中的刚性颗粒就会在裂缝中某一位置停住、架桥。如果刚性封堵的粒径刚好与裂缝端口（裂缝与井壁相接处）的开度相匹配，刚性堵漏剂在裂缝端口处架桥，形成填塞层。该填塞层与井壁滤饼相统一。填塞层之后裂缝中的钻井液从壁面渗透出去，缝中液柱压力随之消失，填塞层之前的液柱压力仅仅作用在井壁滤饼和填塞层之上，此压力作用仅仅是破坏填塞层和平衡使得填塞层向裂缝中移动的摩擦力，而不存在作用在裂缝两壁面上使裂缝扩张的力，因此，裂缝趋于闭合，岩石内应力产生的强大的闭合压力将填塞层紧紧压住，使得钻井液液柱压力不能够将填塞层推走，再由于刚性颗粒组成的填塞层强度很大，所以，填塞层封堵在裂缝端口处之后能够承受很大的钻井液液柱压力，它完全能够承受随钻过程中井内压力的波动，因此，封堵在裂缝端口部的填塞层能够牢固地封堵裂缝，不容易再次漏失。如刚性封堵剂在裂缝中部某一位置架桥，封堵后填塞层后面的裂缝空间内液柱压力消失，但填塞层到井壁面之间的裂缝空间内仍然存在着钻井液液柱压力，由于在钻进过程中的压力波动，很容易超过原有的压力，就会使得裂缝继续扩张，裂缝张开度进一步扩大，致使原来封堵在裂缝中某一位置的填塞层被破坏，漏失再次发生，形成的填塞层也不稳定。

1. 全井浆随钻防漏技术

循环法随钻防漏是指在钻井液中直接加入一定粒度、尺寸、浓度的封堵材料，利用其桥接作用封堵漏层通道，达到控制井漏的目的，其特点是封堵材料浓度低、直接参与钻井液循环、不需要进行憋挤作业、不需要起钻更换钻具。在选择了合适的防漏剂的同时还要注意其他井下条件的控制，为安全钻井提供保证，在施工过程中需要注意水眼防堵和防塌与防卡，并控制好钻井液性能。

1）水眼防堵

采用全井防漏钻井液钻井，由于钻井液含有一定浓度的防漏剂且其固相含量高，当钻井液在水眼内处于静置状态时，硬颗粒材料及片状纤维易浓聚，堆积堵水眼，无法建立循环而被迫起钻，给井控工作带来很大的风险。因此防止水眼堵塞是关键技术之一。起钻前通过振动筛清除钻井液中的大颗粒，选择适当的筛布，防止防漏剂浓聚将水眼堵死；下钻时分段顶水眼，并进行分段循环。若钻具中带有强制性止回阀而钻井液中又含有一定浓度的防漏剂，则灌入不含防漏剂的钻井液。钻进过程中接单根时，要做到晚停泵、早开泵，检修设备时要尽量减少钻井液在钻具水眼内的静止，保证循环，以免堵水眼。开泵时一定要缓慢，小排量循序渐进。

2）防塌与防卡

钻进时钻井液对井壁的冲刷效果变差，井壁易变脏。一旦发现扭矩不稳、憋泵等现象，应立即停止钻进，循环观察。如果发现掉块，应及时处理钻井液，确保井下安全。起下钻灌好钻井液，降低下放速度，减少激动压力对地层的冲击和破坏，确保井壁稳定。下钻掉块落至井底，采取适当排量、小钻压，使体积大的掉块逐步破碎为小掉块，带出地面。钻进过程中采取边钻进边破碎掉块的方式，减小卡钻风险。同时，滤饼黏滞系数对项目的正常实施，特别是防止卡钻非常关键，钻井液中应加入减阻添加剂和润滑剂。

3）钻井液性能控制

随钻防漏钻井液同样要求必须满足良好的钻井液性能，加入随钻防漏剂后，钻井液的黏度、切力稍微增加。滤失量影响不大，要适时检测钻井液性能，及时调整钻井液性能，控制好钻井液密度、黏度、中压和高温高压滤失量、滤饼质量、pH 值、膨润土含量等性能参数。

4）随钻防漏施工措施

随钻防漏工程实施的成功与否，直接影响后续钻进施工。若施工不当，不仅影响到对地层井漏的控制程度，也会对施工井段的正常钻进造成影响。

随钻防漏施工，井段开钻之前，调整钻井液性能至设计要求。滤饼黏滞系数对随钻防漏的正常实施，特别是防止卡钻非常关键，钻井液中应加入润滑剂（如石墨、MHR_86D 等）。

除常规细筛布外，现场备用足量的 80 目或 100 目筛布，并将 1 台振动筛筛布换成 80 目或 100 目。

按随钻防漏的设计要求，备好防漏剂及停钻堵漏剂、解卡剂、加重剂等。

除保证地面正常循环量及原设计要求的储备浆外，地面另储备足够的高密度钻井液，必要时可作为堵漏基浆。

将按原设计体系及配方配制、处理好钻井液。

储备足够的随钻防漏堵漏浆。

准备一定量的常规堵漏浆，以备随钻防漏不能制止井下漏失时能及时实施停钻堵漏。

在对比分析邻井实钻基础上，在钻遇易漏失层之前或者是开钻前一次性向全部循环钻井液中加入配方要求的随钻防漏剂，循环均匀，及时监测，随时补充相应量的随钻防漏剂，保证循环钻井液中拥有足够量的随钻防漏剂。

正常情况下，随钻防漏剂在钻遇微小裂缝时及时封堵，地面不会表现出钻井液漏失，但钻遇大裂缝时，裂缝开度超过随钻防漏剂封堵尺寸范围，则地面会表现出漏失，这种情况下需要及时实施随钻段塞防漏堵漏工艺或停钻堵漏工艺。

2. 随钻段塞防漏堵漏技术

在钻进施工过程中。出现漏失趋势等情况可以使用随钻段塞进行防漏，减少地层明显表现出漏失的概率。

随钻段塞止漏技术的实施可以弥补全井浆加随钻防漏颗粒的防漏技术一些缺陷，使随钻防漏堵漏技术更加完善。在控制裂缝地层漏失时，采用在井浆中加入少量的随钻颗粒的随钻防漏技术，由于需要将全部循环井浆中加入随钻防漏颗粒，未起作用的颗粒即存在钻井液之中，增大了钻井液的固相含量，同时，由于振动筛的使用，使用的颗粒粒径不能太大，因此，对较大开度裂缝引起的漏失效果不是很理想。使用随钻段塞防漏技术可以加入比较大一些的颗粒，在振动筛筛除后又不影响井浆性能，而段塞使用的颗粒浓度也远远高于全井浆防漏时刚性颗粒的浓度，这样对封堵开度较大的裂缝更为有利。而随钻段塞堵漏技术则可以在不停钻条件下对裂缝漏失进行处理，即可以对随钻段塞防漏进行补充，同时它还可以和全井浆防漏一起使用，即在出现漏失时除在使用循环井浆中加入较小防漏颗粒防漏外，还可以配制高浓度段塞堵漏浆，并向井内打入一定体积的高浓度段塞进行堵漏，两者结合极大地增强了随钻防漏堵漏的效果。

1）随钻段塞防漏技术实施条件

随钻段塞防漏浆可以按照一定的时间间隔（如 12h）注入一定体积的段塞防漏，同时还可以根据以下情况注入一定体积的段塞：

（1）在钻进中，对比分析邻井漏失资料，在可能出现漏失的井段向井内注入随钻段塞防漏浆进行防漏。

（2）记录钻进过程中钻时的变化情况，在相同地层出现钻时加快时，可向井内注入随钻段塞防漏。

（3）监测循环钻井液总量，如出现钻井液量微量漏失时，立即向井内注入随钻段塞防漏浆防漏。

（4）随钻段塞堵漏浆的打入是在漏失发生之后，通过录井和钻井液岗位人员观察钻井液罐液面，只要能建立起循环，或者只要能够继续钻进，就可以注入一个或者是多个随钻段塞进行堵漏，直到漏失停止。

2）随钻段塞实施要点

（1）调整钻井液各项性能至设计要求。

（2）将一台振动筛换成 40 目或 100 目的筛布。

（3）用一个上水良好的钻井液罐，其中装满钻井液，并保持和循环井浆性能一致。

（4）按照比例分别将小粒径的随钻防漏剂加入并搅拌，将大粒径颗粒随钻堵漏剂放在钻井液罐上，需要时才加入，以免大颗粒沉降。

（5）确定实施段塞防漏堵漏时，最快向预配制的随钻堵漏浆中加入大粒径颗粒随钻堵漏剂搅拌，形成高浓度随钻段塞防漏堵漏浆。

（6）采用正常排量（如 8~12L/s）往井内泵入随钻堵漏浆段塞（体积依据实际情况而定）。地面连续计量液面，观察漏失情况。

（7）根据排量和井内容积以及颗粒的沉降规律等计算出随钻堵漏材料出钻头时间和段塞起作用的时间，在随钻段塞堵漏浆出钻头后地面连续计量液面，如有漏失，观察漏失情况。

（8）随钻防漏浆出钻头后，出现的漏失明显减轻，或停漏，则表明段塞浆起作用；如随钻段塞防漏浆作用时间过后，漏失不缓解或漏速加快，则提高防漏浆段塞的浓度，重复注入段塞。

（9）堵漏浆从井内返出后，通过 80 目或 100 目的振动筛，将大颗粒筛除。

（10）补充胶液，补充润滑剂等，加强钻井液各项性能的监测与维护。适时观测钻井液性能，及时调整流变性，保证正常优质钻井需要。

二、防漏施工典型案例

（一）YM3–3 井基本情况

YM3–3 井位于塔里木盆地塔北隆起轮南低凸起西斜坡哈拉哈塘鼻状隆起南翼。目的层为奥陶系一间房组，设计井深普遍为 7250m，三开井身结构。该区块二开裸眼段长达 5500m，二开自上而下钻遇第四系、新近系、古近系、白垩系、侏罗系、三叠系、二叠系、石炭系、泥盆系、志留系和奥陶系等多套地层。地质岩性复杂多变，其中白垩系—侏罗系以浅灰色砂岩、黄色粉砂岩为主，地层孔隙发育，渗透性漏失严重。三叠系和泥盆系以棕红色泥岩、灰色泥岩为主，易出现井壁失稳现象。二叠系存在少量凝灰岩和玄武岩，极易发生失返性漏失。现场施工中，钻井液密度低于 1.24g/cm^3 时，易引起三叠系和志留系井壁垮塌，钻井液密度高于 1.26g/cm^3 时容易引发白垩系和侏罗系渗透性漏失。钻井液安全密度窗口仅为 0.02g/cm^3。

为解决钻井过程中存在渗透性漏失与井壁失稳两大技术难题，需要提高钻井液封堵性，在钻进过程中进行随钻封堵。一方面，随钻颗粒粒径远远小于常规堵漏材料，可以在近井壁地带形成致密的封堵层，缓解钻井液渗透性漏失，阻止钻井液中自由水向地层深部传递，预防井壁垮塌；另一方面，致密的封堵层可以提高地层承压能力，扩大钻井液安全密度窗口，保证钻井液密度有足够的上调空间，避免复杂情况的发生。

跃满区块二开钻遇地层孔隙分布广泛，若选择的封堵颗粒粒径偏小，则无法对地层进行有效封堵。若选择的封堵颗粒粒径偏大，封堵颗粒停留在井壁表面，出现“封门”现象，进一步阻止合适粒径的封堵材料进入地层深部进行有效封堵，出现“假堵”现象。一旦遇到起下钻等工况，漏失会继续发生。

漏失情况复杂：跃满区块二开裸眼段长达 5500m 左右，白垩系、侏罗系和泥盆系皆有大套砂岩，渗透性漏失严重，跃满区块已完钻井平均漏失速度高达 4m^3/h。现有的随钻封堵剂虽然可以缓解砂岩渗透性漏失，但却无法解决长裸眼井段砂岩孔隙、泥岩微裂缝同时存在情况下造成的漏失问题，见表 4–4–2。

表 4-4-2 YM3-3 井邻井复杂情况

井号	未漏时钻井液密度 g/cm³	漏失量 m³	事故描述
YM5-5 井	1.26	944	钻进二叠系地层发生漏失，反复配堵漏浆进行承压堵漏，后将钻井液密度由 1.26g/cm³ 降至 1.25g/cm³，甚至 1.24g/cm³，但下钻出现多次划眼现象
YM5-3 井	1.24	1800	钻进二叠系地层发生失返性漏失，配堵漏浆静止堵漏多次，后续钻进一直存在渗透性漏失，由于钻井液切力大，导致激动压力大，在起下钻过程中多次引起钻井液漏失
YM2-1 井	1.26	231	钻进二叠系地层发生井漏，配堵漏浆进行静止堵漏，钻井液密度由 1.26g/cm³ 降至 1.25g/cm³，起下钻多次出现井漏、遇阻等复杂情况
YM2-2 井	1.25	450	钻进二叠系地层发生漏失，配堵漏浆静止堵漏，下调钻井液密度，起下钻多次出现井漏、遇阻等复杂情况

可以看出，现场处理此类事故的思路主要是降低排量，降低钻井液密度，配堵漏浆进行静止堵漏。但是跃满区块安全密度窗口窄，一味降低钻井液密度，在没有循环压力的情况下，势必会引起井壁失稳、卡钻等复杂情况的发生。

（二）YM3-3 井应用效果

1. 白垩系—侏罗系应用情况

YM3-3 井二开上部（1500~3000m）采用常规聚合物钻井液体系，进入侏罗系后开始转为聚磺钻井液。该井白垩系和侏罗系以砂岩为主，层厚在 1000m 左右，井深约为 4000m。现场施工中，进入白垩系和侏罗系后，钻井液渗透性漏失开始加剧，漏失速度由原来的无明显漏失上升至 1~3m³/h，与邻井相当。针对这一情况，在聚磺钻井液中一次性加入 1% 随钻堵漏剂与 2% 乳化沥青，其余封堵材料在胶液中以 4% 的浓度定期补充，振动筛布换至 80~100 目，尽量避免过细的筛布将堵漏颗粒筛除。通过以上技术措施，将白垩系和侏罗系渗透性漏失下降至 1m³/h 左右，与邻井相比，白垩系—侏罗系钻井液损失量减少了约 60%，有效地节约了钻井液成本。

2. 三叠系—二叠系应用情况

YM3-3 井，三叠系、二叠系和石炭系层厚 1500m 左右，其中三叠系以红色泥岩为主，易出现井壁垮塌；二叠系和石炭系以灰色、红色泥岩为主，夹杂少量玄武岩，下部为砂泥岩互层，漏失严重，此时裸眼段长达 4000m，单纯提高随钻堵漏剂加量，既不能有效应对泥岩的渗透性漏失，也不利于长裸眼段安全钻进。为提高长裸眼段地层承压能力、对泥页岩微裂缝进行有效封堵，解决长裸眼砂泥岩渗透性漏失难题，在随钻堵漏剂的基础上加入 2% 超细碳酸钙与 1% 纳米封堵剂 PNP，渗透性漏失速度由原来的 3~4m³/h 下降至 1~2m³/h，三叠系未出现邻井出现的大量掉块引起起下钻不畅。与邻井相比，二叠系未出现漏失情况，极大地降低了该井的复杂事故时间，缩短了钻井周期。具体结果见表 4-4-3。

表 4-4-3 YM3-3 井邻井三叠系—二叠系漏失情况统计与钻井液密度

井号	钻井液密度，g/cm³	漏失量，m³
YM5-5 井	1.26	944
YM5-3 井	1.24	1800
YM2-1 井	1.26	231

续表

井号	钻井液密度，g/cm^3	漏失量，m^3
YM2-2 井	1.25	450
YM3-5 井	1.26	125
YM3-3 井	1.28	0

由表 4-4-3 可以看到，YM3-3 井施工时钻井液密度为 $1.28g/cm^3$，钻井液密度较邻井提高 $0.02g/cm^3$ 以上，地层承压能力显著提高。

3. 志留系应用情况

志留系层厚 850m，以沥青质砂岩与层状泥岩为主，易出现井壁失稳的现象，邻井电测时多次出现电测遇阻现象，造成反复通井划眼，耽误钻井周期。本井在前期的钻井液的基础上，加入 1% 纳米封堵剂 +2% 超细碳酸钙 +2% 乳化沥青，加入前后钻井性能未见明显变化，地质卡层顺利完成，未出现邻井出现的电测遇阻的现象。加入封堵材料前后钻井液性能见表 4-4-4。

表 4-4-4 加入封堵材料前后的钻井液体系性能

钻井液体系	ρ g/cm^3	FV s	AV mPa·s	PV mPa·s	YP Pa	FL mL	FL_{HTHP} mL
井浆	1.27	48	27	18	9	3.8	9.4
井浆 +2% 乳化沥青 +2% 超细碳酸钙 +1% 纳米封堵剂	1.27	51	30	20	10	3.9	9.2

单一封堵剂无法解决漏失与井壁失稳等问题。乳化沥青类处理剂可以降低钻井液高温高压滤失量，对跃满区块泥岩有稳定井壁作用，但是在砂床与正反向驱替实验中封堵性能不佳；纳米封堵剂虽然可以提高驱替实验中驱替平衡压力，但是无法解决白垩系—侏罗系大套砂岩渗透性漏失难题；随钻堵漏剂与单封在砂床实验表现优异，对于泥页岩微裂缝没有明显效果，甚至会增加钻井液高温高压失水。

在深井超深井钻井过程中，聚磺钻井液中加入 2% 随钻堵漏剂、2% 超细碳酸钙、1% 纳米封堵剂、2% 乳化沥青复配使用，可以有效提高钻井液封堵效果，提高地层承压能力，为解决跃满区块长裸眼段漏失问题，提供了一种新方法。

三、深井超深井堵漏技术

在深井超深井钻完井过程中，一旦防漏工作无法起到预期效果，没有阻止漏失发生，就需要进行堵漏作业。本节主要就常用堵漏技术进行总结。

（一）深井超深井堵漏技术机理

目前常见的深井超深井堵漏技术主要有四大类：静止堵漏技术、抗高温桥接堵漏技术、高失水复合堵漏技术和可固化堵漏技术。

1. 静止堵漏技术机理

（1）消除压力激动后，裂缝在地应力作用下往往会自动闭合，自然缓解井漏，地层又可以承受压裂前可以承受的压力。

（2）钻井液中的固相（加重剂、膨润土、岩屑或堵漏材料等）在裂缝中滤失形成滤饼，起到了粘结和封堵裂缝的作用。

（3）漏进裂缝之中的钻井液，因其有触变性，随着静止时间增加，钻井液静切力增加，钻井液在裂缝中的流动阻力增加，从而消除井漏。

2. 抗高温高强度桥接堵漏技术机理

桥接堵漏技术强调整个堵漏浆体的架桥、填充、密封的三者统一，利用不同形状和尺寸的惰性材料，以不同的配方混合于钻井液中直接注入漏层的一种堵漏方法。与静止堵漏相比，桥接堵漏一般要在井口或漏层之上，提供一定压力，保证漏层吃入足够的堵漏浆，确保堵漏效果。

3. 高失水复合堵漏技术机理

堵剂配成的浆液进入漏失段后，在钻井液液柱压力和地层压力所产生的压差的作用下，迅速失水，浆液中的固相组分聚集、变稠，形成滤饼，继而压实，填塞漏失通道。同时，由于所形成的堵塞具有高渗透性的微孔结构和整体充填特性，能透气透水，但不能透过钻井液，钻井液则在塞面上迅速失水，形成光滑平整的滤饼，起到进一步严密封堵漏失通道的效果。堵剂的滤失量越大，滤失速度越快，堵塞的形成也就越迅速。

4. 可固化堵漏技术机理

现有的可固化堵漏材料一般为无机凝胶，可固化材料泵送至井下漏层中一定时间后，经稠化—凝固形成具有相当强度的固状体而与地层胶结为一体，从而填塞了井下漏失通道，达到封堵漏层的目的。无机胶凝堵剂以水泥为主，包括各种特殊水泥、混合水泥稠浆等。水泥是钻井防漏堵漏中最常用的材料之一，其特点是封堵漏层之后，具有较高的承压能力。

（二）深井超深井堵漏工艺

1. 静止堵漏工艺

静止堵漏是指在发生钻井液漏失的情况下，将钻具起出漏失井段（通常起至安全井段技术套管内或将钻具全部起出）静止一段时间（一般 8~24 h），使得漏失减少或消失的一种作业方式。

静止堵漏施工要点：（1）发生井漏时应立即停止钻进和钻井液循环、把钻具起至安全位置后静止一段时间，静止时间要合适；（2）静止堵漏过程中，应定时定量灌钻井液，尽量保持液面在井口，防止裸眼井段地层坍塌；（3）在发生部分漏失的情况下，循环堵漏无效时最好在起钻前替入堵漏浆封闭漏失井段，然后起钻，增强静止堵漏效果；（4）再次下钻时，控制下钻速度，尽量避开在漏失井段开泵循环，如果必须在此井段开泵循环，应采用小排量低泵压开泵循环观察，不发生漏失后，再逐步提高排量；（5）恢复钻进后，钻井液密度和黏切不宜立即作大幅度调整，要逐步进行，如需加重，则要严格控制加重速度，防止再次发生漏失。

2. 抗高温高强度桥接堵漏工艺

桥接堵漏由于经济价廉，使用方便，施工安全，目前现场已普遍采用。使用此方法可以对付由孔隙和裂缝造成的部分漏失和失返漏失。桥接堵漏是利用不同形状、尺寸的惰性材料，以不同的配方混合于钻井液中直接注入漏层的一种堵漏方法。施工前，应根据不同的漏层性质，选择堵漏材料的级配和浓度，否则在漏失通道中形不成“桥架”，或是在井壁处“封门”，使堵漏失败。要较准确地确定漏层位置，钻具一般应在漏层的顶部，严禁下过漏层施工，以防卡钻。另外要注意的是，采用这种方法时应尽量下光钻杆，如带钻头要去掉喷嘴，选择的桥接材料尺寸必须首先满足喷嘴尺寸要求，以避免堵塞钻头。堵漏成功后立即筛除在井浆中的桥接材料。

（1）桥堵材料的选择和浓度：桥浆浓度具体选择时应综合考虑漏速、漏层压力、液面深度和漏层段长、漏层形状等因素，一般范围是 10%~30%，对漏速大、裂缝大或孔隙大的井漏，应用大粒度、长纤维的桥接剂配成高浓度浆液。反之，则用中小粒度、短纤维的桥接剂配成低浓度浆液。

（2）堵漏材料可分三类：长纤维（FCL 纤维长度 10mm 和 12mm），主要作用是形成网状结构，使整个堵漏材料形成复合体；架桥充填材料（GYD 铝合金，硬质果壳，KGD 等）大颗粒主要架桥，小颗粒填充；短纤维状材料（SHD，BYD 等），主要作用是密封作用桥接剂级配比例的合理选择对于提高堵漏成功率至关重要，具体搭配比例由现场来确定。

（3）基浆通常用井浆，基浆黏度和切力要适当高一些，不能太低也不能过高，必要时要考虑井下温度对基浆的影响加入部分抗高温处理剂，以防止在地面及井下桥接剂的漂浮和下沉，避免桥浆丧失可泵性。

（4）基本数据。施工前要准确计算钻具内容积，关井前后钻井液液面高度及对应井眼环空容积。

（5）承压堵漏工艺，尽可能确定准漏层；根据井漏情况和漏层性质综合分析，确定桥浆浓度、级配和配浆数量，堵漏浆密度应接近于钻进的井浆密度；配堵漏浆：在地面配浆罐连续搅拌条件下，最好通过加重漏斗以纤维状 + 颗粒状、片状顺序配够要求的桥浆，应注意防漂浮、沉淀及不可泵性，浓度高时采用链接气管线，从罐面直接加入。配制量应以漏速大小、漏失通道形状和段长以及井眼尺寸等综合确定，通常范围是 20~50m^3/ 次；确定漏失层段，将光钻杆或带大水眼钻头的钻具下至漏层顶部以上 10~300m 安全位置或技术套管内，立即泵入已配好的桥浆，堵漏浆出钻具前，最好关井挤压，防止堵漏浆上返，控制套管压力在安全范围内，但不能超过井口和其他地层的承压强度。关井挤压施工过程中，应准确计算堵漏浆到达位置及堵漏浆进入地层的量及对应套管压力值，应尽可能定时活动钻具，防止卡钻，必要时关万能防喷器。如承压堵漏成功，稳压 10~30min，从封井器节流阀缓慢泄压后，开井循环或控压节流循环，排堵漏浆，防止堵水眼或卡钻，后逐步下钻循环排堵漏浆。排完堵漏浆后大排量循环验漏或关井承压验漏，套管压力值一般应小于承压堵漏时的套管压力值。

高温高密度桥接堵漏技术现场应用案例：

（1）KS24–1 井目的层堵漏。该井技术套管下深 6349m，钻进至 6502.17m 发生漏失层位：巴什基奇克组 K_1bs；钻井液密度 1.75g/cm^3，排量 16 L/s，漏速 0.6~1.2m^3/h；降排量至 9 L/s，漏速 18m^3/h；降排量至 4.5 L/s，出口失返；期间漏失密度 1.75g/cm^3 的钻井液 26.92m^3，吊灌起钻至井深 6 172m，静止观察。

地面配堵漏浆 30m^3。堵漏浆配方：8% 细果壳 +4% 中粗果壳 +2% 细 GYD+1% 中 GYD+2%SHD+2%BYD–2+3%KGD–2+3%KGD–3，总浓度 25%。注堵漏浆 23m^3，替井浆 31m^3。注堵漏浆 9m^3 时出口返出，总计返出 42.5m^3，关井正挤 13m^3（套管压力由 0 上升至

9mPa，立管压力由 0 上升至 11mPa，排量 5 L/s），停泵 30min，套管压力稳定。节流循环挑堵漏浆控制套管压力 4~5MPa，立管压力 15~18MPa 后，下钻至井深 6502m 循环排堵漏浆，液面正常，无漏失。

井筒承压试验，关井正挤钻井液 0.8m^3，套管压力由 0 上升至 5.2MPa 后又降至 4.8MPa，稳压 30min 不降，泄压回流 0.8m^3，堵漏成功。

（2）ZQ9 井盐膏层漏喷同层堵漏。ZQ9 井位于库车坳陷秋里塔格构造带中秋段中秋 9 号背斜构造。该井 18in 套管下深 3500m，钻进至井深 3525.39m 时，钻井液密度为 2.10g/cm^3，发生漏失。漏层位置：吉迪克组膏泥岩，井队承压堵漏一次，配堵漏浆 50m^3，浓度 39%，套管压力为 0，候堵后，循环正常。

钻进至井深 3590m，发生漏失，钻井液密度为 2.10g/cm^3，层位为吉迪克组膏泥岩，井队共计堵漏三次，配制堵漏浆各 50m^3，堵漏浆浓度分别为 5%、35% 和 42%，套管压力最高 2MPa，关井候堵为 0。

钻进至 3721m 时液面上涨 0.4m^3，用密度 2.35g/cm^3 的重浆压井，发生漏失。起下钻换钻具，液面不在井口，高度 30~50m，井队共计堵漏三次，堵漏浆总浓度分别为 45%、44% 和 45%，套管压力最高 3.73MPa。

初步判断，该井主要漏失层为 3525.39m 处和 3590m 处，3721m 处出盐水，存在漏喷同层地下井喷。

采用 FCL 桥接堵漏技术，第一次承压堵漏，配制堵漏浆 50m^3，浓度 36.6%，钻井液密度 2.10g/cm^3。配方：基浆（50m^3）+0.6%FCL 纤维 -10+3% 果壳（细）+8% 果壳（中粗）+10% 果壳（粗）+3% 果壳（特）+2%GYD（粗）+2%GYD（特粗）+4%SHD+4%BYD。承压堵漏，套管压力 7.8MPa，静堵期间套管压力上升至 8.0MPa，后节流控制套管压力 7MPa，排堵漏浆。

划眼至井深 3601m（划眼过程中液面上涨 6.6m^3，出口密度由 2.04g/cm^3 降至 1.95g/cm^3），泵入 2.12g/cm^3 的钻井液 136.7m^3，排盐水及混浆 191.4m^3（密度由 1.95g/cm^3 降至 1.21g/cm^3 后又升至 2.03g/cm^3，最低密度 1.21g/cm^3，氯离子含量由 144000mg/L 升至 206000mg/L，Ca^{2+} 含量由 1400mg/L 升至 4600mg/L），节流循环提密度（控制入口密度 2.15g/cm^3，排量 25~34 L/s，立管压力 4~8MPa，控制套管压力 1~2MPa，液面上涨 11.2m^3；立管压力由 8.2MPa 下降至 7.6MPa，套管压力由 1.02MPa 下降至 0.86MPa，出口流量由 29.2% 下降至 27%，发生井漏，漏失钻井液 9.5m^3），静止候堵，测量环空液面距井口 49~51m。

第二次承压堵漏，配制堵漏浆 45m^3，钻井液密度 2.15g/cm^3，浓度 38.5%，配方：基浆（45m^3）+0.3%FCL+3%BYD+3%SHD+3%QSD-1+5%QSD-2+6%QSD-3+2%QSD-4+2%GYD（中粗）+5%GYD（粗）+0.2%GYD（特粗）+2%KGD-2+4%KGD-3+2%KGD-4。承压堵漏，关井挤入 15m^3 钻井液时，套管压力有连续上升，共计正挤井浆 45.7m^3，漏层进入堵漏浆量为 30.7m^3，套管压力稳定在 11.3~11.6MPa。后期下钻循环划眼钻进正常。

结论：该井存在严重的漏喷同层现象，井口液面 30~50m，其实是井下在发生井喷，3721m 处的高压盐水进入 3525m 或 3590m 处的漏层（第一次堵漏后返出盐水）。第一次承压 7.8MPa，钻井液密度 2.10g/cm^3，在封堵漏层的同时，还没有压稳，地下井喷还在发生，盐水上返，套管压力上升，到一定程度后稳定；第二次承压堵漏，钻井液密度 2.15g/cm^3，在套管压力 11.6MPa 下稳定，地层封堵结实且压稳盐水，因此堵漏成功。

（3）KS605 井盐膏层承压堵漏。该井技术套管下深 4454.69m，采用油基钻井液钻进至井深 5275m，层位为 $E_{1-2}km$，钻井液密度为 1.85g/cm³，黏度为 83mPa·s。继续钻进过程中，提高钻井液密度至 1.95g/cm³，需要对易漏层库姆格列木群上盘白云岩段（4493~5001m）进行承压堵漏作业，确保密度提高后裸眼段安全，能够正常钻进。

承压堵漏：

①验漏。堵漏钻具下钻至套管内 4436m 处，关井憋压（立管压力由 0 上升至 5.5MPa，套管压力由 0 上升至 5MPa），地层承压试验成功，下钻至井底，循环调整钻井液密度至 1.90g/cm³。起钻至井深 4436m，关井憋压（立管压力由 0 上升至 3.2MPa，后又降至 0，套管压力由 0 上升至 2.5MPa 后又降至 0），地层承压试验失败，需要配堵漏浆做承压堵漏施工以提高地层承压能力。

②承压堵漏。用密度 1.90g/cm³ 基浆配浓度 18.1% 的 FCL 堵漏浆 30m³，计算堵漏浆待出钻具后关井挤堵，挤出堵漏浆共计 9.4m³（立管压力由 0 上升至 8MPa，套管压力由 0 上升至 7MPa），30min 稳压不降，开节流管汇循环。堵漏浆配方：30m³ 基浆 +0.1%FCL+3%GYD（中）+8% 果壳（细）+2%SQD–98（细）+2%SQD–98（中）+3%BYD–2。

③验漏。循环排出堵漏浆后，用密度 1.90g/cm³ 钻井液做地层承压试验（立管压力由 0 上升至 4MPa，套管压力由 0 上升至 3.5MPa），30min 稳压不降，承压堵漏成功，进行分段循环，调整钻井液密度至 1.95g/cm³。

④承压堵漏。下钻至井底循环一周后，发现有漏失，循环观察（排量由 26L/s 降至 3L/s，漏速由 12m³/h 下降至 1.2m³/h），起钻至井深 4800m，配密度 1.95g/cm³ 堵漏浆 30m³，正注堵漏浆 30m³，替 33m³ 密度为 1.95g/cm³ 钻井液后，起钻至井深 4407m 处关井正挤 1.2m³（立管压力由 0 上升至 5MPa，套管压力由 0 上升至 4MPa），30min 稳压不降，节流循环 1.5h 后，开井循环排堵漏浆，后下钻至井底调整钻井液性能。

堵漏浆配方：30m³ 基浆 +0.1%FCL+3.5%GYD（细）+4%KGD–1+6%KGD–2+1%SQD–98（细）+2%SQD–98（中）+3%BYD–2。

⑤验漏。短起至 4407m 处，关井做地层承压试验，泵入 0.5m³（立管压力由 0 上升至 2.5MPa，套管压力由 0 上升至 2MPa），30min 稳压不降，开井观察液面在井口，开泵循环正常（排量 5~28L/s，泵压 1.1~12.55MPa）。

3. 高失水复合堵漏工艺

高失水复合堵漏的技术核心是高失水材料，这是一种由纤维材料、金属盐、絮凝剂复配而成的乳白色粉末纤维混合物，集高失水、高强度和高酸溶率于一体的高效堵漏剂。

用该产品配制的堵漏浆，进入漏失通道，在压差作用下快速失水（最快的在几秒钟之内），很快形成具有一定初始强度的厚滤饼而封堵漏层，其初始承压能力可达 4MPa 以上。在地温和压差作用下，所形成的滤饼逐渐凝固，其承压能力大幅度提高，24h 可达 20MPa，最高承压可达到 40MPa 以上，酸溶率可达 80%，有利于保护产层，该产品对堵漏后易回吐、承压能力差、低压易破碎的裂缝性漏失有良好的封堵效果。与之类似的堵漏剂有 DiasealM 和 CX–906。

高失水复合堵漏剂适用于非大溶洞的其他所有类型的井漏，尤其对承压堵漏极其有效、具有配制及施工工艺简单等显著特点。封堵后不回液，形成滤饼的速度可调，其滤饼的强度大，在地层温度压力下，最大可达 40MPa 以上，其最高配制堵漏浆密度可达 2.35g/cm³ 以上。

1）基本配方

（1）中小漏失：清水 +15%~35%CX-906+$BaSO_4$。

（2）大漏：清水 +15%~40%CX-906+1%~3g% 云母 +$BaSO_4$。

（3）失返：清水 +15qe-40%CX-906+1%~3% 云母 +2%~4% 核桃壳（细）+$BaSO_4$。

（4）中小裂缝：清水 +15%~40%CX-906+1%~3% 云母 +2%~4% 核桃壳（中粗）+ $BaSO_4$。

（5）大裂缝（失返）：清水 +20%~40%CX-906+2%~3% 云母 +2%~4% 核桃壳（粗）+ $BaSO_4$。

2）使用方法及加量

（1）漏速小于 $5m^3/h$ 时，可采用随钻堵漏，直接加入各种体系的钻井液中即可；加量 2%~30%。

（2）漏速在 $5\sim20m^3/h$ 时，采用清水 +15%~30%CX-906 配制成堵漏浆进行堵漏。

（3）漏速在 $30\sim60m^3/h$ 时，采用清水 +25%~40%CX-906+2%~4% 核桃壳 +1%~3% 云母配制成堵漏浆进行堵漏。

（4）漏速大于 $60m^3/h$ 或失返时，可与水泥或其他堵漏剂（如各种凝胶堵漏剂）配合进行综合堵漏，其配方依地层特性而定。

（5）如需对堵漏浆进行加重，低盐度条件下，必须加 0.1%~0.3% 的提黏剂。

（6）使用该堵剂，其最高堵漏浆密度可配制 $2.35g/cm^3$ 以上。

3）现场堵漏施工工艺

（1）简化钻具结构，将钻具下入漏层顶部。

（2）小排量泵入 CX-906 堵漏浆，当 CX-906 堵漏浆达到钻具出口加大排量，直至 CX-906 堵漏浆在钻具内外相平。

（3）起钻至堵漏浆面（钻具安全位置）。

（4）记录泵入量，返出量、堵漏浆漏失量。

（5）按桥接堵漏法的挤压，泄压再挤压的施工工艺进行施工。

（6）能够憋压稳压，尽可能保持稳压状态，候堵 8~24h。

4）高失水堵漏技术现场应用案例

（1）DB103 井堵漏及效果。DB103 井 ϕ311.2mm（12 $^1/_4$ in）井眼在 303.80~5125.70m 井段在比井过程中出现多次井漏，经分析漏点位置在 2400~2700m 处，在钻至不同井深时因井漏采取桥接堵漏、凝胶堵漏、水泥堵漏等多种方式，其中采用桥浆和 CX-906 复配堵漏效果最好，堵漏效果见表 4-4-5。

表 4-4-5 DB103 井 CX-906 堵漏效果

序号	井深，m	钻井液密度，g/cm^3	堵漏施工简况	堵后进尺，m	持续时间，d
1	3461	1.4	桥接堵漏 3 次	63	4.35
2	3524	1.43	挤水泥 2 次、桥接堵漏 2 次桥浆十 CX-906 堵漏 1 次	559.36	32.82
3	4083.36	1.37	桥接堵漏 1 次	1452	0.54
4	4097.88	1.37	30%CX-906+3% 细核桃壳	520.12	25.85

续表

序号	井深，m	钻井液密度，g/cm³	堵漏施工简况	堵后进尺，m	持续时间，d
5	461.8	1.43	桥浆十 LCP200 堵汤 1 次	10.04	0.31
6	4684	1.42	先注桥浆，后跟 CX-906	153.6	11.25
7	4838	1.4	先注桥浆，后跟 CX-906	289.5	25.35

（2）DB102 井承压堵漏及效果。DB102 井用密度 1.79g/cm³ 的钻井液钻进至井深 4749m 处，进入盐层顶部，要求承压当量密度达 2.25~2.30g/cm³。经过 3 次桥浆堵漏失败，损失时间 10 多天，漏失井段 400~4500m，后使用 CX-906 堵漏剂，一次成功，将地层承压当量密度提至 2.25g/cm³ 以上，很快恢复钻进，顺利钻过盐膏层，堵漏效果见表 4-4-6。

表 4-4-6　DB102 井 CX-906 堵漏效果

序号	堵漏配方	钻井液密度，g/cm³	承压当量钻井液密度，g/cm³	承压堵漏效果
1	20% 桥接堵漏浆 100m	1.78	1.7812.04	失败
2	18% 桥接堵漏浆 100m	2.04	2.0412.15	失败
3	13% 桥接堵漏浆 46m	2.04	2.04 个 2.19	失败
4	20%CX-906 堵浆 25m	2.1	2.1012.25	成功

（3）DB201 井承压堵漏及效果。DB201 井钻进至井深 3902m 处中途完井，在下 ϕ339.7mm（$13^3/_8$in）套管至井深 2615m 时，发现悬重突然下降，起出后发现分级箍处断裂，对扣固井后，由于此处对接不好，再加上固井质量差，导致试压不成功。三开钻进至 464m 处，因井下复杂，起下钻次数多，对分级箍处碰撞厉害，因而发生漏失，当时井浆密度为 2.8g/cm³、最大漏速为 28m³/h、最小漏速为 6m³/h、平均漏速为 17m³/h，经分析井实际情况，考虑用桥浆或水泥堵漏都不适合，后决定用 CX-906 配合桥接堵漏剂进行堵漏。

现场堵漏配方：清水 +25%CX-906+4% 细核桃壳。

堵浆配制工艺：清洗一个 20m³ 的钻井液罐，放入清水 10m³，按配方先加 CX-906，接着加核桃壳，然后将所需水放满，最后加重至井浆密度即可施工。

堵漏施工工艺：将钻具起至井深 610m（漏失井深 623m）；替入堵漏浆 65m（堵涌浆接近钻头外），关封井器，再将堵漏浆全部憋压挤入井内（14m³）；缓慢开封井器，起出 2 柱钻具，候堵，12h 后循环观察，未发现漏失，堵漏成功。

4. 可固化堵漏工艺

在深井超深井条件下，一旦发生恶性漏失，高密度钻井液无法快速配置完成，必然导致液柱压力快速降低并引发卡钻、溢流甚至井喷等复杂事故。早期针对恶性漏失主要采用水泥堵漏，该技术施工工艺成熟，固化后强度高，但是也存在抗地层水冲稀能力差，驻留能力不足等问题。

近年来，SaudiAramco 石油公司研究了一种热响应型树脂堵漏材料，可在井下固化封堵漏层，具备直角稠化和密度可调的优点，适应温度为 9~135℃。Halliburton 油服公司研发了一种聚合物固化堵漏材料 CS-LCM，与地层水相接触后能快速稠化（< 3min），固化后对 31mm 孔洞承压能力达 6.9MPa。Schlumberger 油服公司开发了 CACP 化学交联堵漏产品，通过交联固化剂和缓凝剂的比例来控制不同温度下的成胶时间，最终可形成具有一定

弹性的橡胶类结构。国内川庆钻探公司研发了一种树脂堵漏材料，遇水后可快速反应释放 CO_2 并固化，3~4mm 缝板可承压 3.8MPa，最高抗温，适合表层恶性井漏堵漏。西北油田研制了一种井下聚合堵漏材料，通过缩聚反应生成酚醛树脂，并与聚合物进一步交联形成高强度封堵层，室内评价 3~5mm 裂缝最高承压 11MPa，耐水解性能优异。

1）可固化堵漏技术现场堵漏施工工艺

（1）堵漏前至少通井一次，清除漏层表层的封门材料。

（2）采用光钻杆下入漏层底部，注入可固化材料。

（3）起钻至钻具安全位置，关井，挤注可固化材料。

（4）记录泵入量，泵压。

（5）能够憋压稳压，尽可能保持稳压状态，候凝。

2）可固化堵漏技术应用案例

QY1H 井，下钻至 2272m 顶通循环，单泵循环正常，10min 后开启双泵，双泵循环发生漏失，泵压降至 15.6MPa，后循环失返（累计漏失 42.9m^3，漏速 216m^3/h），前期采用桥接堵漏，凝胶堵漏均未能有效封堵，分析漏失原因主要是由于上部馆陶组底部砂砾岩承压能力低；井眼环空不畅，钻井液性能波动过大；前期堵漏时漏失层位可能存在封门现象，导致部分漏失通道未进入堵漏浆。开始可固化堵漏前，首先采用牙轮通井，后采用光钻杆下入 2218m 处泵入 30m^3 可固化堵漏浆，全程井口无返出，候凝完下钻钻塞至 2295m 处，恢复钻进。

（三）堵漏材料

库车山前常用的堵漏材料可分为：常规桥接堵漏材料、抗温高强度桥接堵漏材料、抗高温纤维堵漏材料、抗高温高失水堵漏材料、水泥及其他材料等。

1. 常规桥接堵漏材料

桥接堵漏材料按其形状可以分为三种：颗粒状材料、纤维状材料和片状材料。常规桥接堵漏材料中的颗粒状堵漏材料有：核桃壳、石灰石、方解石，橡胶粒、蛭石、云母片沥青等，它们在堵漏过程中卡住漏失通道的“喉道”，起“架桥”作用，因此又被称为“架桥剂”；纤维状材料有：棉籽壳、锯末、木屑、石棉、SOD–98 等，它们在堵漏浆液中起悬浮作用，在形成的堵塞中它们纵横交错，相互拉扯，因此又被称为“悬浮拉筋剂”；片状材料有：谷壳、硅藻土、沥青等，它们在堵漏过程中主要起填塞作用，因此又称作“填塞剂”。

常规桥接堵漏材料规格，通常颗粒状分为 5 种：4~5 目、5~7 目、7~9 目、9~12 目和大于 12 目。片状材料一般应通过 4 目筛，以防堵塞钻头水眼，柔性片状材料的尺寸可达 25.4mm。片状材料要求具有一定的抗水性，水泡 24h 后其强度不得降低一半，在原处反复折叠不断裂。韧性大者其厚度可为 0.25mm，韧性差者厚度为 0.013~0.1mm。纤维状堵漏材料规格通常分为 4 种：4~7 目、7~12 目、12~40 目、大于 40 目。

2. 抗高温高强度桥接堵漏材料

方解石：是一种集高强度和高酸溶率于一体的承压堵漏剂，酸溶率高达 95% 以上，有利于酸化解堵。其规格有：80~120 目、40~60 目、24~35 目、12~20 目、6~12 目。在钻进过程中钻遇高渗透层、裂缝、溶洞时，与工程纤维 FCL 和其他堵漏剂配合堵漏，起到一定架桥作用，封固强度高。可用于目的层防漏的处理，以达到后期改造处理，保护产层的目的。

该产品适用于孔隙性和裂缝性漏层的堵漏，根据漏失程度选择不同颗粒尺寸类型。

雷特超强堵漏剂 NTS 主要以片状合成树脂为主，为抗高温、抗压的惰性材料，颗粒尺寸分为粗、中、细三种尺寸。它呈片状且无味，具有坚硬、热固性，密度为在 1.30~1.55g/cm^3，高温稳定性好，可抗温 278℃，与水基、油基、盐水钻井液不相溶。在挤堵施工中，架桥剂进入裂缝架桥，不同片状材料填充，在井口憋压压差作用下不断地填充夯实，形成稳定的承压堵漏层。

3. 抗高温纤维堵漏材料

（1）FCL 主要成分为陶瓷纤维，为白色或浅黄色纤维状固体，密度 2.6g/cm^3 左右；长度可达 6mm、8mm、10mm 和 12mm，直径 10~20μm；抗高温 300℃以上。这种特殊纤维与常规纤维的不同点：在钻井液中能够均匀分散，其作用是形成网状结构，使钻井液中的整个堵漏材料形成包裹复合体。该产品适用于孔隙性和裂缝性漏层的钻井液堵漏，根据漏失程度选择不同长度的纤维。另外，FCL 纤维可用于水泥浆堵漏和作为强清扫剂用于清扫井眼。

（2）雷特超级纤维是一种 100% 原生材料单纤维丝，是经过特别处理加工的人造纤维，密度 1.0g/cm^3，直径 21μm，长度 13mm，抗温 180℃以上，同时具有很好的悬浮性、分散性、化学惰性和无毒等特性，适用于各类钻井液。

（3）LCC200 是一种能够加工成不同长度的有机高分子合金纤维，主要成分为气相二氧化硅、活性碳酸钙和钛白粉，与聚醚砜以及聚四氟乙烯共混而成；常用范围为 0.3~13mm，耐温可达 180℃；能够均匀分散在堵漏浆中，不结团。该剂采用刚性纤维和柔性纤维复合作用，刚性纤维更易在狭窄的通道中滞留，从而截留住柔性纤维，使之更好地发挥拉筋织网的作用。

4. 抗高温高失水堵漏材料

常见的高失水堵漏材料主要由聚合物、硅藻土、水泥、海泡石、凹凸棒石、石棉粉、石脊和惰性材料等按一定比例配制。国外菲利普斯公司研制的高失水堵漏材料 DI-ASEALM，由碎纸屑、石灰和硅藻土按一定比例复配，使用方便、见效快、成功率高，在世界各地数千口井取得成功应用。国内学者王曦等对核桃壳、锯末和新型高失水剂 FZS 进行了对比实验。结果表明，核桃壳能封堵 3mm 的裂缝，且在 4MPa 压力下，漏失量较小，承压能力较高；而缝宽 3mm 时，2% 锯末只能承受 3MPa 的压力；另外，FZS 能封死 4~5mm 的裂缝，承压 5MPa 以上。将 FZS、核桃壳及复合堵漏剂 CMC 复配，当配方为基浆 +1.5%FZS+2.5% 核桃壳 +1.0%CMC 时，漏失量最低、漏层承压能力最高。黄贤杰等研制的高效失水堵漏剂配方为：清水 +2% 黏土 +0.1%CMC+15%HHH（高效、高失水、高强度堵漏材料）+4% 核桃壳（中粗）+4% 核桃壳（细）+3% 云母，密度控制在 1.45~1.46g/cm^3。该堵漏剂具有高失水、高强度等特点。

四、深井超深井堵漏技术应用典型案例

（一）KS1103 井

KS1103 井设计井深为 6610m，目的层为白垩系巴什基奇克组。该井采用六开井身结

构，其中盐上地层（一开、二开）采用水基钻井液。盐层及盐下地层（三开至六开）采用柴油基钻井液。

该井于2017年12月12日开始一开钻进，2018年12月31日钻进至井深6770m处完钻。KS1103井自三开扩眼至3551m处发生井漏，至6770m处完钻，累计漏失油基钻井液5279.74m^3。该井井漏分4个阶段：三开库姆格列木群盐底井漏及三开中完固井井漏；四开舒善河组亚格列木组及四开中完固井井漏；五开库姆格列木群砂岩段井漏及盐底井漏；六开钻进过程中及固井期间井漏。

该井井漏基本涵盖了库车山前常见各种井漏类型：卡盐底井漏、裂缝发育地层井漏、套管鞋井漏，同一开次内包含两套或多套地层压力系数，需提高全井筒承压能力，漏点不易确定，堵漏难度大。漏层主要为库姆格列木群组下泥岩段，岩性以中厚层—厚层状褐色、灰褐色含膏泥岩、膏质泥岩、泥岩为主，夹薄层—中厚层状泥质粉砂岩、膏质细砂岩，地层裂缝、微裂缝发育，薄弱地层承压能力低，在高密度下容易发生压裂性漏失。

该井运用多种堵漏工艺，如雷特桥堵、高酸溶沉降、高失水快强箍、水基堵漏浆、油基堵漏浆等，完成了该井所遇到的各种类型堵漏作业。

（二）KS1103井

1. 三开井漏

1）井漏情况

KS1103井三开钻进至井深3525m，进入盐层底部，起钻甩PowerV和MWD，换$12^1/_4$in小钻头进行卡层作业，钻进至井深3551m后，确定该井三开完钻。使用17in钻头扩眼至3551m时发生井漏，排量35L/s，泵压由20.9MPa降至19.2MPa，出口失返，钻井液密度2.37g/cm^3，漏斗黏度96s，该井段地层层位为库姆格列木群下泥岩段，岩性为褐色泥岩、褐色泥质粉砂岩、浅褐色泥岩。该段堵漏结束，开始三开中完作业，并在固井期间又发生漏失。三开累计漏失油基钻井液1229.4m^3。

2）井漏处理经过

三开阶段井漏发生在卡盐底过程中，堵漏目的为保证后期中完施工作业顺利进行，因此该段堵漏措施为：

（1）使用KGD系列刚性颗粒堵漏剂配制堵漏浆，泵入井底，待刚性颗粒自然沉降，在并底形成“塞子”，沉淀隔离封堵井底漏层。KS1103井三开阶段前3次堵漏使用该措施后循环不漏，但地层承压无法满足中完施工要求（地层承压过程中，泵入钻井液立管压力为2MPa不涨，停泵后立管压力降至0.2MPa）。

（2）使用刚性颗粒堵漏剂复配核桃壳及纤维类材料配制堵漏浆，挤入地层，提高地层承压能力。三开阶段使用该措施施工两次，地层承压能力逐渐增强。

（3）调整钻井液性能，尽量降低钻井液黏度与切力，减小环空压耗，降低井底压力。

KS1103井该阶段使用上述堵漏措施施工7次，最终地层承压为6MPa，稳压15min不降，达到固井施工要求。

3）井漏原因

（1）过高井底压力压穿盐底隔板层。KS1103井使用17in钻头扩眼至井深3351m，虽未钻穿盐层，但盐底泥岩隔板层较薄，过高的钻井液液柱压力，导致盐底隔板被压穿，高压差诱导裂缝，发生恶性漏失。

（2）固井期间井漏。下套管后固井，环空间隙小，为保证顶替效率需要大排量，导致循环压耗高，同时，井底堵漏后承压能力不足，所以导致本次固井期间漏失严重。

2. 四开井漏

1）井漏情况

KS1103 井于 2018 年 6 月 5 日四开使用 $12^1/_4$in 钻头钻进至井深 5538.64m，发生井漏（钻井液密度 1.83g/cm^3、泵压 22MPa、排量 36L/s、漏速 26.7m^3/h），该段地层层位为舒善河组，岩性为红褐色泥岩。

2018 年 6 月 9 日，使用 $12^1/_4$in 钻头钻进至井深 5585.28m 时发生井漏（钻井液密度 1.83g/cm^3、泵压 23MPa、排量 36L/s、漏速 81.6m^3/h），该段地层层位亚格列木组，岩性主要为褐色粉砂岩、红褐色泥岩、褐色含砾中砂岩等。该井自 5585.28m 处发生井漏至四开固井结束，在该段钻井施工过程中频繁发生井漏，四开期间累计漏失油基钻井液 1556.2m^3。

2）井漏处理经过

舒善河组井漏通过静止堵漏、降排量（由 36L/s 降至 23L/s）等措施，恢复钻进，并顺利钻穿该层位。亚格列木组处理井漏分三个阶段：降密度恢复钻进；堵漏恢复钻进；四开中完固井期间，地面准备充足钻井液，正注反挤，完成固井施工。具体情况如下：

（1）降低钻井液密度。该井在 5585.28m 处发生井漏，地质判断为进入亚格列木组，开始逐步降低钻井液密度：1.83g/cm^3—1.80g/cm^3—1.75g/cm^3—1.73g/cm^3—1.70g/m^3—1.68g/cm^3，因井内有直径 1cm 左右砾石掉块返出，钻进时挂卡严重，且有转盘憋停现象，为保证井下安全，将密度重新提至 1.70g/cm^3，并使用此密度钻进新地层，仍频繁发生井漏，因此降低钻井液密度已经无法满足控制漏失需求。

（2）强行钻进，边钻边漏。漏速小于 3m^3/h，地面准备充足钻井液量，强行钻进。

（3）段塞堵漏配合静止堵漏。漏速不小于 3m^3/h，打浓度 10%~18% 段塞钻井液（KGD 系列堵漏材料或 KGD 系列堵漏材料复配 SQD–98）10~20m^3，如漏速减小则继续钻进，如漏速增大则起钻至安全井段，静止候堵。亚格列木组井段井漏主要以该堵漏措施为主，既可有效控制漏失，又可减少钻井周期损失。

（4）停钻桥浆堵漏。漏失严重时配制堵漏浆停钻堵漏。

（5）全井段随钻堵漏配合静止堵漏。全井段共采用 18% 随钻堵漏剂（KGD 复配 SQD–98），后因井下挂卡严重，为保证井下安全，将随钻堵漏剂全部筛出。

KS1103 井四开施工期间共发生井漏 25 次、堵漏 24 次。

3）井漏原因

（1）地层压力系数低。

（2）亚格列木组地层裂缝发育较好。

（3）固井期间井漏。KS1103 井施工期间改变四开井身结构，改变悬挂尾管为一次性下入。

3. 五开井漏

1）井漏情况

该井于 2018 年 8 月 20 日开始五开，采用密度 2.05g/cm^3 的钻井液钻进至井深 6002.11m

处发生井漏（泵压 18MPa、排量 23L/s、漏速 9.6m^3/h），采用密度为 1.91g/cm^3 的钻井液钻进至 6039m 处又发生井漏（泵压 20MPa、排量 21L/s、漏速 3.6m^3/h，判断漏失处于井深 6030~6039m 位置）。该段地层层位为库姆格列木群，岩性为褐灰色膏质细砂岩、褐灰色粉砂岩褐色含膏泥岩等，经降低钻井液密度及桥浆堵漏措施恢复钻进。继续钻进至井深 6060m 时，出现褐色含盐泥岩，为保证井下安全，提高钻井液密度，频繁发生井漏，但漏失层段为 6002.11m 和 6030~6039m。

2018 年 9 月 27 日，钻进至 6558.59m（层位为库姆格列木群）又发生井漏（钻井液密度 2.19g/cm^3，排量 13 L/s，泵压由 8MPa 降至 0，顶驱蹩停，悬重由 200tf 上升至 216tf 出口未返），岩性为褐色泥岩，判断进入目的层，先后进行 5 次堵漏，盐底井漏堵漏成功，提高钻井液密度至 2.25g/cm^3，达到中完下套管要求。

2）井漏处理经过。

五开前期堵漏施工旨在提高库姆格列木群砂岩承压能力，保证下部盐膏层段钻井有足够的液柱压力平衡盐层正常蠕变所需的压力，恢复钻进。根据该段施工要求，采取以下堵漏措施：

（1）油基钻井液桥浆堵漏。基浆 25m^3+4%GT−1+8%GT−2+10%GT−3+3%SQD−98 细，总浓度 25%，漏失 27.4m^3。

（2）水基钻井液桥浆堵漏。KS1103 井在第一次使用水基钻井液桥堵后，6030~6040m 漏层承压能力明显提高（之所以做出上述判断，是因为该井五开钻井液密度为 2.05g/cm^3，钻进至 6002.11m 处发生井漏后，使用桥堵漏并降密度至 1.96g/cm^3，恢复钻进，而 6030~6040m 处发生井漏时密度为 1.91g/cm^3），并将钻井液密度提至 2.0g/cm^3。钻进至五开中完井深后，针对上部井段井漏仍多次采用水基钻井液堵漏，较好地提高了井筒承压能力。

水基堵漏浆配方 1（前 6m^3）：2%GT−3+4%GT−2+2%GT−1+1%SOD−98（中粗）+1%SQD−98（细）+10% 核桃壳（中粗）+4% 核桃壳（细）+4% 核桃壳（粗）+0.5% 锯末，总浓度 28.5%。

水基堵漏浆配方 2（6~15m^3）：2%GT−3+4%/GT−2+2%GT−1+2%SOD−98（中粗）+2%SQD−98 细 +10% 核桃壳（中粗）+4% 核桃壳（细）+8% 核桃壳（粗）+1% 锯末 +1% 棉籽壳 +0.1% 纤维，总浓度 36.1%。

水基堵漏浆配方 3（15m^3 后）：2%GT−3+4%/GT−2+2%GT−1+2%SQD−98（中粗）+2%SQD−98（细）+10% 核桃壳（中粗）+4%/ 核桃壳（细）+8% 核桃壳（粗）+3% 核桃壳（特粗）+1% 锯末 + 1% 棉籽壳 +0.1% 纤维，总浓度 39.1%。

（3）高失水堵漏（快强箍堵漏）。使用快强箍堵漏后，套管鞋 6 002m 处承压能力明显增强。快强筛堵漏施工后，静止候堵 13 h，下钻排堵漏浆，遇阻划眼期间。钻压 40kN，足见其所形成的塞子强度之高，配合上次水基堵漏，钻井液密度由 2.0g/cm^3 提至 2.07g/cm^3。

高失水快强箍堵漏浆配方：清水 18m^3+0.075% 羧甲基羟乙基瓜尔胶 +8%BDF−410+ 高密度重晶石粉 40t。

（4）全井随钻。使用水基堵漏浆及快失水堵漏浆提高库姆格列木群上部砂岩段承压能力之后，全井随钻可以封堵微裂缝及薄弱地层。

（5）调整钻井液性能。尽量降低钻井液黏度切力，减小环空压耗，降低井底压力。该井钻井液密度已提至 2.19g/cm^3，并且井浆内含有随钻堵漏剂，但漏斗黏度一直控制在 85s 以下。

3）井漏原因

（1）地质预测不准。地质判断该井下部地层不会出现盐膏层，四开至井深 6000.6m 提前中完，实际钻进至井深 6060m 时出现褐色含盐泥岩。为保证盐膏层钻井安全，钻井液密度由 1.83g/cm^3 提高至 2.0g/cm^3，并逐渐提至 2.19g/cm^3，导致该井在后续施工中频繁发生井漏。

（2）多套压力系统并存，五开上部砂岩段（6002~6059m）薄弱层承压能力较弱，该段地层当量密度为 1.9~2.01g/cm^3，难以承受平衡盐层正常蠕变所需的压力，需要提高钻井液密度满足盐膏层安全钻进需求。

（3）6558.59m 漏失原因：过高井底压力压穿盐底隔板层。

4. 六开井漏

1）井漏情况

该井于 2018 年 12 月 11 日开始六开钻进，开钻时钻井液密度 1.85g/cm^3，钻进至井深 6562m，降低钻井液密度至 1.80g/cm^3。六开钻进过程中共发生两次井漏，通过桥浆堵漏及降密度（由 1.80g/cm^3 降至 1.76g/cm^3 再降至 1.75g/cm^3）措施，最终复杂解除。

2）堵漏措施及建议

KS1103 井截至完钻已累计漏失钻井液 5279.74m^3，基本涵盖了山前区块常见的井漏类型，地质预测与实钻差异性大、盐底卡层难度大、地层裂缝发育、同一开次多套地层压力系统并存、全井筒提高承压能力困难等。基于该井堵漏经验，提出以下建议：

（1）井漏重在预防，加强地质预测，合适的钻井液密度及合理的井身结构可以有效减少井漏情况发生。

（2）盐底卡层与堵漏措施

①以高密度刚性颗粒为主配制堵漏浆，泵入井内，自然沉降隔离封堵井底漏层。

②以高密度刚性颗粒为主，配合核桃壳、SQD–98 等堵漏材料挤入漏层，提高井底承压能力。

③快失水堵漏，在井底形成高强度“塞子”，隔离井底漏层。

④挤水泥堵漏。

（3）亚格列木组和目的层等微裂缝、裂缝发育地层井漏处理措施。

①全井随钻。该措施主要针对频繁渗漏或微小漏失，根据漏失情况，选择合理的刚性堵漏材料粒子级配及浓度进行全井随钻堵漏。

②段塞堵漏。该措施针对间断微小漏失，发生漏失井漏时不起钻、不停泵，直接泵入 10~20m^3 一定浓度堵漏浆（以刚性颗粒为主，或复配一定浓度核桃壳、SOD–98 等堵漏材料）至井底，封堵裂缝。

③停钻堵漏。漏失严重时，停止钻井，起钻至安全井段，配堵漏浆堵漏。

④建议评价引进遇油膨胀堵漏材料用于油基钻井液，针对性封堵多个漏层，提高地层承压能力，避免使用水基钻井液堵漏。

⑤对于微裂缝发育地层的井漏尽量使用随钻堵漏或段塞堵漏，可以有效减小钻井成本及周期损失。

（4）盐间多套压力系统并存地层井漏的处理措施。

①配制桥浆堵漏封堵漏层。

②尽量使用强度高、抗温好的堵漏材料配制堵漏浆。传统果壳类堵漏材料、大理石颗粒堵漏剂强度低，且果壳类材料抗温性差，因此堵漏效果较差。

（5）因核桃壳等材料可以在水基钻井液中膨胀，水基堵漏浆效果优于油基堵漏浆，但后期水基钻井液易造成油基钻井液污染。

（6）套管鞋处井漏或近套管处堵漏，采用快强箍堵漏及水泥浆堵漏效果明显优于其他堵漏方法。

（7）对于地质预测不准导致低压层漏封的情况，考虑使用膨胀管封隔低压层，恢复钻进。

参考文献

[1] Onyia E C. Experimental data analysis of lost-circulation problems during drilling with oil-based mud[C]. SPE 22581，1994.

[2] Dupriest F E. Fracture closure stress（FCS）and lost returns practices[C]. SPE 92192，2005

[3] Benaissa S，Bachelot A，Ricaud J，et al. Preventing differential sticking and mud losses drilling through highly depleted sands fluids and geomechanics approach[C]. SPE 92266，2005.

[4] Aderibigbe A A，Lane R H. Rock/fluid chemistry impacts on shale fracture behavior[C]. SPE 164102，2013

[5] 王正良，佘跃惠，李淑廉，周玲革 . 含水量对硬脆性泥页岩稳定性的影响 [J]. 钻井液与完井液，1995，12（6）：7-9

[6] 杨振杰 . 井壁失稳机理和几种新型防塌泥浆的防塌机理 [J]. 油田化学，1999，2：179-184.

[7] 杨振杰 . 泥页岩构成及泥页岩井壁表面和岩屑表面特征对井壁稳定性的影响 [J]. 油田化学，2000,（1）：73-77

[8]Aston M S，Alberty M W，Mclean M R，et al. Drilling fluids for wellbore strengthening[R]. SPE 87130，2004

[9] Alberty M W，Mclean M R. A physical model for stress cages[R]. SPE 90493，2004.

[10] 黄贤杰，董耘 . 高效失水堵漏剂在塔河油田二叠系的应用 [J] 西南石油大学学报，2008（4）159-162，

第五章　超深井固井技术

随着近几十年来世界上许多国家的深井油气田的发现和开发，这些油气田的价值和效益日趋明显。虽然井深是一个较为突出的因素，但高温高压往往与深井油田联系在一起。一般来说，油藏压力大于 105MPa 为高压，温度超过 150℃为高温。而在温度超过 120℃的环境中，固井水泥石的力学性能会衰退，这将为深井固井带来一系列困难，如有的公司不得不研究和使用特种油井水泥体系。此外，随着温度和压力的升高及井深的增加，套管的设计、选择，套管鞋下入深度的确定也将成为深井固井的关键问题，关系到一口井的安全和经济效益。固井工作的好坏直接关系到一口井的成败，为提高固井技术水平，我国各大院校和现场固井单位在技术理论与实践方面，做了大量的室内实验和现场应用工作，取得了许多有价值的科研成果。

第一节　超深井固井技术难点及现状

一、超深井固井难点

超深井固井受到的影响因素众多（如井眼条件、钻井液性能、地层漏失和地层流体等），技术难度大，风险非常高，主要面临的技术难点如下：

（1）气层压力高，气层活跃，固井后易发生环空气窜。

由于气体可压缩，易膨胀，控制难度大，固井后如何防止环空气窜是所有气井必须要解决的技术难题。

（2）地层压力系统复杂，压稳和防漏矛盾突出。

塔里木盆地、四川盆地储层多为碳酸盐岩裂缝型气藏，油、气、水显示层位多，可交互出现静水压力和异常高压多个压力系统，地层纵向的压力梯度变化很大（压力系数 1.2~2.30），在钻遇高压气层的井眼内，同时存在低压易漏甚至裂缝型的漏失层，要压稳高压气层，就有压漏低压层的危险，钻井液密度安全窗口窄，压稳和防漏矛盾十分突出。

塔里木盆地二叠系分布不均匀，由于地层的激烈运动，与上下地层呈不整合接触，造成地层破碎，地层易垮塌，造成地层承压能力低，从而发生固井漏失；奥陶系属于裂缝性灰岩，地层承压能力低，固井易发生漏失。

（3）高密度钻井液顶替难度大。

深井超深井复杂高压地层，需要采用高密度钻井液平衡气层压力，造成流动摩阻大，顶替难度大，同时，由于钻井液安全密度窗口窄，无法采用相应的提高水泥浆顶替效率技术措施，水泥浆胶结质量难以保证。

（4）高密度盐层固井技术难度大。

塔里木盆地盐膏层分布较广泛，蠕变速率可达成 1~2mm/h，盐层井段易产生溶蚀，井眼不规则，顶替效率低。

二、超深井固井水泥浆技术现状

近年来，国内外固井服务公司就如何在油田深井、超深井开发中不断提高水泥浆性能、优化注水泥过程和降低固井风险，进行了大量的研究和试验，取得了一定的进展，高温深井固井技术和新型水泥浆体系主要有：CemCRETE 固井技术、防气窜水泥浆体系、柔性水泥浆体系和特种水泥浆体系等。

（一）CemCRETE 固井技术

随着勘探向深层发展，经常存在多层位多压力层系、高温高压、漏失、酸性腐蚀等问题。尽管多种基本油井水泥和品种繁多的外加剂组合，推动和促进了固井技术的发展，然而低密度水泥浆和高密度水泥浆在固井中总是存在一对矛盾，即混合和顶替时最优的水泥浆性能与凝固水泥进行长期层间封隔时所要求的力学性能之间的矛盾，在密度更低或更高时矛盾更加突出。高密度常规水泥浆可保证水泥浆的流变性，却难以保证水泥环的高强度；高密度常规水泥浆一般难以泵送且易于沉降，其流变性、沉降稳定性问题始终困扰着固井界；水泥环的收缩、一界面和二界面的胶结、水窜、气窜以及水泥环的耐久性、抗射孔冲击能力等问题始终没有得到很好的解决。为此，斯仑贝谢公司于 1997 年底研究开发了 CemCRETE 固井技术。该技术基于混凝土水泥浆技术，利用颗粒级配原理，通过优化水泥及外掺料颗粒直径分布（PDC），优选 3 种以上不同直径的颗粒，使单位体积内的固相量增加，降低水灰比，提高水泥石的抗压强度和降低水泥石的孔隙度和渗透率。用 CemCRETE 固井技术既可配制 1.15~1.35g/cm^3 低密度水泥浆（LiteCRETE），也可配制 2.04~2.9g/cm^3 高密度水泥浆（densCRETE），具有较高的抗压强度和较好的水泥浆稳定性，CemCRETE 水泥浆由于具有良好的颗粒级配，水泥浆具有较好的流变性，结合其他固井外加剂的调节，很容易满足施工性能要求，而且外加剂的掺量相对较少。阿曼石油开发公司采用密度为 2.4g/cm^3 的 densCRETE 水泥浆技术成功解决了 Sarmad 油田井深 4800m 的深井盐膏层的高压固井问题。

（二）防气窜水泥浆体系

目前国内外用到的防气窜剂有以下几种：触变类外加剂（半水石膏、交联或复合聚合物材料等）、延迟胶凝材料、铝粉混合物、基质流动阻力剂或阻塞剂（胶乳、硅灰等）。由于深井气井固井施工安全系数要求大、水泥浆密度控制要求严格等特点，一般使用胶乳水泥浆。胶乳是由粒径为 0.05~0.5μm 的微小聚合物粒子在乳液中形成的悬浮体系，多数胶乳体系含有 50% 左右的固相，具有颗粒堵塞孔隙通道和化学收缩小的防气窜功能，且在高温下的降失水性能最为稳定，冷浆与热浆稠度变化不大等优点。

斯伦贝谢公司开发的胶乳水泥浆 D500、D600 和 D700 具有很好的降滤失和防气窜性能，其中 D700 适用温度为 121~191℃，该体系密度为 0.96~1.88g/cm^3，体系中聚合物胶粒被乳化剂包裹成球形颗粒，稳定地分散在水泥浆中，对水泥浆体系具有分散和润滑作用，使得水泥浆具有良好的稳定性和流变性；小粒径的乳胶颗粒填充于水泥颗粒间的孔隙，堵塞通道，降低了渗透率，有效地防止气侵；另外，胶乳中较多的表面活性剂，降低了界面张力，提高界面间的亲和力，使界面胶结强度增加；胶乳的胶束颗粒填充在水泥颗粒之间，胶乳水泥浆体系具有较好的塑性，可以防止水泥水化时的体积收缩，提供良好的界面胶结。

（三）柔性水泥浆体系

在高温油井、高温天气采井或地热井（如温度高于300℃）中，水泥浆在井下凝固后，由于高温井下温度和压力的变化将导致过大的应力，破坏水泥环的完整性，从而导致层间封隔失效，甚至挤毁套管。在没有化学损害的情况下，引起层间封隔失效的原因可能是水泥本身的力学失效、水泥与套管不胶结或者水泥与地层不胶结等，这些都可能会导致裂缝形成和水泥过量收缩形成微环隙，为流体连通提供通道。

除了采用特殊的固井方法外，防止形成微环空的另一技术是用不收缩的柔性水泥浆，甚至是膨胀水泥浆。柔性水泥浆通常是在水泥浆中加入柔性外加剂（如硫化橡胶）、膨胀剂。该体系的特点是有弹性、没有收缩、渗透率极低，可以避免由于井眼压力增加或温度升高引起的应力损坏水泥环，防止形成微环隙。斯伦贝谢公司也开发了一种新型柔性水泥浆，与常规水泥相比，该柔性水泥浆体系具备杨氏模量低、柔性高等特点。在给定的密度下，柔性外加剂掺量越高，水泥的弹性越高，而相应的抗压强度则越低。在实际应用时必须保证水泥石抗压强度足以支撑套管。另外，膨胀剂在柔性体系中增加膨胀更有效，柔性水泥浆在加入6%膨胀剂后，其线膨胀性能远比纯水泥浆添加5%膨胀剂的纯水泥好。

（四）特种水泥体系

对于井底静止温度在95~430℃（200~800℉）的高温地下油气井，尤其是含有高浓度CO_2的地热井，传统的水泥组成往往会导致早期固井失败。因为静止温度高，同时有含CO_2的盐水存在。在碳酸化作用下，传统的水泥会迅速恶化，尤其是碳酸钠导致的碳酸化作用，可能使水泥分解成可溶性的盐。因此在高温高压和高浓度CO_2的地热井中，传统水泥往往不到5年就会破坏导致井筒的崩溃。

国外石油公司研制出一种新型磷酸钙水泥材料，这种材料具有高强度、低渗透性和优良的抗CO_2腐蚀的性能。该水泥材料组成包括铝酸钙、粉煤灰、多磷酸钠、降失水剂、缓凝剂。体系中粉煤灰与铝酸钙反应生成硅铝酸钙$CaO \cdot Al_2O_3 \cdot 2SiO_2$，同时，粉煤灰中的铁与石英也和铝酸钙反应生成钙铁榴石（$Ca_3Fe_2SiO_4$）。与单纯铝酸钙水泥相比，这些反应后的水泥石抗压强度将大大提高。另外，体系中多磷酸钠与铝酸钙反应生成磷酸钙盐，以羟磷灰石（$Ca_5(PO_4)_3OH$）形式存在，是一种具有耐酸性的矿石。降失水剂是一种淀粉阳离子衍生物，是凝胶淀粉和3–氯–2–羟基三甲基氯化铵的反应产物，缓凝剂为酒石酸和柠檬酸。

第二节　超深井高温防窜韧性水泥浆固井技术

一、高温防窜韧性水泥浆设计思路和外加剂及外掺料优选

（一）设计思路

（1）优选耐高温水泥浆降失水剂、提高水泥浆的耐温和抗盐能力，优选高温缓凝剂、提高固井水泥浆的高温稳定和缓凝性能，最终满足施工要求。

（2）通过减轻材料的选择，降低水泥浆的密度，低密度水泥浆体系紧密堆积设计，提高低密度水泥浆的强度，改善失水等综合性能。

（3）通过加重材料的优选与配伍，提高水泥浆的密度和整体综合性能，实现固井全过程的“压稳”施工。

（4）研究优选纤维、橡胶或者胶乳等防窜材料，提高水泥浆的防窜能力，通过水泥浆体系设计，满足防气窜和射孔压裂的需要。

（二）水泥浆外加剂及外掺料优选

油井水泥的物理化学性能与温度和压力有着密切的关系，油井水泥成分实质上是硅酸钙材料，其中含量最多的化合物是硅酸二钙（C_2S）和硅酸三钙（C_3S），加水后两种化合物都将形成一种胶状的硅酸钙，称之为 C—S—H，在常温下它对水泥石的强度和外观稳定性有决定作用，除 C—S—H 凝胶外，还将析出大量的氢氧化钙（CH）。即使在温度和压力升高情况下，水泥初期水化作用也会产生 C—S—H 凝胶，而且油井温度低于 110℃时，它是一种很好的胶结材料。但在更高的温度下 C—S—H 凝胶将变质反应，转化为一种称为 α- 硅酸二钙水合物（α-C_2SH）的晶相，α-C_2SH 是一种比 C—S—H 凝胶更致密的高晶体，它会使水泥收缩，从而破坏水泥石的完整性，导致水泥抗压强度下降和渗透率增大，这种现象称作“强度衰退”，一般在深井会经常发生，采用 G 级水泥经过大量的室内试验得出 21MPa 下 G 级水泥石强度随养护温度的变化规律，如图 5-2-1 所示。

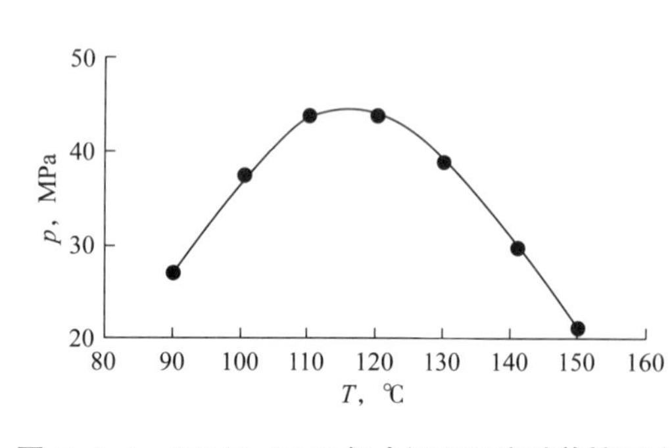

图 5-2-1　21MPa 下 G 级水泥石强度随养护温度的变化规律

强度衰退问题可以通过降低水泥石中的 CaO/SiO_2 比（C/S）得以改善，通常采用的方法就是掺入石英粉或硅粉来取代部分水泥。俄罗斯在高温水泥体系方面做了大量的研究工作，指出高温水泥必须保证 CaO/SiO_2 比在 0.6~0.8，才能防止 C—S—H 在 110℃时转化为 α-C_2SH，而此时将会形成一种雪硅钙石（$C_5S_6H_5$），它使水泥保持较高的强度和低渗透率，当温度升至 150℃时，雪硅钙石通常转化为硬硅钙石（C_6S_6H）和少量的白钙沸石

（$C_6S_3H_2$），它们对水泥性能的衰退作用最小。美国石油学会对25个大公司的硅粉使用情况做了调查，大多数井底静止温度在110~204℃条件下，石英粉的掺量为35%~40%，对于蒸汽注入井或蒸汽采油井，硅粉的掺量通常在60%以上，否则会经受不住长期热力采油的考验；对于硅粉的纯度一般要求在96%以上，纯度低会引起稠化曲线在120~140℃中间范围内产生“鼓包”现象，造成固井事故；用硅粉配制水泥浆时，若水泥浆密度低于1.92g/cm^{3}时通常加细硅粉，对于密度1.92~2.30g/cm^{3}的需控制加密的水泥浆，最好用粗硅粉材料。

通常在实验研究和现场应用中，所用硅粉纯度达到96%，硅粉的加量一般控制在35%~40%即能很好地防止水泥石的强度倒退。

二、高密度抗高温防窜韧性水泥浆

（一）高密度抗高温水泥浆加重剂的优选

目前设计高密度水泥浆主要采用如下方法：（1）降低水灰比，常规水泥密度为3.15g/cm^{3}左右，而普通水泥浆密度为1.85g/cm^3，这种水泥浆具有工程施工性能，当降低用水量时，水泥浆的制备变得越来越困难，表现在水泥浆与水润湿时间增加，水泥浆流动度下降，可泵性能降低，这在加有降失水剂（一般为增黏性聚合物）的水泥浆体系中更加突出，为了改善这种水泥浆的可泵和可施工性能，人们采用了加入分散剂来降低水泥的需水量，改变水泥颗粒表面的吸附特性，降低水泥的吸水量，这样在水灰比较低的情况下能够有较好的流动性能。然而由于水泥颗粒的静电特性较强，尤其是对于极性物质，它具有较强的相互作用特性，静电荷之间彼此相吸，因此材料颗粒之间团聚作用强，所以在水泥中掺入分散剂能够在一定程度范围内改善水泥浆的制浆和可泵性能，提高水泥浆的密度，一般这种方法能够将水泥浆密度提高到接近2.1g/cm^3，因此水泥浆密度的增加有限，难以继续提高密度。（2）采用高密度水泥浆的最常用方法为在水泥中加入加重剂，这类加重剂具有很高的密度，一般加工成一定的细度，因为其细度不同加重剂具有不同的需水量和沉降稳定特性。目前最常使用的加重剂主要有重晶石、铁矿石和钛铁矿等，这些加重剂具有原料来源较广泛、容易获得且易加工等特点，加重剂不同具有不同的需水量，当需水量较高时，这种加重剂在水泥浆中只能将密度提高到一定值，且这种加重剂具有增稠、降低抗压强度的副作用，如果将这种加重剂加工得越细，上述两种副作用更加明显，所以在高密度水泥浆中，通常要求加重剂颗粒需具有一定细度，而且其需水量应较低，这样当增加加重剂掺量来提高水泥浆密度时，才不至于需大量增加配浆用水来维持水泥浆的流动性能。因此配制高密度水泥浆时，对加重材料提出了下列技术条件：（1）材料颗粒粒度分布需有一定范围，既颗粒适中，若颗粒粒度太大，加重材料容易从水泥浆中沉降出来；若颗粒粒度太小，则需大幅度增加用水量，结果增加了水泥浆的黏度。对于超高密度水泥浆，本身水固比较低，固相含量高，水泥浆流动性较差，所以加重剂的颗粒细度对稳定性的影响直接相关。（2）需水量要小，这与材料的比表面积、表面特性有关。一般对于极性材料来说，表面积越大，吸附水能力增加，与水结合、化合的浓度提高，这样相同质量的材料需增加水量才能完全润湿整个材料表面。同时，材料表面的电性越强，与水之间的静电作用增加，所以对水的捕捉能力增加，结合水的作用力提高，相应地需水量越大的材料，要保持同流动度的体系需要增加加重材料的量，这样单位体积中加重材料和水量都增加。对于水泥浆体系来说，相同体积内加重材料和水量的增加就意味着胶凝活性材料减少，而胶凝材料与水泥浆的稠化、结构形成、抗压强度的发展密切相关。在水泥浆体系中水泥石的强度主要由胶凝材料提供，如果胶凝材料量越小，同龄期下的抗压强度越低，水泥石抗压强度低就表明水泥石的阻止流体透过能力（入侵能力）、水泥石的密封能力和胶结能力就会越低，最终导致水泥浆封固失败，因此加重材料的需水量越小，同密度下体系中加重材料的比例越低，形成水泥石同龄期下的抗压强度越高，水泥浆的密封性能将会越高。（3）加重材料在水泥浆水化过程中呈惰性，加重材料的惰性主要利于水泥浆的制备和在温度下保持水泥浆的性能，当加重材料具有反应和强吸附特性时，这种加重材料加入水泥浆后，材料将与体系中的水泥外加剂之间发生无法掌握的反应，从而改变体系中外加剂的性能，使其功能或作用发生改变甚至失去效用，正因为如此，经过大量的室内研究得出，在高密度水泥浆体系中，加重材料的惰性性能对于体系的设计是相当重要的，惰性材料能够保持设计水泥浆时所希望的加重材料特性，同时惰性性能也让水泥浆体系能够保持固有特性，使得设计水泥浆特性能够减少所考虑的影响因素，这样体系才能保持设计时的性能。

固井常用的不同加重材料密度不同，且吸附水量差别大，尤其是最常用的加重材料重晶石吸附水量很高，所以采用重晶石作为加重材料时，水泥浆要达到一定的流动性能，必须在设计基础上附加上重晶石的吸附水量，才能保证水泥浆的流动特性，所以重晶石加重材料一般不能配制密度太高的水泥浆，而且体系中含水量大，导致了水泥石强度低，渗透率高等性能缺陷。因此在制备高密度的水泥浆时一般考虑采用含铁量高的加重材料。

目前在我国塔里木油田、青海油田、冀中油田和冀东油田及缅甸的深井、超深井所使用高密度水泥浆加重剂有 GM、重晶石粉、钛铁矿粉和锰铁矿粉 4 种，重晶石粉不适于加重密度太高的水泥浆，将其余 3 种加重剂配成密度 2.30g/cm^3 的水泥浆进行流变性、稳定性比较，结果见表 5-2-1。

表 5-2-1 高密度水泥浆加重剂性能比较

序号	加重剂	水泥	水固比，%	流动度，cm	相对稳定性，%
1	GM 铁矿粉	嘉华 G	27	20.5	± 2.1
2	钛铁矿粉	嘉华 G	27	19	± 2.6
3	锰铁矿粉	嘉华 G	27	19	± 3.2

综合比较各加重水泥浆性能，选用 GM 铁矿粉加重剂，其主要成分为 Fe_3O_4，密度可达 4.9g/cm^3 以上。

（二）高密度水泥浆悬浮剂优选与评价

由于高密度水泥浆需要用加重剂加重，加重剂密度远远高于其中任一组分的密度，如果没有悬浮剂的悬浮作用，加重剂必将下沉，影响封固施工和固井质量，因此，水泥浆必须有较好的悬浮作用，能减缓加重剂的沉降，保证水泥浆沉降稳定性符合要求。常用的提高水泥浆稳定性的方法是给基浆提黏，依靠水泥浆的高黏度增加加重剂下沉的阻力来达到提高稳定性目的，但是，较高的水泥浆黏度也必将使流变性变差，带来施工困难、泵压增高等一系列问题。近年来，以塔里木项目部为研发基地尝试在水泥浆加重中使用悬浮剂提高水泥浆稳定性，包括D1001、D149和D182等，这些聚合物材料的悬浮稳定作用不仅是提高水泥浆黏度，更主要的是能够改善水泥浆剪切稀释特性，在剪切速率较小的情况下切力很高，有利于加重剂悬浮，在剪切速率高时水泥浆流变性很好，有利于施工，是非常适合固井水泥浆加重的悬浮剂。

1. 悬浮剂的优选

固井中使用的悬浮剂有D1001、D149和D182。将3种悬浮剂分别用1200g H级水泥、400mL清水，加入1000g GM铁矿粉和6g D182（D149）或16.22g D1001，调配成密度2.35g/cm^{3}的3种水泥浆，分别测定在93℃时的流变性、沉降稳定性，见表5-2-2和表5-2-3。

表5-2-2　三种加重水泥浆93℃时流变性能比较

悬浮剂	θ_{100}	θ_{200}	θ_{300}	PV mPa·s	YP Pa	n	K Pa·s^n
D1001	117	154	247	53	65.92	0.37	9.24
D149	104	144	216	55	59.79	0.40	7.25
D182	73	104	192	61	47.52	0.48	3.95

表5-2-3　三种加重水泥浆沉降稳定性比较

悬浮剂	水泥浆密度 g/cm^3	搅拌后静止4h后密度，g/cm^3			相对密度差，%
		上部	下部	差值	
D1001	2.345	2.340	2.344	0.004	0.174
D149	2.333	2.331	2.332	0.001	0.043
D182	2.362	2.362	2.362	0	0

上述3种水泥浆，加入D1001和D149后的动塑比、沉降稳定性均比加入D182的小，在平板层流顶替条件下，后者好于前者，因此，选择D182为深井、超深井高密度水泥浆悬浮剂。

2. D182作悬浮剂的高密度水泥浆热稳定性评价

用D182作悬浮剂的水泥浆升温93℃和130℃后2h后的热稳定性与失水性见表5-2-4。

表5-2-4　用D182作悬浮剂的水泥浆升温93℃和130℃后2h后的热稳定性与失水性

温度，℃	θ_{100}	θ_{200}	θ_{300}	失水量（6.9MPa，30min），mL
93	117	154	192	88
130	121	160	185	108

可见，升温2h后该水泥浆的流变性和失水变化均不大，热稳定性非常好。

3. D182使用

D182为聚合物材料，充分水化才能起到较好的悬浮作用。加重前0.5h将D182加入配浆水中高速搅拌或大力冲洗，直至全部水化。根据需要加重的水泥浆密度确定悬浮剂加量，一般加量不超过水泥与铁矿粉总量的0.05%，加重密度要求高时比例稍高些。

（三）抗高温降失水剂优选

水泥浆在压力作用下通过渗透性地层注替时，要产生滤失现象，如果不对失水加以控制，会产生环空桥堵等一系列的严重后果。（1）注水泥阶段使水泥浆密度显著升高，流变性变差，水泥浆发生闪凝或桥堵，导致注水泥失败；（2）水泥浆滤液浸入地层形成水障或发生沉淀，引起地层伤害；（3）在静止条件下，水泥浆失水发生失重引起层间窜通，使封固质量下降。控制失水能明显提高固井质量，尤其在高温深井尤为重要，已为人们所共识。

降低水泥浆的失水可通过加入降失水剂来实现，固井常用的降失水剂大多是一些天然或合成的有机高分子化合物，其降滤性能主要在于它们具有多官能团的线性大分子结构。在掺有降失水剂的水泥浆中，降失水剂的部分官能团能吸附于水泥颗粒表面，而有些官能团能与水结合，使水泥颗粒形成带有结构吸附水层的外壳（即溶剂化层），阻止水泥颗粒聚结，保持颗粒的大小适当分布。此外，一般的降滤失剂对水泥的细微颗粒有高分子保护作用，它的线性分子的不同环节处可以黏附水泥颗粒，又通过这些颗粒的桥接，形成布满整个体系的混合结构网，进一步阻止了颗粒的聚结，使固井水泥浆在注替过程中能保持适当的多分散性，足以形成薄而致密的滤饼，降低水泥浆的失水。

目前在国内所用的降失水剂主要为高分子交联成膜型和高分子聚合抗盐型两种。成膜型降失水剂失水控制具有门限效应，调节不太方便，而且使用温度有限，高温下 PVA 膜具有可溶性，失去失水控制的能力。高分子聚合型主要是丙烯酰胺、磺酸盐等单体的共聚物，高温剪切稀释性好，且抗盐使用非常方便。目前几种常用高温降失水剂实验比较见表 5-2-5。

表 5-2-5　常用高温降失水剂 160℃降失水效果比较

降失水剂型号	类型	加量，%	API 失水量，mL	对其他性能影响	成本
G33S	固体	1.2	45	稠化延长	较低
BXF-200L	液体	6	32	无	略高
HX-11L	液体	10	68	无	高

综合比较几种抗高温降失水剂特点，侧重考虑高温降失水效果和对水泥浆其他性能影响，选用了 BXR-200L 降失水剂。BXF-200L 是以 AMPS+AM 为主的多元共聚物，其性能先进性表现在以下几个方面：（1）共聚物中引入了具有—SO_3H 基团、链刚性基团的单体，这些特殊的基团使得共聚物在高温、高含盐的情况下仍然很稳定，不会盐析，水解的速度也很慢。（2）在共聚物中引入了有—COOH 羧基、—$CONH_2$ 酰胺基等强吸附基团的单体，使得共聚物具有优异的降失水性能。（3）通过合理地搭配这些单体，并选择合适的配比及严格的聚合工艺，得到的降失水剂在高温、高含盐的情况下具有很好的降失水性能，并且没有延长稠化时间或降低抗压强度的副作用，在一个很广的温度范围里有效，适用于淡水、矿化水、盐水等多种水质。（4）通过降失水剂分子量大小及分布的控制及强水化基团的作用，使水泥浆在提高稳定性的同时，具有较好的流变性能。水泥浆 API 失水量与温度的关系如图 5-2-2 所示。降失水剂加量对水泥浆 API 失水量的影响如图 5-2-3 所示。

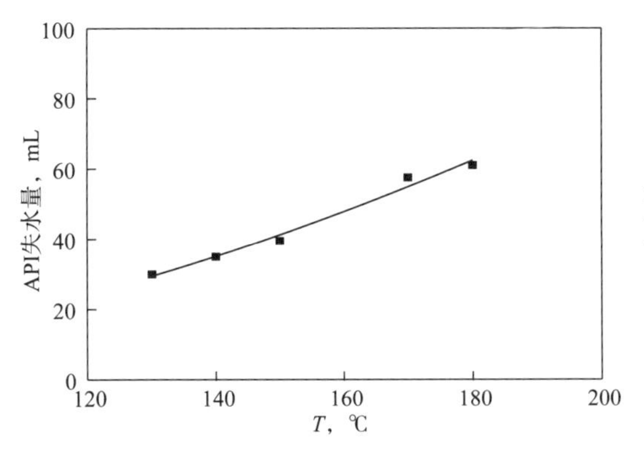

图 5-2-2　水泥浆 API 失水量随温度的变化（降失水剂掺量 4%）曲线

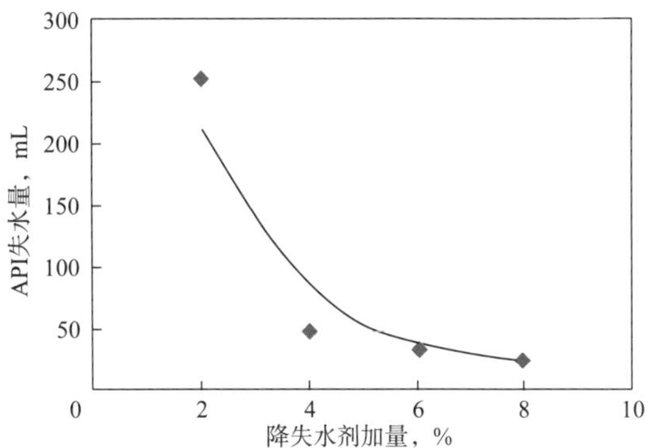

图 5-2-3　降失水剂加量对水泥浆 API 失水量的影响（160℃）曲线

（四）抗高温体系中缓凝剂的缓凝机理和优选

1. 缓凝剂的缓凝机理

水泥是由多种矿物组成的混合体。一般情况下，水泥与水接触后即开始水化反应，水泥中的主要矿物（C_3A、C_3S、C_2S、C_4AF 等）以自身所具有的正常的水化速度进行水化，其中 C_3A 和 C_3S 的水化速度较快。当上述矿物水化后，体系中生成 $Ca(OH)_2$ 和 C—S—H，并迅速达到饱和进而进行结晶，形成晶核网络体系，宏观上表现为初始结构形成，水泥浆稠化浆体失去流动性。因此，能影响矿物水化速度，影响水化晶核发育速度或影响产物成核速度的因素，都将改变稠化时间。主要方法就是加入高效缓凝剂，目前缓凝剂缓凝作用的 4 种理论有：

（1）吸附理论。缓凝作用的产生是因为缓凝剂吸附在水化物的表面上，抑制了与水的接触。

（2）沉淀理论。缓凝剂与水相中的钙离子或氢氧根离子反应，在水泥周围形成一种不溶性的非渗透层。

（3）成核理论。缓凝剂吸附在水化物的晶核上，抑制了它的进一步增长。

（4）络合理论。缓凝剂螯合钙离子，因而防止了晶核形成。

在某种程度上，上述 4 种机理有可能在缓凝过程中都发生。性能较好的缓凝剂应只对水泥的水化过程有减缓作用，而对水泥浆强度的发展影响最小。

2. 高温缓凝剂的优选

国外高温缓凝剂有木质素盐及其改性或辅以“增强剂”的产品、有机酸类、糖类化合物、纤维素衍生物、有机磷酸盐、合成聚合物等，其中有些缓凝物质可以推广到很宽的温度范围，例如有机酸盐的混合物可适用 79~300℃的范围。AMPS 与不饱和羧酸的共聚物以及合成有机磷酸盐等，抗温性可达 200℃。

国内市场的高温缓凝剂较多，性能不一，自成体系。通过对 GH-9、BXR-300L 和 H88L 等高温缓凝剂性能试验比较，BXR-300L 高温缓凝剂在抗高温能力（耐温可达到 190℃）、过渡时间短、稠化时间可调、缓凝剂的掺量和稠化时间与加量线性关系等方面均有较好表现（综合性能比较见表 5-2-6 和表 5-2-7），且在封固段底部温度下达到要求稠化时间的情况下，顶部不会出现超缓凝以至不凝现象，因此，高温缓凝剂选用 BXR-300L。

表 5-2-6 常用高温缓凝剂综合性能比较（130℃）

缓凝剂	水泥	水固比 %	初始稠度 Bc	过渡时间 min	稠化时间 min	封固段顶部 24h 强度 MPa
BXR-300L	嘉华 G	44	12.5	8	362	5.2
GH-9	嘉华 G	44	15.2	11	356	4.8
H88L	嘉华 G	44	17	12	312	4.9

表 5-2-7 常用高温缓凝剂综合性能比较（160℃）

缓凝剂	水泥	加量 %	水固比 %	初始稠度 Bc	过渡时间 min	稠化时间 min
BXR-300L	嘉华 G	2	44	8	6	176
GH-9	嘉华 G	1.3	44	10	5	185
H88L	嘉华 G	1.5	44	12	8	165

（五）抗高温水泥浆增韧材料的优选

水泥环的韧性可以通过材料力学参数来进行衡量。通用是采用弹性模量来度量。材料力学的研究理论，表明任何材料都具有弹性变形能力，固体材料在被压破碎之前，当施加外力时，材料的变形规律遵循虎克定律。

为了增强水泥石的抗冲击能力，增加韧性，通常在水泥浆中加入纤维、橡胶类等材料或者胶乳。胶粒和纤维虽有增韧效果，但耐高温性能较差，施工中易堵，影响施工安全，而采用胶乳水泥浆，能够克服上述缺陷，增韧效果也较好。表 5-2-8 为胶乳水泥浆与原浆韧性等性能对比。

表 5-2-8 胶乳水泥浆与原浆韧性等性能对比

项目名称	温度 ℃	密度 g/cm^3	流动度 cm	稠化时间 min	API 失水 mL	抗压强度，MPa		弹性模量 GPa
						24h	48h	
原浆	145	2.35	23	308	42	11.2	16.2	2.56
原浆 +3%BCT-800L	145	2.35	21	297	36	13.8	18.5	3.08
原浆 +4%BCT-800L	145	2.35	20.5	289	35	15.2	19.1	3.87

注：原浆配方为 H 级水泥 +35% 硅石粉 +145%GM 铁矿粉 +0.5% 悬浮剂（D182）+6% 高温降失水剂（BXF-200L）+ 2.5% 高温缓凝剂（BCR-300L）+ 消泡剂（D50）+ 水。

试验表明，加入胶乳后能够提高水泥石的变形能力，而对此水泥浆体系的其他性能影响不大，在水泥浆中加入胶乳提高水泥石韧性较好。

胶乳水泥浆中，胶乳作为分散相大量分散在水泥浆体系中，水泥水化中，胶乳影响水泥在水化整个过程中的微观相，改善水泥石性能。这是因为，普通水泥是一种多相、高度非均质体系，内部结构上存在着大量的空隙和微孔道，特别是水泥在凝结时往往伴随着体积收缩更使得空隙增大，渗透率增高，水泥石在宏观材料特性上表现为脆性和多孔道。而胶乳水泥浆体系则不然，由于聚合物大分子链节在玻璃化温度以上可以自由旋转运动，使聚合物具有弹性。当水泥和胶乳一经混合，聚合物胶粒即分散于水泥浆中。研究结果表明，胶乳水泥浆体系水泥水化过程中，胶乳和水泥形成复合结构的过程分 3 个步骤：第一步，当胶乳与水泥混合后，胶粒即分散在水泥浆中，随着水泥水化的进行，胶粒将部分地附着在水化水泥的表面。第二步，随着水泥水化凝胶结构的发育，胶乳中乳胶粒被封闭在毛细空隙中。当水泥进一步水化，毛细空隙中水分逐渐减少，胶粒就聚集在水化水泥颗粒表面并形成连续的薄膜。同时，在水化凝胶较大的空隙中也充满了胶粒。第三步，随着水泥水化反应的进行，更多的水被消耗掉，在水化产物表面积聚的胶粒形成连续薄膜并和水化产物连接在一起，从而形成一种有聚合物和水化产物互相渗透、复合的网状结构。最终形成聚合物薄膜覆盖 C—S—H 的凝胶。同时，由于胶乳在水泥微缝隙间形成桥接并抑制了缝隙的发展从而增强了水泥石的弹性，提高了抗冲击性能；水泥石渗透率降低，提高了抗底水腐蚀的能力。此外，胶乳水泥浆中具有较多的表面活性剂，降低了界面张力，提高界面间的亲和力，使界面胶结强度增加，胶乳的乳胶粒填充在水泥颗粒之间，胶乳水泥浆体系具有较好的塑性可以防止水泥水化时的体积收缩，提供良好的界面胶结。

总之，胶乳水泥浆是一类特殊的水泥浆体系，具有良好的抗冲击性能，改善成型水泥石质量，提高水泥石对外力的缓冲性能和抗开裂能力，较大程度地提高了水泥石的体积稳定性，有利于提高固井质量。

（六）抗高温固井水泥浆室内配方和综合性能研究

1. 水泥浆在不同温度和密度下的性能

水泥浆配方组成：H 级水泥、硅石粉、GM 铁矿粉、高温降失水剂、胶乳外加剂（增韧）、高温缓凝剂、消泡剂、水。抗高温水泥浆配方和性能见表 5-2-9 和表 5-2-10。

表 5-2-9 抗高温水泥浆配方

配方号	循环温度 ℃	水泥浆组成（质量比）								
		水泥	硅粉	钛铁矿	BXF-200L	BCT-800L	BCR-300L	H_2O	D182	D50
A1	130	100	35	70	5	3	1.5	61.5	0.2	0.2
A2	145	100	35	70	5	3	2.0	61.0	0.2	0.2
A3	160	100	35	70	5	3	2.5	60.5	0.2	0.2
A4	130	100	35	113	6	4	2.0	81.0	0.5	0.2
A5	145	100	35	113	6	4	2.5	80.5	0.5	0.2
A6	160	100	35	113	6	4	3.0	80.0	0.5	0.2

表 5-2-10 抗高温水泥浆性能

配方号	密度 g/cm^3	流动度 cm	API 失水量 mL	游离液 mL	稠化时间 min	抗压强度（BHCT），MPa	
						24h	48h
A1	2.10	23	36	0	255	14.8	18.5
A2	2.10	23	40	0	282	15.6	18.9
A3	2.10	23	43	0	301	15.5	19.4
A4	2.35	21	36	0	246	10.5	15.8
A5	2.35	21	42	0	289	11.2	16.2
A6	2.35	21	45	0	321	12.6	16.7

需要注意，高温条件下，不同水泥（厂家、批次）对水泥浆的性能，尤其是稠化时间可能有着较大的影响，调整外加剂掺量，可使水泥浆性能满足固井要求。在选定高温缓凝剂（BCR-300L）和高温降失水剂（BXF-200L）、胶乳（BCT-800L）后，考虑到处理剂的互配性，选择同一系列产品调整其他性能，因此，选择勃星消泡剂D50，分散剂BCD-200L为深井、超深井高温缓凝剂、降失水剂配套处理剂。一些地区由于地层温度梯度较低，深井、超深井井底温度并不高（比如新疆油田和青海油田的深井、超深井），使用中温外加剂即能达到性能要求，因此选用中温水泥浆外加剂（如兰德系列、工程院系列、渤星系列等）即可。

高温高密度水泥浆配方：H级水泥+30%~40%硅石粉+80%~120%GM铁矿粉+0.3%~0.8%悬浮剂（D182）+4%~6%高温降失水剂（BXF-200L）+3%~5%分散剂BCD-200L+3%~5%胶乳（BCT-800L）+1%~3%高温缓凝剂（BCR-300L）+0.1%消泡剂（D50）+水。

2. 水泥浆防窜性评价

水泥浆在井筒内凝固时，作用于地层的浆柱压力在不断降低，从而引起油、气、水窜问题，在水泥浆方面解决的主要方法是使用可压缩水泥和不渗透水泥。不渗透水泥是指水泥浆从液态转变为固态的过渡期内，能够减少水泥浆的透气性和降低水泥石的渗透性，达到阻止气体渗透过水泥本体的水泥浆体系。胶乳除了具有增韧的效果外，更重要的是作为防窜的材料。

胶乳水泥浆在凝固过程中气体不能渗透，而且在较长时期内气体仍然不能渗透，就气窜控制而言，胶乳最重要的性能是它的成膜能力，当气体与胶乳接触时或胶乳颗粒的浓度超过某一给定的临界值时，胶乳颗粒就凝聚成一层聚合物膜，在气窜就要发生时，气体最先侵入水泥封固的气层部分环空，在这部分环空处气体与遍布水泥中的胶乳接触，这就引起胶乳颗粒凝聚在水泥空隙空间形成不能渗透的薄膜，正是这层薄膜阻止了气体进一步往环空上窜。而且为了稳定胶乳，在水泥浆体系中加入大量的乳化剂，乳化剂对气体有稳定作用，气体侵入后在乳化剂的作用下被分散和约束，防止上窜的进一步发生。

维持压力平衡是防窜的基本原理，如何预测和控制流体最易侵入水泥浆中的时间以及其压力平衡关系，则是防窜的技术关键。对于窜流的预测主要方法有“过渡时间”，水泥浆性能系数SPN等。

利用水泥浆性能系数SPN值可以评价水泥浆的防窜性能，SPN值越小，防窜能力越强。水泥浆性能系数可由式（5-2-1）进行计算：

$$\mathrm{SPN}=\frac{Q\left(\sqrt{t_{100}}-\sqrt{t_{30}}\right)}{\sqrt{30}} \tag{5-2-1}$$

式中 Q——API失水量，mL（6.9MPa × 30min）；

t_{100}——稠度达到100Bc的时间，min；

t_{30}——稠度达到30Bc的时间，min。

根据水泥浆性能系数SPN评价水泥浆防气窜性能标准见表5-2-11。

表5-2-11 水泥浆防气窜性能评价标准

SPN	1~3	4~6	> 6
评价标准	好	中等	差

由水泥浆性能系数公式可以看出，稠化过渡时间越短，失水量越小，SPN 值越小，防窜的能力越强。

前述水泥浆配方的 SPN 值计算见表 5-2-12。数据表明该水泥浆体系具有良好的防窜能力。

表 5-2-12　高温水泥浆性能系数计算

配方号	稠化时间 min	稠度达到 30Bc 的时间 min	API 失水量 mL	SPN
A1	255	248	36	1.5
A2	282	272	40	2.2
A3	301	289	43	2.7
A4	246	235	36	2.3
A5	289	284	42	1.1
A6	321	313	45	1.8

三、低密度抗高温防窜韧性水泥浆

随着国家能源需求的增长和勘探开发技术的进步，深井、超深井钻探大量出现，复杂地层多样化，不但高压地层相当普遍，低压易漏地层也大量存在。为了低压地层固井的防漏，采用低密度高强水泥浆实施平衡固井是最有效的方法，但是低密度水泥浆强度较低，不能满足固井需求，因此，利用颗粒级配原理开发低密高强水泥浆也是深井、超深井固井水泥浆研究的内容之一。

（一）颗粒级配原理

在由水泥颗粒和水组成的二元体系中，水泥石强度与拌合水数量直接相关。为了保证水泥浆的流动，拌合水量要满足两个条件：充填水泥颗粒之间的间隙（充填水），湿润水泥颗粒表面，形成水膜（薄膜水），如图 5-2-4 所示。若在水泥浆中加入外加剂（减水剂），厚度因此可以减薄，水泥颗粒之间聚集，改变空隙结构，产生斥力，易于流动，并使水灰比减少，从而使水泥浆强度有所改善。但这种改善是有限的，充填水不会发生较大变化，减水剂达到一定值后，薄膜水已减到保持流动的最低程度，显然对充填水的减少，减水剂已无能为力了。充填水的量取决于系统的堆积密度，必须提高系统的堆积密度，提高颗粒堆积体积百分比，减少充填水，这就需要在水泥颗粒空隙间填入较小粒径颗粒，替换出填充水，达到颗粒的紧密堆积，提高水泥石强度。颗粒级配的核心就是确保需要性能的前提下追求颗粒堆积体积的最大化。

图 5-2-4　紧密堆积结构图

（二）紧密堆积体系建模

建立堆积模型是填充级数选择、粒径计算的基础，合理的堆积模型能够使各项参数达到最优化，堆积密度最高。通过查阅资料，比较各种堆积模型堆积体积分数（PVF）值，追求 PVF 最大化（表 5–2–13），选择较完美的菱形堆积。

表 5–2–13　同一粒径球体规则排列时的 PVF

序号	排列方式	堆积率（$1-\varphi$），%	PVF，%
1	立方体	$\pi/6$	52.36
2	六方型（斜方体）	$\frac{\pi}{3\sqrt{3}}$	60.45
3	复六方型	$\frac{\pi}{6}\left(\frac{2}{\sqrt{3}}\right)^2$	69.81
4	菱形体	$\frac{\pi}{6}\frac{2}{\sqrt{2}}$	74.04

（三）优化堆积级数

无论哪种堆积形式，堆积级数增多、PVF 升高。但当填充级数超过二级以后，随着级数增加，PVF 变化缓慢（表 5–2–14），靠增加级数提高强度意义不大，而且随着填充级数升高使体系复杂，性能不便调整。通过分析比较菱形堆积 PVF 变化趋势，合理调整两者矛盾，选择 3 级填充。

表 5–2–14　菱形堆积颗粒粒径与孔隙度变化

填充颗粒堆积级数	粒径	PVF，%	孔隙率，%	孔隙率下降，%
单一粒径	R	74	26	
一级	$0.2247R$	81	19	26.92
二级	$0.175R$	84	15.8	39.23
三级	$0.116R$	85.1	14.9	42.69

（四）材料的选择和粒径的确定

各级颗粒材料选用首先考查颗粒有利于紧密堆积和提高水泥石强度，既有填充作用，又有水化胶凝功能最好，同时又要求材料来源广泛，成本低廉。从常用的固井材料中筛选，用漂珠作为初级颗粒、G 级水泥作为一级填充颗粒，超细水泥作为二级颗粒，微硅作为三级填充颗粒。各级颗粒粒径见表 5–2–15。

表 5–2–15　理论计算、实际检测的各级颗粒粒径

颗粒类型	理论计算		实际检测		
	计算公式	粒径理论平均值，μm	名称	粒径检测均值，μm	密度，g/cm^3
减轻颗粒	R		漂珠	106	0.354

续表

颗粒类型		理论计算		实际检测		
		计算公式	粒径理论平均值，μm	名称	粒径检测均值，μm	密度，g/cm^3
填充颗粒	一级	r_1=0.2247R	23.82	G 水泥	21.14	3.14
	二级	r_2=0.155R	16.43	超细水泥	13.4	2.93
	三级	r_3=0.116R	12.29	微硅	0.4787	2.11

（五）各级颗粒加量计算

依据紧密堆积计算公式，可以计算得出需要密度的低密度水泥浆各种颗粒质量。

$$\rho_m=(\rho-v)(1-v) \tag{5-2-2}$$

$$\frac{1}{3.15}+\frac{A}{0.42}+\frac{B}{2.03}+\frac{C}{211}=\frac{\rho_m}{1+A+B+C} \tag{5-2-3}$$

式中　ρ_m——混合物相对密度；

ρ——水泥浆密度，g/cm^3；

v——水与固相质量百分比，经验值取 0.65 左右；

A——漂珠占水泥质量分数；

B——超细水泥占水泥质量分数；

C——微硅占水泥质量分数。

在水泥浆密度确定后，首先假设某一 A 值，得出一系列相应的 B 和 C 值，依次改变 A 值，得到大量 B 和 C 值，组成多套满足密度要求低密度水泥浆配方。

（六）水泥浆配方的试验确定

理论计算紧密堆积时的模型、颗粒粒径等是在非常理想的条件下获得的，实际各种颗粒并非完全理想，因此计算得出的各种颗粒量也必须通过实验进行调整，通过水泥石强度、沉降稳定性、流变性等指标检验低密度水泥浆是否满足紧密堆积和施工要求。调整后的 1.35g/cm^3、1.40g/cm^3、1.45g/cm^3、1.50g/cm^3、1.55g/cm^3、1.60g/cm^3 和 1.65g/cm^3 低密高强水泥浆配方及性能见表 5-2-16。

表 5-2-16　低密高强水泥浆配方及性能

配方组成							性能							
G 级水泥 g	漂珠 g	超细水泥 g	微硅 g	降失水剂 g	分散剂 g	水 g	密度 g/cm^3	流动度 cm	失水 mL	析水 mL	初始稠度 Bc	70℃稠化时间 min	强度（70℃/24h）MPa	稳定性 g/cm^3
400	175	40	60	4.9	7	370	1.35	20.5	38	0	18.5	172	15.2	0.01
350	150	36.3	54.5	4.2	6.1	312	1.40	21.5	44	0	16.2	220	16.67	0.015
350	140	34	51	4.2	5.9	302	1.45	20	32	0	18.2	209	16.9	0.01
320	120	39	43.5	3.8	5.4	295	1.50	20.5	30	0	17	218	17.2	0.012

续表

配方组成							性能							
G级水泥 g	漂珠 g	超细水泥 g	微硅 g	降失水剂 g	分散剂 g	水 g	密度 g/cm^3	流动度 cm	失水 mL	析水 mL	初始稠度 Bc	70℃稠化时间 min	强度（70℃/24h）MPa	稳定性 g/cm^3
320	105	25	38	3.5	5.0	250	1.55	20.5	46	0	16.7	188	18.6	0.011
300	82	19	31	3.1	4.7	231	1.60	22	60	0.1	15	192	20.7	0.02
300	67	17	22	2.8	4.2	216	1.65	21.5	68	0	16	181	21.5	0.02

第三节　超深井高温高密度大温差长封固段固井技术

随着油气勘探开发工作的不断深入，勘探开发对象日益复杂。国内剩余油气资源40%以上分布在深层，油气上产必须动用深层油气资源，深井超深井钻井数量越来越多，固井复杂程度增大，特别是长裸眼、大温差、多套压力系统并存，给固井工作带来了严峻挑战。复杂地层大温差长封固段固井技术已成为制约勘探开发的瓶颈技术问题之一。

国内科研机构针对大温差长封固段固井问题，通过分子结构设计结合降失水机理及缓凝机理，研制出抗200℃高温的降失水剂及适用高温温差80℃以上的大温差缓凝剂，解决了国内降失水剂抗高温抗盐能力差及缓凝剂适应温差范围窄的难题。通过技术集成形成的大温差固井配套技术，有效解决了高温深井、大温差长封固段固井存在的水泥浆超缓凝、顶替效率低、固井质量差等技术难题，并在现场进行了成功试验及推广应用，经济效益及社会效益显著。

大温差水泥浆体系的核心技术是在大温差条件下使用的水泥浆外加剂生产与使用，以主要解决固井过程中水泥浆封固段长、水泥浆顶部与底部温差大造成水泥顶部强度发展缓慢甚至超缓凝等固井难题。

国外经过多年的研究与完善，斯伦贝谢公司和哈里伯顿公司等已经成功开发出高温外加剂体系。如斯伦贝谢公司开发的防窜胶乳降失水剂D700，适应温度为121~191℃，具有很好的降滤失和防气窜性能，已成功应用于多口深井超深井固井；开发的与UNIFLAC降失水剂配合的UNISET高温缓凝剂抗温可达232℃，既可用于淡水水泥浆，也可用于盐水水泥浆。

国内对合成聚合物类降失水剂研究起步较晚，且高温外加剂攻关难度大、研究周期长；水泥在110~120℃存在晶相转化点，常规缓凝剂适应能力差，实验过程中易出现“鼓包”“包芯”等问题，且水泥浆在高温下沉降严重，固井施工存在安全隐患。国内缺少耐温超过150℃且性能稳定的外加剂产品，井温超过180℃的外加剂主要靠进口，没有形成配套的工艺技术。大温差长封固段固井中易出现超缓凝、固井质量差等问题，天然气井易出现环空带压或井口窜气等问题，无法满足大温差固井的需要，制约了深层油气的勘探开发。

一、高温高密度水泥浆体系性能要求

根据深部地层的特点和可能出现的油气情况分析，在设计水泥浆体系时，除需满足的常规的固井技术规定外，还需考虑防气窜、稳定性及与钻井液与前置液的相容性等特殊要求。

（1）油层水泥浆控制失重与防止气窜。

要求水泥浆具有既能弥补水泥浆失重压力降，又能增加流体侵入水泥浆机体的阻力。水泥浆在候凝期间将会发生失重，如果环空液柱压力 p_h 加上流体进入环空水泥浆孔隙需克服的阻力 p_{Rf} 小于地层（气层）压力 p_p，则将发生地层流体窜入水泥浆的现象，这一过程从水泥浆返出环空到最后凝结期间都有可能发生。水泥浆封固段越长，水泥浆密度越高，水泥浆的失重越厉害，发生这一现象的可能性也越大。因此，对于高压地层，必须加强对水泥浆失重的控制或水泥浆本身浆体性能的控制。对于气窜严重的情况，则必须使用专用防窜外加剂来控制水泥浆的性能，达到防窜效果。

此外，针对高压地层，考虑温度差的影响和防止水泥浆失重的要求，要求使用领浆 + 尾浆的双凝水泥浆结构，凝结时间领浆应比尾浆大 1.5~2h。另外，调节水泥浆的静胶凝强度发展规律，设计水泥浆具备直角稠化的性能。

（2）高密度水泥浆性能实验要求。

对水泥浆的实验应在实际的井温范围内进行，且必须考虑密度波动范围及对性能变化的影响要求，外加剂加量变化时对性能的影响。要求密度波动范围 +0.05g/cm^3 时，性能不能有突变；外加剂加量波动时，性能不能有突变。在相容性方面，要求与钻井液、隔离液的相容性必须测定其在混浆 10%~60% 时的稠化时间、流变性和抗压强度变化。

（3）水泥外加剂和外掺料优选要求。

深井固井由于钻井成本高、风险大，且固井环境高温高压，气窜潜力大，更增大了保证固井作业安全和质量的难度。因此，选择水泥外加剂和外掺料，首先应要求外加剂具有可靠的防气窜能力。防气窜能力以室内试验评价为依据，对于井深不同和气窜可能性强弱不同的层段，首先，应通过气窜能力评价，选用不同类型的外加剂或掺加不同的量；其次，外加剂和外掺料的常规性能满足固井工程要求，质量稳定可靠，确保固井作业的安全；最后，在以上两点满足的前提下，综合考虑成本和货源供给。

总之，对于配制高密度水泥浆，首先是选外加剂和加重剂，作水泥浆流变性与稳定性的协调试验和常规性能试验，确定外加剂和加重剂，调配水泥浆配方，再评价防气窜能力。

二、高密度钻井液条件下固井质量的影响因素

（一）密度差对固井质量的影响

钻井液、隔离液与水泥浆三种流体之间应有一定的密度差，且顺序密度差在 0.2g/cm^3 以上，才能达到较好的清洁井眼的效果，从而得到较好的固井质量。统计的 19 口井的密度差与固井质量见表 5-3-1。

从表 5-3-1 中可以看出，19 口井的钻井液、隔离液与水泥浆 3 种流体的密度差均未达到 0.2g/cm^3 的要求，但仍然只有 6 口井的固井质量合格，说明 3 种流体密度差达到 0.2g/cm^3 不是提高固井质量的唯一要求。尤其对于山前井，本身钻井液密度都较高，有的井安全密度窗口较窄，要满足 0.2g/cm^3 的密度差难度较大，可以通过改善其他条件来提高固井质量。

表 5-3-1　流体间的密度差与固井质量表

井号	密度，g/cm^3					固井质量
	钻井液	隔离液	水泥浆	隔离液 – 钻井液	水泥浆 – 隔离液	
KS203 井	1.93	1.94	1.95	0.01	0.01	不合格
KS204 井	2.10	2.10	2.11	0	0.01	合格
KS205 井	1.93	1.93	1.96	0	0.03	不合格
KS206 井	1.90	1.90	1.92	0	0.02	合格
KS207 井	1.90	1.93	1.95	0.03	0.02	不合格
KS208 井	1.93	1.93	1.95	0	0.02	不合格
KS2-1-1 井	1.86	1.88	1.90	0.02	0.02	不合格
KS2-1-5 井	1.86	1.88	1.91	0.02	0.03	合格
KS2-2-1 井	1.86	1.88	1.90	0.02	0.02	不合格
KS2-2-3 井	1.86	1.87	1.90	0.01	0.03	不合格
KS2-2-4 井	1.88	1.89	1.90	0.01	0.01	不合格
KS2-2-5 井	1.86	1.88	1.95	0.02	0.07	不合格
KS2-2-8 井	1.88	1.88	1.90	0	0.02	合格
KS2-2-12 井	1.84	1.88	1.90	0.04	0.02	未电测
KS102 井	2.30	2.29	2.30	–0.01	0.01	不合格
KS8 井	1.89	1.93	1.95	0.04	0.02	不合格
DB205 井	1.75	1.90	1.90	0.15	0	合格
DB208 井	1.68	1.68	1.70	0	0.02	未电测
DIB101 井	1.85	1.86	1.90	0.01	0.04	合格

（二）动塑比差对固井质量的影响

动塑比（η）是反应流体剪切稀释性能的指标，钻井液、隔离液和水泥浆 3 种流体的动塑比也应有合适的差别，且应按照钻井液、隔离液和水泥浆的顺序逐渐增大，有利于提高顶替效率。统计的 19 口井的动塑比差与固井质量见表 5-3-2，可以看出：

KS207 井和 KS8 井两口井的流体动塑比都是按照钻井液、隔离液和水泥浆的顺序递减，固井质量均为不合格（合格段长低于 50%）。

从固井质量为合格的 6 口井的情况看，流体动塑比按照钻井液、隔离液和水泥浆顺序递增的 2 口（KS206 井、KS2-1-5 井），且差值都在 0.1 以上，占 33.3%；未按顺序递增的 4 口（隔离液动塑比高于钻井液 0.15 以上的 3 口，低于 0.15 以下的 1 口；水泥浆动塑比低于隔离液 0.30 以上的 3 口，低于 0.30 以下的 1 口），占 66.7%。

3 种流体的动塑比应按照钻井液、隔离液和水泥浆的顺序递增，且差值应在 0.10 以上为宜。

若动塑比按照钻井液、隔离液和水泥浆的顺序递增且差值应在 0.10 以的要求无法满足，应考虑隔离液的动塑比高于钻井液 0.15 以上，水泥浆的动塑比应低于隔离液 0.30 以上。

表 5-3-2　流体间的动塑比与固井质量表

井号	动塑比					固井质量
	钻井液	隔离液	水泥浆	隔离液 - 钻井液	水泥浆 - 隔离液	
KS203 井	0.11	0.51	0.52	0.40	0.01	不合格
KS204 井	0.11	0.54	0.10	0.43	−0.44	合格
KS205 井	0.13	0.33	0.36	0.20	0.03	不合格
KS206 井	0.12	0.48	0.58	0.36	0.10	合格
KS207 井	0.21	0.11	0.09	−0.10	−0.02	不合格
KS208 井	0.29	0.42	0.13	0.13	−0.29	不合格
KS2-1-1 井	0.11	0.28	0.06	0.17	−0.22	不合格
KS2-1-5 井	0.13	0.51	0.67	0.38	0.16	合格
KS2-2-1 井	0.05	0.37	0.19	0.32	−0.18	不合格
KS2-2-3 井	0.10	0.41	0.14	0.31	−0.27	不合格
KS2-2-4 井	0.14	0.50	0.66	0.36	0.16	不合格
KS2-2-5 井	0.12	0.38	0.08	0.26	−0.30	不合格
KS2-2-8 井	0.08	0.16	0.04	0.08	−0.12	合格
KS2-2-12 井	0.07	0.42	0.43	0.35	0.01	未电测
KS102 井	0.07	0.37	0.24	0.30	−0.13	不合格
KS8 井	0.26	0.16	0.06	−0.10	−0.10	不合格
DB205 井	0.25	0.42	0.11	0.17	−0.31	合格
DB208 井	0.25	0.47	0.17	0.22	−0.30	未电测
DIB101 井	0.14	0.45	0.05	0.31	−0.40	合格

（三）顶替排量与环空返速对固井质量的影响

统计 19 口井的顶替排量、环空返速、接触时间与固井质量见表 5-3-3。可以看出：固井质量合格的 6 口井中，最高环空返速 1.74m/s，最低环空返速 0.59m/s，所以环空返速对固井质量影响不大。

表 5-3-3　顶替排量、环空返速和接触时间与固井质量表

井号	顶替排量，L/s	环空返速，m/s	接触时间，min	固井质量
KS203 井	6	0.86	28	不合格
KS204 井	5	0.75	25	合格
KS205 井	6	0.78	22	不合格
KS206 井	5	0.59	33	合格

续表

井号	顶替排量，L/s	环空返速，m/s	接触时间，min	固井质量
KS207 井	8	0.97	21	不合格
KS208 井	8	0.99	21	不合格
KS2-1-1 井	6	0.82	28	不合格
KS2-1-5 井	12	1.74	17	合格
KS2-2-1 井	8	0.87	23	不合格
KS2-2-3 井	6	0.87	28	不合格
KS2-2-4 井	7	0.94	21	不合格
KS2-2-5 井	6	0.77	31	不合格
KS2-2-8 井	6	0.77	31	合格
KS2-2-12 井	7	1.01	26	未电测
KS102 井	6	0.88	29	不合格
KS8 井	11	1.43	20	不合格
DB205 井	10	1.55	12	合格
DB208 井	6	0.76	28	未电测
DIB101 井	10	1.45	17	合格

（四）隔离液用量对固井质量的影响

从表 5-3-4 可以看出，油基钻井液条件下，6 口井固井质量合格，隔离液的用量都在 $7m^3$ 以上，环空的返高都在 1000m 以上，达到了有效的冲洗接触时间。

表 5-3-4　隔离液用量与固井质量关系表

井号	前隔离液用量，m^3	后隔离液用量，m^3	固井质量
KS203 井	10	2	不合格
KS204 井	7.5	2.1	合格
KS205 井	8	2	不合格
KS206 井	10	2	合格
KS207 井	10	3	不合格
KS208 井	10	7	不合格
KS2-1-1 井	10	5	不合格
KS2-1-5 井	12	4	合格
KS2-2-1 井	11	2.6	不合格
KS2-2-3 井	10	7	不合格
KS2-2-4 井	9	2	不合格
KS2-2-5 井	11	6	不合格
KS2-2-8 井	11	6	合格
KS102 井	10.5	1.8	不合格

续表

井号	前隔离液用量，m^3	后隔离液用量，m^3	固井质量
KS8 井	13	8	不合格
DB205 井	7	6	合格
DIB101 井	10	4	合格

三、水泥浆外加剂优选

（一）基础水泥浆体系优选

对塔里木油田在用的欧美科外加剂体系、兰德外加剂体系、两套其他国内外加剂体系进行了评价，对密度 2.3g/cm^3、含盐量 10% 和 18% 的水泥浆配方性能进行了常压流变性、底部与顶部水泥石抗压强度、水泥浆稠化时间、沉降稳定性等性能评价，优选出了适合山地高密度、高盐、高温条件下的两套水泥浆配方。

1. 欧美科外加剂体系基础配方

（1）基础配方：[阿 H 水泥 +96% 铁矿粉（BWOC）+30% 硅粉（BWOC）+4% 微硅（BWOC）] 固 +8.0% 降失水剂（HX–11L）（BWOC）+2.0% 分散剂（HX–21L）（BWOC）+2.0% 缓凝剂（HX–31L）（BWOC）+0.1% 消泡剂（BWOC）。

（2）水泥浆性能指标：含盐量 18%BWOW，液固比 0.301，密度 2.30g/cm^3，流动度 20.9cm，稠化时间 436min（173℃ ×138MPa×86min），失水量 86mL/30min（173℃ ×6.9MPa），自由水含量 0，抗压强度 24.52MPa（200℃ ×21MPa×48h）、14.57MPa（120℃ ×21MPa×72h），试样中水泥石密度变化值 –0.007~+0.003g/cm^3。

2. 国内外加剂体系基础配方

（1）基础配方：[阿 H 水泥 +80% 高密度铁粉（BWOC）+30% 硅粉（BWOC）+4% 微硅（BWOC）] 固 +1.6% 降失水剂（JSSJ–1）（BWOC）+2.5% 分散剂（FSJ–1）（BWOC）+2.5% 缓凝剂（HNJ–1）（BWOC）+0.1% 消泡剂（BWOC）。

（2）水泥浆性能指标：含盐量 18%BWOW，液固比 0.304，密度 2.30g/cm^3，流动度 17.5cm，稠化时间 375min（173℃ ×138MPa×86min），失水量 45mL/30min（173℃ ×6.9MPa），抗压强度 16.01MPa（200℃ ×21MPa×48h）、7.55MPa（120℃ ×21MPa×72h），试样中水泥石密度变化值 –0.01~+0.027g/cm^3。

（二）水泥外加剂大温差适应性评价

以优选出的欧美科外加剂体系基础配方和国内外加剂体系配方为基础，分别对调配出的 5 个稠化时间的配方进行水泥浆缓凝剂、降失水剂和分散剂的大温差适应性评价。

1. 缓凝剂的评价与优选

分别按照水泥干灰质量的 1.0%、1.5%、2.0%、2.5% 和 3.0% 将缓凝剂 31L 加入密度 2.30g/cm^3、含盐量 18% 的盐水水泥浆中（配浆所用消泡剂为兰德 19L，其他配方也均用此消泡剂），在 173℃、138MPa 条件下测定水泥浆体系稠化时间，评价欧美科缓凝剂的加量与水泥浆稠化时间的关系。由图 5-3-1 可以看出，缓凝剂 31L 加量为 1.0% 时稠化时间为 239min，加量为 2.0% 时稠化时间为 436min，稠化时间随缓凝剂加量的增加而增加，且具有较好的线性关系。

分别按照水泥干灰质量的 2.0%、2.5%、3.0%、3.5% 和 4.0% 将缓凝剂 HNJ-1 加入密度 2.30g/cm³、含盐量 18% 的盐水水泥浆中，在 173℃、138MPa 条件下测定水泥浆体系稠化时间，评价国内外加剂体系（一）缓凝剂加量与水泥浆稠化时间的关系。由图 5-3-2 可以看出，缓凝剂 HNJ-1 加量为 2.0% 时稠化时间为 142min，加量为 3.5% 时稠化时间为 442min。虽然稠化时间随缓凝剂加量的增加而增加，但线性关系不好，有时过于敏感，有时过于迟钝。另外，浆体在稠化实验过程中，初始稠度较大，且浆体稠度一直保持较高，过渡时间过长。

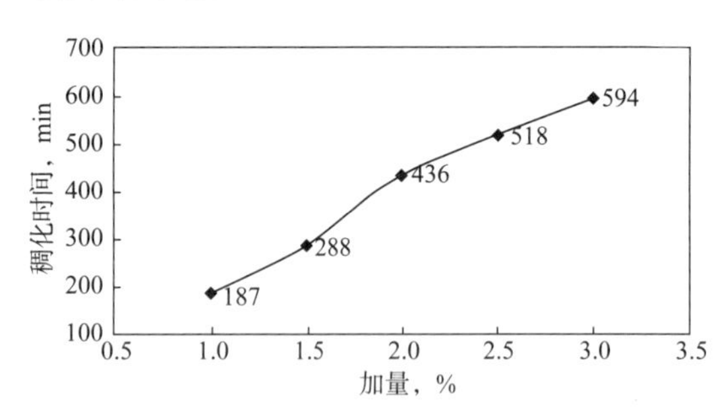

图 5-3-1　稠化时间与缓凝剂 31L 加量的关系曲线

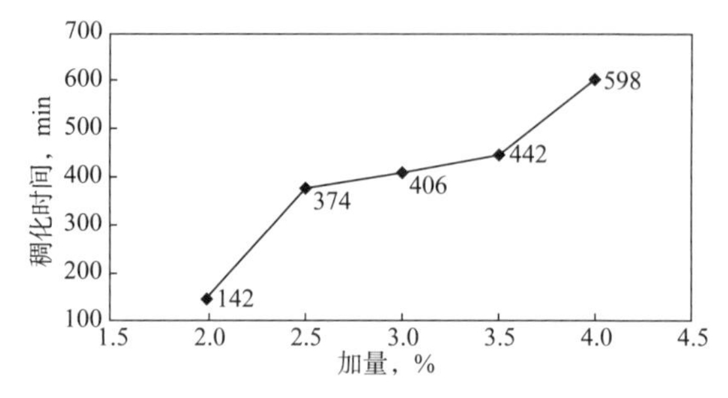

图 5-3-2　稠化时间与缓凝剂 HNJ-1 加量的关系曲线

各种外加剂体系下不同配方的强度数据见表 5-3-5。

表 5-3-5　各外加剂体系不同配方强度数据表

外加剂体系	配方号	顶部强度（120℃ ×21MPa×72h）MPa	底部强度（200℃ ×21MPa×48h）MPa
欧美科外加剂体系	1	15.58	27.74
	2	13.24	26.43
	3	10.42	25.02
	4	8.98	24.18
	5	6.41	23.86
国内外加剂体系（一）	1	10.20	26.15
	2	7.55	16.01
	3	未凝固	15.82
	4	未凝固	16.21
	5	未凝固	11.36

通过以上分析可知，缓凝剂 31L、HNJ-1 及其复配体系均能控制盐水水泥浆的稠化时间在 200~500min 之间，能满足不同注水泥施工作业时间的需要。但从图 5-3-2 可看出，缓凝剂 HNJ-1 线性关系不好，且在某一变化范围内，稠化时间对缓凝剂加量过于迟钝，稠化时间调节难度较大。缓凝剂 HNJ-1 稠化实验过程中浆体初始稠度较大，整个实验过

程稠度一直处于较高状态，不利于现场泵注；浆体过渡时间过长，不利于防气窜。对于强度来说，国内外加剂体系（一）HNJ-1 顶部强度均不能满足大温差的要求。

缓凝剂 31L 的加量可调范围较宽，线性规律好，更重要的是在大温差下水泥的抗压强度满足要求。因此，推荐使用所配浆体稠化时间容易调节、大温差下抗压强度满足要求的缓凝剂 31L。

2. 降失水剂的评价

分别按照水泥干灰质量的 4.0%、6.0%、8.0%、10.0% 和 12.0% 将降失水剂 11L 加入密度 2.30g/cm³、含盐量 18% 的盐水水泥浆中，在 173℃、6.9MPa 条件下测定水泥浆体系的失水量，评价欧美科降失水剂加量与水泥浆失水量的关系。由图 5-3-3 可以看出，11L 加量小于 8% 时，失水量变化对其加量较敏感，加量达到 8%（失水为 86mL/30min）后失水量进入缓慢下降阶段，加量为 10% 后失水量几乎保持为 44mL/30min，达到一般要求的 50mL/30min。

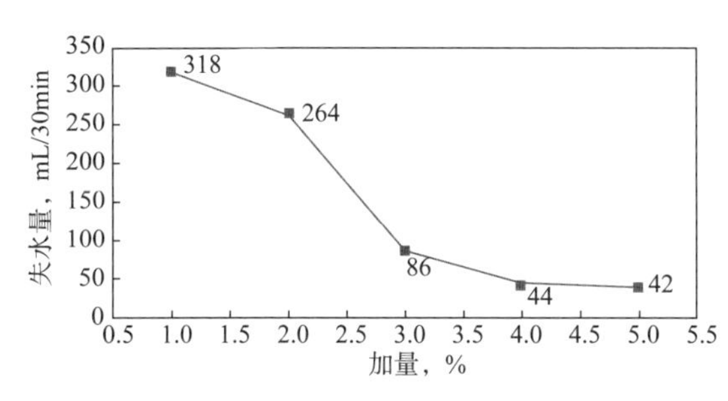

图 5-3-3　失水量与降失水剂 11L 加量的关系曲线

分别按照水泥干灰质量的 1.0%、1.5%、2.0%、2.5% 和 3.0% 将降失水剂 JSSJ-1 加入到密度 2.30g/cm³、含盐量 18% 的盐水水泥浆中，在 173℃、6.9MPa 条件下测定水泥浆体系的失水量，评价国内外加剂体系（一）降失水剂加量与水泥浆失水量的关系。由图 5-3-4 可以看出，降失水剂 JSSJ-1 加量小于 2.0% 时（2.0% 失水量为 88mL/30min），失水量对其加量较敏感，加量大于 2.0% 后进入缓慢下降阶段，随着加量增加，失水量逐渐下降，但变化较小。失水量在降失水剂加量 2.5% 后基本稳定在 76mL/30min，大于一般要求的 50mL/30min。

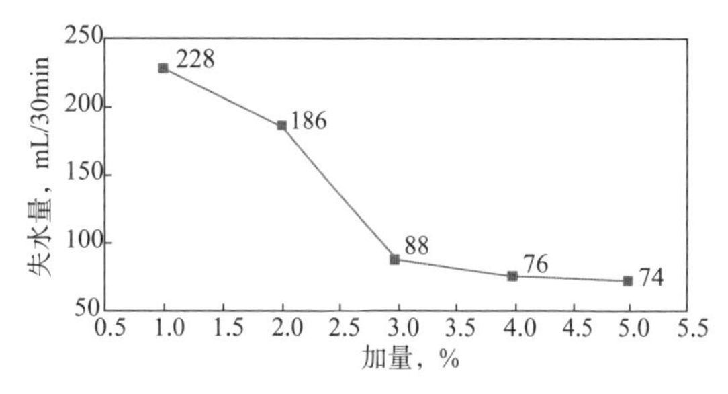

图 5-3-4　失水量与降失水剂 JSSJ-1 加量的关系曲线

由以上分析可知，降失水剂 11L 和 JSSJ-1 及其复配体系的盐水水泥浆的失水量分别可控制在 42mL/30min 和 76mL/30min，加量分别为 10% 和 3.0%。由于降失水剂 JSSJ-1 只能将失水量控制到 76mL/30min，不能满足尾管固井失水量小于 50mL/30min 的要求。

固井时水泥浆只有保持较高的水灰比才能够从套管泵送至井下，然后从环空返回至设计位置。如果水泥浆大量"失水"，水泥浆的密度、稠化时间、流变性能随之改变，甚至变得不可泵送，导致固井失败。大量的水进入地层也会造成不同程度的伤害。水泥浆失水越小，固井就越容易成功，固井质量就更容易达到要求。因此，推荐使用降失水剂 11L。

3. 分散剂的评价

分散剂的评价实验结果见表 5-3-6 至表 5-3-8。从表中可以看出，欧美科体系 21L 效果较好，国内外加剂体系（一）FSJ-1 次之。表中 n 为流性指数，表示假塑性流体在一定剪切速率范围内所表现出来的非牛顿流体程度；K 为稠度系数，它可反映可泵性，其值越大黏度越高；τ_0 为动切力，在一定程度上可以反映出泵压力的大小；η_P 为塑性黏度。因此，

η_P越小、τ_0越小、n越大、K越小分别或全部满足的情况下，水泥越容易被泵送，并且水泥也越容易产生紊流，水泥浆顶替效率就越高，所以固井质量也就越高。

表 5-3-6　外加剂评价流动度数据

外加剂体系	流动度，cm		
	分散剂加量一	分散剂加量二	分散剂加量三
欧美科外加剂体系	20.6	21.3	22.7
国内外加剂体系（一）	18.9	20.5	21.4

表 5-3-7　欧美科体系 21L 流变参数数据

流变参数	流变性配方 1		流变性配方 2		流变性配方 3	
	实验条件 1	实验条件 2	实验条件 1	实验条件 2	实验条件 1	实验条件 2
η_P	0.284	0.125	0.191	0.090	0.188	0.112
τ_0	22.484	11.498	15.330	2.044	9.965	4.727
n	0.750	0.757	0.781	0.926	0.843	0.871
K	1.498	0.669	0.864	0.149	0.551	0.271

表 5-3-8　国内外加剂体系 FSJ-1 流变参数数据

流变参数	流变性配方 1		流变性配方 2		流变性配方 3	
	实验条件 1	实验条件 2	实验条件 1	实验条件 2	实验条件 1	实验条件 2
η_P	0.635	0.203	0.375	0.112	0.306	0.097
τ_0	12.416	10.987	4.599	5.238	6.643	5.238
n	0.659	0.840	0.951	0.865	0.916	0.840
K	4.091	0.607	0.518	0.297	0.531	0.289

通过上述对所选体系缓凝剂的大温差适应性评价、降失水剂和分散剂的评价，欧美科外加剂体系的大温差适应性要优于国内外加剂体系（一）。因此优先推荐使用欧美科外加剂作为高温、大温差、高密度抗盐水泥浆外加剂体系。

四、高温高密度大温差抗盐水泥浆体系配方优化

（一）欧美科体系配方优化

根据大量实验结果，得到的水泥浆最终配方为：[阿 H 水泥 +80% 高密度铁粉（BWOC）+30% 硅粉（BWOC）+4% 微硅（BWOC）] 固 +10.0% 降失水剂（HX-11L）（BWOC）+1.6% 分散剂（HX-21L）（BWOC）+1.2% 缓凝剂（HX-31L）（BWOC）+0.1% 消泡剂（BWOC）。

优化后的水泥浆性能指标为：含盐量 18%BWOW，液固比 0.335，密度 2.30g/cm^3，流动度 22.5cm，稠化时间 398min（173℃ ×138MPa×86min），失水量 42mL/30min（173℃ ×6.9MPa），抗压强度 26.78MPa（200℃ ×21MPa×48h）、14.10MPa（120℃ ×21MPa×72h），

试样中水泥石密度变化值 –0.006~+0.006g/cm³。

优化后水泥浆的常压流变性见表 5-3-9，水泥石的抗压强度具体数据见表 5-3-10 和表 5-3-11，水泥浆的稠化时间测试图如图 5-3-5 所示。

表 5-3-9　最终配方水泥浆常压流变性测试结果

温度 ℃	旋转黏度计读数					视黏度 Pa·s	塑性黏度 Pa·s	动切力 Pa	流性指数	稠度系数 Pa·s^n
	θ_3	θ_6	θ_{100}	θ_{200}	θ_{300}					
常温	5.0	8.0	93.0	172.0	247.5	0.2475	0.232	8.048	0.889	0.494
89	4.0	6.5	43.0	83.0	126.0	0.1260	0.125	0.769	0.977	0.146

表 5-3-10　最终配方水泥浆的水泥石底部抗压强度测试数据（200℃ ×21MPa×48h）

试样编号	1	2	3	4	平均
试样抗压强度，MPa	27.58	25.81	20.97	26.96	26.78

表 5-3-11　最终配方水泥浆的水泥石顶部抗压强度测试数据（120℃ ×21MPa×72h）

试样编号	1	2	3	4	平均
试样抗压强度，MPa	13.22	15.48	13.65	14.05	14.10

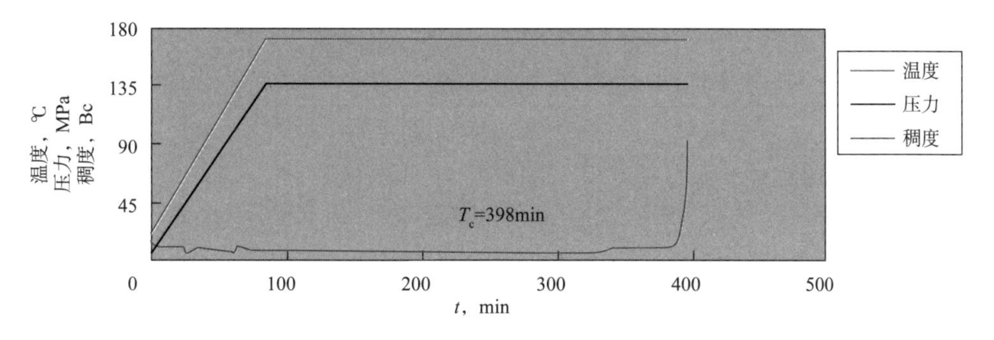

图 5-3-5　水泥浆稠化时间测试图

T_c——稠化时间

最终配方水泥浆的沉降稳定性测试结果见表 5-3-12。

表 5-3-12　最终配方水泥浆沉降稳定性测试结果

参数	试样 1	试样 2	试样 3	试样 4	试样 5	试样 6
质量，g	35.30	31.27	28.09	31.32	27.48	35.46
体积，mL	15.46	13.66	12.31	13.69	11.98	15.47
密度，g/cm³	2.283	2.289	2.282	2.288	2.294	2.292
密度变化值，g/cm³	–0.005	0.001	–0.006	0	0.006	0.004
密度相对变化值，%	–0.2185	0.0437	–0.2622	0	0.2622	0.1748
平均密度，g/cm³	2.288					

注：水泥试样养护条件为 200℃ ×21MPa×48h。

（二）国内外加剂体系

采用正交法和方差分析法，得到国内外加剂体系的最终配方。

最终水泥浆配方：[阿H水泥+80%高密度铁粉（BWOC）+30%硅粉（BWOC）+8%微硅（BWOC）]固+2%降失水剂（JSSJ-1）（BWOC）+2%分散剂（FSJ-1）（BWOC）+3.6%缓凝剂（HNJ-1）（BWOC）+0.1%消泡剂（BWOC）。

水泥浆性能指标：含盐量18%BWOW，液固比0.333，密度2.30g/cm^3，流动度19cm，稠化时间400min（173℃ ×138MPa×86min），失水量45mL/30min（173℃ ×6.9MPa），抗压强度20.36MPa（200℃ ×21MPa×48h）、9.72MPa（120℃ ×21MPa×72h），试样中水泥石密度变化值-0.01~+0.027g/cm^3。

优化后水泥浆的常压流变性见表5-3-13。

表5-3-13　最终配方水泥浆常压流变性测试结果

温度 ℃	旋转黏度计读数					视黏度 Pa·s	塑性黏度 Pa·s	动切力 Pa	流性指数	稠度系数 Pa·s^{n}
	θ_3	θ_6	θ_{100}	θ_{200}	θ_{300}					
常温	10	18	114	193	264	0.264	0.225	19.93	0.764	1.150
89	4	7	64	102	133	0.133	0.103	15.33	0.666	1.068

优化后水泥石的抗压强度具体数据见表5-3-14和表5-3-15。

表5-3-14　最终配方水泥浆的水泥石底部抗压强度测试数据（200℃ ×21MPa×48h）

试样编号	1	2	3	4	平均
试样抗压强度，MPa	20.44	19.37	21.25	20.37	20.36

表5-3-15　最终配方水泥浆的水泥石顶部抗压强度测试数据（120℃ ×21MPa×72h）

试样编号	1	2	3	4	平均
试样抗压强度，MPa	9.44	9.25	10.41	9.77	9.72

优化后水泥浆的稠化时间测试图如图5-3-6所示。

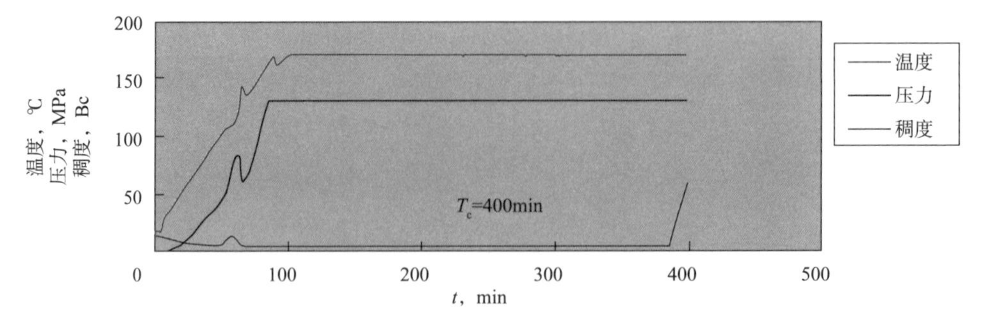

图5-3-6　水泥浆稠化时间测试图

最终配方水泥浆的沉降稳定性测试结果见表5-3-16。

表 5-3-16　最终配方水泥浆沉降稳定性测试结果

参数	试样 1	试样 2	试样 3	试样 4	试样 5	试样 6
质量，g	26.51	27.88	30.14	31.38	29.62	29.47
体积，mL	11.51	12.14	13.16	13.64	12.92	12.81
密度，g/cm^3	2.303	2.297	2.291	2.301	2.294	2.300
密度变化值，g/cm^3	0.005	−0.001	−0.007	0.003	−0.004	0.002
密度相对变化值，%	0.2175	0.033	−0.305	0.013	0.174	0.087
平均密度，g/cm^3	2.298					

注：（1）水泥试样养护条件为 200℃ ×21MPa×48h。
（2）编号为从上至下。

综上所述，外加剂体系以欧美科体系最优，国内外加剂体系次之。

五、超高温超高密度水泥浆技术

（一）超高密度加重剂 GM-1 评价

对于超高密度水泥浆，加重剂的选择是关键。常用的油井水泥加重剂为铁矿粉，密度 4.9g/cm^3，能满足中、高密度固井需要。随着油田超深井逐年增加，且多含有高压盐水层，要求固井水泥浆密度超过 2.65g/cm^3。在超高密度水泥浆中，铁矿粉加量过大会导致水泥含量减少，水泥石强度降低，封固质量变差。为此，塔里木油田引进了超高密度固井水泥加重剂 GM-1，密度高达 7.5g/cm^3。

1. 加重剂 GM-1 特点

加重剂 GM-1 与普通铁矿粉的性能对比见表 5-3-17。从表 5-3-17 中可以看出，GM-1 粒度分布均匀，性能更优越，配制的浆体更加稳定，密度更高，加量更少即可达到高密度，可以提高水泥浆中水泥的含量。

表 5-3-17　GM-1 加重剂与铁矿粉性能对比情况表

项目		铁矿粉	GM-1 加重剂
水泥浆配伍性		一般	优良
细度，目		180~220	100~450
密度，g/cm^3		4.6~5.05	6.5~7.5
可配制水泥浆密度，g/cm^3		≤ 2.4	≤ 2.8
水泥浆密度 2.4g/cm^3 下	掺量（BWOC），%	108~110	85~88
	强度（24h/68℃），MPa	13.8	18.2

2. 加重剂 GM-1 与普通铁矿粉性能对比

与普通铁矿粉体系相比，GM-1 加重剂体系水泥浆流动度较大，表明 GM-1 加重水泥浆更有利于现场注水泥泵送。普通铁矿粉水泥浆体系与 GM-1 加重水泥浆体系的常温流变性指数和稠度系数对比如图 5-3-7 和图 5-3-8 所示；高温（90℃）流变性能对比如图 5-3-9 和图 5-3-10 所示。可以看出，与普通铁矿粉水泥浆体系相比，GM-1 加重水泥浆体系在常温、高温情况下，流变性指数较高、稠度系数较低，说明 GM-1 加重水泥浆体系的流变性能比普通铁矿粉体系水泥浆的流变性能好，在现场固井过程中浆体更容易泵送。

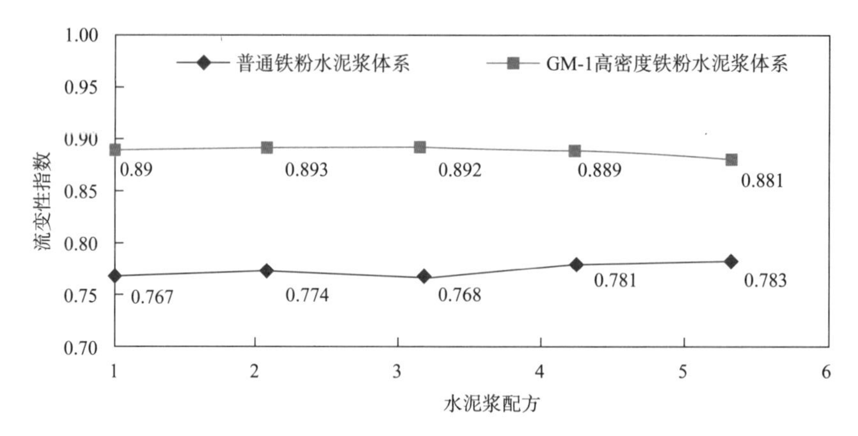

图 5-3-7　两种加重剂水泥浆体系常温流变性指数对比图

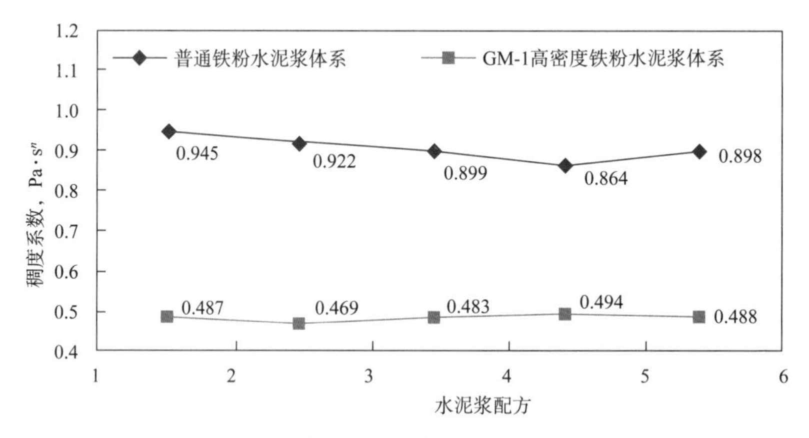

图 5-3-8　两种加重剂水泥浆体系常温稠度系数对比图

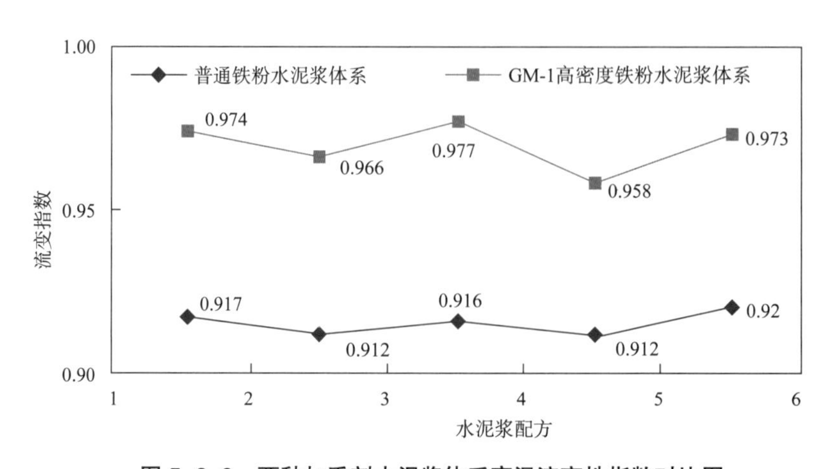

图 5-3-9　两种加重剂水泥浆体系高温流变性指数对比图

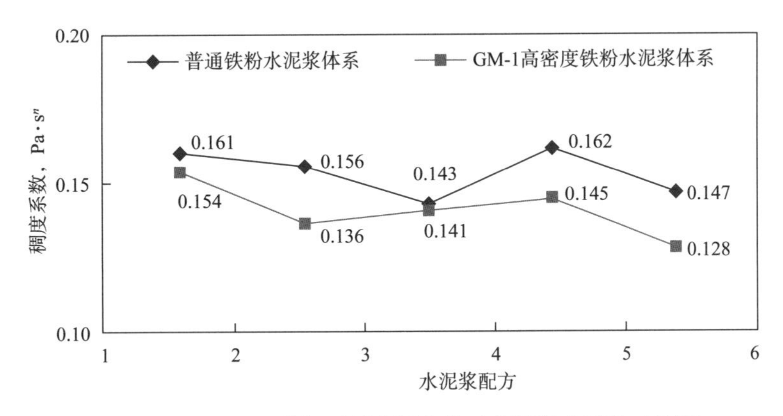

图 5-3-10　两种加重剂水泥浆体系高温稠度系数对比图

普通铁矿粉水泥浆体系与 GM-1 加重水泥浆体系的水泥石抗压强度对比如图 5-3-11 和图 5-3-12 所示。可以看出，相比普通铁矿粉体系，GM-1 加重剂体系水泥浆形成的水泥石顶部和底部抗压强度均较高。

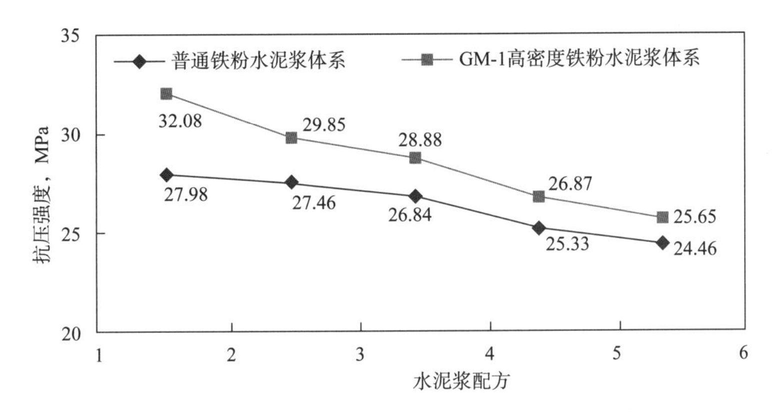

图 5-3-11　两种加重剂水泥浆体系底部抗压强度对比图（200℃ ×21MPa×48h）

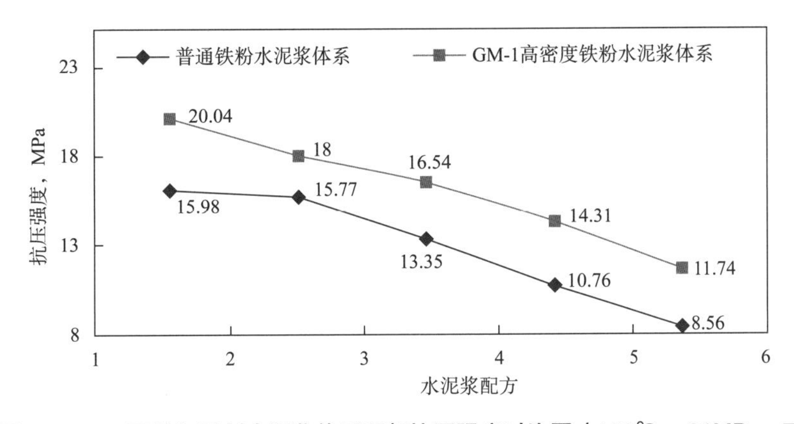

图 5-3-12　两种加重剂水泥浆体系顶部抗压强度对比图（120℃ ×21MPa×72h）

普通铁矿粉水泥浆体系与 GM-1 加重水泥浆体系的沉降稳定性对比如图 5-3-13 所示。从图 5-3-13 中可以看出，相比普通铁矿粉水泥浆体系，GM-1 加重剂水泥浆体系之水泥石密度差值较小，故其沉降稳定性更好。

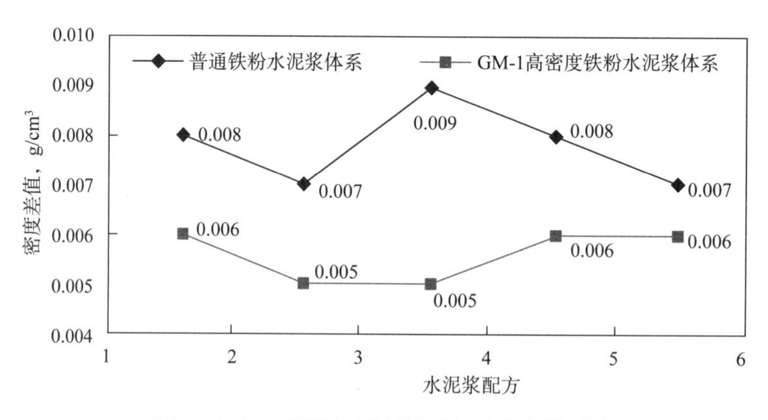

图 5-3-13　两种加重剂体系沉降稳定性对比图

（二）超高温超高密度抗盐水泥浆体系优选

分别对密度 2.3g/cm³ 和 2.6g/cm³，含盐量 10% 和 18% 的水泥浆体系配方性能进行常压流变性、井底水泥石抗压强度、顶部水泥石抗压强度、水泥浆稠化时间、沉降稳定性等性能评价，优选出了适合于山前高密度、高盐、高温条件下的兰德、欧美克两套水泥浆体系配方。

兰德水泥浆体系配方：[阿 H 水泥 +90%266.7% 铁矿粉（BWOC）+25%~30% 硅粉（BWOC）+12%~16% 微硅（BWOC）] 固 +8%~10% 降失水剂（806L）（BWOC）+3%~5% 缓凝剂（606L）（BWOC）+10%~18% 盐（NaCl）（BWOW）+0.1% 消泡剂（BWOC）。

欧美克水泥浆体系配方：[阿 H 水泥 +96%~300% 铁矿粉（BWOC）+25%~30% 硅粉（BWOC）+4%~10% 微硅（BWOC）] 固 +10%~20% 降失水剂（HX-11L）（BWOC）+2%~10% 分散剂（HX-21L）（BWOC）+1.2%~1.7% 缓凝剂（HX-31L）（BWOC）+0.1% 消泡剂（BWOC）。

1. 密度 2.30g/cm³ 水泥浆体系性能评价

在水泥浆体系密度为 2.3g/cm³、温度小于 160℃、含盐为 10% 和 18% 的条件下，两套水泥浆体系抗压强度评价结果见表 5-3-18。

表 5-3-18　密度 2.30g/cm³ 条件下水泥浆体系性能评价结果表

水泥浆体系	含盐量 %	测试位置	抗压强度，MPa				
			配方 1	配方 2	配方 3	配方 4	平均
兰德	10	井底水泥石	20.56	23.72	22.17	21.24	21.92
		顶部水泥石	18.42	21.38（舍）	16.84	15.69	16.98
	18	井底水泥石	21.53	20.69	22.65	20.16	21.26
		顶部水泥石	19.95	21.72	20.47	18.58	20.18
欧美克	10	井底水泥石	21.72	21.78	24.72	24.30	23.13
		顶部水泥石	13.94	13.22	15.72	14.98	14.88
	18	井底水泥石	23.62	23.88	24.54	25.04	24.18
		顶部水泥石	11.78	10.58	11.88	9.47	10.64

两套体系在密度 2.3g/cm³、温度小于 160℃、含盐为 10% 和 18% 条件下的稠化时间曲线如图 5-3-14 和图 5-3-15 所示，可见两套体系的稠化时间均能满足井下安全固井的需要。

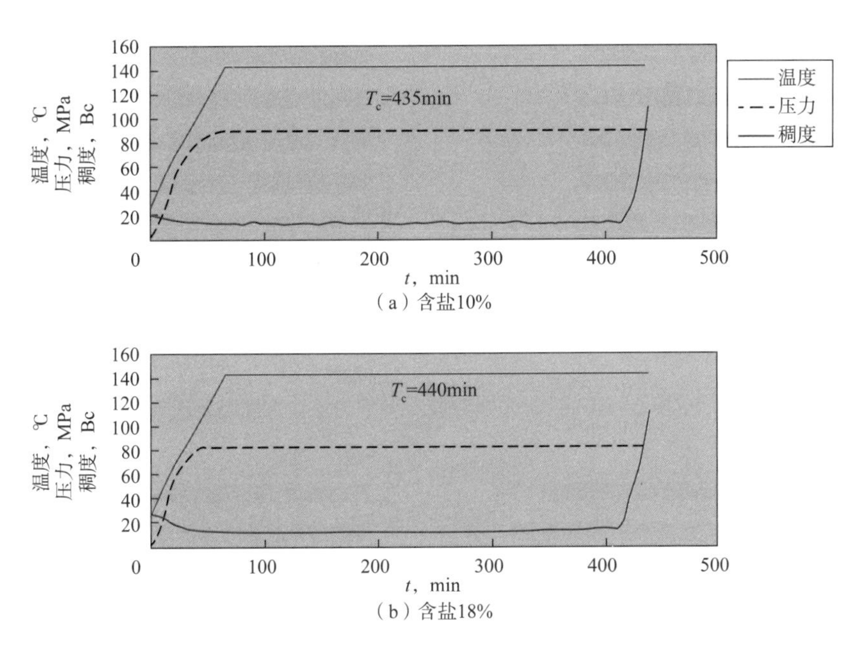

（a）含盐10%

（b）含盐18%

图 5-3-14　兰德水泥浆体系稠化时间测试图

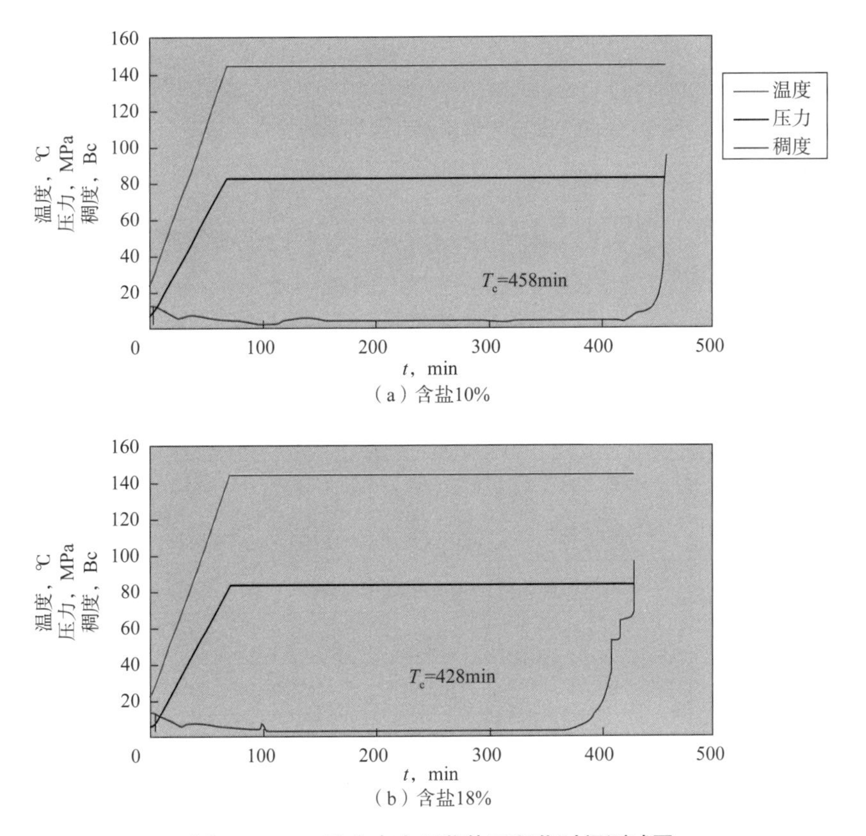

（a）含盐10%

（b）含盐18%

图 5-3-15　欧美克水泥浆体系稠化时间测试图

两套体系在密度 2.3g/cm^3、温度小于 160℃、含盐为 10% 和 18% 条件下的沉降稳定性测试如图 5-3-16 和图 5-3-17 所示。

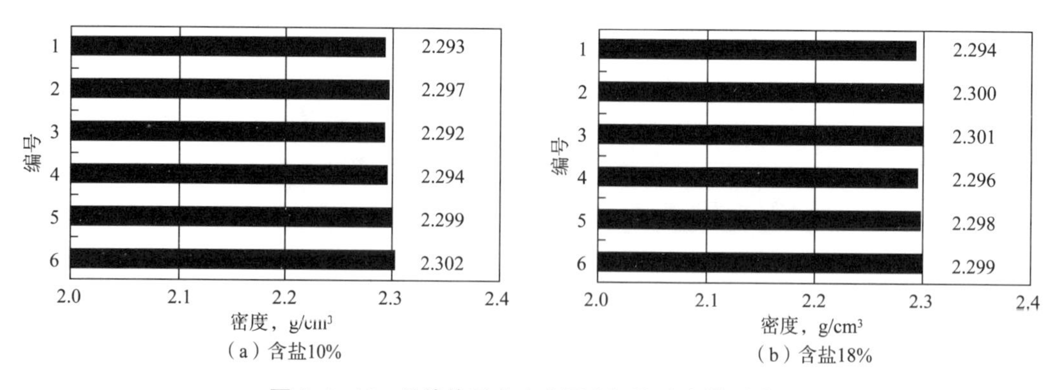

图 5-3-16　兰德体系密度水泥浆沉降稳定性测试图

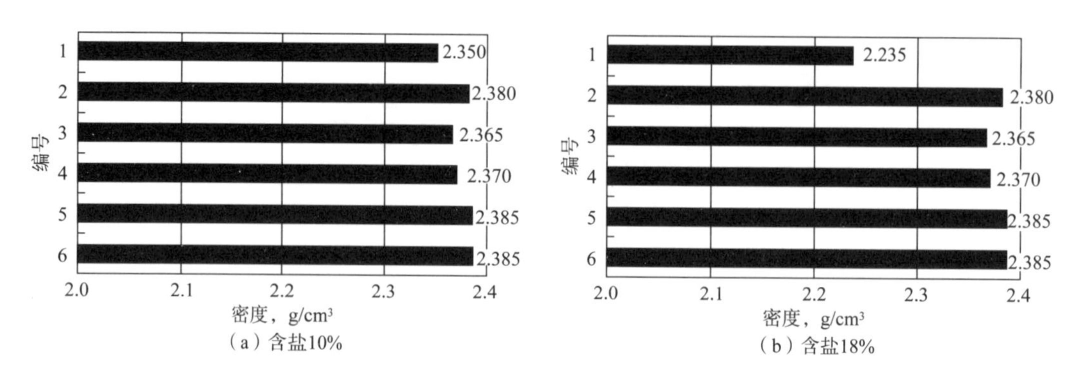

图 5-3-17　欧美克体系水泥浆沉降稳定性示意图

2. 密度 2.60g/cm³ 水泥浆性能评价

在密度为 2.60g/cm³、温度小于 160℃、含盐量为 10% 和 18% 条件下，两套体系抗压强度评价结果见表 5-3-19。

表 5-3-19　两套水泥浆体系性能评价结果表

水泥浆体系	含盐量 %	测试位置	抗压强度，MPa				
			配方 1	配方 2	配方 3	配方 4	平均
兰德	10	井底水泥石	15.04	15.06	17.32	15.86	16.08
		顶部水泥石	10.08	10.36	9.24	8.54	9.66
	18	井底水泥石	16.38	14.02	15.56	19.86	15.32
		顶部水泥石	6.84	8.92	8.18	7.96	7.98
欧美克	10	井底水泥石	16.24	15.56	17.04	15.08	15.98
		顶部水泥石	11.32	9.28	9.54	10.21	10.36
	18	井底水泥石	16.24	16.08	14.96	15.62	15.73
		顶部水泥石	8.36	10.56	10.98	10.88	9.94

两套体系在密度为 2.60g/cm³、含盐量 10% 和 18% 条件下的稠化时间测试如图 5-3-18 和图 5-3-19 所示。

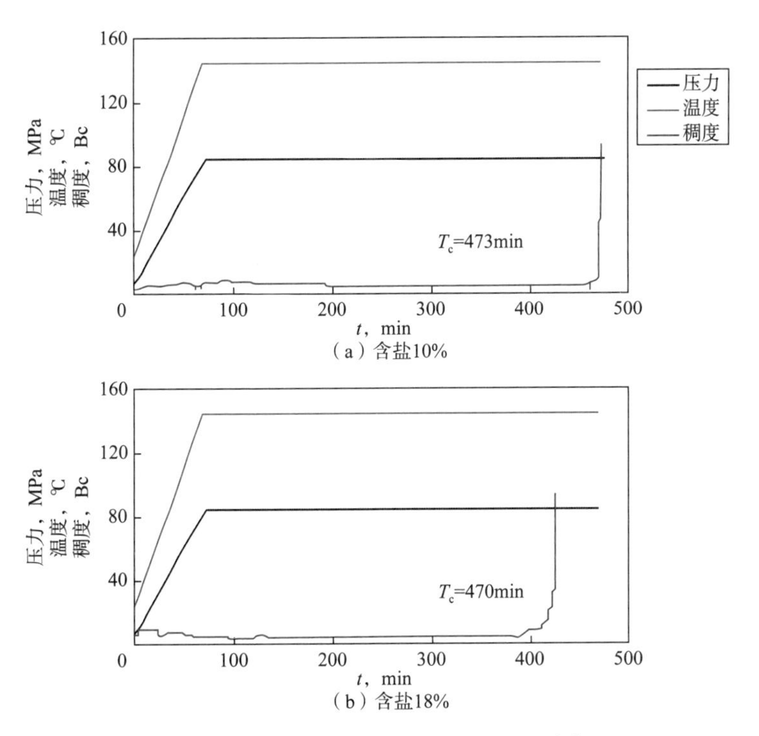

图 5-3-18　兰德水泥浆体系稠化时间测试图

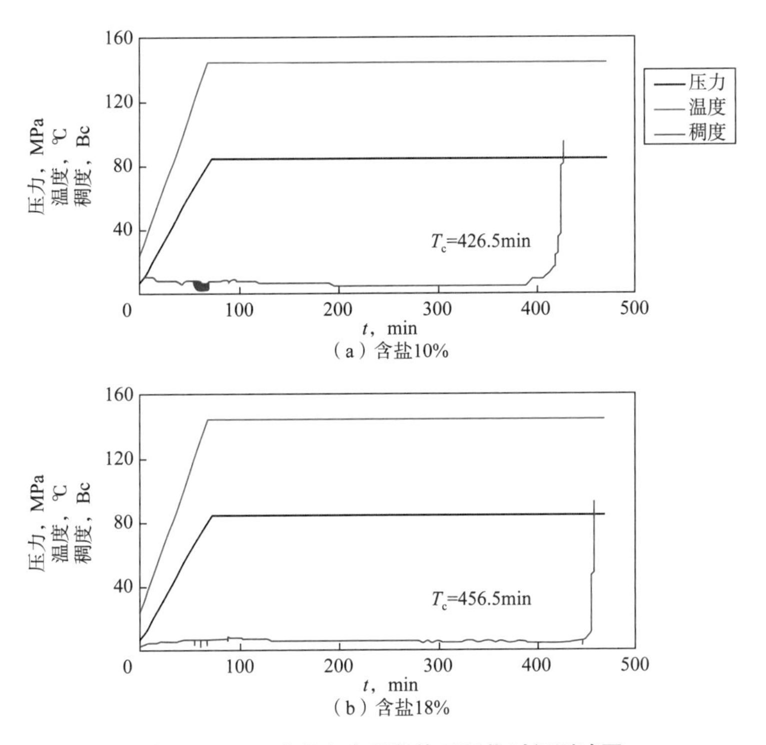

图 5-3-19　欧美克水泥浆体系稠化时间测试图

两套体系在密度为 2.60g/cm^3、含盐量 10% 和 18% 条件下沉降稳定性测试如图 5-3-20 和图 5-3-21 所示。

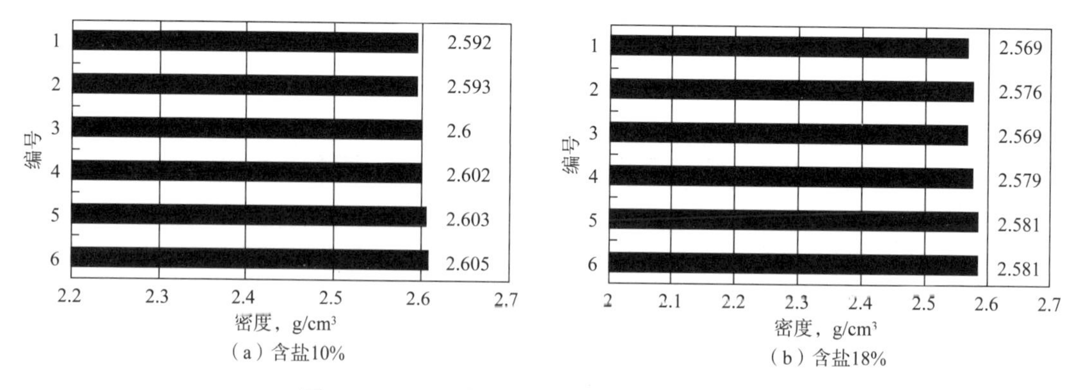

图 5-3-20　兰德水泥浆体系沉降稳定性测试图

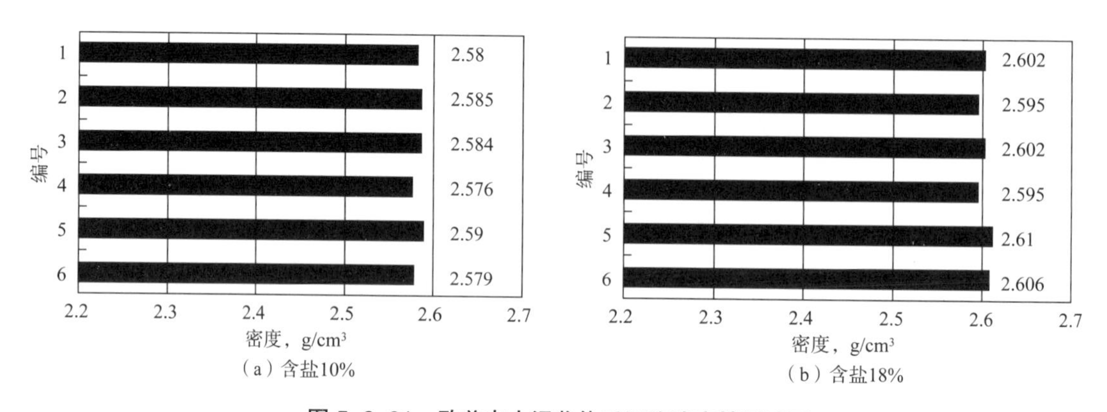

图 5-3-21　欧美克水泥浆体系沉降稳定性测试图

评价结果表明，这两套体系都能够满足塔里木山地区域含盐层井段尾管固井的要求。

兰德体系性能可以达到如下指标：密度为 2.30~2.60g/cm^3，井底温度为 160℃，稠化时间为 426.5min；底部抗压强度为 16.08MPa，顶部抗压强度为 9.66MPa；温差为 40℃。

欧美克体系性能可以达到如下指标：密度为 2.60g/cm^3，底部温度为 160℃，稠化时间为 473min，底部抗压强度为 15.98MPa，顶部抗压强度为 10.36MPa，温差为 40℃。

根据现场实践经验，针对环空间隙小的油基钻井液固井，水泥浆性能要求为：流动度 17–23cm；稠化时间可调性好，初始稠度小于 25BC；API 失水量小于 50mL/30min/7.0MPa；游离液为 0；浆体不沉降，上下密度差不大于 0.02g/cm^3；24h 的底部抗压强度值大于 14MPa，48h 的顶部抗压强度大于 7MPa。

第四节　精细控压压力平衡法固井技术

在同一裸眼油气井段存在多压力系统、窄安全密度窗口地层，其尾管固井作业若采用常规方法，在满足小间隙尾管固井顶替效率的前提下，施工过程中必然造成井漏；若采用“正注反打”工艺，固井质量又难以满足后期超深井试油工程的需要。在精细控压钻井技术上发展起来的精细控压压力平衡法固井能够很好地解决上述问题。精细控压压力平衡法固井是通过降低环空钻井液和固井液的密度，使环空静液柱压力低于地层孔隙压力，来间接增大窄安全密度窗口地层的安全密度窗口，然后通过流通阻力和在井口施加补偿压力来平衡地层孔隙压力的一种全新的固井技术。

一、压力平衡法固井

平衡压力固井技术是在高效顶替和尽量减少对产层污染的前提下，将规定数量的水泥浆成功地驱替到设计的封固环空井段，在注入、顶替甚至凝固的全过程中不发生固井流体的漏失和地层油、气、水层的侵窜，实现注替施工及候凝全过程的压力平衡，它的核心是“高效顶替，整体压力平衡”。

（一）井筒压力体系与安全密度窗口

1. 地层孔隙压力与坍塌压力

孔隙压力是指作用在岩石孔隙内流体（油、气、水）上的压力。准确掌握地层孔隙压力是控制压力平衡的关键。如果得到的地层孔隙压力低于实际，那么将导致设计的井筒环空压力不能平衡地层孔隙，压力平衡固井时出现气窜降低固井质量。目前获取地层孔隙压力的方法有：电阻率法、声波时差法、中子孔隙度法、自然电位法等。通过反复降低钻井液密度来确定地层孔隙压力，以释放地层圈闭的地层坍塌压力是衡量钻井过程中井壁是否稳定的钻井液液柱压力值，它的确定对于合理调配固井液密度和固井设计施工都具有重要意义。根据岩石力学分析，井眼形成后井壁周围的岩石将产生应力集中，当井壁周围岩石所受切向应力和径向应力之差达到一定程度后，将形成剪切破坏，造成井壁坍塌，井壁坍塌的钻井液液柱压力即为地层坍塌压力。地层坍塌压力也可用当量钻井液密度表示，它主要与地层的应力、岩石的力学参数有关，计算模型为：

$$\rho_t = \frac{\eta(3\sigma_H - \sigma_h) - 2CK + \alpha p_p (K^2 - 1)}{(K^2 + \eta)H} \tag{5-4-1}$$

$$K = \arctan\left(45° - \frac{\phi}{2}\right)$$

$$\alpha = 1 - (1 - \phi)^{\frac{3}{1-\phi}} \tag{5-4-2}$$

式中　ρ_t——地层压力当量钻井液密度，g/cm^3；

σ_H，σ_h——最大、最小水平主应力，MPa；

C——岩石的黏聚力，MPa；

η——应力非线性修正系数；

H——井深，m；

α——有效应力贡献系数；

p_p——地层空隙压力，MPa；

ϕ——内摩擦角，（°）。

2. 地层破裂压力与漏失压力

地层破裂压力是指使地层产生水力裂缝或者张开原有裂缝时的井底流体压力。它是钻井设计和压裂设计的基础和依据。如何准确地预测地层破裂压力，对于合理设计水泥浆浆柱结构预防井漏等有着重要意义。获取地层破裂压力的方法较多，如伊顿法、史蒂芬法、最大拉应力法、应力强度因子法、摩尔—库仑圆法等。这里用最大拉应力法、应力强度因子法和摩尔—库仑圆法获取地层破裂压力。

1）最大拉应力法

最大拉应力法是获取地层破裂压力最简单的方法，该方法通过弹性空间应力张量来计算破裂压力，其计算模型为：

$$p_{\mathrm{bm}}=3\sigma_{\mathrm{h}}-\sigma_{\mathrm{H}}+\sigma_{\mathrm{t}}-\sigma p_{\mathrm{o}} \tag{5-4-3}$$

式中 p_{bm}——最大拉应力法计算的破裂压力，MPa；

σ_{H}，σ_{h}——最大、最小水平主应力，MPa；

σ_{t}——岩石的张应力，MPa；

p_{o}——初始地层孔隙压力，MPa。

2）应力强度因子法

应力强度因子法是计算地层破裂压力最好的方法，它与岩石的断裂韧性、断裂面能和应力强度函数等因素有关。该方法的计算模型为：

$$p_{\mathrm{bs}}=\sigma_{\mathrm{t}}+\frac{\sigma_{\mathrm{H}}k+\sigma_{\mathrm{h}}g}{h_{\mathrm{o}}+h_{\mathrm{a}}} \tag{5-4-4}$$

式中 p_{bs}——应力强度因子法计算的破裂压力，MPa；

k——应力强度因子；

g，h_{o}，h_{a}——无量纲应力强度因子。

3）剪切应力法

剪切应力法是 1972 年 Hubbert 等人根据摩尔库仑失效准则提出的判断岩石在剪切应刀作用是否毁坏的方法。剪切应力法的计算模型为：

$$p_{\mathrm{bc}}=\sigma_{\mathrm{H}}\frac{1+\beta}{2}-\sigma_{\mathrm{H}}\frac{\beta-1}{2\sin\phi}+C\cot\phi+p_{\mathrm{o}} \tag{5-4-5}$$

式中 p_{bc}——剪切应力法计算的破裂压力，MPa；

β——侧向应力有效系数，由岩石泊松比决定。

（二）固井对压力平衡的要求

为了保证固井施工作业安全，同时还要保证固井质量，在整个固井过程中，从下套管开始到环空候凝结束，均要求保证环空压力与地层孔隙压力、地层漏失压力与破裂压力之间保持一种平衡关系，既要压稳地层，防止环空窜流，又不能压漏、压裂地层，造成施工作业失败。

平衡压力固井要求包括从下套管到注水泥顶替，以及候凝过程的3个过程。基本原则是要求在整个过程中环空压力处于一个压力平衡状态，且在封固段水泥浆能充分顶替掉钻井液，从面既不会压漏地层，也不使油、气、水窜入环形空间，使固井期间的环空液体形成有效的液压屏障，也是保证井筒完整性的一个重要环节。

注替阶段的关键是保证环空压力平衡和顶替效率，候凝阶段则是防止水泥失重与气窜，这两个阶段的结果直接影响到水泥环后期的长期有效。根据注水泥封隔油层、气层、水层，保护生产层和加固井壁的主要目的，注水泥质量的基本要求如下：水泥浆返高和套管内水泥塞高度必须符合地质和工程设计要求，过高和过低都是不允许的；注水泥段环形空间的钻井液应全部被水泥浆顶替干净，即在封固井段无钻井液窜槽存在；水泥环与套管和井壁间有足够的胶结强度，能经受住酸化压裂等增产措施；水泥石应具有良好的密封性能和低渗透性能，能较好地防止油窜、气窜、水窜及油、气、水的长期侵蚀和破坏。

如果注水泥质量不好，则可能造成环空压力平衡破坏，从而影响到井筒的完整性与安全性，常常出现以下问题：井口有冒油、气、水现象；开采时，高压油气层向低压油气层或非生产高渗透层窜流；上部气层向油层侵入或下部底水侵入淹没油层；不能完全满足酸化、压裂等增产措施的要求；水泥浆候凝过程中，油、气、水窜入，破坏了水泥环的封隔作用；套管挤扁、破裂或腐蚀。

因此，要求固井作业要精心设计、精心准备、精心施工，并要有较完备的预防固井复杂情况的预处理方案，确保优质高效地完成固井作业。

（三）环空压力平衡破坏的影响因素

固井作业的关键环节是下套管与注替水泥现场施工作业，在这期间造成的复杂问题与事故可能直接导致固井的失败，而这其中主要的影响就是造成环空或井眼压力平衡系统的破坏，其主要现象分为以下几类：

第一类，套管及下套管复杂情况，包括下套管阻卡、套管断裂、套管泄漏、套管挤毁、套管附件和工具失败、下套管后漏失或循环不通等。

第二类，水泥浆浆体性能事故，包括水泥浆闪凝、水泥浆触变性、水泥浆过度缓凝等。

第三类，注水泥现场施工复杂情况，包括注水泥漏失、环空堵塞、注水泥替空等复杂情况和事故。

1. 下套管过程中环空压力平衡破坏的影响因素

下套管过程中可能出现环空压力平衡破坏，影响因素包括：下套管前对漏失地层没有很好地堵漏，加之下套管时速度过快，易压漏地层，造成井塌引起卡套管事故；高压层下套管前没有压稳，在下套管过程中发生溢流，环空液柱压力下降，易发生井塌。

下套管过程中环空波动压力是破坏井眼压力平衡系统，导致井喷、井漏、井塌及其他复杂情况的重要原因，其预测及应用在钻井工程中占有重要地位。在固井作业下套管过程中，主要表现为激动压力，通过控制套管下放速度来控制激动压力，从而实现全过程平衡压力固井，不压漏低压层和保护薄弱地层。

对波动压力的计算分为两种方法，即稳态法和动态法。稳态法是基于流体不可压缩，一般忽略管柱及井眼的收缩与膨胀，也不考虑运动的惯性（即忽略加速度的影响），这样，使得因下钻或套管下放被顶替的钻井液能够全部进入环空而向上流动。动态法则部分（或全部）考虑了上述因素。

国内外理论计算和实验表明，实测井内波动压力与动态模式理论计算值较吻合，而稳态模式理论计算比实测大 50%~100%。虽然动态模式理论计算与实测较为吻合，但动态计算值比实测值要小，如果按此进行设计，可能导致的结果就是不安全，特别在高温高压井段。所以在研究过程中，无论是浅井还是深井，均选用稳态模式进行波动压力的预测，特别对于海洋钻井，是较为安全的。

由于钻井液黏滞阻力引起的波动压力最大，因此要准确计算波动压力就必须选择能够准确描述钻井液流变性质的方程。

2. 注水泥过程中环空压力平衡破坏的影响因素

注水泥施工复杂情况是指在注水泥施工中，由于水泥浆性能、井下复杂地层或施工工艺等方面的原因，造成注水泥作业复杂情况或失败。主要包括注水泥漏失、注水泥“灌香肠”、注水泥替空等复杂情况和事故。

1）注水泥漏失

注水泥漏失是指在注水泥或替浆过程中，由于环空液柱压力和环空摩阻之和超过地层破漏压力，水泥浆漏失到地层，造成水泥浆返高不够，油层、气层、水层漏封和水泥胶结质量差。注水泥漏失的原因：层方面的原因有地层渗透率高，发生水泥浆渗漏；地层胶结差，地层承压能力低，破漏压力低；地层裂隙、断层发育，造成水泥浆漏失；套管与井眼环空间隙小，循环摩阻大，造成注水泥漏失；水泥浆密度设计高、水泥浆封固段长，造成环空液柱压力高，易发生注水泥漏失；钻井液密度、黏度大，循环摩阻大，造成注水泥漏失；注水泥和替浆排量大，循环摩阻大。

2）注水泥“灌香肠”

注水泥“灌香肠”是指在注水泥过程中，由于水泥浆内、套管内增塞或环空桥堵等原因造成水泥浆返不到设计井深，套管内水泥塞过长等。注水泥“灌香肠”的原因包括：水泥浆稠化时间短，注水泥施工长，造成注水泥“灌香肠”事故；水泥浆发生闪凝，造成注水泥或顶替泵压高；环空发生井塌或桥堵，造成环空堵塞；套管内落物，造成套管内堵塞。

防止注水泥“灌香肠”的技术措施包括：设计合理的水泥浆稠化时间，保证稠化时间大于注水泥施工 1h 左右为宜；采用合适的固井前置液体系，防止水泥浆发生闪凝；在下套管和固井前充分循环钻井液，井眼稳定后再下套管和注水泥，防止发生井塌或桥堵；严防套管内落物。

发生注水泥“灌香肠”后的处理方法包括：水泥浆发生“灌香肠”情况后要立即根据现场施工情况，在保证设备和井下安全的条件下用高泵压顶替，如果可能，应迅速接水泥车顶替，尽可能多地将水泥浆替到环空内，后采用挤水泥的方法补注水泥。

3）注水泥替空

注水泥替空是指在注水泥替浆过程中，由于替钻井液量超过设计量（一般为套管内容积），造成套管下部环空没有水泥浆。

注水泥替空的原因包括：替浆量计算错误或计算不准确；替浆量计量发生错误或误差大；固井胶塞未装，或胶塞与塞座密封不严；替浆碰压排量太大，造成承托环损坏，无法碰压引起替空；套管有破损或上扣不紧，造成替空。

防止注水泥替空的技术措施包括：替浆量要计算准确并准确计量；用规范质量可靠的

胶塞；替浆快结束时，要降低排量碰压，防止造成承托环损坏引起替空；使用合格套管并按规定扭矩上扣，不合格的套管不允许入井。

水泥浆发生替空事故后要立即停泵，后根据测井曲线用挤水泥办法补救。

3. 候凝期间环空压力平衡破坏的影响因素

固井后环空油窜、气窜、水窜是指在注水泥结束后，由于水泥浆胶凝，在由液态转化为固态的过程中，水泥浆难以保持对气层的压力或由于水泥浆窜槽等原因造成水泥胶结质量不好，气层气体窜入水泥石基体或沿水泥与套管或水泥与井壁之间间隙造成层间互窜甚至窜入井口，甚至发生固井后井喷。固井后出现油窜、气窜、水窜也是环空压力平衡破坏造成的结果，其主要原因有以下几点：因为顶替效率不高而造成水泥浆窜槽，随着钻井液胶凝、脱水和收缩，进而形成气窜通道；由于水泥浆凝固时化学收缩或水泥浆自由水析出以及温度和压力变化，在水泥环与套管及水泥石与地层之间形成微环隙，造成环空油窜、气窜、水窜；水泥浆失重引起环空油窜、气窜、水窜。在水泥浆进入环空初期，由于水泥浆的静胶凝强度小于 48Pa，水泥浆仍保持液态性质，能够顺利传递液柱压力，进而压稳气层，此时不会发生环空气窜；当水泥浆的静胶凝强度大于 240Pa，已具有足够的强度阻止环空油窜、气窜、水窜的发生；而在水泥浆静胶凝强度为 48~240Pa，水泥浆属于由液态向固态转化期，水泥浆逐步失去传递液柱压力的能力，也是油窜、气窜、水窜易发生时期。

（四）平衡压力固井设计方法

1. 平衡压力固井施工压力的正确选用

压力作为平衡压力固井设计中的约束条件，是实现平衡压力固井的基础。固井施工注替过程中，井下不同深度固井流体所形成的环空总的动液柱压力（环空各种固井液体静液柱压力与流动阻力之和）应小于相应深度的地层破裂压力。水泥浆被置替到设计的环空井段后，在凝聚和“失重”条件下，仍能保持环空静液柱压力大于产层压力，控制油、气、水的侵窜。

在固井设计中考虑的 4 个压力就是地层破裂压力 p_b、最大孔隙压力 p_p、水泥浆静液柱压力 p_m 和环空流动阻力 p_r，所有的施工必须保证 p_m+p_r 在大于 p_p 而又小于 p_b 的工况下完成。首先，必须保证 $p_b > p_p$。其次，p_b-p_p 值越大，施工越安全、方便；p_b-p_p 值越小，施工难度就越大，安全系数随之降低，因此，p_b-p_p 值即为施工安全限。p_b 和 p_p 均为地层本身的状态系数，在固井过程中一般要使固井水泥浆静液柱压力 $p_m > p_p$，以免发生油、气、水侵，同时又必须保证 $p_b > p_m$，以防井漏；局部地层 $p_b < p_m$ 发生井漏，要通过堵漏使 $p_b > p_m$ 方能进一步施工。因此，在完井前，必须清楚地知道 p_b 和 p_p，才能准确安全地进行固井作业，在高压盐水层和高压气层的固井中，这一点显得尤为重要。

获取固井地区的地层压力剖面，掌握地层孔隙压力（包括正常地层孔隙压力和异常高压层、低压层孔隙压力）、地层破裂压力，充分了解井下情况（钻进过程中是否有井漏，是否有井涌，是否有后效，油气上窜速度是多少），使整个注替过程中固井流体液柱压力控制在相应的压力范围内，才能获得平衡压力固井。固井施工前循环压力偏小，带不出井底沉砂，可能造成憋泵；固井施工中注、替浆压力过大，造成井漏；固井结束后井口压力施加不当，发生油窜、气窜、水窜，都会严重影响固井质量。

2. 环空压力设计

要获得良好的固井质量，必须保证注水泥施工及水泥浆候凝期间的环空液柱压力 p_d 大于地层孔隙压力、小于地层破裂压力。即：

$$p_p < p_d < p_b \tag{5-4-6}$$

式中 p_d——注水泥施工及水泥浆候凝期间的环空液柱压力，MPa；

p_p——地层孔隙压力，MPa；

p_b——地层破裂压力，MPa。

注水泥施工期间，环空液柱压力处于动态变化，注水泥结束瞬间，环空压力达到最大值 p_{tl}；水泥浆候凝期间，环空静液柱压力为 p_{hl}，有：

$$p_{tl}=p_m+p_s+p_c+p_r \tag{5-4-7}$$

$$p_{hl}=p_m+p_s+p_r \tag{5-4-8}$$

式中 p_m——环空钻井液液柱压力，MPa；

p_s——环空隔离液液柱压力，MPa；

p_c——循环压降，MPa；

p_r——候凝期间环空水泥浆柱压力，MPa。

固井压稳设计一般依据式（5-4-6）和式（5-4-7）进行，防漏设计一般依据式（5-4-6）和式（5-4-8）进行。

二、精细控压压力平衡法固井原理与方法

精细控压压力平衡法固井是精细控压钻井的发展，可有效解决尾管固井小间隙、高流体摩阻、窄密度窗口条件下的敏感地层压力控制难题，它的发展丰富了精细控压钻井技术。该技术通过有效控制井口、井底压力，防止井漏、溢流的发生，在保证施工安全的同时还能提高固井质量。

（一）精细控压压力平衡法固井技术原理

前面介绍了在窄安全窗口条件下，既要保证固井施工作业安全，又要尽可能提高注水泥顶替效率，保证固井质量，其技术方法与措施将受到很多限制；其中最大的问题就是固井时施工排量受到很大限制，其变化波动范围很小；下套管速度稍微过快、注水泥作业排量过快都会造成环空流动阻力增大，使关键点当量循环密度超过地层安全窗口，造成地层漏失。

因此，在窄安全窗口固井作业中，如果能让环空流阻波动范围增大，让允许的流动阻力当量密度值增大，其固井其间的压力安全便能够得到有效控制。固井过程中环空总的当量密度是由流体的静液压力当量密度与流动摩阻当量密度组成：

$$\rho_p < \rho_h < \rho_{af} < \rho_{lost} \tag{5-4-9}$$

式中 ρ_p——地层孔隙压力当量密度，g/cm^3；

ρ_h——环空静液压力当量密度，g/cm^3；

ρ_{af}——环空流动阻力当量密度，g/cm^3；

ρ_{lost}——地层破裂或漏失压力当量密度，g/ cm^3。

因此，要提高 ρ_{af} 的允许变化范围，降低环空静液压当量密度 ρ_h 便是一个主要的或者唯一可行的途径，且 p_h 值降低得越多，其允许的环空流动阻力变化 ρ_{af} 范围就越大，也即是允许的环空流动速度的变化范围也越大。这样，即使下套管速度增大也不会造成漏失，同时还可以提高注水泥作业排量，从而保证顶替效率，保证固井质量。

但降低 ρ_h 后，当环空流体静止时或流动速度不大时，环空总的压力当量可能会小于地层孔隙压力，如果不能及时补充这部分压力降低，会造成新的压力不平衡，出现气侵溢流等危险，由此便提出了精细控压压力平衡法固井技术。

为了防止环空压力过高而压漏地层，传统固井方法的顶替排量 Q_1，远远低于精细控压压力平衡法固井时的压力排量 Q_2。此外，为了使静液柱压力压稳地层，由于井口没有补偿压力，传统固井方法环空钻井液的密度比精细控压压力平衡法的高很多。精细控压压力平衡法通过降低环空流体（如隔离液和水泥浆）等的密度，即使在高排量的情况下，也能保证环空压力小于固井过程中的破裂压力（p_b）。通过增加井口补偿压力（p_c），使环空压力保持在孔隙压力（p_o）以上或等于孔隙压力（p_o）。当环空流体密度降低时，固井安全压力窗间接由 p_b-p_o 向 $p_b-p_o+p_c$ 增大。这种新的安全压力窗可以定义为拟安全压力窗。在固井过程中，在安全压力窗条件较窄的情况下，可以通过提高排量实现紊流顶替而不是层流顶替。从而，精细控压压力平衡法可以实现降低漏失风险，同时还能提高顶替效率。

精细动态控压固井技术是主要在固井前循环、注固井液、替钻井液及后续反循环等固井过程中，通过精确动态控制正注入排量和返出口流量控制产生反向回压来调节井筒液柱压力，实现安全固井的技术。该技术基于优化环空加重隔离液、加重水泥浆等浆体结构，通过压稳计算，并结合控压装置，在固井作业过程中压稳地层，减少固井液对井筒的进一步侵入，且不至于压漏地层，可控制井口及井底压力，更好地保障固井施工安全。该技术在固井施工前循环、注隔离液、注水泥浆、替高密度钻井液、替浆等各种工况下井底当量都有变化，各种工况均要有精准的动态井口控压，才能确保压稳地层且不压漏地层。

精细控压压力平衡法固井思路：

（1）通过设计计算降低钻井液密度，使环空静液压力当量 p_h 小于地层孔隙压力当量密度一定范围。

$$\rho_p > \rho_h \tag{5-4-10}$$

$$\rho_{hnew}=\rho_p-\Delta\rho_h \tag{5-4-11}$$

式中　ρ_{hnew}——降压后环空静液压力当量密度，g/cm³。

（2）通过计算固井注水泥过程的流动阻力当量密度，确定在固井注水泥过程中需要补充的环空液柱压力当量密度。

$$\rho_p<\rho_{hnew}+\Delta\rho_{back}+\rho_{af}<\rho_f \tag{5-4-12}$$

$$\Delta\rho_{back}=\rho_p-\rho_{hnew}-\rho_{af} \tag{5-4-13}$$

式中　$\Delta\rho_{back}$——需要补充的环空液柱压力当量密度，g/cm³；

ρ_f——地层破裂压力当量密度，g/cm³。

（3）通过井口环空回压控制补偿装置，在固井注水泥过程中，给井口环空施加一个回压，通过该回压使环空压力当量形成新的平衡。

由环空回压与环空关注点深度当量增加值计算公式：

$$\Delta\rho_{back}=\frac{p_{back}}{0.00981H_{special}} \tag{5-4-14}$$

式中　p_{back}——环空回压，MPa；

$H_{special}$——环空关注点深度，m。

可以得出环空回压计算公式：

$$p_{back}=0.00981\ \Delta\rho_{back}\times H_{special} \tag{5-4-15}$$

可以看出，通过在环空施加回压的方法，其施加给环空的当量密度是随井深变化的。井深浅的位置，其作用的当量密度较大。因此，控制环空回压时应该以计算的关注位置（漏失位置）为依据。

（二）精细控压压力平衡法固井基本方法

针对窄安全窗口，从套管下入过程开始就应该考虑采用精细控压压力平衡法固井技术，以保证安全下套管与提高固井质量。要实现精细控压压力平衡法固井，其主要技术方法包括如下内容。

（1）井眼准备。

如果不研究下套管前钻井过程中发生的情况和其他条件，就不能保证固井顺利。在一个不规则的井眼中，如果存在几段冲蚀的大井眼，不管顶替排量多大，都很难将积存在大井眼段的钻井液驱替干净。残存在大井眼段内趋于脱水或者胶凝化的钻井液也可能被水泥浆携带出来，从而污染上部的水泥浆柱。弯曲的井眼使套管不容易居中，从而增加了驱替环形空间窄边钻井液的难度。钻井液处理不好也可导致冲蚀井壁形成厚滤饼，如果不能清除这些滤饼也会产生问题。钻井施工顺利仅仅能防止事故发生，并不能保证固井成功。尽管钻井工程师们认为其目的就是尽可能安全、快速、高效钻井，但是在钻进过程中他们应时刻牢记钻井的最终目的还是钻出最适合固井要求的井眼；能控制井下压力的井眼；“狗腿”尽可能少的平滑井眼；井径规则的井眼；岩屑清除干净的井眼。

（2）正确处理钻井液，使其在渗透井段形成薄而韧的滤饼。

但是实际钻井过程中，并不是总能达到上述的理想条件。因此，必须进行固井顶替技术优化设计以弥补井眼准备的不足。

（3）调整水泥浆性能。

对钻井液性能设计只局限在能满足钻井作业携带岩屑的要求，但是却不一定有利于提高顶替效率。因此，有必要调整钻井液的性能。在注水泥之前可以改变钻井液的两种性能——密度和流变性。为了达到最适合顶替的条件，希望把钻井液密度降低到井下安全允许的最低限度，窄安全压力窗口地层通常采用的是近平衡或欠平衡钻井，在降低钻井液密度时需要增加井口回压来平衡地层压力。此外，降低钻井液的静切力、屈服值和塑性黏度也是有效的办法。这是由于降低了顶替时所需要的驱动力，同时还改善了钻井液的流动性。当然，只有在将井内岩屑清除之后才能进行上述的钻井液性能调整。同时，还必须注意防止加重剂沉淀，在大斜度井中这是最重要的技术措施。

通过向钻井液中加水（同时降低密度）和分散剂来改善钻井液的流变性，循环钻井液直到其流变性达到要求的性能范围为止。循环钻井液至少应保证一个循环周期以上，否则未经调整的钻井液在井下静止期间（起钻、测井及下套管）会发生胶凝。

在下套管过程中挂掉的岩屑、胶凝的钻井液会导致开泵循环时压力增加过高，因此常常在未下到井底前采用中途开泵循环的方法解决这个问题。但是，上述这些定性的建议帮助不大，因为必须对起钻前和下完套管后的循环钻井液状态（排量、压力、循环周期）进行设计。因此，需要预测及测量钻井液的循环。

①循环钻井液过程模拟。假设在 $t=0$ 时，通过环形空间入口进入循环系统的所有颗粒加上瞬时的标记。而后对 $t>0$ 的时间，根据流场的知识可以追寻所有这些颗粒的位置。因为做了标记的颗粒绕着环形空间运动，这些颗粒的位置表示出在 $t=0$ 时，在循环系统内仍然留在系统内的流体与 $t=0$ 瞬间以后进入循环系统流体之间的边界。实际上，这种现象表明了流体本身的顶替状况。

在任意时刻 t，循环效率为进入环形空间的新流体的体积除以环隙空间的总体积。因此，当使用单一的循环液体时，这种概念与前面关于顶替效率的定义在本质上相同。如前面所述，顶替效率等于到时间 $t=t_b$（t 为模拟实验开始时间；t_b 模拟实验结束时间）为止泵入环形空间体积量的数值，而后逐渐平缓趋于一个不大于 1 的渐近值。下面将讨论直径为 D_i 和 D_o 的两个管子之间的不可压缩非弹性流体的绝热流动。

②同心环形空间内层流流动。在层流流动中，可以通过跟踪做了标记的颗粒的方法计算循环效率。通过求解流动方程进行计算。因为椭圆形井眼、井眼不规则（由于冲刷）和套管的偏心可引起某些局部井眼流体流速为零，所以不仅当钻井液静止时会产生胶凝和脱水，在循环钻井液时也会产生这种现象，这种钻井液通常称为“死钻井液”。

保证绝大部分钻井液参加循环是固井成功的关键。考虑到问题的复杂性，毫无疑问在固井前需要设计足够的时间对井内的钻井液进行循环，并对井内钻井液所处的状态进行评价。根据上述讨得出了以下的准则：综合考虑钻井液的流变性能胶凝强度和套管的居中度，保证达到一定的排量以使环形空间的钻井液全部发生流动。通过改善套管居中度、增大 μ_p/T_y（μ_p、T_y 分别为宾汉塑性流体的塑性黏度和屈服应力）比值、降低胶凝强度或增加排量的方法可以达到这一目的；如果满足不了上述条件，在循环钻井液过程中应上下或旋转活动套管；当条件允许时，为改善顶替效率应采用循环模式对上述的参数进行优选；从经验出发，至少应循环钻井液一个循环周以上。采用循环模式，可以更好地估计需要循环钻井液的时间；每当对估计的结果产生怀疑时，应采用对流体计量的方法，定性地测量循环效率。应保持循环钻井液，直到参加循环的钻井液达到电测井眼所计算井眼容积的 90% 以上为止。

（三）下套管过程精细控压

套管下入过程会产生激动压力，在窄安全窗口地层固井时若不对下套管过程进行控制，其产生的激动压力可能压漏地层。例如，以 1m/s 的速度下入 ϕ177.8mm 套管，其环形空间当量流量为 1.37m^3/min。因为套管下入过程不是连续的，所以钻井液的返出速度也是变化的，并且惯性力也对环形空间压力产生影响。

为了防止下套管过程中压力波动导致的井漏，精细控压压力平衡法固井在下套管过程中采取的做法是先将钻井液密度降低，然后通过井口补偿压力来平衡地层孔隙压力。井口的补偿压力根据下套管的速度而实时变化，实现下套管过程中的精细控压。因此，下套管过程中的波动压力计算就显得尤为重要，在第三章中给出了有关计算下套管过程中波动压力的数学公式。

（四）注水泥顶替过程精细控压

注水泥顶替过程精细控压从注隔离液开始直到起钻柱循环钻井液洗井完成。由于这一过程中在循环钻井液时降低了钻井液密度，同时在设计固井液时设计密度条件下的环空静液柱压力也不能压稳地层，主要靠在井口通过节流或者直接加压而施加补偿压力，从而达到平衡地层的目的。环空压力取决于环空流体密度和流动阻力，因此井口施加的补偿压力会实时变化，这就需要在井口进行精细控压。精细控压压力平衡法固井的注水泥顶替过程包括注隔离液、注冲洗液、注水泥浆、压胶塞、钻井液顶替、碰压、起钻柱循环洗井。

投球坐挂时需要停止循环，这时井口就需要通过泵施加较高的补偿压力。坐挂完成后开始注隔离液、冲洗液和水泥浆，这个过程中环空的流体处于流动状态但是速度不高，环空的液柱压力和流动阻力仍然不足以压稳地层，需要通过节流或者直接施加回压来压稳地层。环空流体和流速在不断变化，因此井口的补偿压力也在实时变化。停泵压胶塞时，环空流体停止流动失去了流动阻力，因此井口补偿压力又需要增加。

钻井液顶替时，注水泥顶替时环空流体处于流动中，在井口需要施加的补偿压力也需要根据流动阻力和环空流体来确定。

当碰压后环空流体失去了流动阻力，只有静液柱压力，因此需要增加一个较大的井口补偿压力。这时环空中的流体与投球坐挂时相比，隔离液、冲洗液和水泥浆替代了环空中的钻井液，所以此时环空中的静液柱压力比投球坐挂时高，井口的补偿压力比投球坐挂时低。

（五）候凝期间精细控压

控压起钻循环洗井完成后，水泥浆进入候凝阶段。水泥浆在候凝过程中，水泥浆体积收缩和胶凝悬浮液凝结都会使其在凝结过程中发生失重。水泥浆体积收缩后环空压力无法平衡地层压力，这是导致气窜和水窜的主要原因。因此，水泥浆候凝过程中需要在井口施加一个补偿压力来补偿由于水泥浆减重而造成的环空压力降低。环空水泥浆压力变化过程随水泥浆凝结时间发生变化。失重压力呈现出先快后慢的增加直到最后凝结。凝结过程中水泥浆井口补偿压力需要在原来的基础上随着时间的增加而增大。

三、精细控压压力平衡法固井浆柱结构设计

前面介绍了精细控压压力平衡法固井的基本原理方法，要实现这一过程，从固井前就需要开展系统的设计，包括环空流体密度设计、隔离液浆柱结构设计和水泥浆柱结构设计。

（一）环空流体密度设计

正常作业时，钻井液密度是按能否平衡地层孔隙压力来设计的。由于窄安全密度窗口的限制，如果钻井液密度仍采用前期钻井过程时的密度，则在下套管与注水泥过程，由于套管与井眼之间环空间隙减小，会造成下套管与注水泥过程产生的流动摩阻增加，造成环空 ECD 比正常钻井过程增大，从而加大井漏的风险。

为此，为了保证下套管或注水泥期间，环空流动阻力增大不会造成井筒漏失，在下套管前或注水泥前有计划地降低环空流体的静液压当量。

1. 降低钻井液密度

钻井液密度降低后，施工过程有两种环空补压方式：一是井筒环空仍有流体循环流动，这时可直接通过调整节流管汇来达到需要的环空回压；二是井筒环空流体没有流动，下套管或注水泥过程停止循环，则需要在井口环空通过回压补偿装置来平衡对地层的压力。因此，钻井液密度降低幅度必须考虑到环空回压补偿系统与节流系统的控压能力。

2. 水泥浆与隔离液密度设计

水泥浆与隔离液密度设计应遵循常规固井设计中的规范，保持隔离液和水泥浆与钻井液密度形成一个阶梯，以有利于提高顶替与防止混浆。

密度阶梯为：水泥浆密度 > 隔离液 > 钻井液。

（二）隔离液浆柱结构设计

使用预冲洗液和隔离液的目的是通过避免水泥浆和钻井液的不相容混合物来帮助去除大块钻井液。使用非水泥浆时，采用前置液和隔离液去除油膜，并用水湿润井下表面，测试垫片兼容性的程序见 API RP 10B–2/ISO 10426–2。如果油气井条件允许，可能需要对水泥和隔离液或水泥、隔离液和钻井液混合物进行相容性测试。一些计算机程序可用于确定为去除钻井液而泵送的隔离液的类型和体积，并预测在灌注过程中可能出现的流体（水泥、隔套、钻井液）混合程度。在某些情况下，使用未加重量的预冲洗液或基础油可能会恶化管道，计算机模拟器可用于预测这一情况。

前置液的选择应考虑钻井液与水泥浆类型、注水泥的顶替流型以及地层情况等因素。前置液的类型主要有冲洗液和隔离液两类，各类流体的具体分类、作用和相关标准不同。在注水泥中，应主要按照其标准进行选择设计。

对一般的注水泥作业，当使用紊流流态进行顶替时，一般可采用“冲洗液 + 隔离液”的结构，同时在保证环空安全的情况下可加大前置液的用量，通过前置液实现紊流顶替。

进行注水泥设计时具体应使用哪种结构，应根据当时的钻井液和水泥浆条件、环空的压力平衡情况、现场对使用的前置液的经验及所能提供的前置液情况来具体确定。

前置液为在水中加入表面活性剂或用钻井液直接稀释制备，故一般密度较低，为 1.0~1.03g/cm^3，对隔离液的密度则要求应大于钻井液密度 0.00~0.12g/cm^3，小于水泥浆密度 0.12~0.06g/cm^3。

前置液的用量是在保证其所用前置液能充分发挥作用的前提下确定的，一般要求为：

（1）只用冲洗液或紊流隔离液时，要求用量满足 10min 接触时间，其用量可计算如下：

$$q=0.6Q_e \tag{5-4-16}$$

式中　q——冲洗液用量，m^3；

Q_e——顶替临界排量，L/s。

当计算的冲洗液用量在环空中的长度超过 250m 时，则以冲洗液封固 250m 环空所需的用量为准。

（2）同时使用冲洗液和隔离液时，其总的用量仍按式（5–4–16）计算，然后两种流体按 2 : 1 的容积比例分别计算其用量即可。但对总量的限制要求不超过环空高度 300m 为准。

（3）对黏性隔离液的用量，要求能充填环空长度 150~200m。

（4）对尾管或小间隙井眼注水泥，因环空容积较小，故按上面要求计算的用量可能很小。一般要求用量不小于 1.6m³。

（5）根据所固井的井深情况和环空压力的平衡情况，可适当增加用量，一般当井深超过 3000m 后，每增加 300m 深度，应在设计总量中附加 0.2~0.3m³。在环空井眼稳定、地层压力平衡满足的情况下，为提高顶替质量，可加大前置液的用量，长度可达到其应封固层段的长度。

（三）后置液设计

后置液主要用于隔离水泥浆与管内顶替钻井液，一般使用配浆水即可。但在尾管注水泥中，后置液的使用还有平衡注水泥后管内外压差，防止形成小循环的作用。故在设计中需根据管内外压力情况计算需使用的后置液量。计算原则为：

计算位置的环空压力 = 计算位置的管内压力 + 附加值

计算位置的管内压力 = 顶替液（钻井液）压力 + 轻压塞液或碰压液压力

轻后置液或碰压液压力 = 流体高度 × 密度

根据前三方程可解出轻顶替液的使用高度。

（四）水泥浆浆柱结构设计

为了平衡环空压力，同时保证水泥封固段能形成良好质量的水泥环，防止环空窜流。环空水泥浆柱通常使用不同密度与性能的水泥浆组成，不同深度处的水泥浆体系具有不同的性质。注入环空的水泥浆，一般并不采用纯净水泥浆（或称原浆），而是采用改性水泥或改性水泥浆。所谓改性水泥，即是通过添加外加剂改变了水泥的化学或物理性能的水泥，如稀水泥浆，不同凝结时间的水泥浆（两凝水泥），减轻或加重水泥浆，以及加入各种外加剂的水泥浆等，水泥浆体系性能设计可参见其他相关专业书籍。

1. 环空浆柱结构组成

环空水泥浆的组成，根据其作用与性能的不同，设计时，其结构一般要求采用两种或三种浆体组成（对双级注的第二级可除外），常用结构为：

（前置液）+ 先导水泥浆（领浆）+ 尾随水泥浆（尾浆）；

（前置液）+ 先导水泥浆 + 中间浆 + 尾随水泥浆。

（1）先导水泥浆。常用稀水泥浆配制，密度较低，流动性较好，配浆成本较低。一般将它用在主封固段上面起充填作用，并与前置液一起组成紊流顶替浆体，保证紊流接触时间，以更好地清除环空钻井液。同时，因它具有较长的稠化时间，在水泥浆的失重过程中，还可起到维持一定环空液柱压力的作用。但对这类水泥浆的总体综合性能（如抗压强度、失水、自由水等）的要求不如尾浆严格，不能用于封固主要的层段。

（2）中间浆。其作用与先导水泥浆相近，只是对浆体的密度和其他性能作了进一步的要求，以满足所封固层段的要求。常用于双凝或多凝注水泥设计，以避免水泥浆柱失重造成下部油窜、气窜、水窜。

（3）尾随水泥浆。用于封固环空主封固段，一般在套管鞋至产层段以上 150m 的井段。对这类浆体，要求有优质的胶结强度，隔绝井下流体的互窜，满足分层测试与长期开采的要求。这类浆体一般是由原浆加入降失水剂、增强剂和热稳定剂等多种外加剂配制而成，并对其抗压强度、失水、析水、密度等综合性能有严格的控制要求。

2. 各段水泥浆长度的设计原则

前面介绍了注水泥时应采用的环空水泥浆组成结构，对于每段水泥浆的具体使用长度，一般应根据如下原则进行设计：为了保证良好的封固质量，一般要求尾浆应返到主封固段以上 50~150m，而领浆返至设计返高以上，如有中间浆，其返深应视具体要求确定。按这一返深初步确定了各浆体的长度后，还应根据其对各段水泥浆的密度要求，在考虑满足环空平衡压力要求的原则下进一步进行调整。

3. 各段水泥浆密度的设计原则

对各段水泥浆的密度，一般要求在保证环空压力安全（平衡压力条件）的原则下，尾浆密度应首先考虑使用正常密度范围（即在标准配浆水灰比下配出的水泥浆的密度），而领浆密度可稍低于尾浆密度，一般低于正常水泥浆密度 0.01~002g/cm^3 即可，中间浆一般与尾浆密度一致或介于领浆与尾浆之间。

设计水泥浆的密度时，还应考虑如下因素的制约：使用外加剂下综合性能最佳时的密度值；水泥浆不发生沉降的最大用水量（最低密度）及具有最低可泵性情况下的最小用水量（最大密度）；满足抗压强度要求的密度值和保证顶替效率时与钻井液密度的最低密度差；通过减轻与加重处理后，水泥浆可能达到的最低密度与最大密度值。

按上面要求设计出水泥浆的密度后，应根据环空的整个浆柱结构进行平衡压力校核，如果不满足压力要求，应采用调整密度结构或调整浆柱长度的方法保证环空压力处于平衡状态。进行了环空液柱压力校核后，如井眼有油气窜的可能，还应校核环空浆柱的失重情况，如失重较严重并可能引起油气窜时，还应进一步采用多凝结构（使用中间浆）以控制失重的速度。

设计中应注意的是，在实际施工中，不可能完全达到设计的水泥浆密度和返深位置，因此在设计时，必须使得水泥浆密度和各段流体长度在一定范围内变化时，其环空仍能保持一平衡压力状态。其方法是将密度和长度分别在一定范围内变化，然后校核其环空压力的平衡情况。

4. 水泥浆体系与性能要求

作为一个总体设计，在前面基本确定了环空水泥浆柱组成结构、各段水泥浆的密度和长度后，还应对各段水泥浆应具备的综合性能提出要求，并建议采用什么水泥浆体系来满足这些要求。水泥浆的性能应从产层、地层压力、深度、温度、钻井液性能和封固段的情况以及已设计的施工方案（如顶替流态、顶替流速）来具体确定。一般而言，对水泥浆的基本要求主要有：能配成设计需要密度的水泥浆，不沉降，不起泡；有好的流动性，适宜的初始稠度，较小的流动摩擦阻力，容易混合泵送；流变性能可通过外加剂调整，以获得很好的顶替效率；在注水泥、凝结、硬化期间，应保持需要的物理性能及化学性能；已顶替至环空的水泥浆在固化过程不受油、气、水的侵染。顶替及候凝过程具有小的漏失量，固化后不渗透；注水泥结束后，应有足够快的早期强度，且强度能迅速发展，并有长期强度的稳定性；能提供足够大的套管、水泥、地层间的胶结强度；具有抗地层水的腐蚀能力；满足要求条件下的稠化时间和抗压强度，满足射孔条件下的较小碎裂程度。

要达到这些要求，主要应控制好如下的水泥浆性能参数：密度（水灰比）；自由水含量（反映水泥浆的稳定性）；初始稠度与稠化时间；流变参数（反映水泥浆的流变性能）；水泥石的抗压强度；失水量；与钻井液的相容性；特殊井况下对水泥浆性能的特殊要求，如抗腐蚀、热稳定、触变性、可压缩性、胶凝强度等；水泥浆的初凝与终凝时间等。

在设计水泥浆时，首先应确定出在注水泥中使用的水泥浆应满足的特殊性能和关键性能。特殊性能主要指水泥浆对某些特殊情况（如盐岩层、低压高渗漏层、高压气层等）的适应要求。关键性能是指该设计井对水泥浆要求非常严格，且必须通过使用外加剂进行严格控制才能满足要求的那些性能（同时控制这些性能也是整个性能处理的关键技术），如设计水平井时要求水泥浆在120℃下自由水为零，且失水量小于50mL，而一般水泥浆要达到这一要求是较困难的，因此控制水泥浆自由水和失水便是水泥浆性能要求中的关键性能。

前面已经确定了注水泥中各段水泥浆应具有的密度，但实际施工时注入的水泥浆密度如果偏离设计密度的允许范围，则按预期设计经外加剂处理后的水泥浆所具有的优点可能会丧失掉。因此，要求在设计水泥浆时，所使用的外加剂在较大的密度变化范围内均能较好地控制水泥浆的性能。

对水泥浆失水和自由水的要求应根据施工条件、地层、井斜等情况决定，一般要求如下：套管注水泥，控制在100~200mL/（30min×6.9MPa）；尾管注水泥或挤水泥，控制在50~150mL/（30min×6.9MPa）；要求有效控制气体窜动时，控制在30~50mL/（30min×6.9MPa）；一般认为水泥浆失水控制50~200mL/（30min×6.9MPa）之间是最佳的。一般直井注水泥，大斜度井或水平井注水泥，应将自由水降至0，以免形成上部水槽造成油窜、气窜、水窜。

水泥石必须具有一定强度以支撑套管轴向载荷，承受钻进与射孔等作用的震击，承受压裂作用等。对正常密度和加重后的水泥浆，要求其24h的抗压强度应大与13.8MPa；对低密度水泥浆，因受加入减轻材料的影响，一般要求大于10MPa即可。

控制稠化时间的目的是保障注水泥施工的顺利进行，因此，稠化时间与注水泥施工时间是密切联系的。一般要求稠化时间与实际施工时间的关系是：

稠化时间 = 现场施工时间 +60~90min

而测定稠化时间所规定的稠度值也不是取100Bc，而是根据施工具体情况在50~70Bc内取值，因为达到70Bc时水泥浆已产生可泵条件的最大黏度。

现场施工时间应根据具体的注入量、注入速度以及施工的难度来确定，一般尾浆的施工时间比领浆的施工时间短，故对尾浆的稠化时间要求应比领浆短。对于双级注第一级的领浆，设计稠化时间时还应考虑打开分级箍、清洗水泥浆等作业的时间。

对水泥浆流变性能的设计，是现在流变学注水泥技术的关键。要实现注水泥的最佳顶替，其流变特性应满足注水泥顶替工艺的要求，即要调节水泥浆的流变性使其在设计要求的顶替流速范围内达到设计的顶替流态。从流变学原理可知，只要控制水泥浆的流变参数在一定的范围，便可获得要求的顶替流态。也可在配制出实际水泥浆后，根据实测的流变性能（黏度计读数）来计算实际的流变参数，并计算出在设计井眼下要达到设计流态所需的临界返速值、环空流动压力情况，再根据临界返速来判断所调节的水泥浆流变性是否满足要求。如果不能满足设计要求，则应进一步调节其流变性。

根据井深和温度情况可选择出应用的干水泥级别，其各种级别的选择在前面已介绍，如没有相应级别可使用基本水泥浆级别，如G级或H级。

但要设计出满足前面性能的水泥浆，必须使用一定的外加剂。选择外加剂时，应首先根据对水泥浆性能的特殊要求或关键性能要求，确定出本次注水泥应使用的水泥浆体系

（一般根据水泥浆所能满足的一种或几种功能将其称为相应的水泥浆体系，如防窜体系、抗高温体系、低密度体系），确定出要使用的主导外加剂，保证其水泥浆满足特殊要求或关键性能要求，然后再根据其他性能的调节要求，在考虑主导外加剂配伍性的基础上，选择一些其他外加剂，组成一外加剂体系，达到能综合调节水泥浆性能的要求。

如对高压气层，要求其水泥浆体系具有防窜的特点，则首先应考虑使用防窜水泥浆体系，而目前可用于防窜的体系有可压缩水泥、膨胀水泥、不渗透水泥、直角凝固水泥等。根据具体的气层情况可选择其中的一种体系，然后按照该体系对水泥浆的控制要求选用相应配套的外加剂体系即可。

设计水泥浆体系时，应根据领浆、尾浆或中间浆的要求进行分别设计。

目前水泥浆的体系发展到一定程度，可以满足各种施工情况的要求，具体进行这部分设计时，应根据不同水泥浆体系和外加剂进行具体的选择。

四、精细控压压力平衡法固井井口补偿压力计算

精细控压压力平衡法固井井口控压参数主要包括两个方面的内容，即注水泥顶替过程和候凝期间井口环空回压控制计算。井口回压控制的精确计算是实现精细控压压力平衡法固井的关键，只有精确的计算出井口控压才能准确地指导实施施工。

（一）注水泥顶替过程中井口补偿压力控制

1. 环空液柱压力

注水泥顶替过程中环空的钻井液不断地被固井液（隔离液、冲洗液、钻井液）替代，环空液柱类型和高度均随时间变化的变量，所以环空流体所产生的液柱压力随着注人时间变化。环空液柱压力可用式（5–4–17）计算：

$$p_{\mathrm{al}} = \rho_1 gH - \rho_1 g\sum_{i=2}^{n} h_i(t) + \sum_{i=2}^{n} \rho_i g_i h_i(t) \tag{5–4–17}$$

式中　ρ_1——钻井液密度，kg/m^3；

H——井深，m；

h——固井液在环空中的动态高度，m；

g——重力加速度，m/s^2；

i——环空中流体类型；

n——固井液总类型；

t——注水泥顶替施工时间，s。

式中右边第一项是环空中初始状态下钻井液产生的液柱压力，第二项是固井液进入环空后环空中的钻井液减少的液柱压力；第三项是固井液进入环空后在环空中产生的液柱压力。固井液进入环空后流体高度呈动态变化，其表达式为：

$$h_i(t) = \frac{4Q}{\pi D_{\mathrm{e}}^2}\left(t - \frac{H\pi D_{\mathrm{in}}^2}{4Q} - \sum_{i=2}^{n}\frac{V_i - 2}{Q}\right) \quad t \leqslant \frac{H\pi D_{\mathrm{in}}^2}{4Q} \tag{5–4–18}$$

式中 $h_i(t)$——水泥浆进入环空后的高度，m；

V_i——环空中流体体积，m^3；

Q——注水泥顶替排量，m^3/s；

D_{in}——套管内径，m；

D_e——环空当量直径，m。

2. 环空流动阻力

环空流动阻力是环空压力的重要组成部分，在注水泥顶替过程中，环空流动阻力也是平衡地层压力的压力之一。控压固井多用于窄压力安全窗口固井，这类地层多采用尾管固井，环空间隙窄。考虑套管偏心和窄间隙影响下的环空流动阻力计算如下：

$$p_f = \frac{32Q^2L}{\pi^2 D_e^5 H}\left[\rho_1 f_1\left(H - \sum_{i=2}^{n-1} h_i(t)\right)\right]\xi^2 + \frac{32Q^2L}{\pi^2 D_e^5 H}\sum_{i=2}^{n-1}\rho_1 f_1 h_i(t)\xi^2 R \tag{5-4-19}$$

式中 f——流体在窄间隙环空中的流动摩阻系数；

R——偏心度；

ξ——局部阻力系数。

3. 井口补偿压力控制

注水泥顶替过程中，为了防止压漏地层，井口控制压力与环空压力的和不能高于地层破裂压力，同时，还要能压稳地层，所以它们之和又不能小于孔隙压力。因此，根据某一深度薄弱地层需要控制的井口补偿压力大小范围为：

$$p_p - \frac{L}{H}(p_f + p_{al}) < p_{wc} < p_f - \frac{L}{H}(p_f + p_{al}) \tag{5-4-20}$$

式中 p_{wc}——井口补偿压力，MPa；

p_p——地层孔隙压力，MPa；

p_f——井口控制压力，MPa；

p_{al}——环空压力，MPa；

p_b——地层破裂压力，MPa。

（二）候凝期间井口补偿压力控制

注水泥完成后水泥浆在候凝期间会发生失重，失重后环空静液柱压力会降低，但由于此时水泥浆胶凝强度还不足以防止地层气窜，因此，在候凝期间还必须在井口环空控制一定的回压，补偿其环空压力的降低。候凝期间环空静液柱压力随着候凝时间变化，井口补偿压力也要随时间变化。

1. 水泥浆有效压力

理论计算法建立在水泥胶凝失重实验结果的分析基础上，把水泥浆柱失重压降规律与水泥浆初凝时间关系有机地联系起来，并运用积分的形式，计算出初凝前水泥浆柱不同时刻的有效压力。基本假设包括：顶部水泥浆柱失重至水柱压力的时间为该处水泥浆条件下初凝前 1h，而底部水泥浆柱失重至水柱压力的时间为该处水泥浆条件下初凝前 0.5h；水泥浆失重按线性变化处理；同一水泥浆初凝时间，随着井深的增加而线性减少；环空几何尺寸对失重的影响忽略不计。

转换成浆柱在不同时刻的有效压力表达式：

$$p(h,t)=p_{o}+p_{c}-\frac{0.01T(h_2-h_1)(\rho_c-1)}{t_2-t_1-30}\ln\frac{t_1-70}{t_2-100} \quad (5-4-21)$$

式中　$p(h,t)$——浆柱不同时刻的有效压力，MPa；

p_o——作用在水泥浆柱顶部的压力，MPa；

p_c——水泥浆柱原始压力，MPa；

ρ_c——水泥浆密度，g/ cm^3；

h_1，h_2———水泥浆柱顶端和底端深度，m；

t_1，t_2———水泥浆柱顶端和底端的初凝时间，min。

2. 环空压力补偿计算

水泥浆的失重规律与水泥浆外加剂体系类型、井筒环空尺寸、温度和压力均有复杂的影响关系，因此候凝期间环空控压压力计算应按下面方法考虑：

$$p_a=0.00981(G_{pgoal}+\Delta G_f-ESD_{goal})H_{vgoal} \quad (5-4-22)$$

$$ESD_{goal}=\frac{p_h-\Delta p_{weightloss}(t)}{0.00981H_{vgoal}} \quad (5-4-23)$$

式中　G_{pgoal}——目标井段地层控制当量密度，g/cm^3；

ΔG_f——控压过程地层破裂压力安全值，g/cm^3；

ESD_{poal}——目标位置实际环空静压当量密度，g/cm^3；

p_h——目标位置地层压力，MPa；

$\Delta p_{weightloss}$———水泥浆失重压差随时间变化函数，MPa；

H_{vgoal}——目标位置垂深，m。

（三）环空压力补偿方法

（1）最终加压值：环空回压增加值以始终能够平衡地层压力为依据计算。

$$G_{pgoal}+\Delta G_p\leqslant\frac{p_h-\Delta p_{weightloss}(t)+p_a}{0.00981H_{vgoal}}\leqslant G_{fgoal}-\Delta G_f \quad (5-4-24)$$

式中　ΔG_p——目标位置当量密度，g/cm^3。

（2）初始加压值：以环空静压力平衡地层压力为依据，考虑控压固井过程。

$$G_{pgpal}+\Delta G_p\leqslant\frac{p_h+p_a}{0.00981H_{vgoal}}\leqslant G_{fgoal}-\Delta G_f \quad (5-4-25)$$

（3）加压过程。

从初始加压值开始在60~90min内按计算曲线梯度逐渐加到最终加压值。

以最终加压值持续憋压候凝，结束时间按现场水泥样终凝后附加8~10h考虑；或以水泥胶凝强度仪测量曲线判定，胶凝强度达到240Pa以后8h。

（4）数值模型：建立一体综合数值算法。

对环空各水泥浆（速凝、缓凝、中间浆等）的失重曲线按候凝时间进行数值拟合，通过软件计算出各候凝时间下的浆柱压力下降规律，计算出最终加压值。

五、精细控压压力平衡法固井适应性评价

对一口井而言，最大的问题在于它是否适合控压固井作业，适合哪一种控压固井方式。随着技术的发展，工艺和装备都有了很大的提高，但还缺少控压固井技术及其应用的筛选评价模型，用来考虑给定井的工程和经济方面的可行性问题。这里探讨一种新的控压固井方法适应性评价模型，即三步法评价体系，如图 5-4-1 所示。

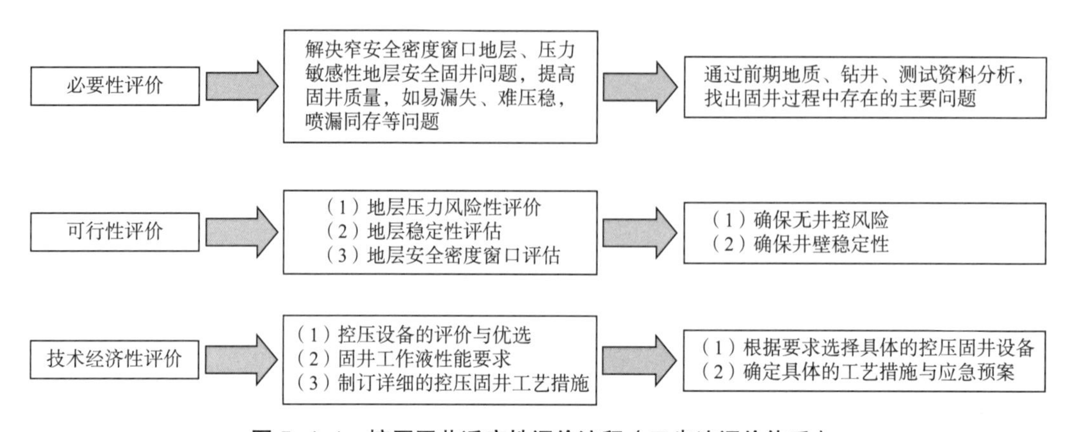

图 5-4-1　控压固井适应性评价流程（三步法评价体系）

必要性评价需要从使用控压固井技术的原因和目的出发，是否是针对窄安全密度窗口的易发生溢流、易漏、漏喷同存问题等复杂问题。通过前期四川盆地川西地区超深井固井出现的事故、问题及地层资料，来评价是否有必要采用精细控压压力平衡法固井技术。

可行性评价分为地质可行性评价和工程可行性评价。地质可行性评价主要从井壁稳定、地层流体运况、储层敏感性等方面评价是否可行；工程可行性评价主要从井控安全性、井下压力调节灵活性、场地、作业队伍等方面评价工程上是否可行。

技术方案包括控压固井设备的选择、工艺方法的确定及各种应急预案等。经济评价方面，控压固井应和常规固井方式对比预期的经济效益等。

采用精细控压压力平衡法固井适应性评价关键技术阐述如下。

（一）地质环境因素描述

地质环境因素描述主要包括地层压力剖面的预测、工程地质基础分析（地层与构造特性、岩石特性、流体特性）、储层敏感性分析、储层物性分析等，如图 5-4-2 所示。精确描述井下

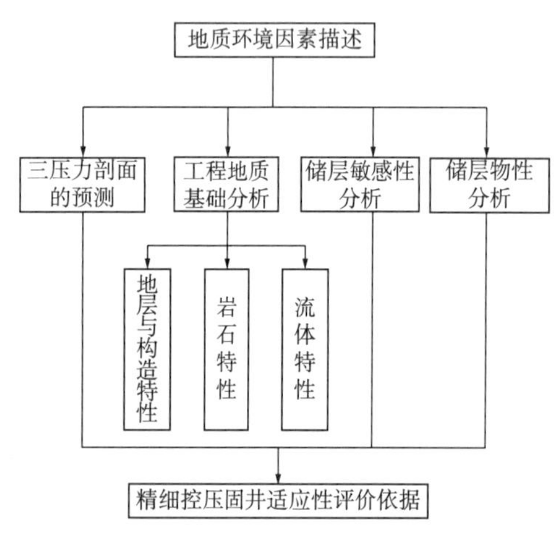

图 5-4-2　地质环境因素描述内容

地质环境因素，可以为控压固井适应性评价提供依据。

（二）精细水力学计算

目前，控压固井系统由数据采集与处理系统、自动节流控压装置、水力学核心模块构成，井底压力的控制是基于内部的水力学模型处理结果。在目前常用的水力学计算模型中，流体的密度和黏度都被假定为定常数，不适用于高温深井。为了实现对井下压力预测更加精细、准确，水力计算模型应该综合考虑高温深井温度场、高温高压密度特性及流变性、地层出气后环空多相流动等对井底压力的影响，如图 5-4-3 所示。

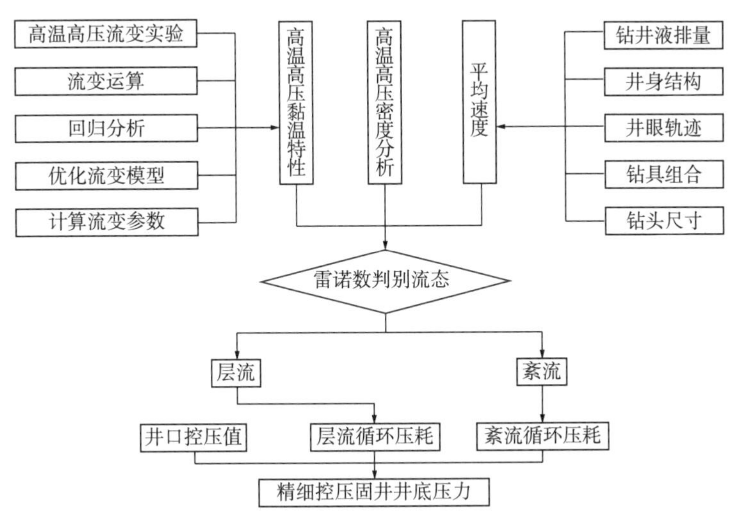

图 5-4-3 控压固井精细水力学模型图

（三）设备配套与优选

根据设计的控压固井工艺参数和风险等级划分对应的设备配置，综合考虑设备之间匹配关系、场地因素、复杂事故处理、设备经济性等因素，进行设备配套，优选开口设备、地面设备、井下设备。精细控压压力平衡法固井设备配套方法流程如图 5-4-4 所示。

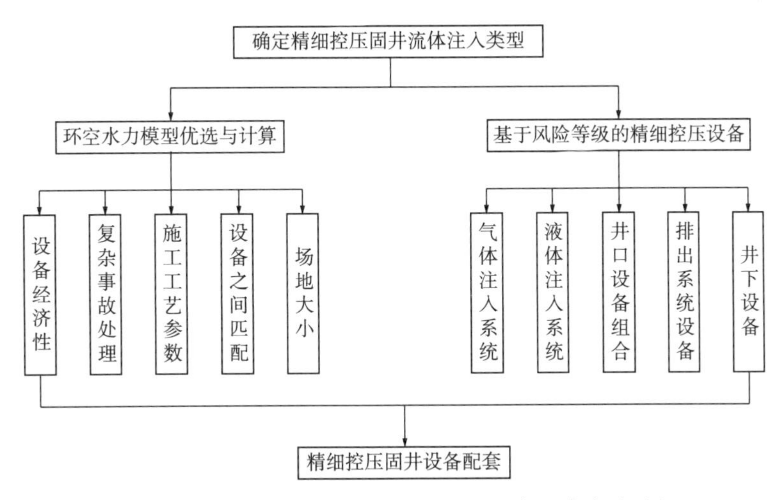

图 5-4-4 精细控压压力平衡法固井设备配套方法流程

（四）环空压力控制方法

环空压力控制就是要控制井底压力为常数，其控制方法主要是根据压力剖面在相应井段进行低密度钻井液设计，计算井口回压，最后根据设计结果优化浆柱结构，设计过程中环空压耗的计算基于所建立的控压钻井精细流动模型。

（五）经济性评价

精细控压压力平衡法固井技术的优势在于减少窄安全密度窗口等压力敏感性地层的固井风险，提高固井质量。与常规尾管固井比较，得出精细控压压力平衡法固井的经济性结论，其中所涉及的费用包括漏失钻井液的材料费、固井前堵漏的非生产时间费用、固井质量不合格采取补救措施产生的费用、精细控压压力平衡法固井设备费用等。

参考文献

[1] 屈建省，许树谦，郭小阳，等 . 特殊固井技术 [M]. 北京：石油工业出版社，2006.11：109–118.

[2] 刘崇建，黄柏宗，徐同台，刘孝良，等 . 油气井注水泥理论与应用 [M]. 北京：石油工业出版社，2001.9：334–337.

[3] 向兴金，等 . 影响聚合物泥浆体系静结构的因素分析 [J]. 钻井液与完井液，1992.1.

[4] 郑毅，刘爱平，环空流动的壁面剪应力对提高顶替效率的影响 [J]. 探矿工程，2003（3）：38–41.

[5] 鲜明，陈敏，等 . 动态平衡固井技术与实践 [J]. 钻井液与完井液，2017，34（6）：73–78.

[6] 郑忠茂，许莉 . 基于精细控压压力平衡法固井技术的应用实践 [J]. 中国石油和化工标准与质量，2018，38（22）：165–166.

[7] 刘世彬，徐峰 . 平衡压力固井施工三参数的正确设计及合理搭配 [J]. 钻采工艺，2007，30（6）：119–120.

[8] 赵静，刘义坤 . 影响调整井固井质量的主要因素及计算方法 [J]. 钻井液与完井液，2007，24（2）45–47.

[9] 李德红，蒋新立 . 调整井固井工艺技术进展研究 [J]. 探矿工程—岩土钻掘工程，2019，46（4）：30–36.

[10] 马勇，郑有成，等 . 精细控压压力平衡法固井技术的应用实践 [J]. 天然气工业，2017，37（8）：61–65.

第六章　超深井复杂地层钻井特色技术

“八五”至“十四五”期间，中国石油天然气集团有限公司（中国石油天然气股份有限公司）依托国家科技重大专项以及公司重大科技专项等项目，针对陆上超深井钻井面临的巨厚砾石层、高陡构造、复合盐膏层、超 8000m 埋深、超 170℃高温、超 120MPa 高压等世界级难题开展了持续攻关，形成了以砾石层优快钻井技术、高陡地层垂直钻井技术、窄密度窗口地层精细控压技术、复合膏岩层安全钻井技术以及深部致密地层钻井提速技术等为代表的超深井钻井特色技术，极大推动了超深层油气资源的勘探开发进展。本章运用地质工程一体化的理念，采用理论与实践相结合的方法，总结前述特色技术，以期为塔里木盆地以及国内其他类似区域的超深井钻井提供参考。

第一节　砾石地层优快钻井技术

砾岩是超深井钻井钻遇较多的岩性之一，其可钻性差、非均质性强，机械钻速和钻头进尺低，严重影响钻井效率，是世界级的钻井难题。国内塔里木油田库车山前地区上部井段砾石层和含砾层极其发育，且纵向发育规律性差，在钻井方面极具代表性[1-2]。针对塔里木油田砾石地层特点及钻井难题，通过地质工程一体化联合攻关，形成了系列配套技术，较好解决了机械钻速慢、周期长等瓶颈问题，可为其他地区砾石层钻井提速提供参考。

一、砾石层钻井难点

（一）塔里木盆地砾石层分布

库车前陆冲断带砾石层主要分布在克拉苏构造带的博孜区块、大北区块和吐北区块及克拉苏背斜南北冀，受物源和构造等因素影响，砾石层厚度、岩性纵横向变化剧烈；整体上具有东薄西厚、南薄北厚的特点，一般厚度为 1000~3000m，最厚达 5833m；东西长约 150km，南北宽约 40km。

“十二五”期间，中国石油攻关砾石层厚度及压实程度预测方法，创新采用重磁电法，将库车山前砾石段自上而下分为未成岩段、过渡段、成岩段（图 6-1-1）。其中：（1）未成岩段岩石欠压实，泥质—灰泥质胶结为主，胶结疏松；（2）准成岩段（过渡段），欠压实向压实过渡，上部泥灰质胶结为主，胶结疏松，中下部泥灰质胶结，胶结程度趋于致密；（3）成岩段地层压实，泥灰质胶结为主，底部砾岩层不纯，部分高含泥岩、砂岩。

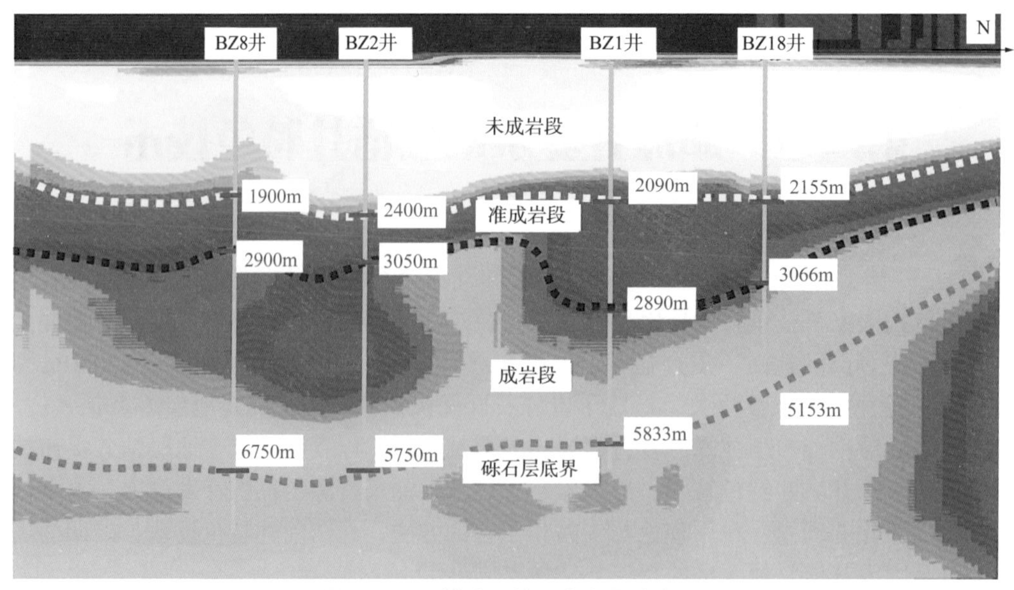

图 6–1–1　博孜区块砾岩底界分布图

（二）砾石层钻井难题

塔里木油田近几年每年钻井数在 190 口左右，库车山前年均钻井数 35 口左右，其中砾石段周期占全井周期的一半以上，砾石层钻井时效对整体钻井效益影响显著（图 6–1–2）。对标国内外，博孜区块和大北区块砾石层厚度全球独有。

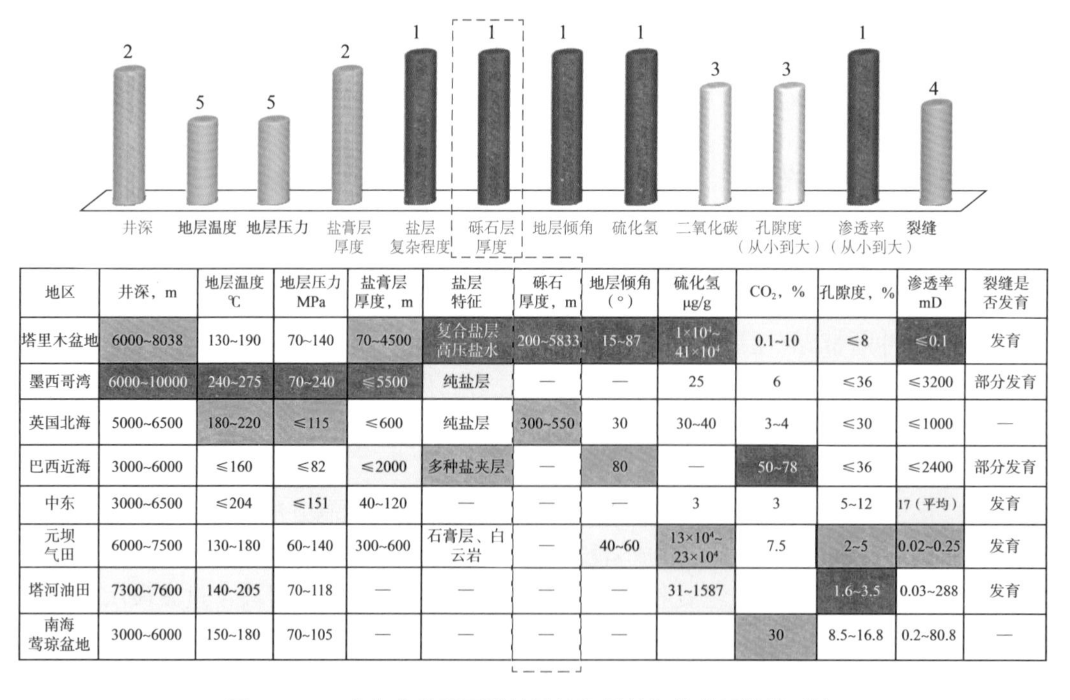

地区	井深，m	地层温度 ℃	地层压力 MPa	盐膏层厚度，m	盐层特征	砾石厚度，m	地层倾角（°）	硫化氢 μg/g	CO_2，%	孔隙度，%	渗透率 mD	裂缝是否发育
塔里木盆地	6000~8038	130~190	70~140	70~4500	复合盐层高压盐水	200~5833	15~87	1×10^4~41×10^4	0.1~10	≤8	≤0.1	发育
墨西哥湾	6000~10000	240~275	70~240	≤5500	纯盐层	—	—	25	6	≤36	≤3200	部分发育
英国北海	5000~6500	180~220	≤115	≤600	纯盐层	300~550	30	30~40	3~4	≤30	≤1000	—
巴西近海	3000~6000	≤160	≤82	≤2000	多种盐夹层	—	80	—	50~78	≤36	≤2400	部分发育
中东	3000~6500	≤204	≤151	40~120	—	—	—	3	3	5~12	17（平均）	发育
元坝气田	6000~7500	130~180	60~140	300~600	石膏层、白云岩	—	40~60	13×10^4~23×10^4	7.5	2~5	0.02~0.25	发育
塔河油田	7300~7600	140~205	70~118	—	—	—	—	31~1587		1.6~3.5	0.03~288	发育
南海莺琼盆地	3000~6000	150~180	70~105	—	—	—	—		30	8.5~16.8	0.2~80.8	—

图 6–1–2　库车山前砾石段地质特征及其与其他区块的对比

砾石岩性以变质岩、火成岩和石英为主，以 BZ1 井 4370~4373m 取心岩样为例：实测石英含量高达 70.3%，晶粒直径达 6mm，研磨性高，抗压强度高达 300MPa，内摩擦角达 54.9°；砾石层非均质性强，不同胶结物及砾石硬度范围 430~2424.7MPa，硬度差别大。最终导致砾石层钻进时钻头崩齿损坏严重，单只钻头进尺短，起下钻频繁。

以博孜区块为例，已钻井平均井深 6790m，钻井周期 437d：砾石层平均厚度 4675m，平均钻井工期（不含中完）200d，占整体钻井周期 64%。其中，博孜 1 区块已钻井平均井深 7090m，钻井周期 492d；砾石层平均厚度 5302m，钻井工期达 247d，占比达 71%；可见巨厚砾石层已成为影响克拉苏西部勘探开发主要“拦路虎”。

二、砾石特性分析

（一）砾石层岩性特征

博孜冲积扇是库车山前规模最大的冲积扇，是多期扇体叠加的结果。以博孜区块为例，砾石层岩性特征在纵向上从未成岩段至成岩段，花岗岩、玄武岩含量减少，石英砾、砂岩砾和灰岩砾含量增大；横向上花岗岩含量向东逐渐增大，灰岩砾和玄武岩主要集中在西部，向东逐渐减少。砾石成分主要为花岗岩、变质岩、玄武岩、石英砾、砂岩砾和灰岩砾，分选差，磨圆以次棱—次圆为主（图 6-1-3）。

（a）BZ1井，50m, 杂色中砾石，西域组

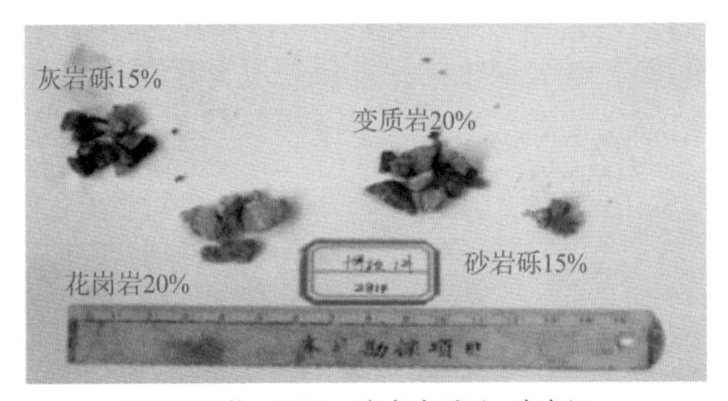

（b）BZ1井，2814m, 杂色中砾石，库车组

（c）BZ101井，1100m, 杂色中砾石，西域组

（d）BZ102井，215m, 杂色小砾石，西域组

图 6-1-3　博孜区块砾岩成分变化特征

博孜区块砾石层以泥灰质胶结为主，纵向上，从未成岩段至成岩段 $CaCO_3$ 含量逐渐增大，胶结程度变强；横向上，东西两翼 $CaCO_3$ 含量较高，中部含量较低。测井解释孔隙度为 1%~8%，平均为 4%；纵向上，从未成岩段至成岩段物性逐渐变差；横向上，由西向东物性逐渐变好。图 6-1-4 所示为过 BZ103 井—BZ1 井—BZ101 井—BZ102 井—BZ104 井灰质胶结对比图。

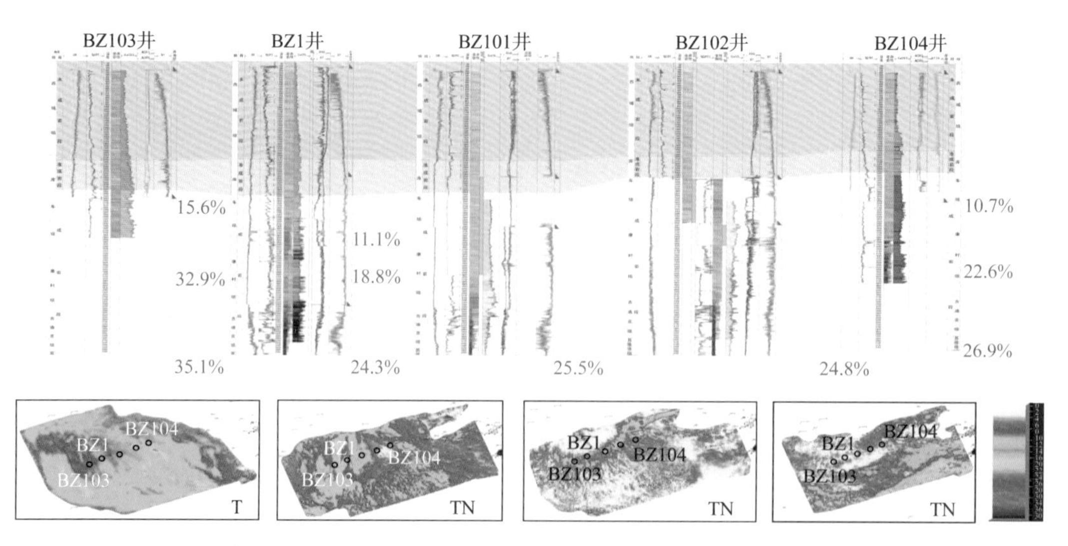

图 6-1-4　过 BZ103 井—BZ1 井—BZ101 井—BZ102 井—BZ104 井灰质胶结对比图

利用电子扫描电镜观测了大北区块第四系、库车组、康村组和吉迪克组砾石岩样微裂缝及缝间充填物分布情况（图 6-1-5 至图 6-1-8）。可以看出，库车组与第四系的砾石较为相似，砾石颗粒与粒间充填物结合不紧密，存在贴粒缝，粒间充填物较为疏松，黏土矿物主要以膨胀性蒙脱石 / 伊蒙混层为主，水化膨胀能力较强。砾石颗粒间填隙物自身强度低，遇水软化是导致该地层井壁稳定性差的主要原因。康村组和吉迪克组砾岩颗粒间胶结较为致密，存有少量微裂缝，不存在膨胀性黏土矿物，胶结强度较高，砾石整体强度较高，井壁稳定性较好。

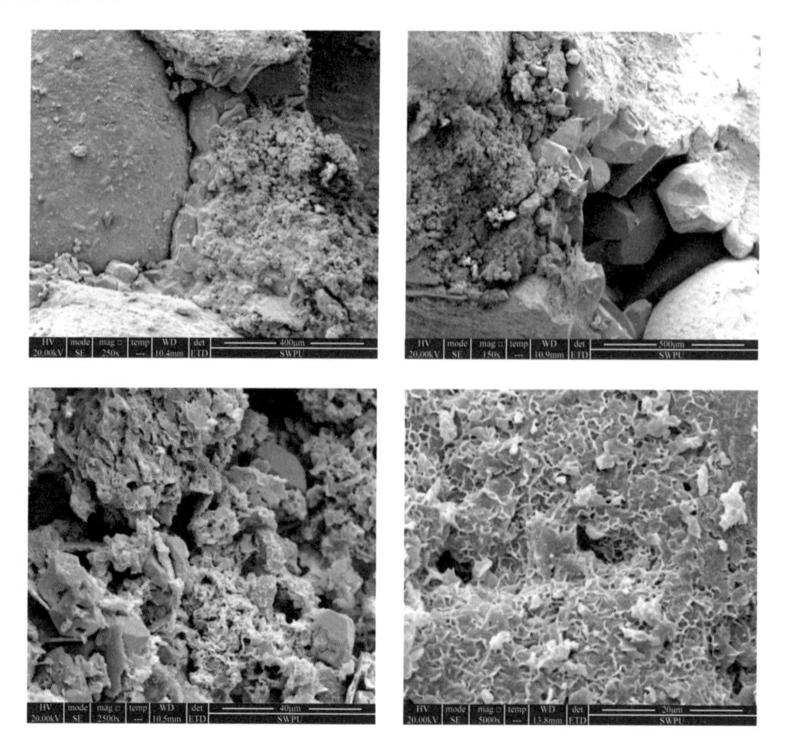

图 6-1-5　第四系砾岩 SEM 扫描电镜照片

图 6-1-6　库车组砾石 SEM 扫描电镜照片

图 6-1-7　康村组砾岩 SEM 扫描电镜照片

图 6-1-8　吉迪克组砾岩 SEM 扫描电镜照片

（二）砾石层岩石力学特征

根据已钻井资料和岩石力学计算分析，得出库车组岩层的无侧限抗压强度在 14~98MPa 之间，根据国际岩石力学与岩石工程学会（ISRM）的定义（1979）属于低—中等硬度地层。地层强度和研磨性都随深度逐渐提高，地层可钻性很好。摩擦角在 0°～30°之间，根据计算得出地层实际抗压强度在 17.5~154MPa 之间。

康村组岩层的无侧限抗压强度在 56~112MPa 之间，属于中等—高硬度地层。砂泥岩互层且夹杂色小砾岩。地层强度变化较缓，但地层研磨性急剧升高，地层可钻性一般。摩擦角在 30°～45°之间，根据计算得出地层实际抗压强度在 112~364MPa 之间。

吉迪克组和苏维依组岩层的无侧限抗压强度在 63~161MPa 之间，属于中等—高硬度地层。砂泥岩互层，地层研磨性极高，且软硬交错现象明显，地层可钻性较差。摩擦角在 40°～48°之间，根据计算得出地层实际抗压强度在 259~770MPa 之间。

博孜 8 井区露头砾石主要为火成岩砾（花岗岩）及变质岩砾，杨氏模量和单轴抗压强度变化范围大（图 6-1-9）；由于岩性不同，岩石内摩擦角变化也较大，导致在埋深较深时三轴抗压强度变化较大。岩石力学属性差异性大，从地层可钻性而言评估，该火成岩砾属于难钻地层。

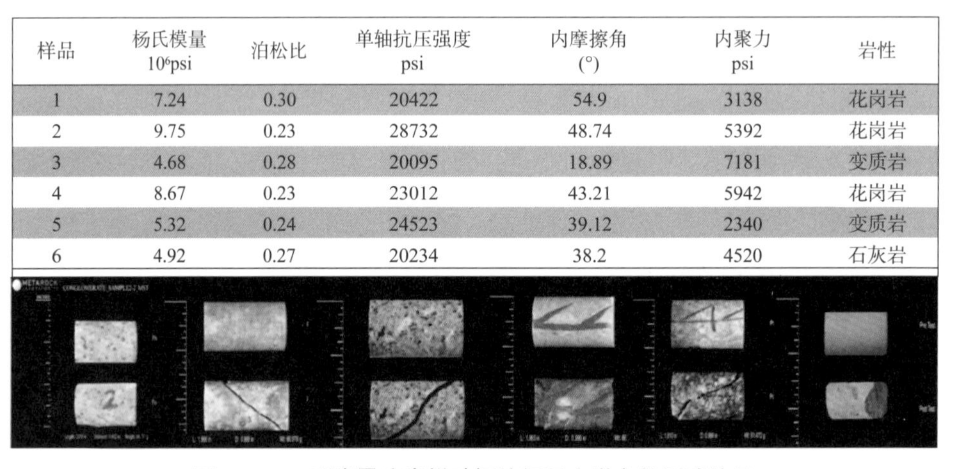

样品	杨氏模量 10^6psi	泊松比	单轴抗压强度 psi	内摩擦角 (°)	内聚力 psi	岩性
1	7.24	0.30	20422	54.9	3138	花岗岩
2	9.75	0.23	28732	48.74	5392	花岗岩
3	4.68	0.28	20095	18.89	7181	变质岩
4	8.67	0.23	23012	43.21	5942	花岗岩
5	5.32	0.24	24523	39.12	2340	变质岩
6	4.92	0.27	20234	38.2	4520	石灰岩

图 6-1-9　砾岩露头岩样破坏特征及力学参数测试结果

三、砾石地层钻头及配套提速工具优选

在重磁电法实现了对砾石层厚度及压实程度的初步定量预测基础上，综合测井与录井资料及工程特征，创新发展了反映砾石层地层及岩性特点的综合曲线法，评价已钻井砾石种类、胶结情况和砾石含量等，结合工程表现，为针对性开展钻井工具技术攻关提供了依据[3-4]。

（一）钻头设计与优选

1. 各类钻头使用效果评价

1）平面齿 PDC 钻头

砾石层横向非均质性强，常规切削齿因抗冲击性不足易产生低幅高频冲击疲劳损伤或正面冲击破坏；且切削齿吃入不均引发钻头严重涡动，加剧切削齿冲击破坏。博孜区块砾石含量高，压实程度高，可钻性差，平面齿 PDC 钻头进尺短（图 6-1-10）；大北区块砾石层较薄，压实程度低，砂泥岩夹层多，可钻性相对较好，抗冲击设计的平面齿 PDC 钻头可应用于低含砾段，但钻头适应性不足（图 6-1-11）。通过采用六刀翼高密度布齿、限制切深、加强切削齿抗冲击性等措施，大北区块砾石层（或含砾地层）常规平面齿 PDC 钻头平均单只进尺 271.8m，机械钻速 2.6m/h。综合评价认为平面齿 PDC 钻头抗冲击能力不足，不适用于砾石层。

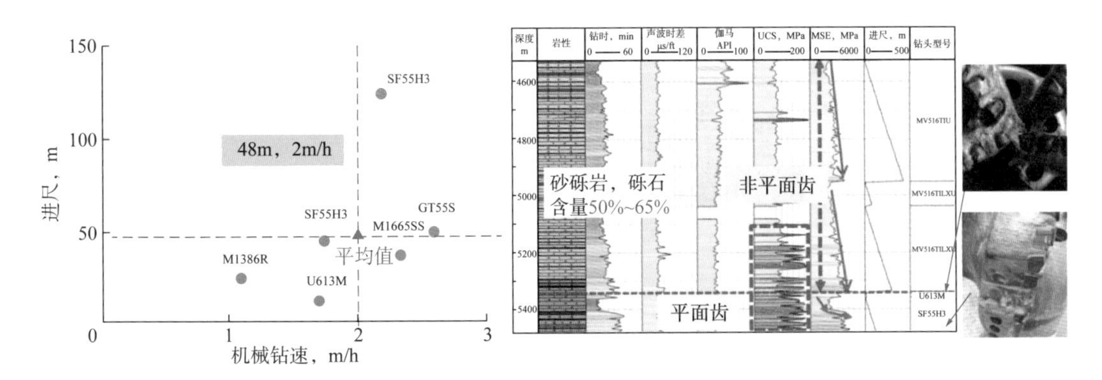

图 6-1-10　博孜区块砾石层平面齿钻头应用情况

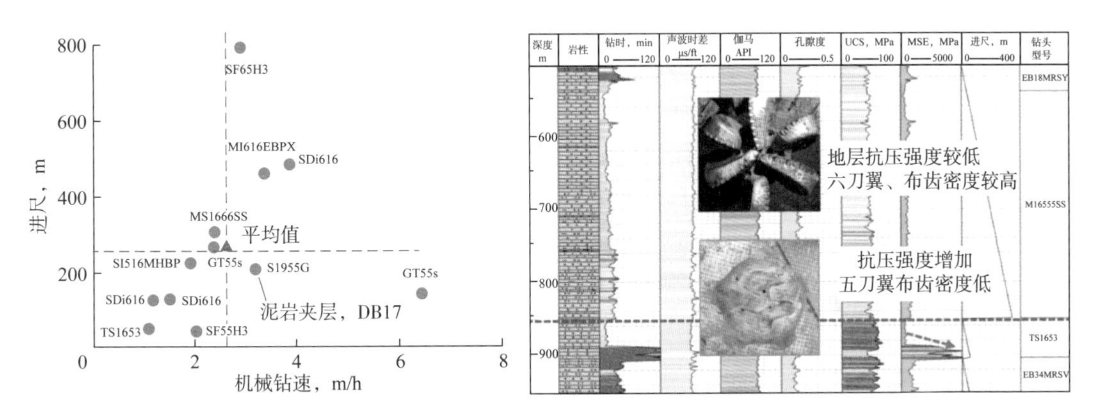

图 6-1-11　大北区块砾石层平面齿钻头应用情况

2）牙轮钻头

前期博孜区块和大北区块大尺寸井眼牙轮钻头使用比例高，博孜区块 17in 及以上井眼未成岩段牙轮钻头使用占比达 88%，由于未成岩段压实程度低，冲击破岩效果较好。博孜区块高含砾未成岩段采用进口 445—525 或国产 517—537 牙轮钻头，攻击性强，平均进尺 268m，机械钻速 2m/h。但在成岩段，随着压实程度增加，牙轮钻头冲击破岩效率低，机械钻速随井深增加降低明显，其中：17in 及以上准成岩、成岩段牙轮钻头占比 82%，平均进尺 180m，机械钻速 1.4m/h；17in 以下准成岩、成岩段牙轮钻头占比 26%，平均进尺 101m，机械钻速 1.0m/h。综合评价认为牙轮钻头进尺受限，机械钻速对压实程度敏感。图 6-1-12 为博孜区块和大北区块砾石层牙轮钻头应用情况。

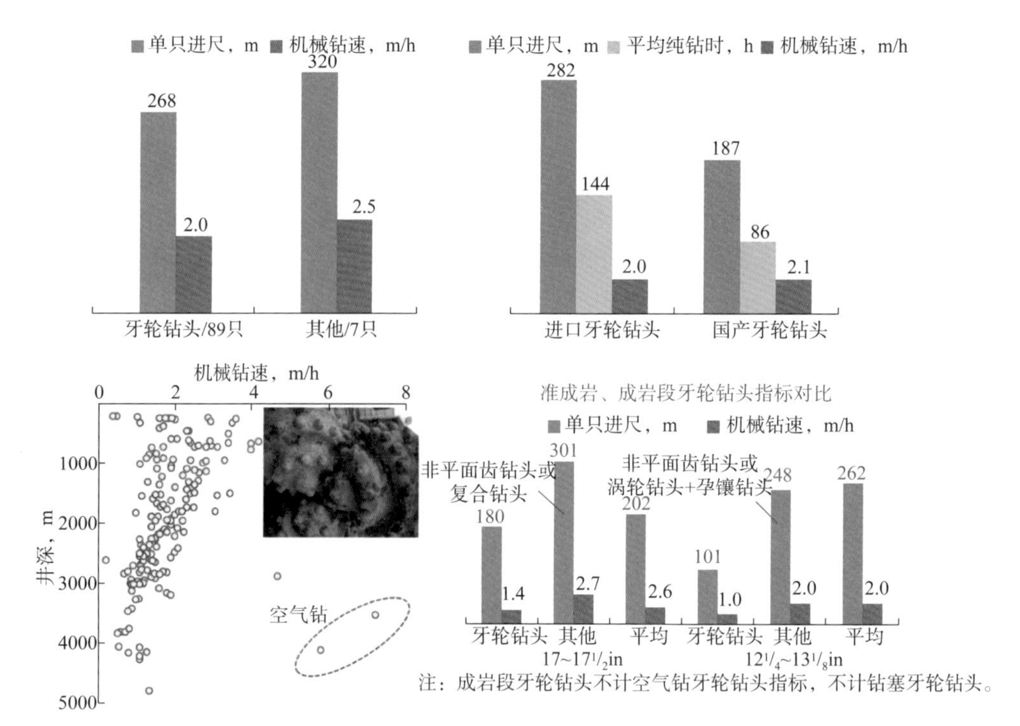

图 6-1-12　博孜区块和大北区块砾石层牙轮钻头应用情况

3）涡轮钻头 + 孕镶钻头

涡轮钻头 + 孕镶钻头高转速研磨破岩，工具及钻头寿命长，主要应用于高含砾准成岩、成岩段：博孜区块 17in 以下井眼使用占 43%，单只进尺 237m，较牙轮钻头提高 1 倍；但机械钻速提高有限，因金刚石钻头出露高度有限，同时泥岩夹层影响孕镶钻头自锐，博孜区块涡轮钻头 + 孕镶钻头平均机械钻速仅 1.5m/h。此外，该工艺条件下井斜控制难度较大，费效比高。博孜区块涡轮钻头 + 孕镶钻头定向纠斜比例达 53%，部分井定向托压严重，增加起下钻次数，反复纠斜影响井眼质量；博孜区块涡轮钻头 + 孕镶钻头平均日进尺仅约 33m，综合应用成本达 0.81 万元 /m。图 6-1-13 所示为博孜区块和大北区块砾石层涡轮钻头 + 孕镶钻头应用情况。

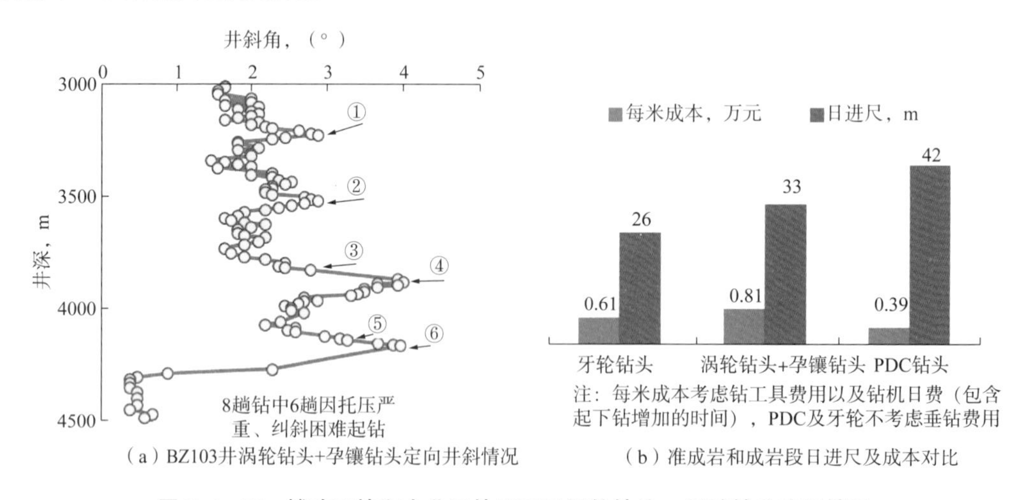

（a）BZ103井涡轮钻头+孕镶钻头定向井斜情况　（b）准成岩和成岩段日进尺及成本对比

图 6-1-13　博孜区块和大北区块砾石层涡轮钻头 + 孕镶钻头应用情况

2. 明确钻头设计与优选原则

基于综合测录井曲线，分析已钻砾石层岩性特点和钻头磨损等工程特征，初步摸清压实程度、砾石含量、岩性等可钻性影响因素（图 6-1-14），确定不同层段钻头选型原则：

（1）未成岩段以火成岩、变质岩砾为主，泥质胶结，压实程度低，砾石含量高，分选性差，钻头磨损表现为崩齿，钻头选型以高抗冲击为主；

（2）准成岩及成岩段上部：以火成岩和变质岩砾为主，砾石含量高，泥灰质胶结，因压实程度增加，钻头选型在考虑抗冲击性的同时，应兼顾剪切破岩性能；

（3）成岩段下部砾石含量降低，压实程度高，灰质胶结为主，切削齿吃入困难，牙轮钻头表现为正常磨损，机械钻速低，钻头选型应考虑剪切性能，兼顾抗冲击性。

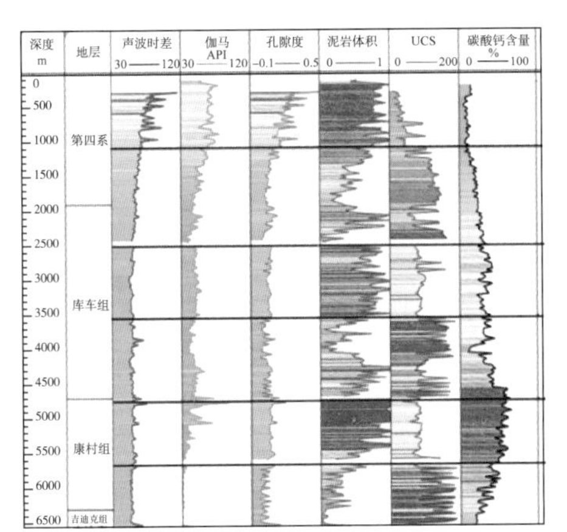

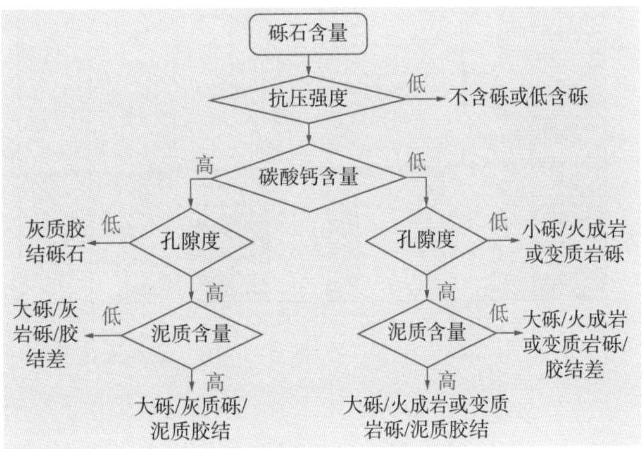

图 6-1-14　砾石层综合曲线及岩性评价

3. 创新发展非平面齿钻头技术

1）三斜面齿钻头

2016 年，基于砾石层岩性特点和复合片磨损特征分析，中国石油集团工程技术研究院有限公司联合休斯敦中心创新设计第一代三斜面齿，研发了适用于博孜区块的非平面齿个性化 PDC 钻头。该钻头采用选择性脱钴工艺优化复合片强度，其抗冲击性较平面齿提高 10 倍；而且凸脊棱挤压形成高应力，提高破岩效率（图 6-1-15）。

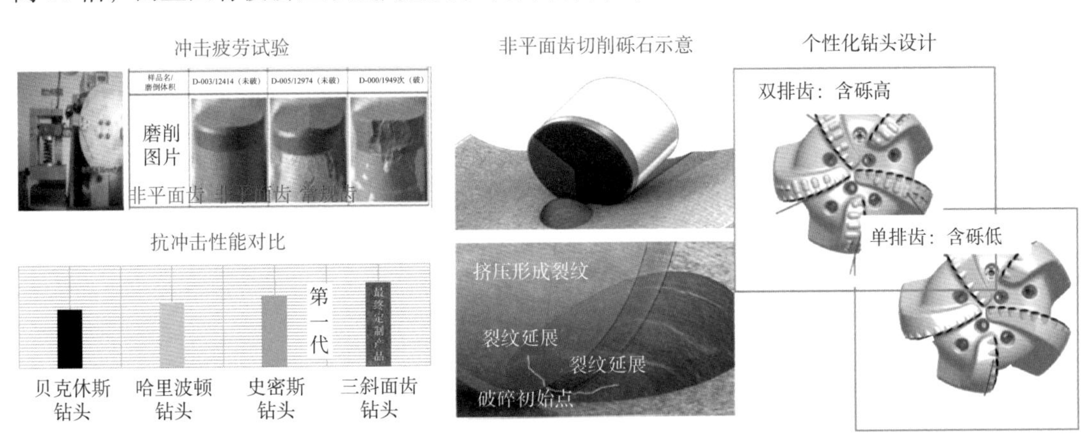

图 6-1-15　三斜面齿复合片优化及个性化钻头设计

2016 年 6 月，BZ103 井成岩段试验三斜面齿 PDC 钻头 2 只，单只进尺 409m，机械钻速 2.9m/h，进尺与邻井同层段涡轮钻头 + 孕镶钻头相当，机械钻速提高 70%；2016 年 12 月，BZ3 井成岩段试验三斜面齿 PDC 钻头 2 只，平均进尺 348m，机械钻速 2.6m/h，机械钻速和进尺与同井段涡轮钻头 + 孕镶钻头相当（图 6-1-16）。上述应用情况初步证实了非平面齿的适用性。

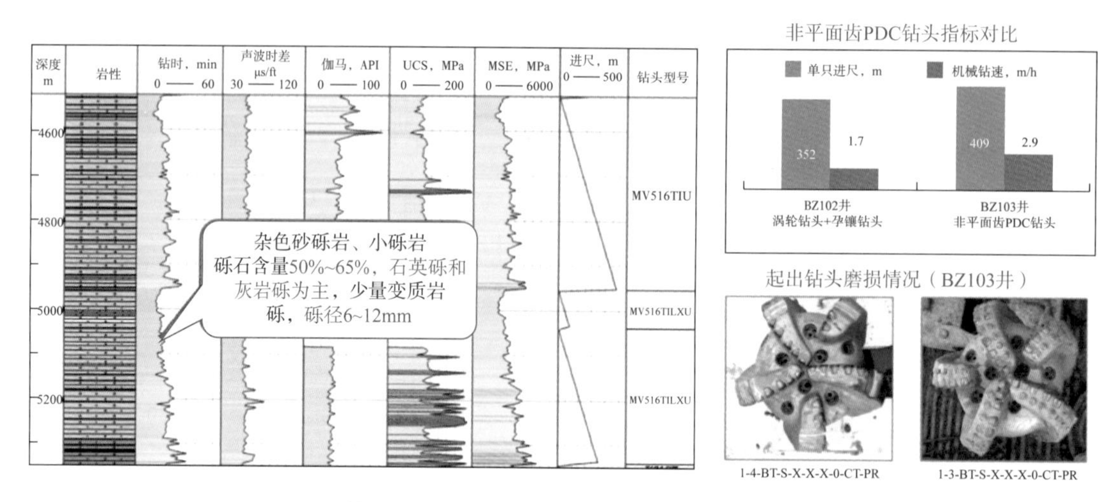

图 6-1-16 三斜面齿 PDC 钻头应用情况

2）多棱齿钻头

2019 年，通过深化岩性认识和钻头工作状态，中国石油工程技术研究院研发了高抗冲击且具有多重切削面的多棱齿 PDC 钻头。切削齿部分在选择性脱钴基础上，心部设计平面，提供二次切削，提高钻头抗研磨性；钻头设计采用六刀翼双排高布齿密度、增加心部保护齿、按不同位置优化多棱齿表面处理等方式，提高钻头抗冲击性；设计 4in 保径，增加钻头稳定性（图 6-1-17）。

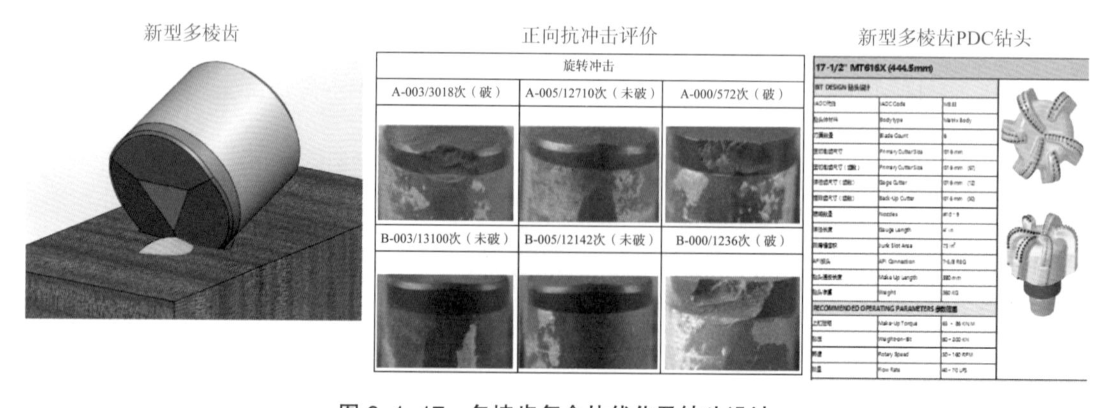

图 6-1-17 多棱齿复合片优化及钻头设计

BZ8 井砾石层巨厚，预测厚度达 6100m。该井成岩段试验多棱齿 PDC 钻头 MT616X，进尺 333m，机械钻速 2m/h，较同井段牙轮进尺提高 67%，机械钻速提高 45%（图 6-1-18）；多棱齿钻头的研发，使得 PDC 钻头适用范围扩至高含砾段。

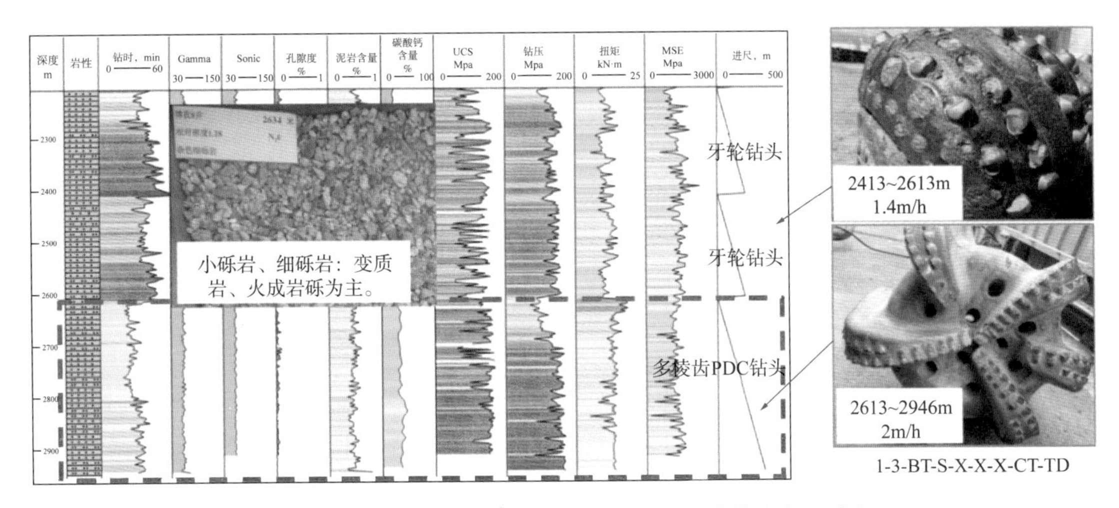

图 6-1-18 BZ8 井 $17^1/_2$in 井眼牙轮与多棱齿钻头应用对比

3）斧形齿钻头

大北区块砾石含量低，斧型齿钻头机械钻速和进尺提高显著。其中，DB1101 井和 DB1102 井 MTX516 钻头平均进尺 1035m，机械钻速 5m/h，较邻井同层段 PDC 钻头机械钻速提高 83%，进尺提高 1 倍。博孜区块砾石含量高，斧型齿及钻头抗冲击性仍需进一步提高。其中，BZ22 井高含砾成岩段 MTX616 钻头进尺仅 12.5m，磨损严重（图 6-1-19）。斧型齿钻头抗冲击性仍需提高，才能在高含砾井段取得理想应用效果。

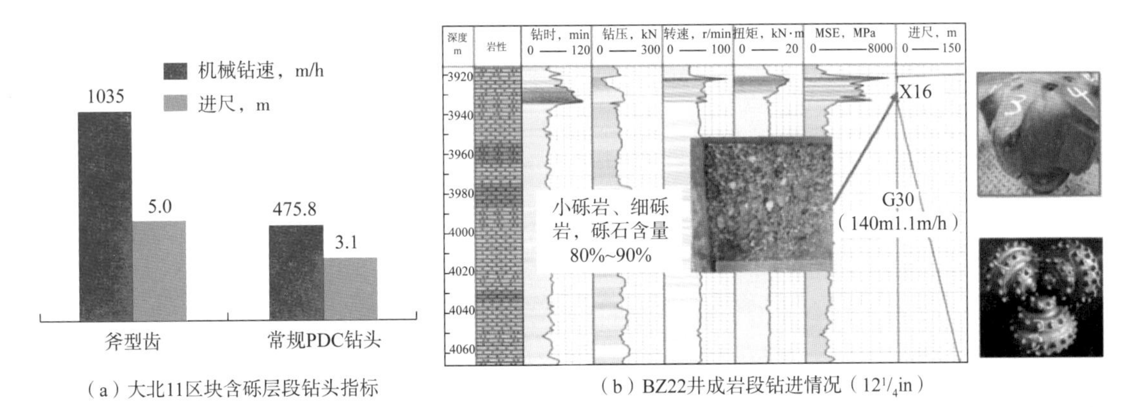

（a）大北11区块含砾层段钻头指标　　（b）BZ22井成岩段钻进情况（$12^1/_4$in）

图 6-1-19 斧形齿钻头在大北和博孜区块砾石层的应用情况

4）尖锥齿钻头

BZ7 井预测砾石层段 5140m，成岩段（$12^1/_4$in 井眼）砾石含量高、压实程度高，随井深增加，灰岩砾增多。该井采用 XZ816 钻头（八刀翼、16mm 双排齿，前排尖锥、斧型齿混合布齿，后排尖锥齿）钻进砾石层成岩段，进尺 469m，机械钻速 2.6m/h，较同井段涡轮钻头 + 孕镶钻头进尺提高 40%，机械钻速提高 70%（图 6-1-20）。实践表明，尖锥齿抗冲击性强，在大尺寸高含砾井段应用前景较广。

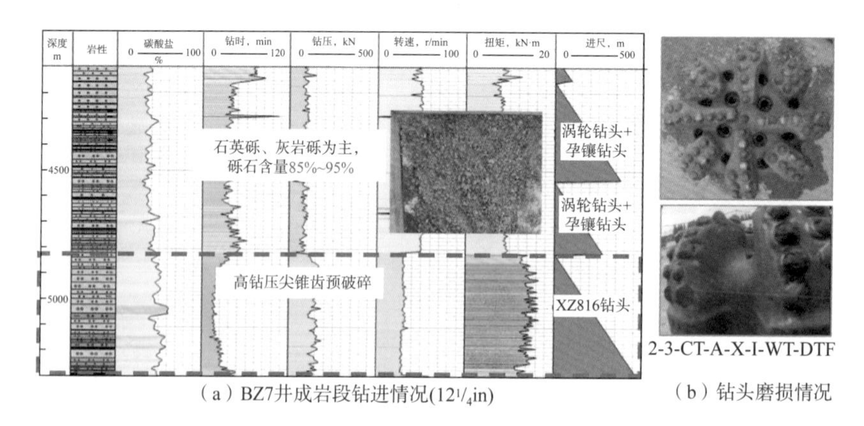

（a）BZ7井成岩段钻进情况($12^1/_4$in)　（b）钻头磨损情况

图 6-1-20　尖锥齿钻头在 BZ7 井砾石层的应用情况

5）DBS 弯刀齿钻头

非平面齿钻头在砾石层的成果应用，带动了非平面齿钻头的研发和试验热潮。DBS 研发了高抗冲击弯刀齿，针对压实程度较低、砾石含量降低（或灰岩砾较多）井段设计非平面齿钻头 GT55DKS，提速效果明显（图 6-1-21）。大北区块和博孜 3 区块准成岩、成岩段应用 13 只，平均进尺 323m，机械钻速 2.6m/h。

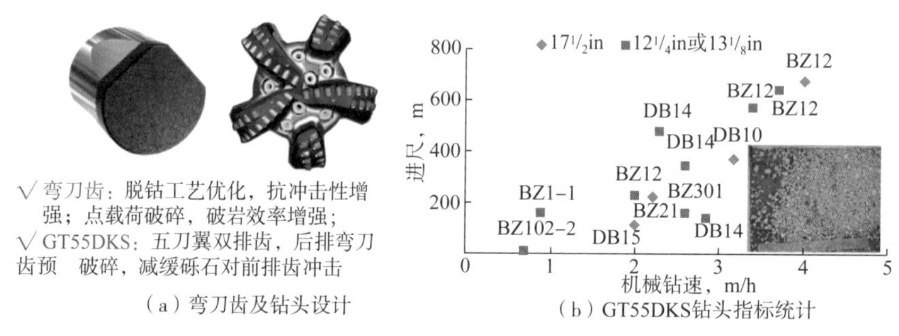

（a）弯刀齿及钻头设计　（b）GT55DKS钻头指标统计

图 6-1-21　DBS 弯刀齿钻头设计及应用情况

6）江钻复合钻头和异型齿 PDC 钻头

江钻钻厂研发了兼有冲击、剪切破岩特点的复合钻头。DB14 和 BZ13 等井砾石含量较低、岩性变化快，应用复合钻头 21 只（$17^1/_2$in 及以上），平均进尺 247m，机械钻速 2.8m/h。

针对砾石夹层，江钻开发多种非平面齿钻头，BZ6 和 BZ13 等井应用 10 只，平均进尺 397.5m，机械钻速 3.8m/h，指标与进口 PDC 钻头相当（图 6-1-22）。

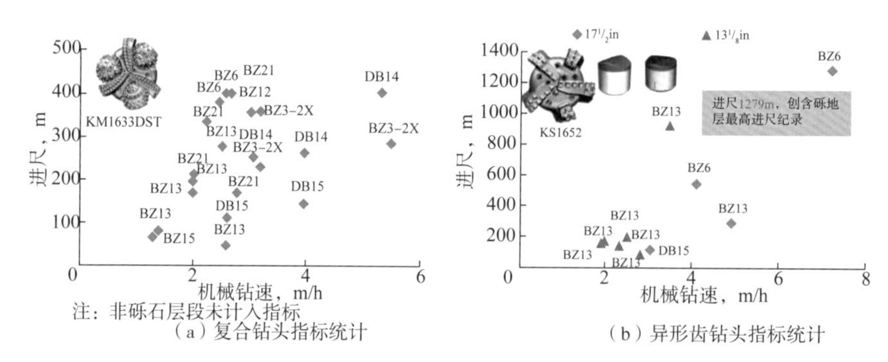

（a）复合钻头指标统计　（b）异形齿钻头指标统计

图 6-1-22　江钻复合钻头和异型齿 PDC 钻头设计及应用情况

7）阿特拉“忍者齿”钻头

该型复合片混合 4 种不同材料、颗粒多次冲压，抗冲击性提高 50%；设计特殊斜面，剪切载荷由点向面分解；成岩段试验 2 只钻头，平均进尺 216m，机械钻速 2.2m/h。钻头出井后复合片状态良好，证实其抗冲击性能优良（图 6–1–23）。

8）百施特非平面齿钻头

针对砾石层高抗冲击需求，百施特公司开发了尖锥齿、三斜面齿，设计六刀翼混合非平面齿钻头，BZ18 井应用 1 只，进尺 163m，机械钻速 1.9m/h（图 6–1–24）。综合指标与阿特拉“忍者齿”钻头相比还有待进一步提高。

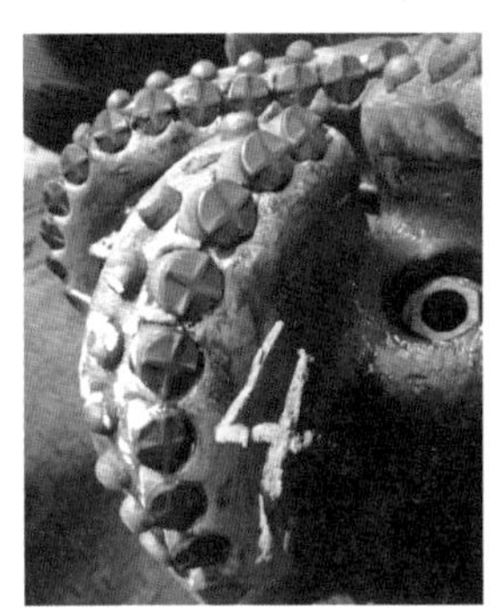

图 6–1–23　阿特拉“忍者齿”钻头应用情况

图 6–1–24　百施特非平面齿钻头应用情况

4. 砾石层钻头设计与优选结果

随着非平面齿 PDC 钻头的持续研发，该类钻头在砾石层井段的应用范围不断扩大，并持续创造新指标，目前已初步实现了砾石层 PDC 钻头应用全覆盖，推荐结果如图 6–1–25 所示。

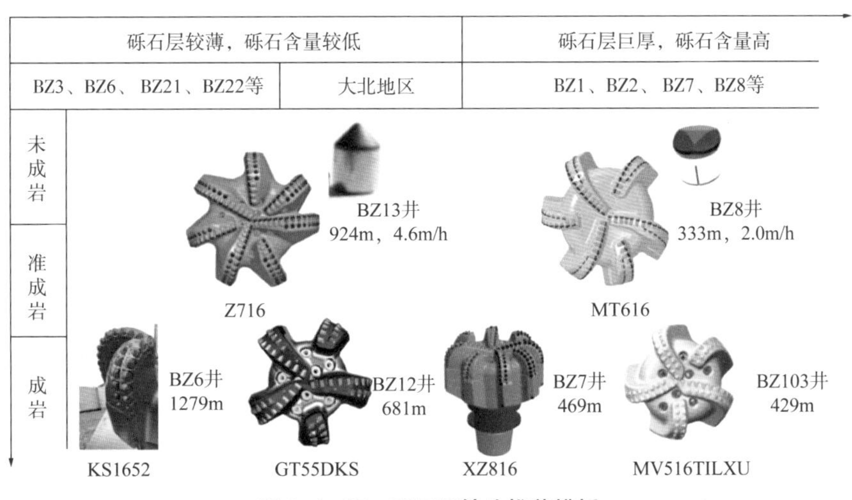

图 6–1–25　砾石层钻头推荐模板

（二）提速工具优选

1. 垂直钻井工具

近几年，博孜和大北区块 20 余口井的砾石层井段应用垂直钻井工具（以下简称垂钻），总进尺 3.4×10^4m，占砾石层总段长约 32%；17in 及以上井眼进尺达 2.9×10^4m，占大尺寸井眼段长 38%。因砾石含量高，大尺寸井眼垂钻主要配合牙轮钻进，博孜区块 $17^1/_2$in 井眼垂钻与牙轮配合占比超 97%。在未成岩段牙轮冲击破岩效率高，钻时对钻压敏感，垂钻提速效果明显（图 6-1-26）。但随井深增加，地层压实增加、塑性增强，冲击破岩效率低，因跳钻严重，钻压强化困难，BZ301 井、BZ2 井和 BZ7 井等 $17^1/_2$in 井眼最高钻压仅 10tf；砾石层 Power-V 损坏高达 15 井次，占比 40%，BZ301 井和 DB1201 井斜达 2.5° 和 1.6°，多口井因井斜增加起钻，博孜区块 $17^1/_2$in 井眼垂钻单趟进尺仅 189m。

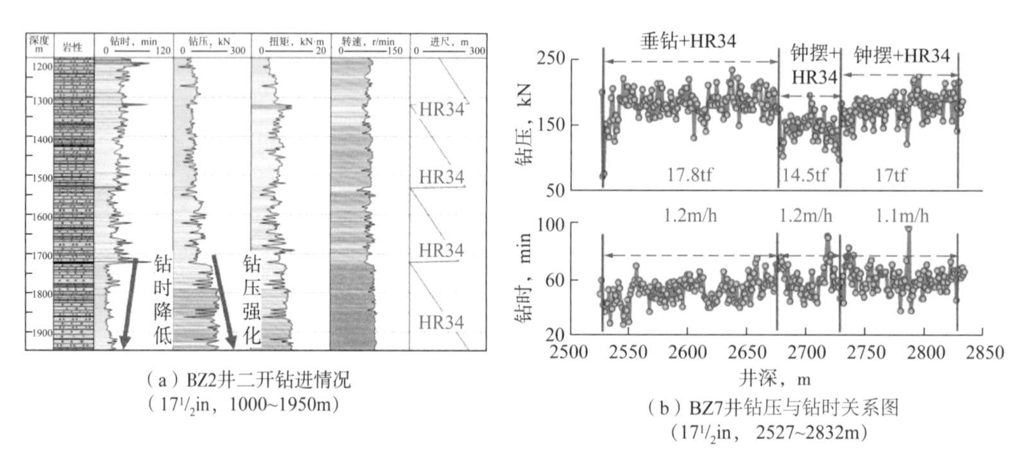

（a）BZ2井二开钻进情况
（$17^1/_2$in，1000~1950m）

（b）BZ7井钻压与钻时关系图
（$17^1/_2$in，2527~2832m）

图 6-1-26　博孜区块砾石层垂钻应用情况

2. 双摆工具

双摆工具基于陀螺稳定原理，确保钻工具稳定，提高钻进效率，井下振动测量显示：使用双摆工具后横向振动有效缓解。同时具有一定的纵向减振效果，具有很好的延长钻头及工具使用寿命的效果。博孜和大北地区应用双摆工具 11 井次，总进尺 1.2×10^4m。

现场试验表明，双摆工具可有效降低横向振动，跳钻、涡动等现象缓解，对垂钻和钻头等保护明显，平均进尺提高 20% 以上，部分井提高 1 倍；双摆工具与垂钻配合使用效果好。但工具无防斜效果，无随钻测量时，钻压无法强化，对于钻压敏感的地层，单独使用提速效果不明显。图 6-1-27 所示为双摆工具结构及其使用效果。

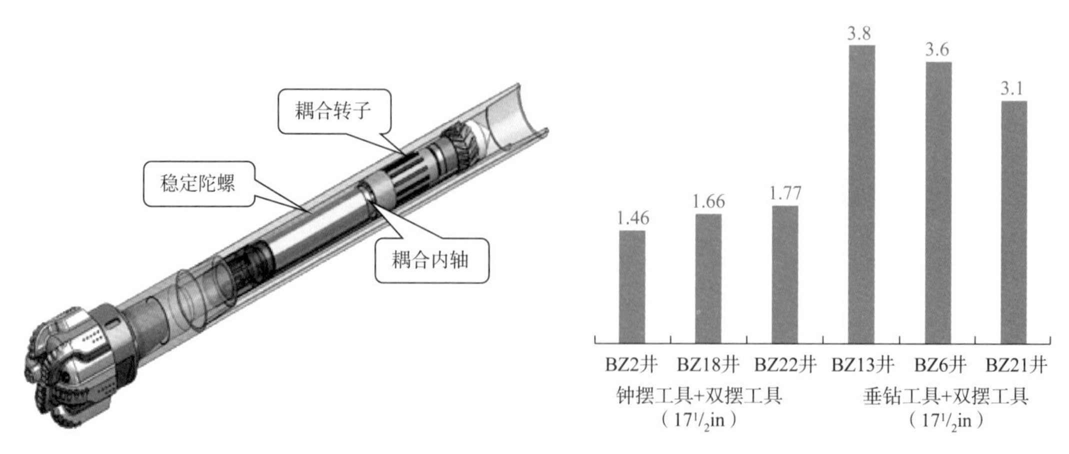

图 6-1-27　双摆工具结构及其使用效果

结合钻头破岩特性和振动形式，针对性选择提速工具：上部砾石层成岩性差，涡动和跳钻严重，应优选减振器、双摆工具等减振工具，提高钻头寿命；下部井段易发生黏滑，扭矩传递效率降低，应进一步评价试验螺杆、扭冲等工具。

四、砾石地层气体钻井技术应用

（一）气体钻井适应性分析

“气体钻井适应性”是指在现有技术条件下气体钻井是否可以完成。重点考虑地层出水、井壁稳定、地层产气及井下燃爆等问题，下面以大北—博孜构造气体钻井适应性评价为例进行说明[5-9]。

1. 地层出水分析

利用 BZ1 井电测资料解释第四系 1283m 以上层段水层 33m/14 层，第四系中下部 1283~2123m、库车组 2123~4033m、康村组 4033~733m 水层显示不明显；吉迪克组存在高压盐水层，BZ1 井在吉迪克组以密度 1.5g/cm^3 钻井液钻至井深 5729.8m 处，起钻完井口溢流 0.4m^3，提密度至 1.57g/cm^3 压井后恢复正常，期间出盐水 36.4m^3，在以后的钻井作业中，多次出盐水，累计出盐水 91.6m^3。

根据大北区块气体钻井实钻情况分析，在 3000m 以下中深部地层仍见水层分布，产水量较小，以盐水为主，DB6 井和 DB204 井水层显示统计见表 6–1–1。

表 6–1–1　大北区块水层显示情况统计表

井号	层位	出水井段，m	产水量，m^3/h	水质
DB6 井	库车组	2000~3840.5	69（电测解释 116.5m/24 层）	盐水
	库车组—康村组	3902~5012	5	盐水
DB204 井	库车组	3101~3456	10	盐水

分析博孜区块已钻井渗透率、孔隙度及氯离子含量变化，初判第四系—库车组上部水层集中发育，康村组底部和吉迪克组中下部发育高压盐水，确定库车组中下部—康村组适宜空气钻井。

2. 井壁稳定分析

在开展气体钻井井壁稳定性评价之前，首先要开展地层产水及水基钻井液置换过程中岩石力学特性及声学特性变化规律研究。主要方法是借助室内相关仪器设备，对比分析钻井液浸泡前后现场岩样岩石力学强度和声波速度变化情况，结合室内实验数据对现场常规测井资料开展去水化反演，分别确定干气钻井、地层产水及水基钻井液置换过程中岩石力学参数剖面，为坍塌密度计算提供岩石强度参数。

1）岩石纵波速度对比实验

主要借助室内声波速度测试仪分别测定钻井液浸泡前后不同岩石的纵波速度变化情况，并利用室内拟合得到的经验关系式对现场常规测井资料进行去水化校正，得到原始地层测井响应。图 6–1–28 为大北区块库车组、康村组和吉迪克组岩石钻井液浸泡后纵波速度衰减幅度。

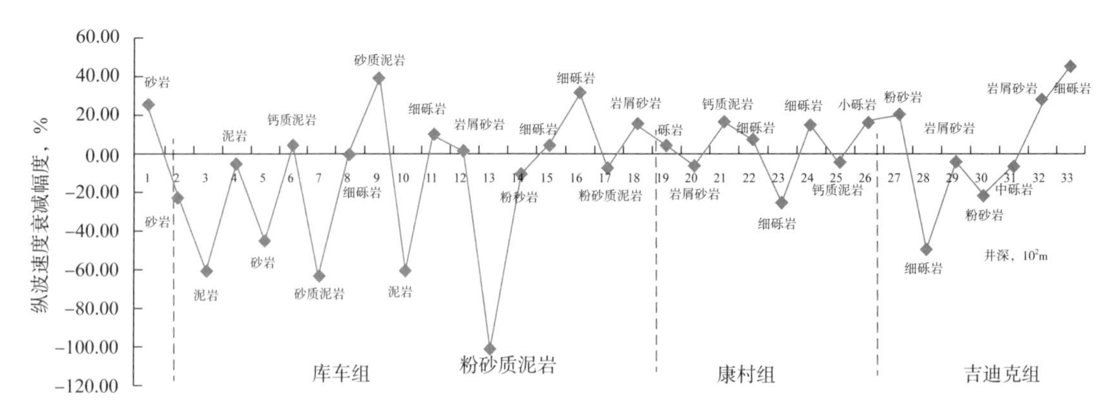

图 6-1-28　大北区块岩样钻井液浸泡后纵波速度衰减幅度分布图

可以看出，库车组岩样纵波速度衰减幅度明显高于康村组和吉迪克组，库车组砂质泥岩纵波速度衰减较为明显，而钙质含量较高的钙质泥岩、砂岩及底部细砾岩变化不明显。康村组和吉迪克组泥岩变化不明显，主要是钙质含量增加，泥岩水敏性不明显，部分细砾岩纵波速度有轻微变化。由此可认为该地区第四系和库车组中上部地层泥岩、砾岩水敏性较强，地层出水后及水基钻井液转换过程中井壁稳定性较差，随着深度的增加，砾岩和泥岩钙质含量增加，岩石强度增加，水敏性不强。

2）岩石抗压实验分析

由于大北区块上部砾石层强度较低，形状不规则，切割容易分散，只能开展单轴抗压实验。由图 6-1-29 所示大北区块野外露头钻井液浸泡前后单轴抗压强度分布图可知，第四系和库车组单轴抗压强度偏低，随着深度增加，康村组和吉迪克组岩石抗压强度增加；钻井液浸泡过后第四系和库车组部分露头单轴抗压强度为零，说明浸泡过程中岩样散落。

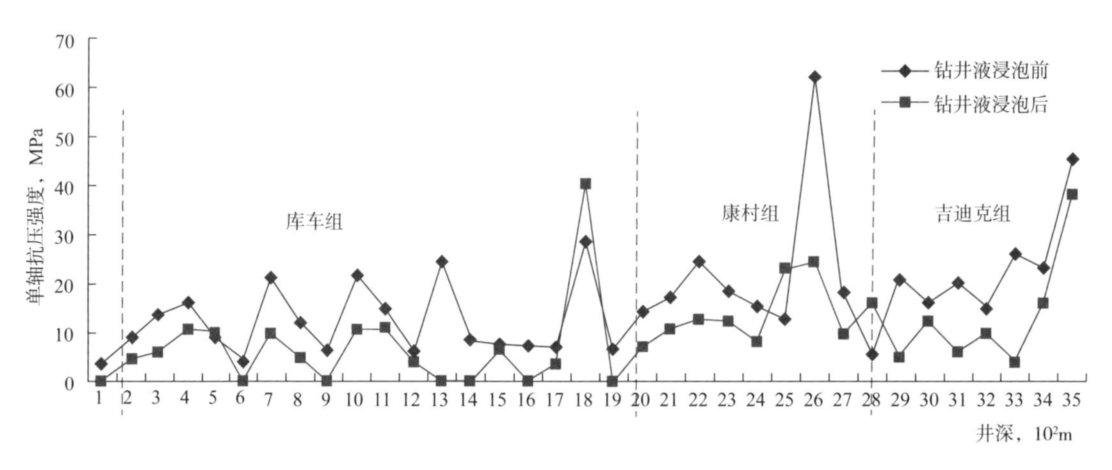

图 6-1-29　大北区块野外露头钻井液浸泡前后单轴抗压强度分布图

结合室内获得的钻井液浸泡前后岩样单轴抗压强度，评价了大北区块第四系、库车组、康村组和吉迪克组岩样在钻井液浸泡后的抗压强度衰减幅度，如图 6-1-30 所示。钻井液浸泡后大北区块现场岩样单轴抗压强度均出现不同幅度减小，平均幅度在 50% 左右，第四系、库车组砾岩、泥岩及康村组顶泥岩衰减幅度接近 100%。

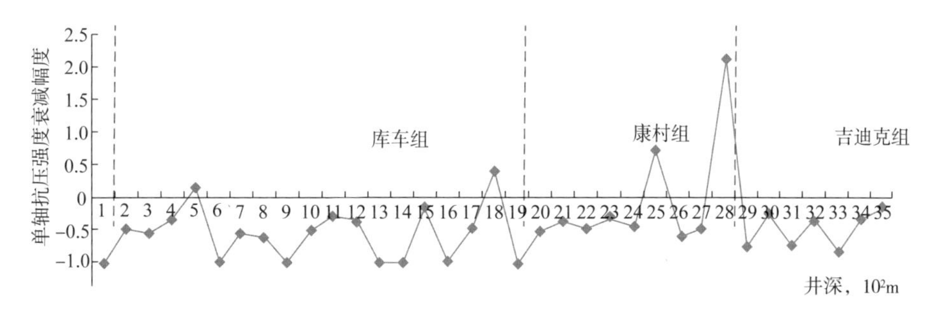

图 6-1-30　大北区块野外露头钻井液浸泡后单轴抗压强度衰减幅度图

3）常规测井数据去水化校正

由于干气钻井过程中无法开展声波、密度等测井项目，只能借助常规测井资料获得干气钻井坍塌密度连续剖面，但常规测井资料无法真实反映砾石层原始测井响应，由此需要进行去水化校正。

利用室内实验方法获得的经验公式对常规测井资料进行去水化校正，便可得到原始地层测井数据，进行干气钻井井壁稳定性评价分析，图 6-1-31 为 DB6 井二开井段常规测井资料去水化前后对比图。

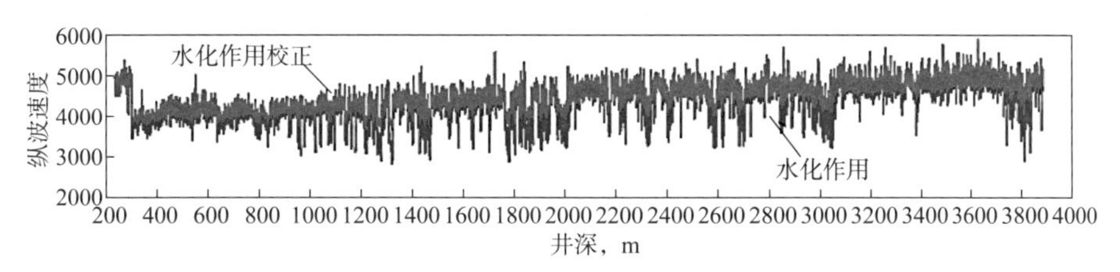

图 6-1-31　DB6 井测井数据去水化前后对比图

4）干气、产水及转换条件下砾石层井筒的坍塌密度

（1）干气钻井砾石层井筒坍塌密度。

在干气钻井过程中，循环介质为干燥气体，干燥气体与地层之间不存在物理化学作用，井下地层岩石保持原始状态，只需对砾石层进行纯力学井壁稳定性判断分析，进而得到干气钻井条件下砾石层井筒坍塌密度分布情况。在纯气体钻井过程中，主要为纯力学井壁失稳，可以采用库仑—摩尔准则判断分析纯气体钻井剪切垮塌失稳。根据库仑—摩尔准则可以得到井下地层的纯气体钻井坍塌密度和临界内聚力值分布情况，纯气体钻井坍塌密度可表示为：

$$\rho_m = \frac{\eta(3\sigma_{h1} - \sigma_{h2}) - 2C \cdot \cot\left(45^\circ - \dfrac{\phi}{2}\right) + \alpha p_p\left[\cot^2\left(45^\circ - \dfrac{\phi}{2}\right) - 1\right]}{\left[\cot^2\left(45^\circ - \dfrac{\phi}{2}\right) + \eta\right]H} \times 100 \quad (6\text{-}1\text{-}1)$$

纯气体钻井临界内聚力可表示为：

$$C = \frac{\eta(3\sigma_{h1} - \sigma_{h2}) + \alpha p_p\left[\cot^2\left(45^\circ - \dfrac{\phi}{2}\right) - 1\right]}{2\cot\left(45^\circ - \dfrac{\phi}{2}\right)} \quad (6\text{-}1\text{-}2)$$

式中　ρ_m——钻井液密度，g/cm³；

η——应力非线性修正系数；

σ_{h1}，σ_{h2}——最大、最小水平主应力，MPa；

C——内聚力，MPa；

ϕ——内摩擦角，(°)；

α——有效应力系数；

H——井深，m。

结合常规测井数据去水化校正方法，首先对现场测井数据去水化校正，然后获得干气钻井条件下原始地层力学强度、坍塌密度分布剖面，如图 6-1-32 和图 6-1-33 所示。

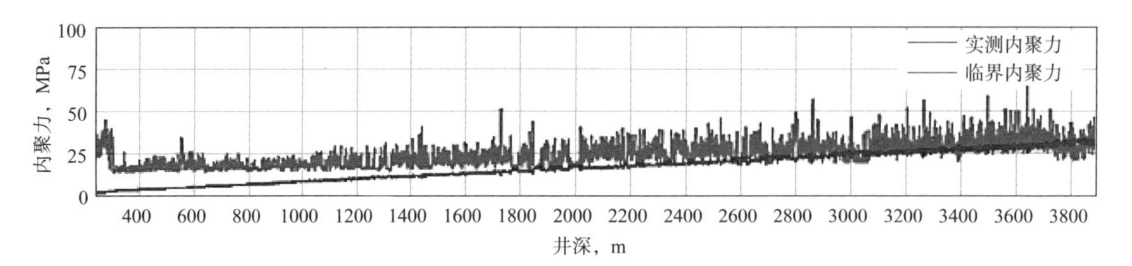

图 6-1-32　DB6 井二开井段原始地层内聚力对比图

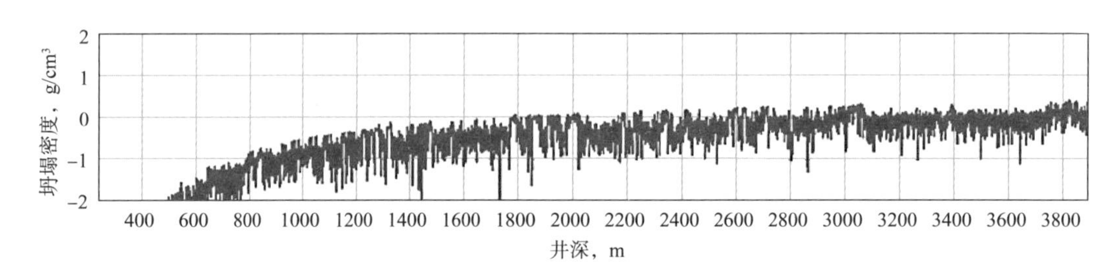

图 6-1-33　DB6 井原始地层坍塌密度分布图

可以看出，DB6 井二开井段在地层不出水条件下原始地层内聚力普遍高于干气钻井内聚力临界值，坍塌密度普遍低于干气钻井坍塌密度临界值，部分薄层干气钻井条件下存在轻微垮塌失稳，但不会造成干气钻井井下复杂卡钻事故。

（2）产水及转换条件下砾石层井筒的坍塌密度。

在干气钻井出水后或水基钻井液置换过程中，水基溶液一旦与井下水敏性砾岩层、泥岩层接触后，水基溶液在压力势差、化学势差及毛细管力共同作用下向地层渗流运移，一方面导致近井壁孔隙压力增加，作用在岩石骨架上的有效应力分布发生变化；另一方面，水溶液的渗入导致砾石颗粒间蒙脱石、伊 / 蒙混层黏土水化膨胀，粒间充填物整体强度减弱，最终导致砾石颗粒散落失稳。这是气体钻井产水后及水基钻井液转换过程中水敏性地层物理化学耦合作用井壁失稳的原理。

水溶液的渗入导致近井壁地带孔隙压力增加，随着径向深度的增加，影响程度逐渐减小。可采用多孔介质线性单向渗流基本方程评价水溶液在地层中的渗流规律：

$$\frac{1}{r}\frac{\partial}{\partial r}\left(\frac{\partial p}{r\partial r}\right)=\frac{\phi\mu_f C_t}{K_f}\frac{\partial p}{\partial t} \tag{6-1-3}$$

边界条件 $p|_{r=r_w}=p_w$，$p|_{r=\infty}=p_0$

初始条件 $p|_{t=0}=p_0$

式中 p——地层孔隙压力，MPa；

p_w——环空压力，MPa；

p_0——初始地层孔隙压力，MPa；

r——距井眼中心距离，m；

ϕ——孔隙度；

μ_f——流体黏度，mPa·s；

C_t——流体压缩系数，MPa^{-1}；

K_f——渗透率，m^2；

t——时间，s。

水溶液的侵入对水敏性岩石强度的影响程度取决于岩石矿物组分及相对含量分布、地层水和水基钻井液离子组分及摩尔浓度分布情况等。评价方法包括理论模拟和室内实验方法。

以 DB6 井二开井段为例，开展气体钻井地层产水后及水基钻井液置换过程中井壁稳定性评价分析，图 6-1-34 为 DB6 井二开井段地层产水及水基钻井液转换条件下地层坍塌密度分布情况。从图 6-1-34 中可以看出，地层一旦出水，水敏性薄层坍塌密度普遍升高，平均坍塌密度在 0.5g/cm³ 左右，部分层段坍塌密度接近 1.0g/cm³，这些层段在气体钻井过程中存在垮塌失稳，将会引起井下卡钻遇阻。

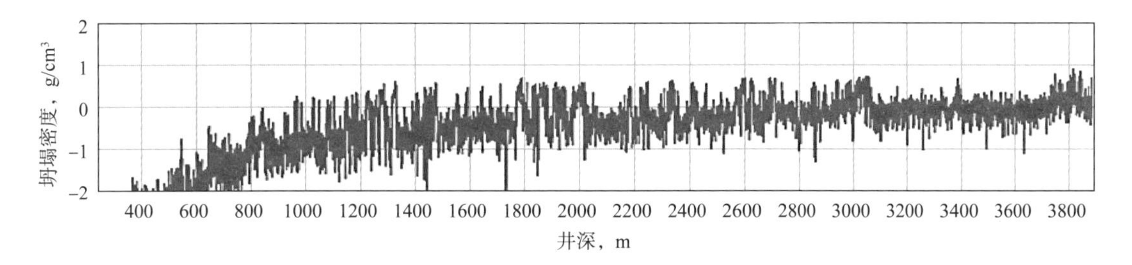

图 6-1-34　DB6 井二开井段地层坍塌密度分布情况（地层产水、水基钻井液转换）

（3）产水及转换条件下井壁（砾石及泥岩井段）的坍塌周期。

气体钻井地层产水后或水基钻井液置换过程中，水溶液在各种作用力下向地层渗流运移，随着时间的增加，水溶液侵入深度和侵入量不断增加，近井壁地带有效应力分布、岩石强度随着时间的增加不断变化，井壁稳定性不断发生变化，即为井壁坍塌周期。

结合井眼周围岩石应力与应变关系方程、力学平衡方程和变形几何方程便可得到用于描述泥页岩地层近井壁地带径向位移的方程：

$$\frac{\mathrm{d}^2u}{\mathrm{d}r^2}+A\frac{\mathrm{d}u}{\mathrm{d}r}+Bu=F \tag{6-1-4}$$

其中

$$A=-\frac{1}{1-\mu}\frac{\mathrm{d}\mu}{\mathrm{d}r}+\frac{1}{E}\frac{\mathrm{d}E}{\mathrm{d}r}+\frac{1+4\mu}{(1-2\mu)(1+\mu)}\frac{\mathrm{d}\mu}{\mathrm{d}r}+\frac{1}{r}$$

$$B=\left[\frac{1}{1-\mu}\frac{\mathrm{d}\mu}{\mathrm{d}r}+\frac{\mu}{(1-\mu)E}\frac{\mathrm{d}E}{\mathrm{d}r}+\frac{(1+4\mu)\mu}{(1-2\mu)(1+\mu)(1-\mu)}\frac{\mathrm{d}\mu}{\mathrm{d}r}-\frac{1}{r}\right]\frac{1}{r}$$

$$F=\frac{1+\mu}{1-\mu}\left\{\left[\frac{1}{1+\mu}\frac{\mathrm{d}\mu}{\mathrm{d}r}+\frac{1}{E}\frac{\mathrm{d}E}{\mathrm{d}r}+\frac{1+4\mu}{(1-2\mu)(1+\mu)}\frac{\mathrm{d}\mu}{\mathrm{d}r}\right]\varepsilon_{\mathrm{hydration}}+\frac{\mathrm{d}\varepsilon_{\mathrm{hydration}}}{\mathrm{d}r}\right\}$$

式中　σ_r，σ_θ，σ_z——近井壁地层径向应力、周向应力和轴向应力，MPa；

ε_r，ε_θ，ε_z，$\varepsilon_{\mathrm{hydration}}$——近井壁地层径向应变、周向应变、轴向应变和水化膨胀应变；

E，μ——近井壁地层水化后岩石弹性模量（MPa）和泊松比；

μ——径向位移。

边界条件：$r=r_w$ 时，$\sigma_r=-p_w$，此处以压应力为负，拉应力为正；$r=\infty$ 时，$S=-\frac{\sigma_{h1}+\sigma_{h2}}{2}$。

利用数值方法求解式（6–1–4），便可求得近井壁地层各点径向位移 μ，结合变形结合方程、力学平衡方程和应力应变方程，便可得到泥页岩地层近井壁地层各位置点的径向应力 σ_r、周向应力 σ_θ 和垂向应力 σ_z 分布情况，最后结合近井壁地带岩石强度分布情况及井壁稳定性判断准则进行产水及转换条件井壁坍塌周期计算，图 6–1–35 和图 6–1–36 为不同时间井眼周围有效应力和坍塌密度变化情况。

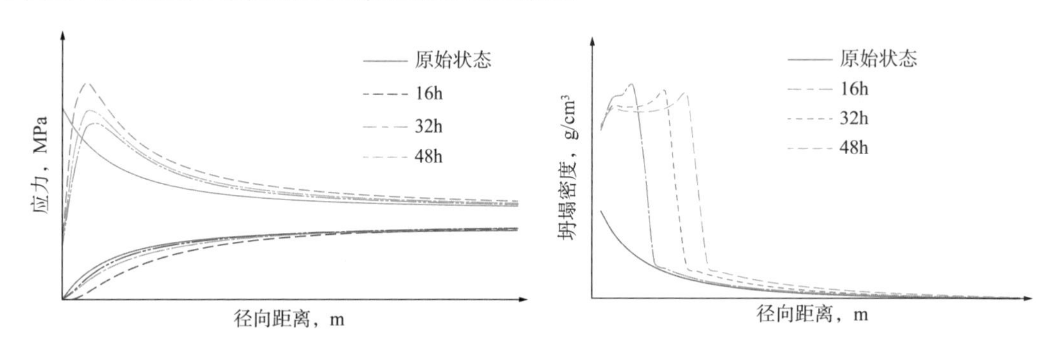

图 6–1–35　井眼有效应力分布变化图

图 6–1–36　井壁坍塌密度变化图

随着水基溶液浸泡时间的增加，井眼周围有效应力分布和井壁坍塌密度有明显变化，坍塌范围不断增加。

（二）空气连续循环系统的应用

气体钻井在携砂不畅、钻遇易垮塌地层时，若在接单根（立柱）及起钻停止循环后未带出井底岩屑或者垮塌物沉降，易造成卡钻事故。表 6–1–2 为 BZ101 井和 BZ102 井空气钻井短起下沉砂统计数据。

表 6–1–2　BZ101 井和 BZ102 井空气钻井短起下沉砂统计表

BZ101 井				BZ102 井			
井深 m	注气量 m^3/min	循环时间 h	短起下沉砂 m	井深 m	注气量 m^3/min	循环时间 h	短起下沉砂 m
3740	280	1.5	30	3590	250	0.5	8
3910	310	2.5	50.65	3669	250	0.5	39
4319.6	340	2.5	51.26	3768	280	1	58
4652	370	3	105.94	3960	340	4	60.11

解决这一问题的方式是采用空气连续循环系统，能够持续悬浮垮塌物或将垮塌物携带出井底，减少卡钻的风险。BZ101 井三开在沉砂达 105m 的情况下应用连续循环系统顺利钻进 1050m，未发生挂卡等井下复杂。

连续循环的工作原理是：预先将连续循环阀配在立柱（单根）顶端，在接单根（立柱）、起下钻时连接一条侧循环管线至连续循环阀，通过地面循环通道切换装置对主循环通道和侧循环通道进行切换，保持钻井介质始终处于连续循环状态[10]。流程示意及现场安装图如图 6-1-37 和图 6-1-38 所示。

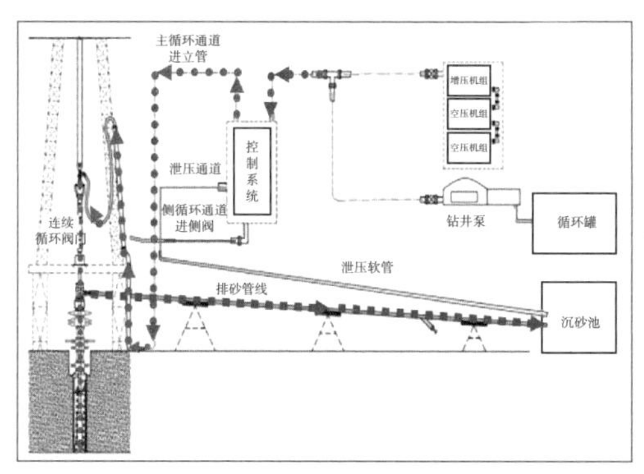

（a）主循环流程示意图

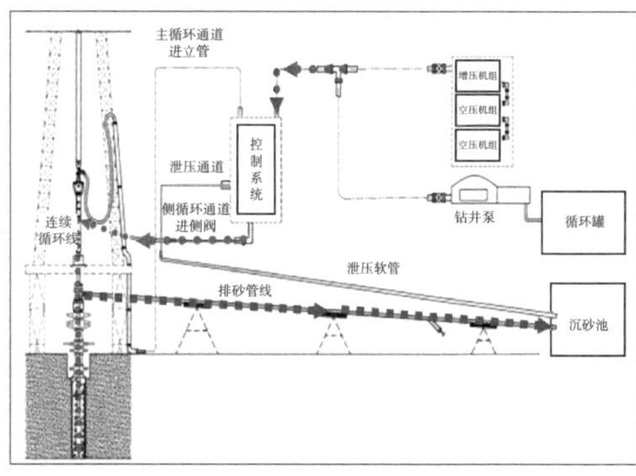

（b）侧循环流程示意图

图 6-1-37 连续循环空气钻井主循环与侧循环流程示意图

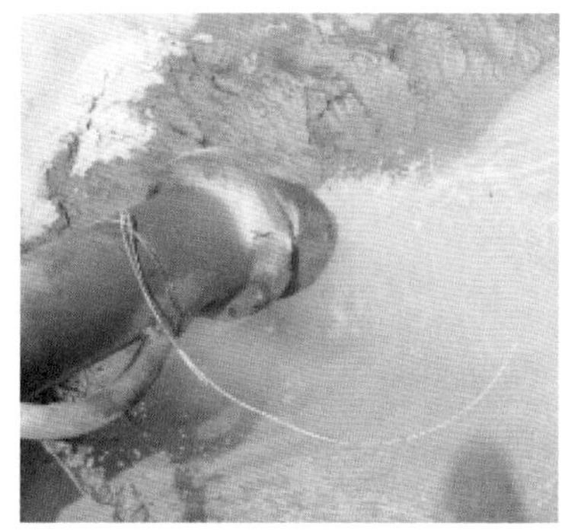

图 6-1-38 BZ101 井连续循环空气钻井侧循环现场应用图

（三）空气钻井应用效果

1. 技术优势

库车山前砾石层引进应用空气钻井技术的发展历程可概括为三个阶段[5-11]，即：

（1）第一阶段（2009—2010 年），DB6 井首次引进并开展了高产水空气 / 雾化钻井现场试验，其后在大北地区累计开展 7 井次现场试验。

（2）第二阶段（2013—2014 年），引进了连续循环系统，并在 BZ101 井和 BZ102 井三开和四开井段应用，其中：BZ101 三开和四开空气钻井平均钻速为 4.49m/h 和 4.02m/h，与 BZ1 井钻井液方式钻井相比提高了 4~5 倍，累计节约时间 112d。BZ102 井三开和四开空气钻井平均钻速为 4.41m/h 和 4.37m/h，与 BZ1 井钻井液方式钻井相比提高了 4~5 倍，节约时间 93d（图 6-1-39）。

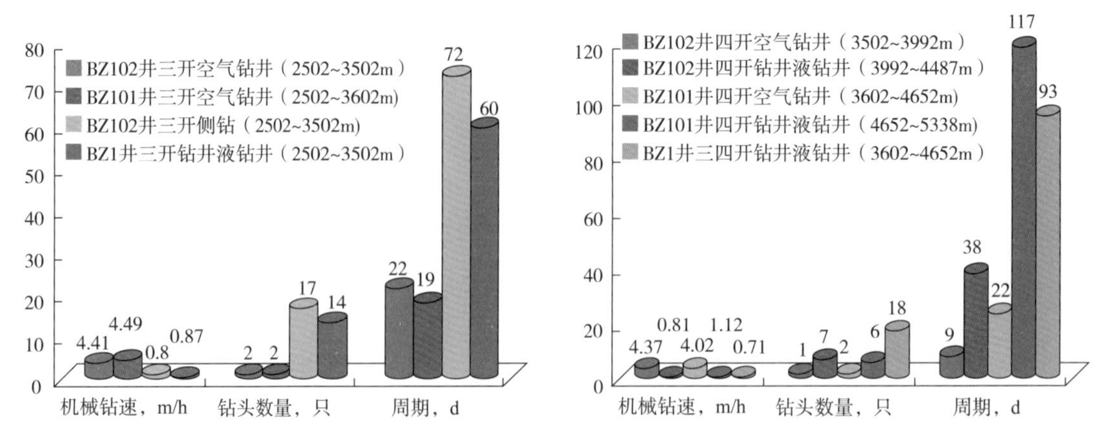

图 6-1-39　BZ101 井和 BZ102 井三开和四开空气钻井与 BZ1 井钻井液钻井效果对比图

（3）第三阶段（2018 年至今），连续循环空气钻井技术在 BZ8 井、BZ2 井和 BZ18 井推广应用，其中 BZ2 井三开空气钻井进尺 2180m，创空气钻井单井次进尺新记录（图 6-1-40）。

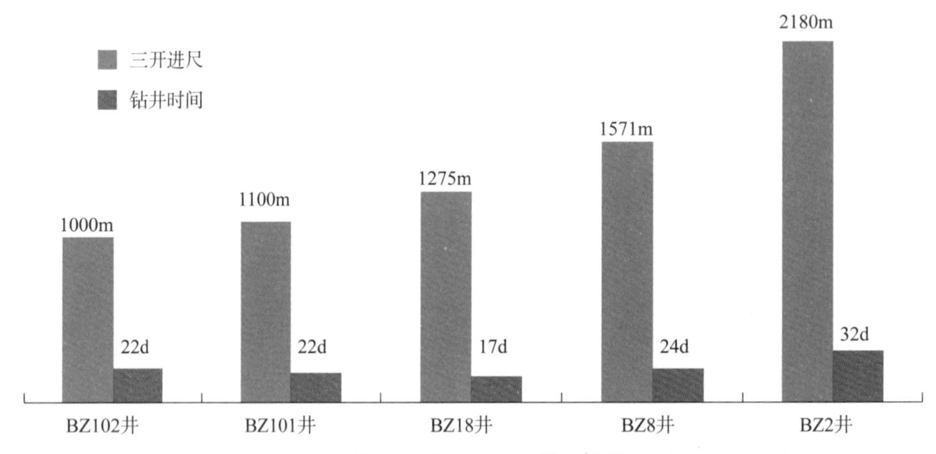

图 6-1-40　博孜区块砾石层空钻实施效果对比图

2. 存在的问题

1）随钻测斜问题

目前采用单点吊测的方式用时较长，可能导致井下复杂。由于不能随钻测斜，井斜情况不能得到及时掌握，施工参数不能实时调整，会导致井斜超标，如 DB6 井最大井斜 18°。

2）防斜打快问题

目前采用的预弯 + 双扶正器钟摆组合降斜力有限，井斜与钻压（钻时）敏感，目前均采用低压吊打防斜（钻压 1~2tf），限制了机械钻速。

3）沉砂问题

沉砂多、清理难度较大，且钻井期间一旦停止循环可能导致卡钻等复杂，可能问题是：钻时较快，岩屑未及时被带出；上部地层存在掉块，大块岩屑重复破碎；与气量有一定关系。

第二节　高陡地层垂直钻井技术

针对塔里木油田库车山前构造上部井段井斜危害，分析了井斜产生原因；在总结常规防斜技术原理及应用情况基础上，重点归类分析了自动垂钻工具的工作原理及其特点，概括了自动垂钻技术的发展历程及应用现状；结合塔里木油田自动垂钻技术应用实践凝练出了垂钻应用模板，可为上部井段防斜打快提供借鉴。

一、井斜的诱因及其危害

（一）井斜产生原因

明确井斜产生机理是有效防斜的前提。造成井斜的原因很多，但概括起来可分为两大类，即地质因素和钻具因素[12]。

1. 地质因素

地质因素影响井斜的最主要原因是地层可钻性的不均匀性和地层倾斜。地层可钻性的各向不同（沉积岩均有这样的特性），垂直层面方向可钻性差，平行层面方向可钻性好，钻头总是朝着容易钻进方向前进。当地层倾角较小时（小于45°），钻头前进方向偏向垂直地层层面方向，偏离铅垂线，造成井斜。当地层倾角进一步增大（超过60°），钻头前进方向沿平行地层层面方向下滑，偏离铅垂线，造成井斜。地层倾角在45°~65°之间时，井斜方向处于不稳定状态。

地层可钻性的纵向变化。在软硬交错地层，由于地层倾斜，钻头底面遇到软地层一侧容易钻，而另一侧遇到硬地层，则钻速很低，于是钻头偏离井眼轴线，造成井斜。

地层可钻性的横向变化。横向变化是指垂直于钻头轴线方向上的地层可钻性变化。在钻头的一侧下面钻遇较疏松地层，而另一侧钻遇较致密地层，于是钻头前进方向发生偏离，造成井斜。

2. 钻具原因

钻具的倾斜和弯曲也是导致井斜的重要因素，尤其是靠近钻头的那部分钻具。钻具的倾斜和弯曲引起钻头倾斜，在井底形成不对称切削，使井眼偏离铅垂线，造成井斜。钻头受侧向力的作用，造成钻头侧向切削，也使井眼偏离铅垂线，造成井斜。

造成钻具倾斜和弯曲的主要原因有两个：一是由于钻具直径小于井眼直径，钻具和井眼直径相差越大，钻具在井眼内的活动余地越大，这就造成了钻具的倾斜和弯曲；二是由于钻压的作用，钻具受压后易靠向井壁一侧造成倾斜，当钻压进一步增大，钻柱将发生弯曲。钻柱弯曲后，将使靠近钻头的钻具倾斜增大。此外，钻具本身弯曲，安装设备时井口不正，转盘面不水平，也有可能造成井斜。井眼直径扩大后，钻具在井眼内间隙增大，钻头靠向井眼一侧，也易使钻柱受压后弯曲，挠度增大，使井眼偏离轴线，造成井斜。

（二）井斜的危害

库车山地盐上地层属于典型高陡构造，浅层倾角普遍高，单井地层倾角大于30°的井段长达 3000m 以上，部分已钻井的最大地层倾角统计结果如图 6–2–1 所示。

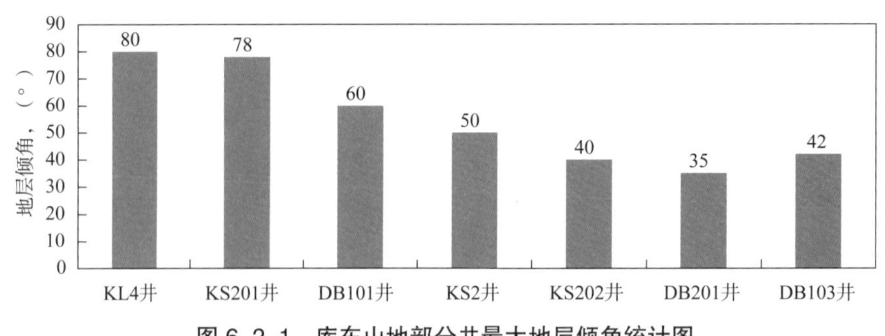

图 6–2–1　库车山地部分井最大地层倾角统计图

通过与南美洲安第斯山前、北海、巴西等地区地层倾角对标可见，库车山地与安第斯山地为全球最陡地层，地层倾角达到 80°；巴西盐下地层倾角也达到了 80°，但不是构造运动形成的，而是盐刺穿形成的（图 6–2–2）。

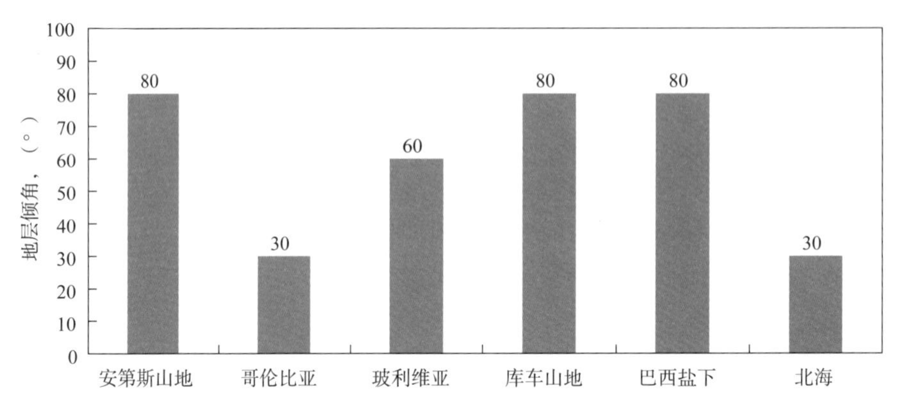

图 6–2–2　全球主要高陡构造地层的倾角对比图

高陡构造区域钻井，防斜和打快之间的矛盾往往十分突出。使用常规钻具组合在不限制钻井参数条件下，极易发生井斜超标，导致套管下入困难或者后续开次钻进时严重磨损套管，对井筒完整性和油气井生命周期产生不利影响，甚至有井因上部井段井斜超标导致工程完钻。如果使用常规钟摆组合控制钻井参数钻进，则机械钻速过慢、钻井周期过长，例如：DB3 井 ϕ444.5mm 井眼采用，进尺 2951m，钻井时间长达 157.5d；与之对比，DB302 井 ϕ444.5mm 井眼，采用自动垂直钻井技术释放钻井参数，进尺 2153m，钻井时间仅 52d。

二、自动垂直钻井技术

自动垂直钻井系统是一种具有井下自动闭环控制能力、实现井下主动纠斜、保持井眼垂直的先进钻井工具。实现钻进中对井斜的连续控制，是目前钻井领域的前沿技术。该技术可有效应对山前高陡构造、大倾角及逆掩推覆体等易斜地层：一是达到解放钻压防斜打快钻井目的；二是确保深井井身质量全优，防止套管偏磨、保障固井质量，实现井筒完整性。近年来，国内外自动垂直钻井技术得到长足发展，工作稳定性有效提升，但在使用中也需加强井斜监测，以防止工具失效，井斜快速增大。

（一）自动垂直钻井系统的类型

根据自动垂直钻井系统的工作原理，可将其划分为旋转推靠和滑动推靠两大类。当降斜（导向）钻进时，工具壳体随转盘或顶驱一同旋转的称为旋转推靠；否则属于滑动推靠。截至目前，国内外共报道研发了 10 余种自动垂钻系统，其工作原理和应用情况统计见表 6-2-1。

表 6-2-1　国内外典型垂钻系统概述表

名称	厂家	适用井眼，mm	推靠力	归类	现场应用情况
Power-V	斯伦贝谢公司	139.7~711.2	钻井液压差	旋转推靠	工业化应用（570 余井次）
ZS-VDS	中国石油大学（华东）	215.9~571.5	钻井液压差	旋转推靠	工业化应用（近 60 井次）
捷联式	胜利钻井院	215.9，311.2	钻井液压差	旋转推靠	现场试验应用（10 井次）
CUGB-VDS	中国地质大学（北京）	215.9	钻井液压差	旋转推靠	原理样机试制
Verti-Trak	贝克休斯公司	203.2~711.2	电控液压	滑动推靠	工业化应用
V-Pilot	哈里伯顿公司	311.2	钻井液压差	滑动推靠	工业化应用
VectorEXAKT	国民油井公司	406~444.5	电控液压	滑动推靠	现场试验应用（1 井次）
BH-VDT	中国石油渤海钻探工程公司	311.2~444.5	电控液压	滑动推靠	工业化应用（近 200 井次）
AVDS	中国石油西部钻探工程有限公司	311.2，406	电控液压	滑动推靠	现场试验应用（7 井次）
Verti Servo	中国航天科技集团第一研究院第十八研究所	311.2~444.5	电控液压	滑动推靠	现场试验应用（8 井次）
Scout	斯科特公司	152.4~444.5	钻井液压差	滑动推靠	国内无应用（北美 850 余趟）

（二）自动垂直钻井系统的工作原理

目前塔里木盆地已引进了 Power-V、BH-VDT 和 ZS-VDS 等多种自动垂直钻井系统。下面分别以应用最广的 Power-V 和 BH-VDT 为例介绍两类垂直钻井系统的工作原理[13-14]。

1. Power-V 垂钻系统

2002 年，斯伦贝谢公司在其 PowerDrive 旋转导向系统基础上发展了 Power-V 垂钻系统，它可在旋转钻进中实现对井斜和方位的控制。

1）系统组成

Power-V 主要由 3 个部分组成：电子控制部分，简称 CU；机械部分，简称 BU；中间的辅助部分（加长短接），简称 ES。Power-V 的整体结构如图 6-2-3 所示。

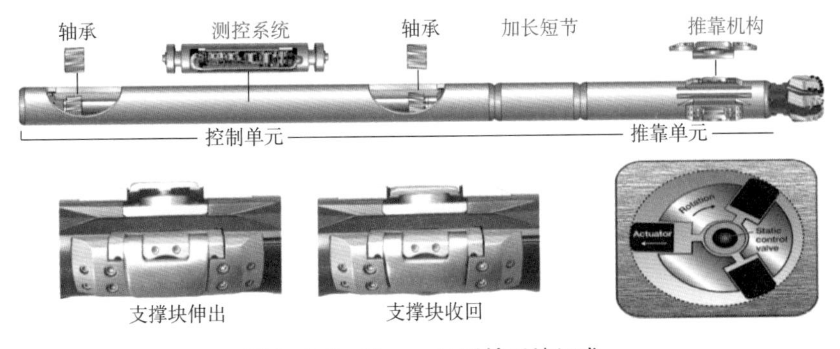

图 6-2-3　Pover-V 垂钻系统组成

控制器是 Power–V 的指挥中枢，它内部有钻井液驱动的发电机，还有陀螺、钻柱转速传感器、流量变化传感器、振动传感器、温度传感器以及电池控制的时钟等。它可以独立于外面的钻铤而旋转或者静止不转。控制器是 Power–V 的核心部件，它可以通过泵排量产生的脉冲来接收指令，改变工具的工作状态。控制器通过上下两个轴承座固定在 9in 无磁钻铤内部，从上到下分别为：数据传输口、上固定套、上叶轮、扭矩仪（顺时针方向）、压力箱、扭矩仪（反时针方向）、下叶轮、下固定套和引鞋（控制轴）。

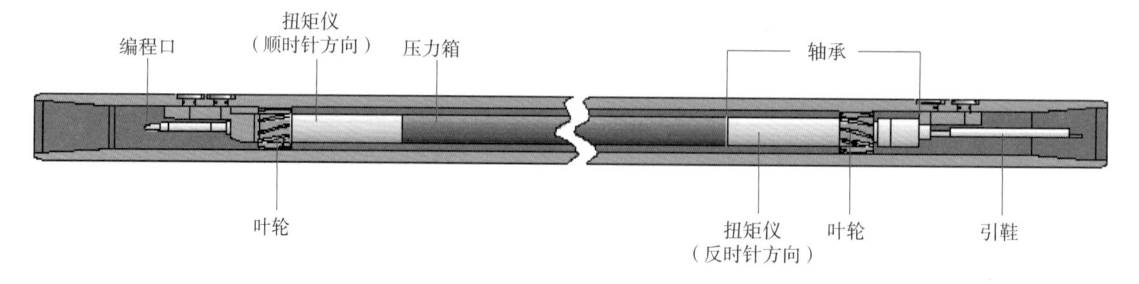

图 6–2–4　Power–V 控制器的内部结构示意图

数据传输口：通过它可以对控制器进行编程，直接设定控制器的工作状态，取数据和分析 CU 的工作情况。若上面与 MWD 直接相连，则可以随时监测工具面，确保控制器工作正常。上固定套：两个螺栓固定控制器上部。上叶轮：顺时针转动。上扭矩仪：起控制和发电的作用。压力箱：内装传感器和通信模块。下扭矩仪：起控制引鞋的作用。下叶轮：反时针转动。上下扭矩仪一起通过引鞋（也叫离合器）来控制控制轴或高压阀孔的位置。图 6–2–5 所示为 Power–V 斜口引鞋实物图。

BU 是一个纯机械执行装置，下接钻头，上接控制器，主要由 3 个 Pad（推力块或者叫伸缩块）和一个钻井液导流阀组成。伸缩块的伸缩由钻井液提供动力，并由控制阀分配。Power–V 偏置器的外部结构如图 6–2–6 所示。

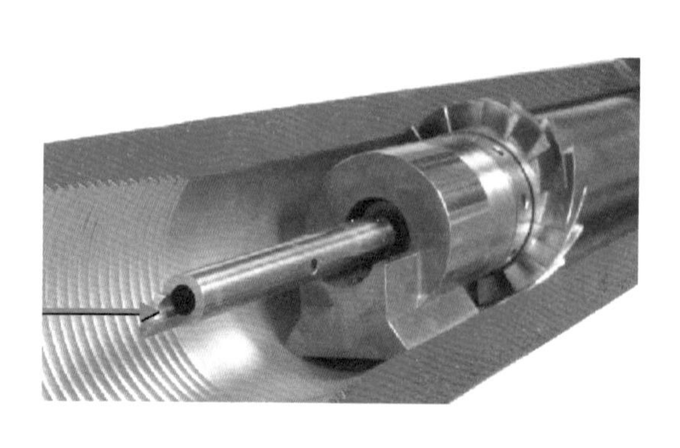

图 6–2–5　Power–V 斜口引鞋实物图

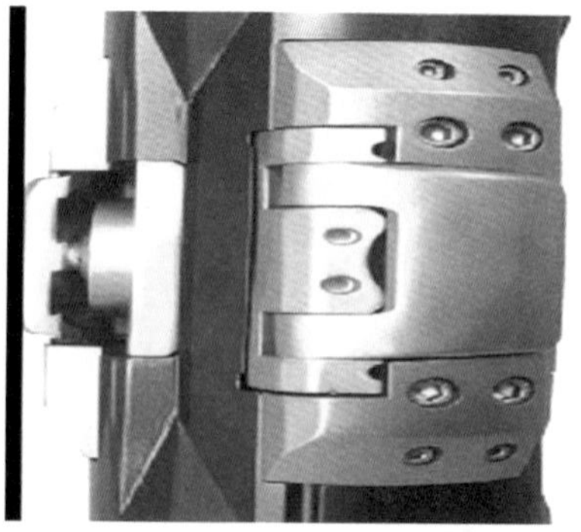

图 6–2–6　Power–V 偏置器的外部结构

伸缩块的伸出由钻井液导流阀控制。钻井液导流阀为一盘阀，由上下两部分组成。上盘阀由控制轴带动。上盘阀上有高压阀孔，与高压钻井液相通。高压阀孔做成如图 6–2–7 所示弧形长孔形状，目的是为了使高压钻井液作用在翼肋上的力具有一定的作用时间，以保证侧向控制力的作用效果。Power–V 系统的高压阀孔的圆心角约为 120°（见 Power–V 系统的导流阀结构图）。2%~5% 的钻井液由上盘高压阀孔导向与之相通的下盘阀孔。下盘

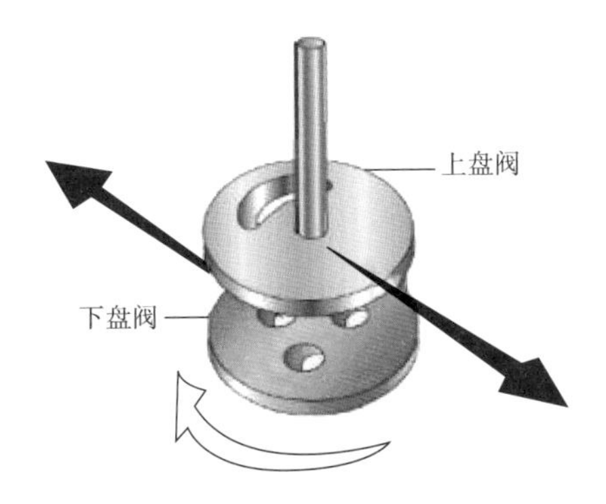

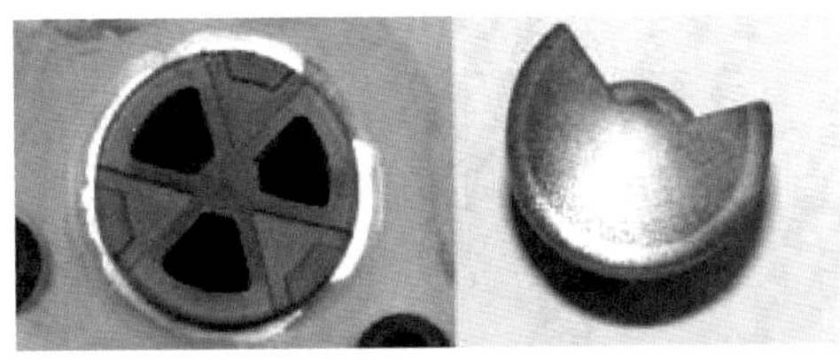

图 6-2-7　Power-V 导流阀结构

图 6-2-8　Power-V 加长短节（ES）内部的滤网

阀与导向机构轴体相固联，上面有 3 个直径相同的阀孔，阀孔下的通道通向伸缩块的活塞室。3 个阀孔之间的相位相差 120°。

伸缩块在哪个方位伸出、伸出次数的概率（百分比）都是由地面工程师通过电子控制部分决定。对井壁推力的大小是由钻头压降决定的，可以由地面人员通过调节排量而进行控制。

加长短节（ES）内部装有一个钻井液滤网（图 6-2-8），负责过滤分流后驱动机械部分 BU 当中推力块（Pad）的钻井液。主要目的是让进入推力块的钻井液保持清洁。

2）工作原理及特点

Power-V 在井下工作后，电子控制部分的内部传感器测量到井底的井斜和方位，与设定的工具面（180°，重力低边）进行比较，测控系统感知井斜后：将上盘阀开口固定在井筒高边，即上盘阀不随工具的旋转而旋转；下盘阀三个阀孔与偏置机构的 3 个伸缩块联通，并随钻具旋转；机械导向部分的 3 个导向 / 推力块在每个转动周期当转到上井壁（高边）时在钻井液液压作用下伸出，作用于上井壁以获得纠斜力，改变钻头作用方向，切削下井壁，实现降斜的目的。图 6-2-9 所示为 Power-V 垂钻系统工作原理示意图。

Power-V 系统为全旋转的垂直钻井系统，一方面可以在自动地连续地保持井眼垂直的前提下实现钻井作业，另一方面可以减少井眼的调整时间。同时，其全旋转功能可以提高井眼的清洁效率和井眼质量，减少钻具落井事故，减少机械和压差卡钻的可能性。

钻进作业过程中，Power-V 系统自动实现井下导向，对井底的实际方位并不关注。如果井斜增加，Power-V 系统可以很快测出并自动确定出需要的工具面角，以便将井眼尽快导向到垂直方向。一旦井眼处于垂直方向，那么任何的井斜趋势都可以在井下得到自动修正，并不需要地面的任何干预。如果需要在地面了解井下的实际井斜情况，可以采用单点测斜或使用 MWD 系统或 Schlumberger 公司的小脉冲系统。结合其他地面或井下技术，Power-V 可以适应任何钻机。

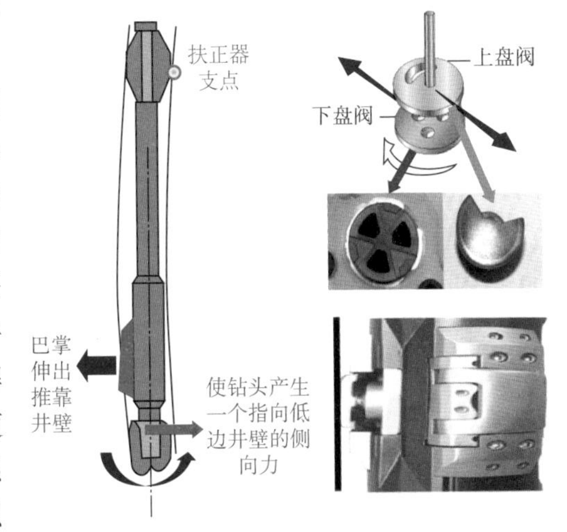

图 6-2-9　Power-V 垂钻系统工作原理示意图

3）工具序列

Power-V 进行了序列化研发，能够满足多种尺寸井眼的防斜打快需要，各型工具的指标参数见表 6-2-2。

表 6-2-2　Power-V 工具序列

工具系列	PowerV 475（国内尚无该型）	PowerV 675	PowerV 825（国内尚无该型）	PowerV 900	PowerV 1100（2 种亚型）
工具外径，mm	120.7	171.5	203.6	228.6 或 244.5	279.4
井眼尺寸，mm	139.7~165.1	215.9~250.8	266.7	304.8~374.7	393.7~469.9 或 508~660.4
最大狗腿度（°）/30m	8	8	5	5	4 或 2
最大扭矩，N·m	5420	21700	21700	65000	65000
最大载荷，kN	1500	4900	4900	6200	10140
最大钻压，kN	223	290	290	290	290
最高转速，r/min	220	220	220	220	220
堵漏剂要求，g/L	142.6	142.6	142.6	142.6	142.6
流量范围，L/s	7~25	15~60	20~80	20~95	20~95
最高温度（国内尚无高温型）℃	150	150	150	150	150
	175（高温）	175（高温）	175（高温）	175（高温）	175（高温）
最大承压，MPa	138	138	138	138	138
钻头压降，MPa	4.5~5.2	4.5~5.2	4.5~5.2	4.5~5.2	4.5~5.2
钻井液含砂量，%	＜ 0.3	＜ 0.3	＜ 0.3	＜ 0.3	＜ 0.3
上端螺纹类型	NC38	NC50	$6^5/_8$REG	$6^5/_8$REG	$7^5/_8$REG
下端螺纹类型	$3^1/_2$ APIREGBOX	$4^1/_2$REG（215.9mm）$6^5/_8$REG（241.3mm）	$6^5/_8$REG	$6^5/_8$REG	$7^5/_8$REG
钻井液碱度（pH）值	9.5~12.0	9.5~12.0	9.5~12.0	9.5~12.0	9.5~12.0

2. BH-VDT 垂钻系统

BH-VDT 系列垂直钻井工具由中国石油渤海钻探工程有限公司于 2005 年开始在德国 Smart Drilling 公司技术支持下开展研究，历经引进和自主国产化及自主研发阶段，经过数次改进，目前研发了 BH-VDT3000、BH-VDT4000、BH-VDT5000 和 BH-VDT6000 系列工具，可应用 215.9~660.4mm 范围内的井眼。井下测斜系统在井下可不旋转或缓慢旋转，控制系统发送指令指挥井斜高边方向的活塞将推靠翼推出，推靠翼推靠井壁产生反作用力纠斜。具有独立的液压驱动系统，连续的井斜控制不受钻井参数和地层特性影响。

1）系统组成

BH-VDT 垂钻工具由 8 大系统组成，如图 6-2-10 所示。

（1）机械系统的功能为在承载其他系统的前提下保证在井下安全工作，承载着电源电路、脉冲器、测量传感器、控制中心及纠斜推靠翼等所有液压电子及机械部件，是其他 7 大系统的“骨骼”。

（2）信号上传系统的功能是将接收到的数据“密码”由电子信号转变为钻井液信号，以电磁驱动或者电动机驱动的方式发生脉冲信号并上传，是工具的“喉舌”；测量系统承载于可旋转壳体内，负责多个传感器，可以随钻监控井斜、振动、温度和工作情况等多个数据。其测量零长仅 1.6m。它是工具的“感官”。

（3）控制系统的功能是处理分析工具的整体数据，并且发出纠斜指令，指挥液压系统执行纠斜，同时记录数据并向信号系统上传详细数据，它是工具的“大脑”。

（4）液压执行系统是最终执行纠斜的机构，核心部件为微型电动机、微型油泵、电磁阀。电动机带动油泵吸入液压油，经过电磁阀最终流向执行活塞，活塞伸出、推动推靠翼伸出，四翼推靠的垂钻工具根据角度计算会推出 1 个或 2 个活塞。它是工具的“肢体”。

（5）高压密封系统是由各类橡胶密封、金属密封、内部承压堵头、锁紧装置等组成，其性能决定工具耐低温存放、耐高压、抗扭等参数。对滑动推靠工具来说，高压密封系统是补强的重要一环。它相当于宇航员的“宇航服”。

（6）电源供电系统是工具所有电子和液压系统动力的来源，其主要由泥浆发电机、电路单元、线路、滑线环组成。泥浆发电机发电后输入至整流电路板，电路板负责电路的整流和输出配置，通过线路和滑线环向闭环控制系统输出。它是工具的“心脏”。

（7）软件系统包括工具维修测试软件、应用解码软件及其设备设施，确保工具出厂的功能试验、性能调整以及井下信息解码的接收和解码，它是工具的“语言”。

该垂钻工具经中国石油集团有限公司和天津市科委的鉴定，总体性能达到国际先进水平，并获得了集团公司级和公司级多项奖励，实现了垂直钻井系统的核心技术自主化、加工制造国产化、过程控制体系化、检测维保标准化、工具配套系列化，具备了产业化推广能力。

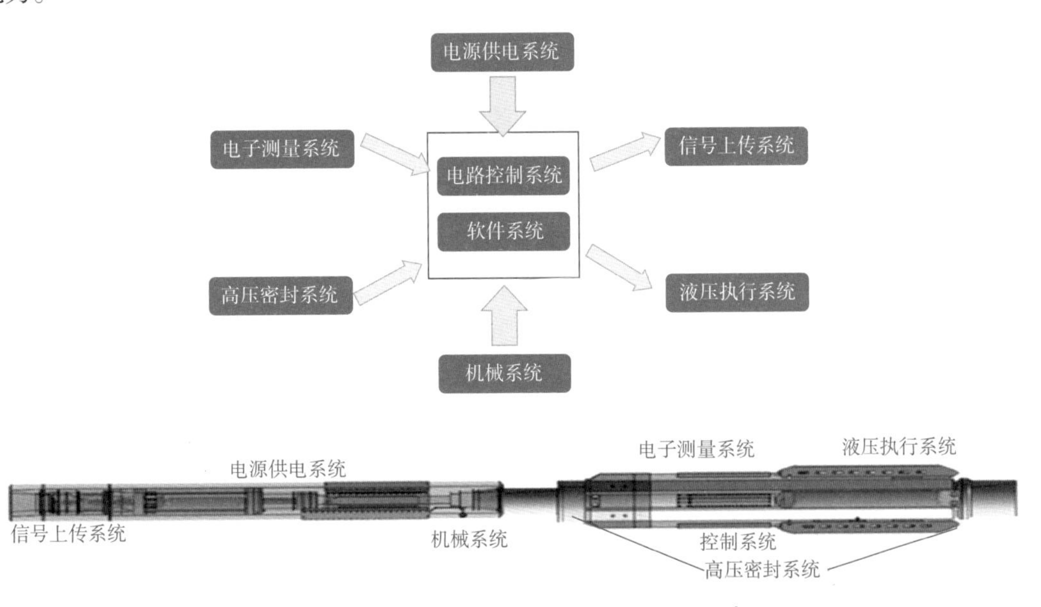

图 6-2-10　BH-VDT 垂钻系统组成及结构示意图

2）工作原理及特点

在工具的一个导向块内放有3个重力加速度计，即X轴、Y轴和Z轴三轴加速度计。X轴重力加速度计不测井斜，只是与Y轴和Z轴一起确定4个液缸的相应位置，Y轴和Z轴的两个重力加速度计测量井斜，两轴共有4个方向，即Y轴的正方向和负方向；Z轴的正方向和负方向，这4个方向与4个导向块相对应，当Y轴和Z轴处于水平时，其角度均为0°（与重力加速度的夹角为90°）。当井眼发生倾斜时，Y轴和Z轴的正方向就与水平方向产生角度，这时与正方向相对应的导向块就会伸出，支撑到井壁上，推动钻头回到垂直方向（有时只有一个导向块伸出，有时两个导向块伸出，最多两个导向块伸出，与伸出的导向块相反方向的导向块不伸出）。图6-2-11所示为导向液压缸工作原理示意图。

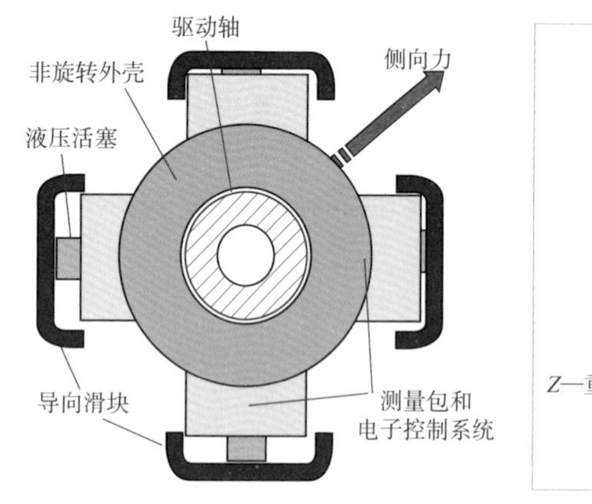

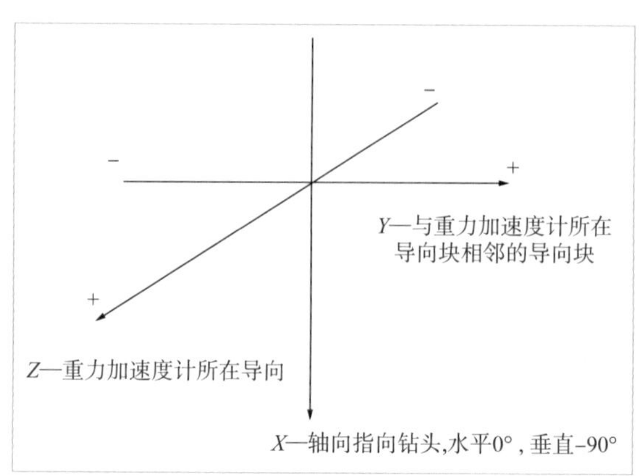

图6-2-11 导向液压缸工作原理示意图

在驱动轴和腔室的内侧的间隙内充满油，随着井深的增加，环空压力p_a也在增加，环空压力p_a一方面作用在密封圈的外面，另一方面作用在胶囊上。当环空压力作用在胶囊上时，胶囊变形，间隙内的油压升高为p_a，作用在密封圈外面的压力p_a由间隙内的油压即可平衡；另一方面，腔室内的油罐和间隙相通。因此，环空压力p_a也会传给油罐，液压泵从油罐内吸油增压，将p_2（$=p_a$+1~2MPa）压力传递给活塞，推动活塞支撑在井壁上，使钻头回到垂直方向。随着井深增加，这种压力会自动平衡，液压泵始终会在p_a的基础上增加1~2MPa，使活塞能够推动导向块。

液压泵在驱动轴旋转的过程中，始终在工作，但它有一个压力安全阀，当压力超过系统所需压力时，安全阀打开，液压油回到油罐。

该垂钻系统具有以下特点：

（1）传感器距离钻头不足1m，实现了近钻头测量。由于三轴重力加速度计位于外壳的腔室里，距离钻头的距离不足1m，再加上4个导向块的刚度很大，因此，测得的井斜即为钻头处的井斜，真正实现了近钻头测量。

（2）系统控制精度高，灵敏度为0.01°。系统的灵敏度为0.01°，只要井斜角大于0.01°，系统就开始工作，因此，控制精度很高。

（3）地层倾角大小对系统工作没有影响，自动适应地层倾角的变化。因为只要井斜角大于0.01°，系统就开始工作，因此，地层倾角的大小，对系统工作没有影响，不用人工去调节侧向力的大小，自动适应地层倾角的变化。

（4）非钻井液发电，避免了涡轮发电的磨损问题。系统发电机是由旋转的钻柱和静止的外壳之间的相对运动来驱动的，并且是密闭在腔室内，不受钻井液的影响，不会消耗额外的钻井液动力。

（5）密闭控制系统使工具不受铁矿粉加重剂的影响。由于发电机和液压泵等都处于密闭的腔室内，有液压油保护，另外，在测斜时，只测井斜不测方位，因此不受铁矿粉加重剂的影响。

（6）系统自带无线传输系统，不需要额外增加 MWD。系统集成了 MWD，因此使系统的结构更加紧凑，系统工具的总长度只有 6m。

（7）接头数量少，钻具结构简单。该系统下部直接与钻头相连。上部最多需要 2 个接头（一个转换接头和一个浮阀），钻具结构简单，确保了井下安全，减少了钻井工人的劳动强度和节约了时间，提高了生产时效。

（8）系统本身对钻井参数适用范围较宽（钻压 0~400kN、排量 30~60L/s）。

（9）泵压变化、钻头喷嘴、钻头类型对系统工作没有影响。系统对钻头类型、喷嘴组合和尺寸不作要求，只要所选钻头适合所钻地层即可；由于对喷嘴组合和尺寸不作要求，因此，钻井工程师可以根据设备的能力设计泵压。

在钻柱中接入该系统后，就像在钻柱中接入一根钻铤一样。没有任何特别要求，没有工作模式或工作状态的转换，可以正常钻进和划眼，一切和普通钻井操作一样。

3）工具序列

该垂钻系统集机、电、液、测、控等多学科于一体，较好解决了地面监控系统、地面与井下信号通信、井下高精度连续测量、井下自动导向控制以及机械本体导向机构设计等关键问题。经过 17 年的不懈努力，渤海钻探研究团队攻克了材料、设计、加工等多项难题，掌握了复杂的机械设计、测量和控制、通信、高温高压密封等核心技术，实现了核心技术自主化、加工制造国产化、技术服务产业化，工具整体性能达到国外同类产品先进水平。

该系统目前已形成 4 种规格、10 种尺寸的系列工具（表 6-2-3），可满足从 $8^1/_2$~26in 井眼的垂直钻井施工需求，现有工具 37 套，可同时服务 12 口井。

表 6-2-3　BH-VDT 工具序列

项目	BH-VDT6000	BH-VDT5000	BH-VDT4000	BH-VDT3000
适用井眼，in	26，$22^1/_2$，22	$17^1/_2$，17，16	$13^1/_8$，$12^1/_4$	$9^1/_2$，$8^1/_2$
工具长度，m	6.27	6.05	5.86	6.34
最高耐温，℃	150	150	150	175
最大承压，MPa	140	140	140	175
最大钻压，kN	400	300	250	200
最大扭矩，kN・m	60	30	30	20
最大转速，r/min	150	200	250	250
适用流量，L/s	50~90	45~80	35~60	20~43

三、自动垂直钻井技术应用

（一）Power-V 垂钻系统

自 2004 年以来，Power-V 工具在塔里木油田共应用 575 井次，累计完成进尺 105×10^4m，已成为库车山前高陡构造地层防斜打快标配技术（图 6-2-12）。其中，2017—2019 年共应用 250 井次，完成进尺 41.2×10^4m。目前，Power-V 垂钻系统在塔里木盆地的市场份额约为 70%。

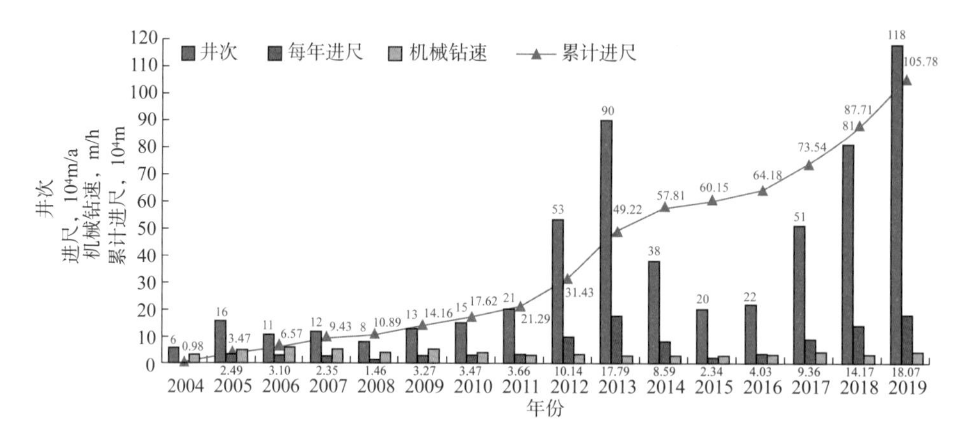

图 6-2-12 2004—2019 年 Power-V 在塔里木油田应用情况

［典型案例 1］迪那 2 气田盐上高陡构造（15°~80°）二开直井段（200~3800m）应用 Power-V 垂直钻井工具与 ϕ406.4mm 钻头钻进，较常规技术，实现控制井斜 1°以内，机械钻速提高 8 倍，盐上地层钻井工期由 132d 大幅压减至 28d，且能够一趟钻钻穿二开井段，创造了显著的技术经济指标（平均节约费用 300 余万元），验证了 Pover-V 在高陡构造中的纠斜能力（图 6-2-13）。

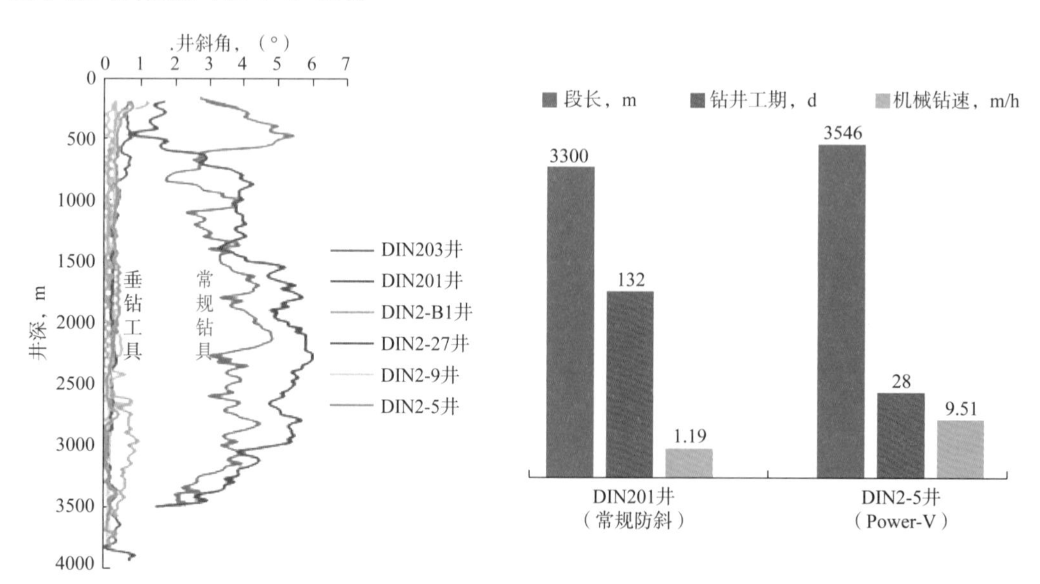

图 6-2-13 迪那 2 气田 Power-V 在高陡构造中的防斜打快效果

［典型案例 2］为实现复杂盐膏层（易缩颈卡钻）防斜打快需求，克深地区应用“油基钻井液 +Power–V+ 高效 PDC”，井斜控制在 1° 以内，机械钻速提高 3~4 倍，钻井工期由 40d 降至 14d（图 6–2–14）。

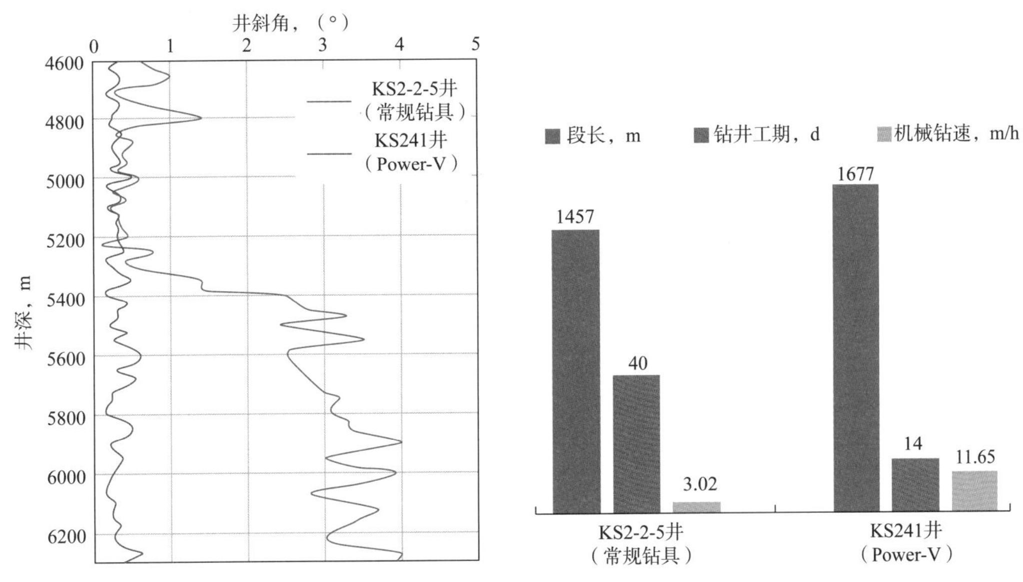

图 6–2–14　克深地区 Power–V 在油基钻井液中的防斜打快效果

［典型案例 3］为实现超深层（压力 > 138MPa）垂直钻井需求，2018 年在 KS5–4 井（241.3mm 井径）等 11 口井中成功应用 Power–V HP 工具（耐压 173MPa），机械钻速提高 2~3 倍。证实 Pover–V 实际承压能力高于其标定的指标（143MPa）（图 6–2–15）。

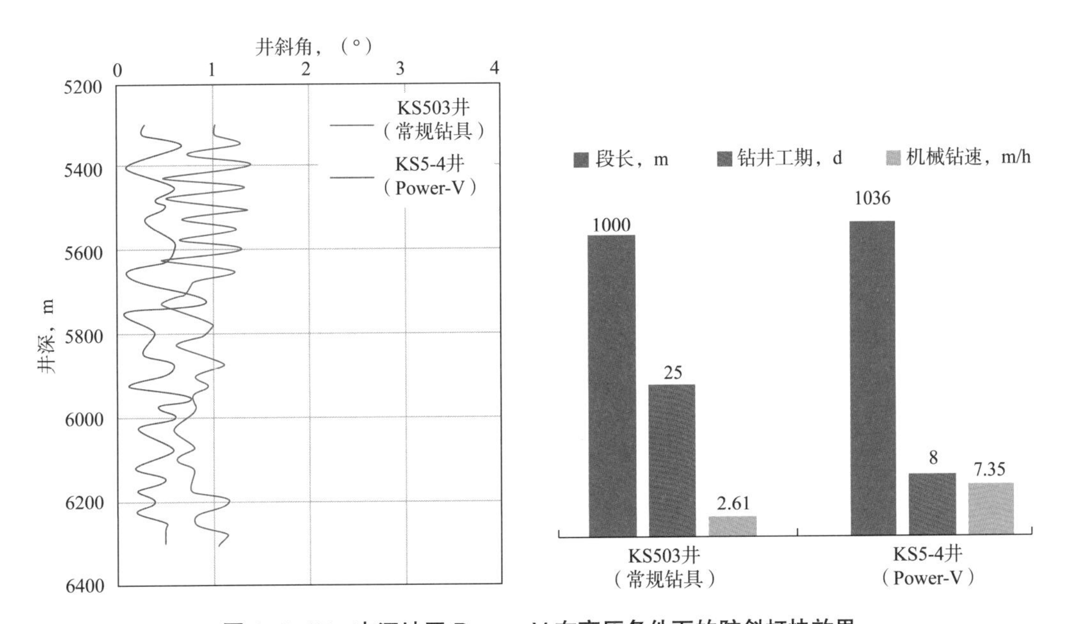

图 6–2–15　克深地区 Power–V 在高压条件下的防斜打快效果

Power–V 在砾石层钻进时，伸缩块的耐磨和抗震能力有待提升，MWD 无信号、井下工作时间短时有发生（图 6–2–16）；温度超过许用的 150℃后，测控装置失效（图 6–2–17）。因此，Power–V 有必要从以下方面进行改进：

（1）升级 Power–V 推靠块材质，提高耐磨能力；

（2）提高 MWD 井下工作稳定性和持久性；

（3）研发抗高温高压垂钻工具（175℃，210MPa）。

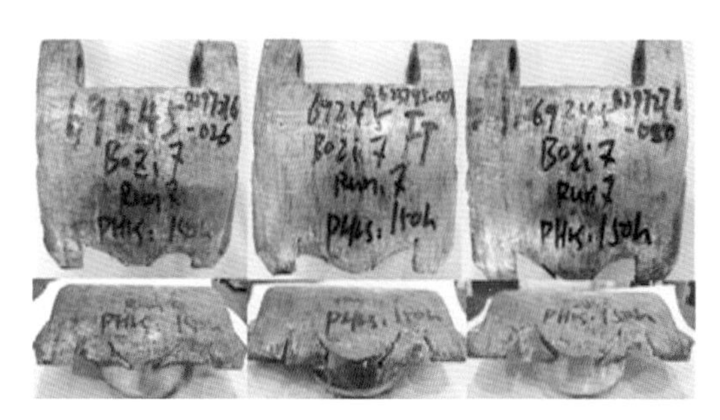

图 6–2–16　BZ7 井 Power–V 推靠块磨损情况

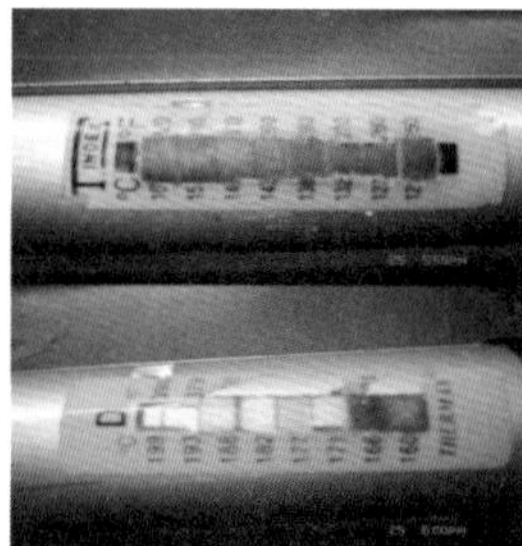

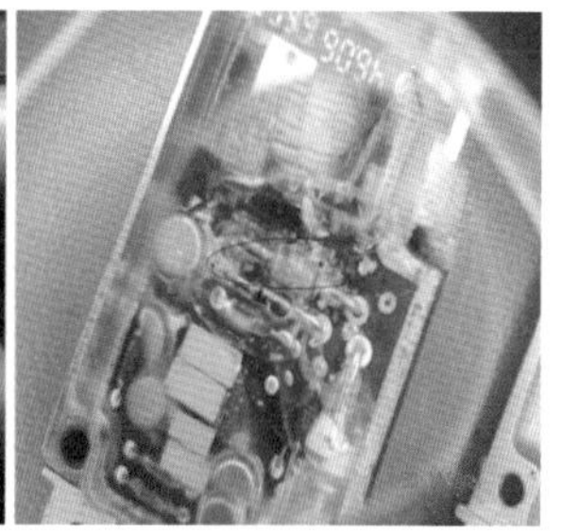

图 6–2–17　YQ6 井井底 157℃ Power–V 测控装置失效

（二）BH–VDT 垂钻系统

BH–VDT 垂直钻井系统的创新研究，成功实践了合作引进—消化吸收—再创新的科研攻关之路，系列工具已在塔里木油田等地推广应用 140 余井次，累计进尺 20 余万米，稳居国产工具服务量榜首。在施工地区刷新了多项钻井纪录，防斜打直、钻井提速效果显著。

［典型案例 1］大尺寸垂钻工具长入井时间防斜打快——TW1 井、DQ7 井。

TW1 井是新疆油田在准噶尔盆地南缘冲断带布置的一口风险探井，设计井深 7950m，采用五开井身结构完井。二开设计钻头尺寸为 ϕ571.5mm，井段 200~2800m。地质资料表明，该区块地层倾角为 10° 左右，钻进防斜问题较为突出，要求二开井眼应用垂直钻井技术。工程设计难点及技术措施如下：

（1）地层倾角大，井斜控制困难。邻井东湾 1 井地层较为平缓，倾角为 0°~10°，砾石层厚度达 1850m；QIB1 井上部无砾石层，但地层高陡，倾角为 55°~60°，钻进中易产生井斜。采用国产滑动式 BH–VDT 垂直钻井技术进行防斜打直。

（2）上部砾石层发育，钻进过程中跳钻严重。二开 ϕ571.5mm 井眼钻遇地层为第四系、新近系独山子组和塔西河组上部，上部钻遇约 1850m 砾石层，跳钻严重，钻具事故风险高。采取配合使用水力加压器或减振器降低跳钻，并及时调整钻井参数的措施。

（3）上部地层疏松，渗透性好，井漏风险高，井壁容易失稳。采取保持钻井液液柱压力高于地层坍塌压力，提高钻井液护壁和封堵性，并坚持“两短一长”的短起下措施，通过提拉稳定井壁。

（4）大井眼摩阻大，起下钻易发生阻卡。打完立柱划眼 2 遍，无阻卡后再接立柱，每钻进 200m 短起下 1 次，起下钻遇阻卡吨位不超过 100kN，否则采取划眼及倒划眼方式处理。

（5）井眼尺寸大，环空返速低。二开为 ϕ571.5mm 大尺寸井眼钻进，环空返速低，携岩困难。调整好钻井液性能以保证携砂，在井下及机泵条件允许时尽量提高排量，增加环空返速满足携岩的要求。

（6）二开 ϕ473.1mm 套管下深 2800m，悬重 5310kN，使用该井身结构套管下入井段长、悬重高、间隙小、套管下入难度大。钻进过程中保证井身质量，尤其做好上部地层的防斜打直，同时下套管前进行通井，提高钻井液润滑性，保障套管顺利下入；当阻卡严重时要进行扩眼作业，使用卡盘及 7500kN 吊卡、吊环，以确保套管顺利下入。

针对以上难点，设计钻具组合为：ϕ571.5mm 牙轮 /PDC+VDT 工具 + 转换接头 +SJ242 水力加压器 /241 双向减振器 + 转换接头 +ϕ279.4mm LDC+ϕ568mm F1+ϕ279.4mm 浮阀 + 转换接头 +ϕ228.6mm LDC × 6+ 换接头 +ϕ203.2mm LDC × 6+ 转换接头 +ϕ139.7mm WDP × 5+ϕ149.2mm DP。TW1 井二开均采用单扶组合，该组合只有 1 个扶正器，本身为强降斜组合，其优点是钟摆侧向力大、降斜率高；缺点是井眼方位稳定性差且不能承受大钻压。当 BH-VDT 垂钻工具工作时，相当于在近钻头处增加了一个变径扶正器，整个钻具调整为弱降斜组合，钻进时既能承受较大钻压又能平滑降斜，同时 BH-VDT 垂钻工具始终推靠井壁高边，使钻头既能保持垂直方向钻进，又能达到稳定降斜的目的，符合 TW1 井实际需求，最终现场采用该组合实施控斜钻进。在砾岩层钻进时严格按照垂钻三维振动数据要求使用牙轮钻头，合理优化钻井参数，保证 X 轴振动 $< 2g$（g 为重力加速度），Y 轴振动 $< 1g$，Z 轴振动 $< 1g$，超出该振动值时应及时降低钻井参数，保证工具的工作时效。虽然工具设计的最大扭矩为 30kN · m，但为了保障工具的安全和长寿命，针对 ϕ571.5mm 这种大尺寸井眼，最大安全扭矩设置为 20kN · m。

优化后 BH-VDT5000 垂钻工具于 230m 深度入井，井斜 0.6°，钻进至 2800m 出井，井斜 0.1°，90% 井段井斜控制在 0.2° 以内，井身质量控制良好，总入井时间 1438.5h，总进尺 2570m，其中最大单趟入井时间达到了 416h，工具性能表现稳定，未出现因工具使用造成的井下复杂情况发生。TW1 井二开钻井的成功应用表明，改进后的 BH-VDT 非常规尺寸垂直钻井工具可满足山前复杂井的施工要求，达到了防斜打直、提高机械钻速、节约钻井周期的目的。

DQ7 井是部署在塔里木盆地库车坳陷秋里塔格构造带上的一口预探井，二开 ϕ571.5mm 井眼钻至井深 2824m，共使用 3 套 BH-VDT6000 垂直钻井系统进行施工，用时 28.9d，平均入井时间 235h，单趟入井时间最长达到 344h，刷新了 BH-VDT6000 垂直钻井系统单趟入井时间纪录，进一步验证了该系统的可靠性和稳定性，对比设计周期结余 18.1d，创造了东秋区块二开大井眼最快完钻纪录。

[典型案例 2] 高陡构造防斜打快效果优于国外产品——KS203 井和 KS21 井。

KS203 井位于库车坳陷克拉苏构造深部区带中段克深 1-2 号构造带，是布置在克深 2 号构造东侧翼部的一口评价井。克深 1-2 号构造带是典型的山前高陡构造，地层倾角在 45° 左右，具有可钻性差及自然造斜能力强等特点，容易造成井斜；施工井段地层岩性为含砾细砂岩、粉—细砂岩不等厚互层，局部夹薄层棕色、棕褐色泥岩，地层软硬交错，可钻性差，容易造成机械钻速慢，钻井周期长。

KS203 井设计井深为 6990m，采用五开井身结构设计。二开设计井眼直径为 444.5mm，井段 200~1802m。由于地层倾角较大，岩性各向异性，强度软硬交错，极易造成井斜。自井深 244m 开始使用 BH-VDT5000 垂直钻井系统，到 1802m 完成施工任务井段，共使用工具 2 台套，入井 2 次，PDC 钻头 1 只，自 244m 开始，井斜始终控制为 0° ~0.1°，钻至 1061m 时，因工具失效导致井斜达到 1.5°，后起钻更换新的垂直钻井系统，新系统入井后井斜很快降至

0.1°以内，直至1802m完成服务井段，井斜始终保持在0.5°以内。

与同区块使用国外公司Power–V垂直钻井系统转盘转钻进的KS204井和KS2井对比情况见表6–2–4。

表6–2–4　BH–VDT与Power–V钻进情况对比

井号	垂钻工具	钻进井段，m	纯钻时间，h	平均机速，m/h	钻压，tf	排量，L/s
KS203井	BH–VDT	244~1802	158.6	9.83	12~14	52
KS204井	Power–V	238~1802	253.4	6.17	14~16	50
KS2井	Power–V	200~1802	200.9	7.97	12~14	55

在相同区块，钻压和排量相近的前提下，使用BH–VDT5000垂直钻井系统钻进的KS203井机械钻速较邻井KS204井和KS2井分别提高59.32%和23.34%，充分体现了系统防斜打快的先进性能。

目前，工具服务市场占有率逐步提高，打破了国外公司技术垄断、市场垄断和价格垄断，使国外产品技术服务价格降低50%以上，为油气勘探开发做出了积极贡献。在塔里木油田的现场应用中创造了如下技术指标：

（1）BZ11井创塔里木油田博孜区块砾岩层单趟钻进尺纪录1326m；

（2）XQ1井单趟最长入井时间达到444.5h；

（3）KS2–1–14井创最高日进尺纪录742m；

（4）KS241–J1井刷新塔里木油田克深区块$13^1/_8$in井眼单趟钻进尺纪录2381m。

第三节　窄密度窗口地层精细控压技术

窄密度窗口是指地层孔隙压力和破裂压力、漏失压力之间的安全钻井密度窗口较小，在常规钻井方式下环空压力波动将超过安全钻井液密度窗口，进而造成井漏、井涌和井壁失稳等复杂工况，导致钻井周期延长，时效降低，成本增高。窄密度窗口安全钻井问题已成为制约该类油气藏勘探开发的技术瓶颈之一。精细控压钻井技术能够精确控制整个井眼的压力剖面，是国际上解决窄密度窗口安全钻井问题的最新方法，我国业已研发了具有自主知识产权的精细控压钻井技术，目前已开始推广应用，成为许多油气田开发的必备技术。

一、精细控压技术简介

国际钻井承包商协会（IADC）对控压钻井（MPD）的定义为：精细控压钻井技术是一种用于精确控制整个井眼环空压力剖面的自适应钻井过程，其目的是确定井下压力环境界限，并以此控制井眼环空压力剖面的钻井技术。

随着控压钻井技术的发展，逐步形成了系统的工艺理论，形成了不同控压钻井的工艺技术和方法，主要包括井底恒压控压钻井技术（CBHP）、微流量控压钻井技术（MFC）、加压钻井液帽钻井技术（PMCD）、双梯度钻井技术（DGD）、HSE控压钻井技术等[15–16]，并在陆地钻井和海上钻井中均获得了良好经济效益。

（一）精细控压钻井理论基础

钻井作业中，在井筒里形成环空压力的因素众多，包括压力波动、井口回压、环空的循环压耗以及井筒的液柱压力等。在常规的钻井作业之中，最重要的控制手段就是对钻井液密度的调节，但其缺点是时效性太弱。另外，因系统并不是全封闭型，所以虽然对井底的压力控制也能借助对循环排量的调节加以实现，但是并不能保证其控压的连续性。而控压钻井技术的控压原理则是低密度钻井液在循环状态时，保持其动态处于安全的密度窗范围里，如果循环停滞，则会加以相应程度的回压于井口位置，从而将静态液柱压力继续合理控制于安全的密度窗范围中，从而起到保障钻井安全的目的。

常规钻井技术仅能通过改变钻井液密度来控制井底压力，在窄窗口钻井中存在以下几点局限性：（1）难以控制由循环压力引起的井下复杂问题；（2）无法控制井下压力的大幅波动；（3）不能有效降低非生产时间、增加钻井效率。尤其当钻井泵关闭，由于循环系统停止，井底压力将会大幅度改变。持续循环的钻井液系统成本非常高，并且应用不广泛。控压钻井设备具有回压补偿系统，安装在环空出口处，能够在井口提供一个额外的回压在较大范围内来补偿井底压力的波动。在封闭循环系统中，基本的压力方程为：

$$p_{bh}=p_s+p_a+p_{bp} \tag{6-3-1}$$

式中　p_{bh}——循环钻井时井底液柱压力，MPa；

p_s——钻井泵关闭时，由钻井液产生的静液压力，MPa；

p_a——有循环钻井液产生的环空摩阻压力（AFP），MPa；

p_{bp}——回压泵和节流管汇产生的井口回压，MPa。

则基本流量方程为：

$$Q=Q_p+Q_{bp}+Q_f \tag{6-3-2}$$

式中　Q——节流管汇上质量流量计所测得的流量；

Q_p——钻井泵流量；

Q_{bp}——回压泵流量；

Q_f——地层液体或气体的侵入流量。

图 6-3-1 所示为精细控压钻井不同工况下压力组成。

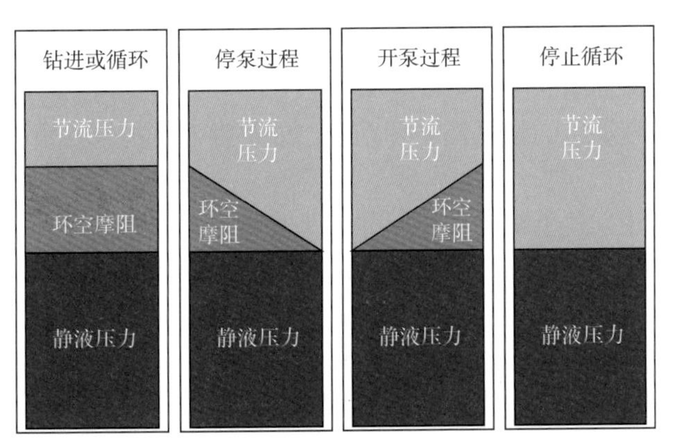

图 6-3-1　精细控压钻井不同工况下压力组成

因为控压钻井限制气体从地层溢出量，保证井下安全的条件下，发现和保护储层，因此要求式（6–3–2）中地层气体侵入流量需要小于井口返出总流量的 5%。建立自定义的流量和压力两个关键参数分析方法，建立自动压力控制方式，即实时记录流量变化的特征时间及对应工况和参数，根据实时水力模型计算所需井口压力，闭环压力控制，必要时进行人工干预，调整井口回压。具体地是根据出入口流量差进行分析判断，利用流量差的瞬时量（微分量）可进行信号分析；利用流量差的平均量（平衡量）校正钻井泵上水效率；利用流量差的累计量（积分量）校正流量计累计量，真实反映溢流、漏失量。

图 6–3–2 所示为精细控压钻井控制模式图。

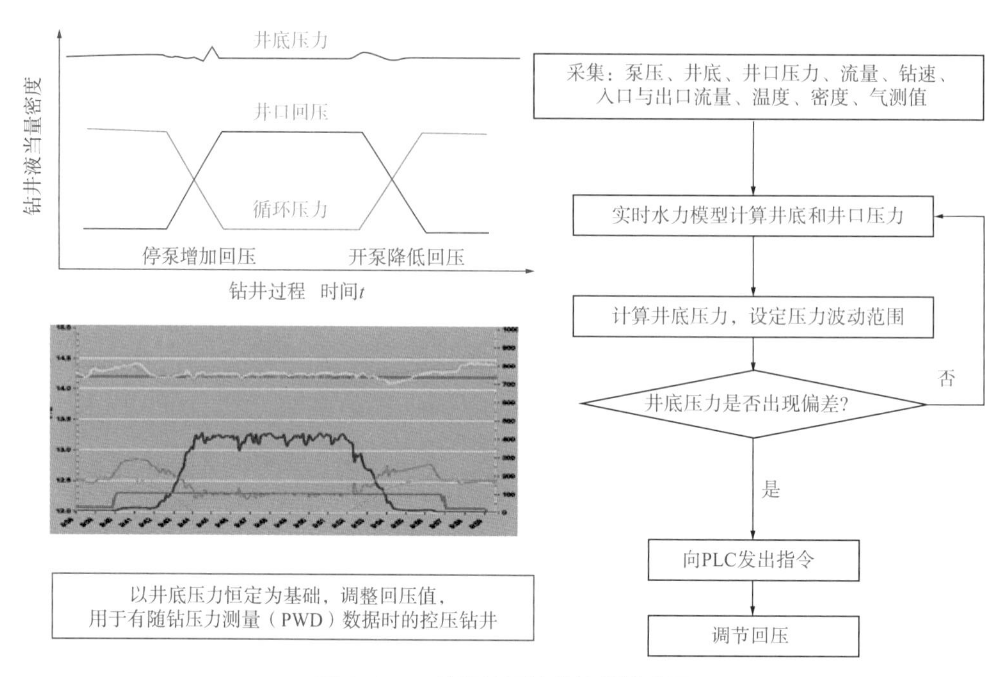

图 6–3–2　精细控压钻井控制模式图

（二）控压钻井技术的特点与优势

控压钻井系统采用封闭循环系统，能更精确地控制整个环空的压力剖面，通过调节环空压力来补偿钻井液循环产生的附加摩阻。正常情况下，控压钻井是一种比常规近平衡钻井压力波动更小的钻井方式，不会诱导地层流体侵入，有利于消除很多常规钻井存在的风险。该技术具有以下特点和优势：

（1）使用封闭和可承压的钻井液循环系统，能够控制和处理钻井过程中可能产生的任何形式的溢流；

（2）以较常规钻井方式更精确地控制井筒（或特地复杂地层）压力剖面为目标，实现安全钻井；

（3）能有效解决裂缝性复杂地层的井漏问题，减少钻井液损失；

（4）能减少井底压力波动，延伸大位移井水平位移，减少对储层的污染和伤害；

（5）减少不稳定地层失稳与垮塌问题，避免阻卡发生；

（6）有利于减少套管层次和钻井成本。

（三）中国石油控压钻井技术研究与应用进展

1. PCDS 精细控压钻井技术

2008 年，中国石油集团钻井工程技术研究院依托国家科技重大专项，经过两年自主科研攻关，于 2010 年在精细控压钻井成套工艺装备等方面取得重大突破，填补了国内在该领域的空白。该成果在理论和技术上整体达到国际先进水平，在欠平衡控压钻井工艺、工况模拟与系统评价方法上达到国际领先，是我国成为少数掌握该项技术的国家，主要取得以下创新：

（1）自主研发国内首套精细控压钻井成套工艺装备，包括自动节流、回压补偿、井下随钻测量、监测与控制软件系统。创新形成多策略、自适应的环空压力闭环监测与优化控制技术，实现了 9 种工况、4 种控制模式和 13 种复杂条件应急转换的精细控制，井底压力控制精度 0.2MPa 以内，技术指标优于国际同类技术，形成规范和行业标准。

（2）创新建立集钻井、录井和测井于一体的控压钻井方法，实现了作业现场数据采集、处理与实时控制；独创了井筒压力与流量双目标融合控制的钻井工艺及井筒动态压力实时、快速、精确计算方法；实现了深井井下复杂预警时间较常规钻井提前 10min 以上，为安全控制赢得时间；成果实现穿越深部碳酸盐岩水平井多套缝洞组合，水平段延伸能力平均增加 210%，显著提高了单井产能。

（3）首次突破国际控压钻井采用微过平衡的作业理念，率先开展欠平衡控压钻井应用，创新形成欠平衡精细控压钻井工艺。建立了井筒压力、井壁稳定和溢流控制新认识，现场应用效果优于微过平衡控压钻井，应用领域大幅拓展。通过可控微溢流控压钻井同时解决了发现与保护储层、提速增效及防止窄密度窗口井筒复杂的世界难题，为国际首创。

（4）发明了控压钻井工况模拟装备及系统评价方法。该装置可完成井底与井口压力模式、主备阀切换、高节流压力工作模式、模拟溢流、漏失、溢漏通存的控压钻进等 10 类测试，属国内外首创，实现了对控压钻井工艺与装备的测试与评价，为产品质量、安全生产和规模应用提供了重要保障。

2012 年，该成果获国家重点新产品、国家优秀产品奖、中国石油十大科技进展，2013 年获省部级科技进步特等奖，2014 年获中国石油自主创新重要产品，2015 年获中国专利优秀奖，2016 年获中国石油“十二五”十大工程技术利器。截至目前，PCDS 精细控压钻井技术与装备先后在中国石油塔里木油田、西南油气田、辽河油田、新疆油田、华北油田、大港油田和冀东油田等 7 个油气田，中国海油印度尼西亚 BETARA、渤海等 2 个油气田及山西致密砂岩气区块，中国石化西北油田顺南区块 2 个区块的 60 余口井进行了现场应用，实现了深部裂缝性、溶洞型碳酸盐岩等复杂地层的安全高效快速钻进，解决了溢、漏共存的窄安全密度窗口地层的安全钻井难题应用效果显著，为我国的石油工业生产和开发提供了一种新的技术手段。

2. CQMPD 精细控压钻井系统

2011 年，中国石油川庆钻探工程有限公司成功研发了 CQMPD 精细控压钻井系统，并于当年 11 月在冀东油田 NP23-P2009 井上实现了该技术的首次工业化应用。该成果入选了“2011 年度中国石油十大科技进展”，2014 年获中国石油天然气集团公司自主创新重要产品。该系统主要包括自动节流控制系统，回压补偿系统、井下压力随钻测量系统、监测与控制系统 4 大核心部分；采用模块化、可组合策略，具有微流量和井底动态压力监控双功能，可实现压力闭环、快速控制，井底压力控制精度0.35MPa，尤其适宜于窄密度窗口地层的安全钻进。2011—2017年，CQMPD精细控压钻井技术先后在我国川渝地区和冀东地区及土库曼斯坦进行了应用，有效解决了井涌、井漏等复杂情况，取得了显著效益。

3. XZMPD控压钻井系统

2009年6月，中国石油西部钻探工程有限公司开始研发XZMPD型控压钻井系统，于2010年8月配套完成了第一台工业样机。XZMPD控压钻井系统主要由钻井参数监测系统（包括井下PWD）、决策分析系统、电控系统、地面自动节流控制及回压补偿系统5部分组成，具备自动闭环逻辑分析—分系统联动—连续只能井筒压力控制功能。通过使用小于地层孔隙压力的钻井液密度，应用自动节流回压控制技术，对整个井筒压力进行闭环管理，抵消钻进、停泵、接单根、起下钻产生的井筒压力波动，将井筒压力锁定在目标值附件的一个很小的波动范围内，从而有效地解决窄密度窗口地层常规钻井井涌、井漏等复杂问题。XZMPD控压钻井系统在新疆油田、青海油田狮子沟区块、乌兹别克斯坦明格布拉克油田进行了应用，在解决钻井溢漏复杂、保护发现储层方面取得重要成效。

4. 连续循环钻井技术

2008年，中国石油集团钻井工程技术研究院依托国家科技重大专项和中国石油天然气集团公司项目开展井口连续循环钻井系统研发。2010年完成国内首台井口连续循环钻井系统试验样机组装，并开展了系统测试、上卸扣扭矩载荷试验等一系列的室内测试。2011年9月至2012年10月，在大港科学试验井累计开展了3次连续循环试验，完成了试验样机的系统联调、关键参数和技术检测、井场适应性测试以及连续循环接单根模拟试验等重要任务，在10~20MPa压力条件下成功完成24次连续循环接单根作业，最快作业时间缩短至20min以内，达到了预期试验目标。2013年开始，在试验样机基础上对井口连续循环钻井系统进行工业化改进和升级，主要集中在动力钳性能提升、电液控制系统和控制软件改进以及作业流程和参数优化等，同时建立了专用的动力钳和整机室内循环测试平台，为样机改进测试提供了重要保障。2014年完成了国内唯一一台井口连续循环钻井系统工业样机试制，并进行了动力钳和整机室内循环测试。2015年在大港科学实验井开展了现场试验，在5~20MPa压力下累计完成接、卸单根40次，为现场应用积累了宝贵经验。试验结果表明，工业样机的动力钳最大卸扣扭矩提高至100kN·m以上，作业过程中压力波动显著降低，系统可靠性得到进一步提高，具备完整的连续循环钻井和起下钻作业能力，整体性能达到国际先进水平。

目前该技术已在川渝和新疆等多个区块开展现场试验15口井，最终完善形成了阀式连续循环钻井技术，定型了系列装备和工具。

二、精细控压钻井设备及工艺流程

本部分主要以PCDS系统为例介绍精细控压钻井设备组成及控压钻井的工艺流程。该系统的布局如图6-3-3所示。

（一）设备组成及功能

精细控压钻井系统一套自适应的闭环压力控制钻井系统，采用模块化设计、分散集成控制思路，进行 4 层结构、4 级优化控制。主要由数据监测（井下压力存储仪或随钻压力温度测量系统、地面监测与控制系统）和控制装备（自动节流控制系统与回压补偿系统）两大部分、四大关键装备以及配套的旋转控制头和液气分离器系统等组成。

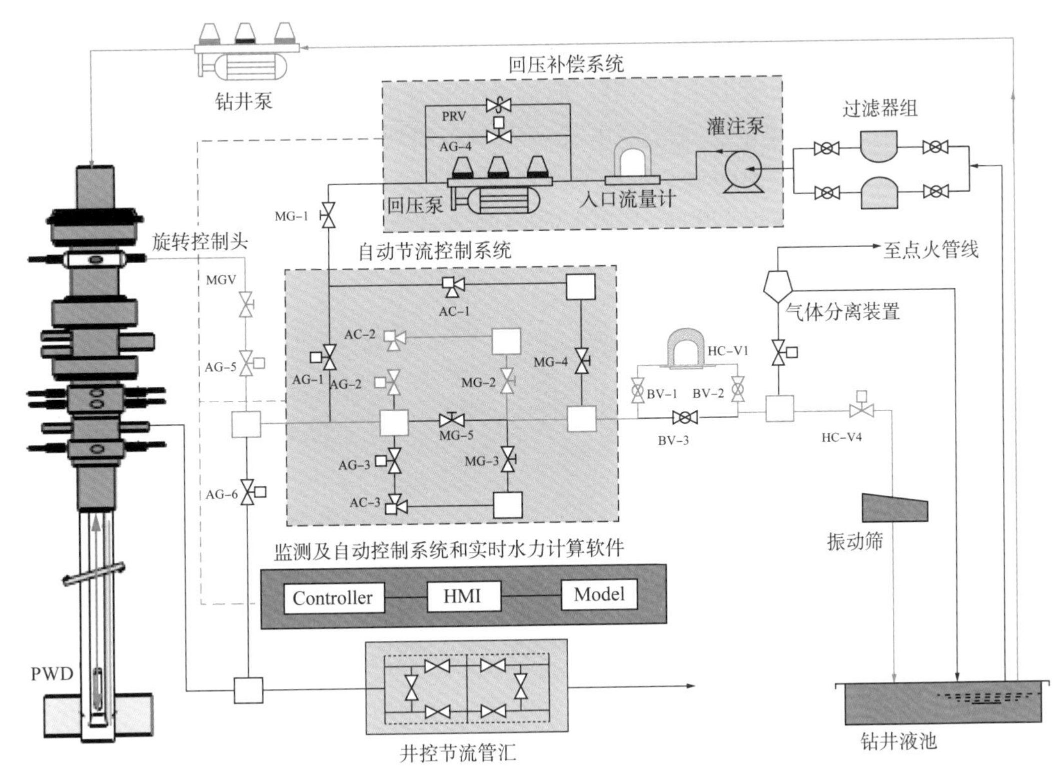

图 6-3-3　PCDS 精细控压钻井装备布局图

1. 旋转控制头

旋转控制头是一种能够在精细控压钻井、气体钻井、液相欠平衡钻井过程中，起到密封钻杆与环空间隙的装置，同时能够边旋转边钻进。其壳体通径为 346mm，底法兰型号为 $13^{5}/_{8}$in，动压为 17.5MPa，静压为 35MPa，最大转速为 100r/min，工作温度为 -40~120℃，轴承通径为 177.8mm，出口法兰型号为 $7^{1}/_{16}$in。图 6-3-4 所示为 Williams 7100EP 高压型旋转控制头。

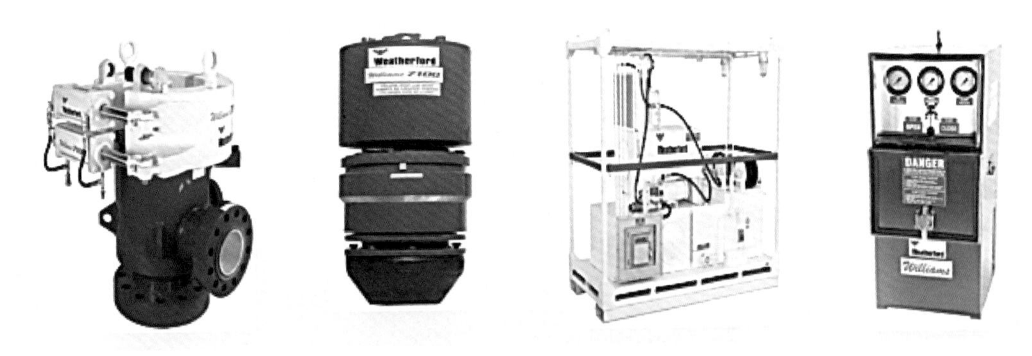

图 6-3-4　Williams 7100EP 高压型旋转控制头

2. 自动节流管汇系统

自动节流控制系统是精细自动控制井口套压的专用装备，能准确控制套压到目标套压，进而确保控制井筒环空压力在安全窗口内，并保证井底压力平稳，是精细控压钻井系统关键装备之一，自动节流控制系统主要组成：7 个手动平板阀、3 个自动节流阀、3 个气动平板阀、4 个压力变送器、1 个高精度质量流量计、1 个手动操控箱组成。节流管汇采用三通管道设计，自动节流管汇主要参数：额定工作压力 35MPa、最大过流质量 350t/h、压力控制精度 ±0.5MPa、流量监测精度 1‰、产品规范级别 PSL–3、产品性能级别 PR1、额定温度级别 P–U、主通径 103mm、辅助节流管路通径 78mm、气源压力 0.6~0.8MPa、尺寸为长 × 宽 × 高 =6650mm×2200mm×2160mm（图 6–3–5 和图 6–3–6）。

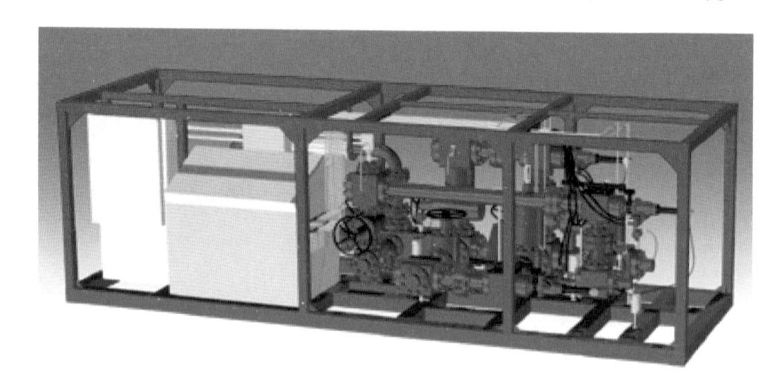

图 6–3–5　自动节流管汇橇三维结构图

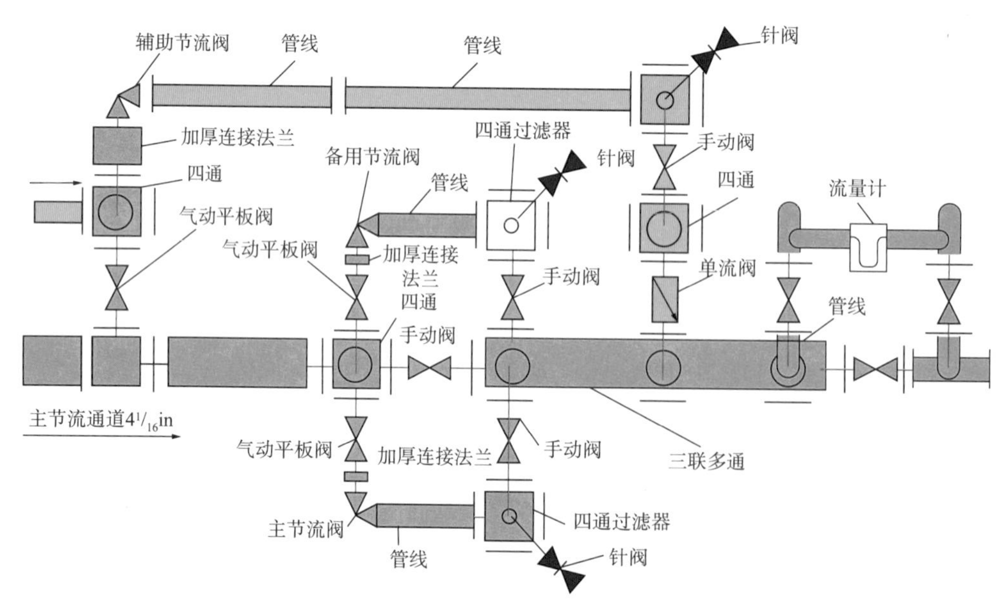

图 6–3–6　自动节流管汇结构图

自动节流管汇有主节流通道、备用节流通道、辅助节流通道三个节流通道，备用通道增强了系统的安全性。

（1）主节流通道，钻井液流经节流阀 A；

（2）备用节流通道，钻井液流经节流阀 B；

（3）辅助节流通道，钻井液流经节流阀 C。

每个通道均由气控平板阀、液控节流阀、手动平板阀及过滤器组成。气控平板阀用于切换节流通道，液控节流阀用于调节井口回压，手动平板阀用于关闭通道，在线维护、维修时使用，过滤器用于过滤大粒径颗粒，防止质量流量计堵塞蹩压造成损坏。

节流阀 A 和节流阀 B 为大通径的节流阀，供正常钻井大排量时使用，节流阀 A 为主节流阀，正常钻井时使用；在节流阀 A 工作异常或堵塞时，才自动启动节流阀 B，并通过平板阀关闭节流阀 A 的通道。节流阀 C 为辅助节流阀，通径较小，在钻井小排量或钻井泵停止循环时，启动回压泵，节流加回压使用。

自动控制的气动平板阀，在不同钻井工况下转换时，用于切换节流通道。其他阀门在管汇中正常工作时均处于常开或常关状态。

质量流量计可以精确测量钻井出口流量，用于测量排量变化，为实时计算环空摩阻、及时调整回压提供实时数据；质量流量计的另一个作用是进行微流量监测，判断井下是否存在溢流或者漏失。

3. 回压补偿系统

回压泵橇主要由一电动三缸柱塞泵、一台交流电动机驱动、一条上水管线、一条排水管线以及质量流量计组成。交流电动机采用软启动器控制启动、由系统自动控制；上水管线装有过滤器、入口流量计，排水管线有空气包、截止阀、单流阀。橇体正面三维结构如图 6–3–7 所示。

图 6–3–7　回压泵橇正面三维结构图

主要技术参数为：额定压力 25MPa、电动机功率 160kW、最大输入功率 125kW、电动机转速 740r/min、出口管抗硫等级 EE 级、泵内减速比 1 : 4.5、冲程长度 150mm、柱塞直径 125mm、泵水功率 100kW、排量 12L/s、外形尺寸为长 × 宽 × 高 =6200mm × 2150mm × 2270mm。

工作介质为清水或钻井液，吸入管直径为 5in 通径、602 活接头螺纹，排出管直径为 2in 通径、602 活接头螺纹。采用循环油润滑，泵体自带动力端、柱塞润滑系统。防爆等级Ⅱ类，回压泵电动机型号为 YB2–355M–8 型，卧式三缸柱塞泵型号为 TB350 型。

回压泵为一整装橇结构，回压泵是一个小排量的卧式三缸柱塞泵。采用交流电动机驱动，具备软启动功能，由系统进行自动控制。回压泵的主要作用是流量补偿。它能够在循环或停泵的作业过程中进行流量补偿，提供节流阀工作必要的流量。它也能在整个工作期间，排量过小时，对系统进行流量补偿，维持井口节流所需要的流量。其目的是维持节流阀有效的节流功能。回压泵循环时是地面小循环，不通过井底。自动控制的回压泵系统采用动态过程控制，能快速响应，在钻井工况需要时有自动产生回压的功能。

回压泵橇基本结构如图 6-3-8 所示。

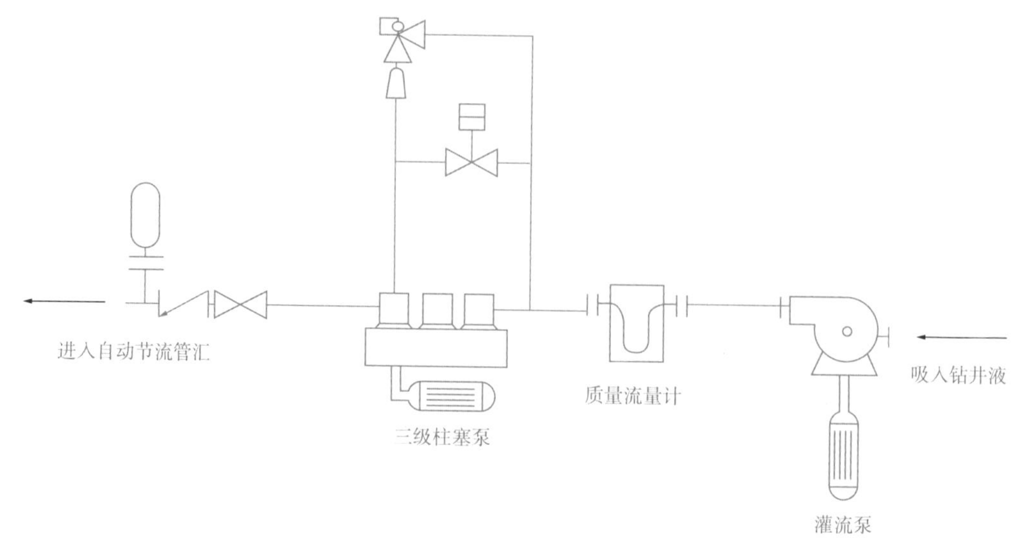

图 6-3-8　回压泵橇基本结构图

4. 控制中心房组成

控制中心房是地面压力控制装置的大脑，可实现数据采集的信息汇总、处理，实时水力计算以及控制指令的下达。PCDS-I 精细控压钻井系统核心部分——自动控制系统放置在控制中心房内，其系统框架结构如图 6-3-9 所示。

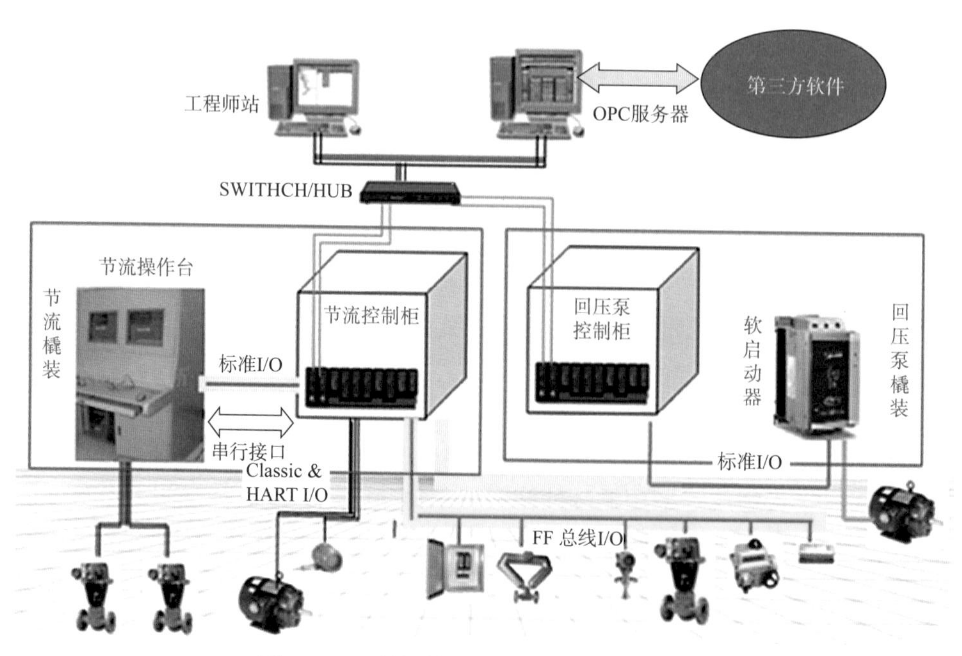

图 6-3-9　精细控压钻井系统控制框架结构

节流管汇橇装和回压泵橇装上分别安装一个现场控制站（置于防爆控制柜中），以实现对节流管汇和回压泵的分别控制，在控制中心房放置一台工程师站（兼有操作员站和OPC通信的功能），实现对两个橇装上的设备的集中监控。在节流橇装上，节流操作台和现场控制站进行互连和通信；在回压泵橇装上，现场控制站和软启动器进行互连和通信。图6-3-10所示为实时水力学计算/自动控制软件结构原理图。

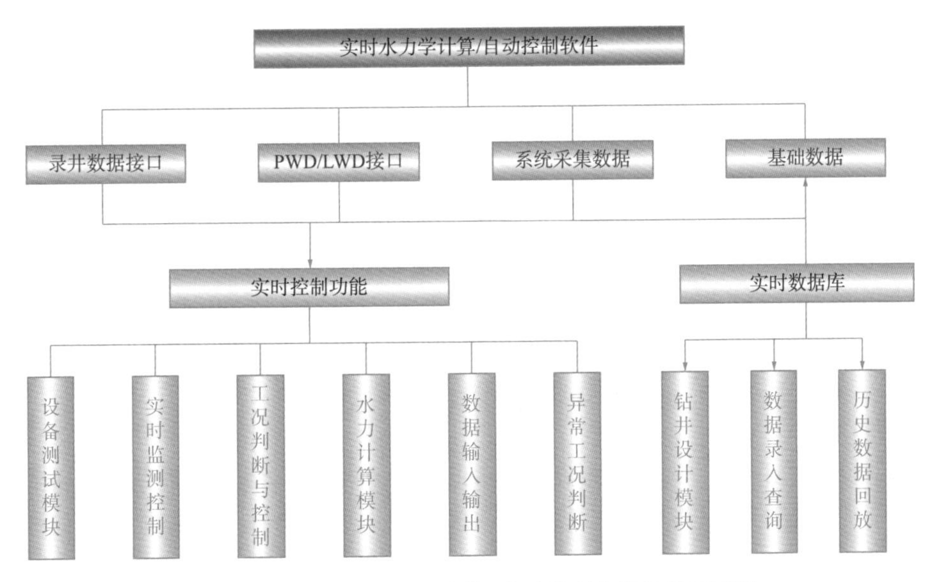

图6-3-10　实时水力学计算/自动控制软件结构原理图

5.液气分离系统

精细控压钻井过程中进行气体分离过程为先由液气分离器分离大气泡，再由除气器分离小气泡。除气器的功用是除掉小气泡，所谓小气泡一般是指直径小于1.5875mm的气泡。液气分离系统的功用是将从井筒内返出的流体进行气、钻井液、钻屑、油等分离，由液气分离器、除气器、固控系统、撇油系统、排气和燃烧系统等组成（图6-3-11）。

图6-3-11　液气分离系统示意图

1）液气分离器

液气分离器的作用是将气泡从液体中分离出来，分离方式有密度差、流向差、相容性和过滤、混合萃取。分离器的工作压力等于游离气体由排出管排出时的摩擦阻力。分离器内始终保持一定高度的液面（钻井液柱高），如果上述摩擦阻力大于分离器内钻井液柱的静液压力，将造成“短路”，未经分离的混气钻井液就会直接排入振动筛。分离器产生短路一般是在混气钻井液中出现大量气体（峰值）的条件下发生的。这表明分离器的处理能力不足。图6-3-12所示为液气分离器实物图。

2）除气器

除气器安装位置：除气器的进口管线接在第二个罐（紧靠沉砂罐）的搅拌器之后，这样可以利用搅拌器将 4~25mm 大直径气泡除去，以方便除气器的吸入，同时也可避免旋流除砂器用的离心砂泵发生自锁（图 6–3–13）。

图 6–3–12　液气分离器实物图

图 6–3–13　除气器实物图

3）撇油系统

撇油系统的功能是，撇油罐将钻井液中的油分离出来，储油罐储存分离出的油待回收。撇油罐上配置的液泵将纯洁的钻井液泵回钻井液循环系统。该系统由撇油罐和储油罐组成。图 6–3–14 所示为撇油系统原理示意图。

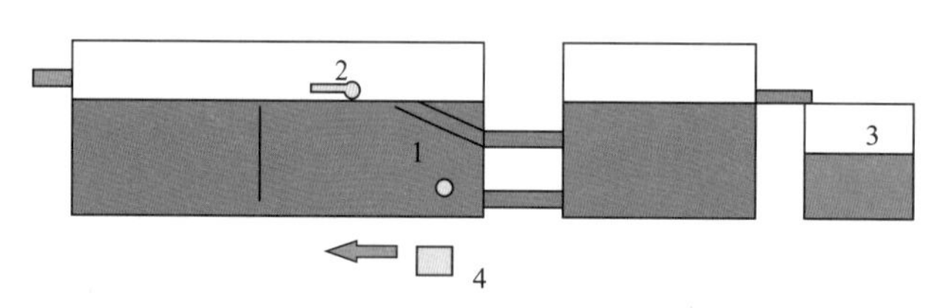

图 6–3–14　撇油系统原理示意图

1—虹吸管；2—浮子；3—储油罐；4—干净的钻井液返回循环系统

4）防回火装置

防回火装置内部是由抗高温金属丝或金属片缠绕而成的，具有一定厚度，作用是防止燃烧的火焰回燃到燃烧管线内部。防回火装置的特点是允许气体通过，阻止火焰通过。

5）井下工具

精细控压钻井用井下工具主要包括：单流阀、储存式或随钻压力测量仪器（PWD）、套管阀等。

单流阀是精细控压钻井中，接单根和起下钻时用来封住钻杆内流体，不会倒流的工具（图 6–3–15）。一般钻具组合中，在近钻头位置安装 1~2 个单流阀。

图 6–3–15　钻具单流阀示意图

PWD 工具用于测量井底压力和温度，同时实时传输至地面，为精细控压钻井提供可靠依据（图 6–3–16）。

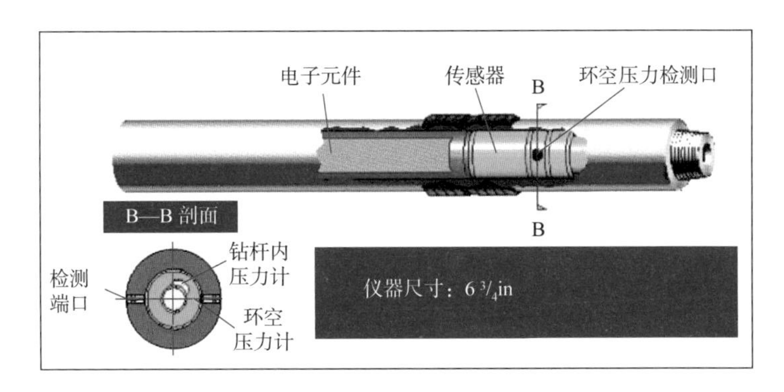

图 6-3-16　PWD 工具示意图

储存式压力计可以分点记录精细控压钻进时的井底压力和温度数据，起出钻具后下载，进行分析和校核（图 6-3-17）。

套管阀的作用包括：起下钻过程中封隔裸眼，不必压井，减少起下钻时间；完井作业时也不用压井，避免对地层的伤害；钻完井全过程使井保持欠平衡状态；减少整个钻完井过程的费用，使欠平衡作业更容易，更安全；通过地面液压管线控制阀门的开关；DDV 可永久安装，也有可回收式以供选择。图 6-3-18 所示为套管阀实物图。

图 6-3-17　储存式压力计结构

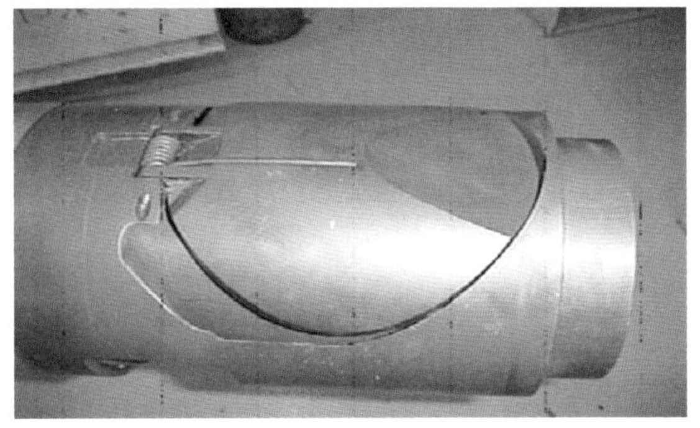

图 6-3-18　套管阀实物图

（二）工艺流程

1. 试钻

根据设计参数，调整好监测软件和井口回压附加值。试钻 5m，实时观察扭矩、上提拉力、立管压力、出口流量及返砂情况。若井下正常，保持原有参数钻进。若井下异常，则根据实际情况调整钻井参数，再次试钻，直到井下稳定。

2. 控压钻进

在钻进工程中，若有油气侵入井筒并达到系统报警值后，自动节流管汇将开始自动调节回压，迅速控制地层流体侵入量，井口附加回压安全值上限为 5MPa。当溢流量较大，造成井口回压超过该值时，应考虑调整钻井液性能。

当井下出现漏失时，应根据实际情况，在能够建立循环的条件下，逐步降低井口回压，寻找压力平衡点。在井口回压为 0 仍无效时，应考虑降低钻井液密度，直到井下恢复正常。若降低钻井液密度后，井壁稳定性不能满足控压钻井需求时，应转为常规钻井。

控压钻井期间，若井壁出现坍塌征兆，应立即施加一定的井口回压，上限控制在5MPa内，循环观察井壁稳定状况。若能够解决井壁坍塌，则继续钻进，否则，应考虑提高钻井液密度至井壁稳定。

3. 控压钻井流程

控压钻进时循环流程如图 6-3-19 所示，控压钻井接单根（立柱）、起下钻时循环流程如图 6-3-20 所示。

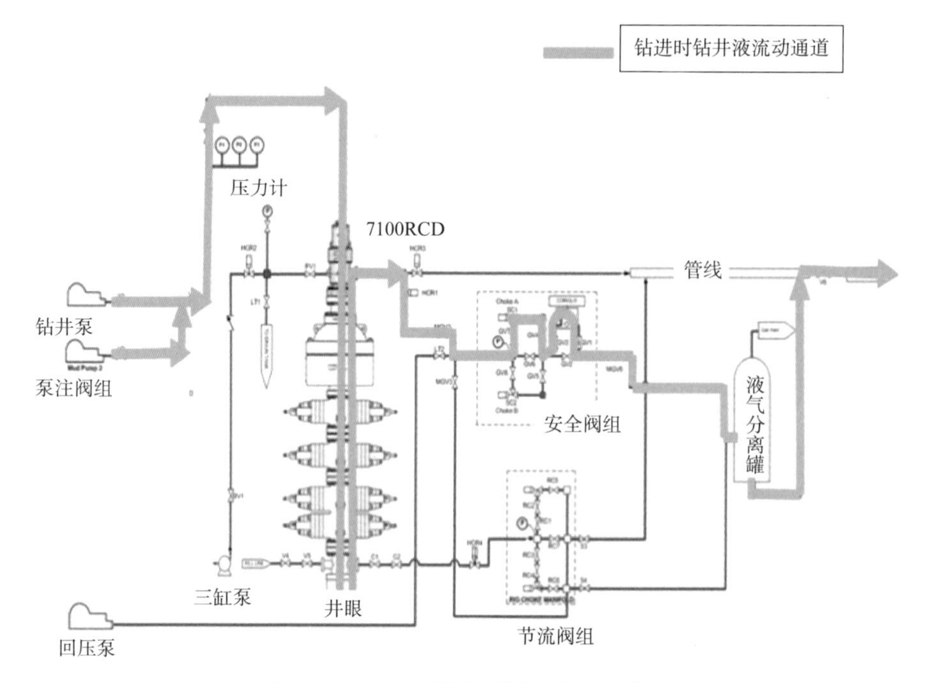

图 6-3-19 控压钻进时循环流程示意图

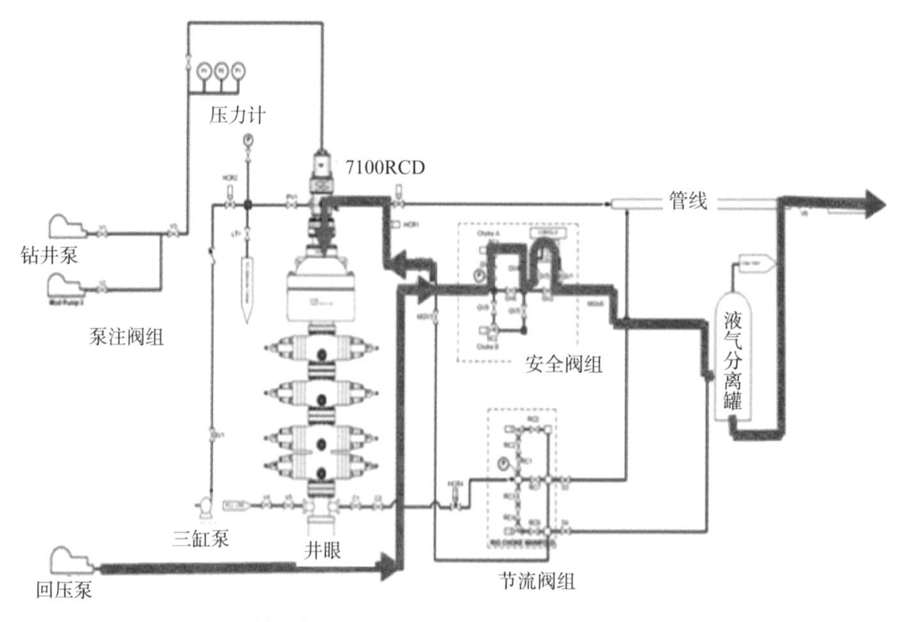

图 6-3-20 控压钻井接单根（立柱）、起下钻时循环流程示意图

4. 终止条件

控压钻井期间出现以下任何一种情况，应终止控压钻井作业。

（1）钻遇大裂缝或溶洞，井漏严重，无法找到微漏钻进平衡点，不能实施正常控压钻井作业。

（2）控压钻井设备故障不能满足控压钻井要求。

（3）控压钻井作业中，井下频繁出现溢漏复杂情况，不能实施正常控压钻井作业。

（4）井壁条件不能满足控压钻井要求。

（5）地层硫化氢浓度超过 30mg/m^3（20ppm），威胁作业人员人身安全。

三、高压盐水层精细控压钻井技术

（一）高压盐水层特点及工程难点分析

库车山前巨厚盐膏层普遍发育，埋深 484.00~7945.00m，层间发育超高压盐水层。超高压盐水层与薄弱地层（主要是破裂压力低的泥岩层）位于同一裸眼段内，且超高压盐水层纵向上分布无规律，安全钻井密度窗口窄，应用常规钻井技术钻进时，因无法准确预测盐水层压力，难以合理设计钻井液密度，导致井底压力无法达到平衡，开泵就会发生井漏，而静止或者起钻时就会发生盐水溢出。分析认为，库车山前超高压盐水层控压钻井过程中，存在的主要技术难点为：

（1）盐水层压力超高，地层压力系数最高达 2.65，超高密度钻井液（钻井液密度最高达 2.60g/cm^3、压井液密度最高达 2.85g/cm^3）的流变性很难控制。

（2）超高压盐水层间存在薄弱地层，且其盐水容积和压力分布没有规律，井筒压力变化复杂，极易出现溢流、井漏同存，建立压力平衡困难。

（3）井筒存在明显的呼吸效应，压力流量反馈严重滞后，导致在地面判断井底压力变化、井筒与地层的流体交换十分困难。以 KSA 井为例，启停泵时钻井液出口流量出现严重延迟，启泵 20~30min 内，入口进入量较出口返出量累计多 2~3m^3；进出口流量达到平衡后停泵，20~30min 后出口才断流，累计多返出 2~3m^3。

（二）高压盐水层精细控压钻井方案和工艺

与常规超深井相比，库车山前超深井因发育超高压盐水层而在钻井液流量监控方面存在很大差异，一是由于井深导致流量反馈信号的延迟，二是由于钻井液密度高而导致的弹性变化。因此，需要监测钻井液出入口流量的延迟量，标定启停泵特征、钻井液特征等，但常规手动控压排水技术无法满足流量监控的需求，而精细控压钻井技术具有压力控制精度高和流量监测精度高两个显著优势，通过精确控制井底压力与地层压力的压力差、钻井液循环入口与出口的流量差，能实现安全快速排放盐水的目的，从而解决高压盐水层安全高效钻进的难题[17]。

由于超高压盐水层安全钻井密度窗口窄，甚至无窗口，所以不能采取井底压力恒定的压力控制方式，需通过调整井口压力的大小，逐步摸索溢流或者漏失的程度，逐渐达到井底压力平衡。因此根据地层压力窗口特性及是否易漏，设计了以排为主、控溢止漏和以压为主、止溢控漏两种控压钻井技术方案。

1. 以排为主、控溢止漏方案

图 6–3–21 为可控微溢流精细控压钻井压力控制基本原理示意图。

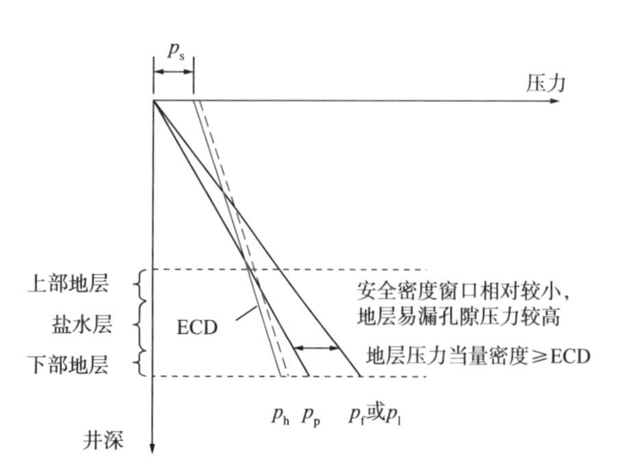

图 6–3–21 可控微溢流精细控压钻井压力控制基本原理

p_s—井口回压，MPa；p_h—井底压力，MPa；p_p—地层孔隙压力，MPa；p_f—地层破裂压力，MPa；p_l—地层漏失压力，MPa）。密度窗口上限为 p_f 和 p_l 中的小者，下限为 p_p

以排为主、控溢止漏方案适用于超高压盐水层压力较高、安全密度窗口较窄和地层易漏的情况，以排放盐水为主，兼顾避免钻井液漏失，有效控制溢流速度，缓慢释放地层压力。该方案设计采用较低密度钻井液钻进超高压盐水层，井底压力为钻井液静水压力 + 循环摩阻 + 井口回压（规定不超过 5.0MPa，一般为 0.5~3.0MPa），要求当量循环密度（ECD）一般比地层压力当量密度低 0.01~0.06g/cm^3。现场施工时，控制 p_h 小于 p_p，严格控制排放盐水速度，逐步释放地层压力，实时监测钻井液是否漏失，要求实现不漏不溢。

2. 以压为主、止溢控漏方案

图 6–3–22 为可控微漏失精细控压钻井压力控制基本原理示意图。以压为主、止溢控漏方案适用于超高压盐水层压力较低、安全密度窗口较大、地层不易垮塌的情况，以压回为主，适当压开薄弱地层，控制漏失速度，兼顾避免因地层反吐、流体置换等问题而发生溢流。该方案设计采用较高密度钻井液钻进超高压盐水层，井底压力为钻井液静水压力 + 循环摩阻 + 井口回压（规定不超过 5.0MPa，一般为 0~0.5MPa），要求 ECD 接近地层压力当量密度（差值一般不超过 0.01~0.02g/cm^3）。现场施工时，若 p_h 初始值低于 p_p，根据溢流情况，可较快地增加井口回压，无需释放地层压力，快速达到不溢不漏的状态，钻穿目的层。

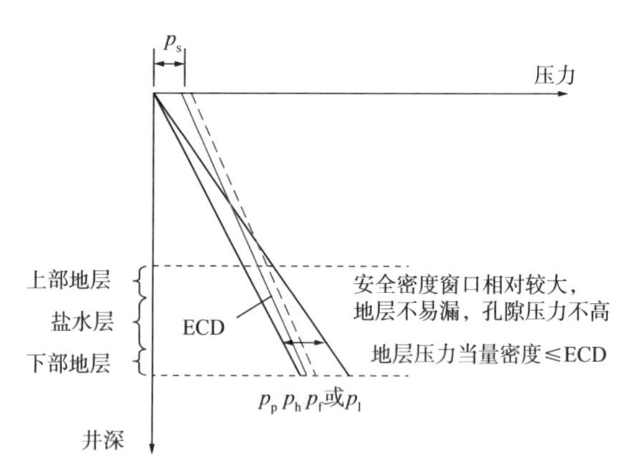

图 6–3–22 可控微漏失精细控压钻井压力控制基本原理

3. 控压钻井工艺措施

库车山前盐水层超高温超高压，目前国内还没有满足要求的抗高温高压环空压力测量工具，因此，需利用水力学软件模拟计算、实时监测钻井液出入口流量，维持井底压力恒定，实施微流量控压钻井。其钻井工艺措施为：

（1）正常钻进、扩眼和通井。在该工况下，需要设计合理的钻井液密度，监测钻井液出入口流量，保持井底压力处于微欠平衡状态。

（2）接单根。施工时需利用回压补偿系统提高井口回压，以补偿环空压力损耗。

（3）起下钻。起钻时井口回压控制在 5.0~7.0MPa，控压起钻到设计井深，控压注入重浆帽，转为常规起钻。下钻时，常规下钻到重浆帽底部，控压替出重浆，然后控压下钻，井口回压控制在 4.0~6.0MPa。

4. 井下故障处理措施

（1）溢流。如果发生溢流，按照一次升高 0.5MPa、观察 5min 的原则，逐步提高井口回压，直至溢流终止；如果溢流对压力变化极其敏感，可以减小井口回压一次调整值；如果井口回压高于 5.0MPa，则以 0.01~0.02g/cm^3 的幅度提高钻井液密度，直至井口回压低于 5.0MPa。

（2）钻井液漏失。如果发生钻井液漏失，在允许的井口回压范围内，按照一次 0.5MPa 的原则降低井口回压，直至漏失终止；如果钻井液漏失对压力变化极其敏感，可以减小井口回压一次调整值。如果井口回压降至 0.5MPa 以内，井下钻井液仍然漏失，漏速小于 1m^3/h 时，正常控压钻进；否则，需降低钻井液密度，一个循环周钻井液密度降低 0.01~0.02g/cm^3。

（三）现场应用

塔里木油田 KSB 井首次实现零密度窗口安全钻穿超高压盐水层，解决了采用放水泄压法施工 49 天无进尺的难题，仅用时 11d 一趟钻完成超高压盐水层钻进作业。以此为例介绍精细控压钻井技术现场应用情况。

1. 井眼概况

KSB 井设计井深 7626.00m，设计采用塔标Ⅱ五开井身结构。由于四开钻遇高压盐水层时发生溢流，采用手动控压排水方式无法有效控制溢流，于是应用精细控压钻井技术钻穿高压盐水层后，提前下入四开套管封固，实钻井身结构（图 6-3-23）为：一开采用 ϕ558.8mm（22in）钻头钻至井深 200.00m，ϕ473.1mm（$18^{5}/_{8}$in）套管下深 200.00m；二开采用 ϕ431.8mm（17in）钻头钻至井深 4000.00m，ϕ365.1mm（$14^{3}/_{8}$in）套管下深 4000.00m；三开采用 ϕ333.4mm（$13^{1}/_{8}$in）钻头钻至井深 6749.00m，ϕ293.4mm+ϕ273.1mm（$11^{1}/_{2}$in+$10^{3}/_{4}$in）套管下深 6749.00m；四开采用 ϕ241.3mm（$9^{1}/_{2}$in）钻头钻至井深 7068.00m，ϕ196.9mm+ϕ206.4mm（$7^{3}/_{4}$in+$8^{1}/_{8}$in）套管（壁厚 206.38mm，强度较高）悬挂封固 6347.51~7068.00m 复合盐层井段，固井后 ϕ196.9mm（$7^{3}/_{4}$in）套管回接至井深 5847.00m；五开采用 ϕ168.3mm（$6^{5}/_{8}$in）钻头钻至井深 7366.00m，ϕ139.7mm（$5^{1}/_{2}$in）尾管悬挂 6690.18~7367.70m 井段，ϕ206.4mm+ϕ196.9mm（$8^{1}/_{8}$in+$7^{3}/_{4}$in）生产套管回接至井口；六开采用 ϕ111.1mm（$4^{3}/_{8}$in）钻头钻至井深 7465.00m，ϕ93.2mm（$3^{43}/_{64}$in）筛管下深 7298.00~7465.00m。

该井四开井段采用密度 2.50g/cm^3 的钻井液钻至井深 6898.21m 时遇到超高压盐水层，实测井底地层压力系数为 2.61。采用常规钻井技术钻进高压盐水层时，出现停泵就溢、开泵就漏的复杂情况，无安全密度窗口，累计排水 41 次，共排出盐水 117.5m^3，套压稳定在 7.5MPa 以上，盐水层压力无降低趋势。为此，决定使用密度 2.57~2.58g/cm^3 的钻井液，应用精细控压钻井技术，采用微流量加井底恒压模式微过平衡钻进，主要水力参数模拟结果为：钻井液密度 2.54~2.58g/cm^3，ECD 为 2.62~2.64g/cm^3，循环钻井液时井口回压控制在 1.0~4.0MPa，停泵时井口回压控制在 3.0~7.0MPa。

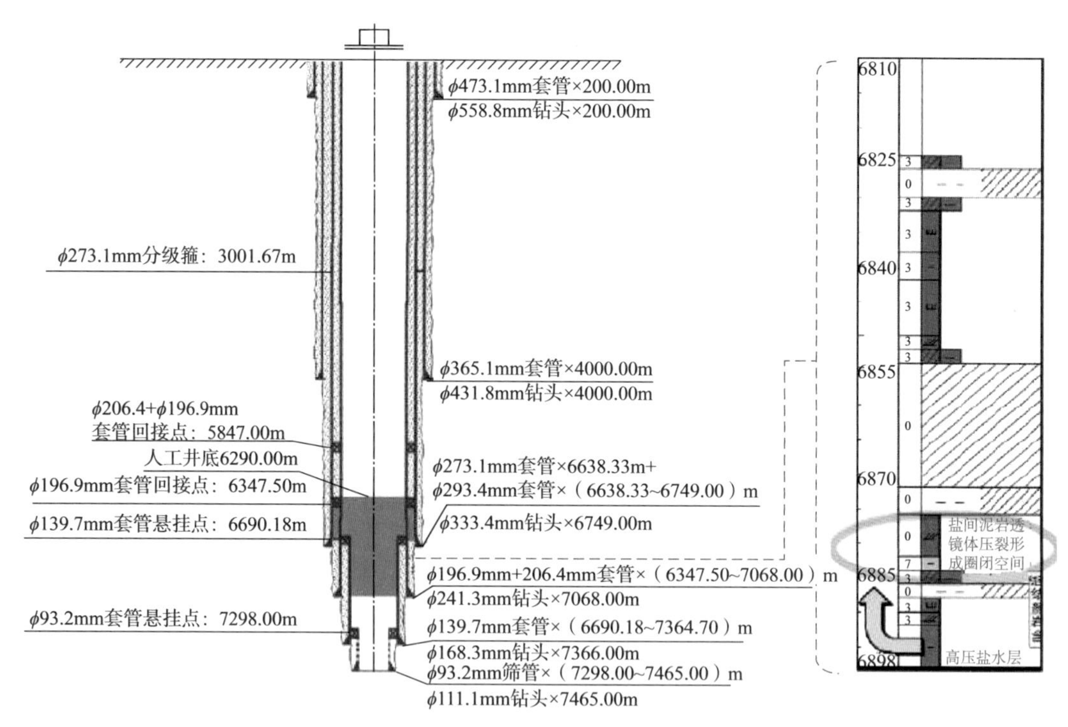

图 6-3-23　KSB 井实钻井身结构及盐水层位置

2. 控压钻井施工及效果

KSB 井高压盐水层精细控压钻井施工主要包括控压划眼和控压钻进两个阶段。

1）控压划眼

该井钻遇高压盐水层时手动控压排水无效，盐膏层井段缩径严重，所以采取了控压划眼下钻，即采取微流量控制模式，精确控制井口回压，保持井下微漏的状态顺利将裸眼划通，为控压钻进奠定基础。该井划眼至井深 6894.10m 时发现井漏，立压由 23.1MPa 降至 19.7MPa，出口流量由 15.6L/s 降至 11.2L/s。同时，6883.00~6893.00m 井段划眼困难，频繁蹩停顶驱。控压起钻至井深 6738.00m（套压控制在 4.5~5.0MPa），关井观察，节流循环（排量 13.0L/s），地面调整钻井液性能，重新控压下钻划眼到底。

控压划眼主要参数为：井口回压 2.3~4.5MPa，钻井液密度 2.58g/cm^3、漏斗黏度 120~144s、排量 10.1~13.4L/s，立压 18.5~21.3MPa，井底 ECD 为 2.65~2.67g/cm^3。

2）控压钻进

该井自井深 6898.21m 开始应用精细控压钻井技术钻进，钻至井深 6924.00m 时发现井漏（立压由 23.2MPa 降至 22.0MPa，套压 2.0~2.5MPa，钻井液出口流量减少 2L/s，漏失密度 2.58g/cm^3 的油基钻井液 3.6m^3），控压起钻至井深 6746.00m（套压 3.8~5.0MPa），节流循环（排量 10.0~13.0L/s），关井观察，地面调整钻井液性能，控压下钻，钻至井深 6890.00m 时节流循环（排量 12L/s），恢复钻进，钻至四开中完井深 7068.00m，进尺 169.79m。控压钻进主要参数为：井口回压 0.5~5.1MPa，钻井液密度 2.56~2.58g/cm^3、漏斗黏度 90~160s，立压 18.5~21.3MPa，排量 10.1~13.4L/s，井底 ECD2.63~2.66g/cm^3。控压起下钻和接单根时，井口回压控制在 3.5~7.0MPa。

KSB 井应用精细控压钻井技术一趟钻（工期 10 天）钻穿高压盐水层，四开井段平均机械钻速2.26m/h，与该地区四开膏盐岩段平均机械钻速1.30m/h相比，机械钻速提高了73.8%，钻井时效大幅提高，从而降低了钻井成本。

通过现场应用获得以下认识：

（1）精细控压钻井技术可实现全过程微流量监控，在保证压稳地层及井下安全的条件下微过平衡钻进，从而防止溢漏，安全钻穿超高压盐水层，大幅减少了非生产时间，缩短了钻井周期。

（2）超高压盐水层控压钻进过程中，始终保持全过程压稳地层，控制了盐水对钻井液的污染，从而大幅降低了钻井液成本。

（3）精细控压钻井过程中，通过监测钻井液流量的变化和调整井口回压，可及时发现钻井液漏失，并准确确定漏层的位置，有利于快速采取堵漏措施，防止井下恶性故障的发生。

（4）目前库车山前超深井多采用高密度油基钻井液钻进，钻井液流变性随井温变化较大，体积弹性影响显著，若水力计算模型功能相对单一，计算结果误差也较大。

（5）超高压盐水层窄密度窗口固井仍存在巨大技术挑战，常规固井工艺易压漏地层，无法保证固井质量，而现有控压钻井技术尚无法有效保障固井过程中多段流体（钻井液、前置液、水泥浆和后置液等）流动条件下，精确控制井底压力在安全作业窗口内，实现不溢不漏，因此急需研究新型精细控压固井技术，以有效提升库车山前超高压盐水层固井质量。

四、喷漏同层精细控压钻井技术

（一）地层特点及工程难点

四川盆地西南油气田磨溪—高石梯震旦系灯影组以碳酸盐岩为主，表现为典型的裂缝—孔洞型特征，压力系数低，密度窗口窄，甚至无密度窗口。该层位埋深可达6000m，常规钻井作业中，由于井底压力高，钻遇裂缝后无法维持井底压力平衡状态，造成井漏、气侵频繁交替发生，处理难度大。

2011—2014年已完成的16口井中，有15口井在灯影组出现漏喷复杂，平均单井钻井液漏失量729.82m^3，处理复杂时间311h，单井最大漏失量超3600m^3，处理复杂时间最长达到1248h（表6-3-1）。钻探作业生产时效低，井控风险高，严重阻碍了油气勘探开发进程、影响了油气开发经济效益。

表6-3-1 磨溪—高石梯常规钻井复杂统计表

井号	密度 g/cm^3	漏失量 m^3	处理复杂 h	套压 MPa	密度窗口 g/cm^3	处理结果
GS6井	1.33	3601.0	1248	13~16	0.05	提前完钻
GS7井	1.30	700.6	264	7~10	0.05	—
GS8井	1.30	250.9	288	5~9	0.06	提前完钻
GS9井	1.37	709.0	408	10~15	0.05	提前完钻

1. 灯影组地层特点

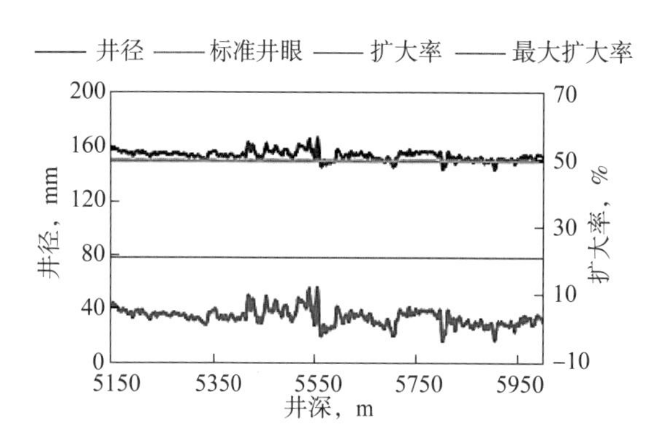

图 6-3-24　GS001-X3 井灯四段井径曲线图

磨溪—高石梯震旦系灯影组以白云岩为主，储层表现为裂缝—孔洞型特征，根据灯影组岩心观测，灯四段裂缝普遍发育，缝密度 1.5~7.51 条 /m，微裂缝发育率 63%。储层压力系数 1.06~1.25，属于常压气藏。流体以 CH_4 为主，H_2S 含量 1% 左右，CO_2 含量 4.83%~8.36%，微含 C_3H_8、He 和 N。储层温度梯度 2.05℃ /100m，温度 150~157℃。储层段坍塌压力系数小于 0.6，井壁稳定性好。GS001-X3 井灯四段井径曲线图如图 6-3-24 所示。

2. 灯影组钻井难点

（1）储层裂缝发育，密度窗口窄，难以保持不同工况井底压力恒定控制，钻井过程常表现为放空，造成井漏复杂。

（2）由于储层缝—洞发育，常规堵漏方式效果差，部分井因严重井漏导致漏喷转换，造成井控风险，被迫提前完钻。

（3）储层产量高，含 H_2S，井控风险大。邻井 GS6 井和 GS7 井灯四段测试日产量均达到百万立方米；邻井 GS2 井灯影组硫化氢含量为 16.43g/m³，GAO3 井为 22.73g/m³，GS12 井为 15.71g/m³。做好井控风险控制，H_2S 监测与防护是一大难点。

（二）喷漏同层精细控压钻井方案和工艺

针对灯影组储层钻井难点，主要通过采用精细控压钻井技术建立井筒压力平衡状态，解决严重井漏难题，即通过密度窗口的准确测试，精确控制井底压力在密度窗口范围内，并保持不同工况井底压力恒定控制 [18-20]。

主要工艺流程：密度窗口测试→精细控压钻进→重浆帽起下钻→电测→完井。

1. 密度窗口测试

钻遇裂缝发生井漏后，需要测试裂缝的密度窗，才能根据漏失压力和孔隙压力调整合理的井底压力。

一般情况，初期采用的钻井液密度较高，钻遇裂缝发生井漏普遍存在。钻遇井漏后，可逐渐吊灌低密度钻井液，直至建立循环，井漏停止为止。然后，再通过逐渐调整井口回压的方式测试漏失压力与孔隙压力。

漏失压力测试：逐渐提高井口回压，当出现井漏，此时对应的井底压力为该漏层的漏失压力。

孔隙压力测试：测试漏失压力后，逐渐降低井口回压，每个迟到时间降低 0.2~0.4MPa，当出现液面上涨时，上一个迟到时间对应的井底压力就是地层孔隙压力。

2. 精细控压钻进

钻进过程主要是合理控制井底压力在密度窗口范围内，以确保处于平稳施工作业状态。

井底压力的合理控制关键在于井底压力的有效监测。目前，主要有两种方式监测井底压力：一种是采用井下压力随钻监测系统（PWD）实时监测井底压力，该方式能够实时、直观地掌握井底压力数据，且不受储层出气的影响，井底压力监测的准确度较高，但仪器受到地层温度以及堵漏材料的限制；另一种是采用水力模型实时计算井底压力，该方式是根据实时水力参数计算井底压力，不受地层温度以及堵漏作业影响，但储层出气会影响井底压力计算准确度。

该区块储层段主要采用水力参数计算井底压力，在正常钻进时保持井底压力在窗口范围内；储层出气时，根据立管压力进行排气作业，完成排气后再恢复精细控压钻井作业。

3. 起下钻

由于储层具有井漏的特点，常规主要采用吊灌方式起下钻，但该方式钻井液漏失量大，频繁起下钻作业会大幅增加钻井成本；带压起下钻是一种较好的方式，能够根据井漏情况合理控制井底压力，既能保障起下钻的安全性，又能减少钻井液漏失量，但全程带压起下钻速度较慢，并且需要使用带压起下钻装置，增加了起下钻操作的复杂性。

目前在灯影组储层主要采用重浆帽起下钻方式，即先带压起钻至井筒中上部（主要考虑重浆帽与悬挂套管的距离），注入重浆帽，同时释放井口回压，并保持井底压力大于地层压力 3~5MPa，在微漏状态下进行吊灌起钻作业。下钻时，下至重浆帽位置，采用井浆替出重浆帽，然后带压下钻。该方式结合了带压起下钻和吊灌方式的特点，既可减少钻井液漏失量，还可在安全前提下简化带压起下钻操作程序，提高起下钻作业效率。据统计，起下钻过程中重浆帽起下钻方式较常规吊灌方式可减少钻井液漏失量 40%~60%。

若下部钻具组合带有弯螺杆，起钻时可直接在环空注入重浆。该方式可以避免在套管内注入重浆帽时，弯螺杆旋转损坏套管的风险。

4. 电测

目前灯影组储层的钻井主要是斜井和水平井，测井采用钻杆传输测井方式。下钻过程带压下钻，下至井底循环排气后进行测井，测井结束后再按照带压方式起钻。测井作业关键在于根据储层漏失压力调节井底压力，控制漏失速率，在确保安全条件下，有效控制钻井液漏失量。

5. 完井

对于钻遇裂缝发育的储层，由于井漏严重，固井难度大，固井质量难以保障，对于后期试油作业可能存在较大风险。目前，主要采用裸眼完井方式，直接用油管将封隔器下至设计井段，坐封后完井。GS001-X5、GS001-X6 和 GS001-X8 井均采用了裸眼完井方式，管串下入过程安全、便捷，未发生异常情况，最终获良好测试产量。

（三）现场应用

2014 年至 2017 年 6 月，磨溪—高石梯区块灯影组储层进行精细控压钻井作业 12 口井，平均单井漏失钻井液 130m^3，处理复杂时间 27.9h，整个施工过程井口套压始终控制在 1~5MPa 内，大幅降低了钻井液漏失量，提高了钻井时效，提升了施工作业安全性，同时也为该区块精细控压钻井总结了宝贵经验（图 6-3-25）。

GS001-X5 井 ϕ149.2mm 井眼在 5122~5943m 井段实施了精细控钻井技术，采用 1.20~1.23g/cm^3 的钻井液钻至井深 5239.42m 遇裂缝气层，井漏失返，测试地层漏失压力系数

1.18，气层孔隙压力系数1.177，属于极窄密度窗口储层（图6-3-26）。随后降低钻井液密度至$1.12g/cm^3$，井口控压1~2MPa，控制ECD为$1.18\sim1.19g/cm^3$，保持漏失量$0.5\sim1m^3/h$精细控压钻进，顺利钻至井深5943m完钻。精细控压钻进过程漏失钻井液$89.5m^3$，处理复杂时间15.12h。

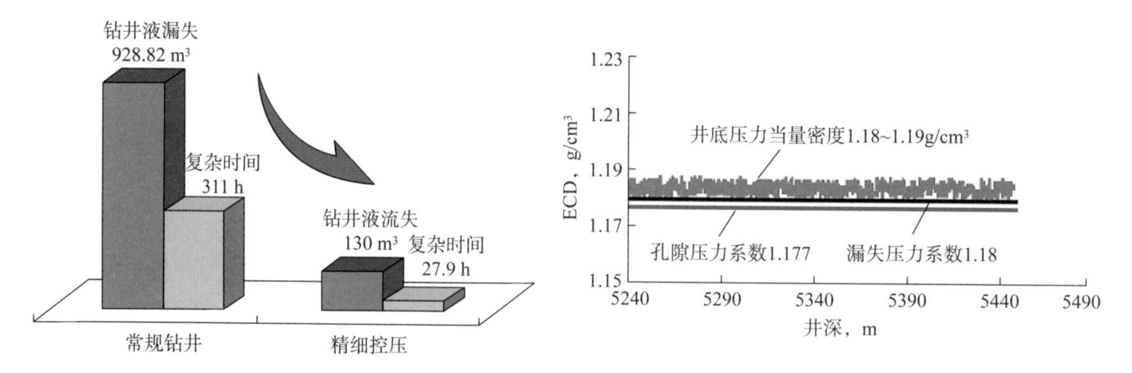

图6-3-25　精细控压钻井与常规钻井效果对比图　　　图6-3-26　GS001-X5井井底压力曲线

起钻采用先带压起钻，在设计井段注入重浆帽后，再吊灌起钻。带压起钻过程控压3.5~3.8MPa，控制井底压力当量密度$1.19\sim1.20g/cm^3$，保持微漏状态；起钻至井深3500m左右，注入密度$1.80g/cm^3$的重浆帽$15\sim18m^3$，保持井底压力大于气层压力约3MPa，起钻时每3柱灌浆量比应灌量多$0.1\sim0.2m^3$，空井时每30min灌入$0.5m^3$，保持环空液面高度50~100m。下钻时，常规下钻至套管鞋处，用$1.12g/cm^3$的钻井液将$1.80g/cm^3$的重浆推入地层后，再带压3MPa下钻到底。该井钻遇裂缝后，起下钻4趟，漏失钻井液约$450m^3$。

电测过程，保持井底压力大于气层压力1~1.5MPa，保持微漏状态（小于$1m^3/h$），且每小时从环空灌入井浆$0.5m^3$，保持液面高度30~50m，最终顺利完成电测作业。

完井采用了裸眼完井方式，采用油管将封隔器下至设计井深，坐封后完井。下入过程始终保持微漏状态，没有发生溢漏。

通过现场应用获得以下认识：

（1）磨溪—高石梯区块灯影组储层缝—洞发育，压力系数低、密度窗口窄，是造成该区块井漏严重、喷漏同存井下复杂的主要原因。精细控压钻井技术能够有效解决因密度窗口窄造成的严重井漏、喷漏同存井下复杂。应用表明，该技术不但能减少钻井液漏失量，大幅提升钻井时效，提高施工作业安全性，还能确保钻井作业顺利进行，实现地质目标，达到钻探目的。

（2）目前，精细控压钻井技术已初步形成钻进、起下钻、电测、完井所有工况的压力控制工艺，但在起下钻、电测及完井过程以辅助为主，仍会漏失较多钻井液，因此还需进一步加强该配套技术的研究与发展。

第四节　复合盐膏层钻井技术

在梳理塔里木盆地复合盐膏层分布、地质特征及对应钻井难点基础上，针对性地总结了不同区块和地层的地质卡层技术、井身结构设计技术、钻井液技术、钻井工艺要点以及固井技术，形成推荐模板，可为塔里木盆地以及其他地区的复合盐膏层钻井提供参考。

一、复合盐膏层地质特征及钻井难点

复合盐层在中国大陆的分布范围十分广泛，塔里木油田、江汉油田、四川油田、胜利油田、中原油田、华北油田、新疆油田、青海油田和长庆油田等都曾在钻遇复合盐层时发生卡钻、套管挤毁，甚至油井报废的事故报道[21]。从目前资料统计来看，复合盐层主要分布在新近系—古近系、石炭系和寒武系，分属潟湖陆相沉积和滨海相沉积。从盐层分布看，塔里木油田复合盐层的类型最全，有潟湖陆相沉积的新近系—古近系复合盐层，也有滨海相沉积的石碳系和寒武系复合盐层，深度不一，从盆地边缘局部地区露头到深至6000m都有分布。因此，以塔里木盆地为例介绍复合盐层的地质特点及安全钻井工艺。

（一）塔里木盆地复合盐膏层的分布

塔里木盆地深部复合盐膏层段主要分布在塔里木盆地西部和塔北隆起的库车凹陷。库车坳陷位于塔里木盆地北部，北与南天山断裂褶皱带以逆冲断层相接，南为塔北前缘隆起带，东起阳霞凹陷，西至乌什凹陷，是一个以中、新生代沉积为主的叠加型前陆盆地。该坳陷整体上呈北东东向展布，自西向东逐渐变宽，东西长约550km，南北宽50~90km；海拔高度1000~3000m，总体趋势呈北高南低。

坳陷经历了多期次构造运动，其中以燕山运动和喜马拉雅山运动的影响最为明显，尤其在喜马拉雅山期，南天山造山带强烈抬升，产生区域性向南挤压的应力场，导致坳陷内发育典型的冲断—褶皱构造；坳陷内断裂极其发育且复杂，控制着各次级构造的发育与分布，形成了现今库车坳陷“四带三凹”的构造格局，即北部单斜带、克拉苏冲断带、秋里塔格冲断带、南部斜坡带及乌什凹陷、拜城凹陷、阳霞凹陷。

复合膏盐层在库车坳陷的分布范围较广，埋藏深，其埋藏深度一般在2440~5570m。复合盐层比较集中的地区主要是南喀—羊塔克—英买力构造带以及山前构造带。库车前陆盆地至少发育2套膏盐层，库车河以西为古近系库姆格列木群膏盐岩层，库车河以东为新近系吉迪克组膏盐岩层。中西部古近系膏盐岩层厚度大于东部新近系膏盐岩厚度，总体上，北厚南薄、西厚东薄，盐膏层广泛分布，厚度231~3200m，最厚达4506m，盐顶埋藏深4305~7360m，岩性组合复杂，具有非均质性，蠕变速度快，存在欠压实砂泥岩夹层和易漏层（图6-4-1和图6-4-2，表6-4-1）。

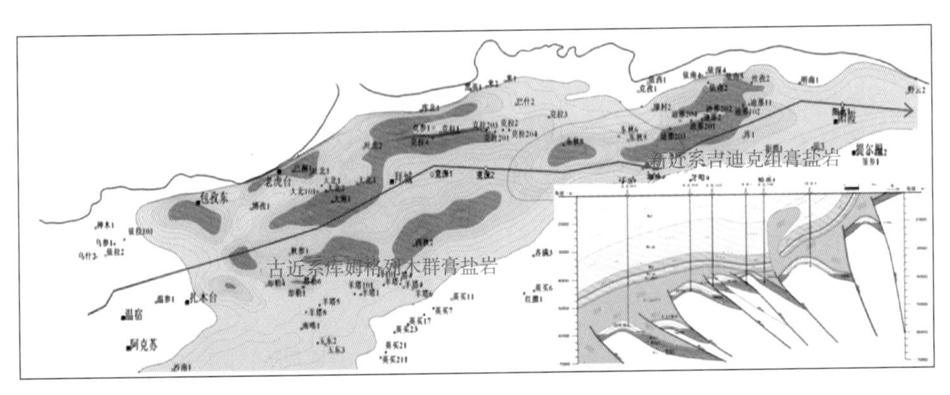

图6-4-1　库车坳陷膏盐岩厚度图

图 6-4-2 塔里木油田 K2 井寒武系盐岩被溶解掉后的白云岩
注：骨架为石灰岩，裂缝、孔洞中充满盐垢及盐的团块，充填的盐已被溶解

表 6-4-1 寒武系盐层井段统计表

项目	BD4 井	TS1 井	K2 井	H4 井	F1 井
顶界，m	6166	6880	5037	5104	3835
底界，m	6790	7010	5634	5804	4314
段长，m	630	130	597	700	479

（二）复合盐层岩石物理力学特性

在我国复合盐层分布广，埋藏深，在新近系—古近系、石炭系和寒武系均有出现，由于沉积环境的不同，产生了富含碳酸盐、硫酸盐的盐岩再加上周期性交互沉积，分选差的砂泥岩，形成形形色色的复合盐岩。复合盐岩中有盐、石膏、泥岩等，彼此组成的比例不同，构成的膏盐岩其性质千差万，体现在岩石物理性质上，如强度、弹性，蠕变特征等差异也很大，但对于盐岩，其力学性质有着以下大致相同的基本规律。

应力历史对岩盐的力学性质的影响表现为弹性迟滞现象和弹性后效现象。随温度的升高，盐的屈服应力、强度、弹性模量均降低；而随围压的增加盐岩的强度、弹性模量和泊松比均增加。盐岩的强度较低，在相同条件下只有大理岩的 1/4、石英岩的七分之一。盐岩是常见的工程对象，不同的地质历史时期以及不同的沉积环境都会给盐岩的力学性质带来一定的差异，但大致规律基本相同，可归纳如下：

（1）盐岩的强度很低，一般只在 5~16MPa。

（2）盐岩的泊松比较高，少数甚至接近于 0.5。

（3）温度对盐岩的强度、弹性模量有明显的影响，温度升高，强度和弹性模量有减小的趋势，泊松比随温度增高而增大。

（4）围压的升高使得盐岩的强度、弹性模量和泊松比有增加的趋势。

（5）温度、应力水平与盐的蠕变特性密切相关。温度升高和应力水平的增高都使得盐岩的蠕变速率增加。

（6）在给定的温度和围压条件下，岩石蠕变各阶段的特征和转化条件与应力水平密切相关。

（7）不同应力和温度条件下的盐岩的蠕变规律取决于不同的变形机制。

盐岩蠕变本构关系式中的激活能与温度有关。变形机制的不同会导致随温度增加激活能连续或非连续增加，盐岩中的杂质成分对激活能的影响十分复杂。

（三）“软泥岩”的成因及地质特征

1.“软泥岩”的成因

“软泥岩”指的是上部覆盖着致密的盐岩层、石膏层和膏泥岩，下部也存在有同样性质的特殊岩层。“软泥岩”夹在这种致密的、非渗透性的岩层之间，形成了良好的“圈闭”条件，在长期地质沉积过程中，“圈闭”内黏土含量高，泥岩孔隙中的自由水与上覆岩层不连通不能发生运移，被保存下来。随着上覆岩层压力的不断增加，泥岩孔隙中的自由水承受了一部分上覆岩层压力，使岩石骨架颗粒间的距离不随上覆压力的增加而减少，形成了“欠压实”。这种存在于盐、膏、膏泥岩间的泥岩层段具有强度低、塑性大、孔隙压力高、可钻性好的特点，称这种黏土含量高的泥岩为“软泥岩”。

2.“软泥岩”的地质力学特征

以塔里木油田 DQ5 井的软泥岩为例介绍“软泥岩”的地质力学特征

（1）“软泥岩”上盖、下伏着非渗透性的盐岩、石膏和膏泥岩。

（2）“软泥岩”是一个“欠压实”层，强度低、塑性大、孔隙压力高、可钻性好，其初始蠕变速率和稳态蠕变速率高。

（3）“软泥岩”的矿物组分主要包含：伊利石 64%~71%、绿泥石 16%~29%，不含蒙脱石。平衡吸水量大，相对膨胀率较大。

（4）“软泥岩”成岩性差，返出的岩屑成团互相粘结，易变形，用手可捏成任意形状，用水冲可很快分散。

（四）复合盐膏层钻井难点

复合盐层钻井，特别是深井复合盐层钻井，是一个钻井技术难题。由于盐膏层的塑性蠕变、非均质性、含盐泥岩的垮塌及高地层倾角等地质因素，且上下压力系统的明显不同，钻井施工过程中常常引起井漏、溢流、阻卡和卡钻等多种复杂情况，施工作业风险极大。不同区块的地质条件不同，钻井复杂类型也各有特点。

统计发现，克深区块盐膏层段处理事故复杂所用时间占全井非生产时间比重最大；盐层段阻卡频率最高；由于断层造成的弱面存在，且含有高压盐水层，溢、漏同层情况使得井漏和溢流问题突出，处理井漏时间最多（图 6-4-3 和图 6-4-4）。

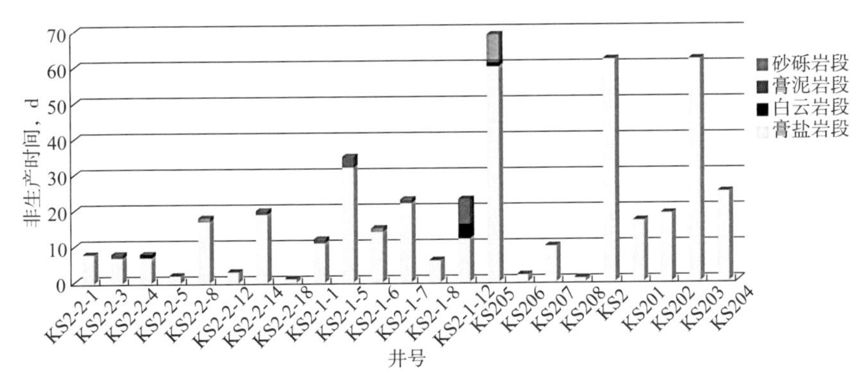

图 6-4-3　克深区块各岩性段非生产时间分布统计图

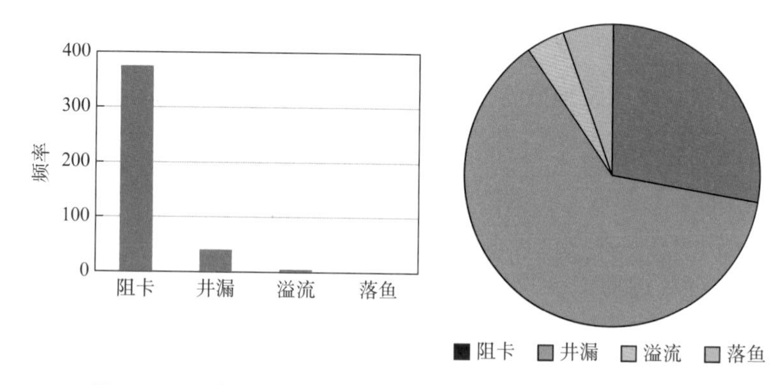

图 6-4-4　克深区块钻井复杂问题频率及占用工时统计结果

据国内外资料介绍和塔里木油田复合盐层钻井情况分析，复合盐层层钻井时会产生以下复杂情况：

（1）深部盐层会呈现塑性流动的性质，盐岩的塑性变形产生井径缩小。

（2）“软泥岩”蠕变速率极高。美国安秋子牧场油田曾测得这种“软泥”的初始蠕变速率约 2.54cm/h。

（3）以盐为胎体或胶结物的泥页岩、粉砂岩或硬石膏团块，遇矿化度低的水会溶解。盐溶的结果导致泥页岩、粉砂岩、硬石膏团块失去支撑而坍塌。

（4）夹在盐岩层间的薄层泥页岩、粉砂岩，盐溶后上下失去承托，在机械碰撞作用下掉块、坍塌。

（5）山前构造多次构造运动所形成的构造应力加速复合盐层的蠕变和井壁失稳。

（6）无水石膏等吸水膨胀、垮塌。无水石膏吸水变成二水石膏体积会增大 26% 左右，其他盐类如芒硝、氯化镁、氯化钙等也具有类似性质。

（7）盐层段非均匀载荷引起套管挤毁变形。

（8）石膏或含石膏的泥岩在井内钻井液液柱压力不能平衡地层本身的横向应力时，会向井内运移垮塌。

二、复合膏盐层安全钻井工艺

（一）复合盐层井井身结构设计

复合盐层地质条件复杂，纵向和横向分布不均匀，存在不同的地层压力系统，因此根据常规的地层压力和地层破裂压力梯度来考虑的井身结构设计方法是不能满足工程需要的。复合盐层井身结构设计要同时考虑套管设计，因为有些地层需要下组合套管，其设计准则如下：

（1）复合盐层以上井身结构按常规设计进行；

（2）技术套管应尽可能下至复合盐层的顶部，必须封隔盐顶以上的所有低压地层，为安全钻穿膏盐层创造条件；

（3）采用适当高密度饱和盐水钻井液钻穿膏盐层或钻至可能的漏失层顶部后，下入高强度的套管；

（4）膏盐层套管设计主要考虑其抗外挤特性，对于蠕动膏盐层段套管的外挤力应按最大上覆岩层压力计算（山前构造带除外）；

（5）使用双心钻头钻蠕动膏盐层和用水力扩孔器扩孔，可以防卡和保证环空有足够强度的水泥环[22]；

（6）使用厚壁高强度套管和双层尾管重叠技术，防止膏盐层蠕动挤毁套管。

其中，满足地层—井内压力系统条件的极限长度裸露井眼是由工程和地质条件决定的井深区间，其顶界是上一层套管的必封点，底界为该层套管的必封点。

（二）膏盐岩顶／底工程地质卡层原则

精细地层对比和卡准盐膏层层位是规避钻井复杂的重要前提。

1. 盐顶卡层原则

1）克深2区块库姆格列木群盐顶工程地质卡层原则

克深2区块盐顶之上的库姆格列木群泥岩段内夹有多层粉砂岩和泥质、膏质粉砂岩，因此在这两个区块内盐顶地质卡层要求钻穿泥岩段至厚层膏盐岩顶（膏盐亚段顶部）才能地质卡层中完下套管，避免在泥岩段留砂造成频繁井漏。从实钻盐顶地质卡层情况统计分析看，除了个别井（如KS201井）卡在库姆格列木群泥岩段中部未卡准外，盐顶卡层基本准确。KS201井由于卡层过早，导致之后泥岩段与粉砂岩相关的井漏。

2）大北区块盐顶卡层原则

大北区块库姆格列木群盐顶卡层与克深区块略有不同，大北区块库姆格列木群泥岩段仅夹1~2层泥质或膏质粉砂岩，因此该区块盐顶卡层不一定要卡在盐岩层顶部。

对大北区块盐顶卡层提出3条原则：（1）鉴于DB2井在钻遇盐顶盐岩地层造成卡钻事故，大北区块大部分井盐顶卡层卡在苏维依组底部膏岩层内；（2）鉴于DB302井因泥岩段中上部夹薄层粉砂岩而造成多次与之相关的井漏，在DB3井区盐顶卡层卡在库姆格列木群泥岩段中下部；（3）在不易分辨泥岩段夹多少粉砂岩层的井区建议直接卡盐顶中完。

2. 盐底卡层原则

1）膏泥岩段无盐分布区盐底工程地质卡层原则

该区域主要位于克拉大断层上盘—KS202井区以东地区，从古地貌分析主要以平台区沉积地层为主，盐底地层分布较稳定，沉积相带处于潮坪沉积区，盐底地层对比及卡层标志层为白云岩段地层，膏泥岩段内部无盐岩夹层，但中下部夹有粉砂岩层。

由于盐底膏泥岩段内普遍无盐，该区域盐底工程地质卡层工作相对容易。鉴于膏泥岩段高褐泥处也有井漏发生（可能钻遇裂缝），因此工程地质卡层层位定在白云岩段底部膏岩层内，钻穿白云岩段底部白云岩层后钻遇膏岩层就可以卡层中完下套管封盐。

2）膏泥岩段有盐分布区盐底工程地质卡层原则

膏泥岩段有盐分布区主要分布在河流下切谷内，具体分布在DB201井—DB3井—KS5井—KS1井—KS205井一线区域，该区域膏泥岩段地层巨厚并有地层超覆缺失现象，膏泥岩段内至少存在两层厚层膏盐岩层。属于沿河谷海侵或湖侵初期局限潟湖—半局限潟湖交替沉积产物。

该区域膏泥岩段内有盐，膏盐层的分布规律性不强，且存在盐层超覆缺失现象，利用数膏盐层套数的方法难以准确确定盐底。但在多数井内盐底存在卡层标志层——高钻时褐色泥岩层，因此该区域必须综合分析来进行盐底卡层，即依据膏盐层套数的方法确定最下一层膏盐层，然后依据钻遇盐底高钻时褐色泥岩层来最后卡层中完下套管封盐。如果盐底无高钻时褐色泥岩层，就只能见砂或见砂井漏中完。

3）厚层膏盐岩分布区盐底工程地质卡层原则

厚层膏盐岩分布区主要分布于大北区块的高山地貌区，具体分布在 DB101—DB103—DB6 井区范围内。该区域为高山地貌区，膏泥岩段—白云岩段地层全部超缺，膏泥亚段地层大部分超缺，仅有膏泥亚段顶部地层和膏盐亚段巨厚层盐岩夹膏岩和白云岩地层存在，对盐底地质卡层带来极大的困难。

该区块 6 口井底部都存在 3~59m 的膏质泥岩地层，其中 5 口存在高钻时褐色泥岩层，仅 1 口（DB6 井）不存在高钻时褐色泥岩层。6 口井中 2 口井卡层不详（DB202 井、DB204 井），2 口井盐底卡层基本准确（DB101 井、DB103 井），2 口井见砂中完（DB5 井、DB6 井）。

因此该分布区盐底工程地质卡层主要以卡盐底高钻时褐色泥岩层为主，在盐底泥岩层很薄或无高钻时褐色泥岩层的情况下，只能见砂或见砂井漏中完。

（三）复合盐层钻井工艺要点及注意事项

1. 复合盐层的实钻特征

1）石膏、膏泥岩的实钻特征

膏泥岩钻时与邻层泥岩钻时基本相同，纯石膏钻时略低于邻层膏泥岩、泥岩钻时；用非抗盐抗钙聚合物钻井液钻遇石膏岩、膏泥岩、钻井液黏度、切力将大幅度上升；钻井液液柱压力不能平衡地层坍塌压力（普遍情况密度低于 1.60g/cm 时）钻井液中抗盐抗钙处理剂加量不足时，井下垮塌、掉块、起下钻阻卡严重，接单根困难；新眼井段起下钻挂卡较老井眼严重，经过多次起下后，井下阻卡明显好转；钻遇膏泥岩转盘扭矩略有上升，并伴随有蹩跳钻现象。

2）盐岩层的实钻特征

岩盐层多以薄夹层的形式分布，其钻时很低，一般 10~200min/m；钻遇盐岩层，钻井液液柱压力不足以平衡岩层蠕变时，转盘扭矩明显上升，甚至卡钻，钻遇盐层后，井径缩小，起下钻阻卡频繁；用欠饱和盐水钻井液钻盐岩层段，井壁盐岩会发生溶解，电测井径扩大，井壁垮塌、掉块严重，起下钻遇阻卡，严重时发生井壁坍塌卡钻；在盐岩段发生卡钻，多数情况下泡油、泡解卡剂均不解卡，强提，震击也难奏效，个别情况下泡淡水或淡水泥浆，配合大排量洗井见效；盐岩层段钻进，钻井液密度过高，不但不能稳定井壁，相反，会使井下阻卡更加严重；盐岩层段下面普遍存在一个物性较好的砂层或砾石层，并且靠近复合盐层底部，地质卡层对比稍有差错，就将造成严重井漏。

3）软泥岩的实钻特征

软泥岩上覆的石膏层、膏泥岩层钻时均高于软泥岩的钻时，其每米钻时约高出一倍以上，如 DQ5 井膏泥岩层钻时为 83~158min/m，软泥岩钻时为 13~64min/m；在液柱压力不足以平衡水平地应力的情况下，水平地应力将驱动“软泥岩”向井眼中心蠕动，当液柱压力与水平地应力负差值较大时，“软泥岩”就会发生塑性流动，实钻证明钻井液密度较低时，在“软泥岩”段连续钻进进尺达到 1m 左右时，就会造成恶性卡钻事故；在“软泥岩段”，一旦发生卡钻事故，采用泡解卡剂、泡淡水，随钻震击均无效果，只有采用爆炸松扣、套铣倒扣或填井侧钻的方法；钻过“软泥岩”后，如果钻井液液柱压力仍不能平衡“软泥岩”的塑性变形，那么在“软泥岩”段起下钻就会有阻卡现象；“软泥岩”成岩性差，返出的岩屑成团互相粘接，易变形，用手可捏成任何形状，用水一冲很快分散；“软泥岩”层厚度越大，塑性流动越严重，所要求的平衡液柱压力越高；软泥岩一旦发生蠕变，只能用划眼的方法消除。

2. 复合盐层钻井工艺措施

在合理的井身结构和合适的钻井液体系、性能确定后，采用正确的操作技术措施，是复合盐层安全钻进的重要环节。通过对已往复合盐层钻井的总结，复合盐层钻进的主要工程技术措施有：

（1）设计钻遇盐层的井，井身结构必须满足下列条件，套管鞋—复合盐层顶的裸眼井段内，地层漏失压力必须高于钻开复合盐层所需的平衡液柱压力。如果条件允许，应尽可能将套管下至盐层顶部。

（2）开钻前，按设计的钻井液类型和性能预处理好钻井液，应当强调的是，根据井所在的构造，盐层层位和深度，确定合适的钻井液密度至关重要。对于盐层埋藏深，上层套管因设备能力、套管强度等系列问题和综合经济考虑下深的井，盐层以上裸眼段可以使用较低的钻井液密度，以提高钻井速度。钻遇盐层后，再起钻至套管内调整处理好钻井液，将密度提高到设计要求。

（3）凡设计钻遇复合盐层的井，再次开钻后，钻出套管鞋下第一砂层，均应按《钻井手册（甲方）》上册第 98 页要求和操作程序，做地层破裂压力试验，准确求取地层破裂压力 p_f、延伸压力 p_{pro}、瞬时停泵压力 p_s 和裂缝重张压力 p_r，以计算水平地应力梯度，确定软泥岩段的钻井液密度，确定裸眼段的承压能力。

（4）在复合盐层中钻进，应有钻遇软泥岩的思想准备。特别是在石膏、膏泥岩以下发现钻时加快，应密切注意转盘扭矩变化，泵压变化和返出岩屑变化，连续钻入快钻时地层，不允许超过 0.5m。

（5）钻盐层、软泥岩不宜采用喷射钻井，钻遇复合盐层之前，必须认真检查钻具，对钻挺要进行探伤，随钻震击器要工作正常。钻具结构宜用光钻挺，不加扶正器，保证尽可能大的钻井液排量和较高的返速，清洗井底。应控制钻压、钻速，每米钻时不低于 10min。因纯盐层和软泥岩均属于低钻时层，所以钻遇低钻时井段，每次钻进不得超过 0.5m，就应把钻头提离井底 2m 以上划眼，证实无阻卡，无憋泵后，才可以恢复钻进。打完方钻杆后应平稳划眼修整井壁。

（6）发现有任何缩径的井段都要进行短程起钻到复合盐层顶部，以验证钻头能否通过。钻穿盐层和软泥岩层，应短起至套管内，静止一段时间，再通井观察其蠕变情况，检查钻井液密度是否合适。

（7）钻进中出现复杂情况，不宜接单根，不宜立即停转盘、停泵，应维持转动和循环，待情况好转后，再上提划眼，判断分析复杂情况发生的原因。

（8）复合盐层段起下钻应降低起下速度，遇阻卡必须采用倒划眼或正划眼通过，不允许强提、硬压。

（9）复合盐层段钻进，应切实加强地层对比，卡准地质层位。钻穿复合盐层后应立即停钻下技术套管封隔，降低钻井液密度钻开下部地层，严防井漏。

（10）下套管前最后一次通井，应静止一个下套管作业周期以上的时间，再下钻通井，证实无阻卡后才能开始下套管作业。

3. 深层纯盐层钻井技术措施

塔里木油田在钻井实践中总结了以下经验，成功地钻穿了石炭系、寒武系纯盐地层，这些钻井措施包括：

（1）设计深层盐层井身结构时，盐上技术套管应尽可能深下，封隔低压地层。

（2）钻至盐层顶部，应对盐泥—上层套管鞋间的裸眼作地层承压试验，确定地层可承受的实际当量钻井液密度。

（3）根据钻井液密度图版或邻井资料设计钻井液密度。如裸眼井段漏失压力低于设计钻井液液柱压力，应对漏失层进行堵漏，提高承压能力。如果堵漏作业不能将承压能力提高到设计钻井液密度以上或漏失压力当量密度与设计密度差值较大，或低抗压强度的裸眼井段长，则应下衬管封隔（塔里木油田采用的是在 $8^1/_2$in 井眼中用 $8^1/_2$~$9^1/_2$in 扩眼器扩眼，下 $7^5/_8$in 无接箍尾管）。

（4）钻遇复合盐层之前，必须认真检查钻具，对钻挺要进行探伤，随钻震击器要工作正常，宜用光钻挺，不加扶正器。

（5）钻盐层应选用适当密度、适当含盐量的欠饱和盐水钻井液。

（6）盐层钻进时，应保证尽可能大的钻井液排量和较高的返速，有利于清洗井底，冲刷井壁上吸附的厚虚假滤饼。密切注意转盘扭矩、泵压和返出岩屑的变化。发现扭矩增大，应立即上提划眼。

（7）接单根前划眼一次，方钻杆提出后，停泵通一次井眼，不遇阻卡，方可接单根，否则重新划眼。在盐层段起下钻，应控制起下钻速度。提钻遇卡不能超过 10tf，活动钻具以下放为主，在能下放的前提下，倒划眼提出。下钻遇阻，活动钻具以上提为主，划眼解除。在裸眼段内要连续活动钻具，以上下活动为主，活动距离应大于 3m 以上，因设备检查等情况，钻具必须提入套管内。

（8）盐层段钻进，应切实加强地层对比，卡准地质层位，盐层钻穿后应立即下技术套管封隔，以便降低钻井液密度钻开下部地层，防止井漏。

（9）采用双心钻头钻复合盐层，以便扩掉瞬时快速蠕变的盐岩，减少阻卡。双心钻头常用于钻蠕变率高的盐层或膨胀性页岩地层。因为钻头在旋转时双轴心作用能钻出比其通径大的井眼，从而减少卡钻概率。由于盐岩层段及膏质泥岩均由双心钻头钻进，故钻井参数选取的原则是：实现钻头的充分冷却，同时控制排量不得过大、防止井眼冲蚀。双心钻头前期使用较小钻压及适当转速，穿过盐层后，由于地层变硬，且钻头已部分磨损，可适当增大钻压，并降低转速。最大钻压根据机械钻速、转扭矩及钻具下部钻挺在钻井液中重量来确定。转盘工作平稳、扭矩无起伏时，可适当加大钻压。控制最大排量不超过 25L/s。控制喷嘴射流速度不过高，实际选用排量为 20~21L/s，射流速度为 35m/s。若排量过大，钻挺周围返速高，对井壁冲蚀严重；而 88m/s 以上的高速射流对井壁也将起破坏作用。

（10）采用扩眼技术。为避免挤毁套管，保证盐层段套管周围有较好且厚的水泥环，对盐层井段要进行扩眼设计，如：扩眼钻具组合为 ϕ215.9mm J22 导向钻头 +A1 型水力扩张式扩眼钻头 +ϕ158.75mm 钻挺 5 柱 +ϕ158.75mm 随钻上击器 +ϕ158.75mm 钻挺 3 柱 +ϕ127mm 加重钻杆 4 柱 +ϕ127mm 钻杆。导向钻头未装水眼。扩眼钻头原装 ϕ12.7mm 喷嘴 1 个。后考虑喷嘴小、排量达不到要求，故去掉喷嘴（钻头中心管内径 16mm）。扩眼器第一次入井至开始扩眼深度时，慢开泵至牙轮臂初张开的排量，采用低转速（40r/min）钻进，然后缓慢增大排量，泵压每间隔 10min 增加 0.345~0.689MPa，转盘转动 15~20min 后下钻，要求下放钻具速度尽可能慢。钻压不得超过 22.24kN，排量达额定值 20~23L/s。扩眼参数要根据厂家推荐值选取，转速不宜过高，扩完一单根划眼时，保证排量不变。特别是部分井段井径大于扩眼器最大外径时，要注意控制下放速度，防止顿钻，损坏牙轮和扩眼臂轴销。钻进过程中密切注意转盘扭矩的变化、发现扭矩增大或发生憋车现象，即冲眼起钻检查，冲眼时不可高速转动转盘。起下钻不可用转盘卸扣。

第五节　深部致密地层钻井提速技术

针对塔里木山前巴什基奇克组、新疆南缘清水河组以及四川盆地须家河组等地层特征，在分析各地层可钻性及钻井指标的基础上，结合各区块特色技术试验和应用情况，构建了具有区域特色的提速模板，为深部致密地层钻井提速提供了参考。

一、塔里木山前巴什基奇克组和巴西改组

（一）钻井提速难点分析

塔里木山前区域盐下目的层为白垩系巴什基奇克组，分布较稳定，是该区主力产气区，岩性为中—厚层状褐色、灰褐色细砂岩、粉砂岩及含砾砂岩，夹少量薄层褐色泥岩。由上至下分为 3 个岩性段，Ⅰ岩性段和Ⅱ岩性段为辫状平原三角洲沉积，Ⅲ岩性段为扇三角洲沉积。图 6-5-1 所示为 KS201 井 6705.38~6705.51m 井段岩样照片。

图 6-5-1　KS201 井 6705.38~6705.51m 井段岩样照片

巴什基奇克组突出问题为地层可钻性差和裂缝性漏失，岩石硬度大，钻头磨损大，工具提速空间有限；压力系数低，裂缝发育，频繁井漏，限制了目的层的整体提速。

以克深目的层为例，从巴什基奇克组使用的磨损钻头资料来看，肩部和鼻部齿磨损较为严重，大部分钻头有环形槽，个别中心部位有磨损。造成以上特点的主要原因是超硬地层导致复合片咬入地层深度降低，破岩效率大大降低，大部分能量浪费在复合片和地层之间的摩擦生热，温度上升导致金刚石稳定性下降，磨损加快。

图 6-5-2 为克深目的层巴什基奇克组钻头起钻后的典型磨损情况，根据 IADC 钻头定损评级标准基本上为 2-3-WT。图 6-5-4 更为清晰地显示了当复合片磨损至一定程度后，其金刚石层会产生剥落，从而使得其硬质合金基体与岩层产生直接接触并迅速磨损，进一步使得钻头胎体也开始接触岩层，而胎体材料的进一步磨损则使得复合片硬质合金基体的钎焊失效而掉齿，最终形成环形槽。

进一步分析复合片的失效模式，可以从图 6–5–5 中看到复合片首先在金刚石顶层产生局部厚度略低于 1mm 的顶层剥落，而这通常是金刚石复合片的热稳定层（脱钴层）的所在位置。由于失去了提供主要耐磨性的热稳定层，复合片会在继续钻进的过程中产生大量摩擦热，并由于内部升温导致金刚石层内部残留金属发生热膨胀，从而最终导致聚晶金刚石的晶界间的化学键失效，宏观上体现出来就是复合片切削刃的迅速磨损。

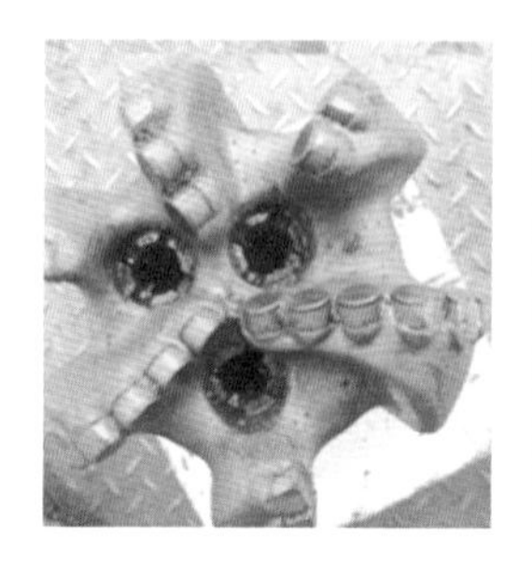

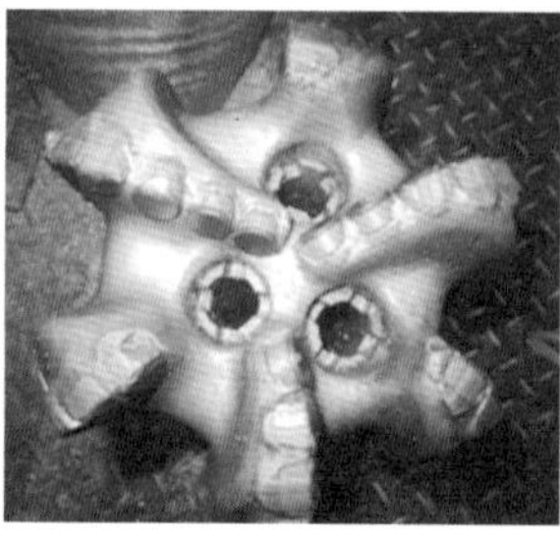

图 6–5–2　典型巴什基奇克组钻头起钻磨损情况

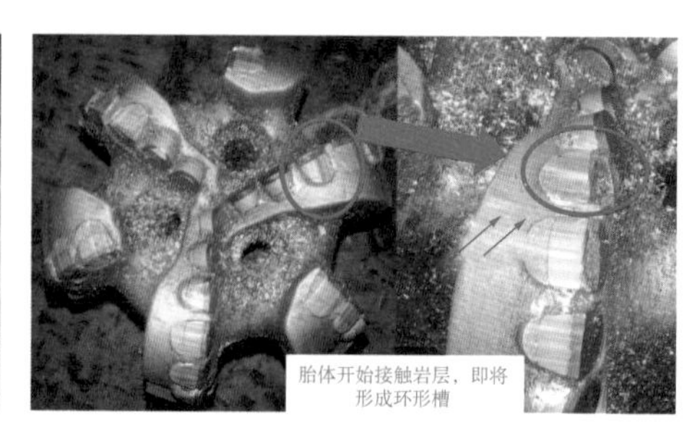

图 6–5–3　起钻后钻头肩部典型磨损

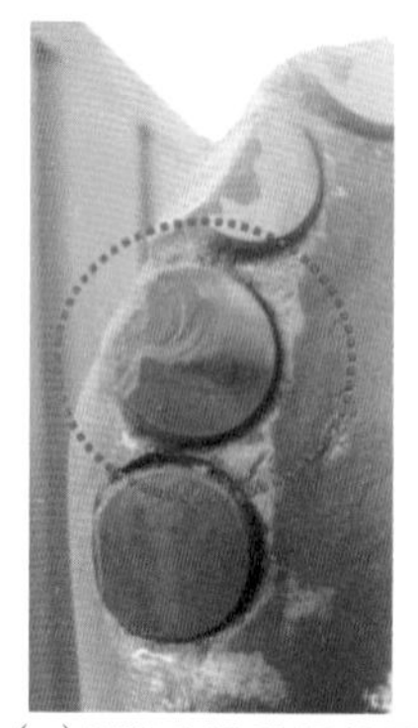

（a）KS2-2-12-21#Q406F

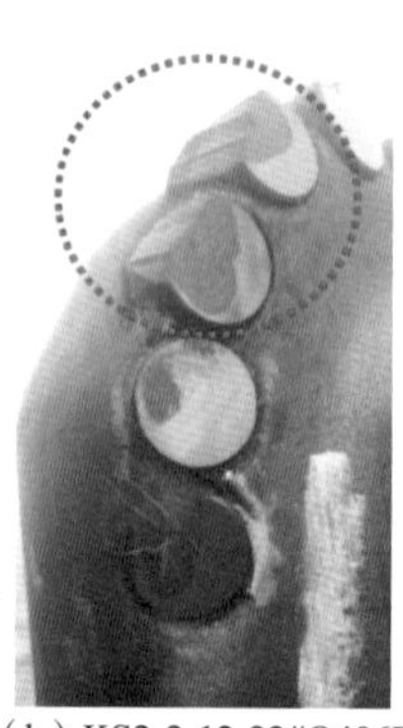

（b）KS2-2-12-22#Q406F

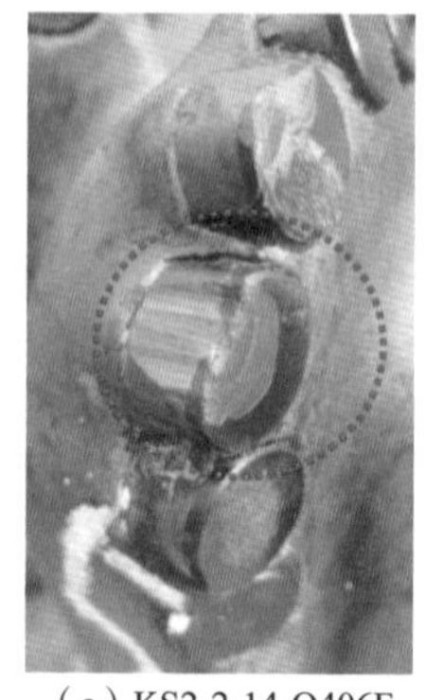

（c）KS2-2-14-Q406F

图 6–5–4　复合片顶层脱钴层剥落失效模式

对钻头机械钻速变化和利用转速计算出的钻头实时切深进行分析，如下图所示，钻头每次旋转一周的切深平均值为 0.28mm，而常规 13mm 复合片的倒角为 0.4mm，复合片的切深不及倒角的边缘大小，这种情况下的复合片破岩并非传统意义上的剪切破岩，而是近似于研磨破岩（图 6–5–5 和图 6–5–6）。加速下降，这都充分显示复合片的迅速磨损是钻头效率降低的最主要原因。

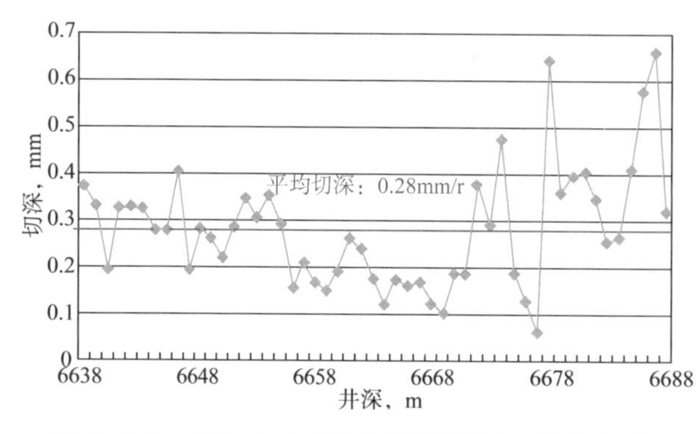

图 6–5–5　KS2–2–1 井史密斯钻头的实时切深记录

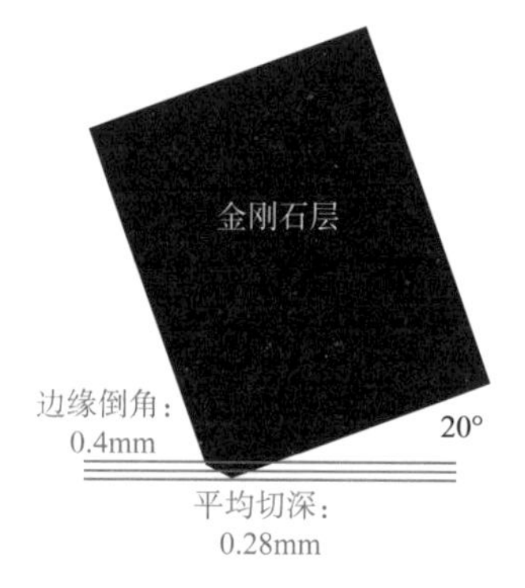

图 6–5–6　金刚石倒角和切深大小的相对比较

从图 6-5-7 中 KS2-2-16 井目的层钻头机械钻速可以看出，每只钻头的机械钻速是均匀下降的，而且根据 MSE（Mechanical Specific Energy，机械比能）的变化量可以看出（图 6-5-8），每只钻头的破岩效率加速下降，这都充分显示复合片的迅速磨损是钻头效率降低的最主要原因。

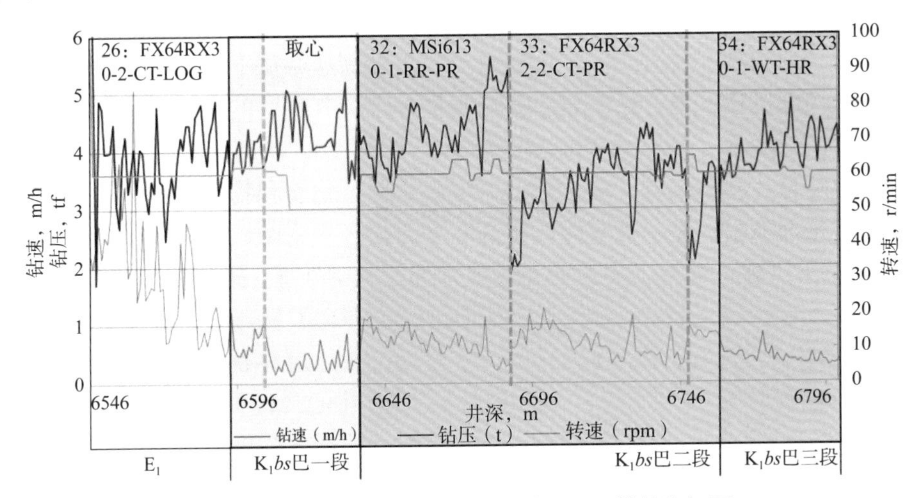

图 6-5-7　KS2-2-16 井目的层钻头使用性能指标图

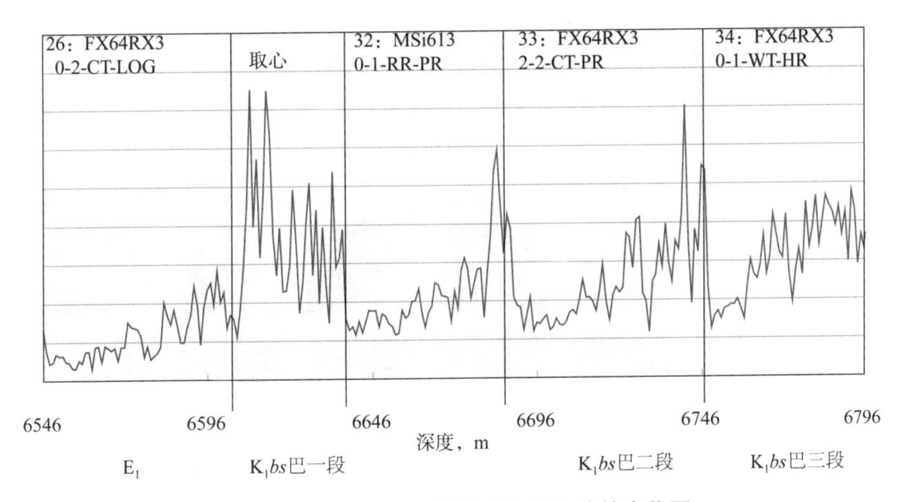

图 6-5-8　KS2-2-16 井钻头机械比能的变化图

根据上述分析，克深目的层巴什基奇克组钻头设计应该关注以下几点：

（1）以选择高耐磨性的复合片为主要突破口。

高耐磨性的复合片主要以混合细晶为主，并且加以优化后的深层脱钴以延缓金刚石层内部金属膨胀导致的热失效。

（2）在钻头设计上应以分段设计安排。

①在相对研磨性较低的巴什基奇克一段采用六刀翼单排齿设计，从而提高钻头的攻击性，提高机械钻速。

②在相对高研磨性的巴什基奇克组二段和三段，采用七刀翼双排齿密排列设计，从而达到提高总进尺量以完成完钻的目的。

（二）抗研磨性 PDC 钻头及应用

1. 抗研磨性复合片优选

针对克深目的层高研磨性岩层，开展了多次复合片 VTL 对标实验，优选出了最适用于克深目的层的超高耐磨性复合片产品 CNPCUSA-WR1。

金刚石复合片在切削过程中，切削面在与岩石的高速摩擦下会产生大量的摩擦热，从而导致切削面局部迅速升温。而金刚石在烧结过程中会有残留的金属催化剂（主要为钴元素，在高温下的热膨胀系数远大于金刚石的热膨胀系数），从而导致金刚石晶粒间化学键失效从而加速复合片磨损失效。酸洗脱钴，也就是通过化学和物理的方法将金刚石合成过程中的金属催化剂除去，是一种直接的提高金刚石复合片耐磨性的有效手段。各家复合片厂商和 PDC 钻头厂商均有自己的商业秘密配方进行脱钴处理。通过研发高效的脱钴方案，从而进一步提高了复合片的耐磨性能。

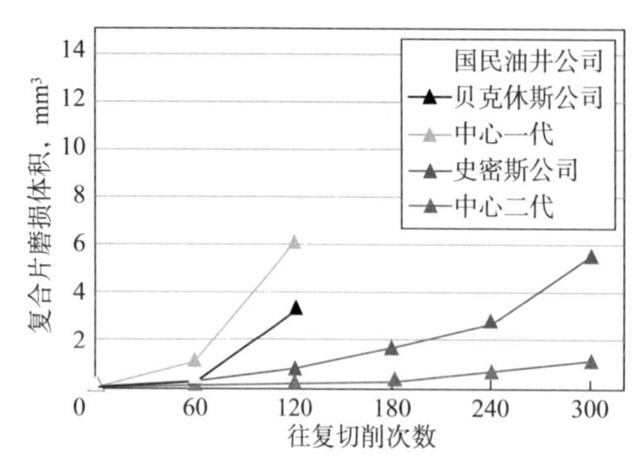

图 6-5-9 优选和研发的复合片耐磨性对标测试结果

图 6-5-9 是最终优选和自主脱钴的复合片（中心一代和中心二代）与其他美国高性能复合片的耐磨性对标测试结果。可以看出，研发的复合片在脱钴后的耐磨性高于对标测试中的史密斯公司、贝克休斯公司和国民油井公司的高耐磨性复合片。图 6-5-10 则显示了 CNPCUSA-GEN2（由 CNPCUSA-WR1 加上自主脱钴方案而来）复合片在经过 300 次的岩石切削后仍保持了很好的光滑切削面。

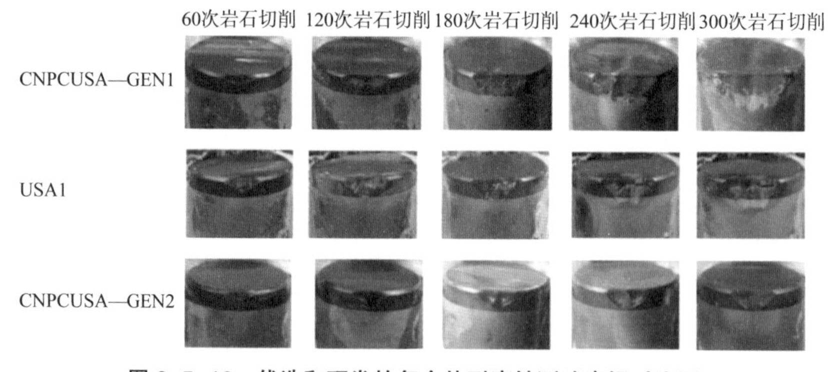

图 6-5-10 优选和研发的复合片耐磨性测试磨损对比图

2. 第一代 $6^5/_8$in 抗研磨性 PDC 钻头设计及应用

在室内复合片优选的基础上，设计了第一代 $6^5/_8$in 抗研磨性 PDC 钻头，主要设计方案包括：

（1）针对目的层巴什基奇克组上部相对较好钻、下部相对较难钻的特征，设计了六刀翼和七刀翼两种型号，在上部采用六刀翼而下部采用七刀翼，从而取得上部较高机械钻速和下部较高机械进尺的效果。

（2）对地层高耐磨性的特点，两种型号均采用了双排齿设计，以提高钻头整体寿命。

（3）针对无扶正器的钻具组合特点，采用了中等锥角（20°）以提高钻头稳定性。

（4）针对大尺寸堵漏剂的使用特点，设计采用了 3 个 24 号水眼，以保证堵漏剂能顺利通过钻头水眼。

根据以上设计准则设计出的第一代 $6^5/_8$in 钻头指标如图 6-5-11 和图 6-5-12 所示。表 6-5-1 为第一代 $6^5/_8$in 钻头设计指标表。

图 6-5-11　六刀翼 $6^5/_8$inMV613AXU 钻头设计图　　图 6-5-12　七刀翼 $6^5/_8$inMV713AXU 钻头设计图

表 6-5-1　第一代 $6^5/_8$in 钻头设计指标表

设计指标		六刀翼 $6^5/_8$in MV613AXU 钻头	七刀翼 $6^5/_8$in MV713AXU 钻头
产品规格	复合片尺寸，mm	13	13
	后备齿类型	13mm PDC	13mm PDC
	总齿数	59	68
	端面齿数	41	47
	接头类型	$3^1/_2$inAPI 标准	$3^1/_2$inAPI 标准
	水眼类型	3 个 24 号水眼	3 个 24 号水眼
	排屑槽数量尺寸，cm^2	41.9	39.4
	保径长度，mm	51	51
	螺纹部分长度，mm	124.5	124.5
	上扣后长度，mm	238	241.3
推荐操作参数	转速	所有井下动力钻具和转盘应用	所有井下动力钻具和转盘应用
	流量，m^3/min	0.57~1.32	0.57~1.32
	钻压，tf	5	5
	上扣扭矩，kN·m	9491~12202	9491~12202
钻头特征	M	胎体	
	V	垂直井	
	A	抗研磨复合片	
	X	双排齿	
	U	倒划眼齿	

2013 年 11 月，KS2-2-18 井 6829.31~6860.52m 井段试验 1 只 $6^5/_8$inMV713AXU 钻头，层位为巴什基奇克组二段，岩性为泥质细砂岩，钻头总进尺 31.21m，纯钻时间 40.68h，平均机械钻速 0.76m/h。

2013 年 11 月，KS806 井 6987.86~7000.60m 井段试验 1 只 $6^5/_8$inMV613AXU 钻头，层位为巴什基奇克二段，岩性为细砂岩，钻头总进尺 12.74m，纯钻时间 12.24h，平均机械钻速 1.04m/h。

2014 年 6 月，KS2-2-16 井试验 1 只 $6^5/_8$inMV613AXU 钻头，先钻塞（11.3m）及附件后五开钻进，井段为 6551.3~6629m，地层层位为库姆格列木群下部膏泥岩和巴什基奇克组一段砂泥岩，钻头进尺 77.7m，平均机械钻速 0.96m/h。

三次试验结果与克深 2 区块 20 口井目的层 $6^5/_8$in 钻头使用效果对比如图 6-5-13 所示。

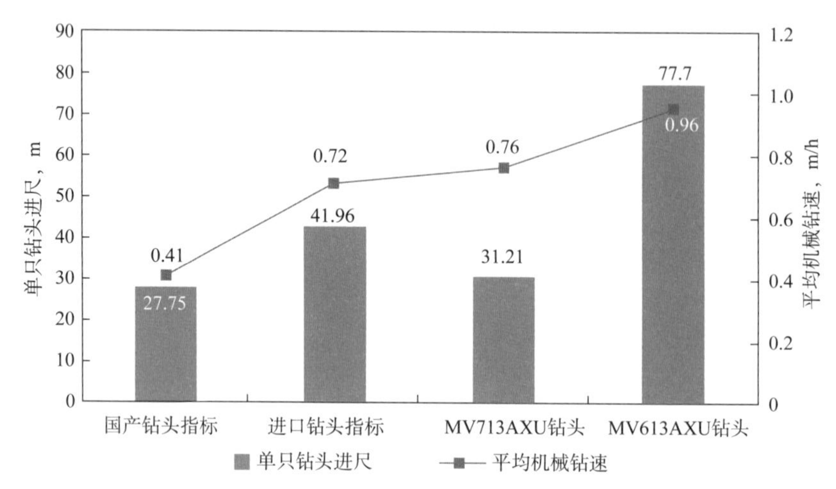

图 6-5-13　进口钻头与克深 2 区块使用的钻头指标对比图

3 次不同时间段的井上测试表明，3 只钻头的磨损均以肩部复合片平滑磨损为主，未发现崩齿、断齿现象，这表明钻头的力学稳定性设计优良，复合片均以均匀磨损过大导致机械钻速降低。进尺较进口钻头偏低，分析认为主要是因为复合片的耐磨性有一定差距，因此改进设计主要在进一步优选复合片和改进脱钴工艺。

3. 第二代 $6^5/_8$in 抗研磨性 PDC 钻头改进及应用

在对第一代钻头现场试验起出后进行失效分析的基础上，从以下几个方面进行了设计改进。

六刀翼钻头改进措施：

（1）去除副齿，以增强主齿的载荷，提高钻头攻击性。

（2）调整主齿后倾角，提高钻头攻击性。

（3）调整内锥角，提高钻头攻击性。

（4）调整复合片出刃量，提高钻头整体寿命。

（5）优选自主高性能脱钴的高耐磨性复合片，提高钻头使用寿命。

（6）改进后的钻井参数方案，提高钻头复合片切削效率，提高钻头使用寿命。

七刀翼钻头改进措施：

（1）调整主齿后倾角，提高钻头攻击性。

（2）调整复合片出刃量，提高钻头寿命。

（3）优选自主高性能脱钴的高耐磨性复合片，提高钻头使用寿命。

（4）改进后的钻井参数方案，提高钻头复合片切削效率，提高钻头使用寿命。

改进设计后的第二代钻头设计参数见表 6–5–2。

表 6–5–2　改进设计后的第二代 $6^{5}/_{8}$in 钻头设计参数表

设计指标		六刀翼 $6^{5}/_{8}$in MV613AXU 钻头	七刀翼 $6^{5}/_{8}$in MV713AXU 钻头
产品规格	复合片尺寸，mm	13	13
	后备齿类型	13mm PDC	13mm PDC
	总齿数	44	68
	端面齿数	26	47
	接头类型	$3^{1}/_{2}$in API 标准	$3^{1}/_{2}$in API 标准
	水眼类型	3 个 24 号水眼	3 个 24 号水眼
	排屑槽数量尺寸，cm^2	47.1	39.4
	保径长度，mm	51	51
	螺纹部分长度，mm	124.5	124.5
	上扣后长度，mm	241.3	241.3
推荐操作参数	转速	所有马达和转盘应用	所有马达和转盘应用
	流量，m^3/min	0.57~1.32	0.57~1.32
	钻压，tf	5	5
	上扣扭矩，kN · m	9491~12202	9491~12202
钻头特征	M	胎体	
	V	垂直井	
	A	抗研磨复合片	
	X	双排齿	
	U	倒划眼齿	

2014 年 12 月，KS8–8 井第一只 $6^{5}/_{8}$in MV613AU 钻头纯钻时间 45.4h，进尺 30.3m，平均机械钻速 0.67m/h。第二只 $6^{5}/_{8}$in MV713AXU 钻头进尺 15m，机械钻速 0.48m/h，起钻后钻头照片如图 6–5–14 所示。

现场测试结束后对两只钻头进行钻后分析，六刀翼 MV613AU 在进尺上与进口钻头相当，机械钻速则相对较低，而七刀翼 MV713AXU 则低于进口钻头。分析原因主要是由于地层致密，而七刀翼钻头在磨损后钻头攻击性下降过快，改进工作主要以六刀翼设计为基准，修改六刀翼冠部轮廓和布齿密度，提高肩部载荷以提高攻击性；减少保径长度至 $1^{1}/_{2}$in，增加刀翼倾角，以降低掉块引起的蹩钻；在主刀翼增加副齿，设计副齿低于主齿高度大于 0.06in。

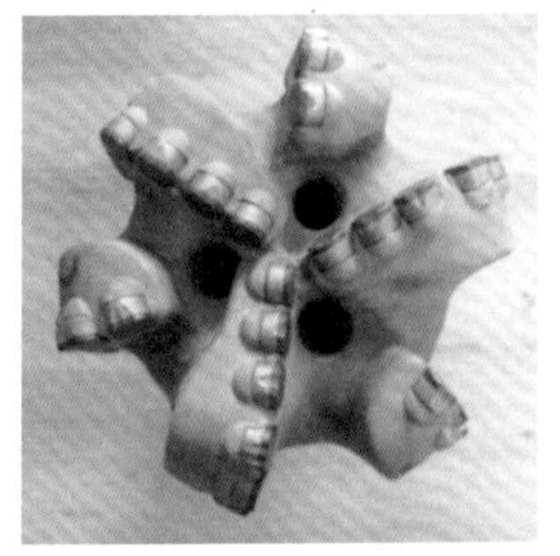

（a）MV613AU

（b）MV713AXU

图 6–5–14　KS8–8 钻头测试起钻后照片

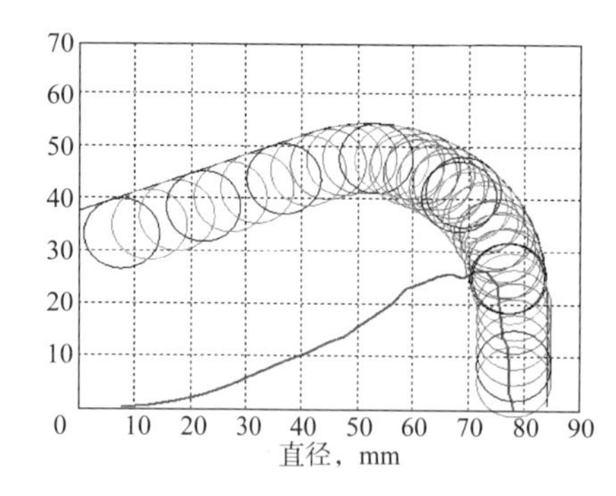

图 6-5-15　第三代 $6^5/_8$in 钻头冠部轮廓设计

4. 第三代 $6^5/_8$in 抗研磨性 PDC 钻头改进及应用

通过第二代现场试验，认识到针对巴一段和巴二段两段分别设计的钻头存在现场操作困难的问题，因此设计回归到优化设计一只钻头钻完巴一段，尽可能多获得巴二段进尺的认识上，因此进一步优化设计了第三代钻头。

第三代钻头进行了改进，设计参数见表 6-5-3，钻头冠部设计轮廓如图 6-5-15 所示。

表 6-5-3　第三代 $6^5/_8$in MV613AXU 钻头设计参数表

设计参数		第三代 $6^5/_8$in MV613AXU 钻头
产品规格	复合片尺寸，mm	13
	后备齿类型	13mm PDC
	总齿数	56
	端面齿数	37
	接头类型	$3^1/_2$in API 标准
	水眼类型	3 个 24 号水眼
	排屑槽数量尺寸，cm^3	41.3
	保径长度，mm	38.1
	螺纹部分长度，mm	101.6
	上扣后长度，mm	215.9
推荐操作参数	转速	所有马达和转盘应用
	流量，m^3/min	0.57~1.32
	钻压，tf	8
	上扣扭矩，kN · m	10575~11660
钻头特征	M	胎体
	V	垂直井
	A	抗研磨复合片
	X	双排齿
	U	倒划眼齿

针对钻头在钻压受限时无法获得有效单齿切入量的问题：

（1）增加内锥角至 20°，提高肩部齿受力增强单齿切入量。

（2）同时在切屑功率高的肩部位置布置副齿。

（3）控制副齿的数量（2 颗 / 刀翼），以帮助主齿在磨损后分担钻压的情况下副齿能有效切入地层。

（4）提高抗研磨性复合片的脱钻深度，进一步提高抗研磨性。

针对第二次试验一刀翼、三刀翼和五刀翼均有崩齿现象，采取了如下改进措施：

（1）减短保径长度至 $1^1/_2$in。

（2）去除保径碳化钨块设计。

（3）调整刀翼螺旋角平衡摩擦力。

与此同时，在复合片的超深脱钴中也进一步加深脱钴深度，通过改进脱钴工艺将复合片的热稳定性提高，在与史密斯公司等及其他美国厂商的复合片对标试验中，改进脱钴工艺后的第二代耐磨性复合片获得了最高的磨耗比结果（图 6–5–16）。

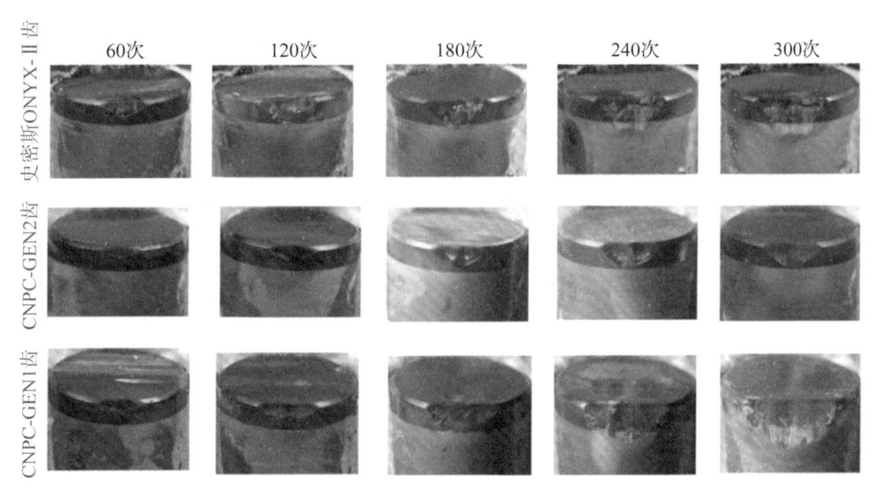

图 6–5–16　CNPCUSA–GEN2 齿耐磨性试验对标结果

2015 年 3 月，改进后的第三代 $6^5/_8$inMV613AXU 钻头在 KS8–11 井 7077~7146.3m 井段应用，纯钻时间 40.55h，进尺 69.3m，平均机械钻速 1.71m/h。与同区块邻井进口钻头相比，平均钻速提高 31%，单只钻头进尺提高 33%，对比结果如图 6–5–17 所示。

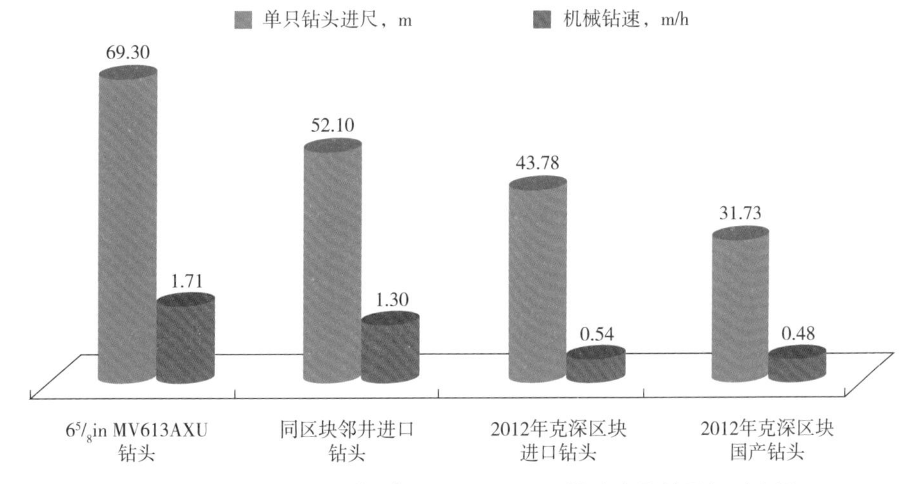

图 6–5–17　KS8–11 井 $6^5/_8$in MV613AXU 钻头应用效果与对比图

（三）可旋转复合片 PDC 钻头及应用

在钻进高研磨性地层如砂岩、粉砂岩等时，常规 PDC 钻头存在复合片耐磨性不足、钻头进尺低、起下钻次数多等问题。针对此困难，Smith Bits 公司研发了旋转复合片技术以大幅提高钻头使用寿命。该技术设计出一种新型的轴承嵌套技术，将常规复合片加工后置入特殊设计的套筒内，从而在钻头钻进过程中在侧向力的作用下自主旋转，而不是以某一固定点切屑岩石，从而极大的增加了复合片的使用寿命。图 6-5-18 为给出 ONYX360 旋转复合片的组装结构及其切屑原理。

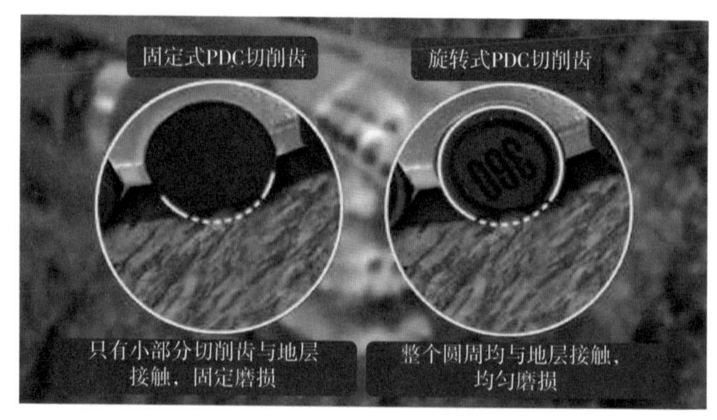

图 6-5-18　ONYX360 旋转复合片组装结构及其切屑原理

在美国俄克拉何马州的 Granitewash 地区，采用 ONYX360 旋转复合片的钻头在钻进深层硬质砂岩时进尺比相同设计的常规 PDC 钻头提高了 57%。

2013 年 10 月，ONYX360 首次在 KS2-1-8 井应用，取得明显效果。至 2015 年，累计应用 14 口井 22 井次，平均单只钻头进尺 71.91m，平均机械钻速 0.78m/h，统计结果见表 6-5-4。其中 2015 年在克深区块应用 11 井次，平均钻速 0.67m/h，单只钻头进尺 60.78m，与克深区块平均指标相比，单只钻头进尺提高 23.5%（图 6-5-19）。KS8-4 井 1 只钻头进尺 108.68m，平均钻速 1.94m/h；KS13 井 2 只钻头进尺 207m，单只钻头进尺 103.5m，平均钻速 0.76m/h。

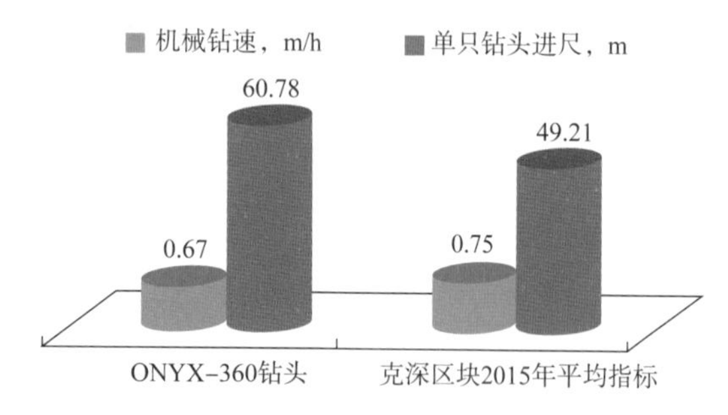

图 6-5-19　2015 年 ONYX-360 钻头指标与克深区块平均指标对比

表 6-5-4　ONYX360 钻头应用效果统计表

序号	井号	井眼尺寸 in	钻头型号	井段 m	进尺 m	平均机械钻速 m/h	平均钻头进尺 m
1	KS2-1-8 井	$8^1/_2$	MDSiR813	6622~6723	101.00	0.98	101
2	KS6 井	$8^1/_2$	MDSiR713	5632~5781	149.00	1.31	149
			MDSiR813	5781~5859	78.00	1.04	78
3	KS2-2-10 井	$6^5/_8$	MDSiR613	6620~6745	125.00	0.71	125
4	KS209 井	$6^5/_8$	MDSiR613	6862~6960	98	0.75	98
5	KS506 井	$8^1/_2$	MDSiR713	6574.1~6645	70.9	0.43	70.9
6	KS8-8 井	$6^5/_8$	MDSiR613	6943~6984	41	0.56	41
7	KS901 井	$6^5/_8$	MDSi513	7923.22~7952.45	29.23	0.46	29.23
			MDSiR613	7952.45~7973.77	21.32	0.76	21.32

续表

序号	井号	井眼尺寸 in	钻头型号	井段 m	进尺 m	平均机械钻速 m/h	平均钻头进尺 m
8	KS902 井	$6^{5}/_{8}$	MDSiR613	7933~7971.5	38.5	0.29	38.5
			MDSiR613	7976~8015	39	0.29	39
9	KS8-4 井	$6^{5}/_{8}$	MDSiR613	6814.32~6923	108.68	1.94	108.68
10	KL2-J203 井	$8^{1}/_{2}$	MDS713UBPX	3968~4096	128	0.84	128
11	KS8-11 井	$6^{5}/_{8}$	MDSiR613QB	7146.3~7187.26	40.96	1.03	40.96
			MDSiR613QB	7187.26~7245.5	58.24	0.86	58.24
			MDSiR613QB	7245.5~7282	36.5	0.71	36.5
			MDSiR613QB	7282~7304	22	0.58	22
12	KS13 井	$6^{5}/_{8}$	MDSiR613	7278~7340	62	1.04	140
				7357~7435	78	0.71	
			MDSiR613	7435~7502	67	0.55	67
13	KS601 井	$5^{7}/_{8}$	MDSI613QBP	6159~6210	51	0.63	80.82
14	KS602 井	$5^{7}/_{8}$	MDSIR613	6097.3~6164	66.7	0.65	66.7
合计 / 平均				22 井次 （14 口井）	1510.03	0.78	71.91

（四）孕镶钻头＋涡轮钻具＋旁通阀组合工具提速技术

井漏是山地区域目的层钻井发生率较高的复杂情况，孕镶钻头＋涡轮钻具不支持堵漏钻井液使用，为节省钻井时间，避免起钻更换钻具组合，配套了旁通阀堵漏技术，一旦发生井漏，打开循环短节进行堵漏处理，可实现涡轮钻具不起钻堵漏的需求，最多可进行 6 次开关孔操作。

1. 总体应用效果

该工具组合在库车山地区域应用情况见表 6-5-5，总进尺 1058m。与 2013 年克深区块相比，机械钻速提高 2 倍以上，单只钻头进尺提高 3 倍以上（图 6-5-20），可实现 1~2 只钻头完成目的层段进尺。但超深井段应用该工具组合对钻机循环系统要求较高，在满足涡轮钻具正常工作排量的条件下，需要地面循环系统长期保持 28~32MPa 高压工作。

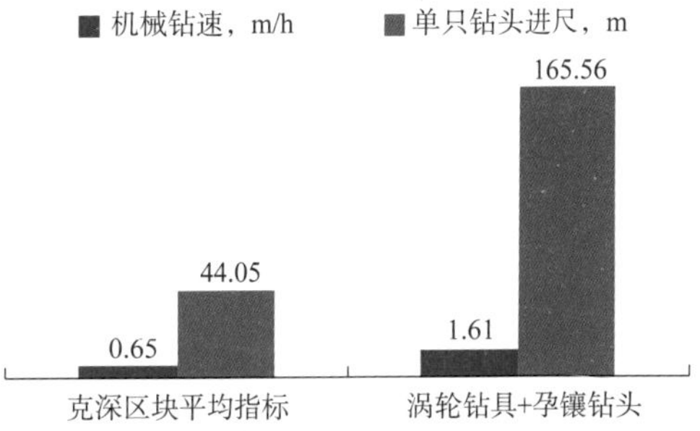

图 6-5-20 涡轮钻具＋孕镶钻头与克深区块目的层钻进平均指标对比

表 6-5-5 涡轮钻具＋孕镶钻头提速技术在山地目的层部分应用情况统计表

序号	井号	井眼尺寸 in	进尺 m	平均钻速 m/h	对比井	对比钻速 m/h	提速效果
1	KS2-1-14 井	$8^{1}/_{2}$in	146	2.03	本井（PDC）	0.55	提速 4 倍
2	KS2-1-12 井	$5^{7}/_{8}$in	246	1.48	KS205 井	0.52	提速 3 倍

续表

序号	井号	井眼尺寸 in	进尺 m	平均钻速 m/h	对比井	对比钻速 m/h	提速效果
3	KS106 井	$6^5/_8$in	268	1.13	本井 （PDC 钻头）	0.35	提速 3 倍
4	DB201-1 井	$6^5/_8$in	168	2.1	DB201-2 井	1.57	提速 1.5 倍
5	KS301 井	$6^5/_8$in	230	1.42	本井 （PDC 钻头）	0.52	提速 3 倍

2. KS106 井应用效果

KS106 井巴什基奇克组顶深 6960m，涡轮钻具入井 2 次，均利用堵漏阀进行原钻具堵漏作业，基本情况见表 6-5-6。两次钻进历时 21d，共进尺 266.7m，纯钻时间 199h，涡轮钻具工作时间 491h，平均机械钻速 1.34m/h。

表 6-5-6　KS106 井孕镶钻头 + 涡轮钻具 + 多次开关堵漏阀应用基本情况

趟数	纯钻时间 h	井深，m		进尺 m	钻速 m/h	地层	钻头型号	涡轮钻具	
		自	至					型号	尺寸
1	160.5	7059.5	7281	221.5	1.38	K_1bs	DD5760M	147TSXLMK1 FBS	120.7mm
2	38.5	7313.6	7358.8	45.2	1.17			99TSXLMK2 FBS	

二、准噶尔盆地南缘呼图壁背斜

2020 年，呼图壁背斜带 HT1 井获得重大突破，在 7367~7382m 井段试获高产工业油气流，日产天然气 $61 \times 10^4 m^3$，日产原油 $106.3m^3$，初步估算气藏规模千亿立方米。HT1 井的突破，是继准噶尔盆地南缘西段 GT1 井历史性突破后，在南缘中段首次获得天然气勘探重大发现。

南缘中段下组合勘探程度低，地质工程难点突出，HT1 井采用油基钻井液、精细控压、垂直钻井、随钻扩眼等工艺技术措施，保障顺利完井。实钻情况表明，构造地质情况复杂，存在钻井故障、复杂率高、周期长等难题。为了进一步缩短钻井周期，降低故障复杂率，急需形成该区域安全快速钻井配套技术，进一步实现该地区油气勘探的安全钻井和降本增效。

（一）钻井提速难点分析

呼图壁背斜构造位于准噶尔盆地南缘冲断带安集海—呼图壁构造带中段。地层具有如下特征：

（1）紫泥泉子组以下地层勘探程度低。同构造上钻达侏罗系 2 口井，两井相距 20km，井身结构设计均为非常规五开结构，下部地层压力系统、地质分层，纵向上两口井特征相似，横向上压力存在一定变化，越靠山前压力差异性强，下部地层井身结构确定难度大，导致井下复杂多。

（2）下部胜金口组至清水河组、喀拉扎组，地层压力呈“高—低”趋势特点，溢漏同存。DF1 井在清水河组至喀拉扎组井深 7026~7336m 井段，钻井过程发生井漏 13 次。HT1

井在井深6100~6104m地层出水，钻井液密度2.18g/cm^3，基本保持钻井液性能稳定，喀拉扎地层压力系数下降至2.02，钻进中发生16次漏失

（3）多个地层可钻性差，机械钻速低。清水河下部岩石强度高，喀拉扎组以砂砾岩为主，硬度高、研磨性强，HT1井ϕ190mm井眼进尺233m，使用钻头5只，平均进尺46.6m，平均钻速0.44m/h。

（二）钻头优选及个性化钻头

呼图壁背斜构造地层特点，第四系至独山子组上部砂砾岩段以复合钻头、镶齿牙轮钻头提速。独山子中下部塔西河组以泥岩粉砂岩为主，属低剪切、中高塑性、软—中硬地层，沙湾组以粉砂岩为主，部分井存在砂砾岩可钻性较差；安集海河组以泥岩为主，PDC钻头可钻性级值为4~5，受构造应力和高密度围压产生强塑性，使钻头吃入困难。使用个性化调整钻头后倾角，四刀翼非平面齿和尖圆混合布齿PDC钻头解决了塑性泥岩吃入难题，HT1井使用一只GT46s钻头进尺759m，机械钻速4.42m/h。

紫泥泉子组和东沟组主要为泥岩和砂岩互层，部分层段为含砾不等粒砂岩，PDC钻头可钻性级值为4~6。连木沁组至清水河组中部岩石成岩随井深增加，泥岩地层受山前地壳造山运动的挤压，成岩压实强度和岩石强度增加，PDC钻头可钻性级值为5~6，含砂质岩性石英成份增加研磨性较强，泥岩段多呈现塑性特征，钻头破岩效率低；清水河组中下部以砂质岩性为主，复合片快速磨损，泥岩存在裂缝长石或石英填充及夹层造成钻头崩齿。采用个性化PDC钻头，五刀翼布齿抛物线型和中等大小切削齿后角设计，提高钻头穿夹层能力，进口复合片提高钻头的攻击性和耐磨性，防止钻头早期损坏，配合螺杆近钻头提供动力，减少钻具振动对钻头切削地层平稳性的影响，提高钻头的切削效率。TA1井在呼图壁河组地层使用两只进口钻头进尺694m，机械钻速平均2.44m/h，钻速较前单只钻头平均机械钻速1.42m/h，提高144%。

喀拉扎组含砾砂岩，研磨性强，强度最高达198MPa，PDC钻头可钻性级值大于8，试验高速螺杆（或涡轮）配合孕镶钻头使钻头工作时间长，减少起下钻时间，获得单只钻头进尺，提高钻井速度。

（三）精细控压钻井技术

精细控压钻井技术与井身结构设计相结合，是避免井下复杂的重要手段。目前使用五开备六开和大六开备七开井身结构，上部采取大井眼尺寸，预留一层或多层备用套管，为钻遇复杂情况预留调整空间；下部可以采用较大的尺寸钻具、钻头、提速工具等使钻井参数实现合理优化；同时增大完井的井眼尺寸，为油气井开发创造良好的条件；为井身结构的设计带来更大的灵活性，可以持续开展井身结构优化。

呼图壁背斜带钻井复杂主要是下部胜金口组至清水河组的地层压力变化造成。DF1井处于储气库边缘区紫泥泉子组是储气层，DF1井和HT1井五开井段地层压力都呈现由高向低的趋势，胜金口组高压气水层是压力高点，清水河组存在裂缝带承压能力低，薄砂层发生渗透性漏失，漏溢转换频繁，对该井段增加封隔点进行压力系统分隔，保障下部钻井安全提速实施。一开套管下至井深300.00m，封固上部疏松地层；二开套管下至安集海河组顶部，封上部低压层，为安集海河组高密度钻进创造条件；三开套管下至紫泥泉子组顶

部，封隔安集海组高压易垮地层；四开套管下至连木沁组底部封隔紫泥泉子组—连木沁组低压层，五开套管下至清水河中部，封隔胜金口组高压气水层，应对清水河组砂岩及侏罗系压力回落，为安全钻进目的层奠定基础；六开实施清水河组和喀拉扎组储层专打。图 6-5-21 所示为呼图壁背斜储层专打井身结构。

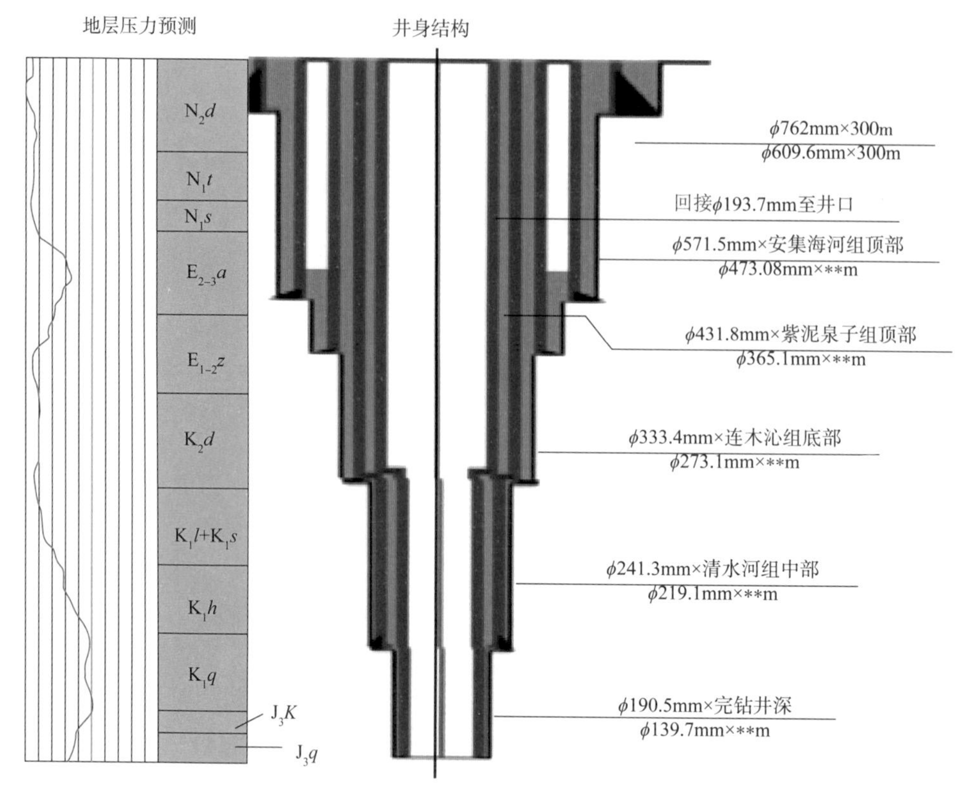

图 6-5-21　呼图壁背斜储层专打井身结构

通过引进控压钻井配套技术解决压力复杂地层安全钻井难题，改造完成 15MPa 高控压能力设备，建立井下异常情况实时诊断与控制系统，完善重浆帽工艺，有效解决了窄密度窗口地层气液置换和气体侵入井筒识别困难、控制难度大等问题。LT1 井在井深 4642~5746m 地层压力呈现高压—低压的变化趋势。随着地层压力逐渐释放，配合精细控压钻井，控制井底 ECD 在 2.60~2.62 之间，大幅减少地层出水及漏失。HT1 井五开完钻井深 7601m，采用精细控压固井技术，控制井底 ECD 为 2.15~2.16g/cm^3，顺利完成控压下套管、循环、固井、循环候凝等工艺流程，实现全过程井底压力控制。

（四）钻井液优化技术

准噶尔盆地南缘地区中下部井段油基钻井液的成功运用，为钻井液体系选择及优化提供依据。呼图壁背斜使用水基钾钙基有机盐体系强化封堵能力解决第四系、独山子组上部含膏砾石层阻卡问题，强化抑制能力解决独山子组下部、塔西河组泥岩的缩径阻卡问题。在中下部安集海河组及以下优选油基钻井液的组分，综合性能优良，在温度 180℃、密度 2.60g/cm^3 的条件下，流变性优良、乳化性能稳定，抗污染性能强，添加复合封堵剂形成的高密度防漏型油基钻井液，大幅降低了井下复杂事故，提高钻井速度。

三、川渝地区须家河组

川渝地区深层须家河组钻进速度低的问题是一个的瓶颈性难题。该地层石英含量高，研磨性强，抗压强度高，同时还常常伴有一定程度的不均质性（致密砂岩、泥页岩夹层等），是油气钻井过程中的一种典型的难钻地层。在这种地层中钻进时，PDC钻头主要表现为钻头磨损严重、单只进尺较少；牙轮钻头表现为单只进尺少、机械钻速低，大大降低了钻井效率。

涡轮钻具配合孕镶金刚石钻头组合具有较强的抗研磨性、高转速下工作时间长、动力输出功率大、工作平稳、井眼轨迹平滑的优势。近年来，大量现场应用证明该技术能够满足川渝地区须家河组强研磨性地层的提速要求。

（一）须家河组岩性及其力学特征

川渝地区须家河组主要岩性为砂岩、粉砂岩和泥页岩。砂岩和粉砂岩为多为硅质胶结，石英含量高，有些井段砂岩石英含量高达92%~95%。其中，须四段和须二段岩性以细、中、粗石英砂岩为主，夹泥页岩和含砾砂岩。须五段、须三段和须一段主要岩性为粉砂岩、粉砂质泥岩与泥页岩呈不等厚和略等厚互层。

结合地层岩石力学性质的实验研究，计算分析了LGX2井的须家河组的抗压强度、可钻性等岩石力学特性，其特点如下：

（1）抗压强度为80~150MPa，最高达180MPa。

（2）可钻性级值为4~10，可钻性差。

（3）内摩擦角为30°~45°，地层的压实性高，结合抗压强度，地层硬度高。

同时，根据须家河组含有致密砂岩、石英含量高等岩性特点，该地层属强研磨性地层。

（二）涡轮钻具配套孕镶金刚石钻井技术

1. 涡轮钻具工作原理及其优势

涡轮钻具是一种将钻井液液体能量转变为机械能的钻井工具。涡轮钻具主要由涡轮节、支撑节和传动轴组成。涡轮节主要包括定子、转子、扶正轴承、主轴及外壳构成。其中涡轮钻具中最重要的工作元件是涡轮定子和转子。高压钻井液通过涡轮时，分别与定子和转子叶片相互作用发生动量矩的转变，使液体能量转化为涡轮主轴上的机械能。涡轮钻具是由成百级结构相同的单级涡轮所组成。

涡轮钻具的主要技术优势：全金属结构，动力部分无橡胶件，耐高温，工作温度可达250℃，适用于深井、超深井和高温高压井；高性能动力、高转速；径向平衡性能稳定，能够有效保护钻柱及井下仪器，井眼质量好；模块化单元，可操作性强。

2. 孕镶金刚石钻头结构及其特点

孕镶金刚石钻头为金刚石钻头中的一种，钻头胎体里均匀包镶着天然或人造金刚石颗粒，使得其在耐磨性较常规的PDC钻头和牙轮钻头优势明显（图6-5-22）。钻进时，钻头胎体磨损，金刚石颗粒不断地出露自锐，高效破碎岩石。孕镶金刚石钻头是多流道布局，

图 6-5-22　孕镶金刚石钻头实物图

保证钻井液及时清洗岩屑和冷却钻头，提高其使用寿命。此外，其多刀翼结构和配套的加长保径扶正器，可提高钻头井下的稳定性，进一步提高破岩效率。

3. 涡轮钻具配套孕镶金刚石钻头钻井技术的特点

目前，高速螺杆钻具或涡轮钻具配合 PDC 钻头的钻井方式都受到 PDC 复合片限制，使得其主要适用于中—低抗压强度、均质性好和低研磨性地层，但根据川渝地区须家河组高研磨性、硬夹层交互和可钻性差的特性，结合孕镶金刚石钻头自身破岩机理，需配高速井下动力钻具，因此涡轮钻具或高速螺杆钻具配合孕镶金刚石钻头钻井方式适合该地层提速，但国内目前使用的高速螺杆钻具使用寿命受限，与孕镶金刚石钻头使用寿命匹配性差。

在川渝地区类似须家河组的难钻地层，采用涡轮钻具配合孕镶金刚石钻头复合钻井技术能够显著增加钻头转速及钻压，井下钻具稳定性强，能够提高单只钻头寿命，减少起下钻时间，并起到防斜打直的目的[23]。

（三）现场应用效果及认识

LGX1 井在须家河组使用涡轮钻具配套孕镶金刚石钻头钻井技术，钻具组合为 ϕ215.9mm 钻头（CEW8A1）×0.3m+431×431 双公接头 ×0.3m+QWL178 涡轮钻具 ×17m+521×410 接头 ×0.4m+ 上部钻具。钻井参数为：钻压 30~80kN、转盘转速 35~45r/min、排量 28~30L/s、钻井液密度 1.1g/cm^3。

一趟钻进尺 392m，工具入井时间 240h，平均机械钻速 2.73m/h，同比邻井 LGX2 井，与邻井同层钻头对比，机械钻速提高 95% 以上，单只钻头平均进尺提高了 334.1%，提速效果明显。孕镶金刚石钻头出井后照片如图 6-5-23 所示。

图 6-5-23　孕镶金刚石钻头出井后照片

通过现场应用获得以下认识：

（1）涡轮钻具配套孕镶金刚石钻头技术在 LGX1 井须家河组现场应用取得了良好的提速效果，是提高强研磨性地层钻井速度的有效技术。

（2）现场机泵条件和钻井参数对于涡轮钻具钻井提速效果具有较为重要的影响，建议优化涡轮钻具结构，以降低其对钻井参数的要求，提高推广应用的适应性。

（3）由于试验的孕镶金刚石钻头完全是利用自身的天然金刚石颗粒高速研磨破碎地层，使得其机械钻速受到了一定限制，建议借鉴 PDC 钻头复合片切削破岩机理，优化孕镶金刚石钻头结构，如在刀翼肩部布置类似于 PDC 复合片的柱型结构孕镶齿，以增加孕镶金刚石钻头的攻击性。

（4）建议在川渝和新疆等地区强研磨地层推广使用涡轮钻具配套孕镶金刚石钻头钻井技术。

参考文献

[1] 李宁，周波，文亮，等 . 塔里木油田库车山前砾石层提速技术研究 [J]. 钻采工艺，2020，43（2）：143–146.

[2] 刘金龙，王春生，吕晓刚，等 . 库车山前巨厚砾石层钻井提速技术分析 [J]. 钻采工艺，2020，43（3）：20–22.

[3] 康健，郝围围，刘德智，等 . 高陡含砾地层大扭矩螺杆 + 高效 PDC 钻头钻井提速分析 [J]. 西部探矿工程，2021，33（5）：71–75.

[4] 吴海霞，沈立娜，李春，等 . 博孜区块新型表孕镶金刚石全面钻头的研究与应用 [J]. 钻探工程，2021，48（3）：101–105.

[5] 蒲克勇，李忠飞，王虎 . 巨厚砾石层空气连续循环钻井技术实践与认识 [J]. 西部探矿工程，2021，33（8）：74–77.

[6] 李露春，练章华，蒲克勇，等 . 气体连续循环钻井技术在博孜区块砾石层的应用 [J]. 西南石油大学学报（自然科学版），2021，43（40）：44–50.

[7] 谭宾，许期聪，付强 . 新疆博孜区块空气钻井关键技术研究及应用 [J]. 钻采工艺，2021，44（2）：13–16.

[8] 陆灯云，王春生，邓 柯，等 . 塔里木博孜区块巨厚砾石层气体钻井实践与认识 [J]. 钻采工艺，2020，43（4）：8–11.

[9] 娄尔标，周波，刘洪涛，等 . 巨厚砾石层气体钻井井筒不规则性对井斜的影响研究 [J]. 石油钻探技术，2021，49（3）：62–66.

[10] 王春生，邓柯，刘殿琛，等 . 连续循环空气钻井技术在 BZ18 井的应用 [J]. 钻采工艺，2020，43（3）：104–107.

[11] 刘殿琛，韩烈祥，杨沛 . 砾石层空气钻井井壁失稳机理研究及应用 [J]. 钻采工艺，2019，42（4）：5–9.

[12] 管志川，陈庭根 . 钻井工程理论与技术 [M]. 青岛：中国石油大学出版社，2017.

[13] 柴麟，张凯，刘宝林，等 . 自动垂直钻井工具分类及发展现状 [J]. 石油机械，2020，48（1）：1–11.

[14] 滕学清，刘洪涛，李宁，等 . 塔里木博孜区块超深井自动垂直钻井难点与技术对策 [J]. 石油钻探技术，2021，49（1）：11–15.

[15] 周英操 . 控压钻井技术与装备 [M]. 北京：石油工业出版社，2019.

[16] 周英操，刘伟 . PCDS 精细控压钻井技术新进展 [J]. 石油钻探技术，2019，47（3）：68–74.

[17] 刘伟，周英操，石希天，等 . 塔里木油田库车山前超高压盐水层精细控压钻井技术 [J]. 石油钻探技术，2020，48（2）：23–28.

[18] 秦富兵，朱仁发，黄亚楼 . GS001–X 井灯影组溢漏同存情况下精细控压钻井技术探讨 [J]. 钻采工艺，2020，43（6）：121–123.

[19] 左星，杨玻，海显贵 . 精细控压钻井技术在磨溪—高石梯海相地层应用可行性分析 [J].

钻采工艺，2015（4）：15–17.
[20] 晏凌，吴会胜，晏琰．精细控压钻井技术在喷漏同存复杂井中的应用 [J]. 天然气工业，2015，35（2）：59–63.
[21] 王雅蓉，雨松，王桂同，等．库车山前复合盐膏层复杂事故处理及分析 [J]. 石化技术，2020，27（7）：119–120.
[22] 陈雪峰，李博，张晓兵，等．塔里木山前构造盐膏层随钻扩眼钻井技术应用与认识 [J]. 西部探矿工程，2022，34（9）：96–99.
[23] 韩烈祥，姚建林，李伟成．川渝地区须家河地层涡轮钻具配套孕镶金刚石钻头钻井提速技术 [J]. 钻采工艺，2018，41（3）：1–4.

第七章　超深井钻完井装备

深层超深层钻井已成为全球油气资源勘探开发的重大需求，目前全球有 80 多个国家能钻深井，其中 30 多个国家具备钻超深井的能力，相关技术已成熟配套。采用国际先进水平的深井超深井钻完井技术钻井已突破 12000m 垂深，钻机等主要装备初步具备 15000m 钻深能力，正在向电动化、自动化、数字化、智能化方向发展。中国的深井超深井钻完井技术也正在向更深、更快、更经济、更清洁、更安全、更智能的方向发展。当前主要面临两大任务：一是围绕深层超深层油气勘探开发需求，以“降本保质增效”为目标，从“安全提速”入手，不断打造工程技术利器，加速技术迭代和装备配套，降低复杂时效，缩短工程周期，支撑油气勘探开发的重大发现和突破；二是围绕特深井和深地研发计划，强化安全高效钻完井基础研究和重大技术攻关，将油气勘探技术能力提升到 10000m 及以上，支撑特深井和深地资源规模化勘探与效益化开发。

第一节　钻机及配套装备

超深井由于其建井、钻井和完井时间都比较长，而且普遍存在地层结构复杂的问题，因此对钻井设备的要求是：(1) 可靠性高；(2) 承载能力大，能够及时处理井下事故；(3) 超深井钻井起下钻时间占比大，因此钻井效率也是考核钻机的一个非常重要的指标。

为了适应勘探开发更深地层油气藏的需要，深井石油钻机趋向大型化，要求功率大、性能好、自动化程度高，可满足和适应深井钻井的多种需要。钻机钻深能力已达 15000m，最大钩载达 12500kN。为了提高起升工作效率，绞车功率有进一步提高的趋势，功率 5220kW 的绞车已经问世[1]，国外部分 15000m 特深井钻机主要技术参数见表 7-1-1。

表 7-1-1　国外特深井钻机主要技术参数

技术参数 \ 国别	苏联	Parker Drilling（美国）		DRECO（美国）	NSCO（美国）	德国	俄罗斯
钻机型号	Бу15000	—	NO.201	4000E	2050E	UTB-1	Yastreb（雅斯特雷布）
最大钩载，kN	4000	10000	9070	11340	9070	8500	7500
绞车输入功率，hp	3100	5000	4000	4000	4000	2991	3039
钻深范围，m	15000	15240	15240	15250	15250	14000	15000
钢丝绳直径，in	$1^{1}/_{2}$	2	$1^{3}/_{4}$	2	$1^{3}/_{4}$	$1^{3}/_{4}$	$1^{3}/_{4}$
转盘型号	760mm	ZP500	ZP495	ZP495	ZP495	ZP495	P950
钻井泵功率，hp	1700	2000	1600	2000	2000	1686	1600
井架高度，m	58	47.5	46.8	47.5	—	63	54.86
底座高度，m	6	10.67	—	—	—	11.75	12

UTB-1 特深井钻机为德国 KTB 科探井采用的钻机，由三家公司共同设计制造，最大钻深能力 14000m，最大钩载 8500kN，井架有效高度 63m，底座高 11.75m，采用四单根立柱，钻机控制技术提升较大，完全实现集成控制（图 7-1-1）。KTB 钻井采用铝合金钻杆和自动垂直钻井系统，在 7000m 井深范围内将井斜角控制在 1° 范围内，完钻井深 9101m。

Yastreb（雅斯特雷布）钻机，钻台面立根盒仅存放 3000m 钻具，管柱堆场水平存放 12000m 钻具（图 7-1-2）。配立根系统（桁吊、对扣机等）、液压动力猫道、铁钻工、二层台排管机械手等管柱自动化设备。该钻机施工的奥多普图油田 OP-11 井完钻井深 12345m。

图 7-1-1　德国 KTB 科探井

图 7-1-2　俄罗斯 Yastreb（雅斯特雷布）钻机管柱地面堆场

深井钻井能力反映一个国家和公司的钻井装备和技术水平，国内钻机设计和制造能力持续进步，提高了作业能力和作业效率，降低了钻机成本，多种类型满足了不同钻井需求，石油钻井装备正在向高性能、模块化、自动化、数字化、智能化发展。目前已形成 5000~12000m 系列钻机，四单根立柱 8000m 和 9000m 钻机为国内独创，可以综合减少 20% 起下钻时间，15000m 特深井智能钻机正在研发攻关[2-3]。

一、8000m 四单根立柱钻机

为解决塔里木山前地区钻井事故多发，起下钻频繁，钻井周期长等问题，提高钻井速度、减少钻井事故、降低综合成本、节能降耗，创新提出“四单根一立柱”理念，研制的四单根立柱钻机是我国专门针对库车山前地区复杂超深井量身打造的利器，与常规三单根立柱钻机相比，其起下钻速度明显提升，接卸扣频次减少，因钻具停顿的压力波动而引发井下复杂事故的几率减少，提速增效显著。以起下 7000m 钻柱为例，使用四单根立柱钻机钻井，起下钻大约需要 180 次，比三单根立柱钻机减少 66 次，大幅减少了起下钻时间和钻井周期。

“超深井 8000m 四单根立柱自动化钻机”为国家能源局重大项目“深井超深井自动化钻井技术及装备”的子课题。该子课题由中国石油塔里木油田、渤海钻探工程有限公

图 7-1-3　8000m 四单根立柱钻机

司、工程技术研究院和宝鸡石油机械有限责任公司（简称宝石机械）共同承担，宝石机械负责“超深井 8000m 四单根立柱自动化钻机研制”任务。2020 年，宝石机械生产的国内首套 8000m 四单根立柱钻机在新疆阿克苏地区顺利开钻。该钻机突破小钻具四单根立柱的移运及靠放技术，形成小钻具四单根立柱的移运及靠放解决方案和四单根立柱钻机管柱自动化处理方案，实现二层台和管柱堆场无人值守。钻机配备全套四单根一立柱管柱自动化系统、大功率直驱绞车、新型倾斜立柱式双升底座等新型设备，实现了大、小钻具四单根立柱自动化作业，双司钻安全、高效操控，可适用于戈壁、山地、平原及海洋等多地形地区进行钻井作业（图 7-1-3）。

8000m 超深井钻机应用了多项自主创新技术，技术先进性主要表现在以下方面：最大承载能力为 5850kN 的井架和底座、大功率 JC80DB 绞车和 JC80D 绞车、ZP375Z 加强型转盘、新型 5850kN 的天车和游车等，压实股钻井钢丝绳首次应用于深井大吨位钻机；钻机配套 52MPa 高压钻井泵，高压喷射钻井比“PDC 钻头 + 螺杆钻具”组合的钻速提高约 40%。

8000m 超深井钻机的井身结构设计的选择空间更大，井身开次可从 7000m 井的五开次优化为四开次套管加一开次尾管，尾管的尺寸由 7000m 钻机的 ϕ127mm 增加到了 ϕ139.7mm，ϕ254mm 以上的大套管下深可达 6000m 以上，不仅满足超深井对大口径、大吨位套管下深和高压钻井作业的要求，而且有效解决了 7000m 钻机大套管深下时承载能力不足、9000m 钻机成本过高的难题，实现了大套管深下一次性封盐层，减少起下钻次数，钻井施工提速增效。相比 9000m 钻机节省成本 20%，节省综合日费 27%，同时还丰富了国内钻机系列。

（一）钻机特点

1. 智能化顶驱装置

用于 8000m 钻机的 DQ80BSC 型顶驱和用于 9000m 四单根立柱钻机的 DQ90BSC 型顶驱是同期开发的，采用了相同的结构、原理及新技术，不同的是 DQ90BSC 型顶驱装置功率和钻井转矩更大，提升能力更强，顶驱上下移动导轨和电缆更长，可一次进行四单根立柱的钻进作业。限于篇幅，对 DQ90BSC 型顶驱装置不再赘述。只对 DQ80BSC 型顶驱的结构原理、性能参数及技术创新做介绍。DQ80BSC 型顶驱装置主要是针对超深井、复杂井的钻井需求而设计的，与 7000m 顶驱相比，产品性能有了大幅提升。

1）智能控制系统

常规顶驱转速转矩控制系统是由人工设定的，不能随钻井工况的变化而调整。而

DQ80BSC 型顶驱装置转速转矩智能控制系统能够根据顶驱转速转矩的设定值与井下钻柱反馈的实际值自动辨识钻井工况，对顶驱主轴的转速和转矩输出特性进行实时调整，有效抑制由于井下转矩突变而导致的钻柱冲击、钻具扭断或脱扣现象，大幅降低了钻柱失效和钻头磨损风险，延长了钻柱和钻头的使用寿命。

2）定位控制技术

常规顶驱装置仅控制主轴旋转的转速和转矩，即为钻柱提供旋转动力，钻进精度和效率很低，而且需类似于常规转盘钻机那样频繁停钻以调整工具面。DQ80BSC 型顶驱采用顶驱主轴旋转定位控制技术，可精确控制顶驱主轴的旋转角度，且调整方位时无需停钻，这样可有效提高定向钻井作业的钻进精度和效率。

3）滑动控制技术

DQ80BSC 型顶驱配置了导向钻井的滑动控制技术，在确保定向不受影响的前提下，通过钻柱的正向、反向往复摇摆，减小定向井钻井作业中钻柱与井壁间的摩擦阻力与黏滞，平稳钻压、延长钻头寿命，从而提高机械钻速、缩短钻井周期。

2. 井架和底座

（1）钻机井架均采用前开口 K 型结构，通过单双耳板和销轴连接，便于低位拆解、安装，分段运输。8000m 钻机井架有效高度为 48m，与常规的 9000m 钻机井架有效高度相当，满足三单根立柱的排放要求。四单根立柱钻机井架有效高度为 57.5m，与常规 9000m 钻机井架高度相比增加 9.5m，井架设置了辅助二层台，满足四单根超长立柱安全排放和小尺寸钻杆 2 单根立柱作业要求。

（2）钻机底座分为前后台，前高后低，前台为新型旋升式结构，后台用于安装绞车和配重水箱，实现了人字架、井架和绞车的低位安装。这种结构整体稳定性好，相对于传统的旋升式起升，起升载荷明显减小。由于配重水箱、绞车及其传动机组均安装在后台底座，不仅钻台面宽敞、操作视线良好，而且还起到了为底座配重作用，增加了钻机的整体稳定性。四单根立柱钻机人字架采用液缸起升，操作方便、安全，避免了高空作业的风险。但这种底座也存在一定的不足，如采用前后台底座占地面积大，司钻只能通过摄像头来观察绞车等。

（3）8000m 钻机井架和底座的材质采用了强度、韧性和耐低温冲击性较好的 Q345D 低合金钢，而四单根立柱钻机的井架和底座采用了强度、韧性和耐低温冲击性更高的 Q420E 低合金高强度结构钢。用 Q420E 材质相比常规钻机所使用的 Q345 材料，质量减轻 10% 以上，能满足塔里木油田冬季 −35℃的工作环境要求。既保证了强度又可降低井架、底座的起升载荷，确保了井架、底座起升安全性能和工作稳定性。

3. 新型游吊系统

8000m 钻机和四单根立柱钻机的新型游吊系统既能明显降低快绳拉力，减小绞车的作业负载与功率，又可大幅提高起升钻具时的安全系数，与常规钻机的游吊系统相比，都有不同程度的优化和改进。

（1）8000m 钻机配套的天车、游车系统绳系为 7×8，绳槽尺寸为 ϕ38mm，所用钻井钢丝绳为压实股钢丝绳。压实股钢丝绳金属密度大、抗磨损性更好、抗冲击能力强，载荷能力是未压实股的 1.3 倍以上，既保证了 8000m 钻机对载荷的要求，又避免了绞车滚筒尺寸和质量增加太多。8000m 钻机的大钩和水龙头均采用 9000m 钻机的 DG675 大钩和

SL675 水龙头，降低了研发成本。

（2）9000m 四单根立柱钻机配套的天车、游车系统绳系也为 7×8，主滑轮外径为 1400mm（55in），钻井钢丝绳采用 ϕ42mm 的压实股钢丝绳，这样不仅满足 6750kN 钩载的要求，而且解决了绞车容绳量不足的问题，天车和游车的质量也有所减小。

4. 一体化绞车

绞车是钻机重要的提升设备，在满足超深井钻机提升能力的同时，还要考虑在尽量不增加绞车体积而能提高绞车的容绳量。为此对 8000m 钻机和 9000m 四单根钻机绞车都作了全新的设计。

（1）8000m 钻机绞车滚筒体铸焊而成，绳槽整体加工，采用 ϕ38mm 压实股钢丝绳，可提高绞车滚筒盘绳容量，从而使绞车的质量和体积不致过大。在保持绞车滚筒直径不变的前提下，采用适当增加滚筒长度的办法，解决滚筒缠绳容量不够的问题。绞车采用新型一体式结构，所有部件均安装在一个底座上，与常规 7000m 直流驱动绞车主体与绞车动力机组采用分体式相比，结构紧凑、质量轻，减少了现场安装难度，节约了拆卸搬迁和安装时间，便于整体运输。

绞车采用机械换挡和电动机无级调速相结合的传动模式，扩展了调速范围，增强了绞车的提升能力，同时也提高了钩速，传动比及转矩满足提起最大钩载 5850kN 的要求，其中 JC-80DB 型绞车在 14 绳系时最大提升钩速可达 1.7m/s，JC-80D 绞型车在 14 绳系时最大提升钩速可达 1.5m/s，有效地解决了绞车提升能力和钩速相互制约的问题。

（2）9000m 四单根立柱钻机绞车也采用了一体化绞车设计理念，分为 3 个单元，安装定位精度高，既可整体运输，又可以单独运输，解决了大功率绞车安装和运输问题。四单根立柱钻机绞车滚筒长度由常规 9000m 钻机绞车滚筒长度的 1840mm 增加到 2055mm，并且采用了 7×8 绳系和 ϕ42mm 压实股钢丝绳，绞车的缠绳容量更大，强度更高。此外，绞车减速箱采用远程气动换挡机构，工作效率明显提高。

5. 加强型转盘及其驱动装置

转盘及其驱动装置是钻机的旋转设备，在钻井作业过程中，为钻具提供必要的动力并承受其反作用力。

（1）8000m 钻机与 9000m 四单根立柱钻机采用的转盘均为 ZP375Z 加强型转盘，其锥齿轮表面进行强化处理，齿面耐磨性强，承载能力更大。底座采用高强度的铸钢焊接结构。与常规 ZP375 转盘相比，最大静载荷由 5850kN 提升到 7250kN，最大工作转矩由 32362 N·m 提高到 45000 N·m，具有更高的静载荷和工作转矩。

（2）ZP375Z 型转盘驱动装置采用齿轮减速器和钳盘式刹车，与普通链条减速器和气胎式刹车的转盘驱动装置相比，齿轮减速器具有更高的传动效率和耐磨性，其钳式刹车具有更高的制动力矩和响应速度。

6. 大功率高压钻井泵

8000m 钻机和 9000m 四单根立柱钻机配备了新型大功率、大排量和高压力 F-1600HL 型或 F2200 型钻井泵，其额定压力可达 52MPa，不仅能满足超深井钻井过程中井下高压工具、钻头的作业要求，而且还有利于钻头破碎岩石，延长钻头的使用寿命、增加进尺数。表 7-1-2 和表 7-1-3 分别为宝石机械和兰石国民油井公司大功率钻井泵技术参数。

表 7-1-2　宝石机械大功率钻井泵技术参数

规格型号	额定功率 hp	额定冲速 次 /min	冲程 mm	最大缸套直径 in	最大排量 gal/min	最大排量额定压力 psi	最小缸套直径 mm	最小排量 gal/min	最小缸套额定压力 psi
F-1300	1300	120	305	7	737	2720	130	385	5000
F-1600	1600	120	305	7	737	3345	130	385	5000
F-1600HL	1600	120	305	$7^1/_2$	822	3005	120	355	7500
F-2200HL	2200	105	356	9	1231	2760	130	393	7500

表 7-1-3　兰石国民油井大功率钻井泵技术参数

规格型号	额定功率 hp	额定冲速 次 /min	冲程 mm	最大缸套直径 in（mm）	最大排量 gal/min	最大排量额定压力 psi	最小缸套直径 mm（in）	最小排量 gal/min	最小缸套额定压力 psi
FB-1300	1300	120	304.8	7	719	2789	（$5^1/_2$）	444	5000
FB-1600	1600	120	304.8	7	719	3423	（$5^1/_2$）	444	5000
FC-2200	2200	100	381	8	979	3465	（$6^1/_2$）	463	7332
3NB-1300C	1300	120	305	（190）	822	2413	130	385	5000
3NB-1600C	1600	120	305	（170）	822	2965	140	447	5000

与常规 F-1600 型钻井泵相比，F-1600HL 型钻井泵有以下特点：

（1）可选择缸套直径范围 ϕ120mm~ϕ190mm，而 F-1600 型钻井泵选择缸套直径范围为 ϕ140mm~ϕ180mm，比 F-1600 型钻井泵的排量和压力均有大幅提高。F-1600HL 型选用 ϕ190mm 的缸套和配套的柱塞可获得最大排量，选用 ϕ120mm 的缸套和其配套的高压柱塞可达到 52MPa 的额定工作压力。

（2）F-1600HL 型钻井泵采用的动力端与 F-1600 型钻井泵的相同，但是其液力端的工作压力是按 52MPa 的高压重新设计的。F-1600 型钻井泵的液缸为整体液缸，即吸入液缸和排出液缸为一整体，而 F-1600HL 型钻井泵的液缸为分体式液缸，且吸入液缸安装在排出液缸上，缸的内腔呈 L 形结构，可以根据井况的需要选择排量和压力，装卸与维护也更加方便。

（二）钻机配套

1. 配套要求

ZJ80 四单根立柱电动钻机的基本配套要求见表 7-1-4。在钻机配套时，其部件和组件的功能参数不应低于表中的要求值。

表 7-1-4　ZJ80 四单根立柱电动钻机基本配套表

序号	部件名称	数量	依据标准	功能参数及技术要求	配置	备　注
（一）井架及底座						
1	井架	1 套	SY/T 5025 SY/T 6724	（1）最大载荷≥ 5850kN （2）有效高度≥ 45m，前开口型	应配	K 型井架
2	井架附件					

续表

序号	部件名称	数量	依据标准	功能参数及技术要求	配置	备　注
2.1	死绳固定器	1套		(1)最大死绳拉力≥460kN (2)输出压力6.83MPa	应配	
2.2	套管扶正台	1套		能满足$2^3/_8$~20in(60.325~508mm)所有型号油、套管扶正要求	应配	
2.3	登梯助力器	2套		含导绳轮、平衡器、安全带、配重块、钢丝绳等	应配	
2.4	井架笼梯	1套		梯棍与井架主体之间应设有120~150mm间隙	应配	
2.5	防坠落装置	2套		最大负荷130kgf	应配	
2.6	二层平台	2套		由台体、操作台，外挡风墙及内栏杆组成；三面设有挡风板；在台体边缘均设有挡脚板；操作台可向上翻起，避免与游动系统碰撞	应配	
2.7	二层台逃生装置	1套		最大下滑载荷130kgf，允许下滑高度100m	应配	
2.8	挡杆架	1套		立根容量285柱，8000m(ϕ114mm钻杆，28m立根，含10in钻铤4柱、8in钻铤6柱)	应配	
2.9	B型钳及平衡重	2套		(1)适合管径$3^3/_8$~$12^3/_4$in(85.725~323.85mm) (2)额定扭矩75kN·m	应配	
2.10	避雷装置	1套		按GB 50169—2006《电气装置安装工程接地装置施工及验收规范》第三章第五节要求执行	应配	
3	底座	1套	SY/T 5025 SY/T 6724	(1)转盘梁最大载荷≥5850kN (2)立根载荷≥2700kN (3)钻台面高度≥10.5m，转盘梁底面高度≥9m	应配	双升式或旋升式
4	底座附件					
4.1	逃生滑道	1套		与水平方向的夹角应≥45°	应配	
4.2	坡道	1套		与水平方向的夹角应≥45°	应配	
4.3	猫道	1套		(1)配1台50kN气动绞车 (2)设钻杆缓冲装置	应配	
4.4	钻台挡风幕墙	1套		四面	冬季必置	
4.5	底座挡风幕墙	1套		三面	选配	
4.6	小鼠洞	1根		$9^5/_8$in(244.475mm)	应配	
4.7	小鼠洞卡钳	1套		适应钻具规格4~5in(101.6~127mm)	应配	
4.8	大鼠洞	1根		$13^3/_8$in(339.725mm)	应配	
4.9	泥浆伞	1套		转盘梁下需设置钻井液伞或类似的钻井液回收装置	应配	
4.10	货物升降机	1套		≥1.5tf	应配	
4.11	钻台偏房	2套		10000mm×2800mm×2800mm	应配	
4.12	钻台扶梯	3套	SY/T 6228	梯子与水平方向的夹角应小于45°，扶梯扶手高度应在1000mm左右，中间有横栏，扶手立桩的间距不得超过1000mm，扶梯过长时，应加中间梯台	应配	
(二)提升系统						
1	天车	1台	SY/T 5527	最大钩载≥5850kN	应配	
2	游车	1台	SY/T 5527		应配	
3	大钩	1台	SY/T 5527		应配	

续表

序号	部件名称	数量	依据标准	功能参数及技术要求	配置	备 注
4	吊环	1副	SY/T 5035		应配	
5	水龙头	1台	SY/T 5530	(1)最大钩载 5850kN (2)额定工作压力≥ 52MPa	应配	
6	水龙带	1台	SY 5469	(1)最大工作压力≥ 70MPa (2)胶管最小弯曲半径应≤ 1400mm	应配	
7	顶驱	1台	SY/T 6726	(1)承载负荷 5850kN (2)连续钻井扭矩 60kN·m (3)中心管通孔额定压力≥ 52MPa	选配	
(三)转盘						
1	转盘	1台	SY/T 5080	(1)规格 ZP375Z (2)通孔直径 $37^1/_2$in(952.5mm) (3)最高转速 300r/min (4)最大静载荷 6750kN	应配	
2	驱动电动机	1套		功率≥ 800kW	应配	
(四)绞车						
1	绞车	1台	SY/T 6724	(1)名义钻探范围 5000~8000m(ϕ114mm 钻杆) (2)额定功率≥ 2000kW (3)最大提升速度不低于 1.4m/s (4)最大快绳拉力≥ 553kN	应配	
2	驱动电动机	2套		单台连续功率≥ 1 000 kW	应配	
3	刹车	1套	SY/T 5533 SY/T 6727	(1)交流变频钻机:盘刹和能耗制动组合 (2)直流电动钻机:主刹,盘刹;辅助刹车,电磁刹车或伊顿刹车	应配	
4	钻井钢丝绳	1套		ϕ38mm,超强犁钢级或压实股;ϕ42mm,普通	应配	
5	防碰保护装置	3种		(1)须安装过卷阀式、电子数字式和重锤式 (2)须安装防碰缓冲块,加装安全链或安全绳	应配	
(五)动力系统						
1	主柴油发电机组			(1)进口机组,功率≥ 4 800 kW,4 台 (2)国产机组,功率≥ 5 500 kW,5 台	应配	
2	辅助发电机组	1台		功率≥ 400 kW	应配	
3	无功补偿装置	1套		直流电动钻机配备无功补偿装置	应配	
(六)传动系统						
1	电传动	1套		(1)交流变频钻机:VFD (2)直流电动钻机:SCR	应配	
(七)司钻控制系统						
1	司钻控制房	1间		(1)正压防爆; (2)配置防爆空调	应配	
2	钻井参数仪	1套	SY/T 5097	大钩悬重、大钩高度、转盘扭矩、转盘转速、泵冲、立管压力、钻井液出口流量、吊钳扭矩、钻井液池体积、补偿池体积、钻时、井深、钻井液池体积差等	应配	
3	指重表	1套	GB/T 24263 SY/T 5320	含传感器	应配	
4	自动送钻装置	1套		≥ 45kW	应配	
5	视频监视系统	1套		最少 4 个点:二层平台、绞车滚筒、钻井泵、振动筛	应配	

续表

序号	部件名称	数量	依据标准	功能参数及技术要求	配置	备 注
（八）钻井液循环系统						
1	钻井泵及其驱动电动机	3台	SY/T 5138	（1）额定功率≥ 1600hp （2）最大排出压力≥ 52MPa	应配	可选配2200hp
2	灌注泵	3台		电动机功率≥ 55 kW	选配	
3	灌浆泵	1台		电动机功率≥ 25 kW	应配	
4	钻井液管汇	1套	SY/T 5244	（1）额定工作压力≥ 70MPa （2）双立管 （3）正灌和反灌管线应有隔断阀门、互不干涉 （4）配置抗振压力表，每根立管安装1个，位置要便于司钻观察	应配	
5	振动筛	5台	SY/T 5612	（1）高频振动筛 （2）清除粒度为74μm以上的固相 （3）处理量≥ $180m^3/h$，60目筛网，钻井液$1.85g/cm^3$ （4）筛网目数：60~200目 （5）振动形式：直线、平动或椭圆形	应配	
6	除砂器	1台	SY/T 5612	处理量≥ $300m^3/h$，钻井液$1.85g/cm^3$	应配	可配置一体机
7	除泥器	1台	SY/T 5612	处理量≥ $300m^3/h$，钻井液$1.85g/cm^3$	应配	
8	除气器	1台	SY/T 5612	（1）处理量≥ $200m^3/h$，钻井液$1.85g/cm^3$ （2）真空度 -0.05MPa	应配	
9	离心机	2台	SY/T 5612	（1）中速（或高速）和高速各1台，转速均在2000r/min以上 （2）处理量中速≥ $60m^3/h$、高速≥ $40m^3/h$	应配	
10	循环罐	1套		（1）有效容积≥ $550m^3$，不包含锥形罐 （2）罐与罐之间采用开口明槽连接 （3）将一个循环罐分隔为前后仓，其中一仓容积为$30\sim45m^3$，能够与钻井泵、加重泵连接，用以堵漏和配解卡剂	应配	
11	储备罐	1套		（1）有效容积≥ $200m^3$ （2）配备独立循环加重系统	应配	
12	液面监测和报警装置			（1）所有参与循环的固控罐需安装直读罐容标尺 （2）上水罐配备液面监测和报警装置	应配	
13	化学剂处理罐	1个		设置胶液罐，容积≤ $20m^3$，使用剪切泵（剪切泵管线不能与加重管线混用）配制胶液	应配	
14	搅拌器		SY/T 5612	（1）电动机功率≥ 15kW，双层叶轮 （2）固控罐容积每$25m^3$配备一个搅拌器，如$40m^3$罐容配备2个，$50\sim70m^3$配备3个	应配	
15	加重混合系统	2套	SY/T 5612	（1）每套处理量≥ $240m^3/h$ （2）每套配备75kW电动机2台	应配	
16	座岗值班房	1间		≥ 2200mm × 1600mm × 2400mm	应配	
（九）井口机械化设备						
1	钻杆动力钳	1套	SY/T 5074	（1）适用管径$3^1/_2$~8in（88.9~203.2mm） （2）最大扭矩≥ 125kN · m	应配	
2	液压猫头	2套		最大拉力≥ 160kN	应配	
3	组合液压站	1套		（1）机具泵：额定压力16MPa （2）盘刹泵：额定压力6MPa	应配	或分开设置
4	风动绞车	2台		提升能力50kN	应配	

续表

序号	部件名称	数量	依据标准	功能参数及技术要求	配置	备　注
5	气动卡瓦	1 套		（1）承载能力≥ 4500kN （2）适用管径 $2^3/_8$~14in（60.325~355.6mm） （3）牙板与管柱采用 360 度全包围结构，最大载荷情况下管柱残留牙痕深度≤ 0.3mm （4）须经过塔里木油田试用，并有书面认证文件	选配	
6	防喷器吊装装置	1 套		提升能力≥ 50tf	应配	推荐液压式
（十）供气、供电系统						
1	空压机	2 套		（1）容积流量≥ 5.8m³/min （2）排气压力≥ 1.0MPa	应配	
2	空气干燥机	1 套		处理量≥ 6m³/min	应配	
3	储气罐	1 套		总容积≥ 6m³	应配	
4	低气压报警	1 套		低于 0.6MPa 时，空压机自动启动及报警（设备自带）	应配	
5	MCC	1 套		400V/230V、50Hz	应配	
（十一）检测仪器设备						
1	接地电阻检测仪	1 套		测量范围：0~100Ω	应配	
2	快速油质分析仪	1 套		通过测定油样介电常数的增减来反映油品理化性质的变化，重复误差：≤ ±3%	应配	
3	润滑油加注过滤装置	1 套		粗、中、细三级过滤，冬季可拆除细滤	应配	
4	充氮装置	1 套		额定压力≥ 14.7MPa	应配	
（十二）外围配套						
1	柴油储备罐	1 套		容积≥ 140m³	应配	
2	废油回收罐	1 个		容积≥ 20m³	应配	
3	软化水罐	1 个		容积≥ 15m³	选配	
4	清水罐	1 套		容积≥ 60m³	应配	
5	固井水罐	1 套		（1）容积≥ 200m³ （2）每 20m³ 配 7.5kW 搅拌器 1 台，叶片大小满足固井添加剂在水中搅拌均匀的要求 （3）水罐能够实现加热和保温；不漏电、不漏水；各个水罐之间的阀门能够完全隔离 （4）出口排水阀门尽量接近罐底，罐底有 10°~12° 角朝向出口倾斜	应配	
6	钻井监督房	1 间		（长 × 宽 × 高）≥ 12000mm × 3500mm × 2980mm	应配	
7	地质监督房	1 间		≥ 9000mm × 3135mm × 2980mm	应配	
8	干部值班房	1 间		≥ 9000mm × 3135mm × 2980mm	应配	
9	钻井工程师房	1 间		≥ 9000mm × 3135mm × 2980mm	应配	
10	钻井液化验房	1 间		≥ 9000mm × 3135mm × 2980mm	应配	
11	钻工房	1 间		≥ 9000mm × 3135mm × 2980mm	应配	
12	材料房	2 间		≥ 9000mm × 3135mm × 2980mm	应配	
13	橡胶件材料房	1 间		（1）≥ 9000mm × 3135mm × 2980mm； （2）配置空调	应配	

续表

序号	部件名称	数量	依据标准	功能参数及技术要求	配置	备注
14	油品房	1栋		(1)通风良好，密闭房采用无动力排风扇 (2)照明必须防爆 (3)油品标示必须明确	应配	
15	甲方材料房	1间		≥9000mm×3135mm×2980mm	应配	
16	岩心房	1间		≥6300mm×2900mm×2900mm	应配	
17	消防房	1间		≥6300mm×2900mm×2900mm	应配	
18	门岗房	1间		≥6300mm×2900mm×2900mm	应配	
19	移动卫生间	1栋		男女各1栋	应配	
20	爬犁			(1)数量≥2个，带护栏； (2)便于运输	应配	
21	防沙棚	1套		动力区、泵房区、固控系统	应配	
22	电伴热装置	1套		水、柴油、气、钻井液管线及相关阀件	应配	
23	组合式营房	1套	Q/SY TZ 0057	床位≥150个	应配	
(十三)特殊配套						
1	供暖锅炉	2台		(1)额定蒸发量≥1.0t/h (2)工作压力≥1.0MPa (3)工作温度≥170℃	冬季配置	
2	悬臂吊	1套		(1)额定起重重量≥5tf (2)料台载物面积≥120m^3 (3)吊装时移动平台和吊臂能够平移和旋转 (4)移动平台和固定平台在同一平面上 (5)料台承重不小于500tf	应配	

2. 山前井钻井液系统配置要求

1)净化(固控)系统

振动筛：电动机功率不小于2×2.2kW，防爆等级达到dⅡBT4，筛网与支架必须密封良好，应有防溅装置，便于随时检查筛布的使用情况；倾角的调节应采用液压助力无级调节装置。

除砂除泥器：宜使用高效一体机，额定工作压力为0.2~0.4MPa时，能连续正常运转。

离心机：离心机两台，第一台为中速离心机，钻井液处理量不低于60m^3/h，第二台为无级调速高速离心机，钻井液处理量不低于40m^3/h，清洗离心机时的清水排出时不能进钻井液罐。

2)钻井液动力源

钻井泵：三台钻井泵，其中一台钻井泵应与加重系统直接相连，为加重系统提供动力。

加重泵：循环系统、储备系统各配置一套加重泵，电动机功率75kW，砂泵和电动机功率必须匹配，至少配两个漏斗，上水和排液管线不小于6in(152.4mm)。

剪切泵：剪切泵电动机功率为55kW，配置单独的管线进胶液罐，独立进行胶液配制。

搅拌器：每个钻井液罐至少配置3台搅拌器，功率15kW，两层叶片，每层4个叶片；配堵漏钻井液罐要求叶片3层，每层3个叶片。

除砂除泥器：处理量要求泵功率55kW、上水管线8in(203.2mm)、排液管线6in(152.4mm)。

防爆要求：动力系统需全部防爆，防爆等级达到 dⅡBT4。

3）钻井液调配系统

罐总容积：钻井液循环罐和储备罐（不包含 1 号沉砂罐）数量 13 个，有效总容积不低于 750m^3。

罐群功能布置：按钻井液循环罐和储备罐功能布置如下：1 号罐（70~80m^3）（长度根据需要设计）分四格，第一格为计量罐（15m^3）（锥形罐下方装灌浆泵，同时循环罐钻井液要能通过一定方式倒至计量罐），第二格锥形罐（25m^3），上面装 4 台振动筛，第三格（15m^3）上面装除气器。2 号罐分 2A 和 2B 两格，2A 上面摆放除砂除泥一体机，罐面摆放（2~3m^3）小胶液罐，2A 接中速离心机上水，2B 接高速离心机上水。3 号和 4 号罐作为上水罐，3 号和 5 号罐分格为 A（30~45m^3）和 B 两仓，靠近钻井泵一端的 A 仓用于堵漏、配解卡液，另一仓用于加重压水眼等特殊作业。6 号 ~8 号罐作为膨润土浆罐或储备井浆。9 号罐作为胶液罐，分 9A（25~40m^3）和 9B，9A 配胶液，9B 储存胶液或进行膨润土浆护胶。10 号 ~13 号罐作为重浆储备罐，13 号罐分 13A（30m^3）、13B（45m^3）两格。1 号 ~2 号罐横向摆放，靠沉砂池和钻机两边加宽走道板，3 号 ~13 号罐纵向一字形摆放（或 3 号 ~9 号循环罐与 10 号 ~13 号储备罐以 L 形摆放），可以缩短循环槽行程和上排水管线行程。

循环管线：各循环罐之间上水管线全部用等径管线，宜法兰连接，使用明管线。罐可以通过上水管线连接，上水管线前后两排分别与两套加重泵连接，前排与钻井泵连接；钻井泵上水口距罐底要尽量低，同时设计成锯齿形，可以提高钻井液利用率、且不会堵上水口。

4）其他要求

各钻井液罐应配备直读式罐容标尺。罐面必须有可活动盖板，便于取样和观察，必须使用钢格板。罐与隔仓之间应通过连通管线达到整体使用的目的。

二、9000m 四单根立柱钻机

为了进一步满足 8000m 以深的超深井勘探开发需求，突破了超高井架作业的技术瓶颈，研制了国际首台陆地 9000m 四单根立柱钻机（图 7–1–4）。

9000m 四单根立柱钻机在钻井提速、减少起下钻时间、降低井下复杂事故，以及在砾岩及盐膏层钻井等方面效果明显。现场应用效果表明，四单根立柱钻机与三单根立柱钻机相比，起下钻时间减少 20%，全程井段遭遇复杂工况少，钻井周期缩短 6%，事故时效 2%，远低于同一地区相邻井 8% 平均事故时效。对比 3 口井的井径扩大率数据发现，使用四单根立柱钻机的作业井在井径的控制上一直维持在一个较低的比率，全井段平均井径扩大率为 1.458%，而常规三单根钻机的井径扩大率分别为 3.8% 和 5.44%。

图 7–1–4　9000m 四单根立柱钻机

（一）钻机特点

塔里木油田 ZJ90 钻机配备：北石 DQ90BSC 型

顶驱、3512B 型电喷柴油机、QDP-3000 型高压钻井泵 1 台、F-1600HL 型高压钻井泵 2 台、德瑞克高频振动筛 5 台、S120 型变频器等高端钻井设备，并新增宝石机械的 GC4L1 管柱处理系统（12m 高动力猫道；缓冲机械手；二层台机械手；铁钻工；500/350tf 翻转式液压吊卡；钻台机械手）（图 7-1-5）。其优点是：（1）提高作业安全性。可通过遥控手操盒或控制台完成对机械化设备的远程控制，使作业人员远离高危作业区域，最大限度地降低了作业风险。安全互锁设计，有效避免误操作的发生。（2）提高管柱处理作业效率。可通过程序控制实现设备的一键操作，有效提高接立根作业的效率，从而减少整个建井周期。（3）减轻钻工的劳动强度。可使大部分的钻具处理作业通过机械化工具完成，从而大大降低了钻工的劳动强度。（4）改变操作人员的作业环境：可减少生产班组人员在露天环境作业的时间，在恶略天气时可减少因天气原因造成的施工困难。

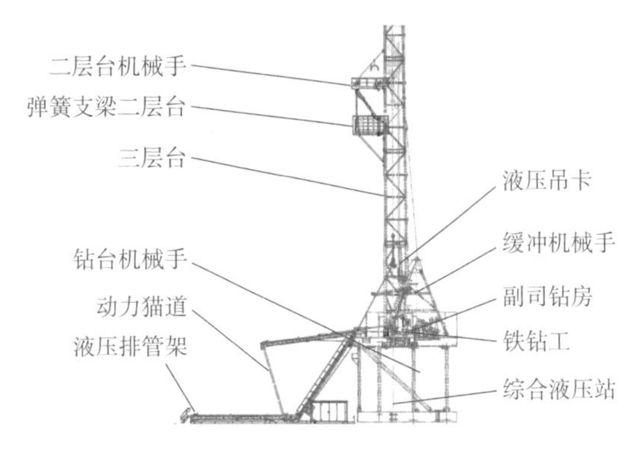

图 7-1-5　自动化管柱处理系统

动力猫道系统主要包括动力猫道、液压排管架两部分，可实现管柱在地面排管区与钻台面之间的机械化输送（图 7-1-6）。动力猫道控制有 3 种方式手操盒无线遥控、本地控制台应急控制、司钻房远程控制。实际使用中将管柱送上钻台时方便、安全，但时效不及传统操作。适应钻台面高度：12m；输送管柱最大长度：13.5m；输送管柱最大直径：ϕ508mm（20in）；输送最大管柱重量：45kN。

图 7-1-6　动力猫道

Canrig TM-120 铁钻工为机、电、液一体化产品，它是一种用于钻井过程中完成钻具的上扣与卸扣作业的井口机械化工具，主体采用伸缩臂结构，主要由旋扣钳、冲扣钳、连接导向架、伸缩臂、液压系统、电控系统等部分组成（图 7-1-7）。实际使用中不管从安全、时效上都比液气大钳更优秀。适应钻具范围：73~292mm（$2^{7}/_{8}$~$11^{1}/_{2}$in）；最大卸扣扭矩：162.62kN·m（120000ft·lbf）；最大上扣扭矩：121.96kN·m（90000ft·lbf）；最大旋扣扭矩：3388N·m（2500ft·lbf）；最大旋扣速度：100r/min；横向位移：1905mm（75in）；纵向位移：762mm（30in）。

图 7-1-7　铁钻工

CDZ-ZY9 5/8-350 液压翻转吊卡由吊卡翻转机构、吊卡主体、活门、锁舌体、连杆机构及自锁机构等部分组成（图 7-1-8）。可实现活门的开关、吊卡的 90° 翻转动作，设有锁舌体自锁机构。实际使用中配合二层台机械手及气动卡瓦使用省时安全高效。额定载荷：3150kN；夹持管径范围：$2^3/_8 \sim 9^5/_8$in；补心规格：$2^3/_8 \sim 9^5/_8$in；液压系统工作压力：16MPa；液压系统工作流量：15L/min。

图 7-1-8　液压翻转吊卡

MBM140-27/39 二层台机械手包含回转机构和行走机构、扶持机构三大机构；副司钻一体化座椅控制；实际使用中井架工可实现低位操作，同时可减少一名井架工操作，与人工操作同等时效（图 7-1-9）。扶持钻具范围：$2^7/_8 \sim 5^1/_2$in；行走距离：2700mm；最大作业半径：3900mm；回转角度：-90°~90°。

图 7-1-9　二层台机械手

FZ508-32 缓冲机械手采用双扶正臂结构，主要包括支座、扶正臂、钳头等部件（图 7-1-10）。将动力猫道输送至钻台面的管柱下端扶正并缓冲至井口或小鼠洞；也可反向将井口管柱推送至动力猫道。主臂采用平行四边形结构形式，扶正钳头始终保持水平状态。全液压驱动，副司钻一体化座椅控制，在下套管过程中使用效果明显。适应管柱直径：$2^{7}/_{8}$~20in；适应最大管柱重量：4.5tf。

图 7-1-10　缓冲机械手

钻台机械手主要由旋转座总成、起升装置、伸缩臂总成、钳头总成、液压系统、电控系统等组成。扶持钻具范围：ϕ73mm~ϕ248mm（$2^{7}/_{8}$~$9^{3}/_{4}$in）；最大推 / 拉力：6kN；最大回转扭矩：13kN · m；最大作业半径：3500mm；最小作业半径：500mm。

（二）钻机配套

与 ZJ80 钻机相比，ZJ90 电动钻机在最大载荷、井架高度、顶驱扭矩、转盘载荷、绞车功率、发电机组功率、钻井液循环系统容积、井口液压猫头拉力以及外围配套容积等方面均有提升，具体配套升级情况见表 7-1-5。

表 7-1-5　ZJ90 钻机相比 ZJ80 钻机配套升级表

序号	部件名称	数量	依据标准	功能参数及技术要求	配置	备注
（一）井架及底座						
1	井架	1 套	SY/T 5025 SY/T 6724	（1）最大载荷≥ 6750kN （2）有效高度≥ 48m，前开口型	必配	
2	井架附件					
2.1	死绳固定器	1 套		（1）最大死绳拉力≥ 720kN （2）输出压力 9MPa	必配	
2.8	立根盒	1 套		立根容量 320 柱，9000m（ϕ114mm 钻杆，28m 立根，含 14in 钻铤 2 柱、10in 钻铤 4 柱、8in 钻铤 6 柱）	必配	含挡杆架
3	底座	1 套	SY/T 5025 SY/T 6724	（1）转盘梁最大载荷≥ 6750kN （2）立根载荷≥ 3250kN （3）钻台面高度≥ 12m，转盘梁底面高度≥ 10m	必配	
（二）提升系统						
1	天车	1 台	SY/T 5527	最大钩载≥ 6750kN	必配	
2	游车	1 台	SY/T 5527		必配	
3	大钩	1 台	SY/T 5527		必配	

续表

序号	部件名称	数量	依据标准	功能参数及技术要求	配置	备注
5	水龙头	1台	SY/T 5530	最大钩载 6750kN	必配	
7	顶驱	1台	SY/T 6726	（1）承载负荷 6750kN （2）连续钻井扭矩 70kN · m	按照业主要求	
（三）转盘						
1	转盘	1台	SY/T 5080	最大静载荷 7250kN	必配	
（四）绞车						
1	绞车	1台	SY/T 6724	（1）名义钻探范围 6000~9000m（ϕ114mm 钻杆） （2）额定功率≥ 2237kW （3）最大快绳拉力≥ 643kN	必配	
2	驱动电机	2套		单台连续功率≥ 1100kW	必配	
4	钻井钢丝绳	1套		ϕ45mm，最小破断拉力≥ 1280kN	必配	
（五）动力系统						
1	主柴油发电机组	5台		功率≥ 6000kW	必配	
（八）钻井液循环系统						
10	循环罐	1套		有效容积≥ 600m^3，不包含锥形罐	必配	
11	储备罐	1套		有效容积≥ 240m^3	必配	
13	化学剂处理罐	1个		设置胶液罐，容积 20~30m^3	必配	
（九）井口机械化设备						
2	液压猫头	2套		最大拉力≥ 160kN	必配	
（十二）外围配套						
1	柴油储备罐	1套		容积≥ 150m^3	必配	
4	清水罐	1套		容积≥ 80m^3	必配	
5	固井水罐	1套		容积≥ 240m^3	必配	

注：其他配套部件相同，参见表 7-1-4。

三、15000m 特深井智能钻机

为了满足塔里木油田和西南油气田特深井的勘探开发需求，在充分借鉴集成前期各种先进技术的基础上，融合中国石油集团油田技术服务有限公司（简称中油技服）管柱自动化钻机和四单根立柱钻机应用成熟技术成果，与钻井工程技术需求深度结合，由中国石油集团公司牵头，优选联合行业内相关配套企业，围绕特深井钻机自动化、智能化、产业化，正在开展 15000m 特深井智能钻机研发攻关，包括开发满足井场超大功率动力自动匹配，超大负荷提升系统，超大规格旋转系统，超高压力循环系统，并满足具有高效二级净化、钻井液自动监测、远程智能井控和空间安全管控等为一体的特深井石油钻机。

结合 15000m 预设井深结构，遵循石油钻机相关标准和设计规范，形成 15000m 钻机基本参数（表 7-1-6）。

表 7-1-6　15000m 特深井智能钻机基本参数

项目	参数
名义钻井深度（114mm 钻杆），m	15000
最大钩载，kN	11250
游动系统绳系 / 钢丝绳直径	$8\times9/1^{7}/_{8}$in（48mm）
绞车最大输入功率 / 挡数	6000hp/ 两挡无级调速
管柱自动化系统输送范围	$3^{1}/_{2}$~24in（88.9~609.6mm）
建立根适应管柱范围	$3^{1}/_{2}$~$9^{3}/_{4}$in（88.9~247.65mm）
井架型式及有效高度	K 型 /60m（四单根）
底座型式及有效高度	旋升式 /15m（净空高 13m）
转盘开口尺寸，in（mm）	$60^{1}/_{2}$（1536.7）
钻井泵规格及数量	QDP-3000U 泵（70MPa），3 台
高压管汇规格及尺寸	5in（127mm）内径 ×70MPa，$6^{5}/_{8}$in（ϕ168mm）（外径）×19mm（壁厚）高压管线
动力传动方式	AC—VFD—AC

宝石机械于 2016 年开展了 15000m 海洋第 7 代超深水钻井平台（船）研究，掌握和储备了一批与之配套的主要部件的设计与制造技术、承载能力达 2500tf 游吊设备试验台、1300tf 井架底座载荷试验台等多项试验装备，如图 7-1-11 至图 7-1-13 所示。

图 7-1-11　YC1125 游车

图 7-1-12　ZP755 转盘

图 7-1-13　2500tf 拉力试验装置

（一）钻机特点

1. 提升与旋转系统

攻关研制超大钩载井架、底座、6000hp 高效两挡绞车、70MPa 超高压顶驱，游车、天车、ZP605 转盘及转盘驱动装置、死绳固定器、钻井钢丝绳等采用成熟设备或技术（表 7-1-7）。

表 7-1-7　提升与旋转系统

系统组成	研制情况	系统组成	研制情况
井架	攻关研制	天车	优化升级
底座	攻关研制	转盘	成熟产品
6000 hp 高效两挡绞车	攻关研制	死绳固定器	优化升级
70MPa 超高压顶驱	攻关研制	钻井钢丝绳	优化升级
游车	成熟产品		

井架采用前开口结构，底座采用旋升式结构，绞车后台低位安装，前台可携带钻台设备靠绞车动力整体远程遥控起升（表7–1–8）。配液压高支架、人字架滑轮对中装置、人字架液压起升装置。

表7–1–8 井架主要技术参数

参数	数据	参数	数据
最大额定钩载（满立根），kN	11250	顶部开挡，m	4/2.8
井架有效高度，m	60	底部开挡，m	12

绞车采用四电机驱动方案，由4台1100kW交流变频电动机分别经两挡齿轮箱驱动单滚筒（表7–1–9）。集成盘刹液压站，配智能润滑系统和盘刹智能监测及维护系统。优点：可实时调整在线电动机的数量，实现绞车输出功率的精细化配置、节能。

表7–1–9 绞车技术参数

参数	数据	参数	数据
绞车最大输入功率，kW	4×1100（6000hp）	开槽滚筒尺寸，mm	ϕ1220×2207
快绳最大拉力，kN	970	刹车盘尺寸，mm	ϕ2400×80
适用钢丝绳直径，mm	ϕ48		

研制大通径、大扭矩、最大钩载11250kN，70MPa超高压顶驱，配扭摆控制系统，具有高精度控制、机械传动效率高、噪声低、维护保养简单等优点，可实现智能润滑和不同工况一键式控制等（表7–1–10）。

表7–1–10 顶驱技术参数

参数	数据	参数	数据
最大循环工作压力，MPa	70	最大卸扣扭矩，N·m	203372
额定静载荷，kN	11250	最大旋转速度，m/s	275
公称通径，mm	101.6		

2. 集成控制与信息化系统

基于5G频段的无线远程网络通信系统，建立钻机多系统融合控制平台，集成设备运行信息自检系统，升级设备动态区域安全管控及关键工艺流程一键式联动操控，实现系统无线通信、设备安全管理及流程的一键操控（表7–1–11，图7–1–14）。

表7–1–11 集成控制与信息化系统

系统	研制情况	系统	研制情况
钻机多系统融合控制平台	攻关研制	一键式操控系统	成熟技术
集成化网络通讯及数据交互系统	攻关研制	分布式控制系统	攻关研制
设备自检系统	攻关研制	钻机关键信息识别系统	优化升级
空间安全管控系统	攻关研制		

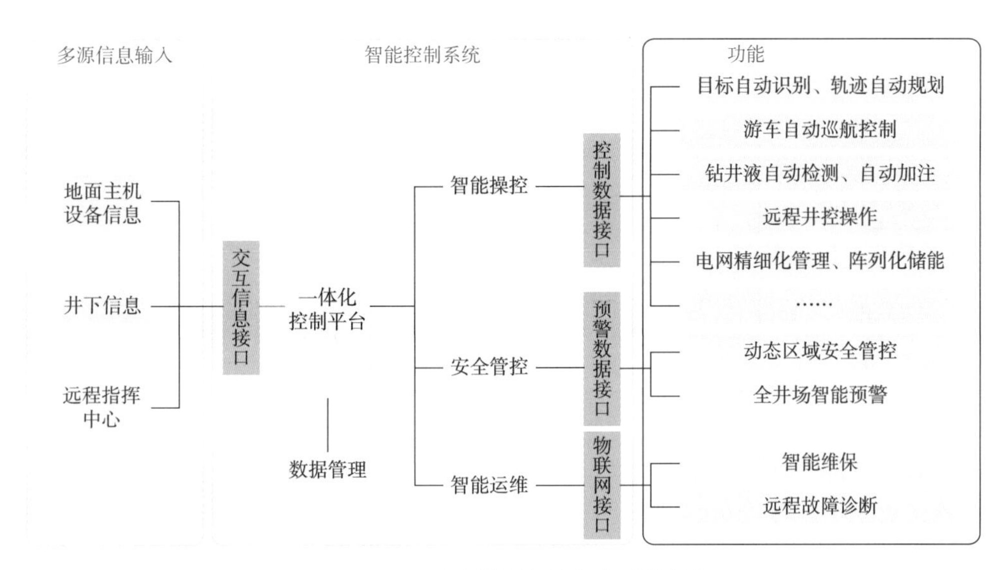

图 7-1-14　集成控制与信息化系统模块

搭建开放式钻机多系统融合控制平台，实现平台内人机交互、智能辅助决策、多协议实时通信、多源数据交互等子系统的高效并行处理，为各类新型智能控制技术、智能算法、钻井专家系统等第三方控制资源的快速部署提供标准化开发平台（图 7-1-15）。

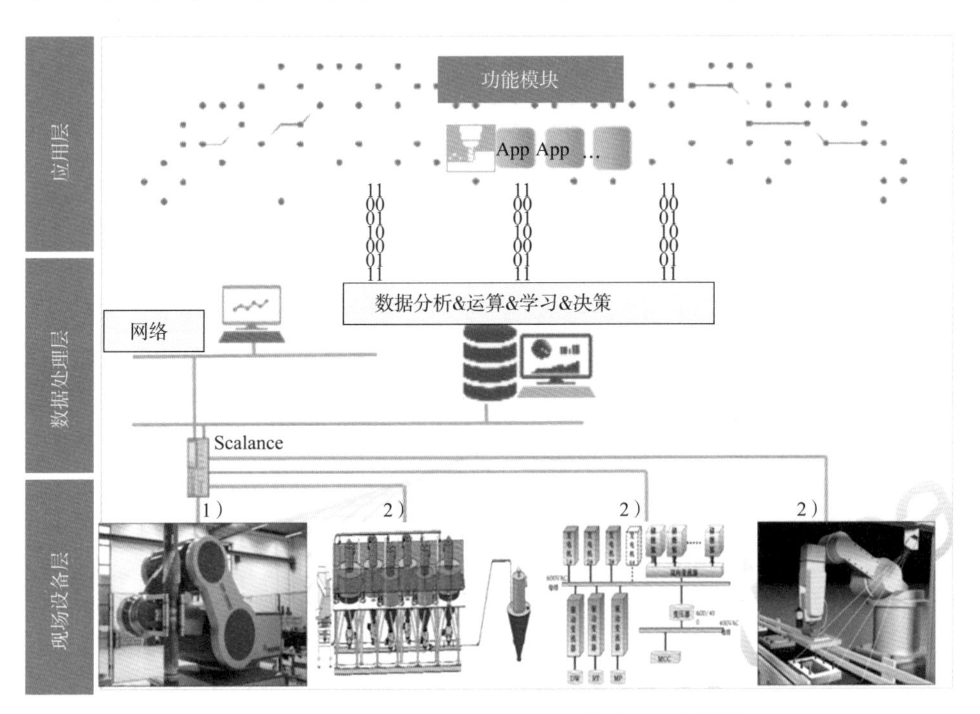

图 7-1-15　开放式钻机多系统融合控制平台模块

3. 管柱自动化系统

如 15000m 钻机采用立根高位排放（方案一），利用成熟技术对各种管柱设备进行全面升级，实现管柱输送、连接、排放全流程自动化作业，提高管柱处理作业效率（表 7-1-12）。

表 7-1-12 管柱自动化系统（方案一）

系统	研制情况	系统	研制情况
动力鼠洞	攻关研制	提管机械手	优化升级
液压排管架或行吊	优化升级	三单根立柱排管装置	优化升级
扶管机械手	优化升级	四单根立柱排管装置	优化升级
动力猫道	优化升级	液压吊卡	优化升级
动力卡瓦	优化升级	一体化铁钻工	成熟产品

如 15000m 钻机立根采用高低位组合排放（方案二），全面分析建立根、起下钻等作业流程，开创全新的管柱处理模式及动力猫道等设备，与顶驱配合，实现各流程的管柱自动化作业（表 7-1-13）。

表 7-1-13 管柱自动化系统（方案二）

系统	研制情况	系统	研制情况
动力鼠洞	攻关研制	单根缓冲扶管机械手	优化升级
三单根立柱扶管机械手	攻关研制	提管机械手	优化升级
液压排管架或行吊	优化升级	排管装置	优化升级
动力猫道	优化升级	液压吊卡	优化升级
动力卡瓦	优化升级	一体化铁钻工	成熟产品
四单根立柱扶管机械手	优化升级		

4. 动力与传动系统

设计开发钻机储能及智慧能源管理系统，柴油发电机组、发电机房及气源房、井场电路按标准化要求进行配置，VFD 变频控制系统逆变器通用化设计。顶驱系统与电控系统采用集成化设计，顶驱电控集成到钻机 VFD 房内（表 7-1-14）。

表 7-1-14 动力及传动系统

系统	研制情况	系统	研制情况
钻机储能及智慧能源管理系统	攻关研制	井场标准化电路	成熟产品
柴油发电机组	成熟产品	VFD 变频控制系统	优化升级
发电机房及气源房	成熟产品		

5. 钻井液循环系统

研制 70MPa 超高压五缸钻井泵和远程控制闸阀组及钻井液循环管汇，实现高压钻井液循环通道阀门的电动化及远程自动切换（表 7-1-15）。固控循环系统流程可视化、低压钻井液系统阀门电动化及一键联动控制，对钻井液性能实时动态检测，钻井液添加剂的自动添加和油基水基钻井液的一体化无害处理。

表 7–1–15 钻井液循环与净化系统

系统	研制情况	系统	研制情况
70MPa 超高压五缸钻井泵	攻关研制	钻井液性能自动检测装置	攻关研制
可视化和一键联动控制固控系统	攻关研制	气动重粉罐	成熟产品
远程控制闸阀组及循环管汇	攻关研制		

6. 智能井控系统

开展智能井控与控压钻井技术研究，对井控安全风险多源参数数据进行集成及远程监测，分析和预判井控等事故风险，设计开发防喷器组集成控制、节流压井管汇集成控制、井口自动灌浆设备，实现井控系统的逻辑联动控制和自动化控制（表 7–1–16）。

表 7–1–16 井控系统

系统	研制情况	系统	研制情况
防喷器组集成控制系统	攻关研制	井口自动灌浆设备	攻关研制
节流压井管汇集成控制系统	攻关研制		

7. 辅助设备设施

按钻机配套规范，标准化配置气源及气源净化装置、集成液压站、液压猫头等井口机械化工具、电动小绞车、防喷器吊移装置等辅助设备及设施（表 7–1–17）。

表 7–1–17 辅助设备设施

系统	研制情况	系统	研制情况
气源及气源净化装置	成熟产品	钻井液处理剂自动加料装置	成熟产品
集成液压站	成熟产品	井场多功能机具	成熟产品
井口机械化工具	成熟产品	钻机保温系统、零排放系统	优化升级
钻机关键信息识别系统	成熟产品		

8. 安全设施

按钻机配套规范，标准化配置 3 套电子及机械防碰装置、防坠落装置、逃生装置；研制具有录音功能、开放性及高效协作的数字网络 IP 扩音对讲系统；研制外围监控单元，实现设备操作与监控设备摄像头的自动切换，减少人员对视频监控系统操作次数（表 7–1–18）。

表 7–1–18 安全设施

系统	研制情况	系统	研制情况
天车防碰装置	成熟产品	钻台逃生滑道	成熟产品
防坠落装置	成熟产品	数字网络 IP 扩音对讲系统	攻关研制
二层台逃生装置	成熟产品	外围监控单元	攻关研制

（二）钻机配套

15000m 特深井钻机配套见表 7–1–19。

表 7–1–19　15000m 特深井钻机基本配套表

序号	设备	数量	备注
（一）提升与旋转系统			
1	井架	1	有效高度 62m，额定载荷 11250kN
2	底座	1	工作高度 15m，额定载荷 11250kN
3	绞车（四电机）	1	绞车功率 4400kW，最大快绳拉力 850kN
4	天车	1	额定载荷 11250kN
5	游车	1	额定载荷 11250kN
6	转盘驱动装置	1	最大静载荷：11250kN，通孔直径：$60^{1}/_{2}$in
7	顶驱	1	额定载荷 11250kN，70MPa
8	死绳固定器	1	最大拉力：850kN
9	ϕ48mm 钻井钢丝绳	1	EEIP 压实股钢丝绳
10	司钻控制房	1	
（二）集成控制与信息化系统			
1	钻机多系统融合控制平台	1	
2	集成化网络通信及数据交互系统	1	
3	设备自检系统	1	
4	空间安全管控系统	1	
5	一键式操控系统	1	
6	分布式控制系统	1	
7	钻机关键信息识别系统	1	
（三）管柱自动化系统			
1	液压排管架	1	额定载荷 500kN
	堆场管柱行吊	1	额定载荷 500kN
2	动力猫道	1	处理范围≤ 24in
3	扶管机械手	1	处理范围 $3^{1}/_{2}$~20in
4	一体化铁钻工	1	范围：$3^{1}/_{2}$~$9^{3}/_{4}$in
5	四单根排管装置	1	悬持范围：$3^{1}/_{2}$~$5^{7}/_{8}$in 扶持范围：6~$9^{3}/_{4}$in 最大提升载荷：23kN
6	三单根排管装置	1	
7	缓冲机械手	1	
8	动力鼠洞	1	
9	750tf 动力吊卡	1	
10	750tf 动力卡瓦	1	

续表

序号	设备	数量	备注
（四）动力与传动系统			
1	主柴油发电机组	6	功率 1200kW/600V
2	辅助发电机组	1	600kW/600V
3	VFD 控制系统	1	
4	井场标准化电路	1	
5	柴油发电机房	6	
6	储能及智慧能源管理系统	1	900kW·h 电池 +900kW 飞轮
（五）钻井液循环与净化系统			
1	钻井泵组	3	70MPa/3000hp
2	钻井液循环管汇	1	70MPa，通径 5in
3	固控系统	1	有效容积约 $1600m^3$
4	气动重粉罐	4	单罐容积 $24m^3$
5	钻井液性能自动检测装置	1	测量及综合分析钻井液性能
（六）智能井控系统			
1	防喷器组	1	公称通径 $13^5/_8$in，最大工作压力 140MPa
2	节流压井管汇	1	电动阀门，最大工作压力 140MPa
3	防喷器集成控制系统	1	
4	节流压井管汇集成控制系统	1	
5	井口自动灌浆设备	1	液面监测
（七）辅助设备设施及系统			
1	气源净化装置	1	
2	井口机械化工具	1	
3	钻井液添加剂自动加料装置	1	
4	5tf 井场多功能机具	1	
5	钻机零排放系统	1	
6	集成液压站	1	21MPa，容积 1200L
7	防喷器吊移装置	1	2×60tf，行程 9.6m
8	5tf 电动小绞车	2	额定载荷 50kN
9	防爆高压清洗机	1	
（八）安全设备			
1	防碰装置	3	天车防碰、过卷防碰及电子防碰
2	防坠落装置	7	
3	二层台逃生装置	2	双通道
4	逃生滑道	1	
5	数字网络 IP 扩音对井系统	1	
6	外围设备监控单元	1	
（九）井场用房及营房			
1	井场用房	11	
2	营房	19	

第二节 固井配套装备

针对超深井固井水泥浆用量大、施工时间长、顶替压力高的难题，开发了1600型固井装备、2500型固井装备、自动混浆网络监控成套固井设备和其他配套固井工具，装备自动混浆能力和装机功率不断提升，电驱化提升了装备节能环保性能[2]。

一、固井车

（一）1600型固井装备

深层超深层油气资源勘探开发是国家能源发展的重要目标，由于深层超深层油气开采难度大，常规固井装备在面对页岩和深层油气固井施工时存在功率不足、自动化程度不高的问题，而高端柴驱动力固井装备又被国外企业垄断，现有装备难以满足诸多全新挑战的要求。为打破国外企业在高端固井装备市场垄断地位，满足深层油气固井作业对装备性能提升的要求，进一步提高国内企业在石油装备制造研发领域的国际影响力，研制出世界首台SGJ 1600型电动固井装备。

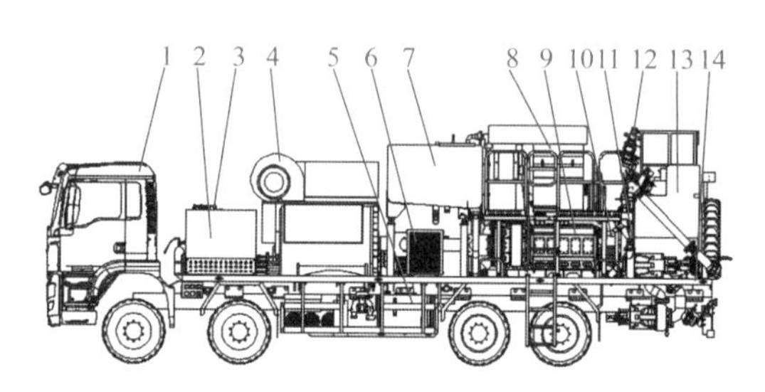

图7-2-1 SGJ1600型电动固井装备结构示意图

1—底盘；2—配电系统；3—液压系统；4—电驱动力系统；5—固井泵润滑系统；6—散热系统；7—计量罐；8—控制系统；9—QPE1400型固井泵；10—高压管汇；11—低压管汇；12—混浆系统；13—混浆槽；14—副大梁

如图7-2-1所示，SGJ 1600型固井装备主要由底盘、配电系统、高低压管汇、电驱动力系统、控制系统、固井泵、固井泵润滑系统、计量罐、混浆槽、混浆系统、液压系统、副大梁等主要部件组成。装备可根据预先设定的作业参数自动调整各功能元件，实现全流程自动固井作业[4]。

1. 主要技术参数

最高作业压力：79MPa；

最大作业排量：2800L/min；

最大混浆能力：2300L/min；

水泥浆密度控制范围：1~2.7g/cm^3；

水泥浆密度精度：±0.012g/cm^3；

整机移运状态时总质量：37tf；

整机外形尺寸（长×宽×高）：11.7m×2.5m×4.0m；

环境温度：−35~+50℃。

1600型固井装备各种工况下性能参数见表7-2-1。

表 7-2-1 1600 型固井装备各种工况下的性能参数

序号	电动机转速 r/min	冲次 min^{-1}	排量 L/min	压力 MPa
1	100	17	137	79
2	300	51	411	79
3	500	85	685	79
4	800	133	1096	59
5	1000	166	1370	47
6	1200	200	1645	39
7	1400	233	1919	34
8	1600	266	2193	30
9	1900	316	2604	19
10	2050	341	2800	17

2. QPE1400 型固井泵

深层油气固井作业排量和压力较常规固井作业大幅提升，注水泥水马力达到 1000hp 以上、清水替浆水马力达到 1300hp 以上，且由于注浆量增大，作业时长也由原先的 1h 左右达到 3~4h，常规固井装备配置的固井泵泵水马力最大不超过 1000hp，且无法满足连续满负荷运转要求，见表 7-2-2。因此通常使用 2~3 台常规固井装备同时作业，多装备协同作业可靠性低，操作难度高，人员劳动强度大、装备调配机动性差。

表 7-2-2 常规固井装备固井泵水功率

柱塞泵型号	STP350	HT400	STP600	QPE1000
柱塞泵水功率，hp	350	600	600	1000

基于上述原因，开展了 QPE 1400 型固井泵研制技术攻关，创建了基于理论计算、结构设计和吸排模拟的连续满负荷固井泵设计与分析系统，形成了固井泵缸数、冲程、连杆负荷、传动结构和材料优选“五因素优化”的轻量化设计方法，研制出世界首台连续满负荷 QPE 1400 型固井泵，如图 7-2-2 所示。各工况下的性能参数见表 7-2-3。

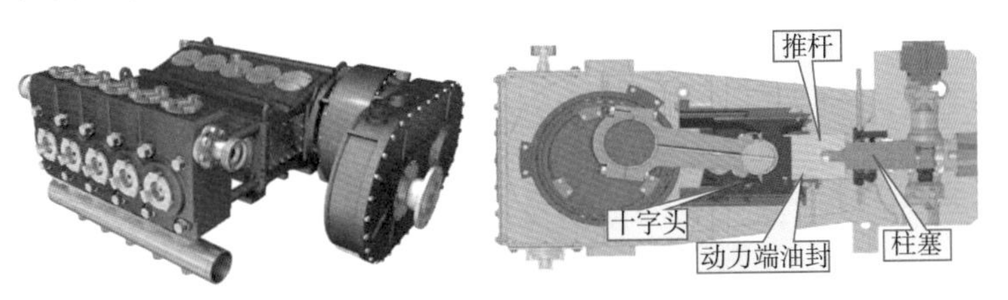

图 7-2-2 QPE1400 型固井泵及内部结构

表 7-2-3 QPE 1400 型固井泵各种工况下的性能参数

作业工况	柱塞泵水功率，hp	使用条件
连续	1400	每天 24h，每周 7d，70% 压力和 70% 冲次
间歇	1600	每天 8h，每周 5d，100% 压力和 100% 冲次
超载	1800	每天 2h，每周 5d，110% 压力和 100% 冲次

3. 基于变频一体机的协同控制及远程管理系统

针对固井施工可靠性要求高、容错率低的特点，基于变频器、电动机的自身特性，制定混浆—变频协同控制系统构架，定制开发关键执行环节控制流程，实现多种功能拓展，开发了混浆—变频传动协同控制系统，整套系统采用核心功能模块化封包，混浆—变频传动功能可协同控制及独立运转，提高装备作业可靠性，如图 7-2-3 和图 7-2-4 所示。

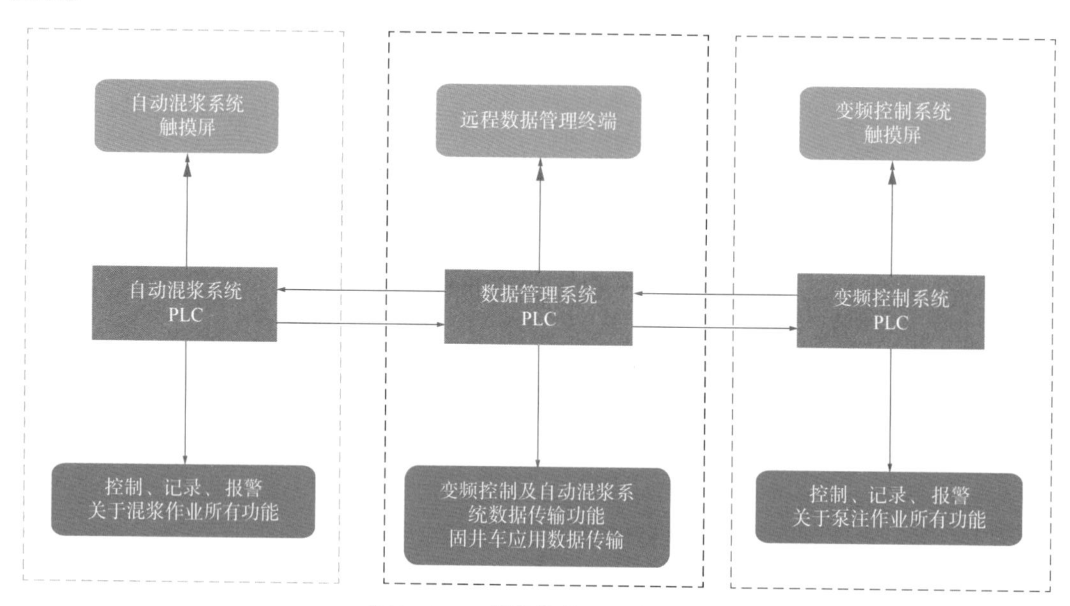

图 7-2-3　模块化控制系统架构

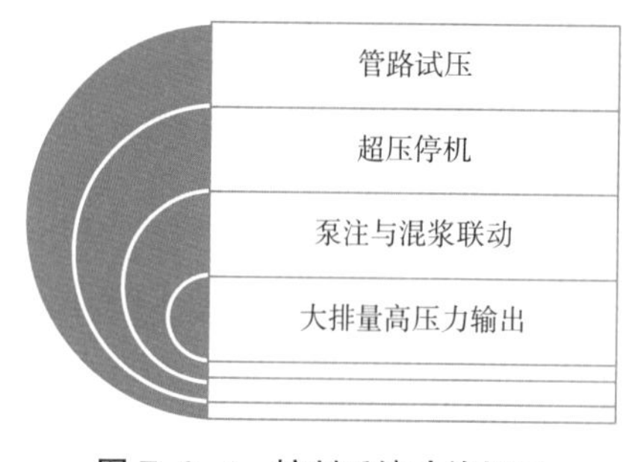

图 7-2-4　控制系统功能拓展

基于固井装备特点，为成套固井装备建立全生命周期信息系统，构建远程传输架构，组建整机局域网 CAN 通信系统及 4G 远传网络透传平台，开发了具备远程监测、施工数据记录和工程管理的固井装备远程管理平台。该平台将装备智能连接、数字化管理的方式参与到固井装备全生命周期的每一个阶段中，跨越单一固井作业的信息孤岛，实现设备、作业信息联网联云、数据共享，如图 7-2-5 所示。

（二）2500 型固井装备

随着国家加快川渝地区和新疆地区特深层油气大开发进程，特深井及复杂地层固井作业出现的频次越来越高，高压力、大排量、长时间不间断作业等，成为固井施工作业面临的难题。

以前，单机单泵固井车、双机双泵固井车等受功率限制，通常采用 4~8 台常规固井水泥车同时作业。2500 型固井车能够有效改变目前国内固井装备自动化程度低、操作人员劳动强度较大、安全性较低、非常规油气田施工效率与精度不理想的现状。同时，将打破国外公司技术垄断，推动国内固井工艺进步，实现固井装备技术突破升级，对我国特深层油气资源的开发具有重要意义 [5]。

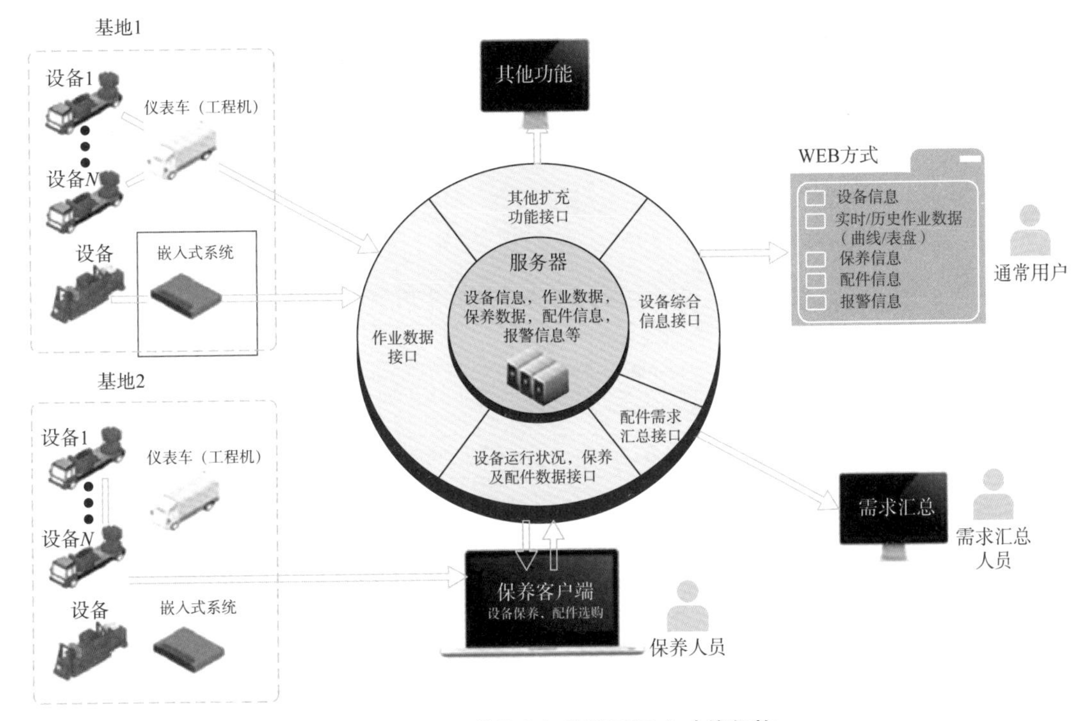

图 7-2-5　固井装备远程管理平台功能架构

如图 7-2-6 所示，2500 型固井车主要由底盘、配电系统、高低压管汇、电驱动力系统、控制系统、固井泵、固井泵润滑系统、计量罐、混浆槽、混浆系统、液压系统、副大梁等主要部件组成。装备可根据预先设定的作业参数自动调整各功能元件，实现全流程自动固井作业。

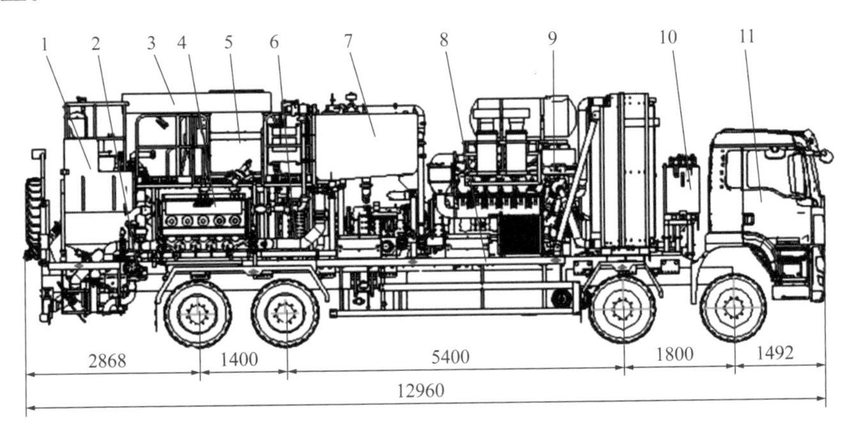

图 7-2-6　2500 型固井车结构示意图

1—混浆槽；2—高压管汇；3—操作平台；4—固井泵；5—电控系统；6—低压管汇；7—计量罐；8—副大梁；9—动力系统；10—液压系统；11—底盘车

1. 主要技术参数

最高作业压力：100MPa；

最大作业排量：2400L/min；

最大混浆能力：$3.0m^3/min$（密度为 $1.9g/cm^3$）；

水泥浆密度控制范围：1~2.7g/cm^3；

水泥浆密度精度：±0.012g/cm^3；

整机移运状态时总质量：45t；

整机外形尺寸（长 × 宽 × 高）：12.96m×2.55m×4.00m；

环境温度：-20~+45℃。

各种工况下性能参数见表 7-2-4。

表 7-2-4　2500 型固井装备各种工况下的性能参数

序号	发动机转速 r/min	冲次 min^{-1}	排量 L/min	压力 MPa
1	1900	79	656	100
2	1900	111	916	89
3	1900	135	1119	73
4	1900	169	1391	58
5	1900	189	1559	52
6	1900	235	1939	42
7	1900	299	2463	33

2. 2500hp 固井泵

特深层油气开发过程中，恶劣的工作环境对固井设备提出了新的要求。对于固井装置的核心设备固井泵，特定要求如下：一是作业压力高、排量大，输出功率大幅提高。二是单次固井作业时间增加，要求固井泵具有更强的连续作业能力。此外，鉴于固井装置集成化程度高的特点，对固井泵装配结构及尺寸提出了较为苛刻的要求。在上述要求的基础上，部分借鉴现有成熟大功率压裂泵技术，设计研发了 2500hp 大功率固井泵。

该泵最大输入功率 2500hp，采用 5 缸泵设计，排出压力脉动小于 7%，在 50MPa 排出压力时可最大输出 2m^3/min。

使用外挂式行星齿轮减速箱，降低泵整体高度，为车载形式提供可能设计了新型组合式十字头和紧凑型泵壳，相比常规 2500 型固井泵降高 265mm，如图 7-2-7 所示。

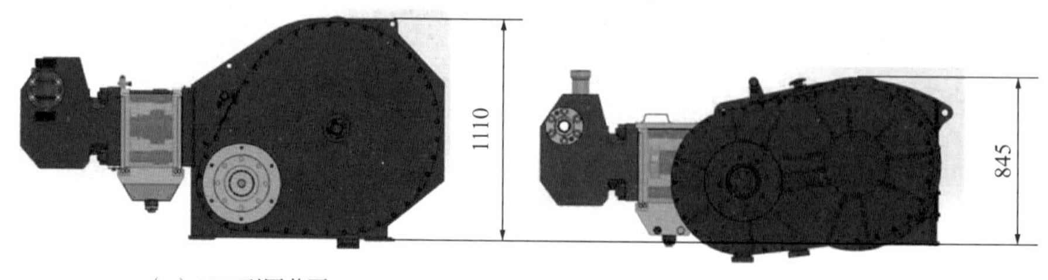

（a）2500型固井泵　　（b）2500hp大功率固井泵

图 7-2-7　泵高度对比

3. 大排量混浆系统

基于多相流混合过程动态模拟分析，建立混合器流场仿真模型，采用对比分析方法，优化混合器关键参数，提升混合器性能。

综合混合器性能需求形成供液、供灰配套零部件方案，研制大排量混浆系统；构建模拟试验平台，制订关键参数测试评价方案，形成混合器性能试验规范，验证大排量混浆系统的技术性能。大排量混合器如图 7–2–8 所示。

通过对混合器和混浆系统的升入研究形成了大排量混浆技术，完成了大排量混浆系统研制，并开展了混水泥实测试验，混浆性能达到 3.0m³/min（密度 1.9g/cm³），混浆能力较常规混浆系统提高 76%。相交常规混合器，混浆能力对比见表 7–2–5。

图 7–2–8　大排量混合器

表 7–2–5　混浆系统混水泥试验测试数据对比表

项目	HEMI 混合器	Super–HEMI 大排量混合器
混浆能力（密度 1.9g/cm³ 下），m³/min	1.7	3.0

4. 固井施工远程控制系统

固井远程控制系统基于 ACM 系列自动控制系统，支持固井自动混浆及机组泵送全套功能的 PC 版软件系统。其主要功能为支持完整的固井控制操作、支持完整泵车控制操作、支持多泵同时控制、支持不同控制器泵控设备的控制、支持各信号配置及校准、支持报警自定设置、支持报警自动提示和提供系统设置功能。

多泵泵送模式可支持多至 3 台固井设备小型机组的集中控制，用于实施钻井泵送作业。该模式可提供完整的单泵及机组泵送作业控制、支持单设备自动混浆作业控制、兼容 2500 型和 1000 型固井装备控制以及自动扫描识别联网固井设备。

单泵泵送模式提供完整的单设备全流程钻井泵送作业控制。该模式可实现动力系统及档位调速控制、离心泵调速及供液浆控制、管汇阀门控制、超压保护、压力测试等功能。

自动混浆模式支持单台固井装备自动混浆施工作业，支持定密度自动控制及定液位自动控制、动力系统及挡位调速控制、水灰阀调控、离心泵调速、管汇阀门等控制。

二、其他配套固井工具

本部分主要介绍深井尾管悬挂器、特种尾管悬挂器、尾管回接装置、特种水泥头、分级注水泥器、特种管外封隔器等深井高压油气井特种固井工具[6]。

（一）深井尾管悬挂器

尾管固井由于其低廉的作业成本、显著的经济和社会效益业已成为深井、超深井固井施工的常用工艺技术。但是，该技术也是一项风险高、技术复杂、施工难度大及质量要求高的固井工艺技术，在尾管固井施工中也会出现一些诸如替空、固井后起钻困难与留高塞、地层漏封等事故。而塔里木油田由于高温、高压等复杂井况，一直是固井工艺技术的难点地区。尤其是随着塔里木盆地石油勘探开发的进一步深入，钻井开发中侧钻大斜度井、水平井的数量逐渐增多，而这些井大部分采用深井小间隙尾管固井[7-8]。对于深井用尾管悬挂器，要求耐温能力一般为 200℃，耐压 70MPa。承载能力、抗内压和外挤能力要求达到同等套管要求。尾管悬挂器的坐挂、丢手等要充分考虑到钻井液高固相的影响，确保尾管悬挂器坐挂和尾管固井成功率。

针对深井小间隙尾管固井作业的特点，结合实践分析认为深井尾管固井需要解决的主要问题有：

（1）抗高温高压能力。深井超深井井底最高温度为200℃（悬挂器位置在井底上方，理论上悬挂处温度低于200℃）。在高温条件下实现高压整体密封能力，才能保证尾管固井施工的顺利进行。

（2）高悬挂能力。井深大、裸眼段长是多数高温高压油气井的基本特点，对应的尾管串长，载荷大则悬挂器的悬挂能力必须得到大幅提高，才可保证高温高压油气井尾管固井施工安全顺利进行。

（3）大流通面积。高温高压井多伴随井深、小间隙等特点，环空压耗高，泥砂返出率低，井眼清洁效果差，严重影响固井质量。尾管悬挂器必须具有足够的过流面积，方能保证施工安全，否则会引起漏失、水泥返高不够、环空气侵等复杂情况的发生。

（4）强胶塞复合率。深井及超深井尾管固井过程中，送入钻具多采用复合钻具，钻杆胶塞在经过多种钻具内孔下行时易发生偏磨与歪斜，在与尾管胶塞复合时往往复合效果差。

随着深井、超深井不断增多，地层越来越复杂，对尾管悬挂器的技术要求越来越高，除了实现尾管固井基本功能外，还要解决尾管下入遇阻、气窜、小间隙井尾管固井等问题。

1. 双锥双液缸尾管悬挂器

在深井尾管固井作业时由于尾管质量较大，增大了常规悬挂器卡瓦滑动或不能成功坐挂的可能。为保证悬挂器在深井尾管固井的可靠性，研发出了双锥双液缸尾管悬挂器，结构图7-2-9所示。双锥双液缸尾管悬挂器采用两组液缸、锥体结构和两组卡瓦，该结构使得承载作用面积增大1倍，载荷分布更均匀，卡瓦与套管间的接触应力减小提高了承载能力，两组坐挂机构提高了坐挂可靠性。

1）性能特点

（1）采用双液缸、双锥体、双卡瓦等双套坐挂系统，悬挂能力更强、坐挂成功率更高，可悬挂更长的尾管；

（2）密封芯子可随送入工具提出井口，无须再下一趟钻钻掉；

（3）大小胶塞均具有锁紧机构，在注完水泥后可防回压；

（4）倒扣装置操作简便，将上部钻具下压30~50kN即可，无须找中和点；

（5）密封件可耐高温达220℃，耐压达70MPa以上；

（6）设计有分体式胶塞，适合多种组合的复合送入钻杆；

（7）附件设计有防转机构，便于附件钻除作业，节省钻除时间。

2）主要技术参数

双锥双液缸尾管悬挂器的主要技术参数见表7-2-6。

表7-2-6　双锥双液缸尾管悬挂器主要技术参数

规格 / 参数	额定负荷 tf	最大外径 mm	最小内径 mm	适用尾管壁厚 mm	适用上层套管壁厚 mm
$13^3/_8$in × $10^3/_4$in	220	308	245	11.43/12.57/13.84	12.19 10.92 9.65
$13^3/_8$in × $9^5/_8$in			220.5	10.03/11.05/11.99	

续表

规格 / 参数	额定负荷 tf	最大外径 mm	最小内径 mm	适用尾管壁厚 mm	适用上层套管壁厚 mm
$10^{3}/_{4}$in × $8^{1}/_{8}$in	180	240	179.5/172	13.5	12.57 11.43 10.16
$10^{3}/_{4}$in × $7^{5}/_{8}$in				9.52/10.92/12.7	
$9^{5}/_{8}$in × 7in	160	215	155	9.19/10.36/11.51	10.03 11.05 11.99
$9^{5}/_{8}$in × $6^{5}/_{8}$in				8.94/10.59/12.06	
$9^{5}/_{8}$in × $5^{1}/_{2}$in				7.72/9.17	
$7^{5}/_{8}$in × $5^{1}/_{2}$in	80	165	121.4/108.6	7.52/9.19	12.7 10.92 9.52

3）结构及工作原理

双锥双液缸悬挂器由本体及坐挂机构（图 7-2-9）和送入工具组成（图 7-2-10）。送入工具提升短节与钻具连接，悬挂器本体末端与尾管连接，送入工具通过倒扣螺母与悬挂器本体连接。钻具将悬挂器及尾管送至预定位置，完成坐挂、倒扣丢手和固井作业后提出钻具及送入工具。送入工具通过正转倒扣实现与悬挂器本体的分离。

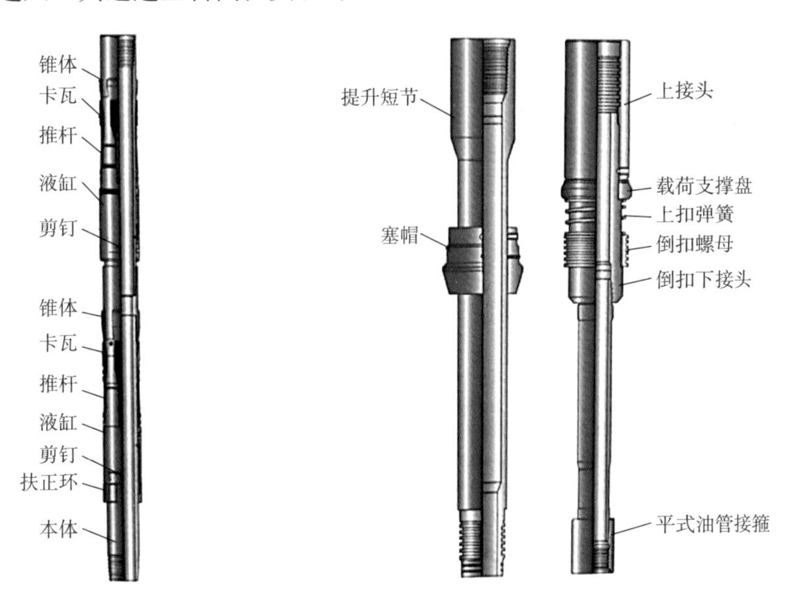

图 7-2-9 双锥双液缸尾管悬挂器结构示意图　　图 7-2-10 送入工具结构示意图

2. 内嵌式尾管悬挂器

深井、超深井尾管固井尾管尺寸大、悬挂尾管更长更重，如川东北区块使用 $13^{3}/_{8}$in × $9^{5}/_{8}$in、$13^{3}/_{8}$in × $10^{3}/_{4}$in、$10^{3}/_{4}$in × $7^{5}/_{8}$in 等大尺寸尾管悬挂器，塔河区块 Q6 井 $9^{5}/_{8}$in 尾管的悬挂长度达 3725m，浮重达到了 2200kN。如此大的载荷仅通过几片卡瓦传递到外层套管，会造成外层套管受损，重载情况下坐挂出现打滑失效的现象。改变卡瓦形式、增加卡瓦数量是尾管重载条件下改善外层套管受力状态、防止坐挂失效的有效措施。为此研制出了内嵌卡瓦悬挂器，彻底改变了卡瓦的受力状态，并将之前裸露在外侧的卡瓦内嵌至悬挂器本体外壁，使过流面积增加，避免了悬挂器下入的过程中卡瓦受到刮碰脱落的现象，提高了坐挂成功率。

1）性能特点

内嵌式卡瓦机构解决了原来常见的外露式“巴掌”状卡瓦在下入过程中特别是在需要旋转的情况下容易脱落从而造成坐挂失效、管柱被卡的技术难题，使其更加适合大斜度大位移井和更深的井；更为重要的是改变了卡瓦和上层套管的受力状态，减少了应力集中问题，改善了悬挂器本体的受力方式，这种结构方式可使传统规格的 $9^5/_8$in × 7in 尾管悬挂器承载能力达到 2520kN，悬挂负荷较常规卡瓦尾管悬挂器提高 57%，同时，由于改变了锥体形状，形成了卡瓦内外通道，使坐挂后的过流面积比常规悬挂器提高了 34%，循环变得更为畅通，循环压力降低。

2）结构及工作原理

如图 7-2-11 所示，内嵌卡瓦旋转尾管悬挂器由锥套、卡瓦、卡瓦支撑套、液缸、扶正环等部分组成。

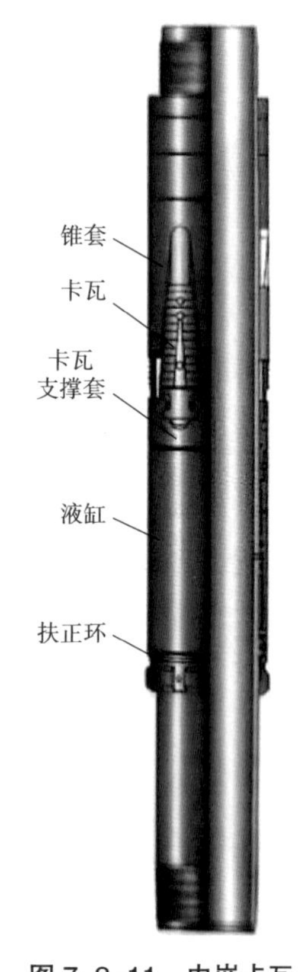

图 7-2-11　内嵌卡瓦悬挂器结构示意图

内嵌卡瓦悬挂器的卡瓦采用复合斜面立体承载结构，卡瓦和锥套之间的压力载荷为周向载荷。由于特殊的承载结构，即使悬挂器在坐挂后，卡瓦、锥套和本体之间也存在过流通道，因此坐挂前后过流面积变化很小。卡瓦下端由卡瓦支撑套固定，保证卡瓦在下入和上提过程中不会张开和脱落。扶正环位于心轴的下部，可起扶正作用。同时可以保护液缸，避免液缸在入井过程中受到碰撞。液缸和卡瓦支撑套依次套在本体上，液缸位于下部，与本体以剪钉相连，向上与卡瓦支撑套扣合在一起。液缸与本体间设计有密封圈，并形成一个密闭容腔，当坐挂时，高压液体可通过本体上的传压孔进入容腔内，当压力达到额定剪切压力（通常 7~8MPa）时，液缸剪钉剪断，液体推动液缸、卡瓦支撑套和卡瓦一起上行实现坐挂。悬挂器本体两端可采用气密封螺纹设计，保证悬挂器能够承受更大的载荷，传递更大的扭矩，并能够实现更大的密封能力。

3. 封隔式尾管悬挂器

在尾管固井作业中，由于顶替效率、漏失及水泥收缩等原因，导致重叠段固井质量往往难以保证。特别是随着油气井勘探开发的不断深入和钻井技术的不断提高，石油钻井逐步向着更深、更复杂地层推进，深井、超深井不断增多。这些井普遍存在井温高、地层流体活跃、地层压力系数高、多种压力体系并存等情况，在固井作业中易发生尾管顶部重叠段封固失效，环空出现油窜、气窜、水窜，造成井口带压等问题，严重影响了钻井作业的连续进行和油井的正常投产，而在重叠段补救挤水泥，不仅花费大，且成功率低。使用封隔式尾管悬挂器是解决这些问题的有效方法。

1）性能特点

封隔式尾管悬挂器的显著特点是在常规尾管悬挂器的基础上增加了尾管顶部封隔单元，使得悬挂与封隔两种功能结合在一起，能够在固井作业结束后利用顶部钻具重量加载来坐封顶部封隔器，从而使封隔重叠段环空。

针对现场不同工况，设计两种不同结构的尾管顶部封隔器，分别为组合胶筒尾管顶部封隔器与金属膨胀式尾管顶部封隔器，封隔器的封隔能力均达到 70MPa。其中金属膨胀式尾管顶部封隔器采取金属径向膨胀坐封的方式，可允许尾管快速下入及大排量循环。

2）结构及工作原理

封隔式尾管悬挂器由悬挂器总成、封隔器总成、回接筒、送入工具、密封总成等部件组成，如图 7-2-12 所示。送入工具及密封总成均位于回接筒内部，送入工具与密封总成通过倒扣螺母连接在一起，用于实现尾管的连接、送入及丢手；在密封总成与送入工具间设置了密封组件，它的主要作用就是密封悬挂器内部环空：封隔器总成连接在密封总成的下部，外部连接回接筒，主要目的是在注水泥完毕胀封封隔器胶筒，从而密封尾管重叠段外部环空，防止油、气、水窜流通道的形成。悬挂器总成连接在封隔器总成的下面，用于悬挂整个尾管串并将其坐挂在外层套管上。

尾管顶部封隔器是封隔式尾管悬挂器的关键部件，它可以与不同类型的悬挂器结合装配形成不同功能的封隔式尾管悬挂器。尾管顶部封隔器决定了悬挂器封隔性能。其中，封隔器胶筒作为密封元件，其结构形式直接关系到封隔器环空封隔能力和对井况的适应能力。目前，顶部封隔器按胶筒结构类型可分为组合胶筒式和金属膨胀式，两种尾管顶部封隔器各具特点，在国内外尾管固井作业中都得到了广泛应用。

①组合胶筒式尾管顶部封隔器。组合胶筒式尾管顶部封隔器（图 7-2-13）密封组件主要由不同硬度的胶筒组合而成，通过悬挂器顶部钻具加载，载荷传递到回接筒上压缩胶筒，促使胶筒膨胀变形与外层套管接触，达到封隔环空的目的。

②金属膨胀式尾管顶部封隔器。金属膨胀式尾管顶部封隔器采用了金属径向膨胀原理来实现封隔器坐封，其封隔单元为一种金属—橡胶组合式密封组件，该组件由金属支撑骨架和胶筒组成。坐封时通过顶部钻具加载，推动封隔器上部膨胀锥下行，挤压金属支撑骨架，利用金属骨架径向膨胀带动橡胶膨胀，达到封堵环空的目的（图 7-2-14）。

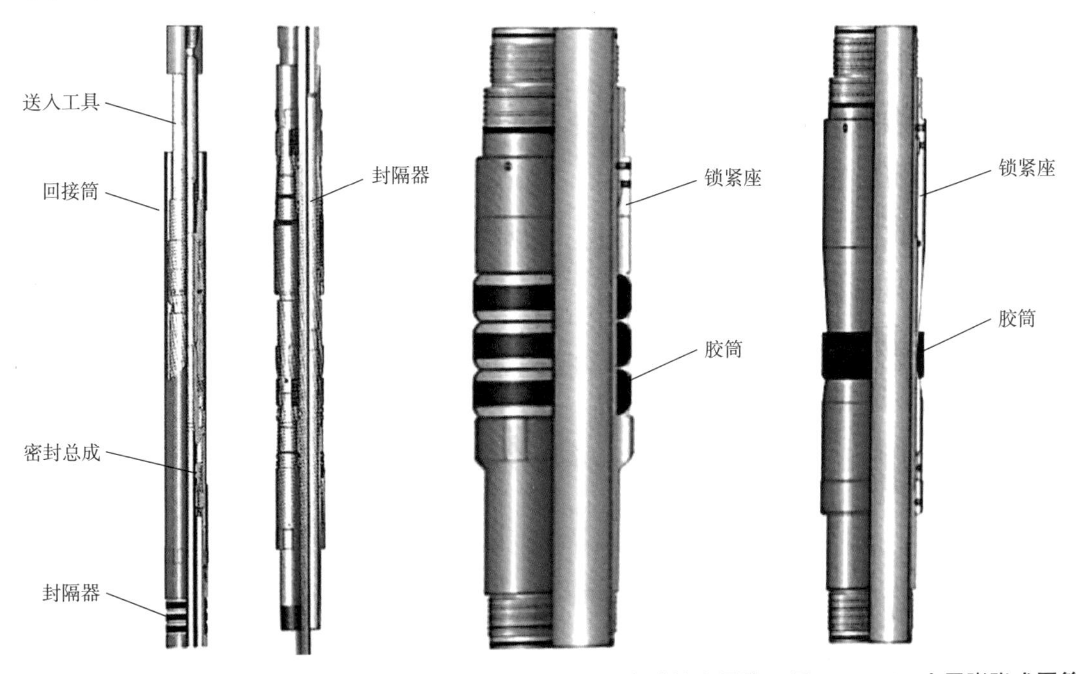

图 7-2-12　封隔尾管悬挂器结构示意图

图 7-2-13　组合胶筒式尾管顶部封隔器

图 7-2-14　金属膨胀式尾管顶部封隔器

4. 膨胀式尾管悬挂器

针对常规悬挂器不能满足开窗侧钻井、小环空间隙井尾管固井需求，研制了膨胀式尾管悬挂器。该悬挂器工作原理与常规悬挂器显著不同，它主要依靠本体膨胀与上层套管形成的摩擦力悬挂尾管，同时实现坐挂、坐封。膨胀式尾管悬挂器本体膨胀后通径增大，能够满足后续钻具下入要求，同时具备旋转功能，尾管下入和注水泥过程中可实现尾管转动，显著提高环空顶替效率和固井质量并解决尾管下入遇阻问题。

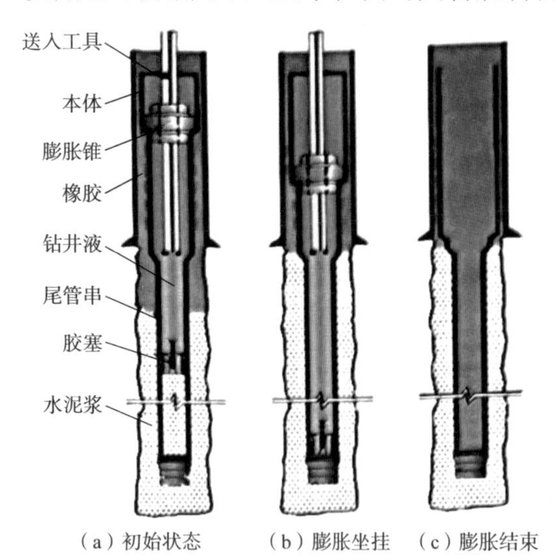

图 7-2-15　膨胀尾管悬挂器工作流程

膨胀式尾管悬挂器作业工艺不同于常规悬挂器，需要先注水泥浆再坐挂丢手，流程如图 7-2-15 所示。悬挂器到位循环后注水泥浆，胶塞复合、碰压后继续开泵，管内压力增大超过设定值后驱动膨胀锥运动使本体发生膨胀，本体外壁硫化的橡胶随本体同时膨胀，起到增大摩擦力并和密封环空的作用。图 7-2-15（a）为初始状态，膨胀锥位于膨胀本体前端：图 7-2-15（b）为膨胀坐挂过程，膨胀锥使本体发生塑性变形；图 7-2-15（c）为膨胀结束状态，本体膨胀完成后进行丢手提出送入工具。

1）性能特点

膨胀式尾管悬挂器具有大通径、可旋转、能封隔等技术优势，能够满足小环空间隙尾管固井需求并实现环空密封。如 7in × 52in 膨胀式尾管悬挂器坐挂后通径可达到 124mm，而目前常规悬挂器受机构限制在 7in 套管内最大通径仅有 115.8mm。膨胀式尾管悬挂器坐挂的同时实现坐封功能，简化了常规封隔式尾管悬挂器结构及作业流程。此外，由于没有液缸、卡瓦等结构，避免了常规悬挂器下入过程中发生提前坐挂及零件损伤、碰掉等现象的发生。

2）结构及工作原理

膨胀式尾管悬挂器具有多种类型，但基本原理都是依靠本体发生塑性变形。该悬挂器具有多级液缸驱动膨胀式尾管悬挂器，由提拉短节、驱动机构、膨胀机构、旋转丢手机构组成，膨胀锥在本体内自上向下运动，如图 7-2-16 所示。驱动机构采用多级液缸串联，同等压力条件下液缸所产生的推力叠加，增大膨胀力，同时降低现场压力要求；旋转丢手机构集成旋转、丢手功能，通过送入工具上的传动键将钻具扭矩传递至尾管实

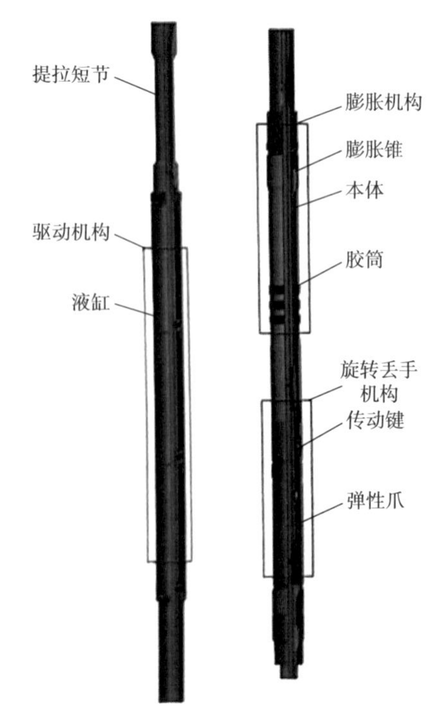

图 7-2-16　多级液缸驱动膨胀式尾管悬挂器

现尾管旋转，弹性爪是丢手机构的关键部件；本体膨胀前，整个尾管质量由弹性爪支撑，本体膨胀后送入工具，机械下压再上提，弹性爪与尾管分离实现丢手，尾管重量由膨胀本体承受。

（二）尾管回接装置

1. 超高压回接插头

在超深高压井的开发中，一般采用套管回接压裂的工艺来提高单井产量。然而，常规尾管回接装置的密封能力不能满足压裂施工的要求，因此开发了超高压回接插头。

1）结构组成

超高压回接插头主要由提拉接头、连接本体、高压密封组件和插入导向头组成，如图 7–2–17 所示。其中密封组件采用了整体硫化橡胶工艺，将耐高温橡胶材料直接硫化在金属支撑环上，从而提高了密封组件在高压下的抗撕裂性能和耐压能力。插入导向头为马蹄形，该结构既能够使回接插头顺利插入回接筒，又不需要后期下钻进行钻除作业，直接达到了管柱全通径要求。

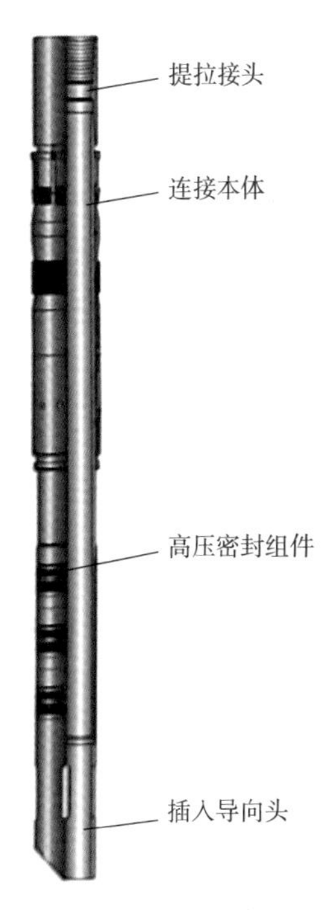

图 7–2–17　超高压回接插头

2）工作原理

超高压回接插头的工作原理与常规回接插头相同，即将回接插头插入尾管悬挂器上部预留的回接筒内，提拉接头与回接筒上部接触实现限位，回接插头上的整体硫化密封组件将回接插头与回接筒之间的环空密封。三组整体硫化的密封组件提供了更高的密封能力。

3）性能特点

（1）结构牢固，密封件不易脱落，能够满足多次的插拔作业。

（2）整体硫化的密封组件，密封面积大，密封能力更强。

（3）马蹄形的插入导向头，既保证插入顺利，又免去了后续的钻除作业。

4）主要技术参数

超高压回接插头的主要技术参数见表 7–2–7。

表 7–2–7　超高压回接插头主要技术参数

规格，in	最大外径，mm	适合尾管壁厚，mm	密封能力，MPa
$7^5/_8$	216	9.52/10.92/12.7	≥ 70
7	195	9.19/10.36/11.51	
$6^5/_8$	188	8.94/10.59/12.06	
$5^1/_2$	154	7.72/9.17	
5	142	9.19	
$4^1/_2$	127	6.35/7.37	

2. 封隔式回接插头

在现场实际回接操作中，由于回接筒内壁不易清理干净，或钻井过程中，回接筒内壁受到损伤后，常规插头插入后往往不能形成有效密封，同时在高压油气井中由于尾管固井质量不佳，出现气窜的情况时有发生。因此，开发了封隔式回接插头，它在常规回接插头的基础上增加了尾管顶部封隔器，具有回接和封隔两种功能。在注水泥完毕，下压一定吨位即可坐封封隔器，从而封隔尾管顶部环空。与常规回接插头相比，封隔式回接插头具有双重密封功效，因而可进一步提高固井质量，并有效防止油窜、气窜、水窜。

1）结构组成

封隔式回接插头由上接头、心轴、卡瓦、锥套、隔离套、锁紧套、收缩套、封隔胶筒、密封组件、导向头等部分组成，如图 7–2–18 所示。

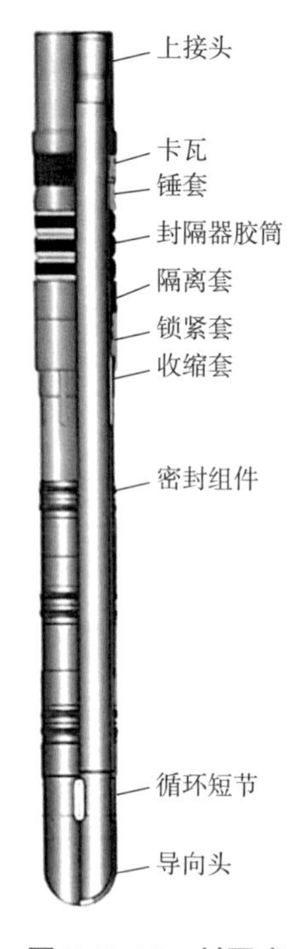

图 7–2–18　封隔式回接插头

上接头与心轴以螺纹连接在一起，卡瓦、锥套、胶筒及密封组件套在心轴上。由于锁紧套与收缩套之间的特殊机构设计，使得该工具在入井过程中即使遇阻也不会提前坐封；只有当插头进入回接筒内，并且当回接筒内壁挤压收缩套时，才能推动锁紧套上行，并启动封隔器胶筒，继续下压实现坐封。锁紧套内设计有内锁紧卡簧，可保证封隔器胶筒永久密封；而胶筒上部的卡瓦在坐封的同时也与上层套管咬紧实现坐挂，用于防止水泥浆凝固前套管串上移。胶筒下部的三组密封组件，可在插头进入回接筒后起密封作用。这样，该工具具有了双重密封功效，可有效地防止油、气、水通道的形成。

2）工作原理

封隔回接插头是在普通回接插头的基础上增加了一套封隔装置，该封隔装置为机械方式坐封。在注完水泥、替完钻井液碰压后，将回接插头插入回接筒，回接插头上的密封组件将回接插头与回接筒之间的环状间隙密封住。继续下放套管，当封隔回接插头上的收缩套接触回接筒时，收缩套与锁紧套分离，回接筒与锁紧套接触，继续加压，剪断剪钉，锁紧套与隔离套压缩封隔器胶筒开始坐封。回接插头心轴带着卡瓦、锥体及密封组件继续下移，挤压封隔胶筒。由于封隔器内锁紧机构作用，实现永久性坐封。继续下压，当压力达到 30~40tf 时，膨胀锥体上的防退卡瓦剪钉被剪断。继续加压，卡瓦在锥体作用下逐渐胀开，直至坐挂，从而使封隔器胶筒双向锁紧，实现永久坐封的目的。同时，封隔胶筒被挤压胀大，将封隔器本体与上层套管之间的环状间隙密封住，下压力越大，密封能力越强。封隔器一旦坐封，即使上提套管恢复原悬重，封隔器也不会解封。

3）性能特点

（1）同时具有回接、封隔两种功能，使用可靠。

（2）具有多组高压密封组件保证可靠的密封效果。

（3）注完水泥后，机械加载坐封封隔器，可有效封堵环空，防止油窜、气窜、水窜的发生。

（4）避免封隔机构在下入过程中提前坐封。

（5）防退锁紧机构保证坐封后的密封可靠性。

4）主要技术参数

超高压封隔式回接插头的主要技术参数见表 7–2–8。

表 7-2-8 超高压封隔式回接插头主要技术参数

规格，in	最大外径，mm	内径，mm	坐封力，kN	密封能力，MPa
$7^5/_8$	235	168.3	350~450	≥ 70
7	211	157	350~450	
$6^5/_8$	203	147.1	300~400	
5	142	108.6	250~350	

（三）旋转水泥头

旋转水泥头是实现旋转尾管固井不可或缺的重要工具，作用在于通过动力源使钻具旋转，而配套的地面管线不会随之旋转，同时能够在旋转过程中完成投球、投胶塞和替浆等操作的转换。根据旋转动力源的不同主要分为转盘式旋转水泥头和顶驱式旋转水泥头。

1. 转盘式旋转水泥头

转盘式旋转水泥头是通过钻机的电动转盘提供动力驱动下部的钻具和尾管在固井过程中旋转。它的主要的技术难点在于：第一，旋转水泥头要承受下部钻具和尾管的高载荷，同时要在高载荷下长时间旋转；第二，水泥头本体与旋转机构之间要实现转动密封，以避免钻井液及水泥浆中的固相进入导致旋转扭矩过大，转动密封机构需耐高温、耐磨。

1）结构组成

转盘式旋转水泥头包括顶盖、水泥头筒体、外套、旋转内套、下接头、活接头、密封圈、轴承、螺旋挡销总成等，如图 7-2-19 所示，顶盖与筒体组成胶塞容腔，上端的顶杆与下端的螺旋挡销可将钻杆胶塞固定在容腔内，使其不会移动。通过标准的活接头连接管线，下部的旋转内套、轴承装置及密封圈用于实施旋转尾管。端面上的密封圈为防砂圈，可保证各轴承及密封圈在无砂状态下运行。外圆表面的组合密封组件可耐高温、高压，并具有较好的耐磨性。上轴承为球推力轴承，仅承受顶盖、筒体等件的自重，下轴承要承受部分钻具的质量，所以选用圆锥滚子轴承，可承受较大的轴向力。

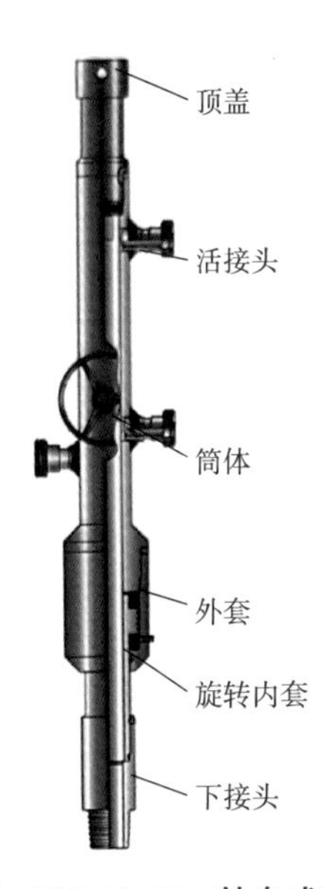

图 7-2-19 转盘式旋转水泥头

2）作用原理

将旋转水泥头与钻具连接，注水泥，压钻杆胶塞，替钻井液，当钻杆胶塞到达尾管胶塞位置前 1.5m³ 左右，降低排量，注意泵压表的变化。当水泥浆出尾管鞋时，驱动转盘带动旋转水泥头及尾管旋转，旋转速度一般不超过 20~25r/min。此时，转盘带动水泥头下接头和旋转机构旋转，而上部的管汇不旋转。当替浆量剩 1.5m³ 左右时降低排量，停止旋转，碰压。

3）技术特点

（1）具有高承载轴承，保证管串活动和固井过程中安全旋转；

（2）具有转动密封机构，旋转过程中密封可靠，可承受高压；

（3）转盘驱动旋转时可用吊卡提起水泥头，在承受拉伸载荷时也可以自由旋转。

4）主要技术参数

转盘式旋转水泥头主要技术参数见表 7-2-9。

表 7-2-9　转盘式旋转水泥头的主要技术参数

规格，in	最大工作压力，MPa	抗拉强度，kN	最大动载，kN
5	50	1500	300

2. 顶驱式旋转水泥头

常规钻杆固井水泥头比较适用于陆地井队、海上（浅水）固定式平台钻杆注水泥固井施工，对于半潜式、浮船式（浅、中、深水）钻井平台，由于井口装置处于水下，常规针杆固井水泥头在半潜式、浮船式钻井平台套管注水泥固井施工中存在一些问题，主要有：第一，与钻井新装备顶部驱动装置的功能不完全配套；第二，尾管固井施工时管柱配套较为困难，人员劳动强度较大；第三，循环钻井液时，接注水泥高压管线、备用钻井液管线、高压流体分配器，管串活动范围较小，潜藏有不安全因素。顶驱式旋转水泥头有效解决了这些问题。

顶驱式旋转水泥头由顶驱旋转机构、提拉接头、本体、挡销等组成，如图 7-2-20 所示。在转动过程中通过顶驱带动水泥头旋转，活接口外接的管汇和水泥头本体之间通过轴承进行旋转。当水泥头旋转时，循环管线固定不动。水泥头本体有两个循环通道，当水泥头容腔中有胶塞未释放时，胶塞放置在左侧循环通道，此时循环液体流经水泥头的右侧通道进行循环，胶塞的挡销处于关闭状态；当要释放胶塞时，旋转挡销，挡销上的柱状孔与水泥头的右侧通道形成通路，液体通过左侧通道进行循环，释放胶塞，液体通过水泥头左侧通道进行循环。下部还设计有投球装置，需要投的球预先安装在投球器中，投球时，将投球器中间的球座旋转到达通道处，然后旋转一定角度，将球释放，完成投球。

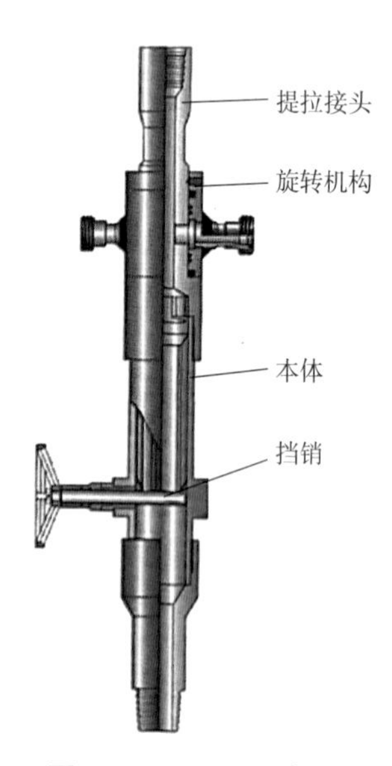

图 7-2-20　顶驱水泥头

3. 远程控制水泥头

远程控制水泥头技术是利用远程分级控制系统、无线传输手段，使施工人员在远离钻台处，通过操作便携式控制终端来实现旋转、替浆、释放胶塞、投球等固井作业。该技术可以有效地解决常规水泥头在复杂井况下，高压环境中依靠手动完成固井作业所带来的操作不方便、作业时间长、固井效率低等固井难题；同时，避免了由于顶替压力过高或水泥头安装位置过高等不安全因素带来的固井施工风险。既节省时间，又达到安全操作的目的，可以安全高效地进行固井施工作业。

1）结构组成

远程控制水泥头主要由控制终端、水泥头控制系统和水泥头本体等部件组成，如图 7-2-21 所示。无线远程控制系统是固井施工作业的指挥部。由便携式控制终端发出无线数字信号，无线控制模块转化为模拟信号，由安装在水泥头本体控制柜中的可编程控制器接收信号，并发出指令，控制各电磁阀，驱动各执行机构完成固井作业；旋转单元可以实现钻杆转动，从而提高钻井液顶替效率，并提高固井质量。旋转挡销机构是胶塞释放的执行机构，在控制阀的驱动下实现胶塞的释放。投球装置是在控制阀的驱动下完成投球作业。

远程控制水泥头本体包括提拉顶盖、旋塞阀、本体、胶塞释放机构、投球机构、旋转单元及下接头等组成，如图7–2–22所示。顶盖与筒体组成胶塞容腔，上端的顶杆与下端的螺旋挡销可将钻杆胶塞固定在容腔内，使其不会移动；可通过标准的活接头连接管线。

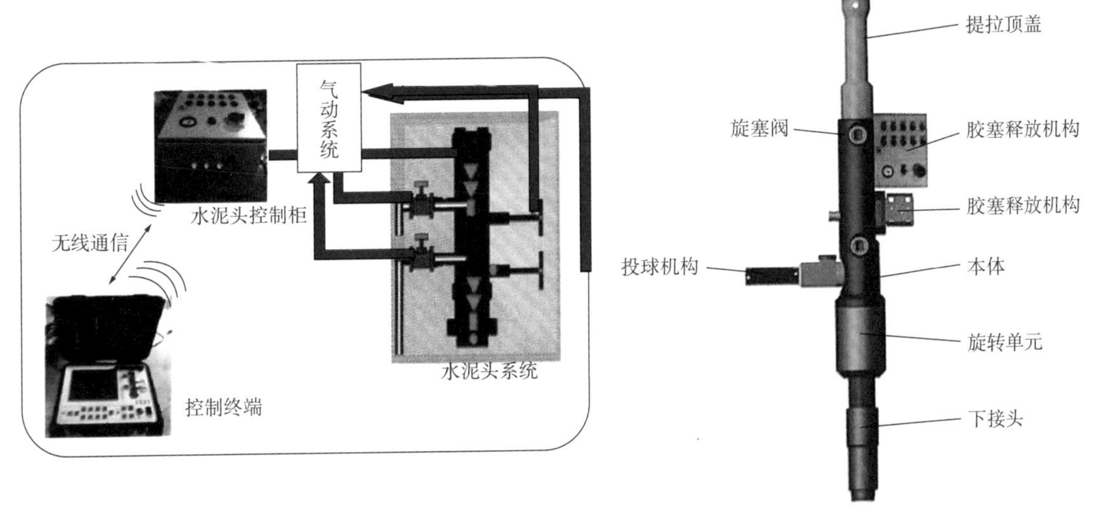

图7–2–21　远程控制水泥头的系统原理图

图7–2–22　远程控制水泥头

2）工作原理

（1）胶塞释放机构。胶塞释放机构的作用是释放胶塞，由摆动气缸、释放机构及手动扳手组成。当需要释放胶塞时，控制系统发出指令，气缸活塞杆旋转90°，使旋转挡销水泥头本体内胶塞释放机构孔贯通，打开上部替浆气动旋塞阀阀门，在液力作用下，胶塞下行，完成胶塞释放。通过筒体上扳手的旋转判定胶塞是否通过，同时扳手在控制系统失灵等情况发生时，可以扳动手柄，手动打开旋转挡销，从而释放胶塞。

（2）投球机构。投球机构由气缸、投球释放机构组成。施工前，将球预置在释放机构内，当需要投球时，在气缸的左右下，推动投球释放机构进入水泥头筒体内时，球自由落入水泥头内，从而完成投球作业。

（3）远程控制系统。无线便携式控制终端设备是水泥头整体系统最终与使用者进行指令输入及运行状态监测的重要组成装置，具有携带方便、操作简单、可靠性高的特点。以满足现场施工工艺及人机交互的要求。

控制终端如图7–2–23所示，包括：主控制面板、天线、控制工艺按键、紧急按键与天线收发模块、内部控制模块、信号显示灯及操作说明。其中主控制面板包括屏幕状态、控制按键、工艺流程指示灯、控制柜中操作动作；天线：接收控制柜的系统信号，将控制信号发给控制柜；控制按键：水泥头控制工艺操作；

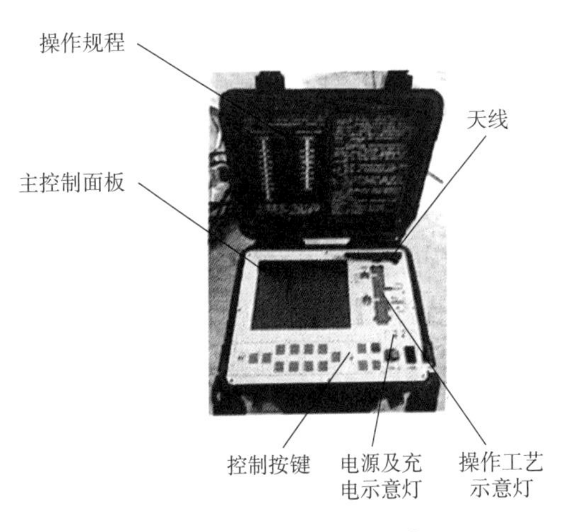

图7–2–23　控制终端设备

天线接收模块：将天线的模拟信号转化为数字信号并传送给控制模块；内部控制模块：控制系统动作显示及界面的协调。通过与控制柜中无线模块及控制器的联系，完成对水泥头上各子系统状态情况反映及控制工艺流程。

3）技术特点

（1）远程控制水泥头具有无线控制功能，并可以在要求的范围内控制水泥头施工流程，操作安全可靠；

（2）现场操作简捷，可以自动控制胶塞释放、投球、替浆和注水泥等工序，作业效率高；

（3）具备旋转功能，能够满足旋转尾管固井作业需求。

4）主要技术参数

远程控制水泥头的主要技术参数见表 7-2-10。

表 7-2-10　远程控制水泥头的主要技术参数

规格 in	工作压力 MPa	整体密封能力 MPa	抗拉能力 kN	无线控制距离 m	控制方式	气动系统压力 MPa
5	35	53	2000	150	无线电气控制	0.8

（四）分级注水泥器

随着深井、超深井勘探开发的增多，在采用分级固井工艺进行长裸眼段固井施工中，地层发生严重漏失，导致固井质量差的问题日益明显。分级注水泥是将长封固段井分成两段进行注水泥作业的一种技术。分级注水泥器按打开方式分为机械式分级注水泥器和液压式分级注水泥器；分级注水泥器按钻除方式又分为非免钻式分级注水泥器和免钻式分级注水泥器；分级注水泥器按照功能用途不同还可分为常规分级注水泥器和封隔式分级注水泥器[9-10]。

1. 机械式分级注水泥器

1）结构及工作原理

机械式分级注水泥器按打开时间的不同分为非连续式分级注水泥工艺和连续式分级注水泥工艺。非连续式分级注水泥工艺是在一级注水泥完毕后，投入一级顶替型胶塞（挠性塞），隔离钻井液与水泥浆，同时刮拭套管内壁，待替入的钻井液量等于碰压座以上套管内的容积时，挠性塞会与碰压座复合，一级替浆结束；泄压、打开井口，投入重力型打开塞，待打开塞到位后，再加压打开循环孔。连续式分级注水泥工艺是在一级注水泥完毕后，投入一级顶替型胶塞（挠性塞），隔离钻井液与水泥浆，同时刮拭套管内壁，待替入的钻井液量等于分级箍（分级注水泥器本体）到碰压座之间的容积时，投入顶替型打开塞，再继续替浆，直至碰压、打开分级箍循环孔。连续式双级注水泥工艺与非连续式双级注水泥工艺相比具有其优越性，它不需停泵等待重力塞下落时间，可保持施工连续性。

非连续分级注水泥工艺中，分级注水泥器的循环孔是由重力型打开塞在重力的作用下加速下落至打开塞座处，并形成密封、憋压打开的。为确保重力型打开塞能够顺利落至打开塞塞座处，机械式分级注水泥器不能用于井斜过大的井内。

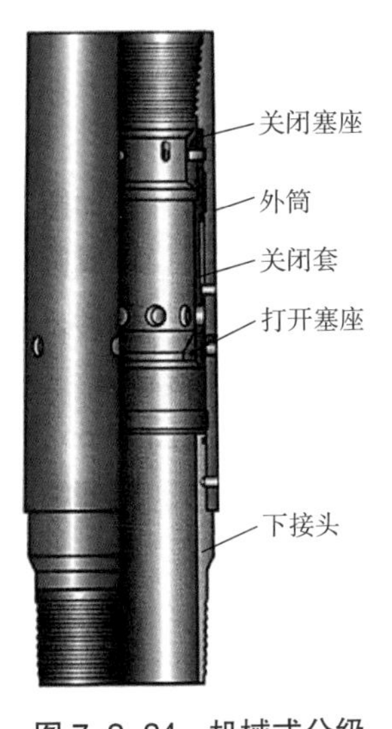

图 7-2-24　机械式分级注水泥器本体

机械式分级注水泥器一般由分级注水泥器本体（分级箍）及附件挠性塞、挠性塞座（碰压环）、重力型打开塞（或顶替型打开塞）、关闭塞总成等部分组成。

（1）分级注水泥器本体。机械式分级注水泥器本体（分级箍）主要由外筒、关闭塞座，关闭套、打开塞座、下接头等组成，如图 7-2-24 所示。

（2）挠性塞。挠性塞如图 7-2-25 所示。胶皮碗采用整体硫化式结构，避免了多胶碗组合的挠性塞出现胶碗脱落的问题。通过压力小于 1MPa，以解决挠性塞通过分级注水泥器时可能出现的提前打开循环孔的问题。

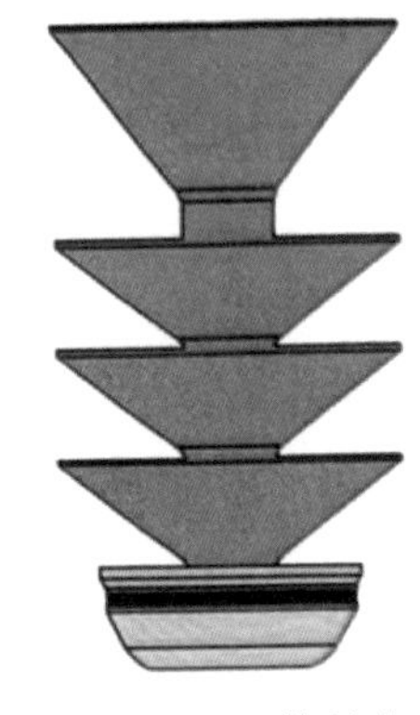

图 7-2-25　挠性塞

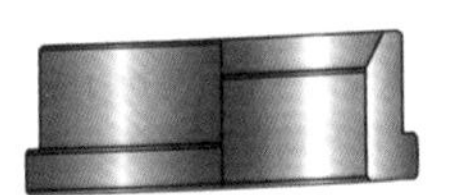

图 7-2-26　挠性塞座

（3）挠性塞座。挠性塞座如图 7-2-26 所示，放置在套管之间的接箍或特制短节内。在下套管时将其置于设计好的水泥塞高度处的套管接箍中或套管串中。当挠性塞在第一级顶替过程中下行到此位置时即会实现碰压，以防止水泥塞过高或在顶替时替空。

（4）重力型打开塞。重力型打开塞如图 7-2-27 所示，用于非连续式分级注水泥作业。塞头内部掏空并用密度较大的金属粉末填满以增加打开塞的持量，易于重力塞在套管内的泥浆中快速下落。

（5）顶替型打开塞。顶替型打开塞如图 7-2-28 所示，用于连续式分级注水泥作业。胶皮碗采用整体硫化式结构，塞尾设计成圆弧及斜面过渡的结构，易于打开塞进入分级箍打开塞座，同时直面上设计有密封机构，在打开塞运行到位后，可与打开塞座形成密封。

（6）关闭塞总成。关闭塞如图 7-2-29 所示。胶皮碗的裙边较厚，能够与套管直接形成有效密封。

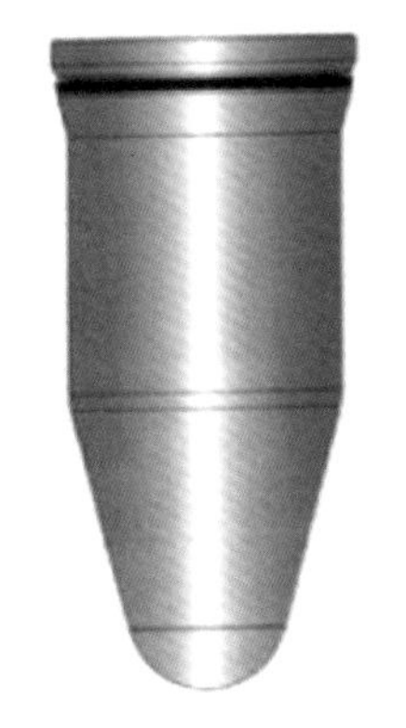

图 7-2-27　重力型打开塞

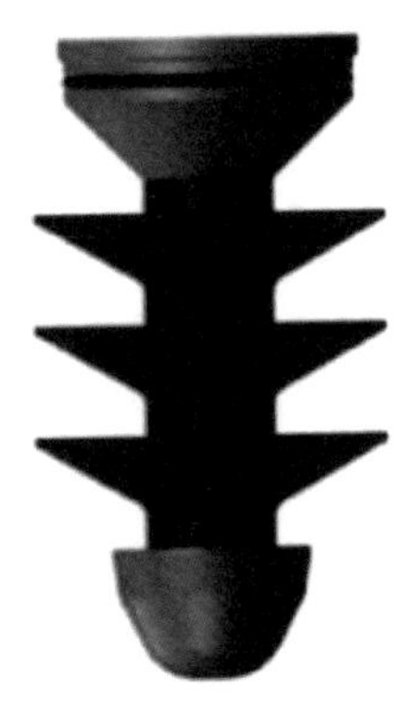

图 7-2-28　顶替型打开塞

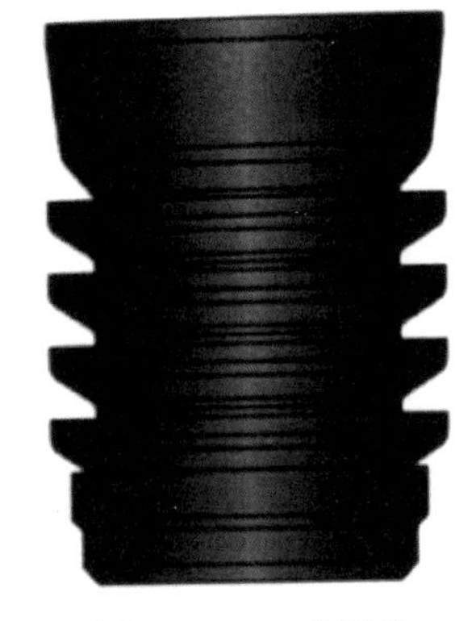

图 7-2-29　关闭塞总成

2）技术参数

表 7-2-11 列出了常见的机械式分级注水泥器主要技术参数。

表 7-2-11　不同规格机械式分级注水泥器技术参数表

参数	$13^3/_8$in	$10^3/_4$in	$9^5/_8$in	$7^5/_8$in	7in	$5^1/_2$in
最大外径，mm	375	310	282	230	208	172
总长，mm	1230	1220	1180	1150	1140	1000
抗拉强度，kN	7195	7114	7127	4559	4297	3124
抗内压能力，MPa	51	53	64	75	73	63
抗外挤能力，MPa	40	43	54	74	70	54
打开压力，MPa	7	7	7	7	7	7
关闭压力，MPa	5	5	5	5	5	5
密封能力，MPa	35	35	35	35	35	35

2. 液压式分级注水泥器

1）结构及工作原理

液压式分级注水泥器本体（分级箍）主要由外筒、关闭塞座、关闭套、打开塞座、下接头等零件组成，如图 7-2-30 所示。

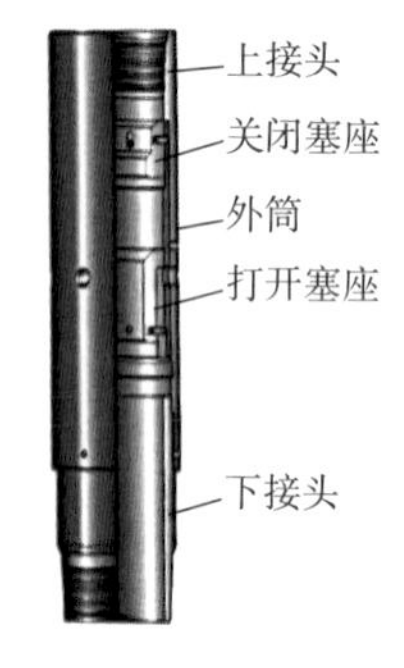

图 7-2-30　液压式分级注水泥器本体

2）主要技术参数

常规的液压式分级注水泥器主要技术参数见表 7-2-12。

表 7-2-12　不同规格液压式分级注水泥器技术参数表

参数	$5^1/_2$in	7in	$7^5/_8$in	$9^5/_8$in
最大外径，mm	172	210	230	282.5
总长，mm	775	1122	1121	1140
抗拉强度，kN	1200	1800	2400	3050
打开压力，MPa	17~18	17~18	15~17	20
关闭压力，MPa	5	5	5	5
密封能力，MPa	35	35	35	35
挠性塞长度，mm	390	320	365	400
关闭塞长度，mm	285	280	286	286

3. 免钻式分级注水泥器

免钻式分级注水泥器的最大特点在于固井完成后，内部附件经憋压剪切能够自由落至井底，既降低了钻井成本，又降低了操作者的劳动强度。而且由于不用钻除作业，所以可保证密封可靠。

1）结构及工作原理

免钻式分级注水泥器本体主要由上接头、外筒、关闭套、上滑套、关闭剪钉、打开套、下滑套、打开剪钉、下滑脱剪钉、下接头和密封圈等零部件组成，如图 7-2-31 所示。

关闭套和打开套内径为套管内径，上滑套和下滑套外径小于套管通径，故上滑套与关闭套、下滑套与打开套之间均设计有大间隙，大间隙的密封是通过特殊密封组件来实现的。这样保证了免钻式分级注水泥器打开与关闭的可靠性，又实现了滑套滑脱后套管串全通径，保证滑套能够顺利通过下面管串。

（1）顶替胶塞及碰压短节。为保证免钻式分级注水泥器下部连接套管的刮拭效果，即减少水泥浆的存留量，将一级顶替胶塞设计成由上胶塞和下胶塞的胶塞短节及碰压短节组成。如图 7-2-32 至图 7-2-34 所示。

塞头上设计有密封圈与卡簧，以确保与一级下胶塞形成密封及锁紧；胶碗是由挠性较大的橡胶加工而成，其胶碗可隔离钻井液和水泥浆，刮拭套管壁的水泥浆，且在经过免钻除分级注水泥器本体时，通过压力小于 1MPa，避免循环孔提前打开现象出现。

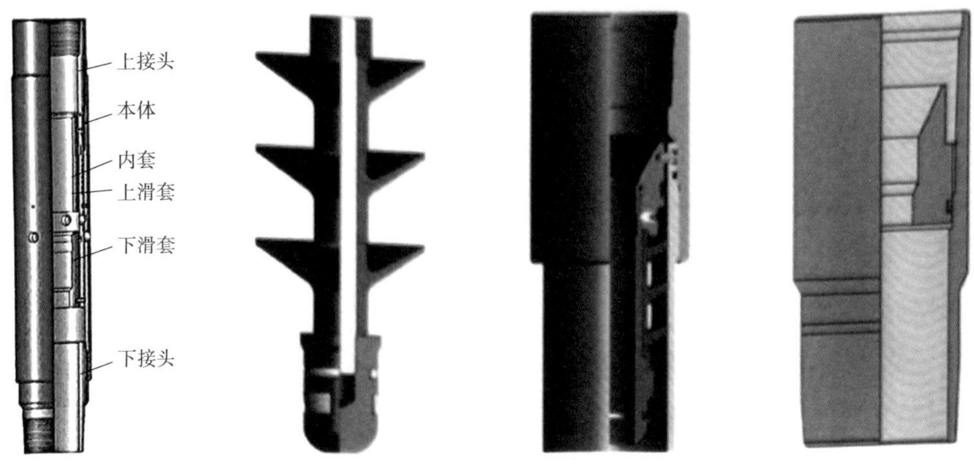

图 7-2-31　免钻式分级注水泥器本体　　图 7-2-32　上胶塞　　图 7-2-33　下胶塞短节　　图 7-2-34　碰压短节

（2）重力型打开塞。重力型打开塞由塞头、塞尾及密封圈等零部件组成，如图 7-2-35 所示。塞头和塞尾由可钻材料制成，内填加重材料，有助于重力塞在套管内的钻井液中快速下落。在第一级顶替完毕后投入重力型打开塞，当其坐落于下滑套上时，加压剪断打开剪钉，即可使下滑套及打开套下行从而打开循环孔。

（3）关闭塞。关闭塞由塞尾、塞体、整体硫化胶碗和限位卡簧等零部件组成，如图 7-2-36 所示。塞头及胶塞体由可钻材料组成，胶塞体上硫化有整体胶碗，其胶碗的结构设计：一是保证了胶碗起到水泥浆与钻井液之间的隔离作用；二是起到刮拭井壁水泥浆的作用；三是胶碗能够全部进入滑

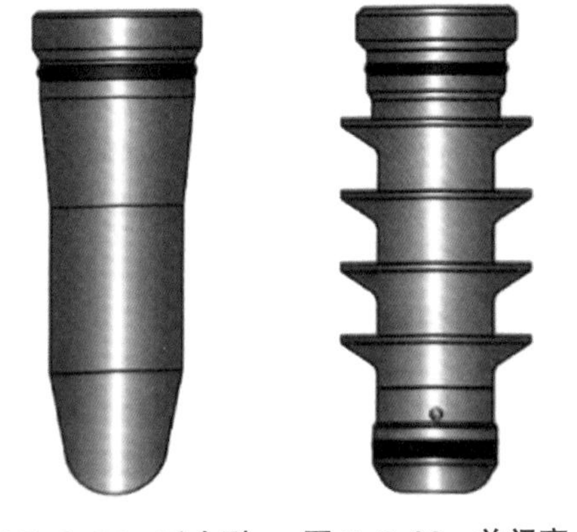

图 7-2-35　重力型打开塞　　图 7-2-36　关闭塞

套内，避免了滑套下行阻力。塞体下部设计有卡簧槽，用于组装卡簧。关闭塞运行至上滑套处，带动关闭套和上滑套下行关闭循环孔，关闭塞与下滑套锁紧、从而实现关闭塞、打开塞、下滑套与上滑套连为一体。

2）主要技术参数

常用的 $5^1/_2$in 免钻式分级注水泥器主要技术参数见表 7-2-13。

表 7-2-13　免钻式分级注水泥器主要技术参数

参数	数据	参数	数据
规格，in	$5^1/_2$	密封能力，MPa	≥ 35
打开压力，MPa	7	额定负荷能力，kN	1200
关闭压力，MPa	5	最大外径，mm	172
滑脱压力，MPa	12~16	通径，mm	121.5

4. 封隔式分级注水泥器

采用分级固井不仅能降低环空液柱压力，而且可降低施工压力，缩短一次注水泥器施工时间。对于存在漏失问题且承压能力较低的地层，常规的分级注水泥器难以保证其固井质量。当第一级注水泥作业完成后，为防止第二级注水泥施工后的过大水泥浆液柱压力压漏第一级环空水泥柱封固的地层或控制第一级封固地层流体上窜，为此，研制出了封隔式分级注水泥器。

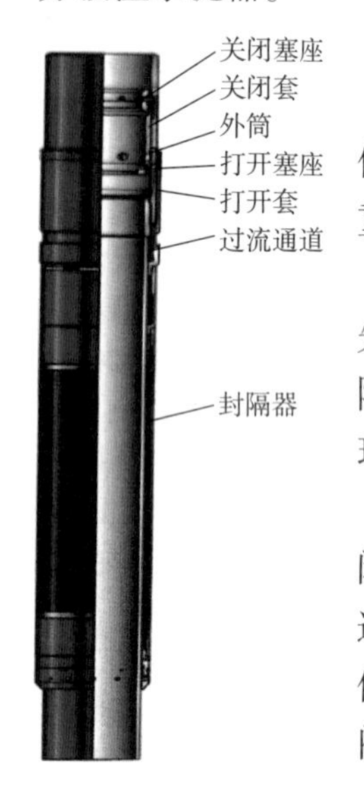

图 7-2-37　封隔式分级注水泥器

1）结构及工作原理

封隔式分级注水泥器主要由水力扩张式封隔器和分级注水泥器本体（分级箍）构成，如图 7-2-37 所示，附件包括挠性塞、挠性塞座、重力塞（打开塞）和关闭塞。分级箍也分为机械式或液压式。

封隔式分级注水泥器的工作原理：一级注水泥完毕后，投入打开塞先打开封隔器注液通道，封隔器完成填充胀封后，憋压关闭打开塞至封隔器注液通道；然后继续憋压打开双级注水泥器循环孔，建立管内外循环通道；二级固井完毕后，投入关闭塞关闭循环孔。

其中，水力扩张封隔器单元的工作原理：下套管时，注液通道关闭，克服管外液体所施加的压力影响；当打开塞憋压打开封隔器注液通道时，液体通过封隔器内部的锁紧阀促使橡胶部件膨胀；当橡胶部件与环空间的膨胀压力差达到限压阀安全锁钉时，预定界限值、限压阀将处于永久关闭状态。

2）主要技术参数

封隔式分级注水泥器主要技术参数见表 7-2-14。

表 7-2-14　不同规格封隔式分级注水泥器主要技术参数

参数	$7^5/_8$in	$8^5/_8$in	$9^5/_8$in
封隔器进液通达打开压力，MPa	7	7	7
打开压力，MPa	15~17	15~17	15~17
关闭压力，MPa	5	5	5

续表

参数	$7^5/_8$in	$8^5/_8$in	$9^5/_8$in
封隔压力，MPa	≥ 35	≥ 35	≥ 35
密封能力，MPa	≥ 35	≥ 35	≥ 35
额定负荷能力，kN	2400	2900	2800
最大外径，mm	230	254	292

（五）套管扶正器

下面介绍整体式弹性扶正器、预置力半刚性扶正器、滚珠式扶正器等新型扶正器。

1. 整体式弹性扶正器

1）特点

适用于大斜度井、水平井及超深井；目前主要运用于常规市场，逐步替代普通弹性扶正器。无启动力，易于管串安全下入；外径大，复位力是 API 标准的 3~4 倍，套管居中度好；整体式结构设计，安全性高。

2）规格

全系列整体式弹性扶正器，小至 114.3mm × 149.23mm，大到 365.13mm × 444.5mm，包含了 30 多个规格，满足了各油田需要（图 7–2–38）。

3）应用

在塔里木油田的应用中，整体式弹性扶正器从井里起出后的完好率优于编织式弹性扶正器，达到了 98%。

图 7–2–38　整体式弹性扶正器

2. 预置力半刚性扶正器

1）特点

（1）能够根据客户要求对扶正条变形强度可以进行预设。遇卡阻段、缩颈段可顺利通过；

（2）圆弧光滑过渡，下入摩阻小；

（3）支撑力大、流通面积大；

（4）轻质，降低了管串重量；

（5）适用范围广。

2）主要规格

主要规格有 $3^1/_2$in、$3^3/_4$in、4in、$4^1/_2$in、5in、$5^1/_2$in、$5^3/_4$in、$6^5/_6$in、7in、$7^7/_8$in、$8^1/_8$in、$9^5/_8$in、$10^3/_4$in、$12^3/_4$in、$13^3/_8$in、14in、$14^3/_4$in、16in、$18^5/_8$in、20in。

3）应用

全系列预置力半刚性扶正器已在四川油田和长庆油田广泛应用，在塔里木油田、大港油田和巴彦油田等多个油田也开始得到应用（图 7-2-39）。

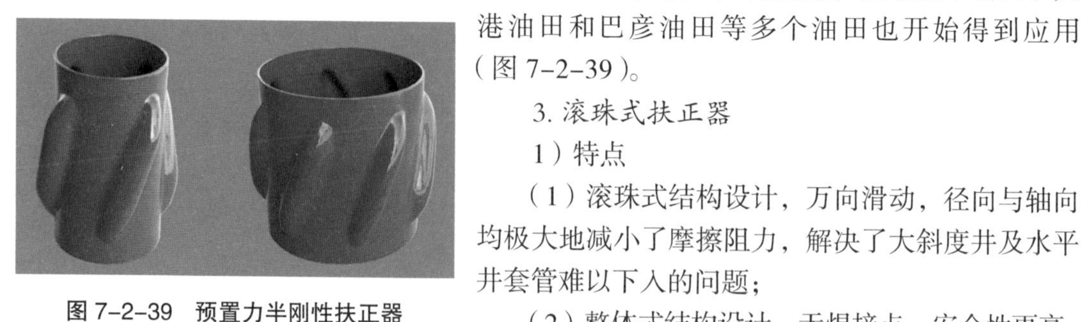

图 7-2-39　预置力半刚性扶正器

3. 滚珠式扶正器

1）特点

（1）滚珠式结构设计，万向滑动，径向与轴向均极大地减小了摩擦阻力，解决了大斜度井及水平井套管难以下入的问题；

（2）整体式结构设计，无焊接点，安全性更高；

（3）广泛应用于直井或大斜度井及水平井的下套管施工作业中，可将套管下放速度提高 1 倍以上。

2）规格

主要规格有 $3^{1}/_{2}$in、$3^{3}/_{4}$in、4in、$4^{1}/_{2}$in、5in、$5^{1}/_{2}$in、$5^{3}/_{4}$in、$6^{5}/_{6}$in、7in、$7^{7}/_{8}$in、$8^{1}/_{8}$in、$9^{5}/_{8}$in、$10^{3}/_{4}$in、$12^{3}/_{4}$in、$13^{3}/_{8}$in、14in、$14^{3}/_{4}$in、16in、$18^{5}/_{8}$in、20in。

3）应用

滚珠式扶正器在四川旋转下套管作业中得到了广泛应用，在长庆油田、塔里木油田和华北油田少量应用（图 7-2-40）。

图 7-2-40　滚珠式扶正器

第三节　超深井钻井关键工具

超深井钻机装备、井下提速工具及高强度钻杆等不断改进，关键参数性能显著提升，钻井工具的机械部件、控制系统等关键部件的国产化支撑了深井超深井钻井提速。

一、超深井钻井提速工具

（一）等壁厚大扭矩螺杆

与常规螺杆相比，等壁厚大扭矩螺杆（图 7-3-1）定子筒内橡胶的壁厚均匀，热膨胀变形均匀，因此抗变形能力增强，螺杆钻具密封效果好，单级承压增高，进而提高了螺杆钻具的输出功率和工作扭矩，延长了马达使用寿命。

以塔里木油田库车山前地区为例，其主要地质特征为逆冲推覆构造，上部地层的地层倾角大，井斜控制难度增大。目前采用垂钻 +PDC 钻头提速模式，井斜得到有效控制，但 PDC 钻头切削齿吃入地层困难，提高钻压易产生较大反扭矩，黏滑振动现象严重，导致三开钻井周期长、费用高，且井下工作温度多变，从而对提速工具提出了更高的要求。康

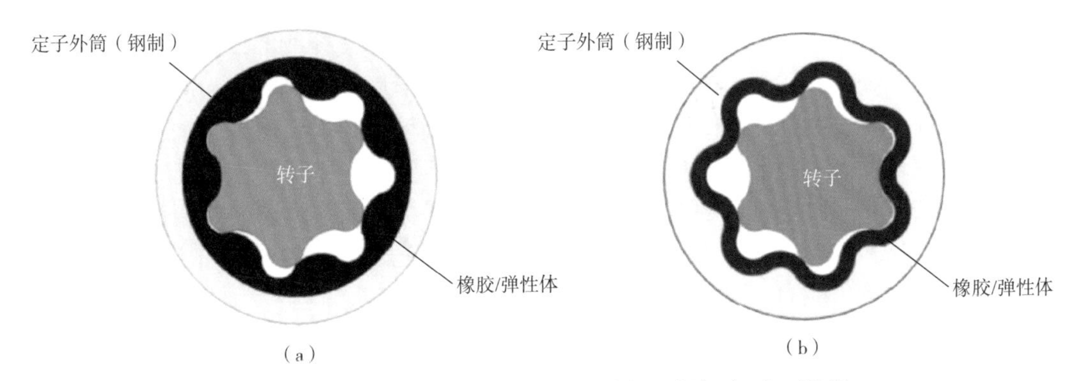

图 7-3-1　常规螺杆（a）与等壁厚大扭矩螺杆（b）对比图

村组—吉迪克组普遍发育含砾砂泥岩，压实程度高，抗压强度大，可钻性差。目前主流的增加井底动力方式为垂钻 + 螺杆钻具，但常规螺杆橡胶衬套易产生不均匀的形变，出现掉块、撕裂、脱胶等现象，导致马达过早失效，缩短螺杆钻具的使用寿命。

根据直接增强钻头转速和扭矩的提速机理，大扭矩螺杆适用于硬塑性地层的破岩提速。库车山前三开井段地层特征为：砾岩、硬质砂泥岩。基于三开井段的地质情况和提速难点，针对于上部含砾井段，由于钻头切削齿极易受到冲击损伤而降低钻头寿命，并且在该类层段中，相对于高钻压，高转速带来的极高线速度对切削齿的损伤更甚，因此不适宜采用本提速技术；而针对于含砾少或者不含砾的大段砂泥岩段，在井底围压作用下呈现硬塑性地层特征，较适用于本提速技术。因此，兼顾防钻头冲击研磨破坏、提速、防斜需求，使用抗冲击抗研磨高效 PDC 钻头 + 垂钻 + 大扭矩螺杆提速技术，适用于库车山前地区三开井段康村组和吉迪克组，适用地层特征为岩性致密、抗压强度高、泥质含量高（伽马 > 75API GR），地层均质性强的不含砾或含砾少的砂泥岩地层单轴抗压强度变化趋势如图 7-3-2 所示。

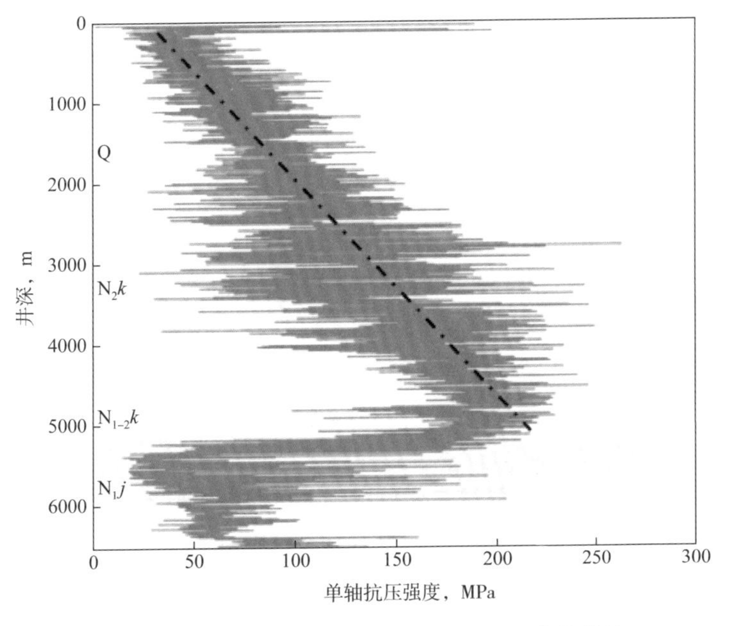

图 7-3-2　库车山前地层单轴抗压强度变化趋势

相比于普通螺杆，等壁厚低转速大扭矩螺杆采用等壁厚设计技术，提高输出功率和输出扭矩（约 33kN·m），采用高性能橡胶工艺，提高抗温性能（166℃）和使用寿命，传动轴选用高抗拉/抗扭材质，可传递大扭矩输出，万向轴采用开式结构，拥有超强的扭矩承载能力，根据地层需求定制化选材及处理工艺，提高不同井况下适用性。同时大扭矩螺杆也因其独特的大功率特点，需要匹配大排量高泵压钻井泵以及抗冲击抗研磨性能更好的钻头与之匹配。螺杆头数越多，转速越低，输出扭矩越大。因此优选 DuraP 6：7 头等壁厚螺杆，提高扭矩输出能力，见表 7-3-1。

表 7-3-1　海博瑞 $9^{5}/_{8}$in DuraP 等壁厚大扭矩螺杆性能参数表

性能参数	数据	
钻头尺寸	$12^{1}/_{4}$~$17^{1}/_{2}$in	311~445mm
排量	600~1200gal/min	2268~4540L/m
空载转速	78~156	
转子头数	6：7	
转子级数	5.0	
转/排量	0.13r/gal	0.03r/L
工作范围内最大释放扭矩	24370ft·lbf	33040N·m
制动扭矩	44600ft·lbf	60470N·m
工作范围最大建议压差	930psi	6410kPa
制动扭矩时压差	1710psi	11790kPa

目前已经在山前地区三开井段康村组和吉迪克组进行等壁厚大扭矩螺杆现场提速试验，以 BZ×× 井、DB×× 井和 KS×× 井 3 口试验井为例，较邻井同井段单独使用垂钻工具相比，平均机械钻速分别提高 111%、140% 和 250%。BZ×× 井、DB×× 井单只钻头进尺分别提高 173% 和 132%，KS×× 井单趟钻进尺提高了 50%（相同进尺试验井 2 趟钻完成，对比井 7 趟钻完成），如图 7-3-3 所示。单井节约周期 10d 以上，节省费用 80 万元以上，见表 7-3-2。

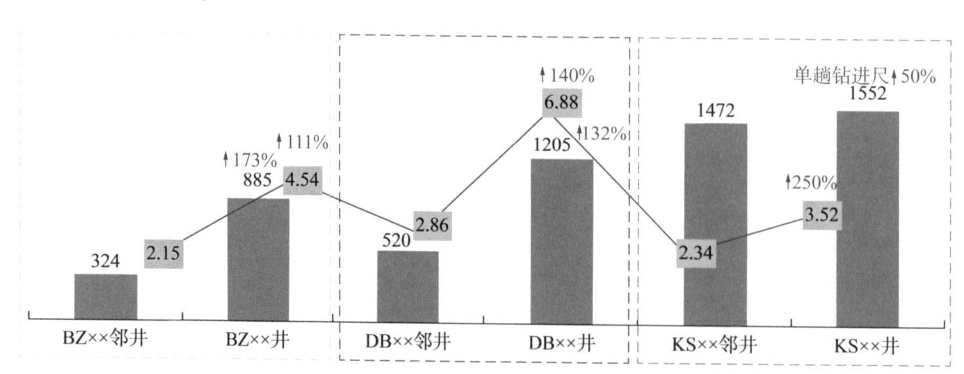

图 7-3-3　试验井与同井段同岩性邻井提速对比

结合现场试验效果，试验层段优选、大扭矩螺杆性能优选及稳定性、高效 PDC 钻头适配性等是确保提速效果的关键，应用等壁厚大扭矩螺杆可以缩短钻井周期，节省钻井成本，对库车山前等重点区块增储上产具有重大意义。

表 7–3–2　试验井与同井段同岩性邻井周期费用对比

井号	对比井段周期，d	节省费用，万元
BZ×× 邻井	21.3	107.8
BZ×× 井	9.5	
DB×× 邻井	21.7	81.5
DB×× 井	8.0	
KS×× 邻井	36	94
KS×× 井	26	

（二）液动旋冲工具

液动旋冲工具主要由壳体总成、动力系统和冲击系统等组成，其结构如图 7–3–4 所示。壳体总成主要由上接头、本体及下接头组成，上接头与本体通过锥度 1∶16、每 25.4mm 5 牙的特种钻杆螺纹连接，本体与下接头通过钢球悬挂结构连接，并通过周向均布的 4 个牙坎传递扭矩；动力系统主要由定子和转子等组成，通过螺纹固定在本体内部；冲击系统主要由盘阀、锤头和止推轴承等组成，通过牙坎固定在下接头上，传递锤头的冲击能量。

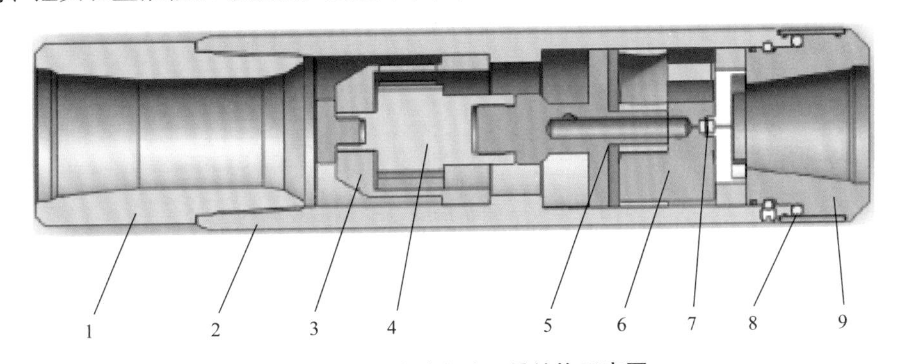

图 7–3–4　液动旋冲工具结构示意图

1—上接头；2—本体；3—定子；4—转子；5—盘阀；6—锤头；7—止推轴承；8—钢球；9—下接头

液动旋冲工具冲击系统及下接头如图 7–3–5 所示。钻井液流经定子驱动转子带动上盘阀高速转动，上盘阀上的进液孔与下盘阀上的冲击孔和复位孔周期性对正与错开，产生轴向压力脉冲，间接作用于钻头上，形成“液体弹簧”，使钻头始终与井底接触，起到保护钻头作用，并延长钻头寿命；当上盘阀上的进液孔与冲击孔对正时对锤头做功，产生周向正向冲击，与复位孔对正时，使锤头复位，并产生反向冲击，从而使锤头高频锤击锤座，锤座将均匀稳定的周向高频冲击力通过牙坎传递给连接钻头的下接头，并通过下接头间接作用于钻头上，使钻头和井底始终保持连续的高频切削，消除了钻头的黏滑，提高了破岩效率[11]。

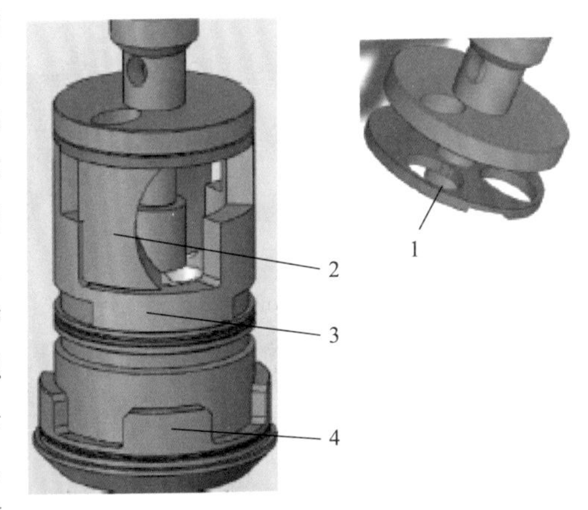

图 7–3–5　液动旋冲工具冲击系统及下接头

1—上、下盘阀；2—锤头；3—锤座；4—下接头

液动旋冲工具通过钻井液提供动力，在周向产生高频冲击，在轴向产生水力脉冲，使钻头破岩方式由普通刮削转变为机械冲击与水力脉冲相结合的破岩方式，有效提高PDC钻头在深井硬地层中的剪切岩石效率，成为深层提速关键利器。

（三）扭力冲击工具

扭力冲击工具由扭力冲击发生器和专用PDC钻头两部分组合而成，其破岩机理以冲击破碎为主，并加以旋转剪切岩层，主要作用是在保证井身质量的同时提高机械钻速。扭力冲击工具消除了井下钻头运动时可能出现的一种或多种振动（横向、纵向和扭向）的现象，使整个钻柱的扭矩保持稳定和平衡，将钻井液流体能量转换成周向的、高频的、均匀稳定的机械冲击能量并直接传递给PDC钻头，使钻头和井底始终保持连续性。

图7-3-6为阿特拉产TorkBuster扭力冲击工具，图7-3-7为威德福扭力冲击工具。

图7-3-6 阿特拉产扭力冲击工具TorkBuster

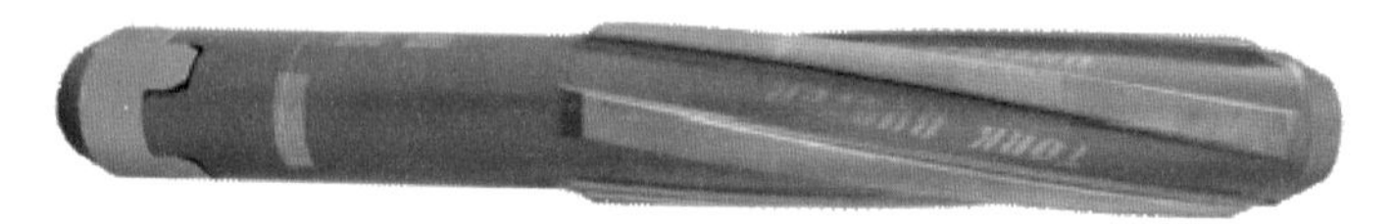

图7-3-7 威德福扭力冲击工具

扭力冲击工具产生高频周向振动，瞬时周向线速度非常大，常规PDC钻头并不适应此工具的工作特性，甚至会快速失效。这就对配套的PDC钻头提出了新的要求，要求其具有良好的耐磨性和非常高的抗冲击性。从胎体形状、布齿方式、布齿数目，到齿的选材与形态（直径、仰角等）都需要进行全新设计。阿特拉能源技术公司在专用PDC钻头设计方面走在了世界的前列，有Matrix和Steel两个钻头系列，图7-3-8是阿特拉的扭力冲击工具专用钻头UD513、U513M和U613M。

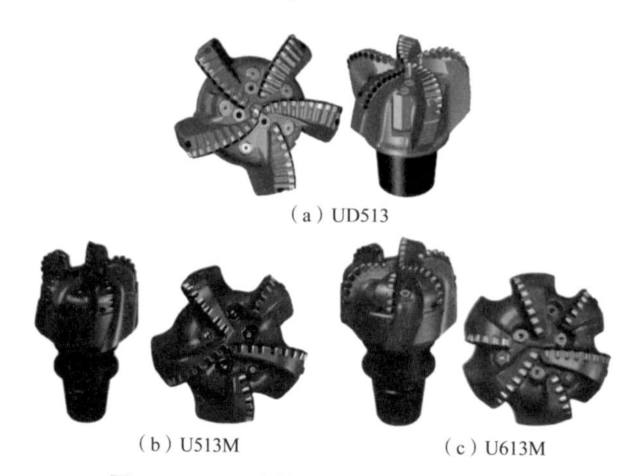

（a）UD513

（b）U513M　（c）U613M

图7-3-8 阿特拉扭力冲击工具专用钻头

扭力冲击工具Torkbuster在哈拉哈塘—新垦—热普区块共试验两个阶段，井段5002~6762m，地层三叠系—奥陶系。第一阶段使用的UD513钻头为钢体PDC钻头，试验两口井XK101井和XK8H井，地层三叠系底—志留系，试验效果与预期相差大，单井节约周期7d，平均机械钻速提高70%，远小于其他油田150%，但扭矩稳定。从钻头出井后情况看，切削齿磨损严重，保径齿轻微磨损主要原因是对二叠系玄武岩、砂岩和含砾砂岩夹层可钻性认识不足，钻头及工具均出现了严重冲蚀（图7-3-9）。

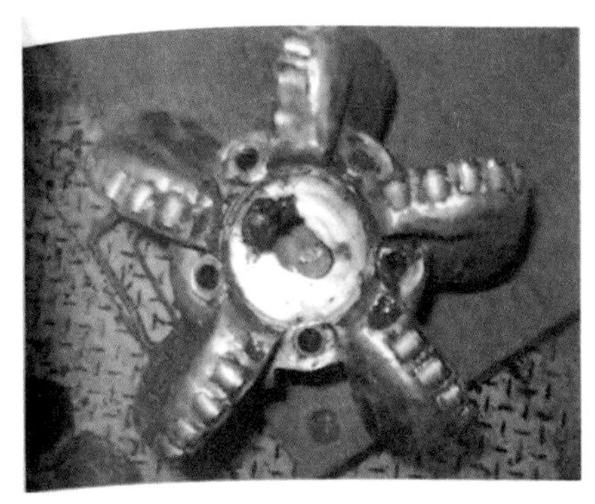

图7-3-9 第一阶段试验UD513出井后照片

第二阶段优化了工具和钻头：对扭力冲击工具的内部涡轮组叶片选材、工艺、流道结构进行了优化；将钢体PDC钻头调整为胎体PDC钻头，同时加强了钻头心部布齿密度设计，开发了专用PDC钻头U513M，并增强扭力冲击器内部材料和涂层，提高工具和钻头使用寿命。扭力冲击工具Torkbuster+U513M钻头，试验9口井，地层三叠系—奥陶系，试验结果见表7-3-3，U513M钻头入井前和出井后照片如图7-3-10所示。

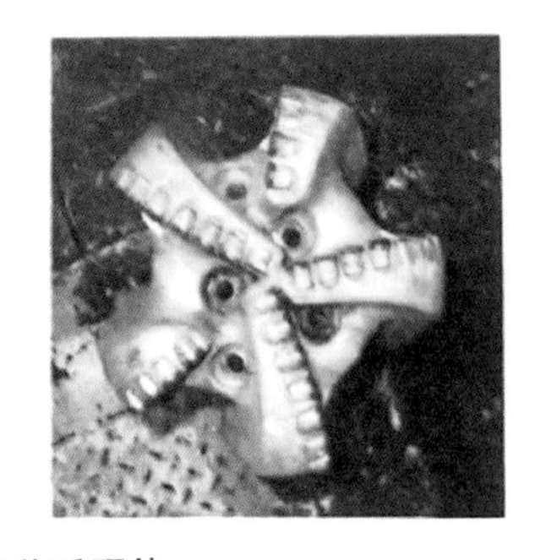

图7-3-10 第二阶段试验U513M入井前和出井后照片

表7-3-3 Torkbuster两个阶段试验结果表

阶段	井号	井段 m	进尺 m	地层	钻头	邻井	机械钻速 m/h		提高比 %	行程钻速 m/h		提高比 %	节约时间 d
							本井	邻井		本井	邻井		
第一阶段	XK101井	5334~5693	359	T	UD513	XK1井	3.78	2.06	83.5	2.64	1.23	115.6	6.5
		5693~5918	225	T/P	UD513		2.52	2.09	20.60	1.81	1.42	58.20	1.42
	XK8-H井	5813~6372	559	C/D/S	UD513	XK9井	4.95	2.22	123.00	3.1	1.57	97.26	7.33

续表

阶段	井号	井段 m	进尺 m	地层	钻头	邻井	机械钻速 m/h		提高比 %	行程钻速 m/h		提高比 %	节约 时间 d
							本井	邻井		本井	邻井		
第二阶段	XK405 井	5563~6661	1098	T/P/C/D/S/O	U513M	H11–1 井	4.58	1.33	244.4	3.5	1.04	236.5	30.92
	H11–4 井	5448~6155	707	T/P/C/D	U513M	H13 井	4.16	1.72	151	3.02	1.21	150	14.59
		6194~6634	440	D/S/O	U513M		4.31	1.86	132	2.51	1.14	120	8.78
	XK9–3 井	5119~6762	1643	T/P/C/D/S/O	U513M	XK9 井	3.23	1.6	101.90	2.68	1.1	143.60	36.7
	RP3011 井	5127~5919	792	T/P/C/D	U513M	H11 井	3.92	1.69	132	3.3	1.3	153.80	15.3
	H802–1 井	5636~6638.5	1002.5	T/P/C/D/S/O	MT1355CS	H8 井	4.93	1.7	190.00	3.21	1.17	174.40	22.7
	RP1–2 井	5002~6731	1729	T/P/C/D/S/O	U513M	H11–1 井	4.29	1.61	166.50	3.43	1.2	185.80	39.03
	RP601 井	5131~6715	1584	T/P/C/D/S/O	U513M	XK9 井	3.52	1.6	120	2.92	1.1	165.50	37.4
	XK8003 井	5376~6674	1298	P/C/D/S/O	MT1355CS/U513M	XK7 井	5.31	1.69	214.20	3.89	1.21	221.50	30.8
	H13–5 井	5487~6649	1162	T/P/C/D/S/O	U513M	H13–1 井	5.86	1.61	264	4.01	1	301	36.35
	优化后平均		1272.8				4.21	1.61	161.5	3.22	1.13	185	30.46

哈拉哈塘—新垦—热普区块的试验效果表明，扭力冲击工具 Torkbuster+U513M 在三叠系、二叠系、石炭系、泥盆系、志留系以及奥陶系取得良好的提速效果，平均机械钻速达到 4.21m/h，行程钻速 3.22m/h，两者都远远大于邻井，分别提高 161.5% 和 185%，是目前台盆区提速效果最佳的钻井技术，并且攻克二叠系玄武岩，唯一能单趟从三叠系钻完二开的提速技术。这是由于扭力冲击工具 Torkbuster+U513M 技术改良了传统牙轮钻头和 PDC 钻头常规钻井的方法，并提供额外的高频的扭向上的冲击力，帮助提高 PDC 钻头剪切岩层；使牙齿始终与岩屑紧密接触的静态切削变为脉冲式动态切削，使岩屑返排条件得到明显改善；消除黏滑现象，减少反冲扭力，减少钻柱上的扭力振荡，改善钻柱受力，减少下部钻具组合以及钻杆的疲劳，尤其是对于极硬地层，破岩效果更好。表明哈拉哈塘—新垦—热普区块三叠系、二叠系、石炭系、泥盆系、志留系以及奥陶系地层对扭力冲击工具 Torkbuster+U513M 有很好的适合性。

二、特深井轻质高强度钻杆

随着我国石油工业勘探开发的深入，中浅层油气资源的日益枯竭，深井超深井数量显著增加，传统的钢制钻杆已不能满足特深井钻井的要求，对轻质高强度钻杆的需求日益强烈。

（1）高强度：超长钻杆柱在井下高温高压复杂环境，承受多种作用力共同作用；

（2）低密度：超长钻杆柱自重大，对钻机承载要求高，需降低钻杆柱整体重量；

（3）耐磨性：特深井易井斜，钻柱上提下放行程长，长时间摩擦会导致钻杆外壁结构磨损，降低整体强度；

（4）抗腐蚀性：特深井深部高温高压环境下，各类腐蚀物质对钻杆材料腐蚀作用加速，影响钻杆强度；

（5）抗高压能力：钻杆在井下受到多种应力的复合作用，较高的拉力导致钻杆抗外挤强度下降，存在挤毁风险；

（6）水力性能：超长钻杆内钻井液沿程压耗高，高摩阻系数将导致水力能量无法传递至井底。

目前发展了以下类型的轻质高强度钻杆：

（1）特殊轻质高强度钢钻杆。

优点：轻质薄壁、强度高、水力性能好；缺点：低温脆性突出。

（2）铝合金钻杆。

优点：超低线重、抗高温；缺点：不耐磨。

（3）钛合金钻杆。

优点：密度低、强度高；缺点：价格昂贵。

钻杆材质的物理 / 力学特性参数见表 7–3–4，三种钻杆的理论下入深度对比如图 7–3–11 所示。

表 7–3–4 钻杆材质物理 / 力学特性参数（20℃）

材质	密度 g/cm^3	弹性模量 GPa	剪切模量 GPa	泊松比	线膨胀系数 10^{-6}/℃	比热容 J/（kg·℃）	屈服强度范围 MPa	比强度 N·m/kg
钢钻杆	7.83	210	79	0.27	11.4	500	517~931	6860~118600
钛合金钻杆	4.54	110	42	0.28	8.4	460	517~724	121366~159471
铝合金钻杆	2.78	71	27	0.3	22.6	840	325~550	116706~197842

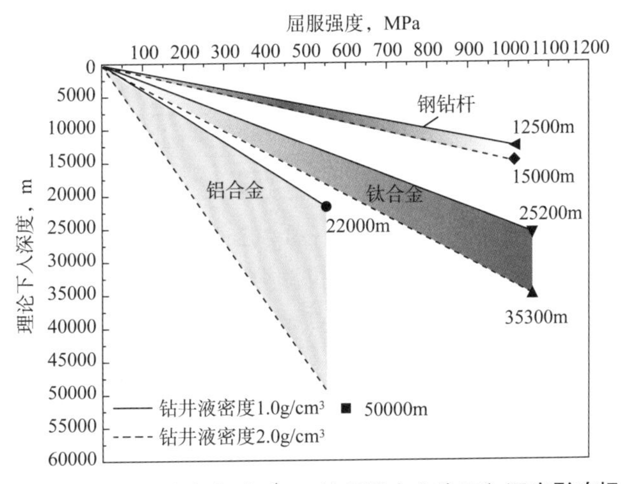

图 7–3–11 钻井液密度对 $5^1/_2$in 钻杆最大允许下入深度影响规律

（一）高强度钢钻杆

以常规 ϕ139.7mm 规格的 S135 钢级钻杆为例，应用于 8000m 以上的超深井主要存在以下问题：

（1）钻杆抗拉载荷 3500kN，8000m 钻柱质量达到 346tf，拉力余量只有 108kN，无法满足钻井的安全需求；

（2）钻杆接头水眼较小，若采用高泵压，钻井泵负载过大，影响钻井效率；

（3）若采用 ϕ168.3mm S135 钢级钻杆，接头外径已经达到 215.9mm，无法应用于 ϕ215.9mm 井眼钻进。

因此，需要设计出一种钻杆，在保证拉力余量的同时，拥有比 ϕ139.7mm S135 钢级钻杆更高的抗拉强度、更大的水眼以及更适合在 ϕ215.9mm 井眼内钻进的接头外径，以满足超深井的钻井需要[12]。S135 钢级 8000m 钻柱悬重对比见表 7-3-5。

表 7-3-5　S135 钢级 8000m 钻柱悬重对比

规格 mm	壁厚 mm	抗拉应力 kN	米重 / kg/m	钻柱质量 t	拉力余量 kN
139.7	9.17	3500	41.3	346	108
168.3	9.19	4276	47.1	390	450

目前使用最广泛的 X95、G105 和 S135 高钢级钻杆的设计和生产按照 API 规范进行。近几年，随着钢种设计、冶炼轧制、热处理等工艺和技术的不断发展进步，国外 NOV Grant Prideco 公司以及浙江天管久立特材有限公司 / 上海海隆复合钢管有限公司、宝钢股份有限公司和中国石油集团渤海石油装备制造有限公司开发出了 V150 和 HL165 超高强度非标钻杆，更大的屈服强度提供了优越的抗扭和抗拉强度，使钻柱重量降低，钻柱设计简单[13]。

以 V150 钻杆为例，其钢级材料设计以常规 S135 钻杆管体材料成分为基础，通过 C—Mn—Mo—Ni—V 材料体系研究，降低 C 和 Mn 含量，提升 Mo 含量，增加 Ni 和 V 含量，搭配合适的热处理工艺，以提高管体强度和冲击韧性，保证钻杆在出现刺漏后的钻柱上提过程中不断裂。通过多轮研制、试验和验证，最终确定了管体的化学成分（表 7-3-6）。

表 7-3-6　试制管体的主要化学成分（质量分数）　单位：%

钢级	C	Si	Mn	P	S	Cr	Mo	Ni	Al	Cu	V
S135	0.25~0.31	0.17~0.35	0.80~1.10	0~0.01	0~0.008	0.90~1.05	0.39~0.45	0~0.25	0.005~0.500	0~0.20	0~0.05
V150	0.22~0.28	0.15~0.35	0.45~0.80	0~0.01	0~0.005	0.95~1.15	0.72~0.85	0~0.60	0.01~0.04	0~0.10	0.05~0.15

渤海能克钻杆有限公司研发的超深井用 ϕ149.2mm V150 钢级高抗扭钻杆与 ϕ139.7mm S135 钻杆相比，钻杆抗拉强度提升 25%，抗扭强度提升 20.7%，钻杆内容积提升 16%，8000m 井深时钻杆内压耗降低 28%（表 7-3-7）。

表 7-3-7　ϕ149.2mm V150 钻杆与 ϕ139.7mm S135 钻杆对比

钢级	管体				接头				内过渡带 mm	螺纹类型	内容积 L	压耗 MPa
	外径 mm	壁厚 mm	抗拉应力 kN	扭矩 kN・m	外径 mm	内径 mm	抗拉应力 kN	扭矩 kN・m				
V150	149.2	9.65	4375	165.5	177.8	104.8	5893	142.9	120	BHDX57	123.7	2.67
S135	139.7	9.17	3500	123.8	190.5	76.2	8565	118.4	76.2	$5^1/_2$inFH	106.6	3.71
对比结果	增加	增加	+25%	增加	−7%	+37.5%	—	+20.7%	+57%	—	+16%	−28%

现场应用效果：

（1）ϕ139.7mm UH165 超高钢级钻杆。

2014 年，塔里木油田公司开展了“塔里木山前超深井高强度钻杆技术研究”，通过超高强度钻杆管体材料性能指标体系研究、超高强度钻杆接头材料及性能指标体系研究、超高强度钻杆摩擦焊缝强度及质量保证体系研究和超高强度钻杆环境敏感断裂评价及适用性研究，开发研制出 ϕ139.7mm UH165 超高钢级钻杆。该钻杆具有高抗拉、高抗扭和高旋转弯曲疲劳强度等特点，与 ϕ139.7mm S135 钢级钻杆相比，管体抗拉强度和抗扭强度均提高 20% 以上。

该类钻杆在 KS131 井和 KS133 井使用，使用期间没有发生断裂、刺漏和螺纹开裂等异常情况，经过现场探伤，未发现任何有伤缺陷和腐蚀开裂情况，经受住了大钻压、高转速、高泵压等强钻井参数和高温度、聚磺钻井液等环境敏感性的考验，没有发生断裂、刺漏和螺纹开裂等异常，为万米及以上特深井钻探做好技术储备。

（2）ϕ101.6mm V150 高钢级钻杆。

2015 年引进 ϕ101.6mm 小接头 V150 钢级钻杆，属于塔里木油田在用钻具钢级最高的钻杆之一，与 S135 钢级 ϕ101.6mm 钻杆相比，主要特点有：

①接头外径由 139.7mm 变为 127mm，可以有效提升环空间隙、降低压耗；

②螺纹类型由 HT40 变为 DS39，可以有效提升螺纹强度；

③有效提高了抗内压强度和抗挤强度；

④可以替代 ϕ88.9mm S135 钢级钻杆在超深井内使用，主要用于 ϕ177.8mm 套管内作业解决 ϕ88.9mm S135 钢级钻杆强度不足的问题。

（3）ϕ149.2mm V150 高钢级钻杆。

ϕ149.2mm V150 高钢级钻杆是一种新型高强度钻杆，钻杆接头采用双台肩螺纹，提升抗扭强度，其主要优点如下：

①提高钻进速度。ϕ149.2mm V150 高钢级钻杆管体和接头内径均大于 ϕ139.7mm S135 钢级钻杆，可以提高排量，有效清洁井底，降低井下复杂，从而提高钻进速度。ϕ149.2mm V150 高钢级钻杆在 KS 2-1-14 井用时 136 天完成三开进尺（6732m），比设计提前 44 天，比邻井 KS 2-1-12 井使用 ϕ139.7mm S135 钻杆三开用时减少 46 天。

②提升事故复杂处理能力。KS904 井在井深 6172m、6883m 发生卡钻复杂事故 2 次，最大提拉 320tf，旋转 35 圈；LUNT1 井井深 8882m 发生卡钻复杂事故 1 次，最大提拉 380tf，旋转 46 圈，最大扭矩 40kN · m，未发生钻杆失效事故。

③提升钻深和钻杆下送套管能力。ϕ149.2mm 钻杆管体抗拉强度比 ϕ139.7mm 钻杆提升 25%，提高了钻杆下送套管能力，有效保障了现场下套管作业安全。KS904 井 ϕ149.2mm V150 钻杆完成了 ϕ241.3mm 井眼钻至井深 7657.93m 的作业；LUNT1 井 ϕ149.2mmV150 钻杆完成了 ϕ215.9mm 井眼钻至井深 8882m 的作业；ZH2 井完钻井深 8791m。

（二）铝合金钻杆

铝合金钻杆在世界范围内已成功应用，在俄罗斯和北美市场发展尤为迅猛。2000 年，美国铝业公司成立了专门的事业部，推进铝合金钻杆的技术应用，并在墨西哥湾的页岩气开发和文莱湾大位移井中成功运用。而在我国，铝合金钻杆才刚刚起步，油气勘探领域使用铝合金钻杆处于技术研发阶段，中国石油塔里木油田和中国海油南海惠州油田等项目已完成了适用性技术评价[14]。

1. 国外铝合金钻杆技术概况

在石油钻具制造领域，铝合金钻杆在石油工业中已经使用了数十年，但其技术仍属于高新技术的范围，到现在为止，只有俄罗斯、美国和日本等少数的发达国家能够掌握[15-16]。

1）俄罗斯铝合金钻杆的发展应用

20世纪50年代末，苏联开始研究铝合金钻杆技术。60年代初，在MiddleVolga地区首次进行了铝合金钻杆现场试验，结果表明，铝合金钻杆能够极大地提升钻井效率，降低材料、能耗及劳动力成本。60年代中期至70年代在WesternSiberia铝合金钻杆开始投入超深井的现场钻井试验。随着铝合金钻杆技术的发展，80年代初，苏联铝合金钻杆每年用量约150×10^4m，截至1985年，铝合金钻杆进尺数达3560×10^4m，70%~75%的油气井使用铝合金钻杆钻进。特别是在WesternSiberia和FarNorth等偏远崎岖地区，铝合金钻杆轻质化优势体现的更加明显，配合使用80~125tf移动式钻机进行工厂化丛式井钻井作业，开发出大量新的油气资源区块。铝合金钻杆早期在苏联的应用井深范围既包括1600~5000m的中浅井、深井（Urals—Volga区块），也包括5000~7000m的超深井（Volgograd—Saratov区块）。主要钻井作业方式采用底部动力驱动，但至少20%的油气井使用了传统转盘驱动方式同样获得了良好的使用效果。现场钻井研究统计表明，对于2900~3200m中浅井而言，铝合金钻杆使用寿命可达7~8年，机械纯钻时间平均为5500~5600 h。鉴于铝合金钻柱重量降低的优势，与钢制钻杆比较，由于疲劳、过载、磨损、腐蚀等问题带来失效事故降低40%以上。

在大量铝合金钻杆管体新材料的开发、钻杆结构设计优化、钻柱结构设计优化和现场生产实践经验总结基础上，苏联采用铝合金钻杆（钢接头）在超深井钻探领域取得了突破性进展，如图7-3-12所示，1992年完成了Kola SG-3井的钻探工作，创造了钻井进尺12262m的垂深世界纪录。至90年代初，苏联70%~80%的深层油气井使用铝合金钻杆钻进。最新数据统计，俄罗斯在役铝合金钻杆约100×10^4m。值得指出的是，随着铝合金钻杆技术的发展，直接带动了超深井、大位移井等复杂工况条件下钻探技术的发展，大量使用钢制钻杆难以完成的创纪录井被铝合金钻杆钻成。如：BD-04A井，钻井进尺12289m（卡塔尔，2008年完钻，水平段10902m，36d完钻，钻井效率世界纪录），OdoptuOP-11井，钻井进尺12345m（俄罗斯，2011年完钻，水平位移段进尺世界纪录11475m，60d完钻），ChayvoZ-44井，钻井进尺12376m（俄罗斯，2012年完钻，钻井总进尺世界纪录）。

（a）世界最深井SG-3（垂深12262m）

（b）俄罗斯钢接头铝合金钻杆产品

图7-3-12　俄罗斯铝合金钻杆

2）美国铝合金钻杆的发展应用

与俄罗斯相比，美国的铝合金钻杆技术研究起步相对较晚，但发展势头迅速，特别是2009年以后，美国最大铝加工制造企业——美国铝业公司专门成立油气资源事业部推广铝合金钻杆技术。与俄罗斯相比，美国铝合金钻杆技术主要应用于工厂化丛式井、页岩气水平井、海洋平台等钻井领域，如图7–3–13所示。

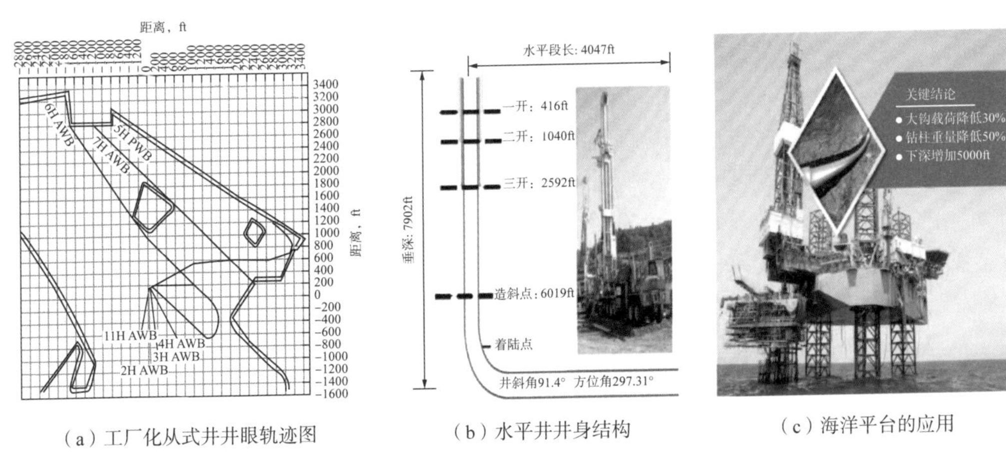

（a）工厂化丛式井井眼轨迹图　（b）水平井井身结构　（c）海洋平台的应用

图7–3–13　美国铝合金钻杆的主要应用领域

值得指出的是，美国铝合金钻杆技术更加注重配套技术的发展，在钻杆接头结构优化、配套移动式快速钻机开发等方面都做了大量工作，取得了积极的成效，如图7–3–14所示。

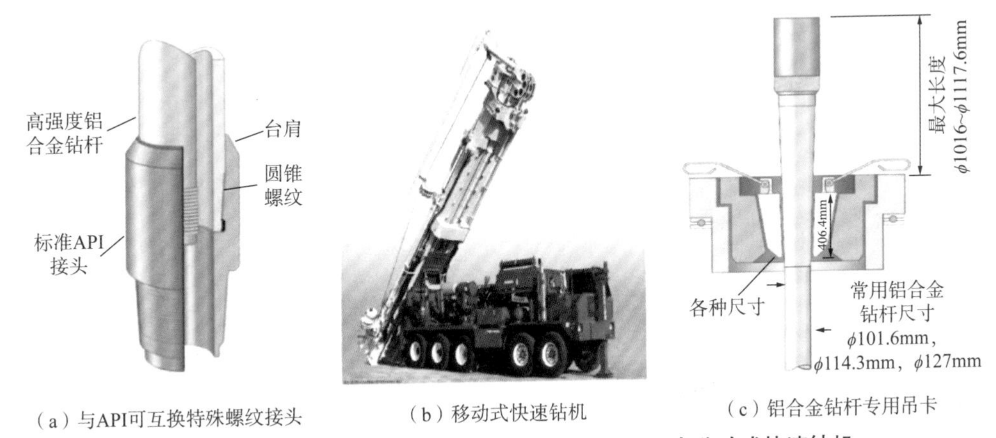

（a）与API可互换特殊螺纹接头　（b）移动式快速钻机　（c）铝合金钻杆专用吊卡

图7–3–14　美国铝合金钻杆接头结构优化及配套移动式快速钻机

2. 国内铝合金钻杆技术概况

与俄罗斯和美国相比，我国的铝合金钻杆技术起步较晚，但发展迅速。冯春等通过自主设计2000系铝合金钻杆成分及配套热处理工艺结合实验室模拟及实物验证评价等方法系统进行了材料力学性能、组织演变规律、疲劳性能及耐腐蚀性能等研究，开发了460MPa级铝合金钻杆，在2013年中国石油塔里木油田成功下井应用[17]。梁健等采用工业化7E04合金用于铝合金钻杆，并对其基本力学性能及腐蚀特性进行了研究[18]。

吕栓录等结合铝合金钻杆的结构特性，分析了铝合金钻杆的适用范围[19]。唐继平等对铝合金钻杆的动态特性及磨损机理进行了分析，获得了铝合金钻杆推荐使用井下动力驱动的力学机制[20]。刘宝昌等对铝合金钻杆装配工艺、工业化7075和2024合金的耐蚀性能及实物强度进行了研究[21]。王小红等对可用于铝合金钻杆的工业化铝合金材料的生产工艺进行了分析[22]。舒志强等对一种铝合金材料的拉伸方法和旋转弯曲疲劳断口特征进行了测试[23]。王勇等从材料力学性能和抗扭的原理角度分别对铝合金钻杆和钢钻杆进行了对比，并分析了铝合金钻杆装配过盈量问题[24]。杨尚谕等结合实际工况采用管柱力学方法对铝合金钻杆在深井 / 超深井中的性能极限进行了分析[25]。冯春等从铝合金钻杆成分及工艺出发，在实验室获得了强度级别分别为580MPa和700MPa的超高强铝合金钻杆管体材料[17]。

在实物验证评价方法方面，冯春等制定了首份铝合金钻杆全尺寸实物评价方法并完成了实物拉伸、内压、挤毁等验证试验，为铝合金钻杆在国内的推广应用提供了重要基础。目前，国内兖矿集团轻合金公司、邹城德通铝合金钻杆公司等企业生产的2000系高强度铝合金钻杆产品已通过该评价方法的验证。

在铝合金钻杆产品现场应用方面，2009年11月，中国石油塔里木油田在KS7井首次试验了从俄罗斯引进的铝合金钻杆，其后使用高强度铝合金钻杆完成了多口井的作业，发现大量现场使用问题，积累了宝贵的铝合金钻杆现场使用经验。2012年，中国海洋石油公司在南海惠州油田HZ25-4井（CNOOC、ENI、CHEVRON合作开发区块）使用高强度铝合金钻杆实现了高难度复杂井的高效率钻井，如图7-3-15所示。2017年，中煤地质工程总公司首次全井批量使用邹城德通钻杆公司生产的国产化铝合金钻杆进行丛式井作业。此外，中国石油川庆钻探工程有限公司采用铝合金钻杆进行下尾管作业，取得了满意的效果。

（a）2012年中国海洋石油南海惠州油田进口高强度铝合金钻杆

（b）2013年中国石油塔里木油田国产化高强度铝合金钻杆实物样管现场试验

图7-3-15　中国铝合金钻杆的发展与应用

在铝合金钻杆国家标准方面，中国石油集团石油管工程技术研究院牵头起草的GB/T 20659—2006《石油天然气工业铝合金钻杆》标准已经发布，该标准于2014年进行了第2次修订。此外，2018年发布了GB/T 37265—2018《石油天然气工业含铝合金钻杆的钻柱设计及操作极限》和GB/T 37262—2018《石油天然气工业铝合金钻杆螺纹连接测量》两项配套国家标准。上述国家标准的发布对于规范相关技术，推动我国铝合金钻杆技术的应用起到了促进作用。

3. 铝合金钻杆在超深井钻井中的优缺点分析

铝合金钻杆与常规钢制钻杆比较，在超深井钻井中的主要优势体现在以下几个方面：

（1）铝合金钻杆的最主要的优点就是钻杆柱质量的显著减轻，因为铝合金的密度是 $2.8t/m^3$，而钢的密度是 $7.8t/m^3$。相同直径和长度的铝合金钻杆质量只是钢制钻杆的 1/3，而且铝合金钻杆的强度与质量比是钢制钻杆的 1.5~2 倍。因此在钻机载荷一定的情况下，使用铝合金钻杆所达到的进尺是钢制钻杆无法比拟的，利用同一给定类型的钻机可钻进更深的井。应用铝合金钻杆技术，可解决钢制钻杆安全余量不足、下入难度大、钻井周期长等问题，此方面可借鉴俄罗斯使用经验，采用铝合金钻杆 + 底部动力钻具，实现高效率钻进。

（2）减少起下钻过程的能耗，提高钻探效率。用铝合金钻杆比钢制钻杆节省起钻时间 35%、下钻时间 17%。国外铝合金钻杆施工作业实践表明，空气钻进中，使用铝合金钻杆钻速提高 30%；钻井液钻进时，则提高 100%。

（3）钢制钻杆容易受硫化氢的腐蚀，在含硫化氢高的井中会产生“氢脆”，但是铝合金对硫化氢和二氧化碳不敏感，虽然铝合金钻杆的接头是钢制的，但是铝合金杆体对于钢制接头来说起到了阴极保护的作用，钢制接头的腐蚀速率也是很低，延长了它在高含硫化氢井中的使用寿命。

（4）振动衰减。与钢对比，基于钻杆材料的物理和机械性质，铝合金可以高吸收及分散弹性振动能量。

（5）相比较于钢钻杆，铝合金钻杆内表层的液体阻力系数低 15%~20%，这样就可以减少钻杆柱部分的流体压力损失。

（6）大斜度定向井及水平井，铝合金钻杆的弯曲应力只有钢制钻杆的 1/3，这样大大减少了钻杆断裂的概率。

（7）复杂事故多发的油井，在铝合金钻杆发生断裂的情况下，相对较容易把落鱼部分磨掉。

铝合金钻杆在实际的应用过程中取得了很好的效果，但是，我们也需要看清其自身还存在的问题，以便在今后的研究中加以突破[26]。

（1）铝合金钻杆杆体硬度较低，仅在 130HB 左右，在搬运和拧卸过程中，如果不配有专用工具则极易磨损。

（2）高强度铝合金钻杆耐磨性不好，在井内工作过程中，当孔壁有坚硬异物或钻孔弯曲较大，表面容易产生快速磨损；在钻进中可能出现断裂和刺穿等严重失效事故，而通过增加壁厚可以提高其结构安全性，但又会造成水力性能不良。

（3）高强度铝合金钻杆抗盐腐蚀能力差。当井中含盐量超过 14% 时，钻杆会产生一定程度的腐蚀。

（4）铝合金钻杆屈服强度较低，特别是当温度高于 121℃，屈服强度会大幅下降。达到 200℃时，与室温相比下降 40%。

（5）铝合金钻杆刚度较小，在钻井过程中，必须严格控制钻速以防钻杆破坏而发生故障。

（6）由于铝合金钻杆弹性伸长范围大，当钻杆受到拉伸力或过载到一定程度时，可能发生断裂，而断口上部的管段很容易发生上窜。

（7）铝合金钻杆的杆体与钢质接头之间的螺纹副采用了特殊结构和机械紧固工艺，给现场修复和更换钢接头造成一定程度的困难。

（三）钛合金钻杆

随着超深井、短半径井和大位移井钻探数量的逐渐增多，钻杆在井下的服役条件越来越苛刻，常规的钢制钻杆已经不能满足复杂井的作业需求。钛合金钻杆以其密度小、弹性模量低和耐蚀性好等特点成为油气井领域研究的热点。与传统钢制合金相比，钛合金钻杆具有轻量化、耐腐蚀、长寿命、高柔性、无磁性等优点；同规格下钛合金钻杆的质量为常规钢制钻杆的57%，可降低钻机负荷40%以上，空气中寿命是同规格常规钻杆的10倍，腐蚀环境下是常规钻杆的100倍；从单个钻杆看，钛合金钻杆的价格要高出钢制钻杆20倍。

钛合金管材在20世纪90年代开始应用于石油天然气勘探开发领域，美国RMI公司研发了一种优质的 α+β 型钛合金，主要应用于钛合金油井管的制造。美国雪佛龙公司于20世纪末开发出用在热采井上的钛合金套管，所用材料为Ti-6246（原用于航空工业耐热高强度钛合金），2003年起在井深1524m，温度260~287℃的热采井中成功应用于20多口井，取得良好的效果。Weatherford公司的子公司Grant Prideco及RTI国际公司在美国得克萨斯的子公司RTI能源系统公司于21世纪初研制出具有很高的强度、挠性和耐用性，而且质量轻的钛合金钻杆。此钛合金钻杆采用钛合金钻杆本体加钢制接头的结构，接头材料为SAE-AISI 4135、SAE-AISI 4140或SAE-AISI 4145铬钼钢。国内对钛合金钻杆的研究还处于起步阶段，只有少数几家研究院所和制造厂正在进行钛合金材料在石油天然气钻完井领域的先期研究。

现阶段钛合金钻杆主要指的是钛合金管材本体加钢制接头形式组成的钻杆，该钻杆虽然具有较高的强度和挠性，但同时存在着：（1）钢制钻杆接头与本体钛合金管材间装配复杂，极易形成内应力影响钻杆整体疲劳寿命；（2）钢制钻杆接头与本体钛合金管材间易形成电偶腐蚀，降低整体钻杆疲劳寿命；（3）钢制钻杆接头抗腐蚀性能远比钛合金接头差，造成整体钻杆抗腐蚀性能差，降低整体钻杆抗腐蚀疲劳寿命。在塔里木油田塔中等类似区块，需要完成6000m以上的超深井钻井业务，且伴随着高浓度的 H_2S 等腐蚀性气体，常规钛合金钻杆还不能彻底解决在超深井钻井中降低钻机负荷、提高钻杆耐腐蚀性能的需求，生产一种强度高、质量轻、韧性好、耐腐蚀性强的钻杆是解决高腐蚀环境下超深井钻井的有效办法。

基于国内塔里木和塔中等区块超深井钻井对轻质、耐腐蚀、长疲劳寿命钻杆的需求和中国石油集团油田技术服务有限公司统筹项目“提高钻机名义钻深的轻质钻具研制”研究成果，渤海钻探工程技术研究院研制了一种全钛合金钻杆（接头、管体均为钛合金材质）。全钛合金钻杆材质为钛合金TC4，其名义组成为Ti—6Al—4V，属于 α+β 型钛合金。基于试验设备对待检测钻杆长度限制的考虑，采用的试验全钛合金短钻杆长度为3.8m、外径为73mm，短钻杆接头尺寸与成品钻杆相同，只将管体长度缩短，具体尺寸图如图7-3-16所示。全钛合金短钻杆制造工艺全部按照同规格成品钢制钻杆制造工艺实施，主要包括管体镦粗、接头螺纹加工、管体与接头摩擦焊接、热处理等工序，短钻杆实物如图7-3-17所示[27]。

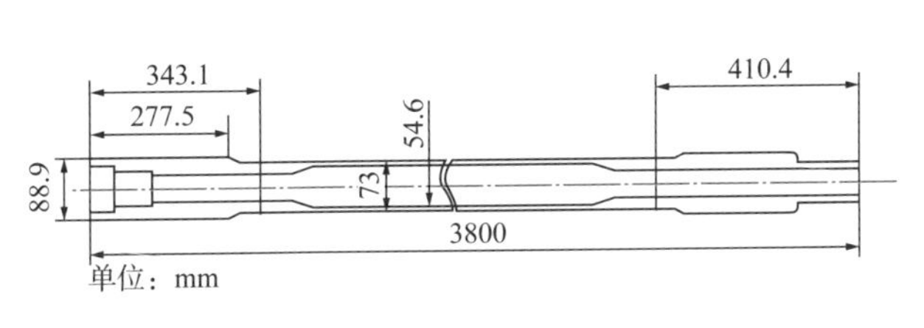

图 7-3-16 试件尺寸图

图 7-3-17 短钻杆实物图

钻杆接头与管体采用摩擦焊接技术连接，全钛合金钻杆质量为同规格钢制钻杆的57%，钻杆抗拉、抗扭、抗内压性能达到 API 标准（API Spec 5DP—2009）中规定的同规格 105（G）级钢制钻杆水平，满足超深井钻井对降低钻机负荷、提高钻杆耐腐蚀性能的需求（表 7-3-8），全钛合金钻杆的性能参数已经达到现场应用标准。

表 7-3-8 全钛合金钻杆机械性能测试试验依据

钻杆材质	外径 mm	螺纹类型	管体抗拉强度 kN	接头抗拉强度 kN	管体抗扭强度 kN·m	接头抗扭强度 kN·m	内压强度 MPa
钛合金	73.025	HT PAC 双台肩密封	1 300	1 200	21.9	11.5	160

2020 年 6 月 19 日，由中国石油集团石油管工程技术研究院牵头研制的高强度钛合金钻杆，在西北油田塔河油区 TS3CX 井圆满完成首次入井现场试验，填补了国内钛合金钻杆的深井使用空白。本次入井实验井深 6263.41m，钛合金钻杆入井纯钻时间 143 h，累计 16 万转，起出钻具完好。现场试验评价结果显示，钛合金钻杆各项性能指标完全符合技术规范和实际工况要求，整体性能达到同类产品先进水平。相较于传统钢制钻杆，钛合金钻杆具有轻量化、耐腐蚀、长寿命、高柔性、无磁性五大优点。同规格下钛合金钻杆的质量为常规钢制钻杆的 57%，这就意味着使用钛合金钻杆的钻具更轻，钻井施工也就可以选用级别较低的钻机，可极大节约钻机日费，从而降低钻井成本。2020 年 7 月 6 日起，中国石油集团石油管工程技术研究院技术人员在大庆油田施工现场连续上井服务 25d，成功在大庆油田永乐油区 YUAN29-5 井 1655m 深实现了超短半径水平井钻井，突破了国内超短半径水平井的井眼曲率半径极限，钻井满足设计要求[28-29]。

渤海能克研发制造的 ϕ73mm（$2^7/_8$in）摩擦焊式全钛合金新型钻杆—BHTG105 钛合金钻杆采用了渤海能克自主研发的第三代双台肩高抗扭 BHDX 螺纹技术，具有接头外径更小、更耐磨，接头内径更大、高水力效率，非对称牙型设计，双台肩螺纹结构、抗扭更高的特点，抗扭强度较普通 API 螺纹全钛合金钻杆高 70%，能满足大水眼、高扭矩、承受苛刻的复合载荷等钻井要求，特别适合钻井地况复杂的超深井、超长水平井勘探使用[30]。与同规格钢制钻杆相比，BHTG105 钛合金钻杆重量减少 43%，弹性模量降低 43%，具有密度低、韧性好、无磁性、抗疲劳寿命长、耐腐蚀性强等特点；耐腐蚀性在环境温度 330℃以下时，BHTG105 钛合金钻杆具备完全抵御硫化氢、二氧化碳和氯离子的腐蚀等特殊性能。2020 年 7 月，国产 105ksi（724MPa）级钛合金钻杆，在西部某油田井深 7100m 的超短半径水平井中，顺利完成了三开定向造斜侧钻任务，累计进尺 115m；2021 年 7 月，BHTG105 钛合金钻杆在中国石化西北油田 TH12423CX 井进行了工业化试验。

参考文献

[1] 张金昌，等 . 科学超深井钻探技术方案预研究 – 专题成果报告（上册）[M]. 地质出版社，2016.

[2] 苏义脑，路保平，刘岩生，等 . 中国陆上深井超深井钻完井技术现状及攻关建议 [J]. 石油钻采工艺，2020，42（5）：527–542.

[3] 周志雄，唐春晓，方太安，等 . 超深井钻机创新技术及其发展趋势 [J]. 石油矿场机械，2018，47（4）：14–18.

[4] 张也 . SGJ1600 型电动固井装备研制 [J]. 石油和化工设备，2022，25（4）：84–87.

[5] 吕文伟 . 2500 型固井车研制 [J]. 石油和化工设备，2022，25（5）：89–91.

[6] 马开华，丁士东 . 深井复杂地层固井理论与实践 [M]. 北京：中国石化出版社，2019.

[7] 肖勇，李丹阳，牛阁，等 . 新型尾管悬挂器在塔里木油田的适应性研究应用 [J]. 钻采工艺，2018，41（02）：30–32.

[8] 古青，宋剑鸣，曹博，等 . 高温高压尾管悬挂器研制与应用 [J]. 石油矿场机械，2021，50（6）：51–57.

[9] 马艳征 . 分级注水泥器的技术现状与发展趋势 [J]. 江西化工，2016（4）：25–27.

[10] 刘明，李振，白园园，等 . 封隔式分级注水泥器关键技术分析 [J]. 石油矿场机械，2019，48（5）：5–9.

[11] 郑瑞强 . 液动旋冲工具的研制 [J]. 石油机械，2017，45（1）：30–33.

[12] 张然，王显林，王青林，等 . 超深井用 ϕ149.2mm 高抗扭钻杆研制与应用 [J]. 钢管，2021，50（1）：23–28.

[13] 舒志强，欧阳志英，龚丹梅 . 高钢级钻杆强度塑性试验研究 [J]. 石油钻探技术，2017，45（5）：53–59.

[14] 朱乐 . 国产铝合金钻杆打破国外垄断 [J]. 中国设备工程，2017（10）：3.

[15] Gelfgat M Y，Basovich V S，Tikhonov V S. Drillstring With Aluminum Alloy Pipes Design and Practices[C]. SPE/IADC Drilling Conference，Amsterdam：Society of Peltroeum Engingeers，2003.

[16] Jenkins M，Rodriguez A C，Linke C，et al. Can Aluminium Drill Pipe Extend the Operating Envelope for ERD Projects[C]. SPE/IADC drilling conference，New Orleans：Society of Peltroeum Engingeers，2010.

[17] 冯春，杨尚谕 . 铝合金钻杆的特点及发展应用 [J]. 石油管材与仪器，2017，3（4）：1–7.

[18] 梁健，彭莉，孙建华，等 . 地质钻探铝合金钻杆材料研制及室内试验研究 [J]. 地质与勘察，2011，47（2），304–308.

[19] 吕拴录，骆发前，周杰，等 . 铝合金钻杆在塔里木油田推广应用前景分析 [J]. 石油钻探技术，2009，37（3）：74–77.

[20] 唐继平，狄勤丰，胡以宝，等 . 铝合金钻杆的动态特性及磨损机理分析 [J]. 石油学报，

2010，31（4）：684-688.
[21] 刘宝昌，孙永辉，孙友宏，等 . 147mm 铝合金钻杆抗内外压强度试验研究 [J]. 探矿工程（岩土钻掘工程），2016，43（4）：63-67.
[22] 王小红，郭俊，闫静，等 . 铝合金钻杆材料生产工艺及磨损研究进展 [J]. 材料热处理学报，2013，34（S1）：1-6.
[23] 舒志强，袁鹏斌，欧阳志英，等 . 铝合金钻杆拉伸性能及应用特点 [J]. 石油矿场机械，2015，44（12）：37-41.
[24] 王勇，余荣华，高连新，等 . 铝合金钻杆接头装配过盈量优选 [J]. 石油机械，2015，43（05）：22-27.
[25] 杨尚谕，李国韬，冯春，等 . 基于深井 / 超深井的铝合金钻杆设计研究 [C]. 油气井管柱与管材国际会议 . 西安：中国石油学会管材专业委员会，2016.
[26] 吴亮，吴修德，魏世忠，等 . 铝合金钻杆的特点介绍 [J]. 机械工程师，2015，（3）：177-178.
[27] 杨晓勇，陈世春，冯强，等 . 全钛合金钻杆性能测试试验研究 [J]. 石油管材与仪器，2019，5（4）：30-33.
[28] 中国科学报 . 钛合金钻杆首次深井试验成功 [J]. 钛工业进展，2020，37（4）：48.
[29] 张梅 . 管研院牵头研制的钛合金钻杆刷新纪录 [N]. 陕西日报，2020-08-31（009）.
[30] 王显林 . 渤海装备能克钻杆有限公司的摩擦焊式全钛合金新型钻杆通过工业化试验 [J]. 钢管，2021，50（5）：12.

第八章　超深井井控技术

目前，我国深层油气的勘探开发面临着高温、高压、高含硫和超深的“三高一超”世界级难题，例如，塔里木油田作为我国各大油气田中井控工作最复杂的油田之一，在超深层钻探中最高地层压力已达到171.55MPa（富东区块），给井控装备配套和井控安全带来了严峻挑战。针对超深井井控工作难点，强化三次井控理念，国内各大油气田发展了配套的超深井井控装备，形成了针对性的井控装备设计方法和井控工艺，为超深井安全高效钻完井提供了保障[1-5]。本章以塔里木油田作为典型，对其超深井井控技术进行阐述。

第一节　超深井装备配套

在超深井设计源头确定一套与井筒压力系统平衡关系相适应的地面装备，是钻完井井控安全的基础。

一、超深井井控装备选配原则和常用类型

（一）防喷器

1. 闸板防喷器

塔里木油田常用闸板防喷器规格型号见表8-1-1，选型配套应遵循以下原则：

（1）超深油气井都应安装使用井口防喷器组，钻井工程设计中必须指明各个防喷器的使用型号。井控设计应充分考虑井口防喷器组合与入井管柱的匹配性，尽量减少井内管柱尺寸种类。

（2）井控装置的公称通径应大于本开次钻头尺寸、应大于本层套管头本体将坐入套管挂的最大外径（或防磨套的最大外径）。

（3）开发井防喷器组压力等级原则上应与相应井段的最高地层压力相匹配（即防喷器组压力等级不小于预计最大井口关井压力），同时综合考虑套管最小抗内压强度的80%、套管鞋处地层破裂压力、地层流体性质等因素。风险探井、预探井防喷器压力等级应在与预测最高地层压力匹配的基础上，高配一个压力等级，同时应综合考虑套管抗内压强度等因素。

（4）选用各次开钻防喷器的压力等级和组合形式，应按照相应油田公司井控细则规定的相关内容进行选择。

（5）含硫油气井、高压油气井、高产油气井和区域探井，从技术套管固井后直至完

井、原钻机试油的全过程，应安装剪切闸板防喷器，并安装在全封闸板上部。剪切闸板防喷器的压力等级、通径应与其配套的井口装置压力等级和通径一致。安装位置应避开钻具接头和加厚过渡带部位。

（6）使用复合钻具时，应配齐相应数量的闸板防喷器，并安装相应尺寸的半封闸板总成。当使用三种及以上尺寸的复合钻具时，若不能装齐相应数量的闸板防喷器，可优先安装使用频率高、与段长较长钻具配套的半封闸板总成，在起下钻至无对应半封闸板的钻具前应配备与其余尺寸钻具连接的防喷单根或防喷立柱。一般情况下，使用概率大的半封闸板总成安装在下面。

表 8-1-1　塔里木油田常用闸板防喷器规格型号

种类	序号	规格型号	种类	序号	规格型号
单闸板防喷器	1	FZ18-35	双闸板防喷器	1	2FZ18-35
	2	FZ18-70		2	2FZ18-70
	3	FZ18-105		3	2FZ18-105
	4	FZ23-70		4	2FZ23-70
	5	FZ28-35		5	2FZ28-35
	6	FZ28-70		6	2FZ28-70
	7	FZ28-105		7	2FZ28-105
	8	FZ28-140		8	2FZ35-35
	9	FZ35-35		9	2FZ35-70
	10	FZ35-70		10	2FZ35-105
	11	FZ35-105		11	2FZ54-35
	12	FZ54-35		12	2FZ68-21
	13	FZ54-70	三闸板防喷器	1	3FZ18-70
	14	FZ68-21			
	15	FZ68-14			

2. 环形防喷器

环形防喷器具有承压高、密封可靠、操作方便、开关迅速等优点，特别适用于密封各种形状和不同尺寸的管柱，也可全封闭井口，塔里木油田常用环形防喷器规格型号见表 8-1-2，选型配套应遵循以下原则：

（1）超深油气井地质条件复杂，都应安装使用井口环形防喷器，钻井工程设计中必须指明环形防喷器的使用型号。

（2）井控装置的公称通径应大于本开次钻头尺寸、应大于本层套管头本体将坐入套管挂的最大外径（或防磨套的最大外径）。

（3）环形防喷器压力等级可低于闸板防喷器压力等级。105MPa 及以上压力等级的环形防喷器压力等级可比设计配套的闸板防喷器低一等级。

（4）选用各开次防喷器的压力等级和组合形式，应按照相应油田公司井控细则规定的相关内容进行选择。

表 8-1-2　塔里木油田常用环形防喷器规格型号

序号	规格型号	序号	规格型号
1	FH18–35/70	6	FH35–35
2	FH18–70/105	7	FH35–35/70
3	FH23–35/70	8	FH35–70/105
4	FH28–35/70	9	FH54–14
5	FH28–70/105	10	FH54–14/70

3. 旋转控制头（旋转防喷器）

旋转控制头（或旋转防喷器）是用于控压钻井（欠平衡钻井）的动密封装置。与液压防喷器、钻具止回阀和不压井起下钻加压装置或井下套管安全阀配套后，可进行带压钻进与不压井起下钻作业。塔里木油田常用旋转控制头规格型号见表 8–1–3。选型配套应遵循以下原则：公称通径应大于本开次钻头尺寸、应大于本层套管头本体将坐入套管挂的最大外径（或防磨套的最大外径）。

表 8-1-3　塔里木油田常用旋转控制头规格型号

序号	规格型号	序号	规格型号
1	XK28–17.5/35	4	XK35–17.5/70
2	XK28–17.5/70	5	XK54–7/14
3	XK35–17.5/35	6	XK54–17.5/35

（二）套管头

1. 选配原则

套管头的选型配套应遵循以下原则：

（1）超深井钻完井作业都应配套使用标准套管头，钻井工程设计应明确套管头的配套标准。高温高压气井目的层优先选用金属密封的心轴式悬挂器。

（2）套管头应与所悬挂或密封的套管尺寸相匹配。

（3）各开次套管头的额定工作压力应与对应开次地层压力相匹配。

（4）套管头内未坐入套管挂期间，应设计安装防磨套，防止套管悬挂器坐挂及密封部位损伤。

（5）使用分体式套管头，各层套管头还未安装完的，应设计占位短节，保证各开次内防喷管线能平直接出井架底座。

2. 类型

塔里木油田常用套管头规格型号见表 8–1–4。

（1）按结构划分为分体式套管头和整体式套管头。

（2）表层套管头按与表层套管的连接方式分为卡瓦式套管头、螺纹式套管头、焊接式套管头。

（3）以使用压力级别划分，常用的有 14MPa、21MPa、35MPa、70MPa、105MPa 和 140MPa 6 个等级。

（4）以抗腐蚀性气体（CO_2、H_2S）材质级别划分，常用的有 DD 级、EE 级和 FF 级 3 个级别。

表 8-1-4　塔里木油田常用套管头规格型号

层次	序号	规格型号
单层套管头	1	TF$9^{5}/_{8}$in × 7in–35MPa；（上法兰：28–35）；（与表套连接形式：焊接式 / 螺纹式；7in 套管挂：芯轴式）
	2	TF$9^{5}/_{8}$in × 7in–70MPa；（上法兰：28–70）；（与表套连接形式：螺纹式；7in 套管挂：芯轴式）
	3	TF$9^{5}/_{8}$in × 7in–70MPa；（上法兰：28–70）；（与表套连接形式：卡瓦式；7in 套管挂：卡瓦式）
	4	TF$10^{3}/_{4}$in × $7^{7}/_{8}$in–70MPa；（上法兰：28–70）；（与表套连接形式：卡瓦式；$7^{7}/_{8}$in 套管挂：卡瓦式）
	5	TF$10^{3}/_{4}$in × $7^{3}/_{4}$in–70MPa；（上法兰：28–70）；（与表套连接形式：卡瓦式；$7^{3}/_{4}$in 套管挂：卡瓦式）
	6	TF$13^{3}/_{8}$in × $9^{5}/_{8}$in–35MPa；（上法兰：35–35）；（与表套连接形式：卡瓦式；$9^{5}/_{8}$in 套管挂：卡瓦式）
双层套管头	1	TF$13^{3}/_{8}$in × $9^{5}/_{8}$in × 7in–35MPa；（上部本体法兰：上 28–35 下，35–21）；（与表套连接形式：螺纹式；$9^{5}/_{8}$in 套管挂：芯轴式；7in 套管挂：芯轴式）
	2	TF$13^{3}/_{8}$in × $9^{5}/_{8}$in × 7in–70MPa；（上部本体法兰：上 28–70 下，35–35）；（与表套连接形式：螺纹式；$9^{5}/_{8}$in 套管挂：芯轴式；7in 套管挂：芯轴式）
	3	TF$13^{3}/_{8}$in × $9^{5}/_{8}$in × 7in–70MPa；（上部本体法兰：上 28–70 下，35–35）；（与表套连接形式：卡瓦式；$9^{5}/_{8}$in 套管挂：卡瓦式；7in 套管挂：卡瓦式）
	4	TF$13^{3}/_{8}$in × $9^{5}/_{8}$in × 7in–105MPa；（上部本体法兰：上 28–105 下，35–70）；（与表套连接形式：卡瓦式；$9^{5}/_{8}$in 套管挂：卡瓦式；7in 套管挂：芯轴式）
	5	TF$14^{3}/_{8}$in × $10^{3}/_{4}$in × $7^{7}/_{8}$in–105MPa；（上部本体法兰：上 28–105，下 43–70）；（与表套连接形式：卡瓦式；$10^{3}/_{4}$in 套管挂：卡瓦式；$7^{7}/_{8}$in 套管挂：芯轴式）
	6	TF$14^{3}/_{8}$in × $10^{3}/_{4}$in × $7^{3}/_{4}$in–105MPa；（上部本体法兰：上 28–105，下 43–70）；（与表套连接形式：卡瓦式；$10^{3}/_{4}$in 套管挂：卡瓦式；$7^{3}/_{4}$in 套管挂：芯轴式）
三层套管头	1	TF20in × $13^{3}/_{8}$in × $9^{5}/_{8}$in × 7in–70MPa；（中部本体法兰：上 35–35，下 54–14；上部本体法兰：上 28–70 下 35–35）；（与表套连接形式：焊接式或螺纹式；$13^{3}/_{8}$in 套管挂：芯轴式；$9^{5}/_{8}$in 套管挂：芯轴式；7in 套管挂：芯轴式）
	2	TF20in × $13^{3}/_{8}$in × $9^{5}/_{8}$in × 7in–70MPa；（中部本体法兰：上 35–35，下 54–14；上部本体法兰：上 28–70 下 35–35）；（与表套连接形式：卡瓦式；$13^{3}/_{8}$in 套管挂：卡瓦式；$9^{5}/_{8}$in 套管挂：卡瓦式；7in 套管挂：芯轴式）
	3	TF20in × $13^{3}/_{8}$in × $9^{5}/_{8}$in × 7in–105MPa；（中部本体法兰：上 35–70，下 54–14；上部本体法兰：上 28–105 下 35–70）；（与表套连接形式：螺纹式；$13^{3}/_{8}$in 套管挂：芯轴式；$9^{5}/_{8}$in 套管挂：芯轴式；7in 套管挂：芯轴式）
	4	TF20in × $13^{3}/_{8}$in × $9^{5}/_{8}$in × 7in–105MPa；（中部本体法兰：上 35–70，下 54–14；上部本体法兰：上 28–105 下 35–70）；（与表套连接形式：卡瓦式；$13^{3}/_{8}$in 套管挂：卡瓦式；$9^{5}/_{8}$in 套管挂：卡瓦式；7in 套管挂：芯轴式）
	5	TF20in × $14^{3}/_{8}$in × $10^{3}/_{4}$in × $7^{3}/_{4}$in–105MPa；（中部本体法兰：上 43–70，下 54–35；03 部分：上 28–105 下 43–70）；（与表套连接形式：卡瓦式；$14^{3}/_{8}$in 套管挂：卡瓦式；$10^{3}/_{4}$in 套管挂：卡瓦式；$7^{3}/_{4}$in 套管挂：芯轴式）
	6	TF20in × $13^{3}/_{8}$in × $9^{5}/_{8}$in × 7in–140MPa；（中部本体法兰：上 35–70，下 54–14；上部本体法兰）；（与表套连接形式：卡瓦式；$13^{3}/_{8}$in 套管挂：卡瓦式；$9^{5}/_{8}$in 套管挂：卡瓦式；7in 套管挂：芯轴式）
	7	TF20in × $14^{3}/_{8}$in × $10^{3}/_{4}$in × $7^{3}/_{4}$in–140MPa；（中部本体法兰：上 43–70，下 54–35；上部本体法兰：上 28–140 下 43–70）；（与表套连接形式：卡瓦式；$14^{3}/_{8}$in 套管挂：卡瓦式；$10^{3}/_{4}$in 套管挂：卡瓦式；$7^{3}/_{4}$in 套管挂：芯轴式）

续表

层次	序号	规格型号
四层套管头	1	TF24in × $18^5/_8$in × $13^3/_8$in × $9^5/_8$in × 7in–105MPa；（第二层本体法兰：上 54–35 下 68–21；03 部分：上 35–70，下 54–35；04 部分：上 28–105 下 35–70）；（与表套连接形式：卡瓦式；$18^5/_8$in 套管挂：卡瓦式；$13^3/_8$in 套管挂：卡瓦式；$9^5/_8$in 套管挂：卡瓦式；7in 套管挂：芯轴式）
	2	TF24in × $18^5/_8$in × $14^3/_8$in × $10^3/_4$in × $7^3/_4$in–105MPa；（第二层本体法兰：上 54–35 下 68–21；03 部分：上 43–70，下 54–35；04 部分：上 35–105 下 43–70）；（与表套连接形式：卡瓦式；$18^5/_8$in 套管挂：卡瓦式；$14^3/_8$in 套管挂：卡瓦式；$10^3/_4$in 套管挂：卡瓦式；$7^3/_4$in 套管挂：芯轴式）
	3	TF24in × $18^5/_8$in × $13^3/_8$in × $9^5/_8$in × 7in–140MPa；（第二层本体法兰：上 54–35 下 68–21；第三层本体法兰：上 35–70，下 54–35；第四层本体法兰：上 28–140 下 35–70）；（与表套连接形式：卡瓦式；$18^5/_8$in 套管挂：卡瓦式；$13^3/_8$in 套管挂：卡瓦式；$9^5/_8$in 套管挂：卡瓦式；7in 套管挂：芯轴式）
	4	TF24in × $18^5/_8$in × $14^3/_8$in × $10^3/_4$in × $7^3/_4$in–140MPa；（第二层本体法兰：上 54–35 下 68–21；第三层本体法兰：上 43–70，下 54–35；第四层本体法兰：上 28–140 下 43–70）；（与表套连接形式：卡瓦式；$18^5/_8$in 套管挂：卡瓦式；$14^3/_8$in 套管挂：卡瓦式；$10^3/_4$in 套管挂：卡瓦式；$7^3/_4$in 套管挂：芯轴式）

（三）四通

1. 选配原则

安装于防喷器与防喷器之间或防喷器与套管头之间的承压件，在组合间形成主通道和旁通口，通过旁通口出口可安装压井管汇和节流管汇，可进行压井、节流循环，挤注水泥及释放井内压力。塔里木油田常用四通规格型号见表 8–1–5。

钻井四通用于钻井作业，但生产套管下至井口、目的层还需继续钻井的井，为减少完井井口换装频次，一般选择钻完井一体化四通。选型配套应遵循以下原则：

（1）工程设计中应指定四通的型号规格。其公称通径应大于本开次钻头尺寸。四通及闸阀的额定工作压力应不小于与之配套的套管头四通上法兰额定工作压力。

（2）根据油田公司井控细则规定选择安装四通，例如塔里木油田规定区域第一口探井目的层作业安装双四通、四条放喷管线；其他井安装单四通、两条放喷管线。安装单四通的井，应满足在每开次内防喷管线能平直接出井架底座以外的基础上，最后一级套管头的上法兰面高于井架基础面 10~30cm。安装双四通的井，应根据双四通安装方案合理确定，通常以下四通下沉式安装为主（节流管汇和压井管汇同样下沉，与下四通侧通平直连接）。

表 8–1–5　塔里木油田常用四通规格型号

种类	序号	规格型号	种类	序号	规格型号
钻井四通	1	FS28–70	钻井四通	8	FS54–70
	2	FS28–105		9	FS68–21
	3	FS28–140	钻完井一体化四通（特殊四通）	1	28–70
	4	FS35–35		2	28–105（上）× 28–70（下）
	5	FS35–70		3	35–70（上）× 28–105（下）
	6	FS35–105	新型大通径一体化四通	1	28–105（上）× 35–70（下）
	7	FS54–35		2	28–105（上）× 43–70（下）

2. 常用种类

1）钻井四通

主通径为直通，塔里木油田钻井四通旁通口通径一般为 $3^1/_{16}$in，一般左侧连接两只手动平板阀，右侧连接手动、液动平板阀各 1 只。

2）钻完井一体化四通

主通径内在旁通口以上有悬挂台阶，可以悬挂防磨套和油管悬挂器；旁通口以下有悬挂台阶，可悬挂试压塞试压。主通径下部可密封插入套管。旁通口通径一般为 $2^9/_{16}$in 和 $3^1/_{16}$in。旁通口左右两侧各连接 2 只手动平板阀，右侧在 2 只手动平板阀之间设置仪表法兰，安装压力表（图 8–1–1）。

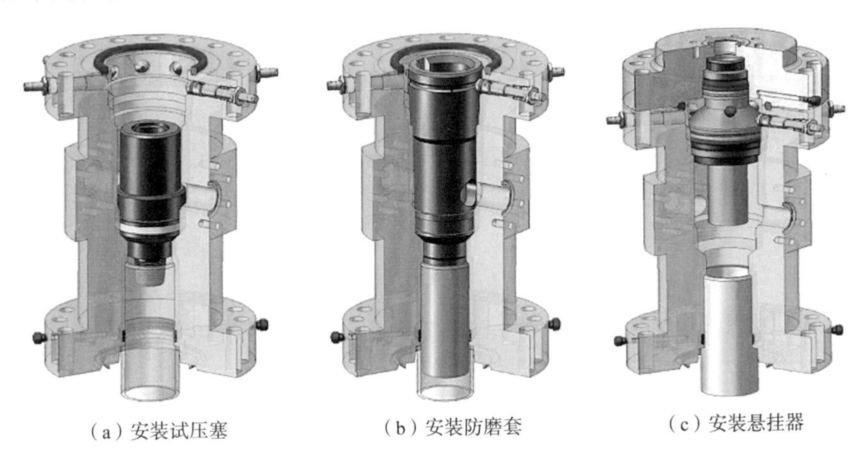

（a）安装试压塞　（b）安装防磨套　（c）安装悬挂器

图 8–1–1　钻完井一体化四通（特殊四通）

（四）井控管汇及管线

1. 选配原则

（1）节流、压井管汇的压力等级不低于应配套使用的闸板防喷器、四通压力等级，各压力级别的节流、压井管汇选配严格执行相应油田公司井控实施细则相关内容。

（2）节流、压井管汇应配置与其额定工作压力相匹配的高量程耐振压力表和量程不大于 25MPa 的低量程压力表，低量程压力表前端安装旋塞阀。压井管汇应配置与其额定工作压力相匹配的耐振压力表。

（3）现场应使用标准内防喷管线，严禁现场焊接；内防喷管线的额定工作压力等级应不低于设计配套的闸板防喷器压力等级。

（4）放喷管线安装执行相应油田公司井控实施细则相关规定。

（5）有抗硫要求的井口装置及井控管汇应符合 SY/T 5087—2017《硫化氢环境钻井场所作业安全规范》（为现行标准）中的相应规定。

2. 类型

节流管汇按液动节流阀数量分为单液动钻井节流管汇和双液动钻井节流管汇。主要结构：节流阀、平板阀、四（五）通、液压仪表法兰、管线、压力表和底座等。

压井管汇是油气井压力控制的主要设备之一。通过内防喷管线与防喷器组连接，主要用于反循环压井、放喷等特殊作业。钻井压井管汇主通径一般为 78mm。

塔里木油田常用节流和压井等管汇规格型号见表 8-1-6。

表 8-1-6 塔里木油田常用节流和压井等管汇规格型号

种类	序号	规格型号	种类	序号	规格型号
节流管汇	1	JG-35MPa	压井管汇	1	YG-35MPa
	2	SJG-70MPa（6 个五通）		2	YG-70MPa
	3	SJG-70MPa 大通径（6 个五通）		3	SYG-70MPa 双出口
	4	QJG-70MPa		4	YG-105MPa
	5	SJG-105MPa（6 个五通）			

（五）防喷器远程控制系统

1. 选配原则

根据需要控制的对象数量及控制对象开关所需液压油量进行匹配，控制对象数量宜预留一组控制接口备用。选配司钻控制台时，司钻控制台应与远程控制系统匹配。

2. 类型

按照司控台对远控台的控制方式，可分为气控液型和电控气—气控液型两种。超深井钻井中常用 6406、8006 和 8007 气控液型，8007 和 1120-12 电控气—气控液型防喷器控制系统。

（六）其他装备与辅助设备

1. 液气分离器及点火装置

液气分离器主要功用是将从井筒内返出的流体进行气、钻井液、钻屑、油等分离。其主要由液气分离器、除气器、固控系统、撇油系统、排气和燃烧系统等组成。型号表示方法，如 NQF1200/0.862，表示罐体内径为 1200mm、额定工作压力为 0.862MPa。

自动点火装置，主要是对溢流、井喷处置过程中钻井液气体分离器、放喷管线排出的气体进行点火，放空燃烧，防止环境污染和爆炸造成人员、设备损失。按点火方式分：有电子点火和等离子点火两种自动点火装置。按用途分：有放喷管线和钻井液气体分离器两种自动点火装置。

超深井钻井主要使用 NQF1000 型、NQF1200 型和 NQF1400 型常压式液气分离器，排气管线出口应安装立式燃烧筒。高含硫井、高压高产气井和风险探井目的层作业时，液气分离器排气管线出口应配备自动点火装置。

2. 钻井液加重设备、灌注装置及罐面监测仪器

钻完井作业期间需要保证钻井液（修井液）加重系统、固控设备系统、除气器等完好。大密度钻井液应急储备站配备使用气动重晶石粉罐，实现快速加重和供浆。

钻井液灌注装置能在起下钻过程中或井下漏失情况下，为井内灌注钻井液，以保持井筒内的钻井液液柱压力，防止溢流发生。

钻井液罐液面监测装置是用来通过监测钻井液罐内液面高底，从而计算出罐内钻井液量的装置，根据罐内钻井液量的变化，判断溢流和井漏。为方便快速识别出罐内钻井液量，油田要求所有参与循环的钻井液罐安装体积直读式液面标尺，即从标尺上可直接读出

罐内液量。钻井泵上水罐应安装准确可靠的液面监测设备和报警装置，在发生溢流井漏时发出警报信号。

3. 井筒液面监测技术

井下液面监测仪能够在井漏失返、液面不在井口的情况下，实时监测环空和钻具水眼内的液面变化，通过定时吊灌适量钻井液，维持井下液面高度，保持液柱压力始终大于缝洞油气压力，避免溢流发生，为后续作业创造了条件。

目前超深井广泛采用井下液面监测仪监测液面。井下液面监测仪是采用远传非接触监测方式测试井内液面动态的仪器，测深仪与油套环空相通，采用便携式非爆炸气源（气压枪）作为动力源，用预先准备的氮气瓶里的氮气作为动力源，计算机定时控制测深仪声呐发射系统发出脉冲波，脉冲波通过环空传至井下液面，声呐遇到井下液面便向地面返回一个脉冲波，通过特有处理软件系统对各种噪声信号进行过滤、分析处理，得到反映液面位置的曲线，快速计算液面井深，并在计算机上记录深度变化曲线，所得数据是在线的、实时的。如图 8-1-2 所示，管柱水眼液面利用监测队伍的接头连接。环空液面深度的监测利用液面监测三通，三通安装在井口钻采复合四通 1 号阀门与内控管线之间或通过压井管汇压 6 或压 3 进行监测。

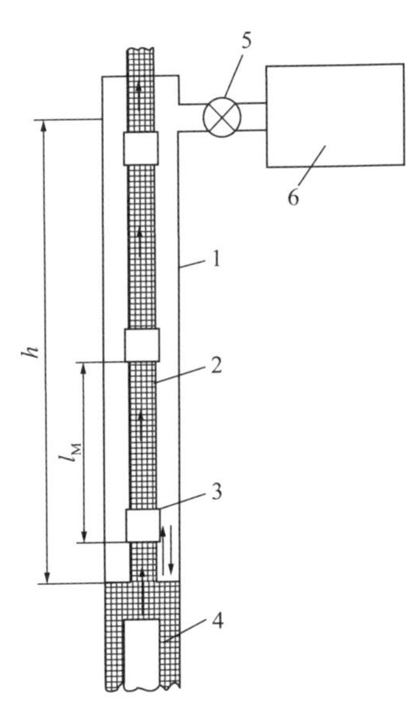

图 8-1-2　液面测量系统结构图
1—套管；2—油管；3—接箍；4—油液；5—阀门；6—发射枪

液面监测仪应用于井漏失返工况下液面实时监测和溢流检测，具有及时、准确、实时和全自动化的特点，从而为钻井过程中井下压力变化的分析和溢流的判断提供了可靠技术手段。

4. 其他辅助井控装备

旋塞阀、箭型止回阀、钻具浮阀等内防喷工具、钻具防提断装置等，按照相关标准规范以及相应油田公司井控实施细则规定进行配备。

二、超深井井控装备设计

下面以塔里木油田 KS10-5 井塔标Ⅱ五开井为例，描述井控装置配置整个流程，设计严格依照国家、中国石油天然气集团公司及塔里木油田公司相关标准和规范执行。该井目的层为高温、高压、高产气层，目的层以上发育多套复合膏盐层、多套高压盐水层，井控风险较大。

（一）井口装置设计

各二开至五开井口组合如下。

1. 二开井口装置

根据地质预测，二开预计最高地层压力 32.88MPa，预测压力系数为 1.25，按气井计算关井压力约 23.67MPa，本开次选用 35MPa（工作压力）或以上防喷器组合（表 8-1-7，图 8-1-3）。

表 8-1-7 二开井口装置数据表

序号	井口装置名称	规格型号	备注
1	套管头	TF20in × $14^3/_8$in（54-35）	DD 级、卡瓦式
2	变压法兰	54-70（上）× 54-35（下）	
3	升高短节	54-70	或占位四通
4	升高短节	54-70	或占位四通
5	钻井四通	FS54-70	
6	单闸板防喷器	FZ54-70	$5^7/_8$in 半封
7	单闸板防喷器	FZ54-70	全封
8	单闸板防喷器	FZ54-70	$5^7/_8$in 半封
9	环形防喷器	FH54-14/70	

注:（1）根据钻机底座净空高、配备防喷器情况以及避免半封闸板关井卡在钻杆接箍位置的要求，全封和半封闸板位置可调整。

（2）为满足半封关井要求，可根据实际情况加装。

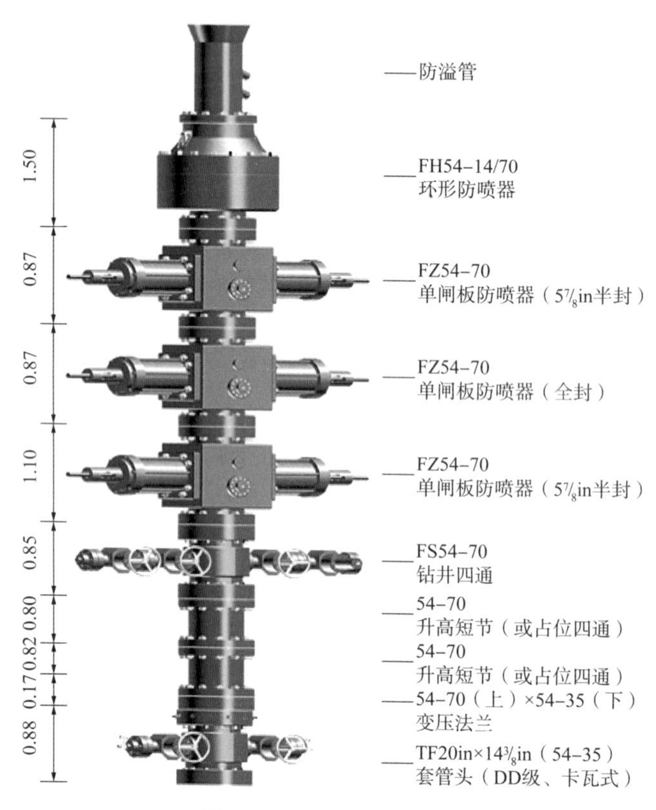

图 8-1-3 二开井口装置

2. 三开井口装置

三开预计最高地层压力 97.22MPa，预测压力系数为 1.90，地层流体按地层水 1.05 计算，本段最大关井压力约为 43.50MPa。选择 70MPa（工作压力）或以上防喷器组合（表 8-1-8，图 8-1-4）。

表 8-1-8　三开井口装置数据表

序号	井口装置名称	规格型号	备注
1	套管头	TF20in × 14³/₈in-（54-35）	DD 级，卡瓦式
2	套管头	TF14³/₈in × 10³/₄in-（43-70）	EE 级，卡瓦式
3	变径法兰	43-70（下）× 54-70（上）	
4	升高短节	54-70	或占位四通
5	钻井四通	FS54-70	
6	升高短节	54-70	
7	单闸板防喷器	FZ54-70	5⁷/₈in 半封
8	单闸板防喷器	FZ54-70	全封
9	单闸板防喷器	FZ54-70	5⁷/₈in 半封
10	环形防喷器	FH54-14/70	

注：（1）根据钻机底座净空高、配备防喷器情况以及避免半封闸板关井卡在钻杆接箍位置的要求，全封和半封闸板位置可调整。

（2）为满足半封关井要求，可根据实际情况加升高短节。

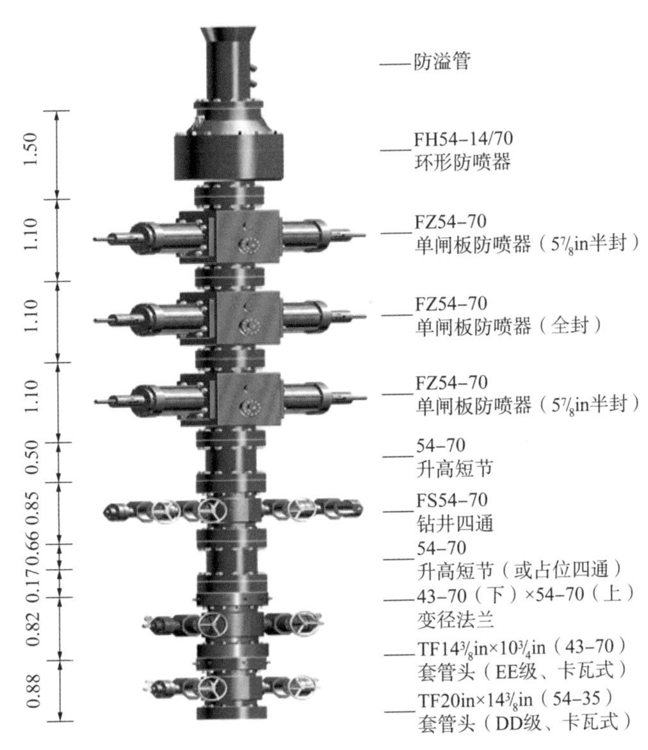

图 8-1-4　三开井口装置

3. 四开井口装置

四开预计最高地层压力 111.24MPa，预测压力系数为 1.84，地层流体按地层盐水 1.05 计算，本段最大关井压力约为 47.76MPa，考虑卡层及与目的层连通风险，选用 105MPa（工作压力）或以上压力等级防喷器组合（表 8-1-9，图 8-1-5）。

表 8-1-9 四开井口装置数据表

序号	井口装置名称	规格型号	备注
1	套管头	TF20in × 14$^3/_8$in（54-35）	DD 级、卡瓦式
2	套管头	TF14$^3/_8$in × 10$^3/_4$in（43-70）	EE 级、卡瓦式
3	套管头	TF10$^3/_4$in × 8$^1/_8$in（28-105）	EE 级、卡瓦式
4	钻井四通	FS28-105	
5	钻井四通	FS28-105	
6	双闸板防喷器	2FZ28-105	上全封，下 5$^7/_8$in 半封
7	双闸板防喷器	2FZ28-105	上 5$^7/_8$in 半封，下剪切
8	环形防喷器	FH28-70/105	
9	变径变压法兰	35-35 × 28-70	
10	旋转控制头	FX 35-17.5/35	

注:（1）配齐剪切闸板和全封闸板的井，各闸板安装顺序原则上按照 SY/T 5964— 2019 执行，从上到下依次为“半封 + 剪切 + 全封 + 半封”或者“半封 + 半封 + 剪切 + 全封”，如确因以上安装顺序影响使用概率高的闸板关井，在保证剪切闸板在全封闸板以上的前提下，可适当调整安装顺序。

（2）如库存无货，可单闸板代替双闸板，可用 35-105 系列封井器代替 28-105 系列封井器，并配套完整。

（3）根据实钻情况及时安装液面监测系统。

（4）旋转控制头由根据现场实际情况确定是否安装。

（5）在满足井身结构的情况下，可根据库存情况，使用不低于原设计通径及压力等级的套管头，根据套管头情况使用不低于套管头通径和压力等级的井口装置组合，并进行合理安装。

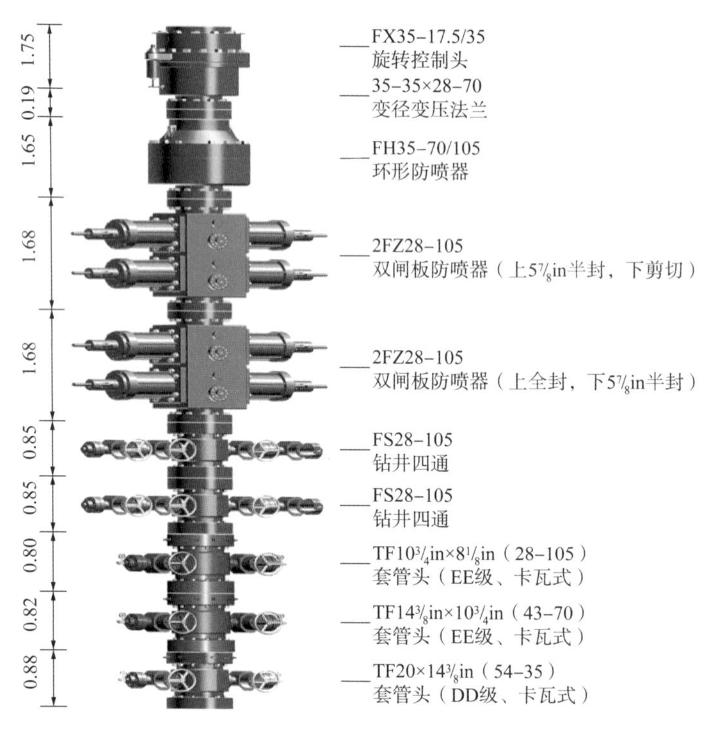

图 8-1-5 四开井口装置

4. 五开井口装置

五开钻遇白垩系巴什基奇克组气藏，计算最高地层压力 100.5MPa，预测压力系数为

1.60，本段最大关井压力约 78.51MPa，本开次选择 105MPa（工作压力）或以上防喷器组合（表 8-1-10，图 8-1-6）。

表 8-1-10　五开井口装置数据表

序号	井口装置名称	规格型号	备注
1	套管头	TF20in × 14³/₈in（54-35）	DD 级、卡瓦式
2	套管头	TF14³/₈in × 10³/₄in（43-70）	EE 级、卡瓦式
3	套管头	TF10³/₄in × 8¹/₈in（28-105）	EE 级、卡瓦式
4	钻井四通	FS28-105	
5	钻井四通	FS28-105	
6	双闸板防喷器	2FZ28-105	上全封，下 5⁷/₈in 半封
7	双闸板防喷器	2FZ28-105	上 4in 半封，下剪切
8	环形防喷器	FH28-70/105	
9	变径变压法兰	35-35 × 28-70	
10	旋转控制头	FX 35-17.5/35	

注：（1）配齐剪切闸板和全封闸板的井，各闸板安装顺序原则上按照 SY/T 5964—2019 执行，从上到下依次为“半封 + 剪切 + 全封 + 半封”或者“半封 + 半封 + 剪切 + 全封”，如确因以上安装顺序影响使用概率高的闸板关井，在保证剪切闸板在全封闸板以上的前提下，可适当调整安装顺序。

（2）如库存无货，可单闸板代替双闸板，可用 35-105 系列封井器代替 28-105 系列封井器，并配套完整。

（3）根据实钻情况及时安装液面监测系统。

（4）旋转控制头根据现场实际漏溢情况确定是否安装。

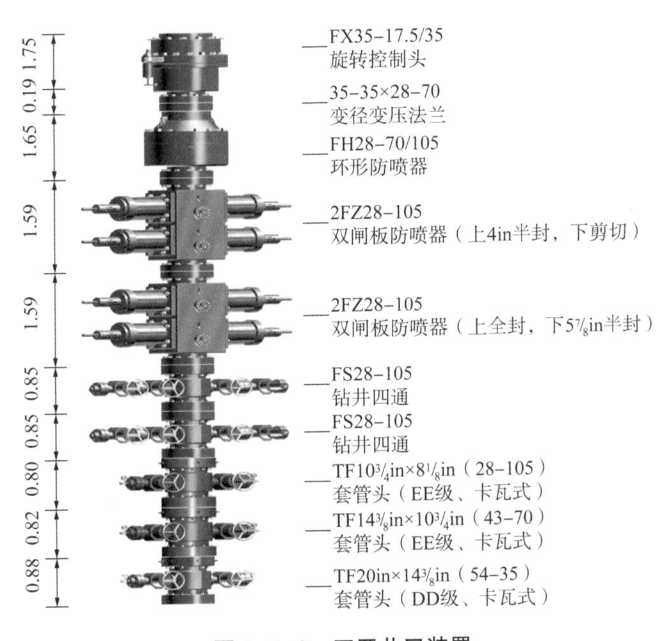

图 8-1-6　五开井口装置

（二）井控管汇及控制系统设计

塔里木油田如 KS10-5 井的山前高压气井都要用多通道的节流管汇、压井管汇，备用一条通道，以应对紧急情况的出现。表 8-1-11 为管汇及控制系统数据表。

表 8-1-11　管汇及控制系统数据表

名称	规格型号	备注
放喷管线	FGX103-35	二开、三开，两条，各接出井口 150m 以远 四开、五开，四条，各接出井口 150m 以远
节流管汇	二开、三开 JG-70 或以上， 四开、五开 JG-105 或以上	
压井管汇	二开、三开 YG-70 或以上， 四开、五开 YG-105 或以上	
控制系统	8007 或以上	控制对象不少于 7 个，有效容积不少于 800 升
液气分离器	ZQF-1200/0.862 或以上	

1. 二开和三开节流压井管汇

KS10-5 井二开和三开节流压井管汇如图 8-1-7 所示。

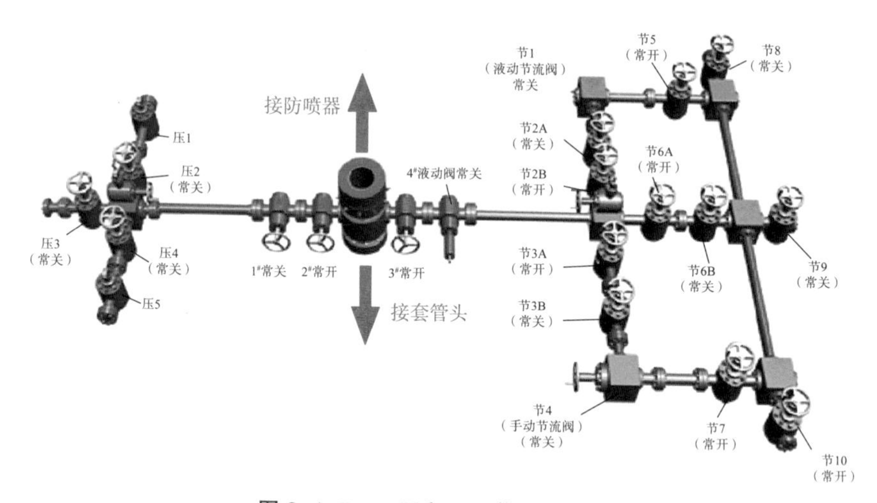

图 8-1-7　二开和三开节流压井管汇

2. 四开和五开节流压井管汇

KS10-5 井四开和五开节流压井管汇如图 8-1-8 所示。

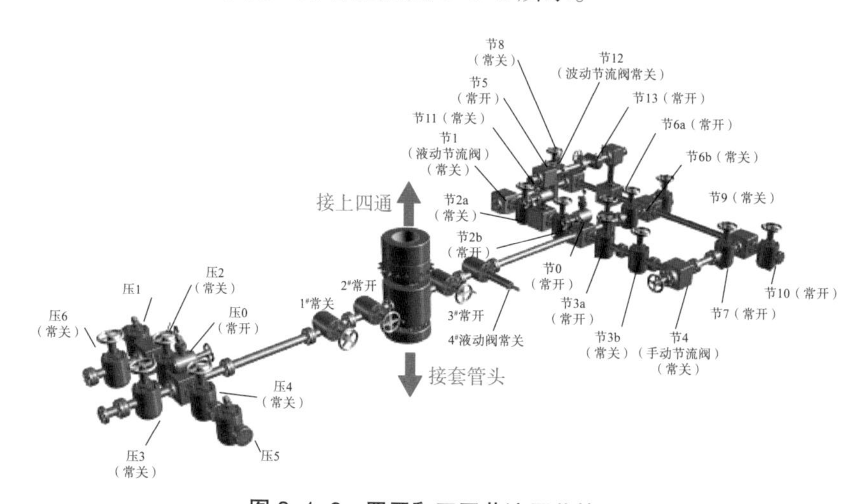

图 8-1-8　四开和五开节流压井管汇

第二节　超深井井控装备研制改进

自 1989 年以来，塔里木油田勘探开发前期由于对井控认识不足，同时缺乏相应的井控管理机制和配套技术，以致连续发生多起井喷事故。根据统计，1990—2005 年，油田共发生井喷失控事故 14 口井，经过油田井控技术、井控管理的不断改进提升，实现了 2006—2017 年连续 12 年未发生井喷事故。2018 年和 2020 年，塔里木油田又发生了 TZ726-2X 井和 BZ3-1X 井两起重大井控险情，给油田带来了严重的不良影响[6-10]。

图 8-2-1　塔里木油田历年井喷及重大井控险情

表 8-2-1　塔里木油区部分典型井喷及重大井控险情影响

井号	简要经过	主要影响
TZ1 井	1999 年 11 月 22 日 8：30—8：50 钻进至井深 2646.41m 时，钻时由 33min/m 降到 1min/m，11min 钻井液量突增 13.2m³ 关井，在压井处理中因泵保险阀销子断，爆炸着火，火焰高度 5~20m，于 1999 年 12 月 13 日 14：00 封井成功	（1）损失时间 20.8d； （2）埋井钻具损失 243 万元； （3）井眼报废
DIN2 井	2001 年 4 月 29 日 4：28 钻进至井深 4875.59m，发现溢流，钻井液池液面上涨 1.2m³，在压井作业过程中因操作及设备原因最终导致井架烧毁的事故，抢险历时 66d，于 2001 年 7 月 4 日制服了井喷	（1）抢险历时 66d； （2）井眼报废； （3）造成巨大经济损失； （4）造成严重油气资源破坏
LG19 井	2003 年 3 月 10 日对 5591.77~5745.7m 井段进行酸化，注入 466m³ 酸进行顶替时，油管挂双公短节断，油管落入井内 170m，在后续压井过程中，因灌钻井液管线崩开，关三通闸阀，于 13 日 4：15 井口喷势突然加大，高度 15~20m，停车，关闭电源，人员撤离，井口失控	（1）损失时间 3d； （2）落井油管 170m； （3）造成严重经济损失
TZ823 井	2005 年 12 月 24 日 13：00 该井开始试油压井施工，油压和套压均为 0，26 日吊起采油树时井口无外溢，将采油树吊开放到地上后约 2min 井口开始有轻微外溢，立即抢接变扣接头及旋塞，至 7：10 抢接不成功，此时钻井液喷出高度已经达到 2m 左右，到 7：15 重新抢装采油树不成功，井口钻井液已喷出钻台面以上高度。井队立即停电、停车	（1）TZ823 井附近的 10 家单位 1374 人全部安全撤至安全区； （2）为确保过往车辆人身安全，对肖塘且末民丰至塔中的沙漠公路进行了封闭； （3）井眼报废； （4）造成严重社会不良影响
TZ726-2X 井	2018 年 12 月 21 日 14：48 下 5in 尾管至井深 260m 时，发现溢流随即井涌，立即抢接防喷单根，7 次对扣失败，钻井液涌出转盘面 3m 左右，在管封井器期间套管从井口喷出，随之喷势增大，15：02 喷至天车，井队停机、停电、停炉，15：15 人员撤离，清点人数。于 24 日 21：25 压井成功，险情解除	（1）损失时间 3.25d； （2）造成不良社会影响
BOZ3-1X 井	2020 年 6 月 24 日 13：40，BOZ3-1X 井在起传输电测管柱时，发生单吊环事故，钻具落井，引发溢流，后未及时有效关井，发生井喷。历经 58d 抢险，于在 2020 年 8 月 17 日重置井口成功，8 月 20 日天然气进系统生产，抢险获得成功	（1）抢险历时 58d； （2）造成巨大经济损失

据不完全统计，塔里木油田井控装备重大失效（故障）见表 8-2-2。

2001 年 DIN2 井井喷失控后，塔里木油田围绕提高井控装备适用于超高压气井等复杂条件的使用可靠性，对塔里木油田主要井控装备采取了降低零部件失效、提高性能的技术改造区技术措施等方面做了大量的工作。

表 8-2-2　塔里木油田部分井控装备重大失效（故障）统计表

序号	失效部件	井号	时间	失效描述
1	节流阀	DIN2 井	2001 年 4 月 29 日	阀板脱落失效，分离器软管爆裂，着火
2	FZ35-35 单闸板防喷器	HD1-18H 井	2002 年 10 月 3 日	多次上井试压未见异常，2002 年 10 月 3 日试压 12MPa 下壳体突然断裂
3	双闸板防喷器	LG111 井	2003 年 8 月 31 日	闸板轴断裂
4	节流阀	DQ8 井	2003 年	换第三只节流阀才压井成功
5	节流阀及短节	WS1 井	2003 年	阀体、双法兰短节刺坏
6	法兰螺栓	多次	—	多次在试压时断裂
7	28-105 双闸板防喷器	YS1 井	2004 年 7 月	锁紧轴顶弯
8	重矿 35-35 环形防喷器	车间试压	2004 年 11 月 29 日	在打压至 34.6MPa 时防喷器爆裂

一、防喷器的改进

（一）闸板防喷器

在引进国外先进防喷器的基础上，研制和推广应用闸板防喷器侧门浮动密封技术、液压自动锁紧技术和无侧门螺栓技术（图 8-2-2）。闸板防喷器侧门浮动密封技术，大幅度提高了防喷器侧门密封的可靠性，同时侧门密封圈的平均使用寿命提高 2 年以上，维修工艺更加简单；液压自动锁紧技术提高了装备的自动化性能，锁紧及解锁更加快速可靠，简化了现场安装操作程序，避免了人工锁紧带来的误操作风险；闸板防喷器无侧门螺栓连接技术，使现场每次更换闸板总成的作业时间缩短 2h，同时劳动强度降低。该技术已全面推广应用，性能达到国外同类产品水平，实现 100% 国产化。

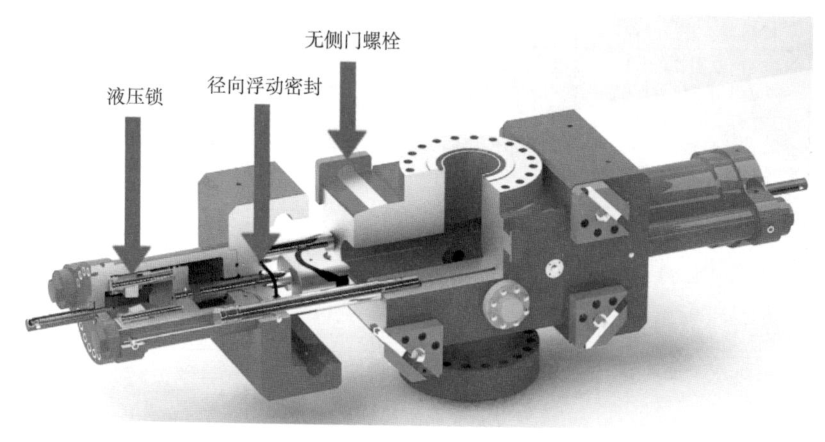

图 8-2-2　防喷器改进示意图

（二）防喷器油路过滤装置

在对防喷器油路密封、防喷器控制系统油路阀件失效分析中发现，油路中含渣滓是失效的重要原因之一，在检维修过程中也发现油路含较多渣滓。为此研发了防喷器油路过滤装置（图 8-2-3）。该装置安装在管排架与井口防火胶管之间，装置额定工作压力 35MPa，滤网可随时清洗。

图 8-2-3　防喷器油路过滤装置现场实物图

（三）闸板总成胶芯拆装工具

卡麦隆防喷器闸板胶芯在使用过程中，由于现场使用的工况复杂，高液压挤压使橡胶变形、高密度钻井液黏连、固定销子锈蚀，从而使闸板钢芯与橡胶密封件之间粘连，导致闸板胶芯人工拆卸困难甚至无法拆卸，拆卸效率低。

图 8-2-4　闸板总成胶芯拆装工具实物图

针对上述问题，塔里木油田自主研制了闸板总成胶芯拆装工具（图 8-2-4），解决了生产中的实际问题，能够快速拆卸卡麦隆闸板总成，特别是对老旧锈蚀的闸板总成非常有效。

（四）闸板防喷器侧门螺栓拆装机

该装置研制前，防喷器维修靠人工拆装螺栓，工人劳动强度大，工作效率低，且容易损坏螺栓。人工拆装时，均采用锤击扳手对侧门螺栓进行拆装，在遇到大型螺栓生锈或装配时预紧力过大等情况时，一个螺栓的拆卸可能要花费很长时间、甚至拆不掉。为此，自主研制了拆装机（图 8-2-5），拆装机采用了低速大扭矩扳手来代替人工操作，一个螺栓用较短时间便可拆卸掉。该设备主要适用于以下规格的闸板式防喷器：FZ28-70、FZ28-105、FZ35-35、FZ35-70、FZ35-105、FZ54-14、FZ54-35、FZ54-70。

图 8-2-5　闸板防喷器侧门螺栓拆装机示意图

二、节流压井管汇的改进

（一）防冲蚀短节

节流管汇工作压力高，易发生刺漏故障，防冲刺、抗御风险的能力较差，一直是井控安全工作的薄弱环节。为此，塔里木油田研制了新型防冲蚀短节（图 8-2-6），现场试验后阀门主通径完好，下游防冲刺短节内部无明显冲蚀现象，具有很好的防冲刺效果，能够较好满足现场对于节流压井管汇防冲刺的要求。

（二）全通径流道单流阀研制

为了解决老式单流阀易被冲蚀后失效的问题，研制了全通径流道单流阀（图 8-2-7），并将阀座的材质由 2Cr13 不锈钢改为硬质合金 YG8，将阀芯材质改为 2Cr13 不锈钢，表面喷焊 Ni60 合金，其硬度达到 HRC55~HRC60。

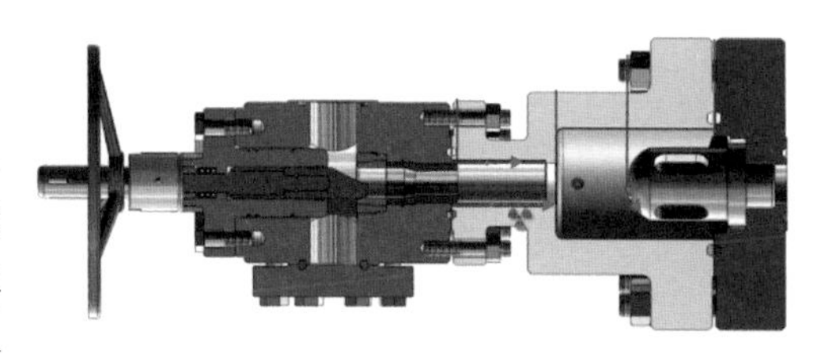

图 8-2-6　新型防冲蚀短节

图 8-2-7　全通径流道单流阀

使用过程中发现 YG8 硬质合金的阀座易破裂。于是又将阀座材质改为 2Cr13 不锈钢表面喷焊 Ni60 合金。室内实验成功后，塔里木油田又进行了现场试验，通过回收检查仍然完好，说明设计合理，现在塔里木油田的压井管汇全部配套使用全通径流道单流阀。

（三）反循环压井六通

现场出现反循环压井等特殊工况时，需要在节流管汇的仪表法兰和仪表阀门之间安装三通，井内钻具或油管通过管线连接在三通上实现反循环压井作业。将六通（预留口可作为试压用等，图 8-2-8）作为节流管汇的标准化配套，可减少反循环压井作业的准备时间。

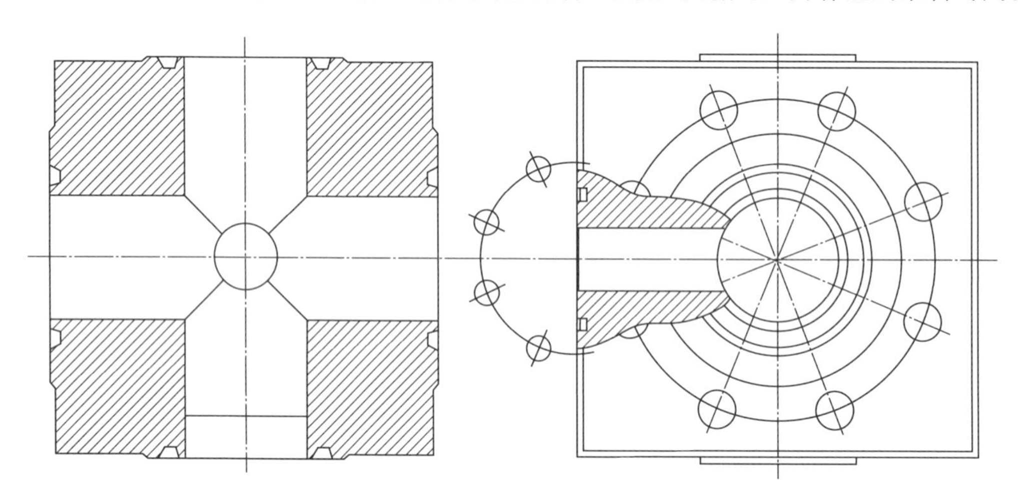

图 8-2-8　反循环压井六通示意图

（四）多通道节流、压井管汇

针对碳酸盐岩储层的特性，研发了三通道节流管汇（图 8-2-9），提高了节流管汇的控制能力，同时对节流管汇增设了反循环作业时与钻柱水眼的连接通道，解决了采用正循环压井套压过高的风险，为压井作业开辟了新途径。

研制了五通道压井管汇，该压井管汇具备通过钻井泵反循环压井、压裂车反循环压井、钻井泵直接压裂车供浆等功能，保证了压井作业的连续性，提高了压井作业的效率（图 8-2-10）。

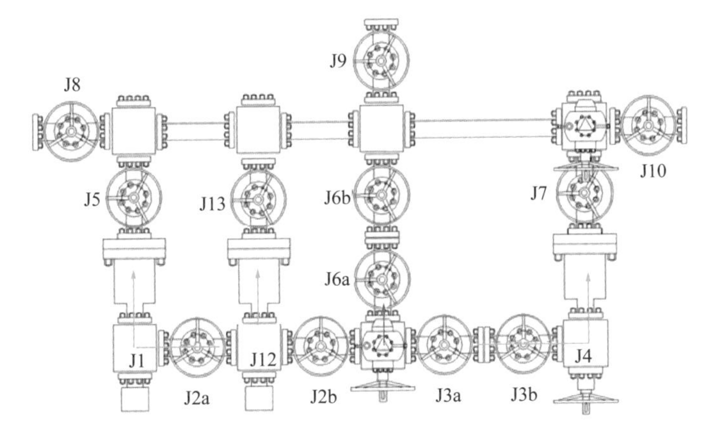

图 8-2-9　三通道节流管汇示意图

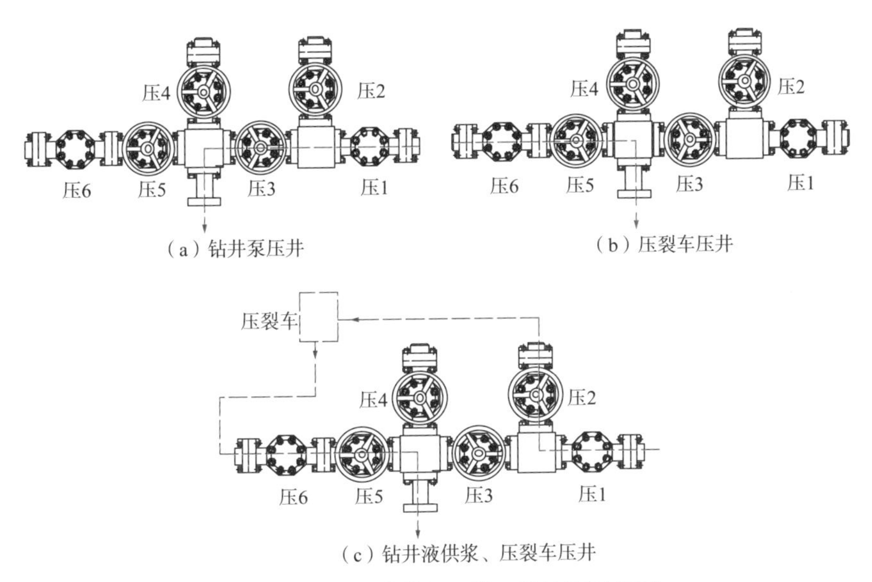

图 8-2-10　压井管汇三种工况流程示意图

针对超高压油气井压力控制技术难题，研制了多级节流压井系统（图 8-2-11），该系统由多级节流管汇、控制系统（节控箱及工控箱、控制软件）构成，能实现多级降压节流、多路通道选择、在线状态监测、压力程序控制、远距离压井操作等五大功能，具有安全性、可靠性和可操作性三个方面的优势。通过试验表明，在高密度（$2.0g/cm^3$）和高固相介质（钛铁矿粉）的钻井液条件下，套压高达 50MPa，但通过三级节流，作用在节流阀的最大压降为 20MPa（仅为套压的 2/5），经过近 5h 的节流压井作业，系统工作正常，节流阀阀芯、阀座均完好无损，保证了压井作业的顺利进行。与常规单级节流压井系统相比，使用寿命提高了 5~10 倍。多级节流压井系统后三项功能还可以方便地移植到常规节流压井系统，具有全面推广应用的潜力。

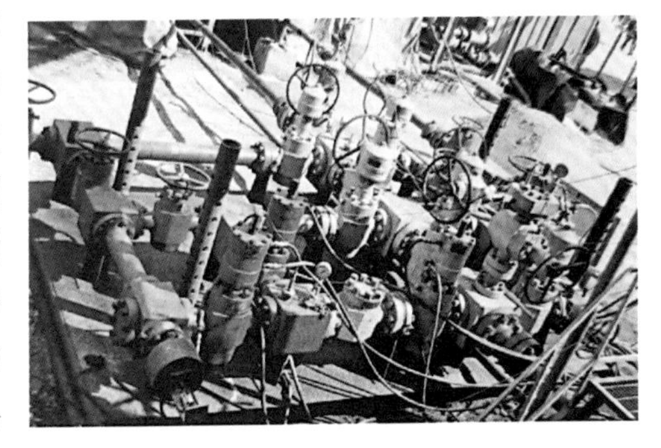

图 8-2-11　多级节流管汇现场实物图

（五）楔形节流阀研制

节流阀是节流循环压井控制井口压力的关键部件。影响节流阀性能的主要因素是阀芯与阀座的结构与材料，结构是否具有良好的线性特性，材料是否具有耐磨、耐冲蚀、长寿命等特点是重要指标。

针对普通阀存在的问题，新楔形节流阀阀芯采用带台阶的楔形结构，可以有效地将流体引向管道中央，如图 8-2-12 所示。阀芯的中部变径部分（ϕ50mm~ϕ54mm）采用 90° 直台阶，形成相对无害的轴向推力解决了阀芯对阀座的膨胀力。用加长的硬质合金阀座来保护下游阀体，将阀座由原来的 50mm 延长到 205mm（图 8-2-13），使之兼具阀座和保护套双重功效。在下游法兰短节中增加抗冲蚀材料，在入口边缘喷焊硬质合金粉或镶嵌硬质合金套，增加寿命（图 8-2-14）。

该节流阀的使用寿命与普通阀相比提高了 10 倍，基本满足高压高产油气井节流压井的需要。楔形节流阀的研制成功，填补了国内的空白。

图 8-2-12　楔形带台阶的节流阀阀芯

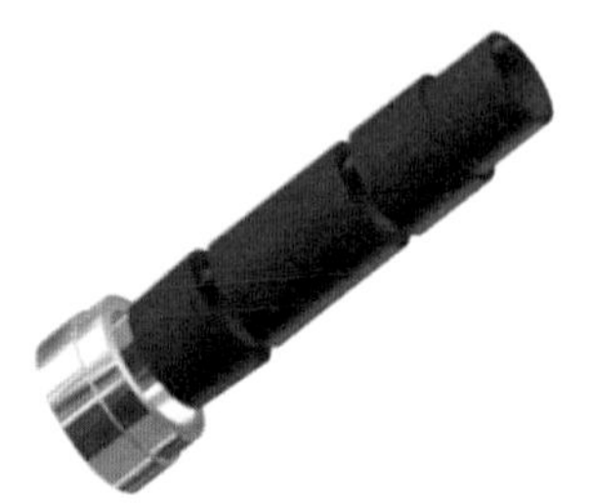

图 8-2-13　改进后的加长阀座

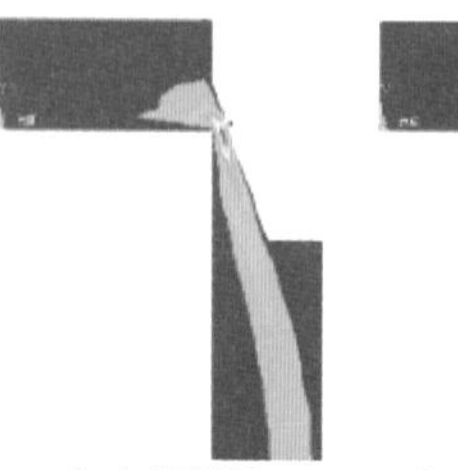

（a）楔形阀

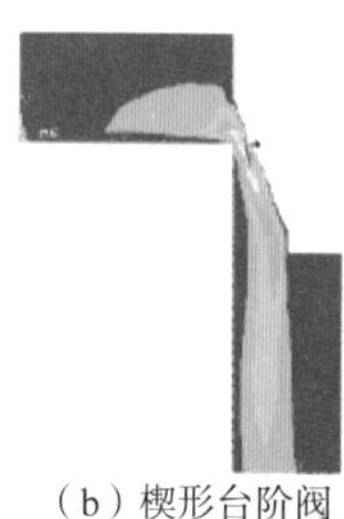

（b）楔形台阶阀

图 8-2-14　流体对阀座的冲蚀速度云图

三、应急管理系统改进

（一）点火装置改进

原放喷时采用人工点火方式，这种方式不能满足 QSHE 的作业要求，存在较大风险。在压井施工过程中，返回的钻井液混杂着地层气体，需经液气分离器实现钻井液与气体的分离，钻井液循环利用，天然气需燃烧排放。特殊情况下放喷时，从放喷管线放喷出大量的含钻井液、油气等混合物，也应该将排放的天然气燃烧掉。改进后的点火装置（图 8-2-15）主要由各种电器元件组成的点火控制箱、油箱、点火器、气管线、油管线、燃烧器、遥控器等构成，工作原理是操作有线或无线点火按钮，点火器打火，同时打开控制气源的电池阀，气进入油箱，经过雾化的柴油被点火器点燃，燃烧的柴油再点燃天然气、原油及其混合物。

（二）集成防喷器控制系统

研制了远程（无线遥控）电控液防喷器控制系统（图 8-2-16），该系统具备在钻台面司钻操作、地面远控房直接操作、干部值班房远程操作、远程无线遥控操作（500m 以

图 8-2-15　改进后的点火装置现场实物图

远）4 种操作控制方式，能够对防喷器的控制压力、开关信息进行存储读取，同时增设 140MPa 现场高压施压功能，解决了寒冷地区常规气控液控制系统冬季气路易冰堵、关井反应速度慢、控制方式及功能单一等问题。

图 8-2-16　远程电控液防喷器控制系统

集成防喷器控制系统是将节流管汇控制箱与防喷器控制系统整合到一起。将原电控液防喷器控制系统的系统压力经调压阀减压后作为液动节流阀的液压源。在远程控制台内配置电液比例换向阀、手动换向阀，对液动节流阀进行开关。在司钻控制台和无线遥控台可对节流阀的手动换向阀进行控制。在远程控制台、司钻控制台和无线遥控台上，都能控制立压、套压和阀位。若集成防喷器控制系统配合节 2a、节 11 为液动平板阀的节流管汇，司钻一人就能完成开关井。减少了开关井操作环节、人员和时间，避免了沟通不畅对开关井的影响。

四、井口装备研制

（一）钻完井一体式抗硫油套管头

使用传统的套管头和采油（气）井口装置需要多次换装井口装置和防喷器组，与节流管汇和压井管汇多次连接等改变地面设施的过程，换装一次需重新对防喷器组和地面设施进行试压，花费时间和成本。从安全考虑，虽然井内有内防喷器，但井口没有，所以在换装井口时安全风险很大，曾经发生在换装井口过程中，由于井底高压气体迅速串到井口，而井口无防喷器组导致井喷失控事故。

钻完井一体式抗硫套管头（图 8-2-17）是将套管头、油管头以及钻井四通合为一体，一次性安装后不需要更换井口装置和改变地面设施，就可以完成钻井、固井及井下测压、洗井、压裂酸化等试油完井特种作业；整体式套管头安装完成后不需要穿换井口，减少了井口、防喷器组和节流压井管汇重新安装、试压的时间，减少起下钻具或油管柱的程序，避免起下钻及换装井口时井口无防喷器组带来的风险，同时节省大量的时间和成本。

图 8-2-17　钻完井一体式抗硫套管头装置示意图

（二）抗硫多功能四通

抗硫多功能四通（图 8-2-18）具有钻井四通和采油四通的特性，减少了钻井转试油期间换井口的程序，提高了井控安全，目前广泛用于碳酸盐岩地区。抗硫多功能四通具有常规钻井四通的功能，可以安装加长防磨套，用于保护套管和试压密封面；可以在其下腔安装试压塞，对防喷器组、节流压井管汇、内防喷管线等进行试压；具有油管头的功能，可以直接悬挂管柱和安装采油树。

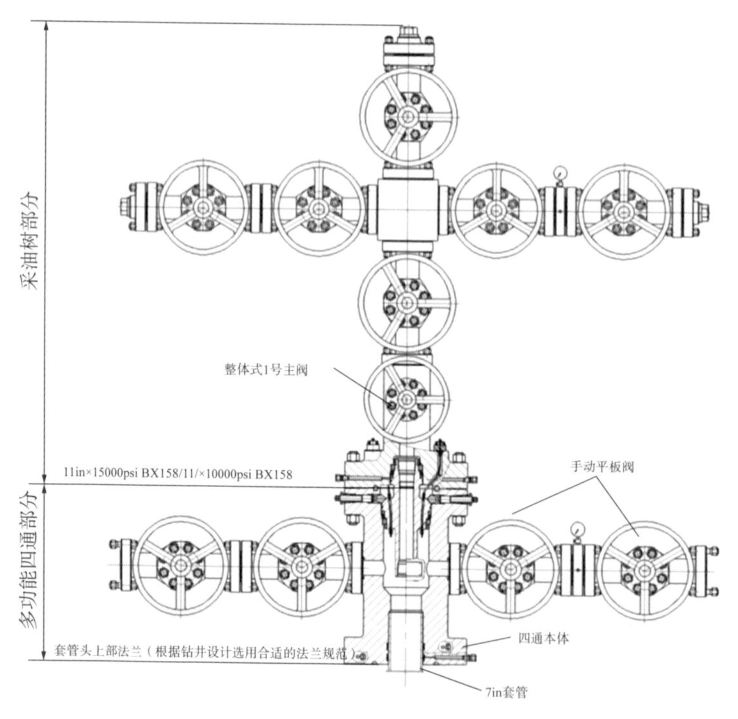

图 8-2-18　抗硫多功能四通结构图

（三）新型 140MPa 心轴式悬挂套管头

随着库车前陆区 8000m 级别超深、超高压气井数量的不断增加，出现了一批关井压力超过 105MPa 的超高压气井，这些超高压气井一旦发生油管柱泄漏，A 环空将直接承受井口油压，井控安全将面临严峻的考验，通过调研论证，使用了 140MPa 国产心轴式套管头，并将油管头压力级别整体提升至 140MPa，与常规套管头相比，除压力级别的提升外，这种新型套管头密封部分采用金属 + 橡胶复合密封结构，具有更稳定的耐高温、耐腐蚀的特点，可以有效解决超高压气井在开发生产后期因密封失效造成环空带压的屏障风险问题。在 KS14 井应用过程中，成功坐挂 255tf，试压 117MPa 无渗漏。

第三节　超深井特色井控工艺技术

针对超深储层压力敏感，且高温、高压、高含硫，井下压力控制难度很大，作业过程中，应始终保持井底压力微高于地层压力（微漏状态），由此引入控压钻井技术并全面实施，创新研发重浆帽、随钻堵漏、凝胶段塞封隔等井控工艺，形成了高压高产油气井井控技术体系[11-15]。

一、吊灌技术

吊灌技术是指在钻井作业过程中，发现井漏以后，静液面不在井口，定时定量地向井内灌注钻井液，从而维持井内动压力相对平衡，防止井喷的一次井控技术。

对于碳酸盐岩高压气井，作业时发生井漏，此时钻井液静液面不在井口，井内液柱压力降低，容易造成井筒压力系统失去平衡，如果不采取措施，压力处于置换区间，会导致井内高压气体被置换出来，甚至造成溢流、井涌等复杂。采取吊灌技术能够有效控制地层中的天然气进入井筒，即使天然气有少量进入井筒，通过吊灌钻井液也能有效控制气体向上运行或者将其压回地层中去。吊灌钻井液的量需要根据井内的压力情况、钻井液密度、井筒容积精确计算，不合理的吊灌容易诱发工程问题：灌浆太多引起钻井液大量漏失，可能会导致井底油气与井筒钻井液的置换加剧；少灌则会产生溢流、井涌等复杂情况，如图 8-3-1 所示。

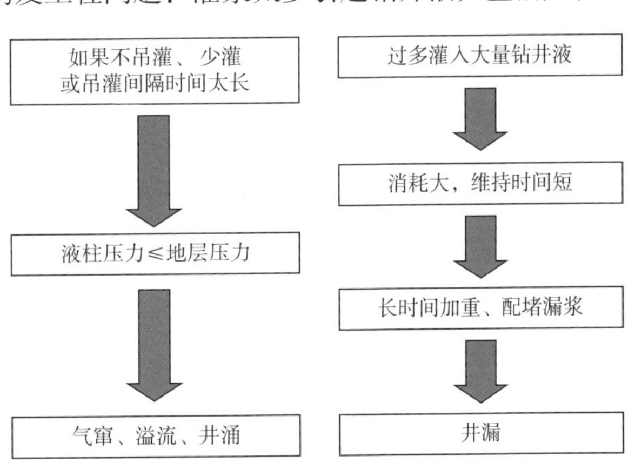

图 8-3-1　吊灌诱发工程问题

【案例】 TZXX 井完井裸眼段由于地层压力敏感，井漏与溢流同时并存，发生溢流后，每次起下钻作业（含测井、起下油管等）均采用了液面监测及吊灌技术，现场作业人员可以根据井下液面的变化调整吊灌钻井液量，非常容易地控制井筒内的液柱压力，防止地层流体进入井筒，既保证了井控安全，又节约了大量的钻井液，为安全起下钻和测井，取全取准地层资料提供了有力的保障，不但保证了起下钻（前后共 8 次）过程中井控制安全，而且也解决了 4 次测井作业（其中常规测井 2 次、传输测井 2 次，对接电缆 8 次、换电缆 1 次）的井控问题。TZXX 完井裸眼段采用吊灌措施保持动态平衡监测结果如图 8-3-2 所示。

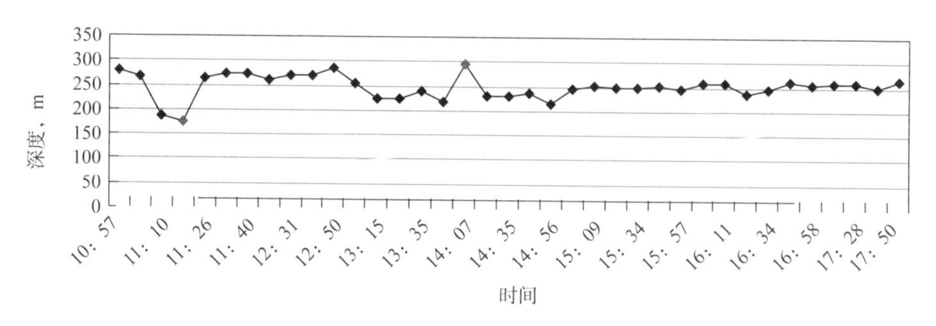

图 8-3-2　TZXX 井完井裸眼段采用吊灌措施保持动态平衡监测结果

二、凝胶段塞分隔技术

凝胶段塞分隔技术是在隔断式凝胶段塞堵漏技术基础上发展起来的一项井控技术，可以有效地处理下溢上漏和严重漏失的井筒复杂情况，采取分割隔离的处理原则，充分利用凝胶段塞的高流动阻力（附加压差），在有效抑制井底油气上窜的条件下，为后续作业（如堵漏、起下钻等）提供安全作业时间。

目前，塔里木油田高气油比区块起下钻前采用凝胶段塞控制油气上窜。凝胶段塞设计封闭段长及位置要结合目的层油气活跃程度、漏失速度及特征、温度等因素综合确定。对于控压起钻的情况，一般控压起钻至套管鞋，将上部井段油气循环干净后注凝胶段塞，控制起下钻过程中储层的油气上窜速度，确保起下钻过程中的井控安全。

通过大量实验研究，优选出特种凝胶 ZND，该凝胶具有高效增黏性、足够的悬浮性、良好的剪切稀释特性、较强黏弹性和触变性、良好的抗温抗盐性，基本特性满足凝胶封隔技术提出的基本性能要求，见表 8-3-1。

表 8-3-1　抗高温凝胶配方

序号	钻井液材料名称	材料代号	配方比例，%
1	膨润土	—	1~2
2	抗盐抗高温环保增稠剂	CX-215	1.5~2
3	提切剂	PRD	1.5~2
4	凝胶	ZND	1~2
5	加重剂	—	根据密度

该配方的主要特点：特种凝胶 ZND 中加入膨胀颗粒或 Gel-PRD 可进一步提高其封隔能力，与 CX-215 复配可进一步增强其抗温能力；能够用于 110~140℃高温环境；与常用钻井液体系配伍，可加重、可破胶。图 8-3-3 介绍了起钻注凝胶段塞及下钻破胶步骤。

起钻注凝胶塞步骤：

（1）安全起钻到指定井深位置；

（2）注凝胶段塞，在规定时间内静止候凝成胶；

（3）开泵循环 1~2 周，观察后效，确认分隔效果；

（4）如果分隔成功，进行后续作业。

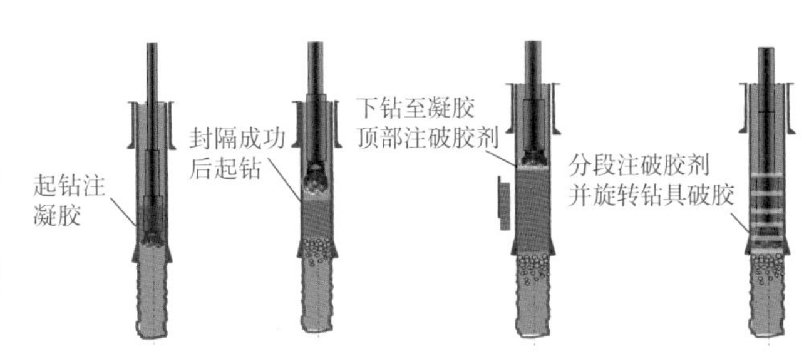

图 8-3-3　起钻注凝胶段塞及下钻破胶步骤

破胶步骤：

（1）安全下钻到注凝胶段塞顶部位置；

（2）分段注入破胶剂，旋转钻具搅动破胶；

（3）泵循环，排放凝胶液混合钻井液；

（4）破胶成功，进行后续作业。

三、重钻井液帽技术

塔里木油田碳酸盐岩目的层均采用控压钻井完成油气层作业，但起下钻时必须停泵，导致环空摩阻消失，需要提高静液柱压力或井口回压以补偿环空摩阻，恢复井底压力平衡。起钻过程中，可以通过旋转控制头上提钻杆，结合地面回压泵和节流管汇系统稳定井底压力，实现带压起钻作业。这种起下钻方式动用装备多、时间长、操作难度大，另外，下部钻具组合中的钻铤、螺杆钻具和钻头变径明显，使得井口回压控制难度更大。因此在起钻到套管上方预定高度，需注入高密度钻井液，即重钻井液帽，使得静液柱压力升高，补偿因停泵造成的环空压力损失，实现起下钻过程中井底压力平衡。

注重钻井液帽的工艺流程为：在起钻时，首先控制井口回压将钻头上起到套管鞋以上的某一位置，注入一定量的加重钻井液驱替钻头以上的井浆，形成钻井液帽，保证起完钻后仅依靠静液柱压力就能平衡地层压力。在下钻时，先将钻头下到钻井液帽底部，将重钻井液帽循环排出，通过控制井口回压下钻到井底。具体工艺流程如图 8-3-4 所示。

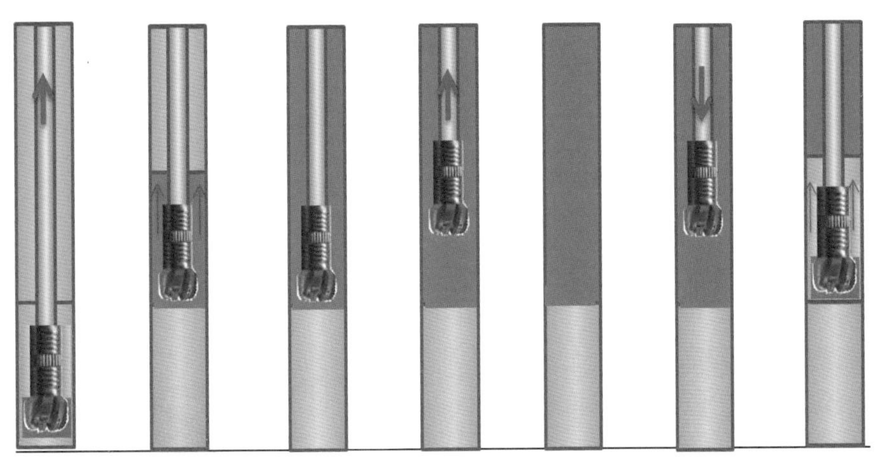

图 8-3-4　控压钻井注重钻井液帽工艺流程

在现场实际作业过程中，注入重钻井液帽作业需要遵储以下几个原则：

（1）打完钻井液帽之后井口回压为0，仅靠钻井液静液柱压力就能维持井底压力恒定。

（2）钻井液帽中起下钻产生的波动压力要小于井底压力允许的波动范围。

（3）钻井液帽高度的选取要考虑地面钻井液帽补偿罐/回收罐的容积大小。

（4）钻井液帽尽量维持在上层套管内，以免伤害裸眼地层。

（5）加重钻井液密度（ρ）与原钻井液密度（ρ_m）之间差值不能过大，一般要小于$0.4g/cm^3$（$\rho-\rho_m<0.4g/cm^3$），以减小两种不同密度钻井液的混浆量。

四、分段循环排污控制技术

塔里木油田碳酸盐岩较发育的裂缝性储层井段（喷漏同存）、气油比高的井，在井底节流循环，会加剧油气置换，导致井口压力增高，而且由于井底不停地产生置换，会使整个井筒的的液柱压力降低，环空受污染的钻井液无法排出，导致节流循环期间井口高套压持续不降。

针对这种情况，采用分段循环排污控制技术，主要的操作程序为：

（1）环空注入高密度钻井液，致使套压达到能够使用旋转控制头控压起钻的合适套压；

（2）将钻具提离储层顶部进行节流循环，排出上部受污染的钻井液。

参考文献

[1] 苏义脑，路保平，刘岩生，等．中国陆上深井超深井钻完井技术现状及攻关建议[J]. 石油钻采工艺，2020，42（5）：527-542.

[2] 周英操，崔猛，查永进．控压钻井技术探讨与展望[J]. 石油钻探技术，2008，36（4）：1-4.

[3] 周英操，杨雄文，方世良，等．国产精细控压钻井系统在蓬莱9井试验与效果分析[J]. 石油钻采工艺，2011，33（6）：19-22.

[4] 许期聪，邓虎，周长虹，等．连续循环阀气体钻井技术及其现场试验[J]. 天然气工业，2013，33（8）：83-87.

[5] 汪海阁，葛云华，石林．深井超深井钻完井技术现状、挑战和“十三五”发展方向[J]. 天然气工业，2017，37（4）：1-8.

[6] 汪海阁，黄洪春，毕文欣，等．深井超深井油气钻井技术进展与展望[J]. 天然气工业，2021，41（8）：163-177.

[7] 蒋光强，林发权，贾红军．塔里木油田探井井控技术分析研究[J]. 内江科技，2022，43（6）：73-74.

[8] 邓勇．塔里木山前超高压油气井井控技术研究[D]. 成都：西南石油大学，2010.

[9] 万夫磊，陆灯云，邓虎．川渝地区“十四五”复杂超深井钻井技术发展建议[C]. 第32届全国天然气学术年会（2020），2020：1862-1866.

[10] 刘书杰，李相方，耿亚楠，等．井控风险评价方法与案例分析[M]. 北京：石油工业出

版社，2021.
[11] 田军，胥志雄，滕学清，等 . 超深油气井钻井技术 [M]. 北京：石油工业出版社，2019.
[12] 滕学清，白登相，宋周成，等 . 超深缝洞型碳酸盐岩钻井技术 [M]. 北京：石油工业出版社，2017.
[13] 胥志雄，龙平，梁红军，等 . 前陆冲断带超深复杂地层钻井技术 [M]. 北京：石油工业出版社，2017.
[14] 安文华，唐继平，滕学清，等 . 库车山前复杂超深井钻井技术 [M]. 北京：石油工业出版社，2012.

第九章　超深井钻完井技术发展方向

高效开发深层超深层油气资源是实现中国能源接替战略的重大需求，也是当前和未来油气勘探开发的重点和热点。近年来，中国超深井钻完井技术发展迅速，研制了一批深井超深井重大装备、关键工具、高端工作液和软件，自动化钻机、钻—测—固—完一体化精细控压技术、非平面齿钻头、抗高温超高密度油基钻井液、高强韧性水泥浆、深层连续管作业机、非常规井身结构优化设计等多项技术取得了突破和新进展，很好地支撑了塔里木盆地、四川盆地海相碳酸盐岩、准噶尔盆地南缘等重要增储上产地区的勘探开发，基本形成陆上 8000m 级油气井的钻完井技术体系，助推超深井迈上 9000m 新台阶[1-4]。特别是“十三五”以来，中国石油在塔里木盆地奥陶系—寒武系 9000m 以内超深层碳酸盐岩勘探取得突破，发现了富满 10 亿吨级大油气区。然而，超深层钻井事故复杂多、钻井周期长、打不成井等难题仍然存在，深层超深层油气增储上产、降本增效任务依然严峻。同时，为持续增储上产，中国石油“十四五”计划在万米深地领域开展勘探攻关，但万米特深井还存在一系列钻完井关键技术瓶颈问题有待攻克。因此，必须持续创新深井超深井钻完井技术，加速技术迭代，才能发挥好工程技术的支撑和保障作用。

第一节　行业形势需求

随着勘探开发向深层超深层发展，深井超深井普遍存在压力系统复杂且具有不确定性、地层岩性复杂、地层流体（天然气、H_2S、水、高压盐水等）复杂、工程力学复杂等工程地质特征。随井深不断增加，高温高压问题更加尖锐，技术新挑战不断出现，钻井工程面临着复杂多压力系统和井身结构层次不足、施工风险大、深部钻井速度慢、工程质量控制与保障难度大、井筒安全和完整性差、提速提效装备和工具适应性差、新技术储备不足等问题。在钻井施工中表现为钻井周期长、复杂情况和事故多、工程投资大；单井复杂事故处理时间长，甚至有些井难以钻达目的层，不能实现地质目的，尤其以塔里木盆地和四川盆地最具代表性。

一、塔里木盆地超深井钻井面临的挑战

塔里木油田面临高温（190~230℃）、高压（175MPa）、高含硫（最高 450g/m^3）、超高压盐水、超深（井深 6000~12000m）、高陡（高陡构造地层倾角 87°）、极窄（窄压力窗口 0.01~0.02g/cm^3）、超低（低孔隙度 4%~8%、低渗透率 0.01~0.1mD）、巨厚（近 6000m 巨厚砾石层和巨厚复合盐膏层）等复杂地质环境的挑战，应对 3 套盐层等超深复杂地层的井身结构还不成熟、博孜砾石集中发育区的钻井提速难题尚未完全解决，窄压力窗口地层安全钻井系统解决方案还需进一步优化完善，9000m 以深钻完井配套技术不成熟等。

二、四川盆地超深井钻井面临的挑战

川渝地区深井超深井钻井主要集中在川西北深层海相地层（井深 6500~7500m）和川东寒武系（井深 6500~8000m），随着川渝深层勘探开发领域从盆地中部往盆地外围拓展，勘探对象由上二叠系—三叠系向更深的下二叠系—震旦系转移，雷口坡组以下 18 个海相油气层（6 个主力产层）层层含硫，部分高含硫，钻井试油面临超深（大于 7000m）、超高压（大于 150MPa）、超高温（大于 210℃）、极窄窗口（0.02~0.04g/cm^3）等挑战。需要进一步拓展井身结构，持续攻关砾石层和高含石英岩的钻井提速、超深小井眼钻井与固井、溢漏同层的承压堵漏和控压钻井、超深高温高压含硫井的井下工具和井筒工作液、井筒完整性等。

三、大陆深部科学钻探面临的挑战

大陆深部科学钻探工程以及其他地矿资源的钻探也对超深井钻井技术发展提出了新要求。大陆深部科学钻探是直接观察地球，深入认识地球的内部结构、构造及动力学过程，充分开发、利用及有效地保护地下资源，减轻地质灾害的有效途径。2018 年完钻井深为 7018m 的 SK2 井是迄今亚洲最深、全球第一口钻穿白垩纪陆相地层的大陆科学钻井。该井通过创新应用大口径扩孔钻进技术、大直径取心技术和抗高温钻井液体系，创造了 4 项世界纪录：（1）超千米（1651m）ϕ311mm 大口径连续取心钻进纪录；（2）ϕ311mm 口径取心单回次超 30m 纪录；（3）同等深度 ϕ216mm 口径取心单回次超 40m 纪录；（4）ϕ152mm 口径在井深超 6900m 井段单回次取心长度超 30m。SK2 井形成的具有我国自主知识产权的科学钻探技术和方法体系代表了目前大陆科学钻探工程技术水平。下步，大陆深部科学钻探工程将迈向万米深度，主要面临复杂地层、高地层温度、井斜、取心和钻具方面的难题。

（1）复杂地层。

万米超深井往往钻遇复杂压力系统。高地层压力井段更易造成井下工具失效；高地应力会诱发井壁失稳、垮塌、缩径、漏失和卡钻等复杂工况导致取心困难。

针对复杂地层，需要着重解决钻具、仪器的密封及外壳的承压能力，钻井液体系在高压下的流变性，地层层序和压力预测，以及井身结构设计等 4 方面的问题。尤其是山前高陡构造带超深井钻井，几乎集中了所有的超深井钻井技术难点，地层层序预测误差大，复杂地层井段难以确定，因此需要采用多层级的井身结构，逐级进行套管隔离，减少裸眼井段，避免因处理井内事故或者侧钻增加的井内安全隐患和钻井成本的风险。此外，应采用封堵效果好的钻井液或者采用膨胀套管技术，但目前国内膨胀套管技术在深井超深井应用方面还不成熟。

（2）高地层温度。

万米以深的科学超深井的预计井底温度可达 300℃，这将使井底螺杆钻具、震击器、减振器、测井仪器等的绝缘材料、电子元器件、橡胶密封等失效。同时，高温可显著影响钻井液及固井水泥浆性能，进而导致携岩困难和井壁失稳问题。

针对高温问题，一方面需要研制耐高温的螺杆定子、各类井下钻具密封件、抗高温聚合物钻井液材料及高温稳定剂、螺杆金属定子或者全金属低速大扭矩涡轮钻具，保障安全高效钻进；另一方面还需研制耐300℃的电子元器件，满足井下探测需求。当前，晶体管、电阻、电容等原件的最高使用温度约为225℃，普通绝缘层失效温度约为200℃，与科学钻探的需求尚有较大差距。

（3）井斜。

井斜是不可避免的，随着钻井深度加大，井斜一般也会加大。井斜加大后，会给钻井施工带来很多困难，诸如：因为摩擦而导致过高的摩阻及扭矩；在下入和提出测量仪器时遇阻；下套管困难；套管及钻具、特别是稳定器及钻头出现严重的磨损；钻进施工中往往采用低钻压来防斜，其结果导致低的施工效率；井斜加大后，实现钻井目标的深度加大，施工难度加大。

针对井斜问题，一是采用自动垂钻系统进行主动式防斜，但是由于井比较深，垂直钻井系统参数的要求与地面设备的能力及打捞工具不完全匹配，因此，垂直钻井系统对深部大倾角地层的适应性还有待于提高。二是采用被动防斜技术即井底动力马达+液动锤，研制抗高温井底马达及高压高能射流液动潜孔锤。

（4）取心。

深井或超深井钻探取心技术难题主要有两个方面：一是随着井深加大，地应力相应加大，井壁岩石失稳风险加大，同时岩心采取率显著降低且易发生岩心堵塞，使进尺及施工效率受到影响；二是由井深不断加大及频繁取心带来的井壁稳定风险和经济管理风险。

我国在实施“中国大陆科学钻探工程”项目时，对硬岩取心钻进方法进行了系统地试验和研究，包括了目前世界上主要的硬岩取心钻进方法。试验结果表明，螺杆马达—液动锤—金刚石取心钻进方法是最佳的硬岩取心钻进方法。在超深井取心钻探中发生岩心失落甚至取不到岩心的情况时，就要借助侧壁取样技术进行补取岩心。现有多种侧壁取样方法中，造斜钻进侧壁取样方法、连续切割式侧壁取样方法和旋转式侧壁取样方法相对较适合应用于科学超深井钻探的补取岩心。对于深度超万米的超深科学钻井，主要要解决这些方法的高温高压耐受能力。此外，通过改进取心钻具，采用井底局部反循环的取心方法已在超深井得以有效应用，还需要进一步推广验证。

（5）超长钻杆柱。

超长钻杆柱是超深井钻探技术的核心与关键，钻杆柱将在钻进中承受拉伸、弯曲、扭转、振动等各项载荷和温度载荷的复合作用，复杂工况致使其失效是施工过程中最为常见且代价昂贵的井下事故。

用于科学超深井的钻杆柱有两种，即铝合金钻杆柱和钢钻杆柱。但当钻井超过特定深度后，即使采用目前强度最高的钢级，钢钻杆的自重仍然能将自身拉断，现有的铝合金钻杆存在耐温、抗腐蚀能力不足等问题。目前，主要考虑开发应用具有耐腐蚀、耐高温、抗疲劳、质量轻、弹性好、强度高的钛合金钻杆。

第二节　发展展望

针对下步万米超深井钻井需求，立足钻完井技术现状，对标国际先进水平，做好顶层设计，科学制定发展战略和规划，明确发展目标和方向；按国家和企业分层次实施，形成产、学、研、用一体化研发体系。国家重点支持基础前瞻研究和关键共性技术攻关，企业侧重成果转化及推广应用、工艺及装备配套、解决生产技术难题等个性化需求。包括以下方面：

（1）强化基础前瞻研究，着力解决钻完井关键科学问题。交叉融合力学、化学、机械、电子、材料、控制等相关学科的理论和方法，持续研究机理、机制、规律、特征等基础问题，解决钻完井关键科学问题，夯实钻完井技术基础；追踪钻完井技术发展方向和国际同行先进技术，关注人工智能与钻完井的融合，加速推进前瞻技术研究，早日实现从“跟跑”到“领跑”历史跨越，引领行业发展。

（2）聚焦关键共性技术攻关，全力打造钻完井核心技术。围绕超深层油气勘探开发重大需求和超深井钻完井技术瓶颈，集中优势科研力量，聚焦攻关万米深井自动化钻机、旋转导向钻井系统、耐220℃随钻测量仪器、260℃井下工具及钻井液水泥浆等关键共性技术，发展完善深井超深井钻完井技术，突破特深井钻完井技术瓶颈。

（3）推广应用新技术及装备配套，提升勘探开发保障力。加快井震融合钻井技术、井下自动化安全监控等新技术现场试验，推广应用高效钻头及提速工具、防漏堵漏及井筒强化、高温高密度钻井液及泡沫水泥浆、测试资料解释及产能评价等成熟技术，配套升级深井高效钻机、精细控压钻井等钻完井装备及工具，不断打造工程技术利器，解决支撑油气勘探开发的钻完井技术难题，以“降本保质增效”为目标持续提升保障力。

下面从各细分领域详细探讨发展方向。

一、超深复杂地层井身结构设计

针对超深井钻井地质环境因素存在不确定性的问题，建立地层压力可信度表征、钻井工程风险类型识别和风险概率评估等方法，构建井身结构合理性评价和动态设计准则，结合套管材质及井筒完整性的定量评估，以满足勘探开发需求为目标，兼顾经济性，形成基于地质环境因素不确定和工程风险评价的钻前设计和钻中调整技术，统筹考虑井身结构设计和井筒完整性管理方法，解决超深井复杂岩性、多套压力系统条件下的井身结构设计难题。

二、超深井钻机配套装备

（一）钻机

（1）为了满足万米特深井的勘探开发需求，未来将以钻机智能化为研究方向，以高度信息化、高效自动化为目标，在充分借鉴集成前期各种先进技术的基础上，构建形成智能化信息控制平台，继承管柱四单根和一键式人机交互操作模式，开发满足井场超大功率动力自动匹配，超大负荷提升系统，超大规格旋转系统，超高压力循环系统，并满足具有高效二级净化、钻井液自动监测、远程智能井控和空间安全管控等为一体的特深井石油钻机。

（2）当前国内超深井在用钻机存在新度系数低，大钻机不足，电动化、自动化、数字化、智能化程度低，适用性不强，可靠性不高，能耗高，效率差等问题。为应对超深井大幅增加，今后钻机发展主要在两个方面：

①整体趋势是控制总量，调整结构，减少小钻机数量，增加大钻机数量。基于用电越来越方便和电动化的独特优势，今后钻机都会趋于用电，并加快向电动化、自动化、数字化、智能化方向发展。

②钻机性能将发生变化。

一是鉴于以电动机加变频器为主的变频技术已很好地满足了各种钻井工况的需要，转盘、绞车和钻井泵都将用交流变频电动机直接驱动。

二是二层台配备机械手，自动排管，无人操作；钻台配有铁钻工、自动卡瓦、自动吊卡和自动扶手，实现无内外钳工操作；借鉴海洋钻机的经验，钻机可以在钻进时接卸钻具、配立柱，从而提高钻井工作效率；场地配有自动猫道、多功能机具，减少人拉肩扛的现象；井场控制系统会更加集成、简单，液控、气控逐步向电控转变；顶驱和控压钻井装备成为深井钻机标配，除去专用设备外，其他设备与钻机配套装备共用；适应工厂化钻井需要，钻机的运移性更好，配套设施更容易拆装，井架底座、井控系统、钻井液循环系统、井场钻具系统在轻量化、橇装化、可移动性和软连接等方面将有更大改进。

三是为确保安全，大钻机司钻房内配两个控制台，正副司钻分工协作；司钻控制台可以监控和操作井场上的绝大部分设备（动力、提升、旋转、循环、固控、井控等系统），根据工况优化使用设备，实现节能减排；配套司钻导航仪，可以依靠井下情况和二线远程指令进行决策和操控，更多的操作是通过输入数据来进行。

四是绞车低位安装，自动识别，自动刹车，自动送钻；能够在无人干预下自动钻进、循环、起下钻；可以自动测量钻井液参数，并根据要求自动加重或配液；钻井液净化系统配套负压振动筛和可调速离心机，简化成两级净化即可满足工程需要；井控系统快速感知和预警，操作可视化、自动化、智能化。

（二）顶驱装置

后续需继续研发可以覆盖超深井全系列套管的顶驱系统以及个性化设计的特殊用途顶驱，形成大扭矩技术、主轴旋转定位控制技术、导向钻井滑动控制技术、转速扭矩智能控（软扭矩）技术、智能钻机连锁控制接口技术等特色技术。如研制顶驱下套管装置，可在下套管作业的同时循环钻井液，以减少或避免复杂事故的发生，形成超深井下套管的利器。

（1）智能控制系统。常规顶驱转速与扭矩智能控制系统是由人工设定的，不能随钻井工况的变化而调整。新型顶驱装置转速与扭矩智能控制系统需能够根据顶驱转速和扭矩的设定值与井下钻柱反馈的实际值自动辨识钻井工况，对顶驱主轴的转速和扭矩输出特性进行实时调整，有效抑制由于井下扭矩突变导致的钻柱冲击、钻具扭断和脱扣问题，进一步降低钻柱和钻头失效风险。

（2）定位控制技术。常规顶驱装置仅控制主轴旋转的转速和转矩，即为钻柱提供旋转动力，钻进精度和效率很低，而且需类似于常规转盘钻机那样频繁停钻以调整工具面。新型定位控制技术需能精确控制顶驱主轴的旋转角度，且调整方位时无需停钻，以有效提高定向钻井作业的钻进精度和效率。

（3）定向钻井滑动控制技术。滑动控制技术需能在确保定向不受影响的前提下，通过钻柱的正向、反向往复摇摆，减小定向井钻井作业中钻柱与井壁间的摩擦阻力与黏滞，平稳钻压、延长钻头寿命，从而提高机械钻速、缩短钻井周期。

（三）一体化绞车

绞车是钻机重要的提升设备，在满足超深井钻机提升能力的同时，还要考虑在尽量不增加绞车体积而能提高绞车的容绳量。四单根立柱万米钻机绞车考虑采用了一体化绞车设计理念，分为三个单元，提高安装定位精度，同时既可整体运输，又可以单独运输，解决大功率绞车安装和运输问题。四单根立柱万米钻机绞车滚筒长度比现有 9000m 钻机绞车滚筒长度要进一步增大，提高绞车的缠绳容量和强度。此外，绞车减速箱可考虑采用远程气动换挡机构，提高工作效率。

（四）大功率高压钻井泵

四单根立柱万米钻机需配备新型大功率、大排量和高压力 F1600HL 型、F-2200 型或 QDP-3000 型钻井泵，其额定压力应可达 52MPa，不仅能满足超深井钻井过程中井下高压工具、钻头的作业要求，而且还有利于钻头破碎岩石，延长钻头的使用寿命、增加进尺数。大功率高压钻井泵主要发展方向包括：

（1）增大可选缸套的直径范围。当前常规 F1600 型钻井泵的缸套范围为 140~180mm，F1600HL 型钻井泵的缸套范围为 120~190mm。继续增大缸套范围，可获得更高排量或者更高泵压。

（2）改进钻井泵动力端和液力端的结构设计，例如将现有整体液缸改为分体式吸入液缸和排出液缸，将便于装卸和维护，还可根据工况需要来选择排量和压力。

（3）研制更高功率的交流变频钻井泵。

三、超深井安全钻进技术与装备

针对超深井安全钻进难题，需持续强化地球物理、测井录井、钻井工程等多学科融合，进一步准确预测地层岩体的断层及地应力、缝洞展布、岩性及组分、地层压力系统等地质环境因素，优化钻完井工程设计，保障作业安全。建议从以下几个方向加快攻关：

（1）深入研究碳酸盐岩、火成岩气藏的地层压力异常机制，开展地层压力、溢流速度、油气圈闭容积预测及多因素对井控风险的影响。碳酸盐岩地层压力异常的影响因素众多、成因复杂，主要有欠压实、烃类生成、液态烃类热裂解、构造挤压、蒙脱石向伊利石转化及水热增压等作用。碳酸盐岩具有基质致密、岩石骨架刚度强的特点，异常高压存在于随机发育的非均质孔洞与裂缝之中，针对泥页岩的欠压实理论预测模型演绎连续的碳酸盐岩地层压力剖面与实际不符。Terzaghi 和 Biot 等率先提出了有效应力计算方法，对提高碳酸盐岩地层压力预测精度具有重要的参考价值，但也还需进一步揭示饱和岩石孔隙压力随着围压增加而增加的力学机制。余夫等基于薄板理论，考虑地质构造受挤压程度、断层露头联通状况、体积弹性模量的影响，提出了碳酸盐岩“强刚性骨架”的异常高压形成新机制，建立了考虑构造挤压因素的地层压力地质力学识别模型，通过地质构造几何参数、地质力学参数及地层的地应力、密度、纵横波速度、孔隙度等，代入模型即可求得地层压力系数，在波斯湾盆地的 Y 油田试验，预测值与 SFT（电缆式地层测试器）实测值的相对误差小于 10%。路保平等研究发现，不同孔隙压力下的碳酸盐岩纵波速度变化主要是由孔隙流体纵波速度变化引起的，利用小波变换法提取和放大孔隙流体纵波速度小幅波动对岩石纵波速度的影响关系，确定碳酸盐岩地层异常压力层，并与实测地层孔隙压力数据相结合，建立了碳酸盐岩地层孔隙压力预测模型，提出了通过提取地层孔隙中流体的纵波速度预测碳酸盐岩地层压力的方法。通过现场应用初步验证：计算的地层孔隙压力当量密度与实测值相比误差小于 15%。现有模型很多环节仍需主观推断，还需在定量化预测方面进一步突破。

（2）拓展早期溢流识别新方法，开展多种方式的井下溢流识别传感器、井筒环空液面监测仪、钻井液进出口精准流量监测仪研制，完善浅层次生气溢流防控的技术规范。加大钻井安全密度窗口扩展技术研究与技术推广，研究基于试井的高压低渗透气层欠平衡井控风险评价技术，形成向下拓展压力窗口的评价软件，开展适应水平井钻井的恒压力梯度控压钻井新技术研究，拓展水平井水力延伸极限，形成安全密度窗口扩展技术系列。

（3）针对复杂工况压井难题，加强压井边界条件研究，建立基于井底平衡、最快压稳、井筒最大承受能力等准则的压井模型，开发基于井筒条件的工艺参数动态优化与压井方式转化的动态可视化压井模拟软件，为压井提供科学依据和高效作业支持。

（4）针对井控应急救援技术对更高压力级别、更高产量、更多样的井喷失控不适应的现状，攻关高效冷却掩护、精准连续切割、重置装备自动对中技术，以适应“三高一超井”以及特殊井口的井控应急救援需要，尤其是套管头等多层次套管配套井口装置、高压防喷器。在救援井主动无线随钻井距测量、救援井井眼轨道设计、目标井中靶安全控制、压井模拟等方面开展系统攻关，形成关键装备和软件，补齐救援井技术短板。

（5）持续攻关精细控压钻井技术与系列设备。具体攻关方向包括：针对窄窗口“溢漏共存”、高压盐水侵等复杂地层钻井难题，研制新型系列化精细控压钻井装备，解决窄窗口导致的井下“涌漏”等难题，进一步提高压力控制精度。发明控压钻井工况模拟装置及系统评价方法，创建压力、流量双目标融合欠平衡精细控压钻井方法，同时解决发现与保护储层、提速提效及防止窄密度窗口井筒复杂的世界难题。形成窄密度窗口精细控压钻井技术、缝洞型碳酸盐岩水平井精细控压钻井技术、低渗透特低渗透欠平衡精细控压钻井技术、高压盐水层精细控压钻井技术等特色技术。

（6）持续攻关连续循环钻井系统。具体攻关方向包括：

①研制阀式连续循环钻井工具，包括连续循环阀和地面控制系统，实现正循环时侧循环自动关闭和密封，侧循环时正循环自动关闭和密封，随钻具一起入井，气密封压力提升至 35MPa、液密封压力 70MPa 以上，其抗拉、抗扭强度均高于配套 S135 钻杆强度，实现液相 / 充气钻井接立柱（单根）、起下钻连续循环，有效减小压力波动，避免井下复杂，延长钻井进尺。

②研制井口连续循环钻井系统（CCS），形成接头定位技术、钻井液预充分流技术、高压旋转密封技术、自动上卸扣技术等核心技术，可以在不停止钻井液循环的条件下对钻柱或者单根进行连接，同时保证循环当量密度不变。

（7）持续攻关高性能膨胀管，推进“等井径”技术。针对超深井安全钻井需求，下一步需通过研发高强度和高延伸性能材料，形成适用于超深井复杂地层的膨胀管钻井封堵系统及配套完井技术，一方面，助力突破国内深层侧钻井无法下入技术套管进行二开次钻井的技术瓶颈；另一方面，也可在不改变原有井身结构情况下，采用扩眼＋膨胀管技术，封堵低压地层、治理恶性井漏，为实现勘探开发目标提供有效的技术手段。

四、高效破岩与提速技术

针对超深井钻井提速难题，需持续发展高效破岩长寿命钻头及工具、耐高温随钻测量仪器、垂直钻井工具、固完井工具等井下工具及仪器，提高机械钻速和井身质量，缩短钻井周期。具体攻关方向包括以下几方面。

（一）高效钻头

针对砾岩/砂砾岩、火山岩地层、碳酸盐岩等深部难钻地层提速难题，钻头设计应以提高进尺为主要目标，兼顾钻井提速[9-10]。钻头设计与制造的发展方向包括以下几个方面：

（1）从工艺和材料的角度进一步提升钻头性能。改进深度脱钴工艺、金刚石粉料处理与封装工艺，提高复合片断裂韧性脱钴深度；引进纳米、陶瓷等材料领域的研究成果，提升钻头使用范围，延长钻头寿命。

（2）改善地质录井地层岩性识别的微取心 PDC 钻头。

（3）改变破岩方式不增加布齿密度的耐磨混合钻头，兼具 PDC 齿切削作用和牙轮齿的冲击作用的 PDC—牙轮复合钻头，解决硬质夹层、结核状地层、塑性泥岩地层，尤其是含细砾地层进尺短的问题。

（4）改进孕镶金刚石钻头胎体材料，降低复合片在深部强研磨性硬地层中脱落的风险。

（5）引进大数据分析、人工智能理论和方法，改进钻头设计，提升钻头自适应能力。

（二）耐温高性能螺杆钻具

近年来，等壁厚螺杆钻具在输出扭矩、提高钻速等方面发展迅速，部分螺杆钻具可在油基钻井液中工作近 200h。后续，螺杆钻具预期向两个方向发展：一是由等壁厚向等应力发展，通过调整橡胶壁厚使应力幅值进一步降低，提高能量利用效率，增大输出扭矩，并注重提高橡胶耐受油基钻井液等介质的腐蚀能力和抗高温能力；二是发展全金属螺杆钻具/碳纤维螺杆钻具等新型螺杆钻具，提高螺杆钻具耐温能力，延长螺杆钻具钻井井下工作时间。

（三）高温高压定向工具

旋转导向是深部井段定向钻进的终极方案。目前，国内旋转导向工具较国外产品仍有较大差距。主要发展方向包括：

（1）提高导向机构的可靠性。导向机构是旋转导向工具的核心产品，集成了传感器、液压单元、稳定外套、能量传输等结构以及测控电路，在实钻中出现井下故障的概率较高。亟待从以下 3 个方面提升导向头的稳定性及可靠性：①改进测量控制方法，目前旋转导向多采用压力反馈控制方法，压力传感器易损坏导致控制失效；②提高工具系统的耐温、抗振能力，目前系统可在 125℃、5*g* 振动正常工作，随着井深的增大，需提高耐温、抗振的能力；③导向头电路制造和检测技术有待进一步完善。

（2）完善旋转导向系统动态测量和控制方法。随着井深增大、开次和井眼尺寸增多，现场需要更多尺寸、型号的旋转导向工具。需结合井眼尺寸限制，持续完善旋转导向系统动态测量和控制方法，提高动态井斜、工具面测量精度。

（3）旋转导向系统测控电路优化。包括：①提高电路耐温能力，现场亟需耐温超 175℃的旋转导向产品，通过 CPU、电路关键器件的加温测试、模块化封装是有效途径；②进一步完善系统测试，建立测试规范，同时优选配套螺杆，满足提速要求。

（4）提高旋转导向双向通信效率。目前，旋转导向双向通信系统在东部油区的双向通信成功率可达 80% 以上；但当井深超过 5000m 后，成功率仅为 65%~71%。在超深井旋转导向作业中，亟待提高旋导双向通信效率。其中，上传主要考虑增强抗干扰能力，攻关方向包括：调小脉冲宽度，研究识别算法，避开低频噪声；研究双传感器数据采集及信噪差分处理算法。下传主要需完善编解码技术和改进相关装置，攻关方向包括：修改下传序列，增加校验功能，减少误下传；改进编码方式，提高抗干扰能力；改进下传波形滤波，减小脉冲器发码带来的波动干扰；研究边沿检测算法，降低门限值依赖性，提高畸变点识别精度。亟需适用 6000m 以上井深，下传成功率不小于 90%，实现上传、下传双向同传功能的旋导系统。有待进一步发展完善连续波 / 电磁波等新型双向通信技术。

（5）研究旋导系统现场施工工艺。当前，对仪器性能关注较多，对施工工艺研究较少。由于地层、井眼、钻井液及钻井参数等对旋转导向性能影响较大，因此，旋转导向试验的成功率不但取决于仪器自身性能，还取决于现场施工工艺。攻关方向包括：地层、井眼和钻井液适应性研究；井下振动识别方法研究，基于钻柱振动特性分析，建立振动等级划分标准，实时监控振动数据，调整钻进参数和轨迹，减小工具失效风险；轨迹调控指令优选方法研究，根据井眼轨迹控制要求，分析钻头、地层、钻进参数等因素对旋转导向系统造斜率的影响，实时管理钻进参数和导向控制指令，提高轨迹控制效果和钻井时效。

未来，随钻测井将向着集成化、成像化和智能化方向发展，几乎所有的测井项目都将集成在随钻测井中，实现从点到面、从面到空间，地层看更远更细，描述更全面更快，钻井更高效安全。主要攻关方向包括：

（1）随钻方位电阻率边界探测系统优化及推广应用。实时测量地层参数的同时，确定井眼与界面相对位置关系，深化对构造和油藏的认识，对薄层及构造不确定性大的储层实现主动、高效地质导向。具体攻关方向包括：①边界探测信号及方位电阻率实时成像处理方法；②基于方位电阻率边界探测仪器的主动式地质导向应用方法；③高阻地层电磁波电阻率测量优化改进。最终，尽快研制耐温 220℃方位电阻率边界探测仪器。

（2）随钻方位伽马（能谱）仪器研制及应用。油公司需要经济可靠的随钻地层评价技术来解决水平井页岩储层评价难题，随钻方位伽马（能谱）可以实现地质导向、层理面识别、黏土类型分析等，更好识别页岩气地质甜点。具体攻关方向包括：①优化设计方位伽马（能谱）仪器；②分析井眼环境对伽马（能谱）影响；③攻关方位伽马（能谱）刻度及校正方法，实现对地层 U、Th 和 K 含量随钻测量，实现随钻方位伽马测量及实时成像，保证钻头在页岩油气层中钻进，加快开展 175℃方位伽马现场应用。

（3）随钻超深前探测技术。随钻前探 / 远探技术可以探测到钻头前方未钻井区域和井筒周围的油藏、地层边界，为地质导向、油田开发提供有力支持，有利于及时识别前方的“甜点”及储层边界，提高储层钻遇率和单井产量。目前，随钻电磁波仪器的应用也由最初的地质导向和地层评价扩展到地质预防、地质导向和地质测绘。通过超深前探测技术应用，可以及时探测目标区，一次性钻入生产层，减少钻井时间，避免昂贵的导眼井和侧钻作业，并在钻井过程中，保持井眼位于储层最佳位置，做出及时的地质导向决策。具体攻关方向包括：①方位电磁波超深前探测方法分析及仪器设计；②方位电磁波超深前探测电路小信号采集及数据融合处理方法；③方位电磁波超深前探测信号刻度方法研究；④多层地层模型反演方法研究。最终，突破超深前探测测量方法及关键技术，研制超深前探测仪器，最大边界探测深度大于 50m，最大前探测深度大于 50m。

（4）基于随钻测井的地质导向软件模块开发。随钻测井仪器在测量深度、精度、传输速度以及稳定性的条件下，急需具备基于随钻测井建模—实时数据与导向交互—模型更新的地质导向软件，满足精确导向需求并支撑高端装备发展。具体攻关方向包括：①构建统一的数据格式与数据库管理模式以及前端开发方式，实现多平台数据和应用共享，使用智能降维简化算法，开发仪器快速响应计算引擎；②构建大斜度井 / 水平井随钻测井资料校正方法。最终，开发旋转地质导向软件并开展现场应用。

针对超深井井下高温环境，随着石墨烯等新材料的引入以及封装、冷却、绝缘等技术的发展，井下仪器、工具的耐温能力将整体超过 230℃，甚至有望达到 300℃，助力深层超深井油气资源勘探开发和高温地热开发利用。

五、钻完井液技术

针对超深井安全钻进、储层保护和井筒完整性需求，需持续攻关超高温抗盐钻井液技术、恶性漏失堵漏与控制技术、储层保护技术、240℃高温固井技术等。

（1）钻井液发展方向。表 9-2-1 给出了国内外钻井液技术在各细分方向的对标结果，与国外产品和技术的差距即为近期需攻关的方向[11-16]。

表 9-2-1 国内外钻井液技术对标及后续发展方向

序号	项目		国外钻井液新技术状况	国内钻井液新技术状况
1	井壁稳定问题	（1）类油基的水基钻井液	成熟的技术和配套产品，已推广应用	合成出胺基聚合物，开始现场应用
		（2）油基（合成基）钻井液	成熟的处理剂和体系，已推广	有机土有突破，体系不完善，开始规模应用
2	严重漏失问题	（1）堵漏材料	技术突破，材料丰富	评价方法不能满足现场需要
		（2）井眼加固“应力笼”技术	理论和技术完善	初步开展研究
		（3）井壁“贴膜”技术	室内重大技术突破	初步开展研究
3	提速问题	提高钻速的钻井液技术	已推广	推广应用效果不是很理想
4	高温问题	抗高温钻井液技术	钻井液最高抗 262℃高温	抗 240℃钻井液室内已形成

续表

序号	项目		国外钻井液新技术状况	国内钻井液新技术状况
5	提高产量问题	（1）水平井携岩技术	增粘剂和悬浮钻屑表活剂	正在开展研究
		（2）大位移井钻井液	水平位移超过 1×10^4m	自主技术水平位移未突破 5000m
		（3）储层保护技术	成膜技术、理想充填、甲酸盐	暂堵技术，成膜技术未全面推广
6	低压地层	低密度钻井流体技术		体系多，已推广	体系少，小面积推广
7	环保问题	（1）绿色钻井液技术	开展研究并取得突破	初步规模化应用
		（2）废弃钻井液处理	钻肩回注、固液分离技术已十分成熟	需要进一步技术提升
8	其他	（1）新型处理剂	已有纳米级封堵聚合物、超细重晶石和四氧化三锰	初步规模化应用
		（2）评价方法	仪器抗温抗压能力强	技术不过关，石油系统未研究

（2）固井液及设备方面。针对超深井固井水泥浆用量大、施工时间长、顶替压力和井底温度高的难题[17-20]，下步攻关方向包括：①耐储层流体污染、长稠化时间、高韧性的 240℃高温固井液；②持续提升地面装备自动混浆能力和装置功率，提升电驱化水平；③持续提升尾管顶部超高压封隔能力。深层高压油气井尾管重叠段封固质量差，环空油窜、气窜、水窜造成井口带压，井筒完整性得不到保障。目前，已研发了金属与橡胶协同密封技术，克服了纯橡胶材料在高温高压下密封失效的问题，实现了 204℃、70MPa 的高压气密封持续提升尾管顶部超高压封隔装备和技术；通过碳纳米管增强和多点交联等新技术改性橡胶材料，提高了耐 H_2S/CO_2 共同腐蚀能力，在 204℃、H_2S 分压 3.5MPa、CO_2 分压 3.5MPa 环境下，腐蚀后的性能保持率大于 70%。在西南地区的超深井应用 90 余井次，最大应用井深 8420m。带顶封封隔器的尾管悬挂器在 KS605 井目的层试验，顶替结束后下压回接筒 22tf，实现一次坐封成功，并通过后期 40MPa 负压差工程验窜。针对超深井进行加深的需求，需持续提升尾管顶部超高压封隔技术。

六、信息化、智能化钻井技术及软件平台

融合信息化、智能化理论和技术的新成果将是钻井工程的重要发展方向。参照大数据分析和人工智能算法，研发超深井钻井设计和工程一体化软件平台，实现钻井设计、施工一体化，钻井风险预警与决策实时化，持续提升钻井设计和施工的针对性和科学性，降低作业风险，提高钻井时效[22-23]。具体攻关方向包括：

（1）持续完善地质工程一体化数据库。创新设计组合插件式平台架构体系，开发完善的一体化地质、钻井工程数据库，将地震、测录井资料和钻井工程设计、钻井作业施工数据集成到统一平台，解决各类数据表征不统一、已有数据库相互独立不兼容和数据重复录入等难题。

（2）研发钻井地质环境描述和钻井工程实时优化软件系统。构建井筒、地震、地质 3 大类的统一领域模型体系，支撑不同模块间高效协同，实现各类数据源之间的互联互通。开发多专业协同软件平台，开放式软件框架支持动态开发与调试，三维一体化石油工程图

形功能实现地质数据—工程参数可视化交互，集安全管理、自定义扩展、在线部署于一体。研发地质与工程一体化、理论模型与人工智能深度融合的钻井优化软件系统，集成井震数据域模块、基于地质因素的钻井优化分析、待钻井段钻井工艺随钻优调、钻井优化模型与机器学习深度融合等功能模块，实现对国外软件的替代。

（3）持续升级钻井远程可视化监测及监督技术。开发兼容多类型接口、多传输协议、适应窄带宽网络的一体化井场数据加密传输软件，实现综合录井仪及 MWD/LWD 等仪器数据自动采传、实时汇聚和云端共享。将实时数据与井筒静态数据及地质成果数据融合，以二维及三维图形可视化方式，实现钻井井筒信息及施工参数的实时监测、井下工况的智能识别、实钻信息与设计方案的自动化对比、施工进度跟踪及关键参数的偏离预警，为后方人员提供高效、直观的远程监督及管理手段。

（4）研发基于云计算的井下工况实时分析技术。以传统静态计算模型为基础，建立基于大数据技术的随钻智能修正钻井岩屑分布、环空 ECD、钻柱摩阻扭矩、机械比能实时计算模型，并将其封装成系列微服务进行云端部署，实现井下工况参数的自动实时计算，为工程技术人员提供准确高效的钻井实时分析服务。

（5）研发钻井复杂故障智能预警及处置技术。将钻井参数异常征兆分析与机器学习方法相融合，实现井漏、溢流、遇阻卡等井下复杂故障的分级智能预警、信息自动推送与在线处置，由“人找异常”转变为“异常找人”，可随时随地“按需关注、提前介入”现场复杂故障，人工监测与分析工作量减轻的同时，大幅提升风险管控能力。

（6）持续完善基于大数据的区域钻井优化技术。实现地质成果、历史数据、实时数据的异构多尺度融合，利用大数据统计分析、趋势分析、人工智能分析方法建立区域钻井学习曲线，通过对钻井时效、施工故障等 KPI 的自动挖掘及相应施工参数的钻取分析，通过最佳案例的智能推荐和复用实现区域钻井方案的持续优化。

（7）研发钻井仿真模拟技术。通过建立井下三维仿真模型及钻井工程模拟模型，研发基于数据驱动的临境式钻井仿真引擎，实现融合地质环境参数与工程参数相耦合的钻前模拟，通过在计算机上对钻井设计方案的“预演”和“试钻”，模拟评价各种方案的潜在风险及机械钻速，进而优选最佳钻井方案，提前制订风险应对措施，达到最优化钻井的目的。

（8）攻关钻井全流程在线协同管控技术。将钻井业务流程固化于系统中，实现从设计到完井全过程各类信息的自动流转、流程在线审批，以及油公司、施工单位及技术服务团队之间的实时在线协同，利用远程视频会议模块开展在线讨论及指挥，提升跨团队协作效率。提供远程监督、技术分析及专家决策支持，创新钻井管理与技术决策工作模式，为智能钻井、远程控制钻井奠定软件基础。

七、超前钻井技术

（一）激光钻井技术

在超深层、高研磨地层等复杂难钻地层，仅通过钻头新材料和结构改进来提速是远远不够的，钻井效率低，很难突破破岩技术瓶颈，需研发高效破岩新技术。自激光器问世后，就有学者提出激光破岩和激光钻井的思想。激光钻井技术在 20 世纪 90 年代就已经提出，美国还进行了纯激光钻井试验，研究成果表明：纯激光破岩的机械钻速是传统方式的10~100倍，军用兆瓦级激光器能为4500m井深钻井破岩提供足够的能量。但由于纯激光钻井破岩能耗高，兆瓦级激光器成本高、安全性低，无法民用化，未能在石油开发中应用。近年来，国内外研究机构转变思路，提出了激光与机械联合破岩技术。激光机械联合破岩由固定切削结构和激光系统组合的激光机械钻头实现，这种破岩方式以PDC刮切为主、激光热裂为辅，既不需要太大的激光能量，又能明显提高破岩效率，降低钻井成本。

2019年，中国石油集团公司“激光与机械联合破岩方法研究”项目，研制万瓦级激光机械钻头并进行台架实验，探索破岩机理，进行了国内首个井下激光器的设计。激光与机械联合钻井是一项很有发展前景的技术。目前对激光与机械联合破岩技术的研究开发还仅停留在实验室试验阶段，国外对激光与机械联合破岩技术的研究高度重视，已经在基础理论、基本方法和关键技术探索研究方面走在前列。激光与机械联合破岩是钻探领域具有先导性和前瞻性的应用基础理论研究项目，涉及多学科的交叉渗透与协同配合，尚存在着一系列的难题亟待解决，如激光与机械联合作用下破岩机理、高功率激光发生器的小型化、激光束在井下环境传输、适应井下环境的光学组件研制等技术难题，这些难题是制约激光与机械联合破岩工业化应用的瓶颈，而激光与机械联合作用下破岩机理及参数配置、光学组件在联合破岩成孔中的适应性技术、激光辅助破岩钻头研制和试验技术作为核心，应当是现阶段需要解决的关键技术问题[24]。

（二）等离子通道钻井技术

面对深井超深井复杂地质条件和对钻井技术提出的“优、快、省、HSE”的要求，钻井技术不断革新，出现了等离子通道钻井技术等超前钻井技术。等离子通道钻井技术不仅可有效钻探新井，配合使用高压电缆或连续油管时，还可对已钻井进行侧钻补救。虽然该技术尚处于试验研发阶段，但却是为适应石油勘探开发成本逐渐增加和环保观念不断提升而发展的一种高效率、低成本、低污染的钻井新技术。

等离子通道钻井技术的核心是利用高电压脉冲能量技术，用电法雾化岩石。在等离子体的作用下，以岩石中的应力状态为基础，产生的热应力超过岩石的强度极限值而破碎岩石。在钻进过程中，充分利用高电压脉冲能量形成具有高位动能的等离子体通道，在不到1μs的时间内在岩石中极速膨胀扩张，最终导致周围局部岩石破裂和破碎，形成直径为25~50mm的孔眼。这一过程类似于树木遭受雷击破裂，但是实际上，雷击闪电的长度一般在3000m以上，而高电压脉冲技术能使放电长度缩小到10~20m，而且能在1s内连续放电形成等离子20~30次，通过这种重复性的动作使岩石产生破碎，形成高效、可控的钻井进程。由于产生的孔眼尺寸小，需要清理的岩屑较少，从而降低了钻井成本，也减小了对环境的影响。

等离子通道钻井室内试验已取得一定成功，其装置中最为关键的是产生高电压脉冲能量的装置，因此高电压脉冲能量发生器的研制非常重要。等离子通道钻井技术作为未来极具发展潜力的钻井技术，在现阶段要突破以下关键技术：

（1）研制更新型的高电压脉冲能量发生器装置和传输线路，使其适应性更好，适用范围更广。具体来讲，研制一种具有足够能量的发生装置，在钻探几千米的深井或者超深井时，可确保高电压脉冲能量从地面穿过岩层，传递至井下。

（2）深化等离子通道钻井破岩机理研究，在充分考虑等离子通道破岩机理的基础上，针对不同类型岩石的差异性，尤其是对渗透性岩石的局限性，突破小井眼尺寸的限制性。

（3）研究确定目前常见的钻井液体系是否适合等离子通道钻井，同时确定高电压脉冲能量在气化钻井液体系或清除流体时的损耗。

（4）考虑等离子通道钻井技术对复杂多变地质条件的适应性，如高温高压、高含硫、异常压力、断层圈闭的存在。研究高温高压对岩屑运移的多相流动理论，实现岩屑有效上返，保持井眼清洁。

参考文献

[1] 苏义脑，路保平，刘岩生，等 . 中国陆上深井超深井钻完井技术现状及攻关建议 [J]. 石油钻采工艺，2020，42（5）：527–542.

[2] 汪海阁，黄洪春，毕文欣，等 . 深井超深井油气钻井技术进展与展望 [J]. 天然气工业，2021，41（8）：163–177.

[3] 郭清，包莉军，孙海芳 . 中国石油钻井科技攻关三十年回顾与展望（六）[J]. 钻采工艺，2020，43（2）：1–6.

[4] 丁士东，赵向阳 . 中国石化重点探区钻井完井技术新进展与发展建议 [J]. 石油钻探技术，2020，48（4）：11–20.

[5] 滕学清，崔龙连，李宁，等 . 库车山前超深井储层钻井提速技术研究与应用 [J]. 石油机械，2017，45（12）：1–6.

[6] 何选蓬，程天辉，周健，等 . 秋里塔格构造带风险探井中秋 1 井安全钻井关键技术 [J]. 石油钻采工艺，2019，41（1）：1–7.

[7] 夏辉，李勇，王议，等 . 自动化钻机管柱输送控制系统的研制 [J]. 石油机械，2020，48（7）：56–60.

[8] 张鹏飞，朱永庆，张青锋，等 . 石油钻机自动化、智能化技术研究和发展建议 [J]. 石油机械，2015，43（10）：13–17.

[9] 彭齐，周英操，周波，等 . 凸脊型非平面齿 PDC 钻头的研制与现场试验 [J]. 石油钻探技术，2020，48（2）：49–55.

[10] 兰雪梅 . 贝克休斯公司发布第一款自适应钻头 [J]. 天然气勘探与开发，2017，40（3）：127.

[11] 王中华 . 国内钻井液技术进展评述 [J]. 石油钻探技术，2019，47（3）：95–102.

[12] 林永学，王伟吉，金军斌 . 顺北油气田鹰 1 井超深井段钻井液关键技术 [J]. 石油钻探技术，2019，47（3）：113–120.

[13] 李宁，杨海军，文亮，等 . 库车山前超深井抗高温高密度油基钻井液技术 [J]. 世界石油工业，2020，27（5）：68–73.

[14] 祝学飞，孙俊，舒义勇，等 . ZQ2 井盐膏层高密度欠饱和盐水聚磺钻井液技术 [J]. 钻井液与完井液，2019，36（6）：716–720.

[15] 王建华，闫丽丽，谢盛，等 . 塔里木油田库车山前高压盐水层油基钻井液技术 [J]. 石

油钻探技术，2020，48（2）：29–33.
[16] 童维 . 国内外钻井液技术的新进展综述 [J]. 西部探矿工程，2019，31（5）：79–80.
[17] 郭建华，郑有成，李维，等 . 窄压力窗口井段精细控压压力平衡法固井设计方法与应用 [J]. 天然气工业，2019，39（11）：86–91.
[18] 陈永衡，冯少波，邓强，等 . 大北 X 井盐膏层尾管精细控压固井技术 [J]. 钻井液与完井液，2020，37（4）：521–525.
[19] 李早元，支亚靓，邓智中，等 . 库车山前井防漏固井方法技术研究 [J]. 钻井液与完井液，2015，32（3）：55–58.
[20] 杨川，刘忠飞，肖勇，等 . 库车山前构造高温高压储层环空密封固井技术 [J]. 断块油气田，2019，26（2）：264–268.
[21] 张东海，王昌荣 . 智能石油钻机技术现状及发展方向 [J]. 石油机械，2020，48（7）：30–36.
[22] 李根生，宋先知，田守嶒 . 智能钻井技术研究现状及发展趋势 [J]. 石油钻探技术，2020，48（1）：1–8.
[23] 杨双业，张鹏飞，王飞，等 . 新型自动化技术在钻机及钻井中的应用展望 [J]. 石油机械，2019，47（5）：9–16.
[24] 闫静，王德贵，左永强，等 . 激光钻井技术进展及其关键技术 [J]. 机械工程师，2021，（1）：88–93.